dtv-Atlas Schulmathematik

Fritz Reinhardt 著

Carsten Reinhardt
Ingo Reinhardt 図作

長岡昇勇
長岡由美子 訳

カラー図解
学校数学事典

共立出版

dtv-Atlas Schulmathematik
by Fritz Reinhardt
Graphic art work by Carsten and Ingo Reinhardt

© 2002 Deutscher Taschenbuch Verlag GmbH & Co. KG, Munich/Germany.

Published by arrangement through Meike Marx Literary Agency, Japan.

Japanese language edition published by KYORITSU SHUPPAN Co., Ltd., © 2014.

まえがき

　本書『カラー図解 学校数学事典』(dtv-Atlas Schulmathematik) は，ギムナジウム前期（5～10学年）とギムナジウム後期（11～13学年）の広範な分野にわたる単元を1冊にまとめました。

　ここに『カラー図解 数学事典』(dtv-Atlas Mathematik, AM) と学校数学との隙間は埋まりました。

　1冊にするという制約から単元の取捨選択が不可欠となり，授業で取り扱うすべての単元は収録しえませんでした。しかしながら，学校数学の基礎概念のすべてが関連性を明白にすべく取り扱われています。

　紙面の都合でかなりの証明を放棄せざるをえませんでした。

　代わりに例や具体的な図解を多用しましたが，それらは学校数学の枠の中では十分に大きな役割を果たします。

　数学の一目瞭然化は，図解と本文の分割に行き着きました。全般的に色が特別な働きをしています。定義は青で印されています。本文ページの定理や重要な結果は緑色で網掛けし，幾何学では彩色により効果を上げています。この彩色効果は完全な図解となり，作図となっています。この『カラー図解 学校数学事典』は模倣と熟考，特に計算し直すこと，まねて描くことを必要とします。この本は興味をおもちになった読者にいつの間にか遠く離れてしまった学校数学を復習し，知識を得る機会を提供します。さらに先に進んだ文献は文献リストに示してあります。

　この本の成立に関与のあったすべての方々に感謝します。まずは，この本に多大な理解をもって助力してくださったアトラス編集部の方々。特に全ページを通して正確に入念に仕上げて下さったJeanette Hauger夫人に感謝します。

　ギムナジウム教頭のHeinrich Soeder博士，Rudorf Reinhardt博士にはすべての章の基本的校閲と改良のための提案に感謝します。

　最後に私の二人の息子CarstenとIngoには，すばらしい共同作業とコンピュータによる卓越した図表と本文ページの構成に感謝します。

　ビーレフェルト，2002年春

Fritz Reinhardt

目　　次

まえがき i

記号一覧 iv

図表頁凡例 vi

短縮形一覧 vii

学校数学の単元分野 2

集合論の表現
- 命題と命題式 I 4
- 命題と命題式 II 6
- 集合 I 8
- 集合 II 10
- 集合 III 12

数集合
- 数体系の構築 14
- 自然数 I 16
- 自然数 II 18
- 倍数と約数 20
- 有理数と整数 I 22
- 有理数と整数 II 24
- 有理数と整数 III 26
- 有理数と整数 IV 28
- 多項式の計算 30
- 小数・分数の計算 I 32
- 小数・分数の計算 II 34
- 実数 36
- 実数の計算 I 38
- 実数の計算 II 40
- 複素数 42

方程式と不等式
- 解法過程 I 44
- 解法過程 II 46
- 特殊な方程式 I 48
- 特殊な方程式 II 50
- 特殊な方程式 III 52
- 特殊な方程式 IV 54
- 特殊な不等式 V 56
- 連立一次方程式 I 58
- 連立一次方程式 II 60

対応と関数
- 関数の概念 62
- 対応 I 64
- 対応 II 66
- 特殊な関数 I 68
- 特殊な関数 II 70
- 特殊な関数 III 72
- 特殊な関数 IV 74
- 特殊な関数 V 76
- 特殊な関数 VI 78
- 三文法と百分率計算 80
- 利息計算 82

極限値概念
- 数列と級数 I 84
- 数列と級数 II 86
- 数列と級数 III 88
- 数列と級数 IV 90
- 数列と級数 V 92
- 関数の極限値と連続性 I 94
- 関数の極限値と連続性 II 96
- 関数の極限値と連続性 III 98
- 関数の極限値と連続性 IV 100
- 有理関数 I 102
- 有理関数 II 104
- 有理関数 III 106

微分計算と積分計算
- 導入 108
- 導関数の概念 I 110
- 導関数の概念 II 112
- 導関数の概念 III 114
- 関数の性質 I 116
- 関数の性質 II 118
- 関数の性質 III 120
- 応用 I 122
- 応用 II 124

積分の概念 I 126	円・だ円・双曲線・放物線 210
積分の概念 II 128	群・環・体・行列 I 212
積分の概念 III 130	群・環・体・行列 II 214
積分の概念 IV 132	

推測統計学

原始関数 I 134	統計学の基礎 216
原始関数 II 136	組合せの基礎 218
応用 I 138	確率の概念 I 220
応用 II 140	確率の概念 II 222
応用 III 142	条件付き確率 224
応用 IV 144	無為変量 226
数的手続 I 146	二項分布 228
数的手続 II 148	統計学の応用 I 230
数的手続 III 150	統計学の応用 II 232
	二項分布の近似 I 234
	二項分布の近似 II 236

平面幾何学

論理学

導入 152	
基本概念 I 154	結合子と限定子 I 238
基本概念 II 156	結合子と限定子 II 240
基本概念 III 158	結合子と限定子 III 242
三角形と四角形 I 160	証明の型 I 244
三角形と四角形 II 162	証明の型 II 246
三角形と四角形 III 164	証明の型 III 248
三角形と四角形 IV 166	証明の型 IV 250
三角形と四角形 V 168	

公式集

相似と射線定理 170	
周長と面積の算出 I 172	基礎 252
周長と面積の算出 II 174	微分計算と積分計算 254
ピタゴラスの定理群 I 176	平面幾何学 I 256
ピタゴラスの定理群 II 178	平面幾何学 II 258
ピタゴラスの定理を用いた算出 ... 180	空間幾何学 260
三角法 I 182	三角法 262
三角法 II 184	解析幾何学とベクトル計算 I 264
	解析幾何学とベクトル計算 II 266

空間幾何学

立体 I 186	**参考文献** 268
立体 II 188	**索　引** 269
立体 III 190	**著者紹介** 282

解析幾何学とベクトル計算

ベクトル I 192	**訳者あとがき** 283
ベクトル II 194	**訳者紹介** 284
ベクトル空間 I 196	
ベクトル空間 II 198	
ベクトル空間の積 200	
直線と平面 I 202	
直線と平面 II 204	
応用 I 206	ギムナジウム前期
応用 II 208	ギムナジウム後期

記号一覧

集合論の表現

¬	～ではない
∧	かつ
∨	または
→	～ならば
↔	～ならばちょうどそのとき
⇒	したがって
⇔	同値
$\bigvee_x$	成り立つ x が存在する
$\bigwedge_x$	すべての x で成り立つ
:⇔	定義的同値, p.251
:=	定義的同等, p.251
$\{a_1, a_2, \ldots\}$	元 $a_1, a_2, \ldots$ の集合
$A = \{x \mid \ldots\}$	A は … を満たすすべての x の集合
{ }	空集合
$a \in A$	a は A の元
$a \notin A$	a は A の元ではない
$A \subseteq B$	A は B の部分集合
$A \subset B$	A は B に真に含まれる
$A \supseteq B$	A は B を含む
$A \supset B$	A は B を真に含む
$A \backslash B$	B には含まれない A の部分
$\complement A, \overline{A}$	A の補集合
$A \cap B$	A と B の積集合
$A \cup B$	A と B の和集合
～	大きさが等しい, p.13
$|M|$	M の元の数（大きさ）, p.13

数集合

$\mathbb{N}(\mathbb{N}_0)$	自然数（自然数と 0）
$\mathbb{N}^{\geq 5}$	5 以上の自然数
$\mathbb{N}^{\neq 5}$	5 を除く自然数
$\mathbb{Z}$	整数
$\mathbb{Q}$	有理数
$\mathbb{I}$	無理数
$\mathbb{R}$	実数
$\mathbb{C}$	複素数
$\mathbb{Z}^+ (\mathbb{Z}^-)$	正の整数（負の整数）
$\mathbb{Q}_0^+$	正の有理数と 0
+	加法
−	減法
·	乗法［×］
:	除法［÷］
e	オイラー数, p.73, p.142 (e = 2.71829…)
π	円定数［円周率］, p.175 (π = 3.1415296…)
i	虚数単位, p.43
$a \leq b$	a は b より小さいか等しい, p.17, p.25
$a < b$	a は b より小さい
$a \geq b$	a は b より大きいか等しい
$a > b$	a は b より大きい
$[a, b]$	a から b の閉区間 $\{x \mid a \leq x \leq b\}$
(a, b)	a から b の開区間 $\{x \mid a < x < b\}$ a と b は含まない
$(a, b]$	b を含み a は含まない
$[a, b)$	a は含み b は含まない
$|a|$	a の絶対値, p.27
$n!$	n の階乗 $= 1 \cdot 2 \cdot 3 \cdots n$
$\binom{n}{k}$	二項係数 $= \dfrac{n!}{(n-k)!k!}$
$a \mid b$	a は b の約数, b は a で割り切れる
ggT	最大公約数［G.C.M. または G.C.D.］
kgV	最小公倍数［L.C.M.］

方程式と不等式

⇔	同値変形, p.45
⇒	演えき（繹）変形, p.47
L, L[…]	解集合, …の解集合, p.5
D, D_x	定義集合, x の定義集合, p.5
w	真（の命題）
f	偽（の命題）
$\boxed{x \mid y}$	x と y の交換
$\boxed{x = \ldots}$	…の x へ代入

記号一覧　v

$[\ldots]_a^b$	$\ldots$ に最初に b を次に a を代入してその差をつくる	
$[\text{---}]_{a=\ldots}$	---の a を$\ldots$で置き換える	

対応と関数

$f: D_f \to W$	定義域 D_f, 値域 W の
$x \mapsto f(x)$	関数（写像）表記
$\mapsto$	割り当てられる（割り当て記号）
$\mathbb{R}\text{-}\mathbb{R}$ 関数	$D_f = \mathbb{R}, W \subseteq \mathbb{R}$ の実数値関数
(x_1, x_2)	順序のある対
$A \times B$	対集合，デカルト積［直積］$\{(a,b) \mid a \in A \wedge b \in B\}$
f^{-1}	f の逆関数，p.65
$g \circ f$	f の後に g をともに行う（結合），p.65

極限値概念，微分計算，積分計算

(a_n)	数列 $(a_u) = (a_1, a_2, a_3 \ldots)$, p.85
∞	無限大
$\left[\frac{1}{\varepsilon}\right]$	最小の自然数 $\geq \frac{1}{\varepsilon}$
$\lim_{n \to \infty} a_n$	数列 (a_n) の極限値，p.89
$\sum_0^n a_i$	和 $a_0 + a_1 + \ldots + a_n$ $\left[\sum_0^n a_i\right]$
$\lim_{x \to a} f(x)$	関数 $f(x)$ の a における極限値，p.95
$\frac{f(a+h)-f(x)}{h}$	差商 $m_s(a,h)$（割線の傾き），p.111
$f'(a), f'$	差商の a における $h \to 0$ の極限値（接線の傾き），一次導関数，p.111
f''	一次導関数の導関数，二次導関数
$f^{(n)}$	n 次導関数，p.110
$\int_a^b f(x)\,dx$	定積分，p.127
$\left[\int_a^b f(x)dx\right]$	
$\int f(x)\,dx$	不定積分（f の原始関数），p.135
$[F(x)]_a^b$	$F(b) - F(a)$, p.129

幾何学

$g \parallel h$	g は h に平行	$[//]$
$g \perp h$	g は h に垂直	
$\cong$	合同	$[\equiv]$
$\sim$	相似	$[\infty]$
AB	A と B のあいだの線分	
$\overline{AB}$	AB の長さ	
$g(A,B)$	A と B を通る直線	
$\sphericalangle CAB$	A を頂点とする角 $[\angle CAB]$	
⦜	直角 $[\llcorner]$	

解析幾何学，ベクトル計算

$\vec{a}, \overrightarrow{AB}, \begin{pmatrix} a_1 \\ a_2 \end{pmatrix}$	ベクトル，p.93, p.197
$\|\vec{a}\|, a$	ベクトル $\vec{a}$ の絶対値，p.193, p.201
$\vec{a}^0$	単位ベクトル（$\|\vec{a}^0\|=1$），p.201
$P(a_1, a_2, a_3)$	座標を添えた点，p.199
$\begin{pmatrix} a_1 \\ a_2 \\ a_3 \end{pmatrix}$	属する位置ベクトル，p.199
$\vec{a} * \vec{b}$	スカラー積［内積］，p.201
	$a_1 \cdot b_1 + a_2 \cdot b_2 + a_3 \cdot b_3$
$\vec{a} \times \vec{b}$	ベクトル積［外積］，p.201
$\cdot$	行列の積，p.215

その他

[g], [m]	単位 g および m の表示

（訳注）[ ] は日本での一般的用語，記号。定積分の記号は図版頁では原著のまま $\int\limits_a^b f(x)dx$ を用い本文頁では $\int_a^b f(x)dx$ を併用している。

(1) 関数のグラフへの点の属性

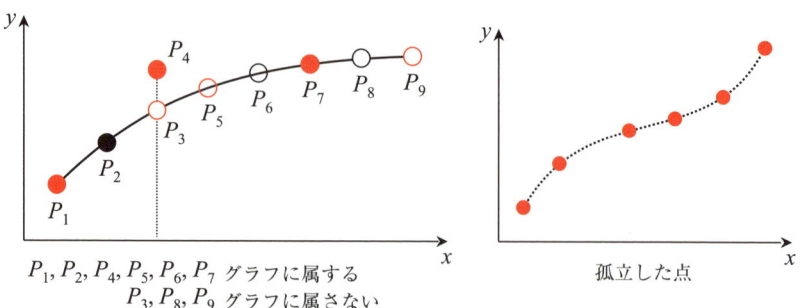

$P_1, P_2, P_4, P_5, P_6, P_7$ グラフに属する
P_3, P_8, P_9 グラフに属さない

孤立した点

(2) 同じ長さの線分の単線および色による表記

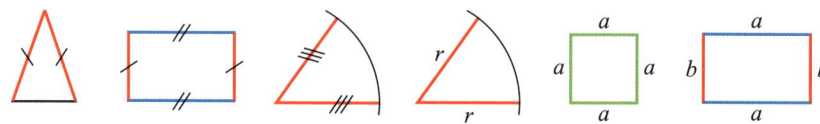

(3) 同じ大きさの角は同じ色の角域で示す。 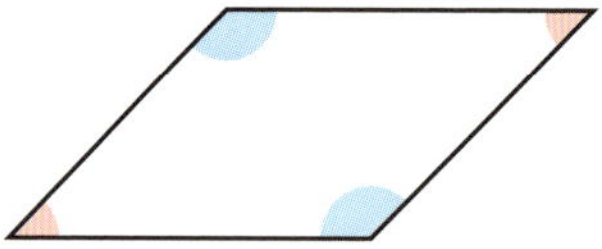　　　直角は角域内の点で示す。

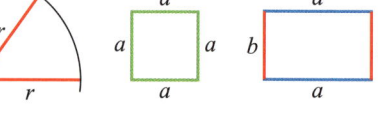

(4) 平行線分および平行線の表記

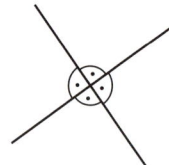

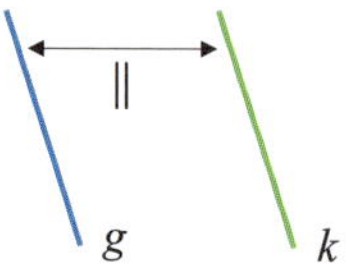

(5) 図解(および構成)の形成過程

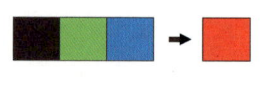

「黒」続いて順番に「緑」,「青」と行うと「赤」が結果。

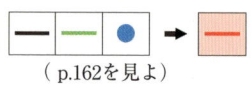

（p.162を見よ）

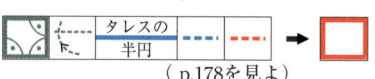

（p.178を見よ）

さらに線や点のほかに説明も利用する。

短縮形一覧

Abb.	Abbildung	図		neg.	negativ	負の
abh.	abhängig	従属な		o.B.d.A.	ohne Beschränkung der Allgemeinheit	
Add.	Addition	加法				制限のない一般性
äquiv.	äquivalent	同値な		obGr	obere Grenze	上限
AG	Assoziativgesetz	結合法則		obSch	obere Schranke	上界
AM	dtv-Atlas Mathematik			PF	Primfaktor(en)	素因数
		カラー図解 数学事典		pos.	positiv	正の
arithm.	arithmetisch	算術的		PvS	Punkt-vor Strichrechnung	
asiat.	asiatisch	アジアの				点の計算は線の計算の
Beh.	Behauptung	主張（証明されるべき				前に［乗除法は加減法
		命題）				に優先する］
Bem.	Bemerkung	注		q.E.	quadratische Ergänzung	
bes.	besonders	特殊なもの				平方充足
Bew.	Beweis	証明		quadr.	quadratisch(e)	平方の［二次の］
bez.	bezüglich	関連して，基づいて		rat.	rational(e)	有理の
bin.	binomisch	二項的		rechn.	rechnerisch	計算的
Bsp.	Beispiel	例		rechtw.	rechtwinklig	直角の
bzw.	beziehungsweise	場合によっては		Rel.	Relation	対応［関係］
Def.	Definition	定義		s.	siehe	見よ
DG	Distributivgesetz	分配法則		S.	Seite	ページ
Div.	Division	除法		Schj.	Schuljahr	学年
FE	Flächeneinheit	単位面積		sog.	so genannt	いわゆる
EH	Einheit	単位		Subtr.	Subtraktion	減法
gAG	gemischtes Assoziativgesetz			TP	Tiefpunkt	最低点
		混合結合法則		trig.	trigonometrisch(e)	三角法の
geom.	geometrisch	幾何的		unabh.	unabhängig	独立な
HN	Hauptnenner	公分母		unGr	untere Grenze	下限
HP	Hochpunkt	最高点		unSch	untere Schranke	下界
i.A.	im Allgemeinen	一般的に		u.U.	unter Umständen	場合によっては
kart.,	kartesisch	デカルトの		u.z.	und zwar	すなわち
kartes.				VE	Volumeneinheit	単位の体積
KG	Kommutativgesetz	交換法則		versch.	verschiedene	いろいろな
LE	Längeneinheit	単位の長さ		Vor.	Vorgabe, Vorauosefzung(e)	
LGS	lineares Gleichungssystem					与えられたもの
		連立一次方程式		VW	Vorzeichenwechsel	符号交代
lin.	linear	線形の［一次の］		wg.	wegen	なぜなら
log.	logisch	論理的		WP	Wendepunkt	鞍（あん）点
lok.	lokale(s)	局所の		w.z.z.w.	was zu zeigen war	証明すべきもの
Math.	Mathematik	数学		◁	Bemerkungsende	注終わり
Mult.	Multiplikation	乗法		（訳注）［ ］内は日本での一般的用語		
nat.	natürliche	自然（数）				

カラー図解
学校数学事典

2　学校数学の単元分野

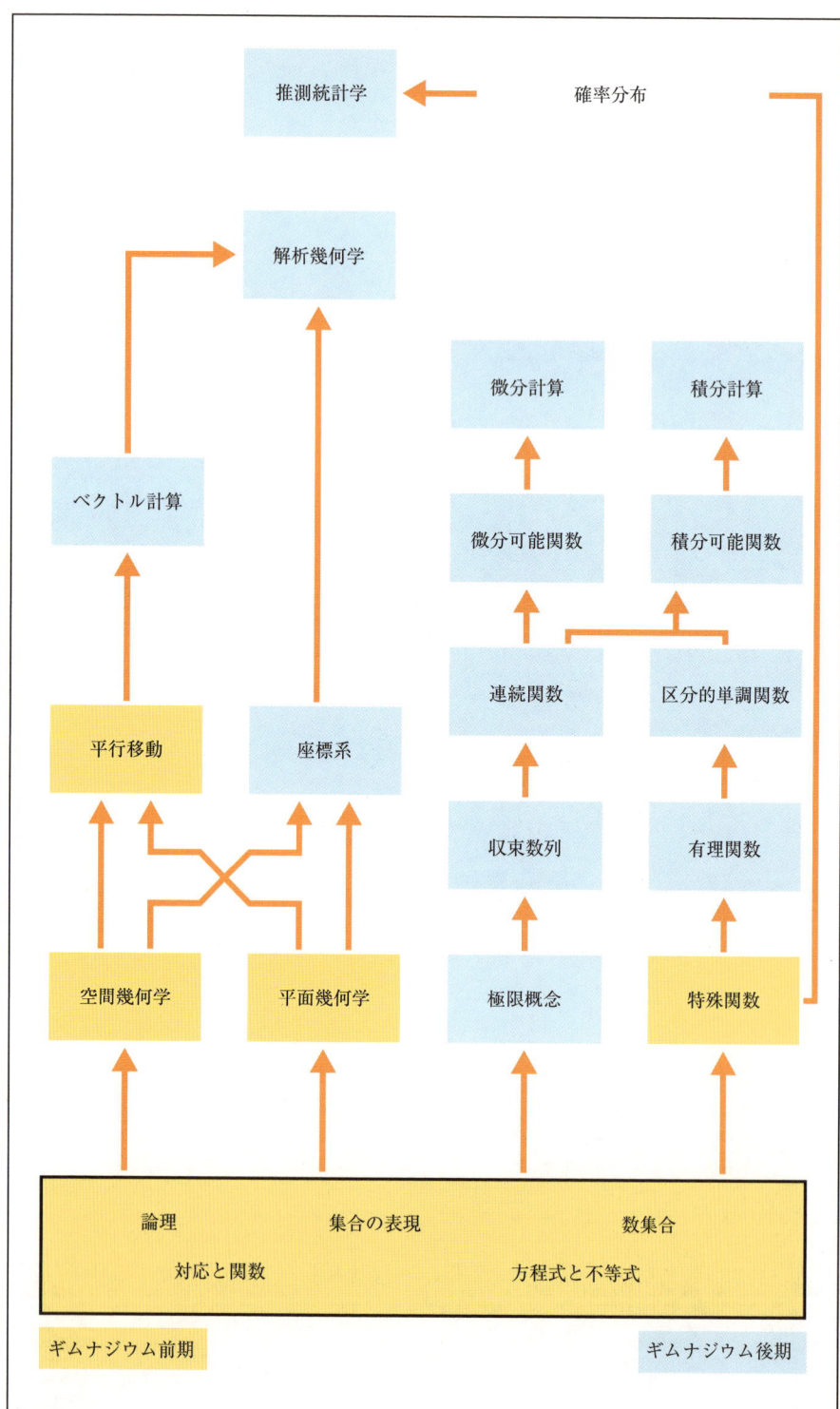

学校数学

ギムナジウム前期（5–10 学年）

代数学と幾何学の基礎を扱う。
通常**集合論の表現と記法**が用いられる。中心となる概念は**命題**と**命題式**および命題結合子を用いたそれらの関連付けである。

論理では，命題結合子および限定子を正確に用いたいろいろな証明形態を例示する。

数集合は自然数から始めて整数，有理数（分数）を経て複素数まで徐々に拡張する。その過程で整数の正負符号法則，分数の計算規則，累乗の計算規則そして累乗根の計算規則が生じ，無限循環小数の導入により無理数の存在が正当化される。複素数の計算規則は特別な位置を占める。

対応の概念ならびに**関数の概念**は多くの特殊な関数（一次（線形），二次（平方），多次そして累乗などの関数）およびその個性的なグラフへと導く有効な概念である。三角比に対する三角関数の重要性は強調しておく。一方，2つの点の集合の間には幾何学における**写像**という特徴的関係がある。

命題式の最も重要な応用は**方程式と不等式**である。同値変形および演えき（繹）変形により命題式をできる限り単純に定められる解集合に簡単に移行できる。方程式の解と関数概念の相互の関係をその方程式に属する関数の零点としてつくる。連立方程式の解法にはガウス手続きを使うのが有効である。

平面幾何学においては，点，直線，角の幾何学の基本概念を導入する。合同と相似の定理のほかにも三角形，四角形の研究の補助手段がある。角の和の定理は角の大きさについての命題を可能にする。ピタゴラスの定理群は特に重要である。ピタゴラスの定理によって直角三角形に関する計算が可能になる。さらに与えられた三角形に三角法を用いることにより，頂点を算出する。近似手続きにより円の面積を特定できるようになる。**空間幾何学**では，角柱型立体の体積と表面積を計算し，それにより円柱，円錐，球の体積および表面積を算出する。

ギムナジウム後期（11–13 学年）

ここでは微分計算の基礎概念として**極限値の概念**が導入される。関数の行列に始まる概念を持ち込むことにより連続関数の概念を明らかにする。関数の連続性と定義域の周辺部もしくは隙間での関数の研究によりいつでもグラフが正確に描けるようになる。残った関数の極値の問題は**微分計算**により可能になる。

微分計算の基本概念はある点での関数の傾き（微分係数）である。関数と微分係数の関数（導関数）との相互作用は，関数の単調変化の重要な命題とそれに伴う条件付きの極値と変曲点に関する定理（曲線議論）をもたらす。求積問題（正方形化）は定積分へさらには原始関数，主定理を経て**積分計算**の計算法へと続く。

関数の近似的計算と解法の難しい方程式には別の方法を用いる。

解析幾何学はあらかじめ設定した座標系へ関連付けた点の座標による描写可能性を利用する。直線と平面は座標方程式で表せる。その関連付けがたとえば相互の位置に関する命題を可能にする。非常に有効なのはベクトルの利用で，これにより幾何学の問題が代数的で特別に明白かつ有効なものになる。

統計と確率計算から生まれた分野である**推測統計学**は学校数学では最も新しい単元である。ここでは無為事象についての命題を扱う。

4　集合論の表現

	命文	命題	命題式	主張
1	5は素数である	○	×	判定(w)が一意に可能
2	5は100の約数ではない	○	×	判定(f)が一意に可能
3	$3 \cdot 6 < 2 \cdot 5 + 4 \cdot 2$	○	×	判定(f)が一意に可能
4	火星には生命体がいる	○	×	判定(w)か(f)が一意に可能 ただしどちらかはわからない
5	xは動物である	×	○	動物(例5)数(例6,7)で置き換えると判定(w)か(f)が一意に可能
6	$\sqrt{x} = -1$	×	○	
7	$2x < 6$	×	○	
8	$3x + 2 < 5x - + 4$	×	×	− +が意味をなさない
9	$3 + 7$	×	×	判定不能(式)
10	この命文は偽の命題である	×	×	判定不能(この文をどちらに判定したとしても反対を申し立てる)

A　命題, 命題式

求数問題:

いかなる数に56を足すと93になるか?

数学用語で整理する:

いかなる (自然数)に	変数 x $D_x = \mathbb{N}$
56を足すと	$+56$
93を得る	$= 93$

命題式としては:

$$x + 56 = 93 \mid D_x = \mathbb{N}$$

ただ1つの解は同値変形の応用(p.45を見よ)により自然数37である。

B_1

命題の要約

64面のますのあるチェス盤に最初のますには米粒を1個おき、次々とその倍の数の米粒を乗せていく。
盤面全体にはいくつの米粒が並ぶか?(アジアの数学よりの例)

解:
第1面, 第2面: $1 + 2 = 3$ (w)
第1面〜第3面: $1 + 2 + 4 = 7$ (w)
第1面〜第4面: $1 + 2 + 4 + 8 = 15$ (w)
第1面〜第64面: $1 + 2 + 4 + \ldots + 2^{63} = 2^{64} - 1$ (w)

一般化した命題式:

$$2^0 + 2^1 + \ldots + 2^{n-1} = 2^n - 1 \mid D_x = \mathbb{N}$$

数学的帰納法(p.249, 250)および幾何級数(p.87)による証明がある。

$n = 64 \rightarrow 2^{64} - 1 = 18{,}466{,}344{,}073{,}709{,}551{,}615$
すなわち, およそ $1.8 \cdot 10^{19}$ である

B_2

B　1変数の命題式の導入

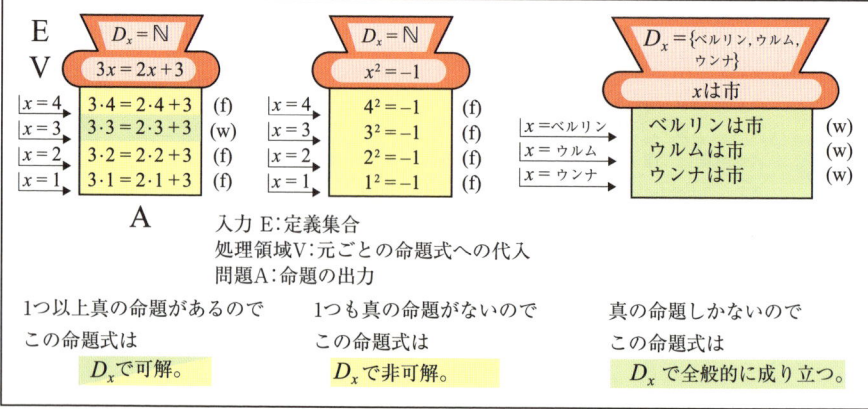

入力 E: 定義集合
処理領域 V: 元ごとの命題式への代入
問題 A: 命題の出力

1つ以上真の命題があるのでこの命題式は D_x で可解。

1つも真の命題がないのでこの命題式は D_x で非可解。

真の命題しかないのでこの命題式は D_x で全般的に成り立つ。

C　ブラックボックスとしての命題式

命題

命題（独語の Aussage）という言葉には日常会話でもあちこちで出会う。判事はその証明をし，新聞記事にも見いだされる。それらは常に正しいとは限らず，誤りやときとして半分だけしか正しくないものも含んでいる。

数学の発言では半分だけ正しいものは閉め出さねばならない。発言は正誤のはっきり判定できるものに限られる。それゆえ疑問文，漠然とした主張，主観的意見，広告，要求などは命題とは認められない。

定義 1：数学記号および（または）文字による意味のある成文で一意的に 真 (w)，偽 (f) の判定のできるものを 命題 と呼ぶ。
w, f を 真偽値 という。

例：図 A

注：「…という命題は真である」という代わりに「…が成り立つ」という。

1 変数の命題式

図 A にある成文（Nr.* 5, 6, 7）は文字 x があるため命題とはなれない。しかし，x を動物に（Nr.5）あるいは数に（Nr.6, 7）置き換えると命題となる。属する定義集合からの置き換えの場所を空けておくための x の命題である。x の代わりに入るものが変わりうるので x を変数と呼ぶ。

定義 2：変数 x が含まれ，その変数の定義集合の 1 つの元への代入のそれぞれ について命題となりうる成文を 変数 x の命題式 と呼ぶ。

例：図 A, B

変数は x, y のような小文字または□，△のような記号で表す。
命題式による命題の構成は，「ブラックボックス」によって図解できる（図 C）。

命題式の定義集合

図 B に見られるように，定義集合の 大きさ は問題の立地による。たとえば $\sqrt{x-1}$ ($x \geq 1$ のときしか定義されない）が存在するときのように計算的制限もありうる。図 C の例 3 のような集合もまた選びうる。

実際には変数にはその問題に適した最も大きな定義集合が属する。

定義集合は命題式に添付される：$A(x) \mid D_x$：変数 x，定義集合 D_x の命題式と読む。流動的な表現としては $A(x)$; $x \in \cdots$。

$\boxed{x = \cdots} \longrightarrow$ は定義集合から変数への代入を表す記号。$x = \cdots$ を代入すると…となる（…が導かれると読む）。

たとえば $3x = 2x + 3$ のように，変数が複数の位置に現れるときは，すべて の位置に同じ値を代入しなくてはならない。図 B の求数問題の場合のように関心がもたれるのは命題式の「結果」である。

命題式の解集合

定義 3：真の命題をつくるような命題式 $A(x)$ の変数への D_x からの代入のおのおのを命題式の 解 という。すべての解の集合を 命題式の解集合 L という。

図 C の命題式が解集合としてもつのは：{3}, { }, D_x (例 1 の計算的扱いは p.45 を見よ）。

注：「定義集合 $\mathbb{R}$ の命題式 $x^2 = 4$ の解集合は $\{2, -2\}$ である」という命題の代わりに次のように簡単に書く：

$$L\left[x^2 = 4 \mid \mathbb{R}\right] = \{2, -2\}$$

一般的に命題式の定義集合を変えると解集合も変わる。

$$L\left[x^2 = 4 \mid \mathbb{N}\right] = \{2\}, \qquad L\left[x^2 = 4 \mid \mathbb{I}\right] = \{ \}$$

以下の表記，表現法がよく使われる：

- L = { }：$A(x)$ は D_x で 非可解（可解でない，満たしえない）。
- L ≠ { }：$A(x)$ は D_x で 可解（満たしうる）。
- L = D_x：$A(x)$ は D_x で 全般的** に成り立つ。

例：図 C

注：誤解されるおそれのないときには解集合は命題式は省いて [ ] で表す。

1 変数の実方程式および不等式は特に重要な命題式である（p.45, p.47 を見よ）。

（訳注）　*英語では No. **[至る所]

6　集合論の表現

(1) $2x_1 + 2x_2 = 1$ $|D_{x_1} = D_{x_2} = \mathbb{R}$ (p.69)
　　直線の方程式 ($y = -x + 0.5$)
(2) $2x_1 + 3x_2 - 4x_3 = 1$ $|D_{x_1} = D_{x_2} = D_{x_3} = \mathbb{R}$
　　平面の方程式(p.205)
(3) x は y の倍数 $|D_x = D_y = \mathbb{N}$
　　対応(p.65)
(4) $y = 2x$ $|D_x = D_y = \mathbb{R}$

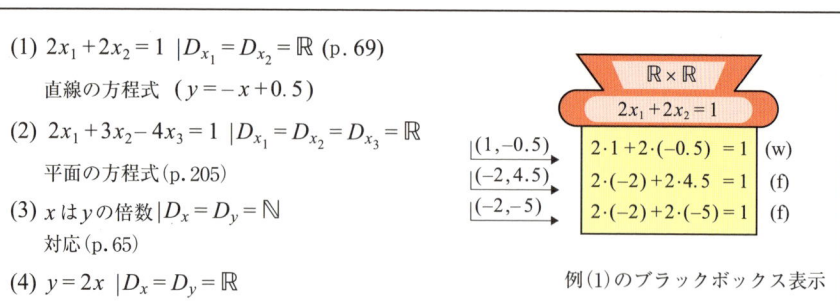

例(1)のブラックボックス表示
(訳注) ドイツ語では自動販売機

A　多変数の命題式

カーラは日曜日に来る。かつ 月曜日にも来る。	カーラが日曜日に来て月曜日にも来たときのみ真
カーラは日曜日に来るか または 月曜日に来る。	カーラが日曜日にも月曜日にも来なかったときのみ偽
カーラは日曜日に来た ならば 月曜日にも来る。	カーラが日曜日に来たのに月曜日に来なかったときのみ偽
カーラは日曜日に来た ならばちょうどそのとき月曜日にも来る。	カーラが両方の日に来たかもしくは来なかったときのみ真

B　命題の結合

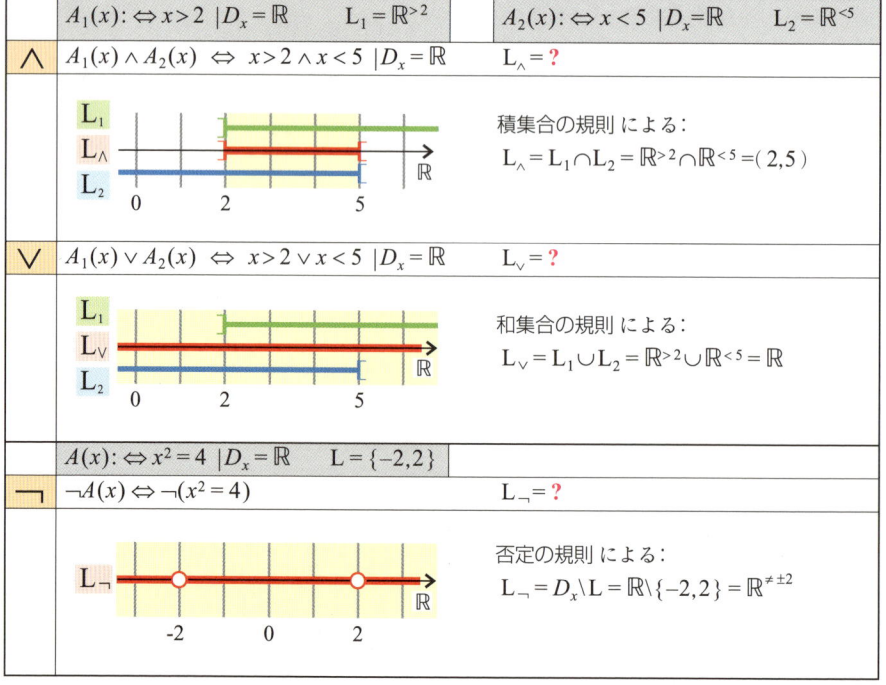

C　いろいろな規則による解集合の決定

多変数

対応と関数（p.63, p.65）の他にも 2 個以上の変数をもつ方程式，不等式もある。
多変数の命題式の例：図 A_1
1 変数の命題式の定義の 2 と 3 （p.5）は，簡単に多変数の場合に発展できる。それぞれの変数は独自の定義集合をもっており，変数への代入は互いに 独立 に行われなければならない。

注：すべての変数に値が代入されて初めて命題ができる。

例：　　　$2x_1 + 2x_2 = 1 \mid D_{x_1} = D_{x_2} = \mathbb{R}$
$\underline{x_1 = 1}$　　$2 \cdot 1 + 2x_2 = 1$　　　　　　（命題式）
$\underline{x_2 = -0.5}$　$2 \cdot 1 + 2 \cdot (-0.5) = 1$　　（真の命題）

2 変数の場合は一般的に順序のある対の集合として（図 A_2），3 以上の場合はデカルト積*の部分集合（p.11）として示される。
例として以下がある：
$$D_{(x_1,x_2)} = D_{x_1} \times D_{x_2} = \mathbb{R} \times \mathbb{R}$$
$$= \{(x_1, x_2) \mid x_1 \in \mathbb{R}, x_2 \in \mathbb{R}\}$$

L = {(1, −0.5) …} で (1, −1) ∉ L

命題の結合と否定

すべての命題が p.4 の図 A のように単純な構造からなるとは限らない。
図 B は以下にあげたような言葉が簡単な命題を結合して新しい成文をつくることを示す。

結合要素	表現：記号
「かつ」	積　：∧
「または」	和　：∨
「…ならば…」	演えき(繹)：→
「…ならばちょうどそのとき…」	
および	
「…ならば…であり，かつそのときに限る」	同値　：↔

これらの結合記号を 結合子 という（p.239, p.241）。
さらに 否定子 がある。

「…でない」	否定　：¬
	(p.239)

結合（p.239, p.241）については以下が成り立つ：

- ∧ : 積　与えられた命題 A, B が真のときのみいつでも $A \wedge B$ は真。
- ∨ : 和　与えられた命題 A, B が偽のときのみいつでも $A \vee B$ は偽。
- → : 演えき　仮定命題が真で結論命題が偽のときのみ $A \to B$ は偽。
- ↔ : 同値　与えられた命題の双方が真または双方が偽のとき，いつも $A \leftrightarrow B$ は真である。すなわち両命題の真偽値は一致する。

∧ および ∨ による関連付け

2 つ以上の命題式の ∧ および ∨ による関連付けの結果はいつでも命題式である。

- ∧ は取り扱いが同時に満たされることを表す。この結合子はたとえば複数の一次方程式を結合して連立方程式にする（p.59）。
- ∨ は複数の可能性（たとえば 一方または他方 など）が成り立つときいつも成り立つ。方程式 $(x-1) \cdot (x-2) \cdot (x^2+1) = 0$ の解法において同値で双射の表現形式を用いるようなものである（p.51 を見よ）：
$$x - 1 = 0 \vee x - 2 = 0 \vee x^2 + 1 = 0$$

$L_1, L_2, \ldots$ が与えられた命題式の解集合 $L_\wedge, L_\vee$ について 積集合の規則 ならびに 和集合の規則 が成り立つ：

(1)　$L_\wedge = L_1 \cap L_2 \cap \cdots$
(2)　$L_\vee = L_1 \cup L_2 \cup \cdots$

例：図 C

否定

命題式の否定は，もとの命題式と同一の定義集合をもつ。解集合が L のとき，命題の否定の解集合 $L_\neg$ について 否定の規則 が成り立つ：

(3)　$L_\neg = D \backslash L$

例：図 C

注：命題式の → と ↔ による関連付けでは再び命題式が生じる。これらが全般的に成り立つときは ⇒ および ⇔ と書き，演えき および 同値（解集合の様子は p.247 を見よ）という。方程式，不等式では特に 演えき変形 ならびに 同値変形 という（p.45, p.47 を見よ）。

───────────
（訳注）＊[直積]

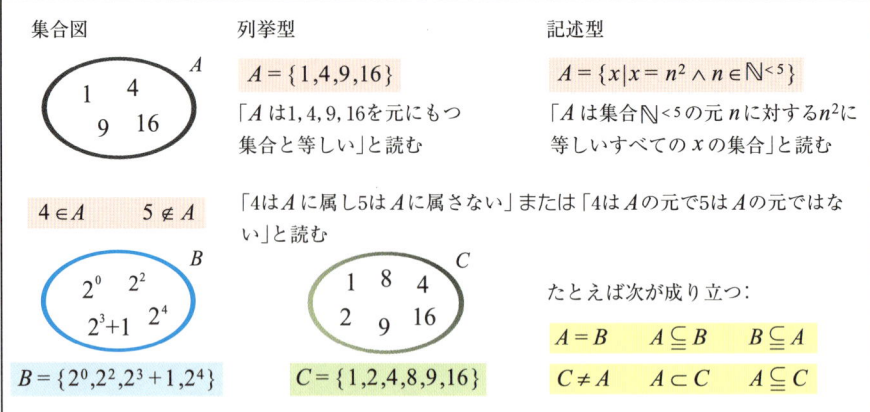

A　表現の例

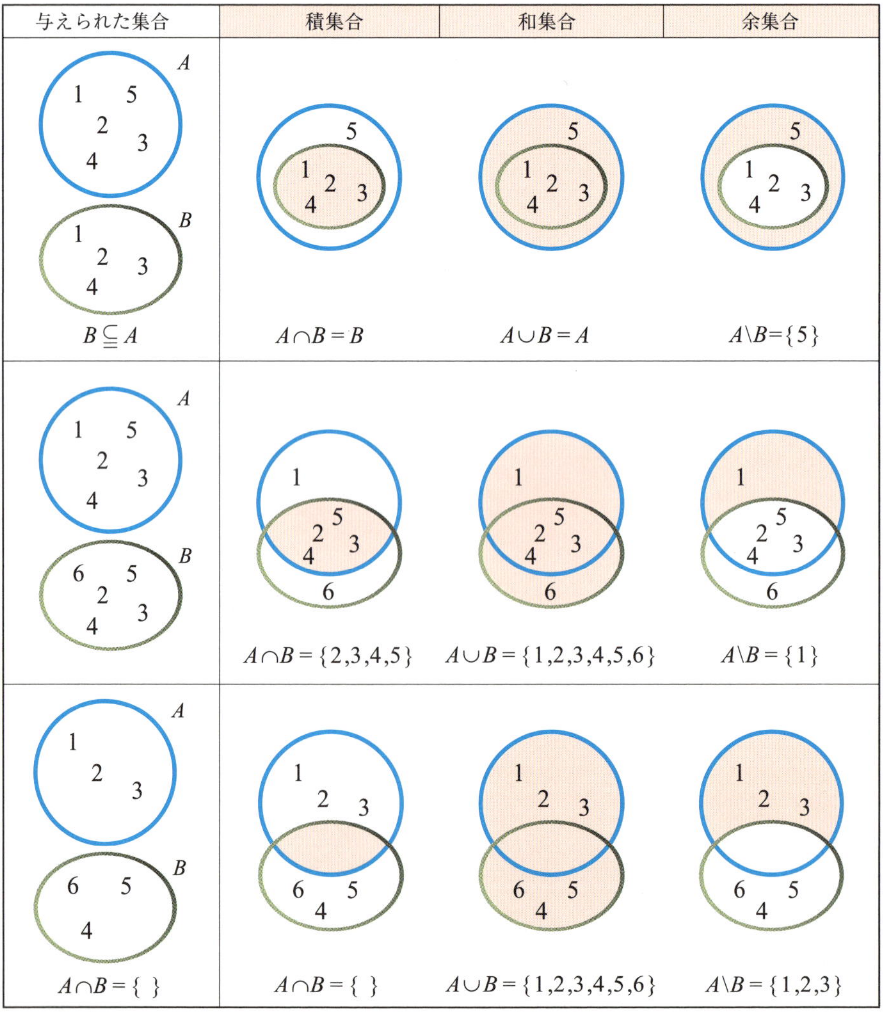

B　積集合, 和集合, 余集合

数学者は集合をその真部分集合がその集合自身と「同様に多い」ものとして述べたり，集合をある個数の元を取り去ってもなお以前と「同様に多い」ものとして述べることができるが，これはパラドックスである。

これらの集合が紙幣の集合であればそれにより良い暮らしができる。ここから紙幣を取り出してなおかつ「同様に多い」金額が残っていることになるからである。しかしながら現実はそうはいかない。

詳しくいうと無限集合（これもまた概念が定義されなければならない）においてのみ上述の命題が成り立つ。しかも「同様に多い」の言葉の意味するところをはっきり定めて初めて成り立つのである（p.13）。とはいえ，そもそもすべての紙幣の集合は無限集合ではないのである。

G. カントル (G. Cantor 1845–1918) によって，数学が独立して集合，特に無限集合を扱う分野としていわゆる集合論が始められた。この特別気むずかしい分野から生まれた集合が学校数学に持ち込まれたのである。

集合論の表現

数集合，点集合，関数集合を取り扱い，集合の分割，結合を経てそのほかの処理を語る。今日ではすべての数学の分野において集合論の表現が用いられる。

集合の定義

> **定義 1**（カントル）：集合 とは特定されてはっきりと区別された我々の見解または考えの対象（物）の集まりである。
> この対象を集合の 元 という。

集合の表記は以下の 2 つによる。

- 列挙型（これには ベン図またはオイラー図 と呼ばれる 集合図 が含まれる）
- 記述型（図 A）

集合のいかなる元も 2 度数えあげられない。順序は重要ではない。

$a \in M$：a は M の元であることを示す，
$a \notin M$：上の否定，すなわち a は M の元でない。

全く同じ元をもつ 2 集合は 等しい。
たとえば $\{x | x^2 < 0 \land x \in \mathbb{R}\}$ のように集合が元をもたないとき 空集合 といい，{ } と書く。
特に重要な集合は $\mathbb{N}, \mathbb{R}, \mathbb{I}, \mathbb{C}$ のように固有の名をもっている（p.15 を見よ）。

部分集合（図 A）

> **定義 2**：T のすべての元が M に属しているとき T を集合 M の 部分集合 といい，記号では $T \subseteq M$（T は M に含まれるか等しいと読む）と表す。
> さらに $T \neq M$ が成り立つとき T を 真部分集合 と呼ぶ（記号：$T \subset M$）。

注：直接次が導かれる：

$$A = B \Leftrightarrow A \subseteq B \land B \subseteq A$$

2 つの集合が等しいことを証明するには，$A = B$ を導くために (I) $A \subseteq B$ と (II) $B \subseteq A$ を示す。

余集合 （図 B）

> **定義 3**：A の元で B には属さないものの集合を A の B についての 余集合 という。記号で $A \backslash B$（B を除いた A と読む）。
> $A \backslash B = \{x | x \in A \land x \notin B\}$
> G を与えられた基集合とする。$A \subseteq G$ なるおのおのの A について余集合 $G \backslash A$ は A の G における 補集合 という。記号では $\complement A$ または $\bar{A}$ と書く。

積集合（図 B）

> **定義 4**：集合 A と B に共通な元のすべてからなる集合を A と B の 積集合 という：$A \cap B$ と書く（B により切り取られた A* と読む）。
> $A \cap B = \{x | x \in A \land x \in B\}$
> $A \cap B = \{\ \}$ が成り立つとき，A と B は 共通部分をもたない という。

和集合（図 B）

> **定義 5**：A または B に含まれている元のすべてからなる集合を A と B の 和集合 という：
> $A \cup B$ と書く（B と併せた A** と読む）。
> $A \cup B = \{x | x \in A \lor x \in B\}$

両集合に共通な元は 1 度だけ数える。
したがって和集合の元の数は双方の元の数の和より小さいかもしくは等しい。

（訳注）　*[A と B の共通部分] **[A と B の合併]

10　集合論の表現

(1a) $A\cap B = B\cap A$	(1b) $A\cup B = B\cup A$	交換法則
(2a) $A\cap(B\cap C) = (A\cap B)\cap C$	(2b) $A\cup(B\cup C) = (A\cup B)\cup C$	結合法則
(3a) $A\cap(B\cup C) =$ $(A\cap B)\cup(A\cap C)$	(3b) $A\cup(B\cap C) =$ $(A\cup B)\cap(A\cup C)$	分配法則
(4a) $\complement(A\cap B) = \complement A \cup \complement B$	(4b) $\complement(A\cup B) = \complement A \cap \complement B$	ド・モルガンの法則
(5a) $A\cap A = A$	(5b) $A\cup A = A$	自乗の法則
(6a) $A\cap(A\cup B) = A$	(6b) $A\cup(A\cap B) = A$	合併の法則
(7a) $A\cap \complement A = \{\ \}$	(7b) $A\cup \complement A = G$	空集合と補集合の法則
(8a) $A\cap \{\ \} = \{\ \}$	(8b) $A\cup G = G$	
(9a) $A\cap G = A$	(9b) $A\cup \{\ \} = A$	
$\boxed{\cap}\boxed{\cup}$ および $\boxed{\cup}\boxed{\cap}$ と $\boxed{G}\boxed{\{\ \}}$ および $\boxed{\{\ \}}\boxed{G}$ の入れ換えのときの双対性: (1a)から(9a)は(1b)から(9b)に書き換えられる		
(10a) $A\subseteq M \Rightarrow A\cap M = A$	(10b) $A\subseteq M \Rightarrow A\cup M = M$	部分集合の法則

A　積集合，和集合における集合論の法則

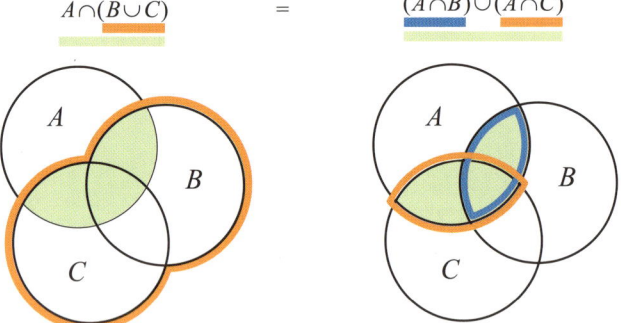

（Ⅰ）ベン図による集合の法則(3a)の証明

$A\cap(B\cup C)$ = $(A\cap B)\cup(A\cap C)$

（Ⅱ）集合比較による集合の法則(4a)の証明

示すべきもの：(i) $\complement(A\cap B) \subseteq \complement A \cup \complement B$　(ii) $\complement A \cup \complement B \subseteq \complement(A\cap B)$　(p.9, 定義2 注と比較せよ)

証明：

(i)　$x\in\complement(A\cap B) \Rightarrow x\in G \land x\notin A\cap B \Rightarrow x\in G \land (x\notin A \lor x\notin B)$
　　$\Rightarrow (x\in G \land x\notin A) \lor (x\in G \land x\notin B) \Rightarrow x\in\complement A \lor x\in\complement B \Rightarrow x\in\complement A \cup \complement B$

(ii)　成り立つ。なぜなら連鎖(i)が逆の流れ（$\Leftarrow$ の代わりに $\Rightarrow$）でも成り立つ。

（Ⅲ）従属表による集合の法則(4b)の証明

A	B	$A\cup B$	$\complement(A\cup B)$	$\complement A$	$\complement B$	$\complement A \cap \complement B$
$\in$	$\in$	$\in$	$\notin$	$\notin$	$\notin$	$\notin$
$\in$	$\notin$	$\in$	$\notin$	$\notin$	$\in$	$\notin$
$\notin$	$\in$	$\in$	$\notin$	$\in$	$\notin$	$\notin$
$\notin$	$\notin$	$\notin$	$\in$	$\in$	$\in$	$\in$

一致

B　集合の法則の種々の証明法

注：記号 ∪（独語では Topf 鍋）はその中で双方の集合の元を併せる「鍋」を連想させる。

次が成り立つ

> すべての M について $\{\} \subseteq M$
> すべての $M \neq \{\}$ について $\{\} \subset M$

不等式における集合概念

与えられた式：$\left|\frac{1}{x-1}\right| > 1$

- 定義集合 $D_x = \mathbb{R} \setminus \{1\}$（余集合）
- その代入によって真の命題を形成するよう D_x の元そのものを求める；同値変形により：
$\left|\frac{1}{x-1}\right| > 1 \Leftrightarrow \frac{1}{|x-1|} > 1 \Leftrightarrow 1 > |x-1|$
$\Leftrightarrow [x-1 > 0 \land 1 > x-1] \lor$
$\qquad [x-1 < 0 \land 1 > -(x-1)]$
$\Leftrightarrow [x > 1 \land x < 2] \lor [x < 1 \land x > 0]$

- カッコで囲まれた多項式の積集合をつくる：
$x \in (1,2) \lor x \in (0,1)$
- 和集合をつくる：$x \in (0,2) \setminus \{1\}$（余集合）
- D_x の真部分集合である解集合を得る：$L = (0,2) \setminus \{1\}$。

集合代数の法則

積集合および和集合は論理学の基本要素「かつ」と「または」（論理結合子 p.238, 239）と関連している。
結合している記号 $\cap$ と $\land$ あるいは $\cup$ と $\lor$ が似通った形をしていることが見てとれる。集合演算子 $\cap$ と $\cup$ による「計算」には基本として命題論理学的な $\land$ と $\lor$ の法則を丸ごと拡張した法則を見いだせる（図 A，p.242，図 B を見よ）。
さらに，基集合 G の補集合構築は $\setminus$ によって論理学の「否」（¬）に自身の拡張をもつ。二重補集合 $\bar{\bar{A}} = A$ は二重否定に相当する。
命題論理学におけるように双対原理（図 A）が成り立つ。

注：集合と命題の代数の一般化の 1 つとして，いわゆるブール代数がある。それは点滅代数（情報）を含んでいる（AM の束理論 p.17 参照）。

対（つい）集合，デカルト積

二次座標系の点の確定にはいわゆる順序のある対 (x_1, x_2) を用いる。たとえば $(1,2)$ は x_1 の座標上の x_1 の値 1，x_2 の座標上の x_2 の値 2 の点となる。関数（対応）のケースでは順序のある対 $(1,2)$ は $1 \mapsto 2$ の対応を表す (p.63)。

定義 6：M_1 および M_2 が集合であるとき，$M_1 \times M_2 = \{(x_1, x_2) | x_1 \in M_1 \land x_2 \in M_2\}$ を対集合という。
M_1 クロス M_2 は x_1 に x_2 を添えたすべての組の集合…
x_1 を第 1 成分，x_2 を第 2 成分と呼ぶ。

例：$\{1,2\} \times \{a,b,c\}$
$= \{(1,a), (1,b), (1,c), (2,a), (2,b), (2,c)\}$

3 以上の「因子」への一般化も可能である。n 個組 $(x_1, \ldots, x_n)$ あるいは集合 $M_1, \ldots, M_n$ のデカルト積 $M_1 \times \cdots \times M_n (n \in \mathbb{N})$ と呼ばれる。

例：$\{1,2\} \times \{a,b,c\} \times \{A,B\}$
$= \{(1,a,A), (1,b,A), (1,c,A),$
$\quad (2,a,A), (2,b,A), (2,c,A),$
$\quad (1,a,B), (1,b,B), (1,c,B),$
$\quad (2,a,B), (2,b,B), (2,c,B)\}$

成分ごとに一致するとき 2 つの 3 個組は等しい。すなわち
$(a,b,c) = (A,B,C) \leftrightarrow a = A \land b = B \land c = C$
したがってたとえば $1 \neq 2$ なので：$(1,2) \neq (2,1)$

注 1：順序のある対 $(1,2)$ は集合 $\{1,2\}$ と全く異なる。

注 2：順序のある対の集合がすべての対集合とは限らない。たとえば

$$\{(1,a), (2,b), (1,c)\}$$

は完全な対集合からは $(1,b)$，$(2,a)$，$(2,c)$ が欠けている。◀

デカルト積のすべての因子が M に等しいなら M^2 とか M^n とも書く。

べき（冪）集合

集合もまた集合の元となりうる。
$\{\{\}, \{1\}, \{2\}, \{1,2\}\}$ は元 $\{\}$，$\{1\}$，$\{2\}$，$\{1,2\}$ からなる集合，すなわち $\{1,2\}$ のすべての部分集合からなる集合である。この種の集合をべき集合という。

定義 7：集合 M のすべての部分集合を M のべき集合という。$\wp(M)$ と書く。

上述の集合は，すなわち $\wp(\{1,2\})$ である。これ

12　集合論の表現

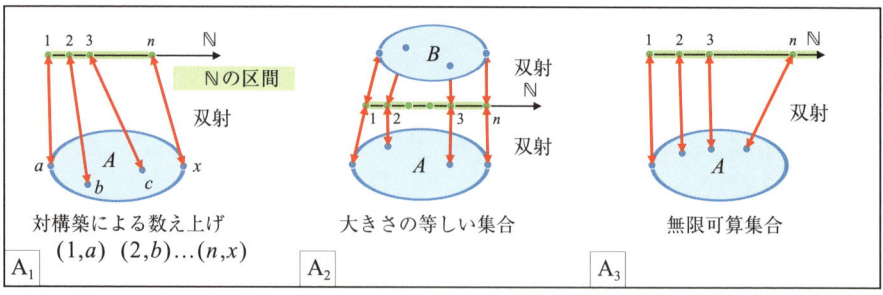

A　有限集合, 大きさの等しい集合, 無限可算集合

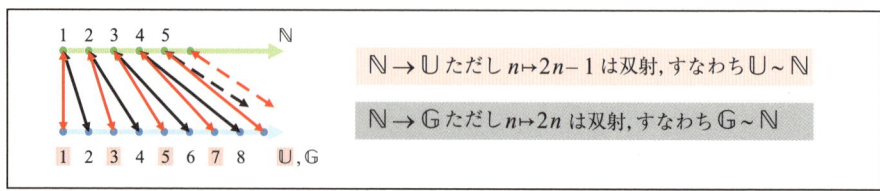

B　無限可算集合の例

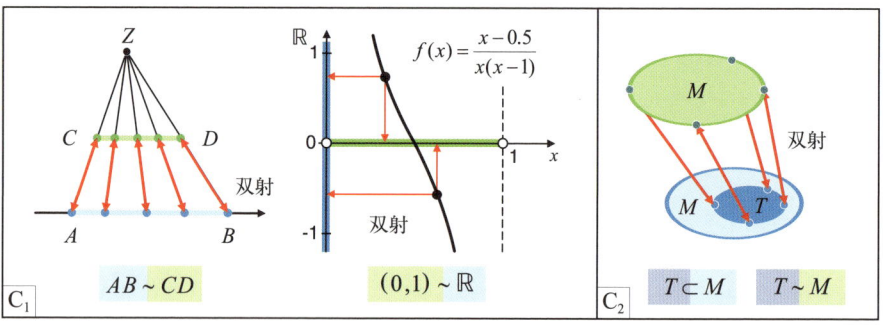

C　特殊な大きさの等しい集合(C_1), 無限集合の定義(C_2)

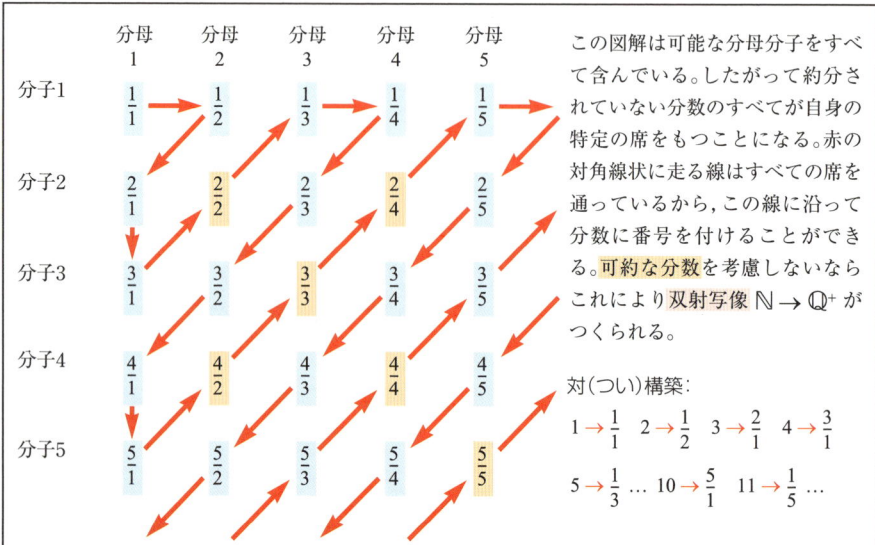

D　カントルの対角線手続き

は 2^2 個の元をもつ。n 個の元をもつ集合のべき集合は 2^n 個の元をもつ（数学的帰納法による証明は p.249）。
べき集合は確率計算などに重要な役割を演じる。

有限集合

日常の生活には 有限 集合しか存在しない。これは元に付けた番号が自然数の区間 に限られるような集合である。（対構築, 図 A_1）。区間の長さを $|A|$ で表し総数（大きさ）という。番号付けが同一の区間で可能なことを2つの集合の元の総数が等しいという。これにより集合 A と集合 B の双射の対応（p.63 を見よ）が実現する（図 A_2）。
この性質を任意の集合に用いて大きさの等しいことの概念を定義する。

大きさが等しいこと

定義 8：A, B が集合で双射対応 $A \to B$ が存在するとき A と B は大きさ*が等しいといい, $A \sim B$ で表す。$\mathbb{N}$ の部分集合と大きさの等しい集合は 可算 であるといい, $\mathbb{N}$ と大きさが等しいときは 無限可算 であるという（図 A_3）。

可算集合は数列で書き表せる $(a_1, a_2, \ldots)$。
例：$\mathbb{G}$, $\mathbb{U}$ は $\mathbb{Z}$ と 大きさが等しい（図 B）ので, $\mathbb{G}$ と $\mathbb{U}$ は $\mathbb{Z}$ の真部分集合であるにもかかわらず無限可算である。平方数の集合, 倍数集合にも同一のことが成り立つ。
図 C_1 では可算ではない大きさの等しい集合を得る（定理 4 と比較せよ）。

無限集合

例より明らかに集合は自分自身の真部分集合と大きさが等しいという性質をもちうる。これは有限集合では成り立たない無限集合の特質である（デデキント R. DEDEKIND. 1831–1916）。

定義 9：自身と大きさの等しい真部分集合をもつ集合は 無限 であるという（図 C_2）。

例：$\mathbb{N}$ および上述の部分集合は無限集合である。

一般に $\mathbb{N}$ のすべての部分集合では以下が成り立つ：

定理 1：$\mathbb{N}$ の部分集合 T は有限または無限可算である。

$\mathbb{N}$ の上級集合（$\mathbb{N}$ を含む集合）

(1) $\mathbb{N}$ に数 0 のような元を1つ加えても大きさは変わらない。自然数の数列を順送りして第1の席を新しい元のために空けることができる：$n \mapsto n+1$, すなわち $\mathbb{N}_0 \sim \mathbb{N}$

(2) $\mathbb{N}$ に有限集合（たとえば：有限な負の数）を加えても (1) を繰り返すことによりすべての元の席が見いだせる。

(3) 整数 $\mathbb{Z}$ では (1) のようにはいかない。無限集合 $\mathbb{Z}_0^+$ の席を見いだす順送りが不可能である。そのかわり数列 $(0, 1, -1, 2, -2, \ldots)$ を見いだせる。すなわち $\mathbb{Z}$ と $\mathbb{N}$ は大きさが等しい。

これらの結果は以下の定理を応用して得られる。

定理 2：A, B が可算［無限可算］ならば $A \cup B$ も可算［無限可算］である。

推論：$\mathbb{Z}^+ = \mathbb{N}$, $\mathbb{Z}_0^- \sim \mathbb{N}_0 \sim \mathbb{N}$, すなわち $\mathbb{Z}^+$ と $\mathbb{Z}_0^-$ は無限可算。
定理 2 により $\mathbb{Z} = \mathbb{Z}_0^- \cup \mathbb{Z}^+ \sim \mathbb{N}$ が成り立つ。

(4) 有理数の集合では $\mathbb{Q}^+$ の無限可算の証明に限ればよい。
定理 2 より, すなわち詳しくいうと $\mathbb{Q}_0^+ \sim \mathbb{Q}^+$ と $\mathbb{Q}^- \sim \mathbb{Q}^+$ が成り立つので,
$$\mathbb{Q} = \mathbb{Q}_0^+ \cup \mathbb{Q}^- \sim \mathbb{N}$$

$\mathbb{Q}^+$ が無限可算であることはカントルの対角線手続きにより証明できる（図 D）。すなわち次が成り立つ：

定理 3：有理数の集合 $\mathbb{Q}$ は可算である。

(5) 無理数を導入して初めて無限の新しい段階に手が届く。以下が成り立つからである：

定理 4：実数の集合は可算ではない。すなわち非可算である。

証明：

(i) $\mathbb{R} \sim (0, 1)$（図 C_1）

(ii) $(0, 1)$ が可算であるという仮定は矛盾に至る (p.248, 図 B)。したがって $(0, 1)$ は可算ではない。すなわち非可算。

（訳注） *無限集合では［濃度］ともいう。

14　数集合

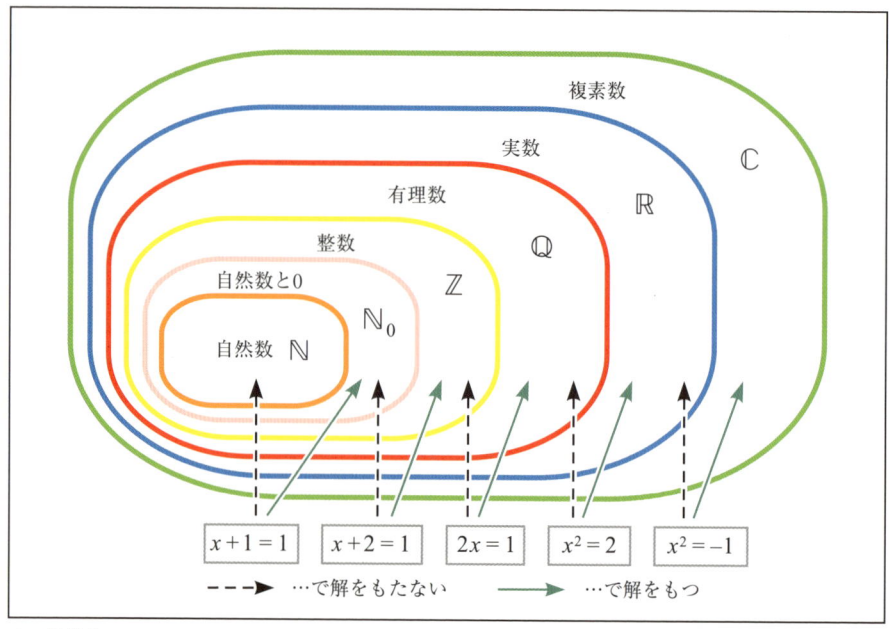

A　数集合

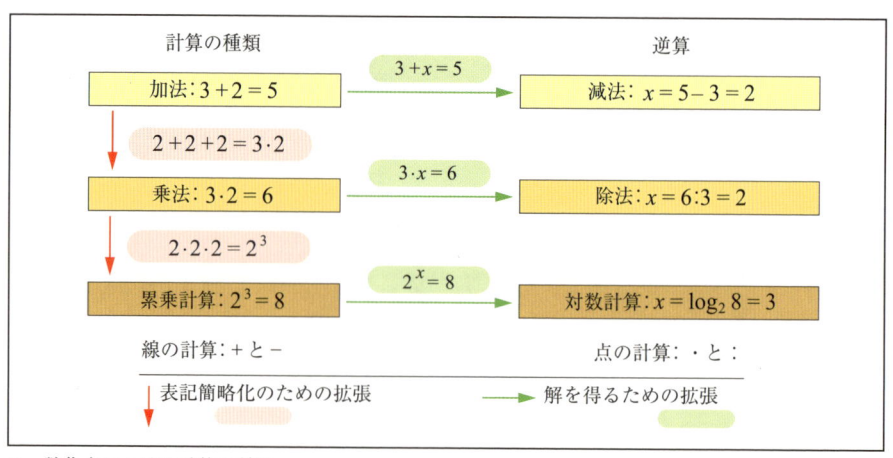

B　数集合における計算の種類

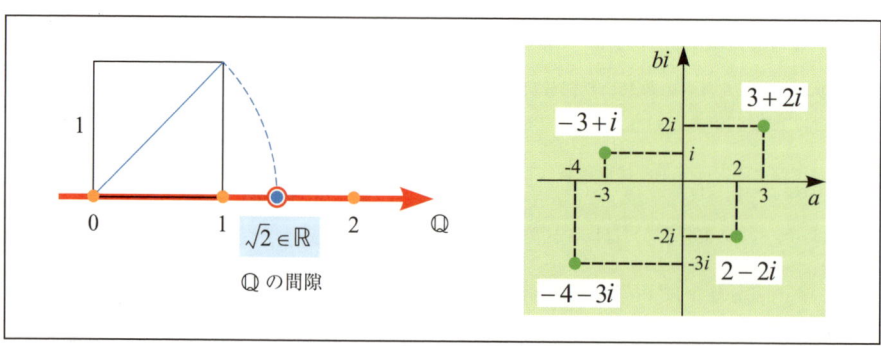

C　数直線および複素平面での数集合の図示

概観

学校数学では一般に数集合を次のようにあつかう：

- $\mathbb{N}_0$：自然数と 0 の集合（1～5 学年）
- $\mathbb{Q}_0^+$：正の有理数（分数）と 0 の集合（6 学年）
- $\mathbb{Q} = \mathbb{Q}^- \cup \mathbb{Q}_0^+$：有理数の集合（負の有理数の導入）

さらに

- $\mathbb{Z} = \mathbb{Z}^- \cup \mathbb{Z}_0^+$：$\mathbb{Q}$ の部分集合としての整数の集合（7 学年）
- $\mathbb{R}$：実数の集合（非循環無限小数の導入）（9 学年）

場合によっては
- $\mathbb{C}$：複素数の集合（補追課程またはギムナジウム後期）

導入するこの順序に根拠はあるが、強制するものではなく、整数の集合を有理数の集合の前に導入することもできる（AM の p.45）。
いずれのケースでも数の範囲の拡張のつながりは保持される：

$$\mathbb{N} \subset \mathbb{N}_0 \subset \mathbb{Z} \subset \mathbb{Q} \subset \mathbb{R} \subset \mathbb{C} \quad \text{(図 A)}$$

小学校（ドイツでは 1～4 学年）ですでに習っている非常に重要な「教養的技術」に含まれる計算の対象は自然数である。

自然数 $\mathbb{N}$

$\mathbb{N}$ および $\mathbb{N}_0$ で無制限に可能である加法、乗法の逆算が減法および除法である（図 B）。
たしかに $\mathbb{N}$ において被減数が減数より小さい減法（$5 - 7$ は定義されない）と被除数が除数の倍数でない除法および除数が 0 の除法（$6 : 4$ や $6 : 0$ は定義されない）は成立しない。

0 による除法をほかの計算の法則と同調できるように定義することは基本的に不可能である。このことにおいてのみ **0** は特別な存在である（p.29 と比較せよ）。取り除きえないこの制限に対し、もう一方の制限は自然数の集合を有理数の集合に**拡張**することにより解決する。

有理数 $\mathbb{Q}$

自然数の集合 $\mathbb{N}$ からの拡張：
a) まず $\mathbb{N}_0$ を用いて**分数**（p.23）を導入する。約分された分数が集合 $\mathbb{Q}_0^+$ を特定する。分数の加法と乗法を定義する（p.25）。減法は不完全なままである（$\frac{1}{2} - \frac{2}{3}$ が定義されない）が、除法は 0 で割るという例外こそもつが無制限に可能である。すべての剰余が分数の形で表されるので（$6 : 4 = 1$ 余りが $2 = 1\frac{2}{4} = 1\frac{1}{2}$ となる）$\mathbb{N}_0$ の数もまた $\mathbb{N}$ の任意の自然数で割れるようになる。

b) $\mathbb{Q}_0^+$ は**負の有理数**によって集合 $\mathbb{Q}$ へと完全化される。加乗減そして（おのおのの分数に逆数が存在するので）0 で割るという不可能な例外をもつ除法がそれ以外では無制限に可能になる（p.29）。

実数 $\mathbb{R}$

数集合と呼んでいるものを**数直線**（図 C）上に配列する。

有理数は数直線をすでに**密に**（p.25）満たしているにもかかわらず、1 辺が 1 の正方形の対角線の長さである $\sqrt{2}$ のような隙間が「たくさん」存在する。

$\sqrt{2}$ が**非有理数**であり、いかなる有理数でもないことは証明できる（p.37）。

すべての非有理数（すべての有理数もまた）は**区間縮小**により有理数を用いて把握できる（p.37）。

無限非循環小数の存在は知られている。
有限もしくは循環小数として表される有理数（p.33）とあわせて、**実数**の集合 $\mathbb{R}$ を得る。

実数の特別な表記法の 1 つに累乗表記がある（p.41）。累乗化の逆算は**対数化**である（図 B）。
$x^2 = c \, (c \in \mathbb{C})$ の形の方程式は $\mathbb{R}$ では $c \geq 0$ のときのみ解をもつが、虚数単位 i（方程式 $x^2 = -1$ の解として定義される）の導入により $a + ib \, (a, b \in \mathbb{R})$ の形で複素数を得る（p.43）。

複素数 $\mathbb{C}$

すべての $x^2 = c$ の形の方程式は複素数の集合 $\mathbb{C}$ で解をもつ。

複素数を数直線上に配列することはできないが、$a + ib$ を順序のある対 $(a, b) \in \mathbb{R}^2$ に 1 対 1 で割り当て、さらに a と bi を軸にもつガウス平面*と呼ばれる平面に表すことができる（図 C）。

(訳注) ドイツ語では除法 $a : b$ と分数 $\frac{a}{b}$ は同じ読み（p.23 参照）。文脈上の必要から除法記号を ÷ に変更していない。*［複素平面］

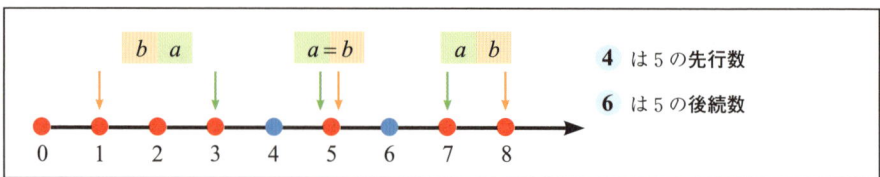

A 数半直線

ローマ記数法の意味	$I=1, V=5, X=10, L=50,$ $C=100, D=500, M=1000$
規則	例
(1) 数字の値は右側の数字が同一または小さいときは加える。	MMDCCCLXVII = 1000 + 1000 + 500 + 100 + 100 + 100 + 50 + 10 + 5 + 1 + 1 = 2867
(2) 数字 I, X, C がより大きい値の数字の左側にあるとき，大きいほうから小さいほうを引いてその差を(1)の和にあてはめる。2つ以上の数を引くことはできない。つまり5倍と10倍の値から**のみ**1つ引くことになる。	$IV = 4$, $XIX = 10 + (10-1) = 19$ IL, IC, ID, IM, XD, XM は一緒には書かれない。 この規則で成り立つのは以下のみ: IV, IX, XL, XC, CD, CM
(3) 3個より多く同じ数字を並べることは許されない。	IIII は IV となる
(4) 2つ並んだ数字の短縮は優先する。第2第3の規則はいずれにせよ守られる。	VV は X に，LL は C に DD は M に置き換えられる。すなわち V, L, D はおのおの一度しか現れない。

B ローマ記数法の規則

20425の**十進法**位取り								87の**二進法**位取り						
10^6	10^5	10^4	10^3	10^2	10^1	10^0		$64=2^6$	$32=2^5$	$16=2^4$	$8=2^3$	$4=2^2$	$2=2^1$	$1=2^0$
M	HT	ZT	T	H	Z	E	$87=$	64						+23
		2	0	4	2	5		64		+16		+4		+3
Eは一の位, Zは十の位, Hは百の位, Tは千の位, ZTは万の位, HTは十万の位, Mは百万の位								64		+16		+4	+2	+1
							$(87)_2=$	1	0	1	0	1	1	1

C 十進法および二進法

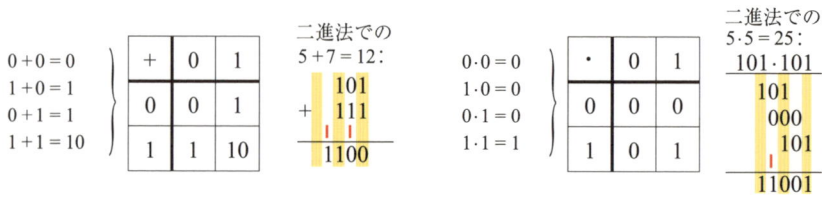

1+1=10が出てきたときには繰り越しの1を1つ上の位に書く。0はさらに計算するかもしくは結果を示すために書く。

D 二進法の加法と乗法

自然数

数えるときに用いる数 $1, 2, 3, \ldots$ を **自然数** という。自然数の集合は記号 $\mathbb{N}$ で表す。この集合に 0 を付け加えるときは $\mathbb{N}_0$ と書く（0 を加えた $\mathbb{N}$ と読む）。

自然数は次の 2 つに利用できる：
(1) 集合の元の **総数** を特定する。
(2) 集合のすべての元が鎖の上に並べられた特定の点に割り当てられているときに，その元の **位置** をみつけ出す。

(1) を **カージナル数（基数）** としての用法，(2) を **序数（順序数）** としての用法という。
例：（サッカーの）ブンデスリーガの 18 チームのうちでアルミニア・ビーレフェルトは 1997–98 年のシーズン順位表で 18 番目であった。
「18」はブンデスリーガの集合のすべての元の総数。18 は基数である。これに対し，「18 番目（ドイツ語では 18.)」は番目 (.) により構成チームの順位（位置）を表している。
注：「総数」の概念を「大きさの等しい集合」(p.13) と比較せよ。

自然数の大小比較

$\mathbb{N}_0$ の元は大きさの順に並べうる。この方法には具体化する手段として半数直線を用いる。それにより明白に：
2 数 a と b には $a < b, \ a = b, \ a > b$ のいずれかが成り立つ（図 A）。

ペアノの公理

半数直線によってほかにも以下の **後続数性質** がわかる。

(P1) すべての数は $\mathbb{N}_0$ の中に後続数を 1 つもつ。
(P2) 0 は $\mathbb{N}_0$ のどの数の後続数でもない。
(P3) すべての数は最大で 1 つの $\mathbb{N}_0$ の数の後続数である。
(P4) $\mathbb{N}_0$ のある部分集合 T が 0 を含みおのおのの数の後続数も含むなら $T = \mathbb{N}_0$ である。

これら 4 つは次により完備化される：

(P0) 0 は $\mathbb{N}_0$ の元である。

ペアノの公理（ペアノ PEANO, 1858–1932）を得たことにより，自然数の性質が導き出される（AM の p.43 を見よ）。

法則 (P4) は第 5 ペアノの公理あるいは 帰納公理 と呼ばれ，「数学的帰納法 (p.249)」の基礎である。

自然数の数表記

数を表すことば（イチ，ニ，サン，…）および並んだ短線 (|, ||, |||, …) の使用は大きな数では実用的ではない。自然数を 位取り法 により書き表すことは **ローマ記数法** のような 加法的記数法 より利点が多い（図 B）。
位取り記数法には日常生活に用いられている
・十進法
と，コンピュータ工学に欠くことのできない
・二進法
とがある。

十進法

数表記 20425 は次のような和であることが隠されている。
$$2 \cdot 10^4 + 0 \cdot 10^3 + 4 \cdot 10^2 + 2 \cdot 10^1 + 5 \cdot 10^0$$
10 個の数記号 $0, 1, 2, \ldots, 9$（いわゆる アラビア数字*）が数表記に用いられる。20425 は左から右へ読むが，意味するところは十進法の 10 の累乗の位取り を右から左へと展開する（各位の数，図 C）：$\cdots 10^4 \ 10^3 \ 10^2 \ 10^1 \ 10^0$。
すなわち 20425 の異なった位にある数字 2 は異なった値をもつ。

二進法

数字 0 と 1 で十分にやっていける。
位取りは 2 の累乗を位の数としている。
$$\cdots 2^4 \ 2^3 \ 2^2 \ 2^1 \ 2^0$$
二進法での数表記 $(10011)_2$ は十進法に直すと
$$1 \cdot 2^4 + 0 \cdot 2^3 + 0 \cdot 2^2 + 1 \cdot 2^1 + 1 \cdot 2^0$$
$$= 16 + 0 + 0 + 2 + 1 = 19$$
を表す。

短所：桁数が大きくなる（図 C）
長所：計算が単純（図 D）

図 C では以下の手順が用いられている：
(1) その数に含まれる最大の 2 の累乗を求めて位取りのその位に 1 を記す。
(2) 余りを求めて同様のことを繰り返す。
(3) 現れなかった累乗の位に 0 を記す。

(訳注)* インド・アラビア数字とも呼ばれる。現代のアラビア語の数字は別のものである。

18 　数集合

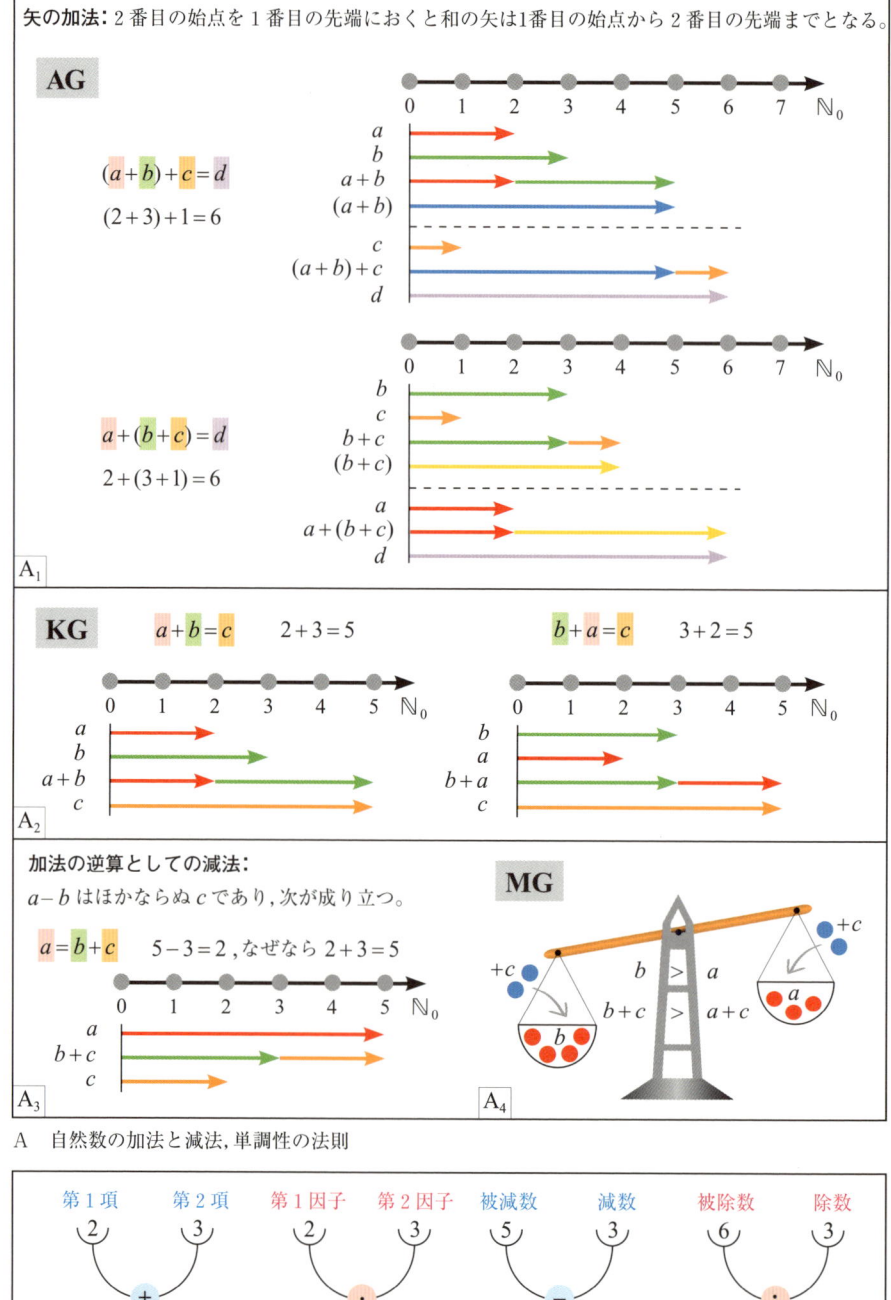

A 　自然数の加法と減法, 単調性の法則

B 　(自然)数の計算における数学用語

任意の数による位取り法

十進法および二進法は特別のケースにすぎなく一般化できる：

g 進法での z の数表記は

- 底（基本数）g $(g \in \mathbb{N})$ と
- 位取り，すなわち各位の数の列を用いて $z = (z_n \cdots z_2 z_1 z_0)_g$ $(n \in \mathbb{N})$ とできる。
- 各位は和 $z = z_0 \cdot g^0 + z_1 \cdot g^1 + z_2 \cdot g^2 + \cdots + z_n \cdot g^n$ において
- 位の数 $g^0 = 1, g^1 = g, g^2 = g^2, \ldots, g^n$ の係数となっている数字集合 $\{0, 1, 2, \ldots, g-1\}$ の数字 $z_0, z_1, z_2, \ldots, z_n$ で右から左へ占められる（$g > 10$ のときは A, B, C などの新しい数字を $10, 11, \ldots, g-1$ のために定義する）。

各位の数の g 倍は 1 つ上の位の数となるから $g-1$ より大きい数字は不要であり，必要な数字の総数は g に等しい。

十進法の底は 10，二進法の底は 2 である。

数 10 が尊重されるのは 10 本の指に由来するものである。

二進法では，2 つの数字を電気的状態「流れる」「流れない」で表せる。

$\mathbb{N}_0$ における加法と減法

$\mathbb{N}_0$ の 2 つの数の加法と減法は集合上で（元の付け加えや取り去り），あるいはさらに続けて数えたり戻って数えたりすることにより，または矢加法と矢減法（図 A）で明らかにできる。すべての表現をまとめると：

$\mathbb{N}_0$ の集合の 2 数 a, b（$a = b$ でもよい）は $\mathbb{N}_0$ の数 $a+b$ に割り当てられる。結果がまたこの集合の元になるので加法は，中への関連付けとして表せ，加法の関連付けが構築されている集合 $(\mathbb{N}_0; +)$ と呼ばれる（加法をあてがった $\mathbb{N}_0$ と読む）。

1 の加法の繰り返しは集合 $\mathbb{N}_0$ の無限性を示す。

減法を加法の逆算で定義する（図 A）：

$a + b = s$ 逆算： $s - b = a$

依然 $a < b$ に対する $a - b$ は定義されていないが，この制限は負の数の導入により取り除かれる（p.27）。

加法の法則

$(\mathbb{N}_0; +)$ では以下が成り立つ（図 A，p.31 とも比較せよ）：

- **結合法則 (AG)**
  $(a+b) + c = a + (b+c)$
  すべての $a, b, c \in \mathbb{N}_0$
- **交換法則 (KG)**
  $a+b = b+a$, すべての $a, b \in \mathbb{N}_0$
- **単調性の法則 (MG)**
  $a < b \Rightarrow a+c < b+c$,
  すべての $a, b, c \in \mathbb{N}_0$

注：基本的に（数集合には依存せずに）減法では交換は許されない。たとえば $5-3 = 3-5$ では右辺は $\mathbb{N}_0$ では定義されない（負の数の導入の後では偽の命題になる）。

$\mathbb{N}_0$ における乗法と除法

2 以上の自然数の集合 $\mathbb{N}^{\geq 2}$ の数に $\mathbb{N}_0$ の数をかける乗法は加法に戻すことができる。

$2 \cdot 3 := 3+3$, 同様に $a \cdot b = \underbrace{b + \cdots + b}_{a \text{ 回}}$

$1 \cdot b := b$ および $0 \cdot b := 0$ は別に定義しなくてはならない。

加法と同じように乗法も中への関連付けと解釈できる：

$\mathbb{N}_0$ の数 a と b（$a = b$ でもよい）は $\mathbb{N}_0$ の数 $a \cdot b$ に割り当てられる。

$(\mathbb{N}_0; \cdot)$ は乗法の関連付けが構築されている集合と呼ばれる（乗法をあてがった $\mathbb{N}_0$ と読む）。

乗法の結合法則，交換法則，単調性の法則が成り立つ（p.31 と比較せよ）。

除法を乗法の逆算として導入する。

$a : b = c$ 逆算： $c \cdot b = a$, $b \neq 0$。

たとえば $2 \cdot 3 = 6$ なので $6 : 3 = 2$。次が成り立つ：

$\mathbb{N}_0$ での除法は被除数が除数の倍数のときのみ成立する。

注：減法の場合と同じように除法の交換法則も基本的に許されない。たとえば $3:6$ は $\mathbb{N}_0$ では定義されない（分数の導入の後には $6:3 = 3:6$ は偽の命題となる）。

注：図 B は計算操作関連用語の用法について述べている。

加法と乗法の結合

$(\mathbb{N}_0; +; \cdot)$ （$+$ と $\cdot$ をあてがった $\mathbb{N}_0$ と読む）では次が成り立つ：

分配法則 (DG) (p.31 も見よ)
$a \cdot (b+c) = a \cdot b + a \cdot c$
すべての $a, b, c \in \mathbb{N}_0$

自然数が以下の数で加除		規則文	応用例 3603600は以下の数で割り切れる
2	⇔	一の位が0, 2, 4, 6, 8	2, なぜならE = 0
4 [8]	⇔	一, 十の位のブロックが4で割り切れる [一, 十, 百の位のブロックが8で割り切れる]	4, なぜならZEブロック=00で4|00が成り立つ 8, なぜならHZEブロック=600で8|600が成り立つ
3 [9]	⇔	横和(下を見よ)が3で割り切れる [9で割り切れる]	3と9, なぜならQ = 18で3|Qと9|Qが成り立つ
10 [5]	⇔	一の位が0 [0または5]	5と10, なぜならE = 0が成り立つ
6, 12, 14, 15	⇔	それぞれ2および3, 3および4, 2および7, 3および5で割り切れる	6, 12, 14, 15, なぜなら2, 3, 4, 5, 7が約数
7, 11, 13	⇔	3桁ブロックの交代和が7, 11, 13で割り切れる	7, 11, 13, なぜなら600−603+003 = 0が成り立つ7, 11, 13は0の約数
11	⇔	交代横和が11で割り切れる	11, なぜなら0−0+6−3+0−6+3 = 0で11|0が成り立つ

補足:

(1) すべての自然数 a, b, c について次が成り立つ: $a|b$ で $a|c$, ならば $a|b+c$, $a|b-c$ ($b > c$) であり, $a|a \cdot b$ である.

(2) 互いに素な自然数 a, b と任意の自然数 c について次が成り立つ:
$a|c$ で $b|c$ ならば必ず $a \cdot b | c$
2と6で割り切れることは12で割り切れることの規則にはならない.
なぜなら2と6は互いに素ではない ($2|6$, $6|6 \Rightarrow 2 \cdot 6 | 6$ は偽)

(3) a が n の約数ならば, 約数集合 T_a のすべての元は n の約数である.

解説:

(4) **横和**を自然数の十進法表記の各位の数の和と定める.
例: 1245604 の横和は $1+2+4+5+6+0+4$ すなわち $Q = 22$

(5) **3桁ブロック**は(右から左へ)3つ隣り合った3桁の数である.
例: 1245604 は次の3桁ブロックからなる: 604, 245, 001
正負交互の3桁ブロックの和はこの例では $604 - 245 + 001$

(6) **正負交互の横和**は十進法表記による各位の数(右から左へ)の混合和である: $z_0 - z_1 + z_2 - \ldots$
例: 3678008 交代横和は $Q_{alt} = 8 - 0 + 0 - 8 + 7 - 6 + 3$, すなわち $Q_{alt} = 4$ である.

A 可除性(割り切れること)の規則

分母	30	18	24	36
素因数分解	$2 \cdot 3 \cdot 5$	$2 \cdot 3 \cdot 3 = 2 \cdot 3^2$	$2 \cdot 2 \cdot 2 \cdot 3 = 2^3 \cdot 3$	$2 \cdot 2 \cdot 3 \cdot 3 = 2^2 \cdot 3^2$
kgV [ggT]	$5 \cdot 3^2 \cdot 2^3 = 360$	$[2 \cdot 3 = 6]$	共通の素因数 最大の指数による累乗	

B 4つの数の最小公倍数と最大公約数

自然数の倍数と約数

自然数においては加法と同様に乗法も無制限に可能である。したがって自然数の任意の 倍数 をつくることができる。いわゆる a の九九である（倍数集合 V_a と名付ける）。これに対し，差 $b-a$ と商 $b:a$ は特定の自然数についてしかつくりえない。減法の条件は $b \geqq a$ として簡単に示せるが，除法の成立は簡単には判定できない。成立するときには以下のようにいう：

> a は b の 約数 である（または b は a で割り切れる）。
> $a|b$ で表す（a は b を割り切ると読む）。

自然数 b の約数全体の集合は 約数集合 と呼ばれ（「部分集合」と混同しないために）T_b で表す。
例：$V_4 = \{4, 8, \ldots\}$, $V_6 = \{6, 12, \ldots\}$
$T_{20} = \{1, 2, 4, 5, 10, 20\}$。

割り切れることの判定はいわゆる **可除性の法則**（図 A）によって簡単になる。

素数

> **定義**：素数とはちょうど 2 個の約数をもつ自然数である。

すべての素数は 1 と自分自身を約数にもつから素数 p の約数集合では $T_p = \{1, p\}$ が成り立つ。
例：2, 3, 5, 7, 11, 13 などは素数であり，4, 6, 8, … は $4 = 2 \cdot 2$, $6 = 2 \cdot 3$, $8 = 2 \cdot 4$ なので素数ではない。1 は約数が 1 つしかないので素数の集合 P には含まれない。
注：P は無限集合である（ユークリッド，Euklid*）。素数はいわゆる エラトステネスの篩（ふるい）によって確定できる（AM の p.116, p.117 を見よ）。
例で
$24 = 2 \cdot 12 = 2 \cdot 2 \cdot 6 = 2 \cdot 2 \cdot 2 \cdot 3 = 2^3 \cdot 3$,
$18 = 2 \cdot 9 = 2 \cdot 3 \cdot 3 = 2 \cdot 3^2$　は明らかである：

> **定理**：すべての自然数は独自の素因数によって積として一意に表せる（累乗表記の 素因数分解）。

ある自然数のすべての約数を求める問題は素因数分解を用いて系統立てて解くことができる。約数としては素因数とその累乗，その混合積のみが問題となる：たとえば
$T_{24} = \{1, 2, 3, 2^2, 2^3, 2 \cdot 3, 2^2 \cdot 3, 2^3 \cdot 3\}$
$= \{1, 2, 3, 4, 6, 8, 12, 24\}$

最小公倍数（kgV**）

分母の異なる分数の加法および減法の第 1 歩は拡張 (p.25) である。
この種の問題を解くには，一方の分母 N_1 の倍数の中から他方の分母 N_2 に 共通な倍数，いわゆる公倍数集合 $gV(N_1, N_2)$ を求める。

例：$N_1 = 4$, $N_2 = 6$, $V_4 = \{4, 8, 12, \ldots\}$, $V_6 = \{6, 12, 18, \ldots\}$。積集合 $V_4 \cap V_6$ のおのおのの元が $gV(4, 6)$ である。集合 $\{12, 24, 36, \ldots\}$ すなわち V_{12} ができる。分母となりうる数のうち拡張に不可欠な最小の拡張数となる数が有用である。この 最小公倍数 (kgV) を 公分母 とする (p.25)。

kgV を求めるためには与えられた数の素因数分解を利用するとよい。

> (1) 与えられた数を素因数分解し因数を求める。
> (2) おのおのの素因数において累乗の最大指数を選ぶ（gV の最低要求）。
> (3) これらの累乗の積が kgV となる。

例：$N_1 = 24 = 2^3 \cdot 3^1$, $N_2 = 36 = 2^2 \cdot 3^2$
$\Rightarrow \mathrm{kgV}(24, 36) = 2^3 \cdot 3^2 = 72$

最大公約数（ggT***）

分数の約分 (p.23) に用いられる約分数は，分子と分母の 公約数 (gT) である。最大 公約数 (ggT) で約分するとそれ以上約分できない。
kgV 同様 ggT を素因数分解により求めることは有用である：

> (1) 与えられた数を素因数分解して 共通 の素因数を求める。
> (2) おのおのの素因数において累乗の最小の指数を選ぶ（gT の最低要求）。
> (3) これらの累乗の積が ggT である。

例：$Z = 24 = 2^3 \cdot 3^1$, $N = 36 = 2^2 \cdot 3^2$
$\Rightarrow \mathrm{ggT}(24, 36) = 2^2 \cdot 3^1 = 12$

$\mathrm{ggT}(Z, N) = 1$ のとき 2 数は，約数が異なる（互いに素である）という。

（訳注）　Euklid* は独語のつづり，英語では Euclid。同様に英語では kgV** は L.C.M., ggT*** は G.C.M.。

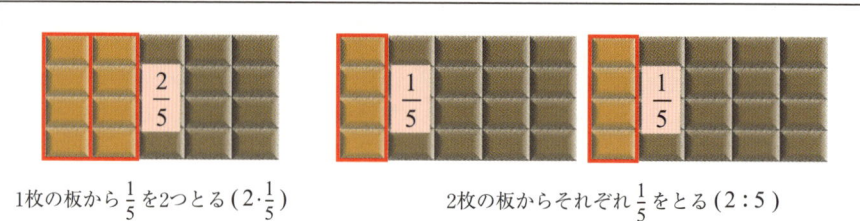

A 分数の具体例

単位分数	$\frac{1}{2}, \frac{1}{3}, \frac{1}{4}, \ldots$	分子 $Z=1$，分母 N は任意の自然数 $\mathbb{N}$
真分数	$\frac{1}{3}, \frac{2}{5}, \frac{10}{25}, \ldots$	$Z < N$
帯分数	$2\frac{3}{4}, 1\frac{4}{6}, \ldots$	整数と真分数をあわせたもの
非真分数	$\frac{2}{1}, \frac{4}{2}, \frac{9}{3}, \ldots$	Z は N の倍数
調整した分数	$2\frac{3}{4} = \frac{8+3}{4} = \frac{11}{4}$	$Z > N$
既約分数	$\frac{1}{3}, \frac{2}{5}, \frac{2}{3}, \ldots$	$\mathrm{ggT}(Z,N) = 1$
同分母分数	$\frac{1}{5}, \frac{2}{5}, \frac{10}{5}, \ldots$	分母が等しい
％，‰	$2\% = \frac{2}{100}, 2‰ = \frac{2}{1000}$	$N=100$，$N=1000$
十進分数	$0.3 = \frac{3}{10}, 2.14 = 2\frac{14}{100}$	$N = 10, 100, 1000 \ldots$

B 分数の記号（$N=0$ は許されない，p.29 を見よ）

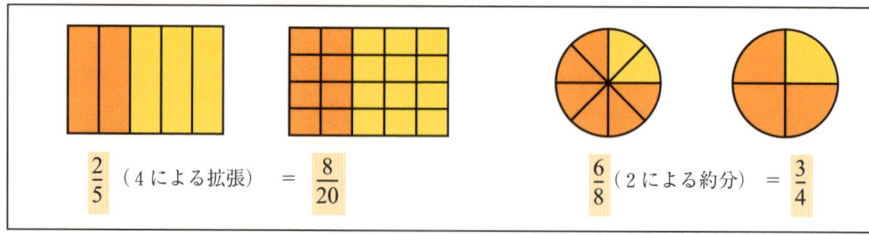

C 分数の拡張と約分

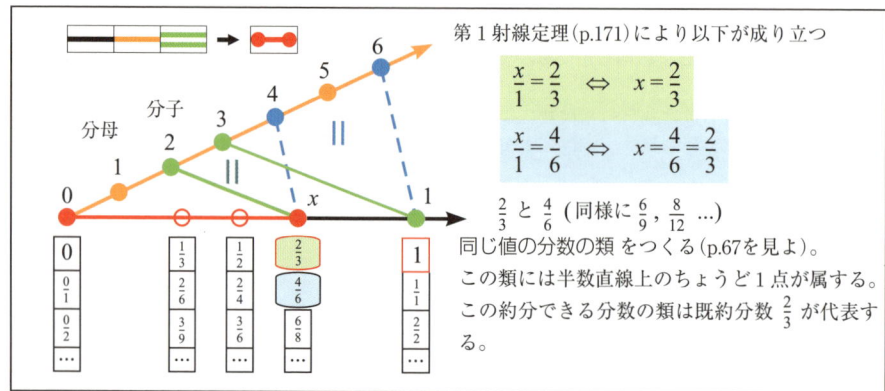

D 半数直線上の正の有理数 $\mathbb{Q}_0^+$

分数

$a, b \in \mathbb{N}$ を $\frac{a}{b}$ の形で書いたものを分数という。a を分子，b を分母，「−」を分数記号という。(*ドイツ語では) a わる b と読む。

分数は1つまたは複数の全体の分割あるいは分割した部分をある数とみることにより具体化できる。たとえば $\frac{2}{5}$ は：

- 1枚の板チョコを5等分し，2つ分をとる

または

- 2枚の板チョコをそれぞれ5等分し，おのおの1つをとる（図A）

$\frac{a}{b}$ を自然数ではいつでも可能とは限らない除法 $a : b$ の結果とみなせる（上記の読み「a わる b」と比較せよ）。すなわち分数記号は除法記号の書き換えである。

いろいろな名称：図B

分数の応用

日常生活では分数は以下のように用いる。

(1) 量の一部を特定する：
 30 km の $\frac{2}{5}$ または $\frac{1}{2} \ell$ のミルクの $\frac{3}{4}$

(2) 単位量の一部で量を量る：
 $\frac{1}{2}$ kg の小麦粉，$\frac{1}{8} \ell$ の水，200 ℃で $\frac{3}{4}$ 時間（料理の本より）

(3) 大きさの割合の計算：
 1本のソーセージの $\frac{40}{100}$ は脂質である（すなわち40 %）

(1) では：30 km の $\frac{2}{5}$ = (30 km : 5) · 2
 = 6 km · 2 = 12 km

(2) では：$\frac{3}{4}$ 時間 = 60 分の $\frac{3}{4}$ = (60 分 : 4) · 3
 15 分 · 3 = 45 分

分数 $\frac{a}{b}$ の使用は一般的には量として次を意味する：

基本量を b 等分した部分の a 個をとる。

拡張と約分

「30 km の $\frac{2}{5}$」と「30 km の $\frac{4}{10}$」の答えは同じである。すなわち，分数 $\frac{2}{5}$ は分数 $\frac{4}{10}$ と置き換え可能である。$\frac{6}{15}, \frac{8}{20}, \ldots, \frac{2 \cdot c}{5 \cdot c}$ $(c \in \mathbb{N})$ についても同じことが成り立つ。分母と分子にある因数 c は分割している部分の数を同じ割合で倍化するからである。すなわち分数 $\frac{a}{b}$ と $\frac{a \cdot c}{b \cdot c}$ $(c \in \mathbb{N})$ は同じ値である：

$$\frac{a}{b} = \frac{a \cdot c}{b \cdot c} \quad (c \in \mathbb{N})$$

左から右への変形を 拡張，右から左への変形を 約分 という（図C）。

拡張では分母と分子に同じ自然数（拡張数）をかける。
約分では可能なときのみ同一の自然数（約分数）で割る。

例：$\frac{2}{3} = \frac{2 \cdot 2}{3 \cdot 2} = \frac{4}{6}$ （2による拡張）
$\frac{420}{560} = \frac{42 \cdot 10}{56 \cdot 10} = \frac{42}{56} = \frac{21 \cdot 2}{28 \cdot 2} = \frac{21}{28} = \frac{7 \cdot 3}{7 \cdot 4} = \frac{3}{4}$
 (10, 2, 7 による約分)

拡張はすべての自然数によって可能である。約分は分母と分子が約分数を因数とした因数分解，すなわち積として表現が可能なときのみ可能である：$\frac{8}{15}$ は8が素因数2しかもたないのに15は3と5とを素因数としてもつので約分不可能である。

約分において特に注意すべきことは，和および差からなる分母分子は約分できないことである。たとえば分数 $\frac{2a + b}{2c}$ を2で割ることは誤りである。

混合分数（非真分数），特殊なケース

これまで分数の例としてあつかってきたのは真分数すなわち分子が分母より小さい分数である。分子が分母の倍数である分数，たとえば $\frac{1}{1}, \frac{2}{1}, \frac{9}{3}, \frac{4}{2}, \frac{a \cdot n}{a}$ は 1, 2, 3, 2, n を表す。すなわち自然数である。これら以外のすべての分数を非真分数と呼ぶ。整数と分数の混ざった混合分数として表せるからである。

たとえば，$\frac{3}{2} = 1\frac{1}{2}, \frac{41}{15} = \frac{30}{15} + \frac{11}{15} = 2\frac{11}{15}$
反対に $3\frac{3}{5} = \frac{15}{5} + \frac{3}{5} = \frac{15 + 3}{5} = \frac{18}{5}$ （調整 という）。

有理数 $\mathbb{Q}_0^+$

図Dの図解によりおのおのの分数は半数直線上の1点に割り当てられる。すべての既約分数に属する 1, 2, 3, ... で拡張された分数が半数直線上の同一の位置にあることがわかる。

定義：約分および拡張により互いから作り出せるすべての分数の集合（類）が1つの有理数を特定する。

応用の1つとして，このような集合の1つからとったおのおのの分数は同じ集合の別の分数のおのおのに置き換えられる（図D）。これらは自然数の集合を含む 正の有理数 の集合 $\mathbb{Q}^+$ をつくる。分子が0の分数により有理数0が得られる。$\mathbb{Q}_0^+$ を得る。

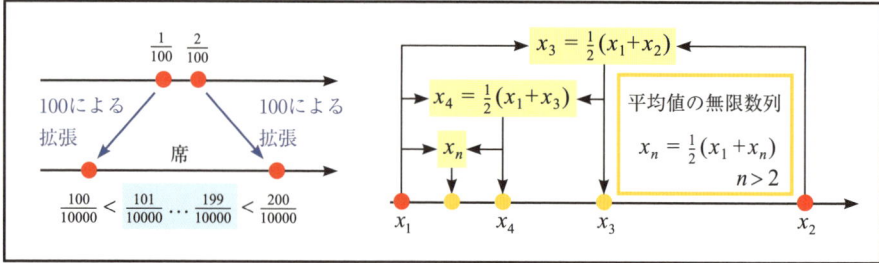

A 半数直線上に「密にならぶ」有理数について

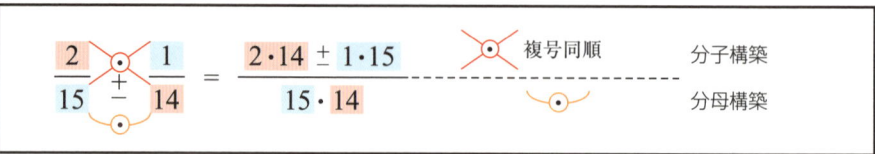

B 互いに素約分数の加法と減法

分母	15	18	24
素因数(PF)分解	$3 \cdot 5$	$2 \cdot 3 \cdot 3$	$2 \cdot 2 \cdot 2 \cdot 3$
公分母(HN)構築	$3 \cdot 5$	$3 \cdot 5 \cdot 2 \cdot 3$	$3 \cdot 5 \cdot 2 \cdot 3 \cdot 2 \cdot 2 = 2^3 \cdot 3^2 \cdot 5 = 360$

① ② ③

HNのPF分解はすべての分母のPF分解より段階的につくられる。
① $3 \cdot 5$ が得られるので $15 | HN$ が得られる,
② $18 | HN$ が成り立つので,欠けている PF が補われる,すなわち $3 \cdot 5$ が $3 \cdot 5 \cdot 2 \cdot 3$ になる,
③ ②同様 24 の PF,すなわち $3 \cdot 5 \cdot 2 \cdot 3$ が $3 \cdot 5 \cdot 2 \cdot 3 \cdot 2 \cdot 2$ になる。

| 拡張数 | $2 \cdot 2 \cdot 2 \cdot 3 = 24$ | $5 \cdot 2 \cdot 2 = 20$ | $3 \cdot 5 = 15$ |

それぞれの分数の PF 分解に現れない HN の PF は拡張数となる。

C 公分母と素因数分解

分割	同じ意味をなす	倍化
$\dfrac{2}{1}$ の $\dfrac{3}{4} = 2 \cdot \left(\dfrac{3}{4} : 1\right) = \dfrac{2 \cdot 3}{4} = \dfrac{6}{4}$		$\dfrac{3}{4}$ の 2 倍 $= 2 \cdot \dfrac{3}{4} = \dfrac{2 \cdot 3}{4} = \dfrac{6}{4}$
$\dfrac{3}{1}$ の $\dfrac{3}{4} = 3 \cdot \left(\dfrac{3}{4} : 1\right) = \dfrac{3 \cdot 3}{4} = \dfrac{9}{4}$		$\dfrac{3}{4}$ の 3 倍 $= 3 \cdot \dfrac{3}{4} = \dfrac{3 \cdot 3}{4} = \dfrac{9}{4}$
$\dfrac{5}{2}$ の $\dfrac{3}{4} = 5 \cdot \left(\dfrac{3}{4} : 2\right) = 5 \cdot \dfrac{3}{4 \cdot 2} = \dfrac{5 \cdot 3}{4 \cdot 2} = \dfrac{15}{8}$		$\dfrac{3}{4}$ の $2\dfrac{1}{2}$ 倍 $= 2\dfrac{1}{2} \dfrac{3}{4}$

$\dfrac{3}{4}$ の $2\dfrac{1}{2}$ 倍は 2 倍と 3 倍の間の正中央の値をもつはずである。すなわち $2\dfrac{1}{2}\dfrac{3}{4} = \left(\dfrac{6}{4} + \dfrac{9}{4}\right) : 2 = \dfrac{15}{8}$ でなければならない。これが $\dfrac{3}{4}$ の $\dfrac{5}{2}$ という分割計算そのものである。
そこで容易に次のように定義される:

$$\dfrac{a}{b} \cdot \dfrac{c}{d} := \dfrac{c}{d} \text{ の } \dfrac{a}{b} = \dfrac{a \cdot c}{b \cdot d}$$

D 分数の乗法の定義

数直線上への配置

2つの有理数 $\frac{a}{b} \neq \frac{c}{d}$ では $\frac{a}{b} < \frac{c}{d}$ または $\frac{a}{b} > \frac{c}{d}$ が成り立つ。<と>のどちらかを判定するのは分母または分子が等しい場合が最も簡単で，詳しくいうと以下が成り立つ：

> 分母［分子］が等しい2つの分数では分子の大きい［分母の小さい］ほうが大きい。

例：$\frac{7}{11} < \frac{8}{11}$,　$\frac{11}{5} < \frac{11}{4}$

$\frac{3}{4} < \frac{10}{13}$,　なぜなら $\frac{3}{4} = \frac{39}{52}$,　$\frac{10}{13} = \frac{40}{52}$

$\frac{3}{4} < \frac{12}{15}$,　なぜなら $\frac{3}{4} = \frac{12}{16}$

有理数は数直線上に「密に」並んでいる。つまり十分に近くに並んでいる2つの有理数の間にもう1つの，それどころか無限に多くの有理数のための「席」がある（図A）。

分数の加法と減法

a) 同分母の分数

$\mathbb{Q}_0^+$ では減法にはまだ制限がある。たとえば $\frac{1}{3} - \frac{2}{3}$ が定義されていない。

> （分数1）　$\frac{a_1}{b} \pm \frac{a_2}{b} = \frac{a_1 \pm a_2}{b}$　（−では $a_1 \geqq a_2$）

例：$\frac{2}{7} + \frac{3}{7} = \frac{2+3}{7} = \frac{5}{7}$,　$\frac{5}{7} - \frac{3}{7} = \frac{5-3}{7} = \frac{2}{7}$

b) 異分母の分数

拡張と（または）約分により分数の分母を等しくする。その上で加法ならびに減法は（**分数1**）同様に行う。

> （分数2）　$\frac{a}{b} \pm \frac{c}{d} = \frac{a \cdot d}{b \cdot d} \pm \frac{b \cdot c}{b \cdot d} = \frac{a \cdot d \pm b \cdot c}{b \cdot d}$
> 　（−では $a \cdot d \geqq b \cdot c$）

例：(1) $\frac{2}{3} + \frac{3}{4} = \frac{2 \cdot 4}{3 \cdot 4} + \frac{3 \cdot 3}{3 \cdot 4} = \frac{8+9}{12} = \frac{17}{12} = 1\frac{5}{12}$

(2) $\frac{9}{5} - \frac{7}{60} = \frac{108}{60} - \frac{7}{60} = \frac{101}{60} = 1\frac{41}{60}$

例では与えられた分数の共通分母を求めなくてはならない。拡張によってのみ分数を変形するとき共通の分母は必ずや分母の gV (p.21) である。計算のさい大きすぎる数を得ないためにはすべての分数の最小公倍数（kgV, p.21）を選ぶことが合理的である。これを**公分母**と呼び，短く **HN** とも書く。

例 (1) では kgV(3,4) = 3・4 すなわち HN は 12（3と4は互いに素 (p.21)）。

図Bに分母が互いに素であるそのほかの例を挙げてある（分母と分子との「たすきがけ」によるHN）。

例2 では 5|60 なので HN は 60。必要な拡張数は簡単に 12 と 1 と求まる。

より難しいケースでは図Cの図解による方法が望ましい。

分数の乗法と除法

a) 自然数と分数の積　$n \cdot \frac{a}{b}$

この種の積は，和 $\frac{a}{b} + \cdots + \frac{a}{b}$（$n$ 回，$n > 1$）の短縮形としても理解できる。したがって規則（分数1）は変形されて $\frac{a + \cdots + a}{b} = \frac{n \cdot a}{b}$ となる。すなわち

> （分数3）　$n \cdot \frac{a}{b} = \frac{n \cdot a}{b}$　$(n \in \mathbb{N}_0)$

例：$7 \cdot \frac{2}{3} = \frac{7 \cdot 2}{3} = \frac{14}{3} = 4\frac{2}{3}$

b) 分数の自然数による商　$\frac{a}{b} : n$

分子が自然数の倍数の場合は分子を割る。すなわち次が成り立つ：

> （分数4）　$\frac{a}{b} : n = \frac{a : n}{b}$

例：$\frac{14}{15} : 7 = \frac{14 : 7}{15} = \frac{2}{15}$

任意の分子の場合は，分数を $n \in \mathbb{N}$ で拡張し，（**分数4**）を応用する：

$\frac{a}{b} : n = \frac{a \cdot n}{b \cdot n} : n = \frac{(a \cdot n) : n}{b \cdot n} = \frac{a}{b \cdot n}$　すなわち

> （分数5）　$\frac{a}{b} : n = \frac{a}{b \cdot n}$

例：$\frac{13}{15} : 7 = \frac{13}{15 \cdot 7} = \frac{13}{105}$

c) 2分数の積

分数の応用には量の部分や何倍かの量を求めることがある。図Dの表により2分数の積の定義を得る：

> （分数6）　$\frac{a}{b} \cdot \frac{c}{d} = \frac{a \cdot c}{b \cdot d}$

例：$\frac{6}{7} \cdot \frac{7}{12} = \frac{6 \cdot 7}{7 \cdot 12} = \frac{6}{12} = \frac{1}{2}$

d) 分数による除法

分数による除法は分数の逆数により乗法に戻す。分数の逆数は分子と分母を入れ換えることにより得る：

$\frac{a}{b} : \frac{c}{d} = \left(\frac{a}{b} \cdot 1\right) : \frac{c}{d} = \left(\frac{a}{b} \cdot \left(\frac{d}{c} \cdot \frac{c}{d}\right)\right) : \frac{c}{d}$ （ただし，$1 = \frac{d}{c} \cdot \frac{c}{d}$）

$= \left(\frac{a}{b} \cdot \frac{d}{c}\right) \cdot \left(\frac{c}{d} : \frac{c}{d}\right) = \frac{a}{b} \cdot \frac{d}{c}$　すなわち

> （分数7）　$\frac{a}{b} : \frac{c}{d} = \frac{a}{b} \cdot \frac{d}{c}$

例：$\frac{2}{5} : \frac{7}{10} = \frac{2}{5} \cdot \frac{10}{7} = \frac{2 \cdot 10}{5 \cdot 7} = \frac{4}{7}$

26　数集合

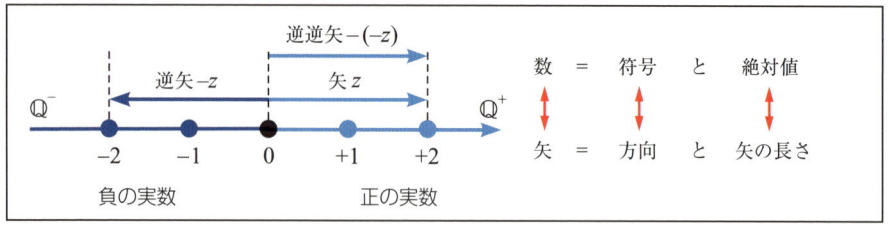

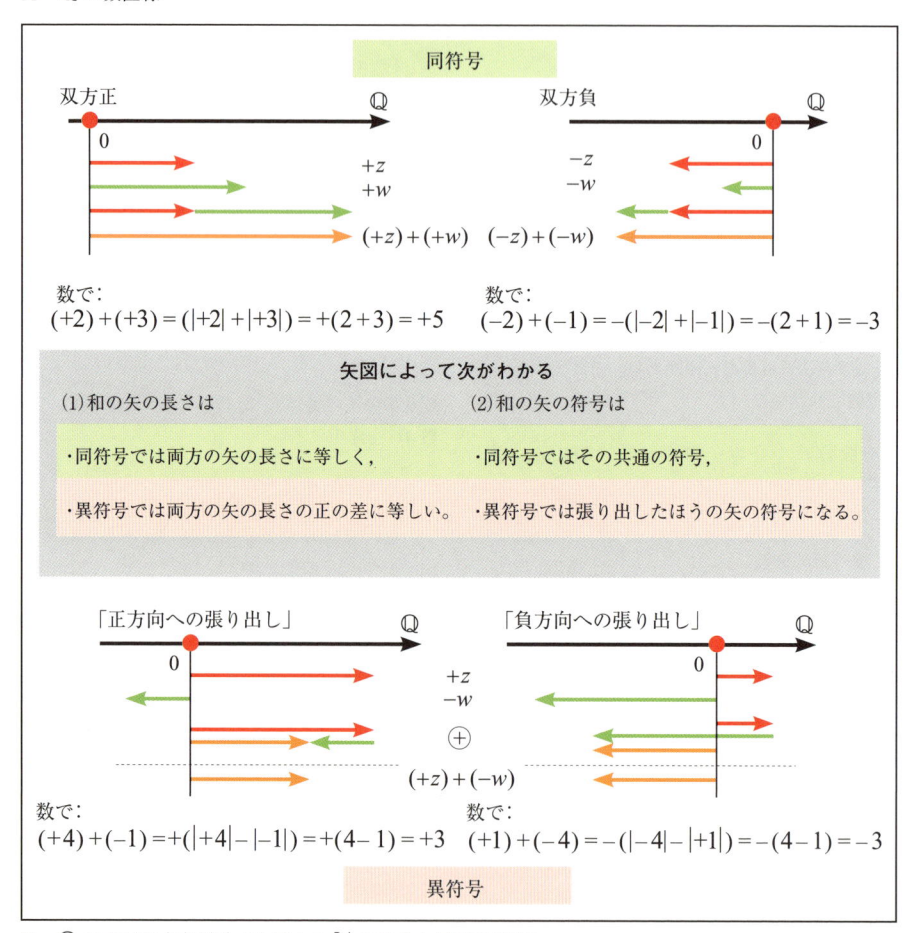

数 = 符号 と 絶対値
↕　　　↕　　　　　↕
矢 = 方向 と 矢の長さ

A　$\mathbb{Q}$ の数直線

同符号

双方正
$(+z)+(+w)$
数で：
$(+2)+(+3)=(|+2|+|+3|)=+(2+3)=+5$

双方負
$(-z)+(-w)$
数で：
$(-2)+(-1)=-(|-2|+|-1|)=-(2+1)=-3$

矢図によって次がわかる

(1) 和の矢の長さは
・同符号では両方の矢の長さに等しく，
・異符号では両方の矢の長さの正の差に等しい。

(2) 和の矢の符号は
・同符号ではその共通の符号，
・異符号では張り出したほうの矢の符号になる。

「正方向への張り出し」
$(+z)+(-w)$
数で：
$(+4)+(-1)=+(|+4|-|-1|)=+(4-1)=+3$

「負方向への張り出し」
$(+1)+(-4)=-(|-4|-|+1|)=-(4-1)=-3$

異符号

B　$\mathbb{Q}$ における矢加法（p.18, 図Aの $\mathbb{N}$ の場合と同様の定義）

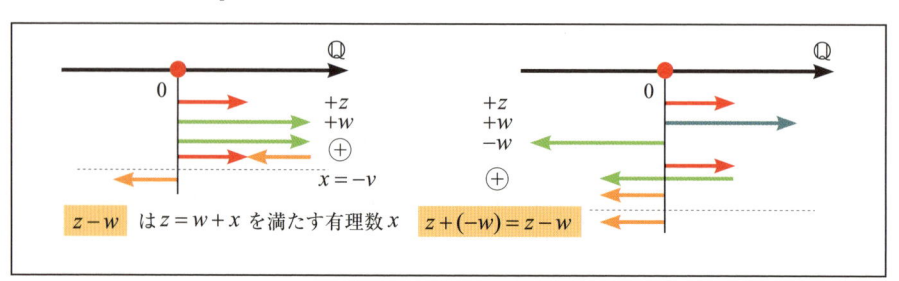

$x=-v$
$z-w$ は $z=w+x$ を満たす有理数 x

$z+(-w)=z-w$

C　逆矢の加法としての $\mathbb{Q}$ における減法

負の有理数，数直線

マイナス部分の温度表記，海面下の地理，そして口座残高の変化などに負の有理数が用いられている。

負の有理数を定義するために集合 $\mathbb{Q}_0^+$ が乗っている半数直線を数直線に拡張する。$\mathbb{Q}_0^+$ のおのおのの数 $\frac{a}{b}$ は矢で表すことができる（図A）。その矢と同じ長さで反対向きの矢を 逆矢 とみなす。この概念によると：

定義1：負の有理数 $-\frac{a}{b}$ は $+\frac{a}{b}$ の 逆矢 で確定される（図A）。
マイナス（プラス）a 割る b と読む。

負の有理数の集合 $\mathbb{Q}^-$ は $\mathbb{Q}_0^+$ を補って有理数の集合 $\mathbb{Q}$ をつくる。
「−」および「+」は計算記号ではなく 符号 である。正の符号は常に使用するものではない。0 については以下を定める。
$$-0 = +0 = 0$$

$-\frac{a}{b}$ と $+\frac{a}{b}$ は 0 の反対方向で 0 から等距離にある。すなわち等しい絶対値をもつ（下を見よ）。
逆矢は負の有理数にも拡張できる（逆-逆矢図A）。
符号の法則 が成り立つ：

$-(-z) = +z$	（負・負 = 正）
$-(+z) = -z$	（負・正 = 負）
$+(+z) = +z$	（正・正 = 正）
$+(-z) = -z$	（正・負 = 負）

一般的な減法の定義は具体的に定められる。

定義2：$z \in \mathbb{Q}$ のとき $-z$ を z の 異符号数 または 逆元 という。

自然数に対する異符号数の集合，すなわち 負の整数 の集合 $\mathbb{Z}^- = \{-1, -2, -3, \ldots\}$ は部分集合として $\mathbb{Q}$ に含まれる（p.29）。

数直線上への配置

温度計の目盛りが身近である：

定義3：2つの有理数では矢の方向で左側にあるほうが小さい（図A）。

したがって $-5 < 0$，$-8 < 6$ などとなる。

数直線上では矢の方向に数は大きくなる。

すべての 負の数 について一般に次が成り立つ：

$|z_1| > |z_2|$ のとき $z < 0$ で $z_1 < z_2$

この場合 $|\;|$ は数の 絶対値 すなわち数直線上で 0 からの距離 またはその数に属する矢の長さ を表す。

定義4：$|z| = \begin{cases} z & z \geqq 0 \text{ の場合} \\ -z & z < 0 \text{ の場合} \end{cases}$, $z \in \mathbb{Q}$

非負の有理数 z では数自身が 0 からの距離であり，負の有理数 z では異符号数 $-z$ がそうである。

絶対値の計算規則：p.29
注：絶対値の計算（$\mathbb{Q}$ での加法，乗法そのほか）のためには前もって $\mathbb{Q}_0^+$ での「+」，「−」の関連付けを明らかにしなくてはならない。

$\mathbb{Q}$ での加法

(1) 分数の法則（p.25）に応じた加法により第1に $(\mathbb{Q}_0^+; +)$ は関連付けが構築されている（図Bの矢線関係図1も見よ）。
(2) 矢加法は $\mathbb{Q}^-$ に取り入れられ $\mathbb{Q}$ 全体に転用される（図B）。$(\mathbb{Q}; +)$ は関連付けが構築されている。

図Bに示されたケースでは以下の **加法の規則** が得られる：

(A1) 同符号 の2つの有理数の加法は絶対値を加え共通の符号を付けることにより行う。
(A2) 異符号 の2つの有理数の加法は絶対値の差（大きいほうから小さいほうをひいた）に大きいほうの符号を付けることにより行う。

$\mathbb{Q}$ での減法

有理数の減法の代わりに 異符号数の加法 を用いる（図C）。したがって減法は $(\mathbb{Q}; +)$ で無条件に成り立つ（p.28，図Aを見よ）。

計算記号−符号規則

加法と乗法において，計算記号と符号の区別は必要ない。符号−計算則（左の段を見よ）は計算記号と符号の組合せにおいても成り立つ。

過程説明	簡略表現
$(+z)-(+w) = (+z)+(-(+w)) = (+z)+(-w)$ $(-z)-(+w) = (-z)+(-w)$	$(+z)-(+w) = z-w$ $(-z)-(+w) = -z-w$
$(+3)-(+2) = (+3)+(-(+2)) = (+3)+(-2)$ $(+3)-(+5) = (+3)+(-5)$ $(-3)-(+5) = (-3)+(-5)$	$(+3)-(+2) = 3-2 = 1$ $(+3)-(+5) = 3-5 = -2$ $(-3)-(+5) = -3-5 = -8$
$(+z)-(-w) = (+z)+(-(-w)) = (+z)+(+w)$ $(-z)-(-w) = (-z)+(+w)$	$(+z)-(-w) = z+w$ $(-z)-(-w) = -z+w$
$(+3)-(-5) = (+3)+(-(-5)) = (+3)+(+5)$ $(-3)-(-2) = (-3)+(+2)$ $(-3)-(-5) = (-3)+(+5)$	$(+3)-(-5) = 3+5 = 8$ $(-3)-(-2) = -3+2 = -1$ $(-3)-(-5) = -3+5 = 2$

A　$\mathbb{Q}$ での減法の例

(1) 正の有理数の積 $a \cdot b$ は以下のように解釈される：

長さ b の矢で表した b の長さを a 倍に，a が $a<1$ か $0 \leq a<1$ かによって伸ばしまたは縮める。$a=1$ のとき矢の長さは変わらない。幾何学的には b の拡大因子 a による 拡大 がなされる（p.171を見よ）。

(2) さらに3つのケースがある：

(a) $-b$ の拡大因子 a による拡大では次のことが成り立つ。
$$a \cdot (-b) = -(a \cdot b)$$

(b) **KG** の正しいことは知られており（p.31を見よ），次を得る：
$$(-a) \cdot b = -(a \cdot b)$$
特に次が成り立つ：$(-1) \cdot a = -(1 \cdot a) = -a$
-1 による乗法は点0についての a の矢の 鏡像 を表す。

(c) 積 $(-1) \cdot (-c)$ は (2b) に類似した点0における鏡像によって説明できる。
次が成り立つ：$(-1) \cdot (-c) = -(-c) = c$
AG の正しいこと（p.31を見よ）を推し進めると次を得る：
$$(-a) \cdot (-b) = [(-1) \cdot a] \cdot (-b)$$
$$= (-1) \cdot [a \cdot (-b)] = (-1) \cdot (-(a \cdot b))$$
すなわち $(-a) \cdot (-b) = a \cdot b$

(2b) について：

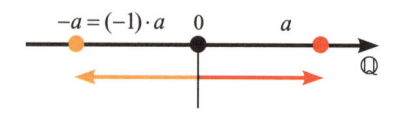

(1) について：

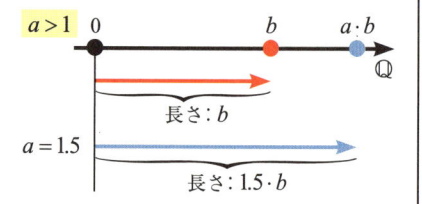

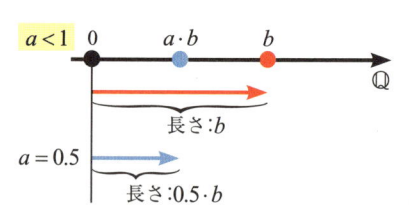

(2a) について：

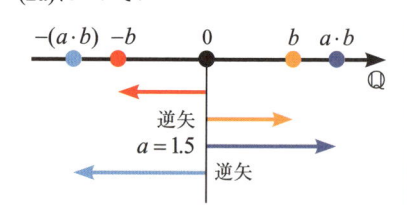

(2c) について：

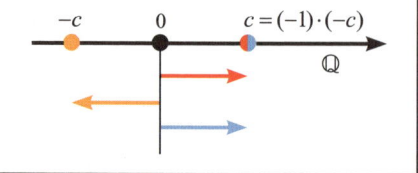

B　4種類の積

ℚ での乗法

$\mathbb{Q}_0^+$ では乗法は無制限に可能である（p.25，分数規則 6 を見よ）。

図 B の過程実行で ℚ での乗法を明らかにする。以下の計算の規則（除法のさいの ( ) でくくる問題など）が知られている。

> **(乗 1 [除 1])** **同符号**の 2 有理数の積[商]は絶対値の積[商]に等しい。
>
> **(乗 2 [除 2])** **異符号**の 2 有理数の積[商]は絶対値の積[商]の異符号数に等しい。

符号規則がある：

> 正 × (:) 正 = 正
> 正 × (:) 負 = 負
> 負 × (:) 正 = 負
> 負 × (:) 負 = 正

乗法は ℚ で無制限に可能である。特に次が成り立つ：

> 有理数と 0 の積はいつでも 0 である。

ℚ での除法

$\mathbb{Q}^+$ では除法は逆数による乗法としていつでも可能である（p.25，分数 7）。任意の有理数について次が成り立つ：

> ある有理数を 0 ではない有理数で割るときには除数の逆数をかける（乗法での除法の逆行）。

このとき有理数 z ($z \neq 0$) の逆数を 数・逆数 = 1 で定義する。すなわち $z \cdot \frac{1}{z} = 1$。

$\frac{a}{b} \cdot \frac{b}{a} = \frac{a \cdot b}{b \cdot a} = 1$ なので **正**の有理数では次が成り立つ：

> 分数 $\frac{b}{a}$ は $\frac{a}{b}$ の逆数である。

$\frac{b}{a}$ を $\frac{a}{b}$ の **逆分数** という。

負の 有理数については，
$\left(-\frac{a}{b}\right) \cdot \left(-\frac{b}{a}\right) = +\left(\frac{a}{b} \cdot \frac{b}{a}\right) = \frac{a \cdot b}{b \cdot a} = 1$
なので次が成り立つ：

> $-\frac{b}{a}$ は $-\frac{a}{b}$ の 逆数。

除法の逆算が乗法なので商には積と同じ符号規則が成り立つ（上を見よ）。

計算の規則 **(除1)** **(除2)** :（上を見よ）。

0 による除法

ℚ においても 0 による除法は定義されない。方程式 $0 \cdot x = 1$ が解をもたないので 0 の逆数は存在しない。

分母分子が有理数の分数

すべての $a \in \mathbb{N}_0, b \in \mathbb{N}$ について，$a : b = a \cdot \frac{1}{b} = \frac{a \cdot 1}{b} = \frac{a}{b}$ が成り立ち，したがって：

> 分数記号は除法記号によって置き換えられる。

任意の有理数 z と w ($w \neq 0$) にこの置き換えを受け入れる：

$\frac{z}{w} := z : w$

例：$2 : (-3) = \frac{2}{-3}$，$(-2) : 3 = \frac{-2}{3}$，$2\frac{1}{2} : \frac{2}{3} = \frac{2\frac{1}{2}}{\frac{2}{3}}$

$(-2) : (-3) = \frac{-2}{-3}$,

$(x^2 - 1) : (x - 1) = \frac{x^2 - 1}{x - 1} = x + 1 \mid D_x = \mathbb{Q}^{\neq 1}$

$\frac{a}{-b}, \frac{-a}{b}, \frac{-a}{-b}$ は「分数」から拡張した意味でとらえることができる。いずれの場合にでもこれらを分数のように計算できる。除法の法則 **(除 2)** では以下を得る：

> $\frac{a}{-b} = \frac{-a}{b} = -\frac{a}{b} \quad \frac{-a}{-b} = \frac{a}{b}$

ℚ での加法（乗法）の法則

以下が成り立つ（p.31 と比べよ）：

- 加法，乗法の **AG**，**KG**
- 加法の **MG**
- $c > 0$ ($c < 0$ では不等号が逆向きになる) での乗法の **MG**
- **分数計算の規則** (p.25)
- 有限および循環**小数**と**分数**の計算過程についての規則（p.33, 34 を見よ）
- **絶対値**の計算則（下を見よ）

絶対値計算の規則

> (a) $|a \cdot b| = |a| \cdot |b|$，すべての $a, b \in \mathbb{Q}$
> (b) $\left|\frac{a}{b}\right| = \frac{|a|}{|b|}$，すべての $a \in \mathbb{Q}, b \in \mathbb{Q}^{\neq 0}$
> (c) $|a \pm b| \leq |a| + |b|$，すべての $a, b \in \mathbb{Q}$
>   （三角不等式 p.161 と比べよ）
> (d) $||a| - |b|| \leq |a| + |b|$，すべての $a, b \in \mathbb{Q}$

整数 ℤ

自然数，0，負の整数 $-1, -2, -3, \ldots$ は有理数の集合の中に 整数 の集合 ℤ をつくる。

> 整数の和，差もまた整数である。

$(\mathbb{Z}; +)$ は関連付けの構築された集合であり，そこで減法が例外なしに可能である。$(\mathbb{Z}; \cdot)$ もまた関連付けの構築された集合である。割り算は一般的には制限下でのみ可能である（$6 : 3 \in \mathbb{Z}, 2 : 3 \notin \mathbb{Z}$）。

30　数集合

```
連なった加法の有効な計算:
                       始め 18  +34  +12   +9  +11   +27  +36  +13 +…
頭の中での途中の計算            └─+30─┘  └─+20─┘    └────+40────┘
計算の順序                    ① ② ③    ④       ⑤
頭の中の数字                   18 / 30 / 64 / 84 / 124 / 160 …
```

A　大交換則, 大結合則の応用

カッコをはずす: 第2のカッコの中の項それぞれに第1のカッコの中のそれぞれの項をかける; 積は計算記号－符号法則(p.27)の応用により加えられ, または引かれる。

$(2x-3y)(-5x-2y) = -2x·5x - 2x·2y + 3y·5x + 3y·2y = -10x^2 - 4xy + 15yx + 6y^2$

符号法則: $+-=-$ 　　$+-=-$ 　　$--=+$ 　　$--=+$ 　　$= -10x^2 + 11xy + 6y^2$

カッコでくくる: 和のそれぞれの項はくくり出された項により割られる; カッコの開平により確かめる。

$a^2 - 2a^3 = a^2\left(\dfrac{a^2}{a^2} - \dfrac{2a^3}{a^2}\right) = a^2(1-2a)$, 　　$a^2 - 2a^3 = a^3\left(\dfrac{a^2}{a^3} - \dfrac{2a^3}{a^3}\right) = a^3\left(\dfrac{1}{a} - 2\right)$,　$a \neq 0$

　　　　　$a \neq 0$ を心にとめる

B　カッコをはずす, カッコでくくるの例

DG の二重応用:
(1) $(a+b)(c+d) = (a+b)c + (a+b)d = c(a+b) + d(a+b)$
　　$= ca + cb + da + db = ac + ad + bc + bd$

減法の確定と符号法則により次を得る:
(2) $(a-b)(c-d) = (a-b)c + (a-b)(-d)$
　　$= c(a+(-b)) + (-d)(a+(-b))$
　　$= ca + c(-b) + (-d)a + (-d)(-b) = ac - ad - bc + bd$
(3) $(a+b)(c-d) = (a+b)c + (a+b)(-d)$
　　$= ac + bc + a(-d) + b(-d) = ac - ad + bc - bd$

よって　$\boxed{c=a, d=b}$　を (1), (2), (3) に代入して次を得る:

第1二項式
$(a+b)^2 = (a+b)(a+b) = aa + ab + ba + bb$
$= a^2 + ab + ab + b^2 = a^2 + 1ab + 1ab + b^2$
$= a^2 + ab(1+1) + b^2 = a^2 + 2ab + b^2$

第2二項式
$(a-b)^2 = (a-b)(a-b) = aa - ab - ba + bb = a^2 - 2ab + b^2$

第3二項式
$(a+b)(a-b) = aa - ab + ba - bb = a^2 - b^2$

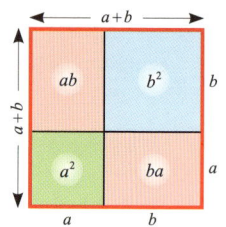

C　二項式

問題: 式　$9x^2 + 12xy + 4y^2$ を第1および第2二項式によって因数分解せよ。

$9x^2 \pm 12xy + 4y^2 = (3x)^2 \pm 12xy + (2y)^2$

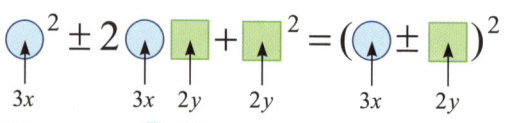

$(\bigcirc)^2 \pm 2\bigcirc\square + (\square)^2 = (\bigcirc \pm \square)^2$
　$3x$　　　$3x$ $2y$　　$2y$　　　$3x$ $2y$

検算 $12xy = 2·3x·2y$

(1) 平方項をつくる
　　$9x^2 = (3x)^2$, $4y^2 = (2y)^2$
(2) $3x$ と $2y$ を図解のように持ち込む
(3) 和と中央の項 $12xy$ の検算

D　第1および第2二項式による因数分解

多項式の計算　31

結合法則（AG）

AG は 3 個の与えられた有理数 x, y, z の加法および乗法の関係を定める：

$$(x+y)+z = x+(y+z) \quad (x \cdot y) \cdot z = x \cdot (y \cdot z)$$

3 個より多い和および積に拡張する。

定義された式から「混じりけのない」和および積では任意の箇所をカッコでくくれることが導かれる（大結合法則）。

交換法則（KG）

KG により与えられた任意の有理数 x, y の交換ができる：

$$x+y = y+x \quad x \cdot y = y \cdot x$$

数の集団の加法（図 A）では任意の数同士たとえば 10 の倍数ごとに結合することは有用であるが不可欠ではない。それが許されることは AG および KG の多方面への応用が示す。

「混じりけのない」和および積では任意の入れ換えができる（大交換法則）。

注：AG，KG の主張は以下に大方が示される。

分配法則（DG）
DG

$$x \cdot (y+z) = x \cdot y + x \cdot z \quad x, y, z \in \mathbb{Q}$$

2 つの応用の可能性がある：
- 最低でも 1 つの和の 1 つの積からなる積の**カッコをはずす**（左から右への過程），すなわち積の和への変形（**大カッコ規則**，図 B，またはカッコの開平として示す）。
- ある 和 のたされているすべてのものについて**共通因子をカッコでくくり出す**（右から左への課程）すなわち和の積への変形（いわゆる 因数分解）（例：図 B）。

注：一般に以下のように「・」を省く：
- 数・変数，例　$2 \cdot x$ の代わりに $2x$
- 変数・変数，例　$a \cdot b$ の代わりに ab
- カッコ，例　$2b \cdot (a+2)$ の代わりに $2b(a+2)$

注：加法の逆算としての減法の定義により次が成り立つ：

$$x \cdot (y-z) = x \cdot y - x \cdot z \quad (x, y, z \in \mathbb{Q})$$

応用
すべての応用で変数を多項式に置き換えることができる。

a) 二項式（図 C）：

第 1 二項式：	$(a+b)^2 = a^2 + 2ab + b^2$
第 2 二項式：	$(a-b)^2 = a^2 - 2ab + b^2$
第 3 二項式：	$(a+b)(a-b) = a^2 - b^2$

b) 二項式による因数分解は以下のケースでいつでも可能である：

(1) 第 3 二項式により平方の 2 項の**差**が与えられれば：$4x^2y^4 - 9a^2 = (2xy^2)^2 - (3a)^2 = (2xy^2 + 3a)(2xy^2 - 3a)$
(2) 第 1，第 2 二項式により 2 つの平方項の**和**に加える第 3 の項が $\pm 2ab$ の形に書き換えられるとき（図 D を見よ）：
$16x^2 + 4b^4 \pm 16xb^2 = (4x)^2 + (2b^2)^2 \pm 16xb^2$
$= (4x)^2 + (2b^2)^2 \pm 2 \cdot 4x \cdot 2b^2 = (4x \pm 2b^2)^2$

c) （同類項を）まとめる

和の項をまとめるには DG によりたとえば
$4x^2 + 3x - x + 3x^2 = 4x^2 + 3x^2 + 3x - 1x$
$= x^2(4+3) + x(3-1) = 7x^2 + 2x$

単調性の法則（MG）

$x < y \implies x+a < y+a$	$x, y, a \in \mathbb{Q}$
$x < y \implies x \cdot a < y \cdot a$	$x, y \in \mathbb{Q}, a \in \mathbb{Q}^+$
$x < y \implies x \cdot a > y \cdot a$	$x, y \in \mathbb{Q}, a \in \mathbb{Q}^-$

これらの法則は不等式の変形の基本である（p.47 を見よ）。

カッコ

(**カッコ 1**) カッコで囲まれている計算は最初にしなくてはならない。そうすれば AG，DG のようなほかの法則は導き出すことが可能である。

(**カッコ 2**) 中にあるカッコは外にあるカッコより上位を占める（優先する）。

注：カッコを節約するには **PvS*** 規則が成り立つ。「$-$」記号が出現するときにはカッコを付けたり，付け替えたりすることは一般には**誤り**となるが，以下の規則が成り立つ：

(1) **正負の項の混ざった和では正の項の和から負の項の和を引いて計算できる。**
$a - b + c - d + e - f - g \pm \cdots$
$= (a + c + e + \cdots) - (b + d + f + g + \cdots)$

(2) $x - (y \pm z) = x - y \mp z$ （**反転**）
$x - (\pm y + z) = x \mp y - z$ （**反転**）

(3) $(-1) \cdot (x+y) = -(x+y) = -x - y$

(4) $x + y = 1 \cdot (x+y)$

（訳注）　PvS* は点は線の前にの意。すなわち乗除法（・,:）は加減法（+, $-$）に優先する。

32　数集合

18.203 の拡張した十進法の位取り表

10^1	10^0		10^{-1} $=\frac{1}{10}$	10^{-2} $=\frac{1}{100}$	10^{-3} $=\frac{1}{1000}$
Z	E	.	z	h	t
1	8	.	2	0	3

$E=$ 一の位, $Z=$ 十の位, $z=\frac{1}{10}$ の位,
$h=\frac{1}{100}$ の位, $t=\frac{1}{1000}$ の位

加法:　　　　$2.458 + 0.57887 = ?$

```
   E  z  h  t  zt ht
   2. 4  5  8  0  0      0 によって埋める
 + 0. 5₁ 7₁ 8  8  7      上の位への
   3. 0  3  6  8  7      繰り上げ
```

減法:　　　　$2.458 - 0.57887 = ?$

```
   E  z  h  t  zt ht
   2. 4  5  8  0  0      読み方:（右の列から）
 - 0₁ 5₁ 7₁ 8₁ 8₁ 7₁     7から10までは3
   1. 8  7  9  1  3      8+1は9
                          9から10までは1
```

乗法: $1.24 \cdot 0.203 = ?$
最初の考察:
$1.24 \cdot 0.203 = 124 \cdot 10^{-2} \cdot 203 \cdot 10^{-3}$
$= 124 \cdot 203 \cdot 10^{-5}$

```
   HT ZT T  H  Z  E
    1  2  4 . 2  0  3    ·10⁻⁵
          2  4  8
    +     0  0  0
    +  3  7  2
    = 2  5  1  7  2      ·10⁻⁵
    = 0. 2  5  1  7  2
       E  z  h  t  zt
```

小数点を取り去って計算を軽減

定理（下を見よ）によって小数点を考慮

定理: 積の小数点以下の数字の個数はそれぞれの因子の小数点以下の数字の個数の和である。

除法: $0.368 : 0.16 = ?$
最初の考察:

$0.368 : 0.16 = \frac{0.368}{0.16} = \frac{0.368 \cdot 10^2}{0.16 \cdot 10^2} = \frac{36.8}{16}$
$= 36.8 : 16$

除数, 被除数に 10^n をかけて除数の小数点をなくし, 計算を軽減する (n は除数の小数点以下の数字の個数)

```
   36.8 : 16 = 2.3
 - 3 2
     4 8
   - 4 8
       0
```

小数点の位置は答えの小数点以下第1位がわかればわかる。

定理: 除数, 被除数に同じ数を掛けても商は変わらない。

A　有限小数

割り切れない除法の過程:

```
   1 : 3 = 0.3̄
 - 0
   1 0
 -   9
     1 0
 -     9
       1 0
     ...
```

余り1が繰り返される

```
   1 : 11 = 0.0̄9̄
 - 0
   1 0
 -   0
   1 0 0
 -   9 9
       1 0
     ...
```

余り1と余り10が交互に繰り返される

B₁

循環小数の変形

(1) スライドする準備として循環節の倍数をつくる。

$x = 1.\bar{6} = 1.6\bar{6}$

$x = 1.\overline{258} = 1.258\overline{258}$

$x = 1.\bar{9} = 1.9\bar{9}$

B₂

(2) 2つのスライドした倍数によって循環節は小数点の右側へ隔離され減法のさい消滅する。

$10 \cdot x = 16.\bar{6}$
$-(1 \cdot x = 1.\bar{6})$
$9 \cdot x = 15.0$
$x = \frac{15}{9} = 1\frac{6}{9} = 1\frac{2}{3}$

$1000 \cdot x = 1258.\overline{58}$
$-(10 \cdot x = 12.\overline{58})$
$990 \cdot x = 1246.00$
$x = \frac{1246}{990} = \frac{623}{495} = 1\frac{128}{495}$

$10 \cdot x = 19.\bar{9}$
$-(1 \cdot x = 1.\bar{9})$
$9 \cdot x = 18.0$
$x = \frac{18}{9} = 2$

B　循環小数

小数・分数の計算 I

有限小数

有限小数とはたとえば 18.203 や −0.5 である。これらの数表現では小数点より前の部分は十進法 (p.17) により表されており，小数点の後ろの部分は図 A の取り決めが成り立っている（十進法の拡張）。有限小数 は図 A の例のように計算できる。

> すべての有限小数は分数で表せる。

たとえば　$0.5 = \frac{5}{10} = \frac{1}{2}$

$18.203 = 18 + \frac{2}{10} + \frac{0}{100} + \frac{3}{1000} = \frac{18000}{1000} + \frac{200}{1000} + \frac{3}{1000}$

$= \frac{18203}{1000}$

その逆にすべての分数はといえば有限小数で表せるとは限らない。既約分数の変形を十の位 (z) 百の位 (h) 千の位 (t) などと取っていけるようにするには分母が素因数 2 と 5 のみでなっていなくてはならない。

たとえば，$\frac{1}{2}$ や $\frac{1}{5}$ はいいが $\frac{1}{3}$ や $\frac{1}{11}$ は許されない。商 1 : 3 や 1 : 11（図 B）は $0.\bar{3}$ および $0.\overline{09}$（0 点循環節 3，0 点循環節 09 と読む）となる。

循環小数

上述の新しい記号で表現された有理数のことを循環小数といい，繰り返される数の並びを循環節として表す。以下が成り立つ：

> すべての分数 $\frac{a}{b}$ すなわちすべての正の有理数は有限小数または無限循環小数で表せる。循環節は小数点以下に最大で*$b - 1$ 個の数字からなる。

注：無限な非循環小数 は 無理数 の集合 (p.37) をつくる。

図 B_2 の例で明らかに：循環小数の分数への変形が可能。したがって次が成り立つ：

> すべての有限および循環小数は分数で表せる。

このさいたとえば 9 循環節等式が成り立つ。
$0.\bar{9} = 1,\ 1.\bar{9} = 2, \ldots, 8.\bar{9} = 9,\ 9.\bar{9} = 10$
右から左への展開は有限小数の無限小数への変換を許すことになる。小数点以下の最後の（0 でない）数は 9 循環節により置き換えられる：
たとえば
$2.123 = 2.12 + 0.003 = 2.12 + \frac{1}{1000} \cdot 3$

$= 2.12 + \frac{1}{1000} \cdot 2.\bar{9} = 2.12 + 0.002\bar{9} = 2.122\bar{9}$

数直線上の有限小数と循環小数

有理数ではおのおのが数直線上に完全に定義された席をもつことが重要である。
有限小数の比較は左から右へと位ごとに取り扱えばよいので非常に簡単にできる：
たとえば 6 < 7 なので，0.437567 < 0.437573

小数の概約

概約にするときはまず小数点の前または後ろのどの 位 で行うのか（概約の位）を決める。1234.557 でたとえば

a) 小数点の前第 2 位 (1234.557)，または

b) 小数点以下第 2 位 (1234.557)。

この位の右側からいわゆる ブロック が切り取られる（ブロック的概約）。

- 有限 小数：ブロックの左端が 5 より小さいならこのブロックは取り去り，必要に応じて小数点の前のあいた位は 0 で埋める（切り捨て）；その他の場合はブロックの直前の位に 1 を加え，そのブロックは取り去って，必要に応じて小数点の前の位を 0 で埋める（切り上げ）。上記の例に応用すると a) 1230， b) 1234.56。

- 循環 小数：循環節を含むブロックは概約の位によって部分ごとに解決する；このときは有限小数のときと同様に行う。
例：$2.3\overline{75} = 2.375\overline{75} \approx 2.38$ は $2.3\overline{75}$ の小数点以下第 2 位の概数である。

計算の精密性

C. F. ガウスがかつて述べたように，綿密すぎる計算は数学的無教養を証明する。電卓の時代その誘惑はことさら大きい。

例：自動車が 109.6 km（確かな数字 1, 0, 9）を 82 分（確かな数字 8）で戻ってくるとき，平均速度として 80.1951 km/h は意味がなく 80 km/h をとるほうがはるかによい（確かな数字については下の (2) を見よ）。

以下の取り決めは有用である：

> (1) 和（差）は一番不確かな数の確かさで概約される。
> (2) 積（商）は関係する数の確かな数字の個数の一番小さいもので概約する。

(1) の例：$2.45 + 3.189 = 5.639 \approx 5.64$

(2) の例：$(109.6 : 82) \cdot 60 = 1.33365854 \cdot 60$
$= 80.195122 \approx 80$（上の自動車の例）

（訳注）* ［たかだか］$b − 1$ 個ともいう。

34　数集合

10^3	10^2	10^1	10^0	.	10^{-1}	10^{-2}	10^{-3}	10^{-4}
			1	.	2	3		
1	2	3	0*					
			0	.	1	2	3	
			0	.	0*	1	2	3

⌒ $\cdot 10^3$（小数点を右に3スライドする）
⌒ $:10^{-4}$（小数点を左に4スライドする）
⌒ $\cdot 10^{-1}$（小数点を左に1スライドする）
＊0で埋める

A　位取り表による10の累乗の乗法と除法

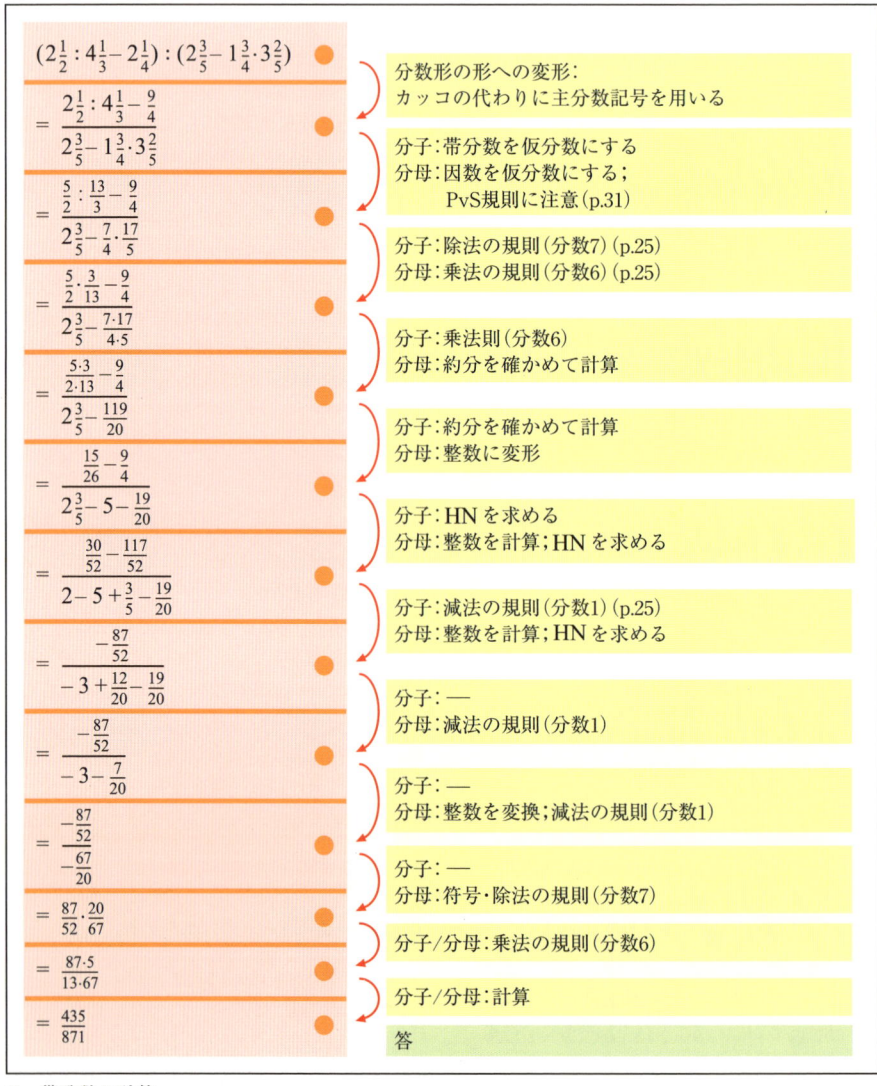

$(2\tfrac{1}{2} : 4\tfrac{1}{3} - 2\tfrac{1}{4}) : (2\tfrac{3}{5} - 1\tfrac{3}{4} \cdot 3\tfrac{2}{5})$
　⌒ 分数形の形への変形：
　　カッコの代わりに主分数記号を用いる

$= \dfrac{2\tfrac{1}{2} : 4\tfrac{1}{3} - \tfrac{9}{4}}{2\tfrac{3}{5} - 1\tfrac{3}{4} \cdot 3\tfrac{2}{5}}$
　⌒ 分子：帯分数を仮分数にする
　　分母：因数を仮分数にする；
　　　PvS規則に注意(p.31)

$= \dfrac{\tfrac{5}{2} \cdot \tfrac{13}{3} - \tfrac{9}{4}}{2\tfrac{3}{5} - \tfrac{7}{4} \cdot \tfrac{17}{5}}$
　⌒ 分子：除法の規則(分数7)(p.25)
　　分母：乗法の規則(分数6)(p.25)

$= \dfrac{\tfrac{5}{2} \cdot \tfrac{3}{13} - \tfrac{9}{4}}{2\tfrac{3}{5} - \tfrac{7 \cdot 17}{4 \cdot 5}}$
　⌒ 分子：乗法則(分数6)
　　分母：約分を確かめて計算

$= \dfrac{\tfrac{5 \cdot 3}{2 \cdot 13} - \tfrac{9}{4}}{2\tfrac{3}{5} - \tfrac{119}{20}}$
　⌒ 分子：約分を確かめて計算
　　分母：整数に変形

$= \dfrac{\tfrac{15}{26} - \tfrac{9}{4}}{2\tfrac{3}{5} - 5 - \tfrac{19}{20}}$
　⌒ 分子：HNを求める
　　分母：整数を計算；HNを求める

$= \dfrac{\tfrac{30}{52} - \tfrac{117}{52}}{2 - 5 + \tfrac{3}{5} - \tfrac{19}{20}}$
　⌒ 分子：減法の規則(分数1)(p.25)
　　分母：整数を計算；HNを求める

$= \dfrac{-\tfrac{87}{52}}{-3 + \tfrac{12}{20} - \tfrac{19}{20}}$
　⌒ 分子：—
　　分母：減法の規則(分数1)

$= \dfrac{-\tfrac{87}{52}}{-3 - \tfrac{7}{20}}$
　⌒ 分子：—
　　分母：整数を変換；減法の規則(分数1)

$= \dfrac{-\tfrac{87}{52}}{-\tfrac{67}{20}}$
　⌒ 分子：—
　　分母：符号・除法の規則(分数7)

$= \dfrac{87}{52} \cdot \dfrac{20}{67}$
　⌒ 分子/分母：乗法の規則(分数6)

$= \dfrac{87 \cdot 5}{13 \cdot 67}$
　⌒ 分子/分母：計算

$= \dfrac{435}{871}$
　　答

B　帯分数の計算

小数・分数の計算 II　35

10 の累乗と小数

> 十進法の数に位の数となる 10^n ($n \in \mathbb{N}$) をかけるとき，小数点を右に n 個進める。除法では小数点の移動は左へとなる。必要に応じて位を 0 で埋める（図 A）。

注：10^n による除法の代わりに 10^{-n} による乗法を用いることができる。

累乗表記

たとえば電卓による 2 数の乗法では各位の数は表に出ない。計算機は自動的に（既述の概約によって）いわゆる累乗表記に書き換えるからである：たとえば $77777777 \cdot 2 = 155555554 = 1.5556 \cdot 10^8$
同様に $0.000333 \cdot 0.0001234$
$= 0.0000000410922 = 4.1092 \cdot 10^{-8}$
さらに桁数の大きな数をよりよく把握できるようにするためにこの表記法を応用することもできる。このときしばしば 3 桁区切りで行う。10^3 (Kilo キロ)，10^6 (Mega メガ)，10^9 (Giga ギガ)，10^{-3} (milli ミリ)，10^{-6} (micro マイクロ = μ)，10^{-9} (piko ピコ = p)。
この表記で上の例を表すと：0.1556 Giga，0.041092μ，41.092 p。

帯分数の計算

a) 加法と減法

> 考慮：$2\frac{1}{2} = 2 + \frac{1}{2} = \frac{5}{2}$　$-2 + \frac{1}{2} = -1\frac{1}{2}$
> $-2\frac{1}{2} = -\left(2 + \frac{1}{2}\right) = -2 - \frac{1}{2} = -\frac{5}{2}$

例 (1)：$4\frac{1}{2} + 2\frac{3}{4} = 4 + 2 + \frac{1}{2} + \frac{3}{4} = 6 + \frac{2}{4} + \frac{3}{4}$
$= 6 + \frac{5}{4} = 6 + 1 + \frac{1}{4} = 7\frac{1}{4}$

例 (2)：$4\frac{1}{2} - 2\frac{3}{4} = 4 - 2 + \frac{1}{2} - \frac{3}{4} = 2 + \frac{2}{4} - \frac{3}{4}$
$= 1 + \frac{4}{4} + \frac{2}{4} - \frac{3}{4} = 1 + \frac{3}{4} = 1\frac{3}{4}$

例 (3)：$5\frac{17}{25} - \frac{21}{25} = 4 + \frac{25}{25} + \frac{17}{25} - \frac{21}{25}$
$= 4 + \frac{4}{25} + \frac{17}{25} = 4\frac{21}{25}$

例 (4)：$4\frac{1}{2} - 2\frac{3}{4} + 1\frac{3}{8} - 2\frac{1}{3}$
(a)　$= 4 - 2 + 1 - 2 + \frac{1}{2} - \frac{3}{4} + \frac{3}{8} - \frac{1}{3}$
(b)　$= (4+1) - (2+2) + \left(\frac{1}{2} + \frac{3}{8}\right) - \left(\frac{3}{4} + \frac{1}{3}\right)$
(c)　$= 5 - 4 + \left(\frac{4}{8} + \frac{3}{8}\right) - \left(\frac{9}{12} + \frac{4}{12}\right)$
(d)　$= 1 + \frac{7}{8} - \frac{13}{12} = \frac{24}{24} + \frac{21}{24} - \frac{26}{24} = \frac{19}{24}$

例 (4) の過程：

> (a) 整数と真分数を分ける。
> (b) それぞれにおいて + 要素と − 要素を分ける。
> (c) + 要素の和，− 要素の和。
> (d) 最終計算の減法では，必要に応じて 1 つまたは複数の整数を変形して「剰余」を数字で得る（例 3 と比較せよ）。

b) 乗法と除法

> 考慮：約分の前に分数形を示す。

例 (5)：$2 \cdot 2\frac{3}{4} = 2 \cdot \left(2 + \frac{3}{4}\right) = 2 \cdot 2 + 2 \cdot \frac{3}{4}$
$= 4 + \frac{2 \cdot 3}{4} = 4 + \frac{3}{2} = 4 + 1 + \frac{1}{2} = 5\frac{1}{2}$
あるいは $2 \cdot 2\frac{3}{4} = 2 \cdot \left(\frac{8}{4} + \frac{3}{4}\right) = 2 \cdot \frac{11}{4} = \frac{2 \cdot 11}{4}$
$= \frac{11}{2} = \frac{10}{2} + \frac{1}{2} = 5\frac{1}{2}$

例 (6)：$2\frac{3}{4} \cdot 2\frac{3}{5} = \frac{11}{4} \cdot \frac{13}{5} = \frac{11 \cdot 13}{4 \cdot 5} = \frac{143}{20}$
$= \frac{140}{20} + \frac{3}{20} = 7\frac{3}{20}$

例 (7)：$4\frac{1}{6} : 2\frac{2}{9} = \frac{25}{6} : \frac{20}{9} = \frac{25}{6} \cdot \frac{9}{20} = \frac{25 \cdot 9}{6 \cdot 20}$
$= \frac{5 \cdot 3}{2 \cdot 4} = \frac{15}{8} = \frac{8+7}{8} = 1\frac{7}{8}$

例 (8)：$\left(1\frac{1}{2} : 2\frac{5}{8}\right) \cdot 4\frac{1}{3} = \left(\frac{3}{2} : \frac{21}{8}\right) \cdot \frac{13}{3} = \frac{3}{2} \cdot \frac{8}{21} \cdot \frac{13}{3}$
$= \frac{3 \cdot 8 \cdot 13}{2 \cdot 21 \cdot 3} = \frac{4 \cdot 13}{21} = \frac{52}{21} = 2\frac{10}{21}$

過程の説明

- 帯分数の帯分数との積，帯分数による商では普通は有用性と必要性から帯分数を調整する (p.22, 図 B)，すなわち整数を分数に変形する。
- 符号は符号則 (p.29) にしたがって処理する。
- PvS 則 (p.31) および分数の規則（分数 6），（分数 7）(p.25) の優先を守る。
- 約分で数字を小さくする。

分母分子が有理数の分数

すなわち有理数（実数でもよい p.37 を見よ）の商である。分母または分子が分数であるケースでは少なくとも 2 本の分数記号をもつ。したがってこれを**複分数**という。

例：$\dfrac{\frac{2}{3} + \frac{1}{2}}{\frac{4}{5}}$　や　$\dfrac{\frac{8}{5}}{5}$　のほかに　$\dfrac{2.5}{0.2}$　もまた複分数である。
一般に主分数記号（赤）と他の分数記号とを入れ換えることはできない。
したがってたとえば $\dfrac{\frac{5}{8}}{5} \neq \dfrac{5}{\frac{8}{5}}$，なぜなら

左辺は $\dfrac{\frac{5}{8}}{5} = \frac{1}{8}$ で右辺は $\dfrac{5}{\frac{8}{5}} = \frac{25}{8}$ だからである。
複分数を用いるとカッコの数が少なくなり外観を保ったまま計算できる。
例：図 B

定義： $\sqrt{2}$ は平方が2に等しい非負の数である。

過程の開始点

最初の粗い評価は簡単である：$1 \leq \sqrt{2} \leq 2$，なぜなら $1^2 = 1$，$2^2 = 4$

小数点以下第1位に入りうるのは数字 $0, 1, 2, \ldots, 9$ のうちの1つである。$(1.x)^2$ が2未満になる数字を求める。

試行によって次を得る：$1.4 \leq \sqrt{2} \leq 1.5$，なぜなら $1.4^2 = 1.96$，$1.5^2 = 2.25$

小数点以下第3，4，... 位を**同様**に進める：

$1.41 \leq \sqrt{2} \leq 1.42$，

なぜなら $1.41^2 = 1.9881$ で $1.42^2 = 2.0164$

$1.414 \leq \sqrt{2} \leq 1,415$

なぜなら $1.414^2 = 1.999396$ で $1.415^2 = 2.002225$

以下同様に $\sqrt{2} = 1.41421356\ldots$

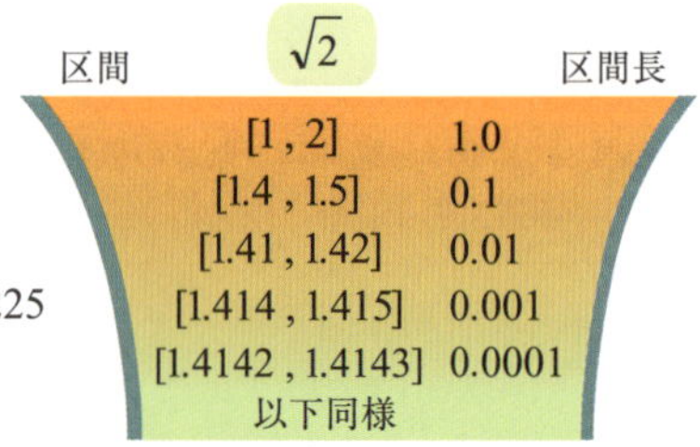

区間	区間長
[1, 2]	1.0
[1.4, 1.5]	0.1
[1.41, 1.42]	0.01
[1.414, 1.415]	0.001
[1.4142, 1.4143]	0.0001
以下同様	

（値は $\sqrt{2}$）

1.4 / 1.41 / 1.414 / 1.4142 … は下方近似値
1.5 / 1.42 / 1.415 / 1.4143 … は上方近似値

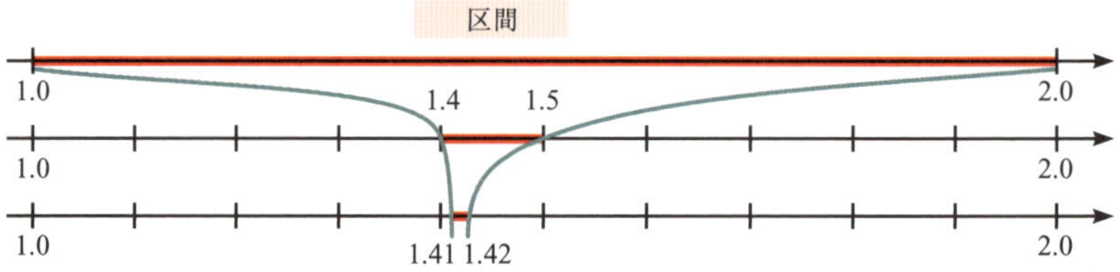

A 無限非循環小数として $\sqrt{2}$ の解説

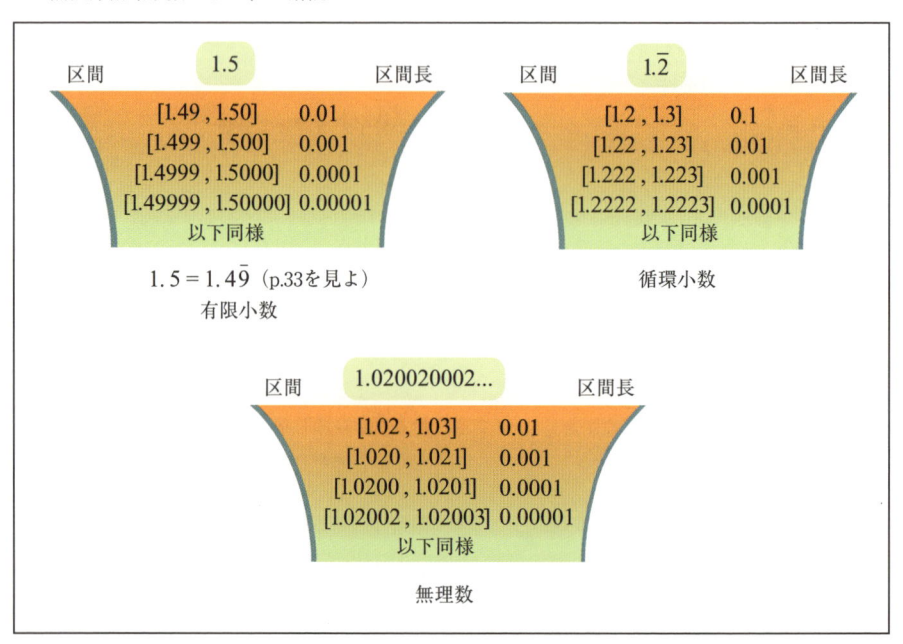

1.5

区間	区間長
[1.49, 1.50]	0.01
[1.499, 1.500]	0.001
[1.4999, 1.5000]	0.0001
[1.49999, 1.50000]	0.00001
以下同様	

$1.5 = 1.4\overline{9}$（p.33を見よ）
有限小数

$1.\overline{2}$

区間	区間長
[1.2, 1.3]	0.1
[1.22, 1.23]	0.01
[1.222, 1.223]	0.001
[1.2222, 1.2223]	0.0001
以下同様	

循環小数

$1.020020002\ldots$

区間	区間長
[1.02, 1.03]	0.01
[1.020, 1.021]	0.001
[1.0200, 1.0201]	0.0001
[1.02002, 1.02003]	0.00001
以下同様	

無理数

B 特別な区間縮小

非有理数としての $\sqrt{2}$

1 辺の長さが 1 の正方形の対角線の長さを求める問題はピタゴラスの等式 (p.181 を見よ) を応用すると方程式 $x^2 = 2$ を解くことになる。負の数は長さとして許されないので，平方すると 2 になる負ではない数を求める。この数は $\sqrt{2}$ によって表される (2 の平方根と読む)。間接的な証明 (p.249) で次を示す:

$\sqrt{2}$ は有理数ではない。

仮説：$\sqrt{2}$ は有理数である。
$1^2 < 2,\ 2^2 > 2$ が成り立つから $\sqrt{2}$ は 1 と 2 の間の分数である。すなわち $\frac{a}{b} \in \mathbb{Q}^+,\ a, b \in \mathbb{N}$ で $\sqrt{2} = \frac{a}{b}$。この分数は完全に約分してある，すなわち a と b が互いに素である とする。同値変形をすると

$$\sqrt{2} = \frac{a}{b} \Leftrightarrow \left(\sqrt{2}\right)^2 = \left(\frac{a}{b}\right)^2$$
$$\Leftrightarrow 2 = \frac{a^2}{b^2} \Leftrightarrow 2b^2 = a^2 \qquad (1)$$

(1) より b^2 の 2 倍である a^2 は，2 で割り切れることを得る。したがって 2 は a の素因数であり a も 2 で割り切れる。
a は次のようにも書ける：$a = 2c,\ c \in \mathbb{N}$
(1) に代入して次を得る

$$2b^2 = (2c)^2 \Leftrightarrow 2b^2 = 4c^2 \Leftrightarrow b^2 = 2c^2 \qquad (2)$$

等式 (2) は等式 (1) で a に b を b に c を代入して得られる。(1) におけると同じ論証で (2) では b が 2 で割り切れることが導かれる。しかしながら双方が約数 2 をもつならば a と b は互いに素ではないことになる。矛盾！

推論：この対角線の長さを表す有理数は存在しない。そこで $\mathbb{Q}$ の数領域の拡張を試みる。数直線上に $\sqrt{2}$ (および他の非有理数) の「席」が残っていることは p.180 の図 B で一目瞭然である。

無理数の定義

$\sqrt{2}$ は小数位の無限列 $1.4142\cdots$ でとらえられ (図 A)，有限小数でも循環小数でも表せない。そうでなければ $\sqrt{2}$ は有理数になってしまう (p.33 と比較せよ)。
以下のように定義する：

■ 非循環無限小数のことを **無理数** という。

有理数の集合 $\mathbb{Q}$ に無理数の集合を加えることにより **実数の集合** $\mathbb{R}$ を得る。次が成り立つ：

実数の集合はすべての有限小数，すべての無限小数 (循環および非循環) の集合である。

例：$2.5,\ 1.\overline{2}$ (有理数)
$1.020020002\cdots,\ \sqrt{2}$ の表記の $1.41421\cdots$
　　　　(無理数)

図 A における $\sqrt{2}$ の無限小数表記の拡張は上方および下方 近似値 の限定に用いられる。これは任意に小さくなる長さの次々と縮小していく区間を定める。両端の数字の並びの一致によりその小数表記を確定していく。この過程を一般的に表すには以下の概念を用いる。

区間縮小

■ 閉区間の列　$I_1, I_2, I_3, \ldots$ が以下を満たすとき **区間縮小** という：
(1) 区間が次々と縮小している，すなわち $I_1 \supseteq I_2 \supseteq I_3 \supseteq \cdots$。
さらに
(2) 区間の長さが 0 に収束する。

区間縮小の「ゴール」は数直線上のちょうど 1 点 (「漏斗イメージ」図 A を見よ)。実際に一般的証明がなされる：

両端が有理数であるおのおのの区間縮小は数直線上のちょうど 1 点を表す。そしてある有理数もしくはある無理数に至る。

例：図 B のいろいろな区間縮小

実数の数直線上への配置

区間縮小による実数表記が有理数の配置をすべての実数の配置へと拡大する。
加法乗法の **MG** が成り立つ (p.31 と比較せよ)。

完備性

この新しい無理数には区間の端が有理数である区間縮小が属する。ここで任意の 実数 を端にもつ区間による区間縮小で新しい数が生じるか否かが問題になる。否である：

完備性の法則：
実数による区間縮小のおのおのはちょうど 1 つの 実数 を表す。

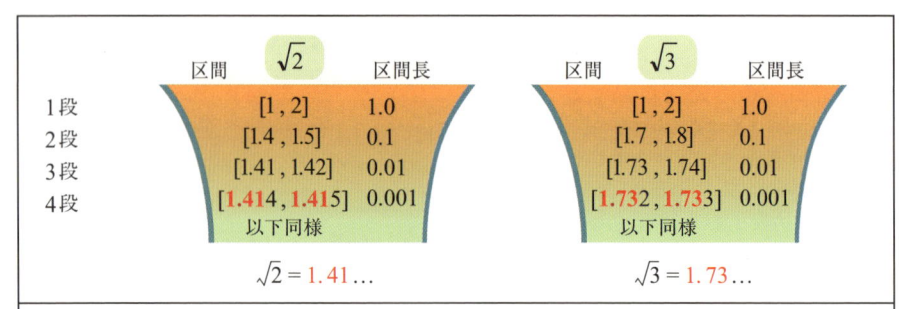

	区間 $\sqrt{2}$	区間長		区間 $\sqrt{3}$	区間長
1段	[1, 2]	1.0		[1, 2]	1.0
2段	[1.4, 1.5]	0.1		[1.7, 1.8]	0.1
3段	[1.41, 1.42]	0.01		[1.73, 1.74]	0.01
4段	[1.414, 1.415]	0.001		[1.732, 1.733]	0.001
	以下同様			以下同様	

$$\sqrt{2} = 1.41\ldots \qquad \sqrt{3} = 1.73\ldots$$

加法:
同じ段の双方の左区間端および右区間端の加法

$\sqrt{2} + \sqrt{3}$

[2, 4]	2.0
[3.1, 3.3]	0.2
[3.14, 3.16]	0.02
[3.146, 3.148]	0.002
以下同様	

$$\sqrt{2} + \sqrt{3} = 3.14\ldots$$

異符号数:
区間端の異符号数をつくる;その段の両数の大きいほうが右端になる

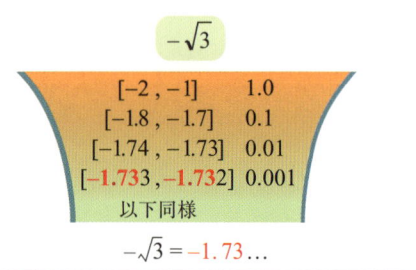

$-\sqrt{3}$

[−2, −1]	1.0
[−1.8, −1.7]	0.1
[−1.74, −1.73]	0.01
[−1.733, −1.732]	0.001
以下同様	

$$-\sqrt{3} = -1.73\ldots$$

減法:
異符号数の加法:$a - b = a + (-b)$

$\sqrt{2} - \sqrt{3}$

[−1, 1]	2.0
[−0.4, −0.2]	0.2
[−0.33, −0.31]	0.02
[−0.319, −0.317]	0.002
以下同様	

$$\sqrt{2} - \sqrt{3} = -0.31\ldots$$

乗法:
同じ段の両左区間端および両右区間端の積

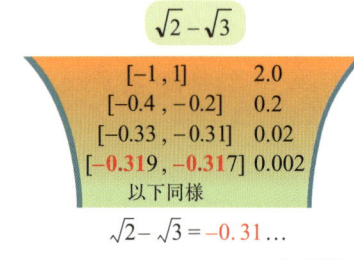

$\sqrt{2} \cdot \sqrt{3}$

[1, 4]	3.0
[2.3…, 2.7…]	0.3…
[2.43…, 2.47]	0.03…
[2.449…, 2.452…]	0.003…
以下同様	

$$\sqrt{2} \cdot \sqrt{3} = 2.4\ldots$$

> 場合によっては乗法, 逆数, 除法では区間端は大きさにしたがって並べかえる必要がある。

逆数:
0でない区間縮小の逆数をつくる

$\dfrac{1}{\sqrt{2}}$

[0.5, 1]	0.5
[0.66…, 0.71…]	0.5…
[0.704…, 0.709…]	0.04…
[0.7067…, 0.7072…]	0.004…
以下同様	

$$\dfrac{1}{\sqrt{2}} = 0.70\ldots$$

除法:
逆数による乗法:$a : b = a \cdot \dfrac{1}{b}$

$\sqrt{3} : \sqrt{2}$

[0.5, 2]	1.5
[1.1…, 1.2…]	0.1…
[1.21…, 1.23…]	0.01…
[1.224…, 1.225…]	0.001…
以下同様	

$$\sqrt{3} : \sqrt{2} = 1.22\ldots$$

区間縮小とその結合

近似値を用いた計算

$\sqrt{2}$ はある区間縮小で任意に正確に計算できはするが,無理数の小数表記での無限性から完全には提示できない。

おのおのの区間縮小により $\sqrt{2}$ の近似値は得ている(p.36, 図 A を見よ)。近似値の利用は実際的検討には適していない(たとえば計算機の桁数や計算している数学者の年齢の限界である)。すなわちさらなる計算に誤り(概約の誤り)を犯すことである。

注1:概約と近似値の正確性には有限および循環小数と同様のことが成り立つ(p.33)。

注2:区間縮小は「計算」できる。すなわち加法と乗法を定義し(図),それらの逆算を導入し,関連付けである **AG**, **KG** そして **DG** が成り立つことを立証することができる。

平方根

$a \in \mathbb{R}_0^+$ のときその平方が a になる非負の実数を a の **平方根** という:$\sqrt{a}$ と書く(a の平方根と読む)。a は **被開平数** という。

例:$\sqrt{0.04} = 0.2$ $\sqrt{0} = 0$ (有理数)
    $\sqrt{3} = 1.73205\cdots$ (無理数)

平方根計算の規則

(I) $\sqrt{a} \cdot \sqrt{b} = \sqrt{a \cdot b}$,すべての $a, b \in \mathbb{R}_0^+$
(II) $\frac{\sqrt{a}}{\sqrt{b}} = \sqrt{\frac{a}{b}}$,すべての $a \in \mathbb{R}_0^+$, $b \in \mathbb{R}^+$
(III) $\sqrt{a^2} = |a|$,すべての $a \in \mathbb{R}$
(IV) $a = b \Leftrightarrow a^2 = b^2$,すべての $a, b \in \mathbb{R}_0^+$

注:$\sqrt{a \pm b} \ne \sqrt{a} \pm \sqrt{b}$ であり $\sqrt{a^2 + b^2} \ne a + b$ 左辺の平方根は簡略化しえない。

応用

(1), (2):平方項から根号をはずす(部分的開平)

(1) $\sqrt{50} = \sqrt{2 \cdot 25} = \sqrt{2} \cdot \sqrt{25} = 5\sqrt{2}$

(2) すべての $a \in \mathbb{R}$, $b \in \mathbb{R}_0^+$ について
$\sqrt{2a^2 b - 4ab^2 + 2b^3} = \sqrt{2b(a^2 - 2ab + b^2)}$
$= \sqrt{2b} \cdot \sqrt{a^2 - 2ab + b^2} = \sqrt{2b} \cdot \sqrt{(a-b)^2}$
$= \sqrt{2b} \cdot |a - b|$
(すべての被開平数は非負とみなすこと)

(3) 分母の根号を取り除く:分母の「有理化」(根号なし化)
すべての $a \in \mathbb{R}$, $b \in \mathbb{R}^+$ について
$\frac{a}{\sqrt{b}} = \frac{a}{\sqrt{b}} \cdot \frac{\sqrt{b}}{\sqrt{b}} = \frac{a\sqrt{b}}{(\sqrt{b})^2} = \frac{a\sqrt{b}}{b}$

(4) 平方根項のくくりだし:
すべての $a, b \in \mathbb{R}_0^+$ について
$2\sqrt{a} + \sqrt{20ab} = \sqrt{4a} + \sqrt{4a} \cdot \sqrt{5b}$
$= \sqrt{4a}(1 + \sqrt{5b}) = 2\sqrt{a}(1 + \sqrt{5b})$

累乗

以下の累乗を区別する。
- 指数が自然数
- 指数が負の整数
- 指数が有理数
- 指数が実数

自然数指数の累乗は同じ項の積の簡略表現である。

定義 1:$a \in \mathbb{R}$ のとき,
$$a^n := \begin{cases} a \cdot \cdots \cdot a \ (n \text{ 回}) & , n \in \mathbb{N}^{\geq 2} \\ a & , n = 1 \\ 1 & , n = 0 \text{ かつ } a \ne 0 \end{cases}$$

a を底,n を指数,a^n を n 次累乗(a の n 乗と読む)という。

注:$a \ne 0$ のときの $a^0 = 1$ という定義は累乗の規則(**累乗2**)(p.40, 図 B)とは別である。この規則により $\frac{a^n}{a^n} = a^{n-n} = a^0$ となり,同じ累乗の商はいつでも 1 である。
0^0 は定義されない。

例:$5^3 = 5 \cdot 5 \cdot 5$, $x^4 = x \cdot x \cdot x \cdot x$
$(xy)^3 = xy \cdot xy \cdot xy = (xxx) \cdot (yyy) = x^3 \cdot y^3$
$(x^3)^2 = x^3 \cdot x^3 = (xxx) \cdot (xxx) = xxxxxx = x^6$

後の 2 つの例は累乗の規則(**累乗4**)ならびに(**累乗3**)からよりよい計算法がある(p.40, 図 B)。

負整数指数の累乗

負整数指数の累乗は自然数指数の累乗の逆数である:

定義 2:$n \in \mathbb{N}$, $a \in \mathbb{R}^{\ne 0}$ について $a^{-n} := \frac{1}{a^n}$

例:$a^{-1} = \frac{1}{a}$, $(a^{-1})^{-1} = \frac{1}{a^{-1}} = \frac{1}{\frac{1}{a}} = a$
$a^{-2} = \frac{1}{a^2} = \frac{1 \cdot 1}{a \cdot a} = \left(\frac{1}{a}\right)^2$

注:ここに $a \in \mathbb{R}^{\ne 0}$, $z \in \mathbb{Z}$ での a^z が定義された。範囲の広い集合(ここでは $\mathbb{Z}$)上への指数の拡張は許容しうる底の集合の制限($a \ne 0$)に至る。これは次の 2 つの拡張(p.41)であつかう。

40   数集合

$\sqrt{2}$ $3^{\sqrt{2}} = 4.72...$

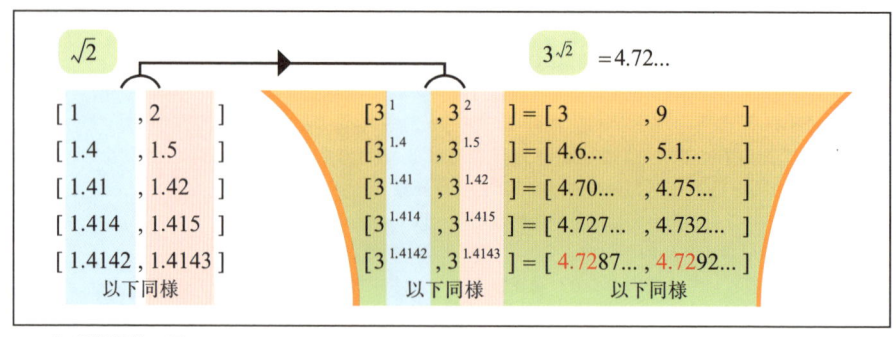

[1	, 2]	[3^1	,3^2] =	[3	, 9	]
[1.4	, 1.5]	[$3^{1.4}$	,$3^{1.5}$] =	[4.6...	, 5.1...	]
[1.41	, 1.42]	[$3^{1.41}$	,$3^{1.42}$] =	[4.70...	, 4.75...	]
[1.414	, 1.415]	[$3^{1.414}$	,$3^{1.415}$] =	[4.727...	, 4.732...	]
[1.4142	, 1.4143]	[$3^{1.4142}$	,$3^{1.4143}$] =	[4.7287...	, 4.7292...	]
以下同様		以下同様		以下同様		

A 無理数指数の冪

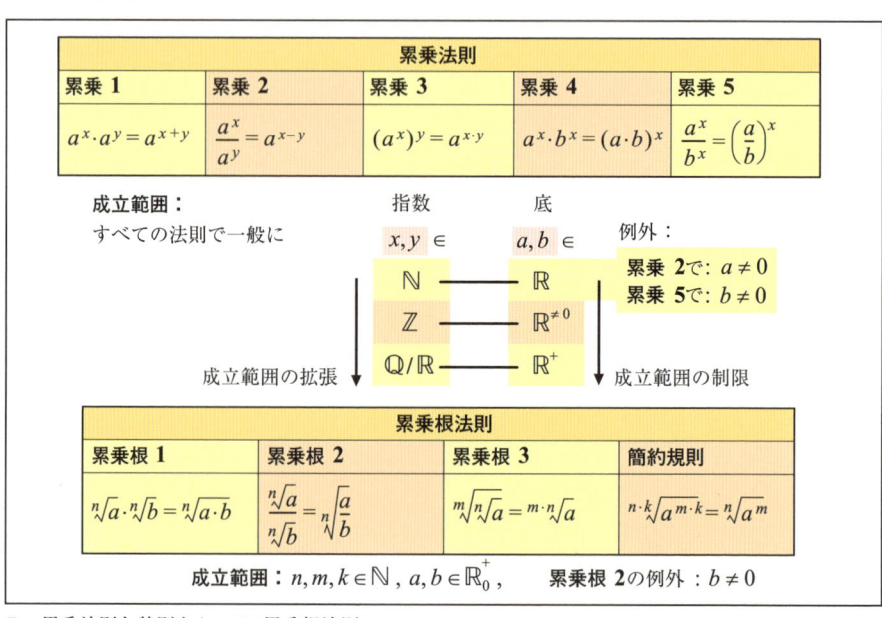

累乗法則

累乗 1	累乗 2	累乗 3	累乗 4	累乗 5
$a^x \cdot a^y = a^{x+y}$	$\dfrac{a^x}{a^y} = a^{x-y}$	$(a^x)^y = a^{x \cdot y}$	$a^x \cdot b^x = (a \cdot b)^x$	$\dfrac{a^x}{b^x} = \left(\dfrac{a}{b}\right)^x$

成立範囲： 指数   底   例外：
すべての法則で一般に $x, y \in$ $a, b \in$ 累乗 2で：$a \neq 0$
                $\mathbb{N}$ $\mathbb{R}$ 累乗 5で：$b \neq 0$
                $\mathbb{Z}$ $\mathbb{R}^{\neq 0}$
成立範囲の拡張 $\mathbb{Q}/\mathbb{R}$ $\mathbb{R}^+$ 成立範囲の制限

累乗根法則

累乗根 1	累乗根 2	累乗根 3	簡約規則
$\sqrt[n]{a} \cdot \sqrt[n]{b} = \sqrt[n]{a \cdot b}$	$\dfrac{\sqrt[n]{a}}{\sqrt[n]{b}} = \sqrt[n]{\dfrac{a}{b}}$	$\sqrt[m]{\sqrt[n]{a}} = \sqrt[m \cdot n]{a}$	$\sqrt[n \cdot k]{a^{m \cdot k}} = \sqrt[n]{a^m}$

成立範囲：$n, m, k \in \mathbb{N}$，$a, b \in \mathbb{R}_0^+$，   累乗根 2の例外：$b \neq 0$

B 累乗法則と特別なケース：累乗根法則

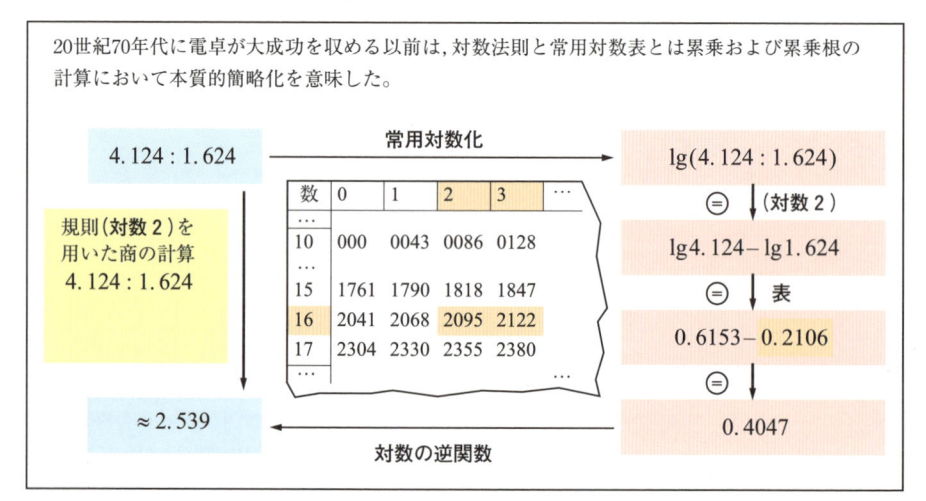

20世紀70年代に電卓が大成功を収める以前は，対数法則と常用対数表とは累乗および累乗根の計算において本質的簡略化を意味した。

$4.124 : 1.624$ — 常用対数化 → $\lg(4.124 : 1.624)$

数	0	1	2	3	...
...					
10	000	0043	0086	0128	
15	1761	1790	1818	1847	
16	2041	2068	2095	2122	
17	2304	2330	2355	2380	
...					

規則（対数 2）を用いた商の計算
$4.124 : 1.624$

⇓ （対数 2）

$\lg 4.124 - \lg 1.624$

⇓ 表

$0.6153 - 0.2106$

⇓

≈ 2.539 ← 対数の逆関数 0.4047

C 対数の法則の応用

有理指数の累乗（n 乗根）

平方概念の一般化である：

a) 指数が単位分数の場合

定義 3：$a^{\frac{1}{n}} = \sqrt[n]{a}$ $(a \in \mathbb{R}_0^+, n \in \mathbb{N})$ は n 乗が a の非負の実数である。a を 被開平数 という（a の 1 割る n 乗 または a の n 乗根と読む）。

注：$\sqrt[2]{a} = \sqrt{a}$, $\sqrt[1]{a} = a$ が成り立つ。

例：$x^{\frac{1}{2}} = \sqrt{x}$; $x^{\frac{1}{3}} = \sqrt[3]{x}$; $\sqrt[4]{0} = 0$

b) 任意の有理数の場合

定義 4：
$$a^{\frac{n}{m}} := (\sqrt[m]{a})^n = \sqrt[m]{a^n}; \qquad a^{-\frac{n}{m}} := \frac{1}{a^{\frac{n}{m}}}$$
（a の $\frac{n}{m}$ 乗, マイナス $\frac{n}{m}$ 乗と読む）

ただし，$a \in \mathbb{R}^+; n \in \mathbb{N}, m \in \mathbb{N}$

無理指数の累乗

すべての無理数 r は区間縮小によって有理数で表せる。この種の区間縮小の区間端は底 $a \in \mathbb{R}^+$ の指数として「上置」される。累乗は a^r を区間縮小の端としてもつ区間をつくる（図 A）。

累乗の法則

5 つの累乗の法則（累乗 1）〜（累乗 5）（図 B）は指数集合ごとに別々の底 a に対する成立領域をもつ。特に n 乗根の法則が成り立つ（図 B）。

累乗の法則の応用例

$$\frac{\sqrt[5]{a^4} \cdot \sqrt[3]{a^{\frac{3}{5}}b^3} \cdot (b-a)^{\frac{1}{3}}}{(a^{\frac{3}{5}})^2 \cdot (\sqrt[3]{b^2})^2 \cdot (b-a)^{\frac{2}{3}}} = \frac{a^{\frac{4}{5}} \cdot (a^{\frac{3}{5}}b^3)^{\frac{1}{3}} \cdot (b-a)^{\frac{1}{3}}}{a^{\frac{6}{5}} \cdot (b^{\frac{2}{3}})^2}$$

$$\frac{a^{\frac{4}{5}} \cdot (a^{\frac{3}{5}}b^3)^{\frac{1}{3}} \cdot (b-a)^{\frac{1}{3}}}{a^{\frac{6}{5}} \cdot (b^{\frac{2}{3}})^2} = \frac{a^{\frac{4}{5}} \cdot a^{\frac{1}{5}} b \cdot (b-a)^{\frac{1}{3}}}{b^{\frac{4}{3}}}$$

$$\frac{a^{\frac{4}{5}} \cdot a^{\frac{1}{5}} \cdot b \cdot (b-a)^{\frac{1}{3}}}{b^{\frac{4}{3}}} = a^{\frac{3}{5}} \cdot b^{-\frac{1}{3}} \cdot (b-a)^{\frac{1}{3}}$$

■→□
定義
（累乗 1）

$$a^{\frac{3}{5}} \cdot b^{-\frac{1}{3}} \cdot (b-a)^{\frac{1}{3}} = \frac{1}{b^{\frac{1}{3}}} \cdot \sqrt[5]{a^3} \cdot \sqrt[3]{b-a}$$

（累乗 2）
（累乗 3）

$$\frac{1}{b^{\frac{1}{3}}} \cdot \sqrt[5]{a^3} \cdot \sqrt[3]{b-a} = \frac{1}{\sqrt[3]{b}} \cdot \sqrt[5]{a^3(b-a)}$$

（累乗 4）
（累乗根 1）

対数

対数を求めるのは指数方程式 $a^x = b$ を解くことと同じである（対数化と呼ぶ）：

$$x = \log_a b \quad \Leftrightarrow \quad a^x = b$$

ある数の対数を求める問題は ある特定の底に対する指数を求める ことを意味する。

定義 5：ある数 $b \in \mathbb{R}^+$ の底 $a \in \mathbb{R}^+ \setminus \{1\}$ に対する対数（$\log_a b$ で示す）は $a^x = b$ または $x = \log_a b$ の成り立つ指数 x そのものである。

この対数化は根号の開平に対して累乗化の第 2 の逆算である。

特殊化：$\lg := \log_{10}$, $\text{lb} := \log_2$, $\ln := \log_e$（e はオイラー数であり，$\ln$ を 自然対数 と呼ぶ，p.141）。

注：$1^x = b$ は $b = 1$ のときしか解をもたないので，底 1 の対数は定義不可能である。

例：$2^3 = 8$ なので $\log_2 8 = 3$

$10^{-2} = \frac{1}{100} = 0.01$ なので $\log_{10} 0.01 = -2$

対数の法則

指数に注目することにより累乗の法則（累乗 1）〜（累乗 3）から直接次の法則が導かれる。
$a \in \mathbb{R}^+ \setminus \{1\}, x, y \in \mathbb{R}^+$ で次が成り立つ：

(対数 1)： $\log_a(x \cdot y) = \log_a x + \log_a y$

(対数 2)： $\log_a \frac{x}{y} = \log_a x - \log_a y$

(対数 3)： $\log_a x^n = n \cdot \log_a x$

これらの法則は以下の 2 つにより完全化される。

還元公式： $a^{\log_a x} = x$ および底変換の

換算公式（底の変換による）：
$$\log_c x = \log_c a \cdot \log_a x$$

後の公式からすべての任意の対数がたとえば 10 を底とする対数（$c = 10$）で計算可能になる：

$$\log_a x = \frac{\lg x}{\lg a}$$

注：対数の法則の特徴は積，商ならびに和，差の累乗さらに積を還元するときに生じる。

応用：図 C

根号の開平と累乗化の逆算としての対数化

- 根号の開平 は $n \in \mathbb{N}$, $b \in \mathbb{R}_0^+$ で $x^n = b$ 型の累乗方程式の解 $\sqrt[n]{b}$ を得る。
- 対数化 は $a \in \mathbb{R}^+ \setminus \{1\}$, $b \in \mathbb{R}^+$ で $a^x = b$ 型の累乗方程式の解 $x = \log_a b$ を得る。

$z = 2+i$　　　　　$z = a + i\cdot b$

$a = 2$, $b = 1$, $r = \sqrt{5}$　　$|z| = r = \sqrt{a^2+b^2} = z$の絶対値
　　　　　　　　　　　$\varphi = $ 角$z = $偏角$z$
　　　　　　　　　　　$a = z$の実部$= r\cos\varphi$
　　　　　　　　　　　$b = z$の虚部$= r\sin\varphi$
　　　　　　　　　　　$\tan\varphi = \dfrac{b}{a}$

$$z = r(\cos\varphi + i\cdot\sin\varphi)$$

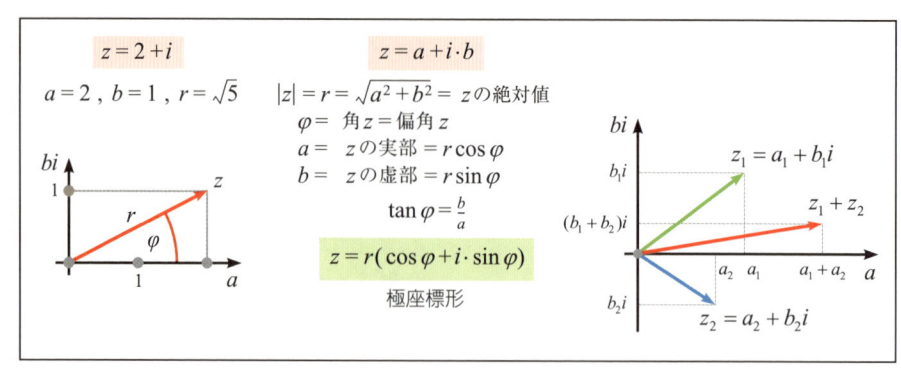

極座標形

A　ガウス平面，複素数の加法

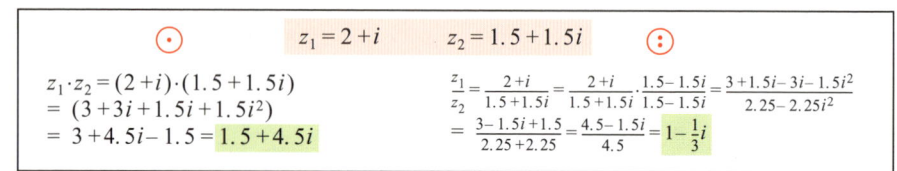

⊙　　$z_1 = 2+i$　　$z_2 = 1.5+1.5i$　　⊘

$z_1\cdot z_2 = (2+i)\cdot(1.5+1.5i)$
$= (3+3i+1.5i+1.5i^2)$
$= 3+4.5i-1.5 = $ **$1.5+4.5i$**

$\dfrac{z_1}{z_2} = \dfrac{2+i}{1.5+1.5i} = \dfrac{2+i}{1.5+1.5i}\cdot\dfrac{1.5-1.5i}{1.5-1.5i} = \dfrac{3+1.5i-3i-1.5i^2}{2.25-2.25i^2}$

$= \dfrac{3-1.5i+1.5}{2.25+2.25} = \dfrac{4.5-1.5i}{4.5} = $ **$1-\dfrac{1}{3}i$**

B　$a+bi$を用いた計算

乗法，計算的：

$z_1 = r_1(\cos\varphi_1 + i\cdot\sin\varphi_1)$, $z_2 = r_2(\cos\varphi_2 + i\cdot\sin\varphi_2)$
$z_1\cdot z_2 = r_1 r_2(\cos\varphi_1 + i\cdot\sin\varphi_1)(\cos\varphi_2 + i\cdot\sin\varphi_2)$
$= r_1 r_2(\cos\varphi_1\cos\varphi_2 - \sin\varphi_1\sin\varphi_2$
$\quad + i(\sin\varphi_1\cos\varphi_2 + \cos\varphi_1\sin\varphi_2))$

加法定理(p.79)により以下が導かれる ：

$$z_1\cdot z_2 = r_1 r_2(\cos(\varphi_1+\varphi_2) + i\cdot\sin(\varphi_1+\varphi_2))$$

例：　$z_1 = 2+i$　　$z_2 = 1.5+1.5i$

$z_1 = \sqrt{5}\cdot(\cos 26.6° + i\cdot\sin 26.6°)$
$z_2 = \sqrt{4.5}\cdot(\cos 45° + i\cdot\sin 45°)$
$z_1\cdot z_2 = \sqrt{5}\cdot\sqrt{4.5}\cdot(\cos 71.6° + i\cdot\sin 71.6°)$
$= 1.5+4.5i$

グラフ的： z_1, z_2が与えられているとき。

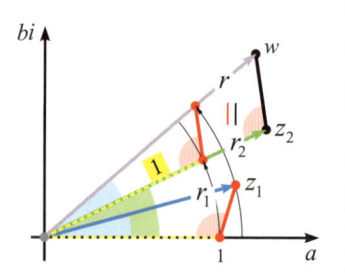

$w = z_1\cdot z_2$ の正当化：
第1射線定理により
$\dfrac{r}{r_1} = \dfrac{r_2}{1} \Leftrightarrow r = r_1\cdot r_2$

さらに回転移動により次が成り立つ：
$\arg w = \arg z_1 + \arg z_2$

すなわち z_1 と z_2 の積 $z_1\cdot z_2$ を作図する可能性が生じる。上の図より必要部分のみ抜き出すと：

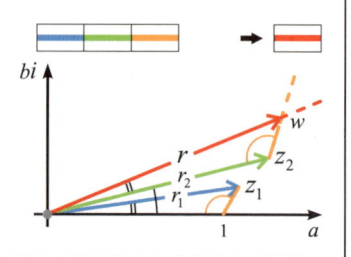

除法：

ここで商 $\dfrac{z_1}{z_2}$ を積にならってつくる。
分母は $\bar{z}_2 = r_2(\cos\varphi_2 - i\cdot\sin\varphi_2)$ による分数の拡張と $\sin^2\varphi_2 + \cos^2\varphi_2$ (p.77) により簡約化される。
分子は加法定理の応用により以下のようになる：

$$\dfrac{z_1}{z_2} = \dfrac{r_1}{r_2}(\cos(\varphi_1-\varphi_2) + i\cdot\sin(\varphi_1-\varphi_2))$$

例：　$z_1 = 2+i$　　$z_2 = 1.5+1.5i$

$\dfrac{z_1}{z_2} = \dfrac{2+i}{1.5+1.5i} = \dfrac{\sqrt{5}}{\sqrt{4.5}}(\cos(-18.4°) + i\cdot\sin(-18.4°))$

$= 1-\dfrac{1}{3}i$

C　極座標形での複素数の乗法と除法

$a + bi$ 型の項

加法，乗法をもった集合 $(\mathbb{R}; +, \cdot)$ は $x^2 = -1$ のような $\mathbb{R}$ を基集合とした解をもたない方程式を含むのでまだ不完全である。

そこで上述の方程式を可解にするような実数集合の拡張 $\mathbb{C}$ を求める。

文字 i で $x^2 = -1$ の $\mathbb{C}$ に含まれる解を表すことにすると，$\mathbb{C}$ で $i^2 = -1$ が成り立つ。$\mathbb{C}$ で加法と乗法が無条件に可能で，$\mathbb{R}$ の計算構造が変更なしに成り立つことは $\mathbb{C}$ の計算機構の最低要求である。したがって少なくとも $\mathbb{R}$ の数と i の積 bi および $\mathbb{R}$ のすべての数と bi との和が集合 $\mathbb{C}$ に属さなくてはならない。これは $a + bi$ 型の項に行き着く。ここに「数」$a + bi$ を $a, b \in \mathbb{R}$ に制限し，和と積を以下のように定義できる。

$$(a + bi) + (c + di) := (a + c) + (b + d)i$$
$$(a + bi) \cdot (c + di) \; [= ac + adi + bci + bdi^2]$$
$$:= ac - bd + (ad + bc)i$$

いわゆる **体** (p.213) のすべての計算性質が成り立つことが証明される。

実数 a と表記 $a + 0i$ は同一視できるので $\mathbb{R} \subset \mathbb{C}$。

順序のある対としての複素数

「数」$z = a + bi$ が実際に存在することは別種の構成から見てとれる。$z = a + bi$ を順序のある数の対 (a, b) としてとらえることにより，すべての複素数はデカルト座標系で点または矢として表せる（図 A）。この複素数の数平面を **ガウス平面** と呼ぶ。

四則計算は以下のように定義する：

加法（矢加法，図 A および p.192）と乗法

$(a, b) + (c, d) := (a + c, b + d)$
$(a, b) \cdot (c, d) := (ac - bd, ad + bc)$

減法と除法

$(a, b) - (c, d) := (a - c, b - d)$
$(a, b) : (c, d) := \left(\dfrac{ac + bd}{c^2 + d^2}, \dfrac{bc - ad}{c^2 + d^2} \right)$
$(c, d) \neq (0, 0)$

すべての $a \in \mathbb{R}$ で $(a, 0)$ と a を同一視し，i と $(0, 1)$ を同一視することにより次を得る：

$(a, b) = (a, 0) + (0, b)$
$ = (a, 0) + (b, 0) \cdot (0, 1) = a + bi$

最終的に項 $a + bi$ の計算はそれらと「変数」i を $i^2 = -1$ に注意すると実数と同様に計算できることになり心地よいものになる。
例：図 B

第 2 の例の除法問題は $z = a + bi$ をいわゆる **共役複素数** $\bar{z} = a - bi$ に拡大すると有効である。詳しくは以下が成り立つ：

$$z \cdot \bar{z} = (a + bi)(a - bi) = a^2 + b^2$$

極座標表記

矢と x 軸正方向とのなす角を φ とすると，$z = a + bi \,(z \neq 0)$ について $a = r \cdot \cos \varphi, b = r \cdot \sin \varphi$ を代入したものを得る：

$$z = r(\cos \varphi + i \cdot \sin \varphi)$$

これが **極座標表記** である（図 A）。

角度 φ は z の偏角 $\arg z$ とも呼ばれ，2π の整数倍の差を除いて一意である。

例：$z = -1 + i$ が与えられたとき，$a = -1, b = 1$ から以下が導かれる：
$r = \sqrt{2}$ であり $\cos \varphi = -\dfrac{1}{\sqrt{2}} \land \sin \varphi = \dfrac{1}{\sqrt{2}}$
φ について求まる：
$\varphi = 135° \pm k \cdot 360° \quad (k \in \mathbb{N}_0)$
角 $135°$ は主値とも呼ばれ $\arg z$ で表す。

極座標表記による除法と乗法（図 C）

極座標表記による累乗化と累乗根の開平

$z = r(\cos \varphi + i \sin \varphi) \Rightarrow$

> **（累乗）** $z^n = r^n(\cos n\varphi + i \sin n\varphi), \quad n \in \mathbb{N}$
>
> **（累乗根）** $\sqrt[n]{z}$
> $= \sqrt[n]{r} \left(\cos \dfrac{\varphi + k \cdot 2\pi}{n} + i \sin \dfrac{\varphi + k \cdot 2\pi}{n} \right)$
> $n \in \mathbb{N}, \quad k = 0, 1, 2, \ldots, n - 1$

注 1： $k = 0$ に属する値を **主値** ともいう。

注 2： 累乗規則 **（累乗）** は数学的帰納法 (p.249) の展開により証明される。

注 3： すべての二次方程式 (p.49) は基集合 $\mathbb{C}$ であれば，可解である。

> **一般的な n 次方程式**
> $a_n z^n + a_{n-1} z^{n-1} + \cdots + a_1 z + a_0 = 0$
> $(a_n \in \mathbb{R} \setminus \{0\}, a_{n-1}, \ldots, a_1, a_0 \in \mathbb{R})$
> は $\mathbb{C}$ で少なくとも 1 つの解をもつ。

$$2(x+1)-4x+2 = 3x-(x+2) \qquad |D_x = \mathbb{R} \quad |\ (\ )$$

⇔	$2x+2-4x+2 = 3x-x-2$	$\|\ KG$ $\|\ DG$	② 簡略化: 入れ替え(KG), カッコをはずす(DG)
⇔	$(2-4)x+2+2 = (3-1)x-2$	$\|\ -$ $\|\ +$	③ 簡略化: 和, 差の計算
⇔	$-2x+4 = 2x-2$	$\|\ -2x$ $\|\ -4$	④ 分別: 左辺: x の項, 右辺: x の入らない項
⇔	$-4x = -6$	$\|: (-4)$	⑤ 隔離: 数による割り算:約分
⇔	$x = \dfrac{-6}{-4} = \dfrac{3}{2}$		⑥ 解集合の読み上げ

①簡略化: カッコをはずす(DG) appears with the first line.

すなわち $L = \{1.5\}$ が成り立つ。

A 同値変形による方程式の解法

方程式の同値変形(制限なし)		注意
(1) 単純項変形 $\mathbb{R}$ での計算	$2+3 = 4x-3x \quad \|\overline{2+3}\ 5\|$ ⇔ $5 = 4x-3x \quad \|\overline{4x-3x}\ x\|$ ⇔ $5 = x$	$\mathbb{R}$ での計算の法則に基づく たとえば KG, AG, DG (p.31)
(2) 両辺での同類項の加法(減法) $T \neq 0\ (D_T \supseteq D_x)$	$T_1 = T_2$ ⇔ $T_1 \pm T = T_2 \pm T$	$\mathbb{R}$ での加法(減法)の単調性の法則の応用 (p.31)
方程式の同値変形(制限付き)		注意
(3) 両辺に同一項をかける $T \neq 0\ (D_T \supseteq D_x)$	$T_1 = T_2$ ⇔ $T_1 \cdot T = T_2 \cdot T$	$\mathbb{R}$ での乗法(除法)の単調性の法則の応用 (p.31) 0 による乗法: $L[x^2 = -1\|\mathbb{R}] = \{\ \}$, しかし $L[x^2 \cdot 0 = (-1) \cdot 0\|\mathbb{R}] = \mathbb{R}$ $\|: 0$ は定義されない
(4) 両辺を同一項で割る $T \neq 0\ (D_T \supseteq D_x)$	$T_1 = T_2$ ⇔ $T_1 : T = T_2 : T$	
(5) 両辺の逆数化 両辺 $\neq 0$	$T_1 = T_2$ ⇔ $\dfrac{1}{T_1} = \dfrac{1}{T_2}$	関数 $f(x) = \dfrac{1}{x},\ D_f = \mathbb{R}^{\neq 0}$ の単調性の応用 (p.73)
(6) 両辺の累乗根化 両辺 ≥ 0	$T_1 = T_2$ ⇔ $\sqrt{T_1} = \sqrt{T_2}$	関数 $f(x) = \sqrt{x},\ D_f = \mathbb{R}^{\geq 0}$ の単調性の応用 (p.73)
方程式の演えき変形		注意
(7) 両辺に同一項をかける $T\ (D_T \supseteq D_x)$	$T_1 = T_2$ ⇒ $T_1 \cdot T = T_2 \cdot T$	解集合に $T = 0$ の成立するような x が付け加えられうる(検算!)。
(8) 両辺の除法	$T_1 = T_2$ ⇒ $T_1^2 = T_2^2$	$((-1)^2 = 1^2)$ から誤って導かれうる偽の命題 $(-1 = 1)$ を見過ごしうる。

B 方程式における同値変形と演えき変形

1 変数の実方程式

以下の方程式の例では等号の両側のいわゆる 実数値の式 からなる命題式（p.5 を見よ）が問題となる：

例 1：$2(x+1) - 4x + 2 = 3x - (x+2), \quad x \in \mathbb{R}$
例 2：$\sqrt{x+1} = -1, x \in \mathbb{R}$

これらは実数，計算記号，（ ）および 基集合として $\mathbb{R}$ を与えられた 1 つ以上の変数 x からなる。

定義 1：T_1, T_2 の少なくとも一方は基集合 $\mathbb{R}$ の変数 x をもつ実数値の式であるとする。このとき $T_1 = T_2$ を 1 変数の実方程式（短く：方程式）という。

注：いかなる文字も x の代わりに変数として用いうる。

おのおのの実数値の式 T は定義域 D_T をもつ。一般にはこれは全実数の集合であり，T はここで計算可能である。これを 定義されている という。
したがって方程式では次が成り立つ：

実方程式では定義集合 D_x は両辺の定義集合の積集合 (p.9) である：$D_x = D_{T_1} \cap D_{T_2}$

例 1 では両辺がすべての実数で定義されていることより：$D_x = \mathbb{R} \cap \mathbb{R} = \mathbb{R}$
例 2 では平方根は $x \geq -1$ でしか定義されていないので：$D_x = \mathbb{R}^{\geq -1} \cap \mathbb{R} = \mathbb{R}^{\geq -1}$

方程式の解

定義集合から方程式への 真 の命題をつくるような代入を 解 と呼ぶ。問題は 解集合 すなわち すべて の解の集合を求めることである。
例：$x^2 = 4 \,|\, D_x = \mathbb{R}$ の解は 2 と -2 である。すなわち：$\mathrm{L}[x^2 = 4 \,|\, \mathbb{R}]$（2 と -2 からなる集合であると読む）。

注：同一の方程式でも定義集合が異なると解集合が異なるのが一般的である。$x^2 = 4 \,|\, D_x = \mathbb{R}$ にたとえば $\mathbb{R}$ の代わりに $\mathbb{Z}^+$ および $\mathbb{Z}^-$ をとると，それぞれ解集合 2 および -2 を得る。

解法の過程

- 論証
- 計算的過程

一般にある 論証 が可能なときには反対の計算過程が得られる：
　　例 2 では左辺は平方根なのでいかなる代入についても非負，一方右辺は負である。したがって真の命題は存在しない；解集合は空である。

計算過程 は同値および演えき変形の応用を含む（同値と演えきの概念 p.247, p.249 を見て，比較せよ）。これにより，一次，二次，分数および累乗根方程式 (p.49, p.51) は変形できるが，これが方程式のすべてではない。

この簡単な計算過程では解けない方程式を解くには 近似手続 (p.149, p.151) を用いる。

同値変形

例 1 の計算的解法（図 A）は方程式を最も 単純な方程式 $x = a$（いわゆる 最終形）に計算していく方法を段階的に示している。
ゴールを目指して進む：

- 辺の変形による 簡略化（図 B (1), A $\boxed{1}$, $\boxed{2}$, $\boxed{3}$）
- 1 辺に x を含む 項をすべて，他の辺に x を含まない 項をすべて集める分別，必要に応じて簡略化（図 B (2), A $\boxed{4}$）
- 一方の辺での変数 x の 隔離（図 B (3), A $\boxed{5}$）
- 可能な限り単純化した方程式からの解の読み取り（図 A $\boxed{6}$）

最終的に得た解集合をもって最初の方程式の解集合とする。
すべての変形が解集合を変えることなく保っているのでこれが許される。

定義 2：方程式の解集合を保つような変形を 同値変形 と呼ぶ。同値な方程式の間を ⇔（同値あるいは同解集合と読む）で結ぶ。

同値変形としては次の 2 つが知られている（図 A, B）：
(1) 各辺でそれぞれの変形を行う（$\mathbb{R}$ での計算の規則による 辺変形）
(2) 変形は方程式の 両辺で 同一 の方法を 用いる。

注：方程式では一度に多くの段階を行わないことが有用であり正しい（図 A）。

「解法」の処方はすべて の方程式に存在するわけではない。

46　方程式と不等式

$2x+2=4x-2x+3$　$\|D_x=\mathbb{R}$　$\|(-2)$	$x^2+2x+3=1$　$\|D_x=\mathbb{R}$	$4x+2-x=2x+x+2$　$\|D_x=\mathbb{R}$
$\Leftrightarrow\quad 2x=x\cdot(4-2)+3-2$	$\Leftrightarrow\quad x^2+2x+1=-1$　$\|(\ )^2$	$\Leftrightarrow\quad 3x+2=3x+2$
$\Leftrightarrow\quad 2x=2x+1$	$\Leftrightarrow\quad (x+1)^2=-1$	
非可解：すべての代入が偽の命題をつくる。	非可解：ある数の平方はいつでも非負であるから，偽の命題のみをつくる。	不定／全般的に成り立つ：両辺が同じ項からなる方程式は真の命題のみをつくる。

A　解集合の特殊なケース

$$\sqrt{3-2x}=x\quad |D_x=\mathbb{R}^{\leq\frac{3}{2}}$$
$\Rightarrow\quad 3-2x=x^2\quad\Leftrightarrow\quad x^2+2x=3$
$\Leftrightarrow\quad x^2+2x+1=4\quad\Leftrightarrow\quad |x+1|=2$
$\Leftrightarrow\quad x+1=2\ \lor\ x+1=-2$
$\qquad\quad x=1\ \lor\ x=-3$

したがって　$L[\sqrt{3-2x}=x|D_x]\subseteq\{-3,1\}$

検算：　$x=-3$　$\sqrt{3-2\cdot(-3)}=-3$　(f)
　　　　$x=1$　$\sqrt{3-2\cdot 1}=1$　(w)

$L=\{1\}$を得る。

$f(x)=\sqrt{3-2x}-x$

零点検算：
$\sqrt{3-2x}=x\Leftrightarrow\sqrt{3-2x}-x=0$
関数 $f(x)=\sqrt{3-2x}-x$ のただ1つの零点が1，すなわち $L=\{1\}$ が証明される。

B　同値変形とならない平方

	不等式の同値変形（制限なし）	注意
(1) 単純項変形　$\mathbb{R}$ での計算	$2+3\leq 4x-3x$　$\|\overline{2+3}\ \overline{5}$ $\Leftrightarrow\ 5\leq 4x-3x$　$\|\overline{4x-3x}\ \overline{x}$ $\Leftrightarrow\ 5\leq x$	$\mathbb{R}$ での計算の法則に基づく，たとえばKG, AG, DG (p.31)
(2) 両辺に同一項を加える（引く）　$T\neq 0$　$(D_T\supseteq D_x)$	$T_1\leq T_2$ $\Leftrightarrow\ T_1\pm T\leq T_2\pm T$	$\mathbb{R}$ での加法（減法）の単調性の法則の応用 (p.31)

	不等式の同値変形（制限付き）	注意
(3a) 両辺に同一項をかける　$T>0$　$(D_T\supseteq D_x)$	$T_1\leq T_2$ $\Leftrightarrow\ T_1\cdot T\leq T_2\cdot T$	$\mathbb{R}$ での乗法（除法）への単調性の法則の応用 (p.31) 0による乗法： $L[x^2\leq -1|\mathbb{R}]=\{\ \}$，しかし $L[x^2\cdot 0\leq (-1)\cdot 0|\mathbb{R}]=\mathbb{R}$ $\vert:0$ は定義されない
両辺を同一項で割る　$T>0$　$(D_T\supseteq D_x)$	$T_1\leq T_2$ $\Leftrightarrow\ T_1:T\leq T_2:T$	
(3b) $T<0$ では不等号が反転する	$\boxed{<}\ \boxed{>}$ とその逆	
(4) 両辺の逆数化　両辺 $\neq 0$　不等号は反転	$T_1\leq T_2$ $\Leftrightarrow\ \dfrac{1}{T_1}\geq\dfrac{1}{T_2}$	関数 $f(x)=\dfrac{1}{x}$, $D_f=\mathbb{R}^{\neq 0}$ の単調性の応用 (p.73)
(5) 両辺の累乗根化　両辺 ≥ 0	$T_1\leq T_2$ $\Leftrightarrow\ \sqrt{T_1}\leq\sqrt{T_2}$	関数 $f(x)=\sqrt{x}$, $D_f=\mathbb{R}^{\geq 0}$ の単調性の応用 (p.73)

C　不等式における同値変形

特殊な解集合

図 A で計算している例は解集合として空集合（**非可解方程式**）あるいは定義集合（**全般的に成り立つ方程式**）をもつ。これらの特殊な例は以下のような最終形に一般化される（T は変数 x の式）。

$a \neq 0$ で $T = T + a$　　（非可解方程式）
$a > 0$ で $T^2 = -a$　　（非可解方程式）
$T = T$　　　　　　　　（全般的に成り立つ方程式）

注：命題式と命題との間の同値関係はここでは定義されないから，式 T は変数 x を必ず含んでいる。

演えき（繹）変形

たとえば累乗根方程式 $\sqrt{3-2x} = x$ のように同値変形のみでは変数の隔離ができない方程式がある。両辺を平方することにより根号をはずすことができれば都合がよい。しかしながら平方した方程式 $3 - 2x = x^2$ の解集合が原方程式の解集合より広範囲であることは明らかである（図 B）：すなわち -3 は平方した方程式の解ではある（代入して計算すると $9 = 9$）が，原方程式の解ではない（$3 = -3$）。

方程式の両辺の平方は原方程式から変形した方程式への 演えき (p.247) でしかない。

定義 3：解集合を同じに保つかもしくは大きくするような方程式の変形を 演えき変形 という (p.44，図 B 表)。

両方程式の間は⇒（「ならば」と読む）で結ぶ。

例：図 B

検算

与えられた例で演えき変形により現れた元を突きとめ除外するために 原方程式での検算 が不可欠である。

解集合の元となりうる数の原方程式への代入および，真の命題を生じうるか否かの計算を 検算 という。同値変形のみが行われているときは検算は不可欠ではないが，計算の誤りを見つけるためにはしたほうがよい。

同様に有用なのは次に述べる零点検算である。

零（ぜろ）点検算

さらに初めに方程式をいわゆる方程式の零型 $T = 0$ に同値変形しておき，式 T を関数式ととらえて関数に拡張すると，x 軸の切片（いわゆる 零点）が原方程式の解となる。関数プロットを用いてグラフに表せる（例：図 B）。

1 変数の実不等式

1 変数の実方程式の等号を 不等号 $>$, $<$, $\geq$, $\leq$ のいずれかで置き換えて 1 変数の 実不等式 を得る。

例：$2(x+1) - 4x + 2 < 3x - (x+2)$,　　$x \in \mathbb{R}$
　　$\sqrt{1+x} \leq -1$,　　$x \in \mathbb{R}$

一般に不等式は 無限な 解集合をもつ。

例：$L[x < 2 \,|\, \mathbb{R}] = \mathbb{R}^{<2}$,
　　$L[x^2 \leq 4 \,|\, \mathbb{R}] = [-2, 2]$

同値変形では部分的に方程式と同様の計算過程が許される（図 C）。図 C の規則 (3) 応用では前述の方程式の規則との**違い**に注意しなくてはならない。

不等式の両辺に同じ 負 の数または 1 変数の 負 の式 を かける とき，不等号の向きは反転しなくてはならない。すなわち $<$ は $>$ に，$\leq$ は $\geq$ に反転する。除法でも同じことが成り立つ。

注：負の式とは変数のすべての代入による計算が負の数になる式である。同時に正にも負にもなりうる多項式は場合分けに注意しなくてはならない。解集合の無限性により，定点での検算はたとえば解区間の端点の値のような 抜き取り検算 に行き着く。

例：$L[x^2 \leq 4 \,|\, \mathbb{R}] = [-2, 2]$
　　$\underline{x = \pm 2}$　$(\pm 2)^2 = 4$ (w)
　　$\underline{x = \pm 3}$　$(\pm 3)^2 \leq 4$ (f)

方程式で成り立つような演えき変形 (7) と (8)，p.44 の図 B は不等式では成り立たない。というのは変形によって真の命題が偽の命題になりうる，すなわち答がなくなる可能性がある。

48　方程式と不等式

> 試行：$x^2 + ax + y^2 = (x+y)^2$ を成り立たせるような y を求める（y^2 が平方充足）。
>
> $$x^2 + ax + y^2 = (x+y)^2 = x^2 + 2xy + y^2$$
>
> $ax = 2xy$ から $a = 2y$ が導かれる，すなわち $y = \dfrac{1}{2}a$
>
> 平方充足は x の係数の半分の平方

A　平方充足

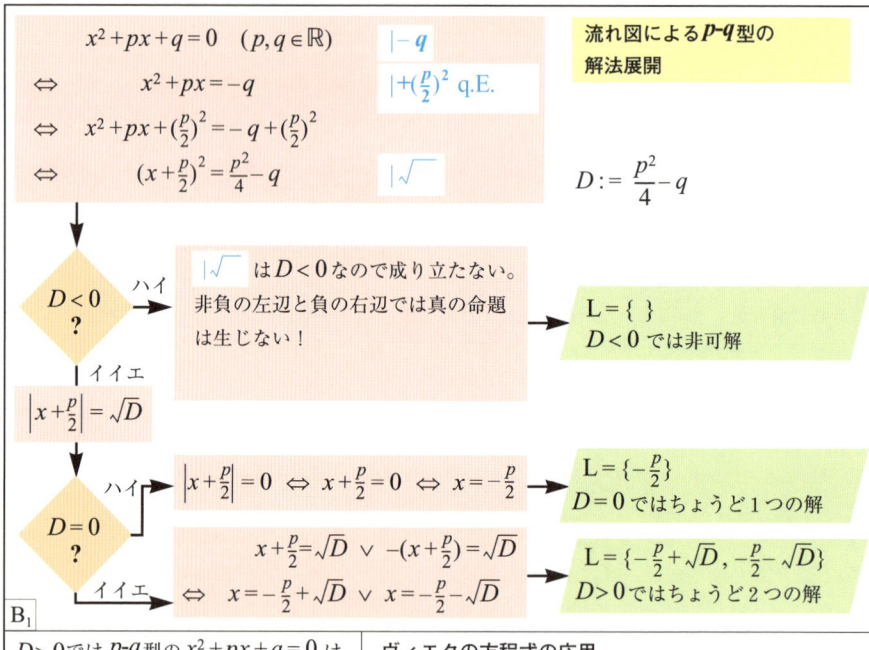

$$
\begin{aligned}
& x^2 + px + q = 0 \quad (p, q \in \mathbb{R}) \quad |{-q} \\
\Leftrightarrow\ & x^2 + px = -q \quad |{+(\tfrac{p}{2})^2}\ \text{q.E.} \\
\Leftrightarrow\ & x^2 + px + (\tfrac{p}{2})^2 = -q + (\tfrac{p}{2})^2 \\
\Leftrightarrow\ & (x + \tfrac{p}{2})^2 = \tfrac{p^2}{4} - q \quad |\sqrt{}
\end{aligned}
$$

流れ図による p-q 型の解法展開

$D := \dfrac{p^2}{4} - q$

$D < 0$ ？ — ハイ → $\sqrt{}$ は $D < 0$ なので成り立たない。非負の左辺と負の右辺では真の命題は生じない！ → $L = \{\ \}$　$D < 0$ では非可解

イイエ ↓

$\left|x + \dfrac{p}{2}\right| = \sqrt{D}$

$D = 0$ ？ — ハイ → $\left|x + \dfrac{p}{2}\right| = 0 \Leftrightarrow x + \dfrac{p}{2} = 0 \Leftrightarrow x = -\dfrac{p}{2}$ → $L = \{-\dfrac{p}{2}\}$　$D = 0$ ではちょうど 1 つの解

イイエ ↓

$x + \dfrac{p}{2} = \sqrt{D}\ \vee\ -(x + \dfrac{p}{2}) = \sqrt{D}$
$\Leftrightarrow\ x = -\dfrac{p}{2} + \sqrt{D}\ \vee\ x = -\dfrac{p}{2} - \sqrt{D}$
→ $L = \{-\dfrac{p}{2} + \sqrt{D},\ -\dfrac{p}{2} - \sqrt{D}\}$　$D > 0$ ではちょうど 2 つの解

B_1

$D > 0$ では p-q 型の $x^2 + px + q = 0$ はちょうど 2 つの解をもつ：

$$x_1 = -\dfrac{p}{2} + \sqrt{D}\ \ \text{と}\ \ x_2 = -\dfrac{p}{2} - \sqrt{D}$$

x_1 と x_2 は以下の性質をもつ
$x_1 + x_2 = -p$ と
$x_1 \cdot x_2 = \dfrac{p^2}{4} - D = q$

p-q 型に代入することにより以下を得る：

ヴィエタの方程式
$$x^2 + (-x_1 - x_2)x + x_1 \cdot x_2 = 0$$
一次因数方程式
$$(x - x_1)(x - x_2) = 0$$

B_2

ヴィエタの方程式の応用
(Ia) 2 つの解 x_1, x_2 の代入による**検算**：
　　原方程式の p-q 型を得なくてはならない。
(Ib) ちょうど 1 つの解の検算：$x_1 = x_2$ で同上。
(II) 与えられた 2 つの解から二次方程式を p-q 型につくる：$x_1 = 2$ と $x_2 = -3$ では次の方程式が得られる。
$$x^2 + (-2 + 3) \cdot x + 2 \cdot (-3) = 0 \Leftrightarrow x^2 + x - 6 = 0$$

一次因数方程式の応用
解 x_1 がわかっているとき x_2 を計算で求める：
　p-q 式を $x - x_1$ で割ると（複除法，p.104），第二一次因数 $x - x_2$ が得られ，それによって x_2 が求まる。
たとえば $x_1 = 2$，すなわち $2 \in L[x^2 + x - 6 = 0 | \mathbb{R}]$ であるとすると，次が成り立つ：$(x^2 + x - 6) : (x - 2) = x + 3$，そこから導かれる：$-3 \in L[x^2 + x - 6 = 0 | \mathbb{R}]$，
　　すなわち $x_2 = -3$

B_3

B　p-q 公式（B_1），一次因数方程式とヴィエタの方程式（B_2），応用（B_3）

(1) 最も単純な方程式：$x = a$

例：$x = 2 \,|\, D_x = \mathbb{R}$

x に 2 を直接代入すると，真の命題 $2 = 2$ が得られるので，L = \{2\} が成り立つ。
一般に次を得る：

$a \in \mathbb{R}$ に対して $L[x = a \,|\, \mathbb{R}] = \{a\}$

(2) 一次方程式：$ax + b = 0 \ (a \neq 0)$

例：$2x + 3 = 0 \,|\, D_x = \mathbb{R}$

同値変形(p.45)による最も単純な方程式への帰着：

$\quad 2x + 3 = 0 \qquad |-3 \ (分別)$
$\Leftrightarrow \quad 2x = -3 \qquad |:2 \ (隔離)$
$\Leftrightarrow \quad x = -\frac{3}{2}$

すなわち $L = \{-\frac{3}{2}\}$ が成り立つ。
一般的に次を得る：
$a \in \mathbb{R}^{\neq 0} \wedge b \in \mathbb{R}$ について $L[ax + b = 0 \,|\, \mathbb{R}] = \{-\frac{b}{a}\}$

(3) 純粋二次方程式：$x^2 = a$

例：(a) $x^2 = 2$, (b) $x^2 = 0$
(c) $x^2 = -1 \,|\, D_x = \mathbb{R}$

最も単純な方程式へは以下のように帰着する。

- 規則 $\sqrt{x^2} = |x|$ (p.39(III)) による根号の開平
- 絶対値の定義 (p.27) による開平

$$|x| := \begin{cases} x, & x \geq 0 \\ -x, & x < 0 \end{cases}$$

上述の例の解法：

(a) $\quad x^2 = 2 \qquad\qquad\ $ | 根号の開平
$\Leftrightarrow \quad \sqrt{x^2} = \sqrt{2}$
$\Leftrightarrow \quad |x| = \sqrt{2} \qquad\ $ | 絶対値の開平
$\Leftrightarrow \quad x = \sqrt{2} \vee x = -\sqrt{2}$

すなわち $L = \{\sqrt{2}, -\sqrt{2}\}$ が成り立つ。

(b) $\quad x^2 = 0 \qquad\qquad\ $ | 根号の開平
$\Leftrightarrow \quad |x| = 0$

したがって $L = \{0\}$ が成り立つ

(c) この例は根号の開平が不可能なので同値変形のみによって解く：右辺は負，左辺は「2 乗」なので非負の式である。いかなる代入によっても真の命題とならない。
したがって $L = \{\ \}$ が成り立つ。
一般に次を得る：

$$L[x^2 = a \,|\, \mathbb{R}] = \begin{cases} \{\sqrt{a}, -\sqrt{a}\}, & a > 0 \\ \{0\}, & a = 0 \\ \{\ \}, & a < 0 \end{cases} \quad (a \in \mathbb{R})$$

(4a) 二項型：$(x + b)^2 = a$

例：(a) $(x - 2)^2 = 3$
(b) $x^2 + 6x + 9 = 5 \,|\, D_x = \mathbb{R}$

純粋方程式への帰着：

(a) $\quad (x - 2)^2 = 3$
$\underline{x - 2 = z} \quad z^2 = 3 \quad | \ (3) による$
$\Leftrightarrow \quad z = \sqrt{3} \vee z = -\sqrt{3}$
$\underline{z = x - 2} \quad x - 2 = \sqrt{3} \vee x - 2 = -\sqrt{3} \quad |+2$
$\Leftrightarrow \quad x = 2 + \sqrt{3} \vee x = 2 - \sqrt{3}$

したがって $L = \{2 \pm \sqrt{3}\}$ が成り立つ。

(b) $\quad x^2 + 6x + 9 = 5 \quad |$ 第 1 二項式
$\Leftrightarrow \quad (x + 3)^2 = 5$
$\Leftrightarrow \quad x = -3 + \sqrt{5} \vee x = -3 - \sqrt{5}$

したがって $L = \{-3 \pm \sqrt{5}\}$ が成り立つ。

(4b) $p - q$ 型：$x^2 + px + q = 0$

例：$x^2 + 5x + 6 = 0 \,|\, D_x = \mathbb{R}$

ゴールは二項式への変形である。このために式 $x^2 + 5x$ の **平方充足**（図 A）の手続が必要になる：

$\quad x^2 + 5x + 6 = 0 \qquad |-6$
$\Leftrightarrow \quad x^2 + 5x = -6 \qquad |+(\frac{5}{2})^2$ q.E.
$\Leftrightarrow \quad x^2 + 5x + (\frac{5}{2})^2 = -6 + (\frac{5}{2})^2$
$\Leftrightarrow \quad (x + \frac{5}{2})^2 = \frac{1}{4} \qquad |$ 根号の開平
$\Leftrightarrow \quad |x + \frac{5}{2}| = \frac{1}{2} \qquad |$ 絶対値の開平
$\Leftrightarrow \quad x = -2 \vee x = -3$

すなわち $L = \{-2, -3\}$ が成り立つ。

判別式 $D := \frac{p^2}{4} - q$ のときの $p - q$ 型の解の公式
導き方：図 B_1

$p - q$ 型
$$L[x^2 + px + q = 0 \,|\, \mathbb{R}] = \begin{cases} \{-\frac{p}{2} + \sqrt{D}, \ (-\frac{p}{2} - \sqrt{D})\}, & D > 0 \\ \{-\frac{p}{2}\}, & D = 0 \\ \{\ \}, & D < 0 \end{cases}$$
ただし $D = \frac{p^2}{4} - q \ (p \in \mathbb{R}, q \in \mathbb{R})$

そのほかの応用：図 B_2, B_3
例：下の (5) を見よ

(5) 標準型：$ax^2 + bx + c = 0 \ (a \neq 0)$

例：$2x^2 - 4x - 4 = 0 \,|\, D_x = \mathbb{R} \quad |:2$
$\Leftrightarrow \quad x^2 - 2x - 2 = 0$

$p - q$ 公式による方程式の解法：
$\underline{p = -2, q = -2} \quad D = \frac{(-2)^2}{4} - (-2) = 3 > 0$

すなわち $L = \{1 \pm \sqrt{3}\}$ が成り立つ。

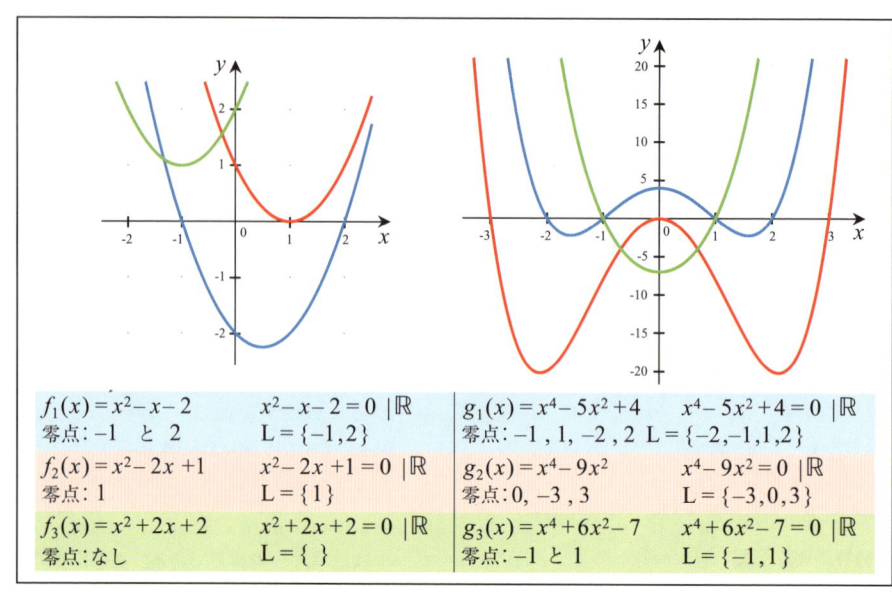

50　方程式と不等式

$f_1(x) = x^2 - x - 2$	$x^2 - x - 2 = 0$ |$\mathbb{R}$	$g_1(x) = x^4 - 5x^2 + 4$	$x^4 - 5x^2 + 4 = 0$ |$\mathbb{R}$
零点：-1 と 2	$L = \{-1, 2\}$	零点：$-1, 1, -2, 2$	$L = \{-2, -1, 1, 2\}$
$f_2(x) = x^2 - 2x + 1$	$x^2 - 2x + 1 = 0$ |$\mathbb{R}$	$g_2(x) = x^4 - 9x^2$	$x^4 - 9x^2 = 0$ |$\mathbb{R}$
零点：1	$L = \{1\}$	零点：$0, -3, 3$	$L = \{-3, 0, 3\}$
$f_3(x) = x^2 + 2x + 2$	$x^2 + 2x + 2 = 0$ |$\mathbb{R}$	$g_3(x) = x^4 + 6x^2 - 7$	$x^4 + 6x^2 - 7 = 0$ |$\mathbb{R}$
零点：なし	$L = \{\ \}$	零点：-1 と 1	$L = \{-1, 1\}$

A　二次方程式および複二次方程式の解集合と零点

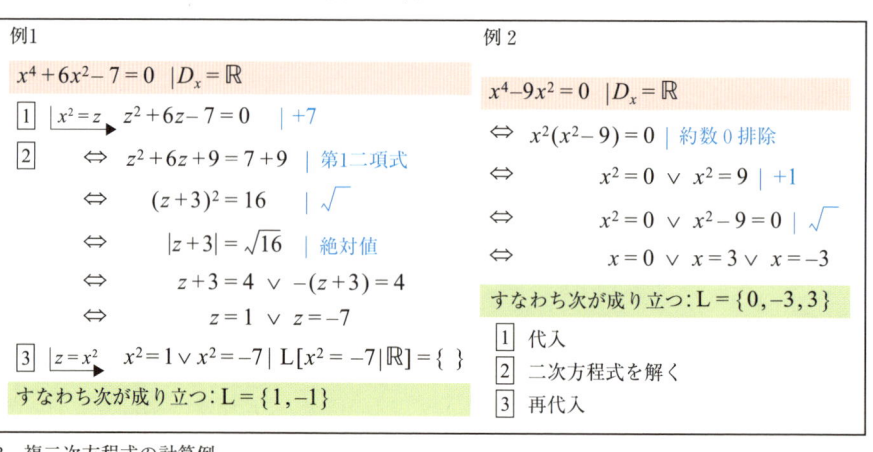

例1

$x^4 + 6x^2 - 7 = 0$ \|$D_x = \mathbb{R}$

$\boxed{1}$ $\underline{x^2 = z}$　$z^2 + 6z - 7 = 0$　　|+7

$\boxed{2}$ $\Leftrightarrow$　$z^2 + 6z + 9 = 7 + 9$　|第1二項式

　　$\Leftrightarrow$　$(z+3)^2 = 16$　|$\sqrt{\ }$

　　$\Leftrightarrow$　$|z+3| = \sqrt{16}$　|絶対値

　　$\Leftrightarrow$　$z + 3 = 4 \vee -(z+3) = 4$

　　$\Leftrightarrow$　$z = 1 \vee z = -7$

$\boxed{3}$ $\underline{z = x^2}$　$x^2 = 1 \vee x^2 = -7$ | $L[x^2 = -7|\mathbb{R}] = \{\ \}$

すなわち次が成り立つ：$L = \{1, -1\}$

例2

$x^4 - 9x^2 = 0$ \|$D_x = \mathbb{R}$

$\Leftrightarrow$ $x^2(x^2 - 9) = 0$　|約数 0 排除

$\Leftrightarrow$ $x^2 = 0 \vee x^2 = 9$　|+1

$\Leftrightarrow$ $x^2 = 0 \vee x^2 - 9 = 0$　|$\sqrt{\ }$

$\Leftrightarrow$ $x = 0 \vee x = 3 \vee x = -3$

すなわち次が成り立つ：$L = \{0, -3, 3\}$

$\boxed{1}$ 代入
$\boxed{2}$ 二次方程式を解く
$\boxed{3}$ 再代入

B　複二次方程式の計算例

$x^2 + 6x - 7 = 0$　|$D_x = \mathbb{R}$　|+7 |+9 q.E.

$\Leftrightarrow$　　$x^2 + 6x + 9 = 7 + 9$　|第1二項式

$\Leftrightarrow$　　$(x+3)^2 = 16$　|-16

$\Leftrightarrow$　　$(x+3)^2 - 16 = 0$　|第3二項式

$\Leftrightarrow$　$[(x+3) - 4][(x+3) + 4] = 0$　|約数 0 排除

$\Leftrightarrow$　$x + 3 - 4 = 0 \vee x + 3 + 4 = 0$

$\Leftrightarrow$　　$x = 1 \vee x = -7$

すなわち次が成り立つ：$L = \{-7, 1\}$

$x^2 + 6x + 10 = 0$ \|$D_x = \mathbb{R}$
　　　　　　　　　　|-10 |+9 q.E.

$\Leftrightarrow$　$x^2 + 6x + 9 = -10 + 9$

$\Leftrightarrow$　$(x+3)^2 = -1$　|+1

$\Leftrightarrow$　$(x+3)^2 + 1 = 0$

1つの非負の項1つの正の項の和では第3二項式は利用できない。その代わりにこの種の和が0にはなりえないと論証する。

すなわち次が成り立つ：$L = \{\ \}$

C　第3二項式による二次方程式の解法

特殊な方程式 II

一般に次を得る：
$$ax^2 + bx + c = 0 \qquad |:a$$
$$\Leftrightarrow x^2 + \frac{b}{a}x + \frac{c}{a} = 0, \quad p = \frac{b}{a}, q = \frac{c}{a}$$

$\boxed{p = \frac{b}{a}, q = \frac{c}{a}}$ $\quad D = \frac{\left(\frac{b}{a}\right)^2}{4} - \frac{c}{a} = \frac{\frac{b^2}{a^2}}{4} - \frac{c}{a}$
$$= \frac{b^2}{4a^2} - \frac{4ac}{4a^2} = \frac{b^2 - 4ac}{4a^2}$$

$p - q$ 公式により 標準型の解 が得られる。

> **標準型の解** $(a \in \mathbb{R}^{\neq 0}, b, c \in \mathbb{R})$
> $L[ax^2 + bx + c = 0 | \mathbb{R}]$
> $= \begin{cases} \{-\frac{b}{2a} + \sqrt{D}, -\frac{b}{2a} - \sqrt{D}\}, & D > 0 \\ \{-\frac{b}{2a}\}, & D = 0, \; D = \frac{b^2 - 4ac}{4a^2} \\ \{\;\}, & D < 0 \end{cases}$

二次方程式とそれに属する二次関数の零点

$ax^2 + bx + c = 0$ 型のすべての方程式にはそれに属する二次関数 $f(x) = ax^2 + bx + c$ (p.71) が存在する。次が成り立つ（p.47，零点検算を見よ）：

> この関数の零点は二次方程式の解である。

三次方程式と四次方程式

一般的な平方方程式すなわち二次方程式 $ax^2 + bx + c = 0$ の解は根号の開平により求まる。より高次の方程式もこのようなことが可能なことは予想される（p.41，高次の累乗根の利用による）。
実際，複素数を利用すると三次および四次の方程式でも一般的に成り立つ（AM の p.100 を見よ）。
実践では近似解法が有利に使われている（p.149, 151 を見よ）。複素数を使わずに解の求まる特殊なケースの三次および四次方程式は次の 2 つである。

- 複二次方程式
- 因数分解可能な方程式

複二次方程式を解くには次の手法を用いるのが有効である。

置換

置換 では式に新しい変数（または別の式）を 代入 してさらに計算する。

置換の目的はたとえば
- 計算の簡略化
- 既決の問題，またはすでに求まった式（複二次方程式，下を見よ）の利用などである。

一般に計算の最後には **再置換**（再代入）を行う。

複二次方程式

複二次方程式とは $x^4 + ax^2 + b = 0$ $(a, b \in \mathbb{R})$ の形，すなわち 奇数 次数の項 cx^3, dx の欠けた特殊な四次方程式である。

例：$x^4 = 0; \quad x^4 - 9x^2 = 0;$
$x^4 - 5x^2 + 4 = 0; \quad x^4 + 1 = 0 | D_x = \mathbb{R}$

> 複二次方程式は $z = x^2$ の置換により合成された 2 つの二次方程式に変形できる：
> $$x^4 + ax^2 + b = 0$$
> $\Leftrightarrow \; z^2 + az + b = 0 \land x^2 = z$

例：$x^4 - 5x^2 + 4 = 0 \Leftrightarrow z^2 - 5z + 4 = 0 \land x^2 = z$

解法の過程

> - 代入（置換）　　x^2 を z で x^4 を z^2 で
> - 変数 z の二次方程式を解く
> - z の解に $x^2 = z$ を代入（再置換）してこの純粋二次方程式を解く

零点検算の例：図 A, B

複二次方程式の解の数は二次方程式の非負の解の数による。負の解には $x^2 = z$ の x の解が存在しないからである：

- 非負の z 解が 2 個のとき，一方の z 解が 0 であれば x 解は 3 個，それ以外はいつも 4 個。
- 非負の z 解が 1 個のとき，z 解が 0 であれば x 解は 1 個のみ，それ以外では 2 個。

因数分解可能な方程式

因数分解により次の形にできるものである：
$$第 1 因子 \cdot 第 2 因子 = 0$$
約数 0 排除 の法則を応用できる：

> $\mathbb{R}$ の積が 0 となるのは どちらかの 因子が 0 のときのみである。

すなわち「∨」で結ばれた 2 個の 因子方程式 を得る。
第 1 因子 $=0 \lor$ 第 2 因子 $=0$，これらの解集合を結合したものが原方程式の解集合をなす（p.7, 規則 (2)）。可解な $p - q$ 型方程式は 第 3 二項式 (p.31) により，いわゆる一次因子の積として書かれる。これから解が求まる。
例：図 C

（訳注）　原著では線形方程式，平方方程式ということばを用いているが，中学校から親しんでいる一次方程式，二次方程式を採った。

52　方程式と不等式

1
$$\frac{x-1}{x+1} = \frac{x^2+2x+3}{x^2-2x-3} - \frac{x^2-x-6}{x^2-6x+9} \quad |D_x \subseteq \mathbb{R}$$

$x+1=0$	$\lor$	$x^2-2x-3=0$	$\lor$	$x^2-6x+9=0$
$\Leftrightarrow x=-1$		$\Leftrightarrow x^2-2x+1=4$		$\Leftrightarrow (x-3)^2=0$
		$\Leftrightarrow (x-1)^2=4$		$\Leftrightarrow x-3=0$
		$\Leftrightarrow |x-1|=2$		$\Leftrightarrow x=3$
		$\Leftrightarrow x-1=2 \lor x-1=-2$		
		$\Leftrightarrow x=3 \lor x=-1$		

分母の因数分解　　　　$(x-3)(x+1)$　　　　$(x-3)^2$

したがって $\dfrac{x-1}{x+1} = \dfrac{x^2+2x+3}{(x-3)(x+1)} - \dfrac{x^2-x-6}{(x-3)^2} \quad |D_x = \mathbb{R}\setminus\{-1,3\}$

2　因数 $x-3$ ならびに $x+1$ で分子を約すことに注目する。

$x-3$ で始める：
$x^2+2x+3 = (x-3)(x+r)$
$= x^2+(-3+r)x-3r$
$\Rightarrow r=5 \land r=-1$ 非可解

$x^2-x-6 = (x-3)(x+t)$
$= x^2-(3-t)x-3t$
$\Rightarrow t=2 \land t=2$
すなわち $x^2-x-6=(x-3)(x+2)$

$x+1$ で始める：
$x^2+2x+3 = (x+1)(x+r)$
$= x^2+(1+r)x+r$
$\Rightarrow r=1 \land r=3$ 非可解

すなわち第3二項式の約分によって同値方程式を得る。

$$\frac{x-1}{x+1} = \frac{x^2+2x+3}{(x-3)(x+1)} - \frac{x+2}{x-3} \quad |D_x = \mathbb{R}\setminus\{-1,3\}$$

3a　$HN = (x+1) \cdot (x-3)$

3b　$\dfrac{x-1}{x+1} \cdot (x+1)(x-3) = \dfrac{x^2+2x+3}{(x-3)(x+1)} \cdot (x+1)(x-3) - \dfrac{x+2}{x-3} \cdot (x+1)(x-3)$

$\Leftrightarrow (x-1)(x-3) = x^2+2x+3 - (x+2)(x+1)$

4
$\Leftrightarrow$	$x^2-4x+3 = x^2+2x+3-x^2-3x-2$		
$\Leftrightarrow$	$x^2-3x=-2$	$\Leftrightarrow$	$(x-\frac{3}{2})^2 = -2+(\frac{3}{2})^2$
$\Leftrightarrow$	$(x-\frac{3}{2})^2 = \frac{1}{4}$	$\Leftrightarrow$	$|x-\frac{3}{2}| = \frac{1}{2}$
$\Leftrightarrow$	$x-\frac{3}{2} = \frac{1}{2} \lor -(x-\frac{3}{2}) = \frac{1}{2}$	$\Leftrightarrow$	$x=2 \lor x=1$

すなわち次が成り立つ： $L = \{1, 2\}$

A　分数方程式の例

分母	$x+1$	x^3-2x^2	x^2-2x-3	x^2+x
因数分解した分母	$x+1$	$x^2(x-2)$	$(x-3)(x+1)$	$x(x+1)$
公分母 (HN)	$(x+1)$ ·	$x^2(x-2)$ ·	$(x-3)$ ·	1
	$HN = x^2(x+1)(x-2)(x-3)$			

B　公分母 (HN) の決定

特殊な方程式 III

因数分解にはいろいろな可能性がある

- $T \cdot (\cdots + \cdots + \cdots) = 0$，すなわち T が原方程式の和のすべての項因子で（ ）でくくり出せる場合

  例： $x^3 + 2x^2 + x = 0$
  $\Leftrightarrow x \cdot (x^2 + 2x + 1) = 0$
  $\Leftrightarrow x = 0 \lor x^2 + 2x + 1 = 0$ など

- $(x - x_0) \cdots (\cdots) = 0$，この場合 x_0 はすでに得られている原方程式の1つの解；たとえば多項式除法（p.104，図 B の例）により第2の因子が得られる（p.48，図 $B_{2/3}$ と比較せよ）。

- 二項式の応用：
  $x^4 - 1 = 0 \Leftrightarrow (x^2 + 1)(x^2 - 1) = 0$
  $x^4 - 2x^2y^2 + y^4 = 0 \Leftrightarrow (x^2 - y^2)^2 = 0$

分数方程式

分数方程式とは1つまたはそれ以上の分数式を含み，少なくとも一度分母に変数が現れる方程式のことである。

例：

(1) $\frac{1}{x} = 2$

(2) $\frac{x-1}{x+1} = \frac{x^2+2x+3}{x^2-2x-3} - \frac{x^2-x-6}{x^2-6x+9} \,|\, D_x \subseteq \mathbb{R}$

注：ここでは分母の式として特に複雑なものは選ばない，$x + a$ 型の一次分母式と $x^2 + ax + b$ 型の二次分母式に制限しても計算はかなり煩雑である。

第1の例では $D_x = \mathbb{R}^{\neq 0}$。両辺の逆数をとって（p.44，図 B (5)） $\frac{1}{x} = 2 \Leftrightarrow x = \frac{1}{2}$，すなわち次が成り立つ：

$$\mathbb{L}\left[\frac{1}{x} = 2 \,|\, \mathbb{R}^{\neq 0}\right] = \left\{\frac{1}{2}\right\}$$

一般には x の多重分母式が出てきたりして，分数方程式を解くことはこの例のように簡単ではない。

単純な分数方程式の解法

> 1) 定義集合の決定
> 2) できるだけ約分するため分母分子の因数分解の可能性を残す（一般にはすでに求まっている積は開平しない）
> 3a) 公分母 (HN) の決定
> 3b) 両辺に HN をかけて最終的に分母式はその因子を約分する
> 4) 方程式のタイプごとに先に進む

計算例：図 A

1) 定義集合の決定

いかなる代入によっても分母式は0にならない。一般的には次の手順が有用：

- 出てきたすべての分母式（Nt）を0とおく
- 方程式「Nt = 0（分母式 = 0）」を解いて，許されない代入を見つける：このときできるだけ分母式は因数分解する
- $D_x = \mathbb{R} \setminus \{x \,|\, x \text{ は Nt} = 0 \text{ の解}\}$

2) 分子式の因数分解の可能性は利用すべきである。それにより必要に応じて約分して分母を簡略化できる（HN 決定にはこれが重要）。約分できるならば 1) により求まった定義集合は維持され，約分された方程式に代入すべきときにも定義集合はすでに限定されている。

例：$\frac{x^2-1}{x-1} = 1$ では $D_x = \mathbb{R}^{\neq 1}$ が成り立つ。分子は第3二項式により因数分解可能で，この分数式は $x - 1$ で約分できる。約分してできた式 $x + 1$ は代入 1 を許しているが，この代入は定義集合に含まれていない。

3a) HN の決定

- 分母式が1つのみのときにはこの分母式を HN とする。
- 分母式が複数のときには，まず分母式の可能な限りの因数分解を配慮する（これは分数の HN 決定のときの分母の素因数分解に相当する）。さらに分数におけると同様の過程で進める（p.24，図 C）。

表を用いることは有効である（図 B）。

3b) HN による両辺の乗法とそれに続く約分

HN による乗法は HN がともに 0 でない因数式の積であるから，定義集合を維持する同値変形である。分数式の約分による因数の消去もまた同値変形である。

注：二次方程式および複二次方程式のときと同様に分数方程式においても関数の零点の解を調べ具体的に説明できる。実関数の定義集合に入らない数はグラフでは次の2つを意味する：

- 極。すなわちグラフが漸近的に振る舞う（p.105）

$f(x) = \dfrac{x \cdot (x-1)}{(x-1)(x-2)}$ |$D_x = \mathbb{R} \setminus \{1,2\}$	$f(x) = \dfrac{x-1}{(x-1)(x+1)}$ |$D_x = \mathbb{R} \setminus \{-1,1\}$
零点：0（ゼロ）　　　　　L={0}	零点：なし　　　　　L={ }

● 零点
○ 間隙
⊕ 極

A　極と間隙

> 方程式を平方すると時によってはより多くの解が出ることは関数のグラフとその交点を利用して一目瞭然にできる。

最初の方程式例
$\sqrt{x+8} = x+2$ \|$D_x = \mathbb{R}^{\geq -8}$

はいわゆる 交点方程式 として把握できる：関数式 $f(x) = \sqrt{x+8}$ と $g(x) = x+2$ による
$f(x) = g(x)\ (D_f = D_g = \mathbb{R}^{\geq -8}$，グラフは累乗根関数のグラフと半直線）。
両グラフの交点のそれぞれの x の値について真の命題がなされる。これらの x の値はしたがって方程式の解である。
両グラフのただ 1 つの交点 $(1,3)$ は $f(1) = g(1)$ であり，すなわち次が成り立つ：1 はこの方程式のただ 1 つの解。

両辺の平方により原方程式は根号のない方程式になる。

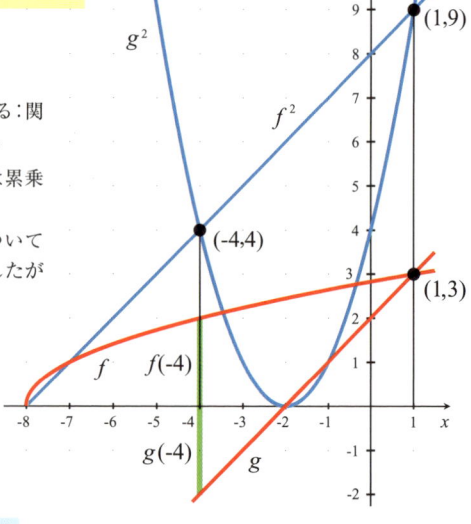

$(\sqrt{x+8})^2 = (x+2)^2 \Leftrightarrow x+8 = (x+2)^2$

これは上のように関数式 $x+8$ と $(x+2)^2$ の交点と解釈される（$D_x = \mathbb{R}^{\geq -8}$，グラフは半直線と放物線の一部）。両グラフは 2 点 $(1,9)$ と $(-4,4)$ で交わる。すなわち根号のない方程式は解 1 と -4 とをもつことになる。原方程式と平方した方程式は同値ではない。方程式の両辺を平方することは演えき変形にすぎない (p.247)。

「見せかけの解」-4 の発生は以下の考察により理解できる：
$f(-4) = -g(-4)$ が成り立つので，平方することにより真の命題 $(f(-4))^2 = (g(-4))^2$ を得る。すなわち -4 は根号のない方程式の 1 つの解である。

B　演えき変形としての平方

特殊な方程式 IV   55

− 欠落。そこではグラフは連続的に進めうる (p.99)（図 A と比較せよ）。

累乗根方程式

累乗根方程式とは根号内に変数を含む累乗根が少なくとも 1 つ含まれる方程式のことである。

以下では平方根方程式のみを扱う。
例 1： $\sqrt{x+8} = x+2 \mid G = \mathbb{R}$
例 2： $1 + \sqrt{x+1} = 3 + \sqrt{2x+1} \mid G = \mathbb{R}$ または $D_x \subseteq \mathbb{R}$

単純な累乗根方程式の解法

> 1) 定義集合の決定
> 2a) 方程式の変形，2b が効果的に可能になるように（たとえば累乗根の隔離）
> 2b) 生じた累乗根の排除
> 3) 方程式のタイプ別の進行
> 4) 検算

注：累乗根の排除には両辺を平方する（前述の繰り返し）。両辺の平方 は一般には同値変形ではなく，演えき変形にすぎない。したがって場合によっては解集合が拡大されてしまう（図 B，p.44 図 B も見よ）。

一般に原方程式ならびに最初の演えき変形の直前の方程式の 検算 は不可欠である。

例 2 の解法

1) 定義集合の決定
2 つの累乗根 $\sqrt{x+1}$ と $\sqrt{2x+1}$ により制限が出てくる：
$x + 1 \geqq 0 \wedge 2x + 1 \geqq 0$
$\Leftrightarrow \quad x \geqq -1 \wedge x \geqq -\tfrac{1}{2}$
$\Leftrightarrow \quad x \geqq -\tfrac{1}{2}$ すなわち $D_x = \mathbb{R}^{\geqq -\frac{1}{2}}$
（不等式を計算するには p.57 を見よ）

2a) 両辺の平方による方程式の準備
方程式の両辺に注意する必要がある：

> (I) $1 + \sqrt{x+1}$ のように累乗根の式と根号のつかない式からなる和を平方することは 有用ではない。第 1 二項式により $\left(1 + \sqrt{x+1}\right)^2 = 1 + 2\sqrt{x+1} + x + 1$ を得て累乗根が残ってしまう。

> (IIa) 場合によっては前因子にもつ 孤立した累乗根 は有用である。平方により平方根を取り去ることができる。
> (IIb) いずれの場合にも 2 つの累乗根式の和は有用 である。平方により残る累乗根式はただ 1 つとなる。

例 2 の解法には 2 つの可能性 (IIa) と (IIb) がある。
原方程式：
$1 + \sqrt{x+1} = 3 + \sqrt{2x+1} \qquad \mid -1$
（方程式タイプ I）
$\Leftrightarrow \quad \sqrt{x+1} = 2 + \sqrt{2x+1} \qquad \mid - \sqrt{2x+1}$
（方程式タイプ IIa）
$\Leftrightarrow \quad \sqrt{x+1} - \sqrt{2x+1} = 2$
（方程式タイプ IIb）

2b) 2 回平方による方程式タイプ (IIa) の **累乗根の隔離**
$\Rightarrow \quad x + 1 = 4 + 4\sqrt{2x+1} + 2x + 1 \qquad \mid -2x-5$
$\Leftrightarrow \quad 4\sqrt{2x+1} = -x - 4 \qquad \mid (\ )^2$
（方程式タイプ IIa）
$\Rightarrow \quad 16(2x+1) = x^2 + 8x + 16$
$\Leftrightarrow \quad 32x + 16 = x^2 + 8x + 16 \qquad \mid -32x - 16$
$\Leftrightarrow \quad x^2 - 24x = 0$

2 回平方による方程式タイプ (IIb) の **累乗根の隔離**
$\Rightarrow \quad x + 1 - 2\sqrt{x+1} \cdot \sqrt{2x+1} + 2x + 1 = 4$
$\Leftrightarrow \quad 2\sqrt{(x+1)(2x+1)} + 2 + 3x = 4 \qquad \mid -2-3x$
$\Leftrightarrow \quad 2\sqrt{(x+1)(2x+1)} = 2 - 3x \qquad \mid (\ )^2$
（方程式タイプ IIa）
$\Rightarrow \quad 4(x+1)(2x+1) = 4 - 12x + 9x^2$
$\Leftrightarrow \quad 8x^2 + 12x + 4 = 4 - 12x + 9x^2 \qquad \mid -8x^2 - 12x - 4$
$\Leftrightarrow \quad x^2 - 24x = 0$

3) 二次方程式の解法
$x^2 - 24x = 0 \qquad \mid$ 因数分解
$\Leftrightarrow \quad x(x - 24) = 0 \qquad \mid$ 約数 0 の排除
$\Leftrightarrow \quad x = 0 \vee x - 24 = 0$
$\Leftrightarrow \quad x = 0 \vee x = 24$
$\mathbb{L}\left[x^2 - 24x = 0 \mid \mathbb{R}^{\geqq -\frac{1}{2}}\right]$ すなわち：
$\mathbb{L}\left[1 + \sqrt{x+1} = 3 + \sqrt{2x+1} \mid \mathbb{R}^{\geqq -\frac{1}{2}}\right] \subseteq \{0, 24\}$

4) 検算
$\underline{x = 0} \quad 1 + \sqrt{0+1} = 2 + \sqrt{2 \cdot 0 + 1} \quad$ (f)
$\underline{x = 24} \quad 1 + \sqrt{24+1} = 2 + \sqrt{2 \cdot 24 + 1} \quad$ (f)

すなわち：
$\mathbb{L}\left[1 + \sqrt{x+1} = 3 + \sqrt{2x+1} \mid \mathbb{R}^{\geqq -\frac{1}{2}}\right] = \{\ \}$

56　方程式と不等式

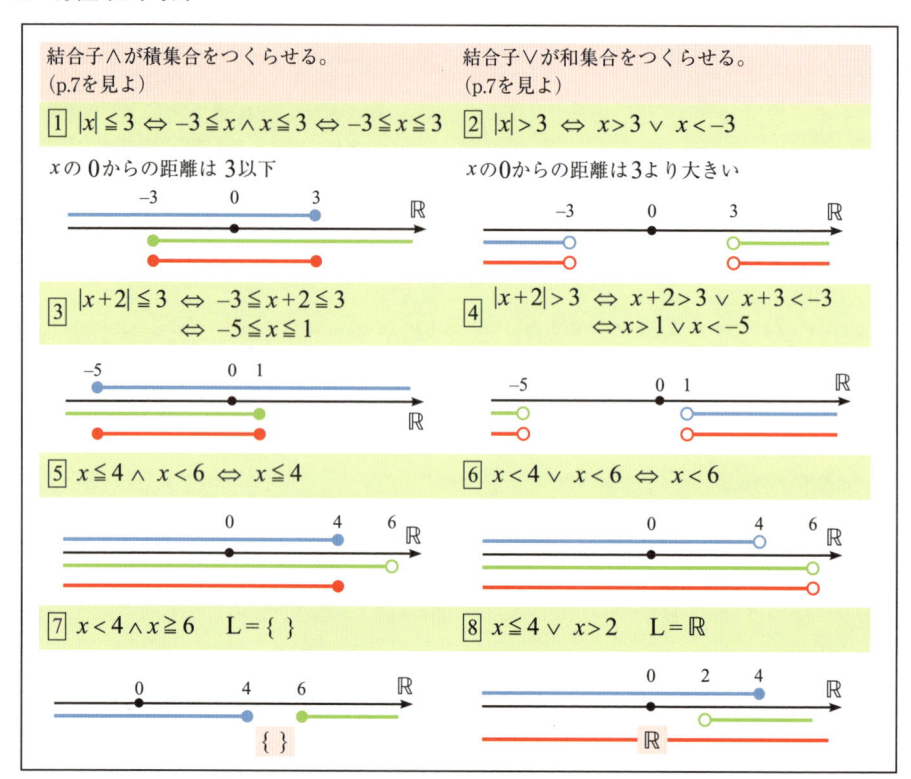

結合子∧が積集合をつくらせる。 (p.7を見よ)	結合子∨が和集合をつくらせる。 (p.7を見よ)
①　$\|x\| \leqq 3 \Leftrightarrow -3 \leqq x \wedge x \leqq 3 \Leftrightarrow -3 \leqq x \leqq 3$	②　$\|x\| > 3 \Leftrightarrow x > 3 \vee x < -3$
xの0からの距離は3以下	xの0からの距離は3より大きい
③　$\|x+2\| \leqq 3 \Leftrightarrow -3 \leqq x+2 \leqq 3$ 　　　　　　　$\Leftrightarrow -5 \leqq x \leqq 1$	④　$\|x+2\| > 3 \Leftrightarrow x+2 > 3 \vee x+3 < -3$ 　　　　　　　　$\Leftrightarrow x > 1 \vee x < -5$
⑤　$x \leqq 4 \wedge x < 6 \Leftrightarrow x \leqq 4$	⑥　$x < 4 \vee x < 6 \Leftrightarrow x < 6$
⑦　$x < 4 \wedge x \geqq 6$　　$L = \{\ \}$	⑧　$x \leqq 4 \vee x > 2$　　$L = \mathbb{R}$

A　絶対値を含む簡単な不等式と絶対値を含まない簡単な不等式

問題：長方形の花壇をブロックで囲む。1辺50cmの正方形のブロックが80個使える。面積を最小でも80cm²にするとすれば，この花壇はどれだけの寸法になるか。

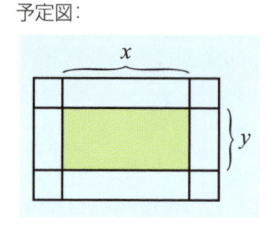

予定図：

計算的解法：
(1) ブロックの数 x と y の間の関係：
$$80 = 2x + 2y + 4 \Leftrightarrow y = 38 - x$$
(2) ブロック1個の長さを長さの単位とする(LE)。
$$\Rightarrow 1\text{m} = 2\text{LE},\ 1\text{m}^2 = 4\text{FE}$$
(3) 条件：花壇の面積について次が成り立つ：
$$A_R = x \cdot y = x(38-x) \geqq 320\ [\text{LE}]$$
$$\Leftrightarrow\ 38x - x^2 \geqq 320\ \ |\cdot(-1)\ \ |+320$$
$$\Leftrightarrow\ x^2 - 38x + 320 \leqq 0$$
(4) 平方充足，第3二項式，積の符号規則を用いて不等式を解く：
$$\Leftrightarrow (x-19)^2 - 41 \leqq 0\ \ |\ 因数分解\ \ \Leftrightarrow\ [(x-19)-\sqrt{41}] \cdot [(x-19)+\sqrt{41}] \leqq 0$$
$$\Leftrightarrow x - 19 - \sqrt{41} \leqq 0 \wedge x - 19 + \sqrt{41} \geqq 0\ \vee\ x - 19 - \sqrt{41} \geqq 0 \wedge x - 19 + \sqrt{41} \leqq 0$$
(5) 変数 x は自然数でのみありうる。すなわち次が成り立つ：$D_x = \mathbb{N}$
$$\Leftrightarrow x \leqq 25 \wedge x \geqq 13\ \vee\ x \geqq 25 \wedge x \leqq 13\ \Leftrightarrow\ 13 \leqq x \leqq 25\ \text{したがって}\ L = \{13,\ldots,25\}$$
(6) 答え：花壇の長方形面積は解対 (x, y) としては2LE=1mと換算して，以下のみである：
$$(6.5, 12.5),\ (7, 12),\ \ldots,\ (9.5, 9.5)\ [\text{m}]$$
最後の対で畝のために最大の面積90.25m²を得る。

B　因数分解による二次不等式の解法

一次不等式，**二次不等式**の解法は既述の方程式の解法に大変似ている。大方は 1 つの特異性に注目するだけでよい：

> 負の数および負の式による両辺の乗法（除法）では不等号は反転する。

最も単純な不等式：
$x \leqq a, \quad x < a, \quad x \geqq a, \quad x > a \quad (a \in \mathbb{R})$
例：$x \leqq 2 \mid D_x = \mathbb{R}$
明らかに次が成り立つ：
$$L = \mathbb{R}^{\leqq 2}$$

一般に次を得る：

> $L[x \leqq a \mid \mathbb{R}] = \mathbb{R}^{\leqq a}$

$<, \geqq, >$ でも同様に成り立つ。
既述の不等式の同値変形 (p.47) を用いて帰結することになる最も単純な不等式は大変重要である。帰結が不可能なときには，最も単純な形の結合(∧)や分離(∨)への帰着に終着する。この種の構築を誤りなしに成し遂げるには，数直線上に表すことが有用である（図 A）。

一次不等式：
$ax + b \leqq 0 \quad (a \in \mathbb{R}^{\neq 0}, b \in \mathbb{R})$
例：$2x + 4 \leqq 0, \quad -4x + 8 \leqq 0 \quad \mid D_x = \mathbb{R}$
同値変形

$2x + 4 \leqq 0$	$\mid -4$	$-4x + 8 \leqq 0$	$\mid -8$
$\Leftrightarrow 2x \leqq -4$	$\mid : 2$	$\Leftrightarrow -4x \leqq -8$	$\mid : (-4)$
$\Leftrightarrow x \leqq -2$		$\Leftrightarrow x \geqq 2$	

すなわち次が成り立つ：$L = \mathbb{R}^{\leqq -2}, \quad L = \mathbb{R}^{\geqq -2}$

一般に次を得る：

> $L[ax + b \leqq 0 \mid \mathbb{R}] = \begin{cases} \mathbb{R}^{\leqq -\frac{b}{a}} & a \in \mathbb{R}^+ \\ \mathbb{R}^{\geqq -\frac{b}{a}} & a \in \mathbb{R}^- \end{cases}$

$<, \geqq, >$ も同様に成り立つ。

p-q 型の二次不等式：
$x^2 + px + q \leqq 0 \quad (p, q \in \mathbb{R})$
例：図 B の問題は次の二次不等式に展開する：
$$x^2 - 38x + 320 \leqq 0 \quad \mid D_x = \mathbb{N}$$
この解集合は第 3 二項式 (p.31) と積の符号規則 (p.29) を用いて得られる。
別の解法は第 3 の代わりに**第 1** または**第 2 二項式**

(p.81) と両辺の**根号の開平** (p.46) を用いる：

- 類別と平方充足
- 可能な場合に根号の開平
- 絶対値の開平 (p.27)
- 可能な限り単純な不等式を含むゴールに向けての変形（左を見よ）

$x^2 - 38x + 320 \leqq 0 \mid D_x = \mathbb{N} \quad \mid -320 \quad \mid + 361 \text{ q.E.}$
$\Leftrightarrow x^2 - 38x + 361 \leqq 41$
$\Leftrightarrow (x - 19)^2 \leqq 41 \qquad \mid$ 平方根の導入
$\Leftrightarrow |x - 19| \leqq \sqrt{41} \qquad \mid$ 絶対値の開平
$\Leftrightarrow -\sqrt{41} \leqq x - 19 \leqq \sqrt{41} \qquad \mid + 19$
$\Leftrightarrow 19 - \sqrt{41} \leqq x \leqq 19 + \sqrt{41} \qquad \mid D_x = \mathbb{N}$
$\Leftrightarrow 13 \leqq x \leqq 25$
すなわち $L = \{13, 14, \ldots, 25\}$ が成り立つ。

一般のケースでは，判別式 $D := \frac{p^2}{4} - q$ により以下の計算を得る：
$x^2 + px + q \leqq 0 \qquad \mid -q \quad \mid + \frac{p^2}{4} \text{ q.E.}$
$\Leftrightarrow x^2 + px + \frac{p^2}{4} \leqq -q + \frac{p^2}{4} \qquad \mid$ 第 1 二項式
$\Leftrightarrow \left(x + \frac{p}{2}\right)^2 \leqq D$

ケース 1：$D \geqq 0 \qquad \mid$ 平方根の導入
$\Leftrightarrow \left|x + \frac{p}{2}\right| \leqq \sqrt{D} \qquad \mid$ 絶対値の開平
$\Leftrightarrow -\sqrt{D} \leqq x + \frac{p}{2} \leqq \sqrt{D} \qquad \mid - \frac{p}{2}$
$\Leftrightarrow -\frac{p}{2} - \sqrt{D} \leqq x \leqq -\frac{p}{2} + \sqrt{D}$
解集合は $-\frac{p}{2} - \sqrt{D}$ と $-\frac{p}{2} + \sqrt{D}$ の間の数を含む。
すなわち区間 $\left[-\frac{p}{2} - \sqrt{D}, -\frac{p}{2} + \sqrt{D}\right]$ と等しい。
$D = 0$ では解集合は $\left\{-\frac{p}{2}\right\}$。

ケース 2：$D < 0$
不等式の左辺は負にならないのに，右辺は常に負であるから，左辺と右辺を比較するといかなる真の命題も成立不可能なことがわかる。すなわち解集合は空。
併せて次を得る：

> $L[x^2 + px + q \leqq 0 \mid \mathbb{R}] =$
> $\begin{cases} \left[-\frac{p}{2} - \sqrt{D}, -\frac{p}{2} + \sqrt{D}\right] & , D > 0 \\ \left\{-\frac{p}{2}\right\} & , D = 0 \\ \{\ \} & , D < 0 \end{cases}$
> $(p \in \mathbb{R}, q \in \mathbb{R})$ ただし $D = \frac{p^2}{4} - q$

注：[ ] の第 2 の意味に注意する。L[...] の形で命題式を表す一方，区間 [a, b] をも表す。

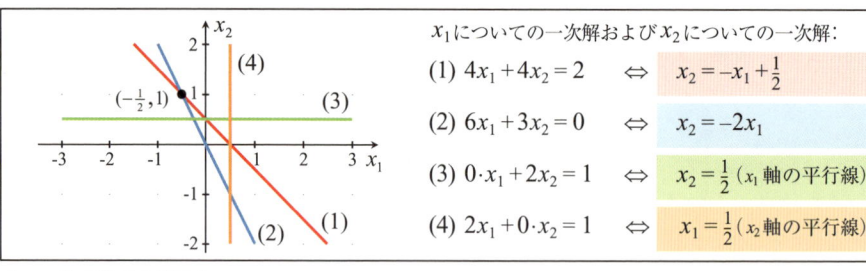

x_1 についての一次解および x_2 についての一次解：

(1) $4x_1 + 4x_2 = 2$ ⇔ $x_2 = -x_1 + \frac{1}{2}$

(2) $6x_1 + 3x_2 = 0$ ⇔ $x_2 = -2x_1$

(3) $0 \cdot x_1 + 2x_2 = 1$ ⇔ $x_2 = \frac{1}{2}$ (x_1 軸の平行線)

(4) $2x_1 + 0 \cdot x_2 = 1$ ⇔ $x_1 = \frac{1}{2}$ (x_2 軸の平行線)

A 一次方程式の解集合

問題：ビーレフェルトの市施設局は1月1日下記のように家庭用のガスの価格設定をした。顧客は1年間のガスの使用量を見積もって，価格 (i) と価格 (ii) の2つからいずれか有利なほうを選ばなければならない。

(i) 小使用量価格
　　稼働料金　　9.42 ペニヒ/kWh
　　計量料金　48 ドイツマルク/年

(ii) 基本料金価格
　　稼働料金　　4.94 ペニヒ/kWh
　　基本および計量料金　132 ドイツマルク/年

(訳注) 1ドイツマルク=100ペニヒ。現在はユーロにかわっている。

　　　　いったいどちらの価格が有利か？

年間の使用量が少ない場合は計量料金が少ないほうが有利なので価格(i)にすべきである。(i)のより大きい稼働料金のための違いは増大する年間消費量とともに少なくなっていく。ある特定の消費量で料金は同じになる。したがって問題は次の点になる：

　　　　どの年間消費量で，両料金が同じになるか？

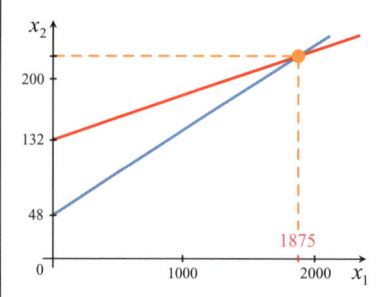

解答：
1) 年間消費量 (x_1) と料金 (x_2) に変数を導入

2) 料金と消費量の関係を一次方程式に表す：

(i) $x_2 = 48 + 0.0942 \cdot x_1$

(ii) $x_2 = 132 + 0.0494 \cdot x_1$

3) 両直線の交点の x_1 座標が求められる，x_2 座標は両方の一次解で同じ：
$48 + 0.0942 \cdot x_1 = 132 + 0.0494 \cdot x_1 \Leftrightarrow 0.0448 \cdot x_1 = 84 \Leftrightarrow x_1 = 1875$

答：　年間1875kwhまでの消費なら価格 (i) が有利。

B 一次方程式の応用

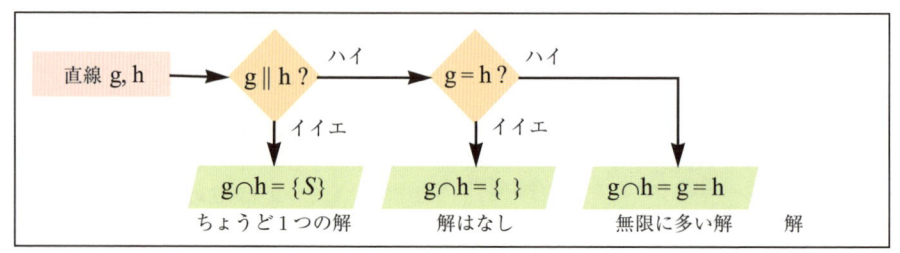

直線 g, h → g∥h ? 　イイエ → g∩h = {S} ちょうど1つの解
　　　　　　　ハイ ↓
　　　　　　g = h ? 　イイエ → g∩h = { } 解はなし
　　　　　　　ハイ ↓
　　　　　　g∩h = g = h 　無限に多い解　解

C (2,2)-LGS の解の可能性

連立一次方程式 I   59

2 変数の一次方程式
2 変数の一次方程式とは定義集合 $D_{x_1} = \mathbb{R}$, $D_{x_2} = \mathbb{R}$, $a_1, a_2 \in \mathbb{R}, (a_1, a_2) \neq (0,0)$ で
$$a_1 x_2 + a_2 x_2 = b$$
の形の変数 x_1 と x_2 の命題式である。

注：変数 x_1, x_2 の代わりにしばしば x, y を用いる。ここでは 3 個以上の変数への一般化に備えるために附番法を用いる。

例：(1) $4x_1 + 4x_2 = 2$ (2) $6x_1 + 3x_2 = 0$
    (3) $0 \cdot x_1 + 2x_2 = 1$ (4) $2x_1 + 0 \cdot x_2 = 1$

一次方程式の解集合
- 最初に一方の変数に代入する（たとえば x_1 に 1 を）
- 次に x_2 に真の命題をつくるような x_2 への代入を選ぶ。この選択を簡単にするには前もって x_2 について原方程式を解いておき，x_1 に代入して x_2 を計算する（例 (1) では $x_1 = 1$ で次が得られる：$x_2 = -1 + \frac{1}{2} = -\frac{1}{2}$, すなわち $(1, -\frac{1}{2})$ が解の 1 つ）。$x_2 = -x_1 + \frac{1}{2}$ を x_2 についての一次解 という。

任意の $\mathbb{R}$ から x_1 への代入によって，順序のある対の無限集合 $L = \{(x_1, x_2) | x_2 = -x_1 + \frac{1}{2} \wedge x_1 \in \mathbb{R}\}$ を例 (1) の解集合として得る。

これはデカルト座標系に 直線 を表現する（図 A）：解 $x_2 = -x_1 + \frac{1}{2}$ は直線の方程式 $y = mx + b$ ($m = -1$, $b = \frac{1}{2}$, p.69 を見よ) として知られている。

例 (2) から (4)：図 A
以下が成り立つ

定理 1：2 変数の一次方程式は二次座標系 ($\mathbb{R}^2$) で直線により表しうる。

2 つの一次方程式 (1), (2) を $\wedge$ によって結ぶことにより連立二元一次方程式の標準型を得る。

連立二元一次方程式の標準型（簡単に **(2,2)-LGS** と書く）：
$$4x_1 + 4x_2 = 2 \quad \wedge \quad 6x_1 + 3x_2 = 0$$

(2,2) と書くのは 2 変数の方程式 2 つが与えられていることを示すためである。応用（たとえば図 B）は (2,2)-LGS が一般には 2 つの「かつ」により同時に成り立つ条件方程式からなる。したがってそれぞれの一次方程式の**解集合**の 積集合 が解集合となる。
グラフ的には (2,2)-LGS の解集合の構造は同一平面上の 2 直線の交点で求まる（図 C）。以下を得る：

定理 2：(2,2)-LGS はちょうど 1 つの解をもつかあるいは解をもたないかあるいは無限個の解をもつのいずれかである。

定理 2 の 3 つのケースのどれが成り立つかは一次解の傾き (p.69 を見よ) で確認できる (x_2 軸に平行な直線の傾きは記号 ∞ に割り当てられる)：

- 傾きが等しくないとき：ちょうど 1 つの解
- 傾きが等しいとき
  - 軸切片が等しくない：解なし
  - 軸切片が等しい（一次解が同一）
    ：無限個の解

解法の計算過程
- 加減法
- 代入法
- 消去法
- ガウス行列法

加減法

$\boxed{1}$ 2 つの方程式の 同一 変数の項が 異符号同係数 になるまで同値変形する。たとえば $12x_1$ と $-12x_1$ になるまで。

$\boxed{2}$ 2 つの方程式の左辺同士，右辺同士を加える（変数が 1 つ消去される）。

$\boxed{3}$ 方程式を片方の変数について解く。

$\boxed{4}$ どちらかの方程式に解を代入する。

$\boxed{5}$ 第 2 変数の方程式を解く。

$$\begin{array}{lll}
& 4x_1 + 4x_2 = 2 & |\cdot 3 \\
\wedge & 6x_1 + 3x_2 = 0 & |\cdot (-2) \\
\Leftrightarrow & 12x_1 + 12x_2 = 6 & |+ \\
\wedge & -12x_1 - 6x_2 = 0 & \\
& 12x_1 + 12x_2 + (-12x_1 - 6x_2) = 6 + 0 \\
\Leftrightarrow & 6x_2 = 6 \\
\Leftrightarrow & x_2 = 1
\end{array}$$

$\boxed{x_2 = 1}$ $4x_1 + 4 \cdot 1 = 2$
$\Leftrightarrow 4x_1 = -2$
$\Leftrightarrow x_1 = -\frac{1}{2}$

したがって：$L = \{(-\frac{1}{2}, 1)\}$ （図 A と比較せよ）

検算：
$(-\frac{1}{2}, 1)$ $4 \cdot (-\frac{1}{2}) + 4 \cdot 1 = 2$ (w)
$(-\frac{1}{2}, 1)$ $6 \cdot (-\frac{1}{2}) + 3 \cdot 1 = 0$ (w)

同値変形:
1️⃣ 行の交換(方程式)
2️⃣ 列の交換
　(変数の名前の変更)
3️⃣ 行(方程式)の $\mathbb{R}\setminus\{0\}$ の数による乗法
4️⃣ 行(方程式)の $\mathbb{R}\setminus\{0\}$ の数による除法
5️⃣ 行(方程式)の倍数の任意の行(方程式)との加法

1) 一意に可解な(3,3)-LGS　　　識別の特徴: 拡張単位行列

与えられたLGS　　　拡張された原行列　　　列: 拡張単位行列　　　属するLGSと解集合

$$\begin{matrix} 2x_2 - x_3 = 0 \\ \wedge\ 2x_1 - 4x_2 + 3x_3 = 6 \\ \wedge\ 5x_1 - 2x_2 + 2x_3 = 3 \end{matrix} \quad \begin{pmatrix} 0 & 2 & -1 & 0 \\ 2 & -4 & 3 & 6 \\ 5 & -2 & 2 & 3 \end{pmatrix} \longrightarrow \begin{pmatrix} 1 & 0 & 0 & d_1 \\ 0 & 1 & 0 & d_2 \\ 0 & 0 & 1 & d_3 \end{pmatrix} \quad \begin{matrix} x_1 = d_1 \wedge x_2 = d_2 \\ \wedge\ x_3 = d_3 \\ L = \{(d_1, d_2, d_3)\} \end{matrix}$$

可能な解法戦略:
$$\begin{pmatrix} 1 & 0 & 0 & d_1 \\ 0 & 1 & 0 & d_2 \\ 0 & 0 & 1 & d_3 \end{pmatrix}$$

拡張された単位行列を得るために, 以下のように間の列を実行する

(I) $\begin{pmatrix} 0 & 2 & -1 & 0 \\ 2 & -4 & 3 & 6 \\ 5 & -2 & 2 & 3 \end{pmatrix}$ ⇕ 1️⃣ ⇔ $\begin{pmatrix} 2 & -4 & 3 & 6 \\ 0 & 2 & -1 & 0 \\ 5 & -2 & 2 & 3 \end{pmatrix}$:2 4️⃣ ⇔ $\begin{pmatrix} 1 & -2 & 1.5 & 3 \\ 0 & 2 & -1 & 0 \\ 5 & -2 & 2 & 3 \end{pmatrix}$ $\underset{+(-5)\cdot(\mathrm{I})}{5️⃣}$ ⇔ $\begin{pmatrix} 1 & -2 & 1.5 & 3 \\ 0 & 2 & -1 & 0 \\ 0 & 8 & -5.5 & -12 \end{pmatrix}$:2 4️⃣ ⇔ $\begin{pmatrix} 1 & -2 & 1.5 & 3 \\ 0 & 1 & -0.5 & 0 \\ 0 & 8 & -5.5 & -12 \end{pmatrix}$

$\underset{+(-8)\cdot(\mathrm{II})}{\overset{+2\cdot(\mathrm{II})}{5️⃣}}$ ⇔ $\begin{pmatrix} 1 & 0 & 0.5 & 3 \\ 0 & 1 & -0.5 & 0 \\ 0 & 0 & -1.5 & -12 \end{pmatrix}$ $\underset{:(-1.5)}{4️⃣}$ ⇔ $\begin{pmatrix} 1 & 0 & 0.5 & 3 \\ 0 & 1 & -0.5 & 0 \\ 0 & 0 & 1 & 8 \end{pmatrix}$ $\underset{+0.5\cdot(\mathrm{III})}{\overset{+(-0.5)\cdot(\mathrm{III})}{5️⃣}}$ ⇔ $\begin{pmatrix} 1 & 0 & 0 & -1 \\ 0 & 1 & 0 & 4 \\ 0 & 0 & 1 & 8 \end{pmatrix}$

したがって $L = \{(-1, 4, 8)\}$

2) 非可解な(3,3)-LGS　　　識別の特徴: 少なくとも1つの実現不可能な方程式
すなわち1つの列で: $(0\ 0\ 0\ \ne 0)$

(I) $\begin{pmatrix} 1 & -3 & 2 & 3 \\ 3 & 4 & -2 & -1 \\ 5 & -2 & 2 & 3 \end{pmatrix}$ $\underset{+(-5)\cdot(\mathrm{I})}{\overset{+(-3)\cdot(\mathrm{I})}{5️⃣}}$ ⇔ $\begin{pmatrix} 1 & -3 & 2 & 3 \\ 0 & 13 & -8 & -10 \\ 0 & 13 & -8 & -12 \end{pmatrix}$ $\underset{+(-13)\cdot(\mathrm{II})}{\overset{:13}{4️⃣5️⃣}}$ ⇔ $\begin{pmatrix} 1 & -3 & 2 & 3 \\ 0 & 1 & -\frac{8}{13} & -\frac{10}{13} \\ 0 & 0 & 0 & -2 \end{pmatrix}$

したがって $L = \{\ \}$

3) 無限に多くの解をもつ(3,3)-LGS
識別の特徴: 実現不可能な方程式がない, 少なくとも1つのいつでも成り立つ方程式, すなわち少なくとも1つの列で次が成り立つ: $(0\ 0\ 0\ 0)$

(I) $\begin{pmatrix} 1 & 2 & 3 & 4 \\ 0 & -1 & -2 & -3 \\ 1 & 1 & 1 & 1 \end{pmatrix}$ $\underset{+(\mathrm{I})}{5️⃣}$ ⇔ $\begin{pmatrix} 1 & 2 & 3 & 4 \\ 0 & -1 & -2 & -3 \\ 0 & 1 & 2 & 3 \end{pmatrix}$ $\underset{+(-13)\cdot(\mathrm{II})}{\overset{\cdot(-1)}{4️⃣5️⃣}}$ ⇔ $\begin{pmatrix} 1 & 2 & 3 & 4 \\ 0 & 1 & 2 & 3 \\ 0 & 0 & 0 & 0 \end{pmatrix}$

無限解集合

(I) $\begin{pmatrix} 1 & 2 & 3 & 4 \\ -1 & -2 & -3 & -4 \\ 2 & 4 & 6 & 8 \end{pmatrix}$ $\underset{+(-2)\cdot(\mathrm{I})}{5️⃣}$ ⇔ $\begin{pmatrix} 1 & 2 & 3 & 4 \\ 0 & 0 & 0 & 0 \\ 0 & 0 & 0 & 0 \end{pmatrix}$

無限解集合

注: 第1例での無限の解集合は空間における直線として, 同様に第2の例では空間における平面としてベクトル計算の手法で説明が可能である。

ガウス行列法

連立一次方程式 II　61

代入法

- 一方の方程式を変数の1つまたは第2の方程式に現れる式について解く（ここでは：$x_2 = -2x_1$）
- 第2の方程式への代入（ここでは：$4x_1 + 4 \cdot (-2x_1) = 2$）
- この方程式を第2の変数について解く（ここでは：$x_1 = -\frac{1}{2}$）
- 最初に解いた方程式への代入（ここでは：$x_2 = -2 \cdot \left(-\frac{1}{2}\right) = 1$）この方法の特殊なケースとして消去法がある。

消去法

この方法ではまだ得られていないときには最初に（p.58, 図 B の応用の例のように）両方程式を同じ式について解き，一方で得た一次解を他方の式に代入する。

いろいろな解法過程の表現は一意的に解きうる1つの例を基本とする。定理2のほかのケースは計算過程で出てくる：

解集合は

> - 空：計算過程で $0 \cdot x_1 + 0 \cdot x_2 = d$ 型の方程式あるいは $0 = d$ の型の偽の命題が生じたとき。
> - 無限：いつでも成り立つ $0 \cdot x_1 + 0 \cdot x_2 = 0$ 型の方程式あるいは $a = a$ の型の真の命題が生じるか，あるいは変形によって得られ，さらに第2の方程式が充足可能なとき。

連立三元一次方程式の標準型
（短く (3,3)-LGS と書く）

2変数一次方程式の一般化の1つが**3変数の一次方程式**である。

$a_1 x_1 + a_2 x_2 + a_3 x_3 = b \mid D_{(x_1, x_2, x_3)} = \mathbb{R}^3$

ただし $a_1, a_2, a_3, b \in \mathbb{R}, \ (a_1, a_2, a_3) \neq (0,0,0)$

この種の方程式3個を $\wedge$ で結んだものを (3,3)-LGS という。3変数について同時に成り立つ3つの条件の束として解釈する（p.71, 3点問題と比較せよ）。

(3,3)-LGS の**解**は3個組であり，同時に3方程式のすべてを充足する。すなわち真の命題である。

(2,2)-LGS のときと同様にその**解集合**は構成する方程式の解集合の **積集合** である。

注：解析幾何学では，このおのおのの3変数方程式を空間内の平面で表すことができることが知られている。3平面の切断可能性が解析される

（p.204, 図 B）。ここから p.59 の定理2を得る：

> **定理3**：(3,3)-LGS は解をちょうど1つもつ，1個ももたない，もしくは限りなく多くもつのいずれかである。

(3,3)-LGS の混合法（加減法／代入法）による**計算的解法**

(I)　$2x_1 - 4x_2 + 3x_3 = 6$
(II)　$x_1 - 3x_2 + 2x_3 = 3$
(III)　$5x_1 - 2x_2 + 2x_3 = 3$

I + (−2)·II :　　　　　　　5·II − III :
　$2x_1 - 4x_2 + 3x_3 = 6$　　　$5x_1 - 15x_2 + 10x_3 = 15$
　$-2x_1 + 6x_2 - 4x_3 = -6$　　　$-5x_1 + 2x_2 - 2x_3 = -3$
　　　$2x_2 - x_3 = 0$　　(II′) $-13x_2 + 8x_3 = 12$
(I′)　　　　　$x_3 = 2x_2$

$\boxed{x_3 = 2x_2}\xrightarrow{\text{(II′)}}$　$-13x_2 + 8 \cdot (2x_2) = 12 \Leftrightarrow x_2 = 4$

$\boxed{x_2 = 4}\xrightarrow{\text{(I′)}}$　$x_3 = 2 \cdot 4 = 8$

$\boxed{x_2 = 4; x_3 = 8}\xrightarrow{\text{(II)}}$　$x_1 - 3 \cdot 4 + 2 \cdot 8 = 3 \Leftrightarrow x_1 = -1$

すなわち L[(I) ∧ (II) ∧ (III)] = {(−1, 4, 8)} が成り立つ。

検算：

$\boxed{(-1, 4, 8)}\xrightarrow{\text{(I)}}$　$2 \cdot (-1) - 4 \cdot 4 + 3 \cdot 8 = 6$　　(w)

$\boxed{(-1, 4, 8)}\xrightarrow{\text{(II)}}$　$-1 - 3 \cdot 4 + 2 \cdot 8 = 3$　　(w)

$\boxed{(-1, 4, 8)}\xrightarrow{\text{(III)}}$　$5 \cdot (-1) - 2 \cdot 4 + 2 \cdot 8 = 3$　　(w)

例の連立方程式は一意に可解である。定理3のほかの2つの可能性については連立方程式によっては以下のように成り立つ：

解集合は

> - 空：計算過程に $0 \cdot x_1 + 0 \cdot x_2 + 0 \cdot x_3 = d \neq 0$ 型の非可解な方程式が現れたとき
> - 無限：至る所成り立つ $0 \cdot x_1 + 0 \cdot x_2 + 0 \cdot x_3 = 0$ 型の方程式が現れ，非可解なものは現れないとき

ガウス行列法

この手法では変数の係数に絞り込んでその変化に注目する。このさい行列表記が有用である（図）。

注：この手法は計算機用にプログラムできる。

62　対応と関数

A_1
ブレッチェン（丸パン） D_f：12, 1, 350
小麦粉(g) W：360, 30, 10500
$y = 30x$

A_2
準決勝進出者 D_f：ウト、アルフ、マックス、ユリア
的外0点、射矢（1234567891098765432 1）
各人が1つの得点を得ている（しかも 各自 1射のみ）ので関数である。

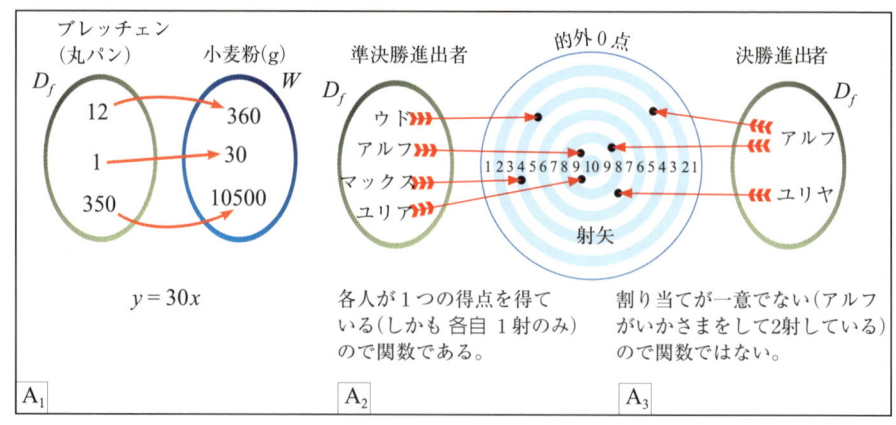

A_3
決勝進出者 D_f：アルフ、ユリヤ
割り当てが一意でない（アルフがいかさまをして2射している）ので関数ではない。

A　集合－矢図

B

関数値表

x	y	点 (x, y)
0	0	$(0, 0)$
1	1	$(1, 1)$
2	4	$(2, 4)$
3	9	$(3, 9)$
0.5	0.25	$(0.5, 0.25)$
1.5	2.25	$(1.5, 2.25)$

$x \mapsto y = f(x)$ ただし $f(x) = x^2$

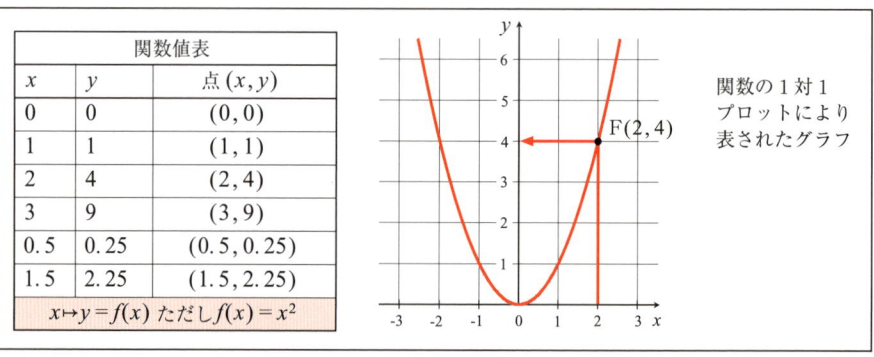

F$(2, 4)$

関数の1対1プロットにより表されたグラフ

B　（関数対応表による）座標系での関数のグラフ

C

f 単射　D_f: x_1, x_2 → W: y_1, y_2、W_f
f 一意　異なる x に異なった y

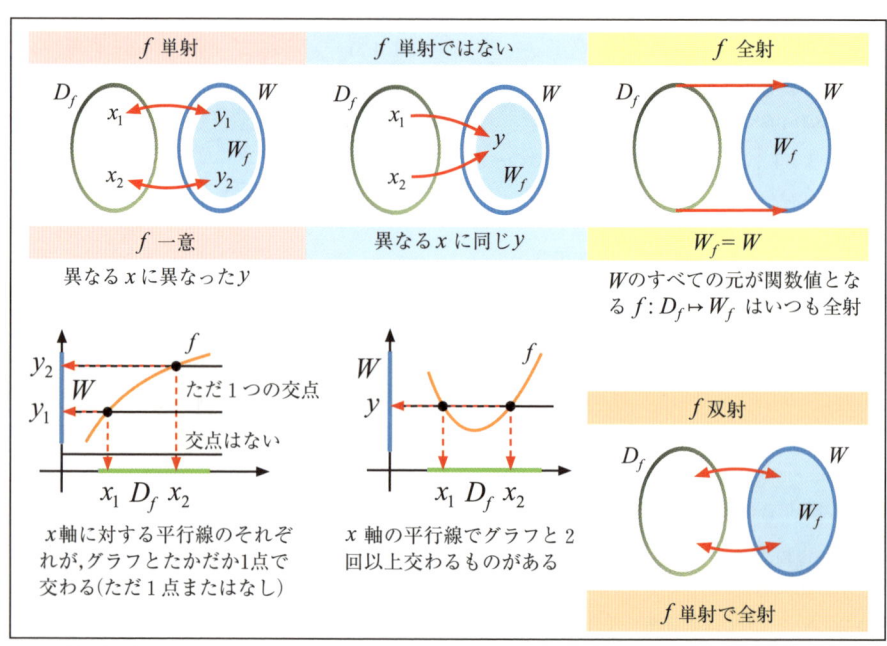

f 単射ではない　D_f: x_1, x_2 → W: y、W_f
異なる x に同じ y

f 全射　D_f → $W = W_f$
$W_f = W$
W のすべての元が関数値となる $f: D_f \mapsto W_f$ はいつも全射

ただ1つの交点／交点はない
x 軸に対する平行線のそれぞれが、グラフとたかだか1点で交わる（ただ1点またはなし）

x 軸の平行線でグラフと2回以上交わるものがある

f 双射　$D_f \leftrightarrow W_f$、W
f 単射で全射

C　関数の性質

日常生活では「関数（独語の Funktion）」ということばの概念は多様である。生物学では人体の血液循環と心臓の作用の相互関係をいい，政治では（役員としての）労働組合員のかかわりをいう。数学および物理学ではほんの 2・30 年前*まで独立変数 x にしたがって変わる量 $f(x)$ として関数を把握していた。

今日では集合論の表現を用いて関数を 写像概念 (p.159, 幾何学を見よ) あるいは一般的な 対応概念 (下を見よ) の特殊なケースとしてとらえる。

関数の定義

あるパン屋ではブレッチェン（小形の丸パン）12 個に小麦粉 360 g を要するというレシピに従ってパンを焼く。350 個のブレッチェンのために職人見習いは小麦粉をどれだけ用意しなくてはならないか。

訓練生は 三文法 (p.81) といわれる計算法でこの問いに答えた。

$\quad$ 12 ブレッチェン $\mapsto \quad$ 360 [g]
$\quad$ 1 ブレッチェン $\mapsto$ 360 [g] : 12 = 30 [g]
$\quad$ 350 ブレッチェン $\mapsto$ 350 · 30 [g] = 10500 [g]
$\qquad$ ($\mapsto$ は割り当てられると読む。)

三文法の代わりにブレッチェンの数を x [個]，小麦粉の量を y [g] で表して割り当て規則 $y = 30x$ を用いることができる。詳しくいうとこの等式はおのおのの $x \in \mathbb{N}$ がちょうど 1 つの $y \in \mathbb{N}$ に割り当てられる（真の命題のケース）。これは関数である。

> **定義 1**: 関数とは第 1 の集合 D_f の元 x のそれぞれについて第 2 の集合 W のちょうど 1 つの（一意）元 y への割り当てであり，$x \mapsto y = f(x)$ の割り当て規則 $f : D_f \longrightarrow W$ で割り当てられる。

D_f は 定義域，W は 値域（値溜），$y = f(x)$ は 関数方程式 または 関数規則，$f(x)$ は 関数式 で x についての計算で求まる 関数値（x での関数値）でもある。実際に求まった関数値の集合を（関数）値集合 W_f と呼ぶ。
上述の関数は以下のように書き表せる:

$\qquad f : \mathbb{N} \longrightarrow \mathbb{N} \quad y = 30x$

すべての関数について $W_f \subseteq W$ が成り立つ。まれなケースとして $W = W_f$ となることがあるが，大方は最大限で $W = \mathbb{R}$ の実数値関数であり，特にことわりなしに以下のように書く:

$\quad D_f = \mathbb{N}$ で $f(x) = 30x$ （または $y = 30x$）

ブレッチェン問題に戻ると最大限の定義域すなわち $D_f = \mathbb{R}$ と $W = \mathbb{R}$ まで拡大しうる。簡単に $f(x) = 30x$ の 実関数 または $\mathbb{R} - \mathbb{R}$ 関数 という。

関数 （p.69, p.71 を見よ）

(1) 線形関数 $f(x) = ax$
(2) 平方関数 $f(x) = ax^2$
(3) 累乗関数 $f(x) = ax^n$
(4) 整有理関数 (多項関数) と，分有理関数 (p.103, p.105, p.107 を見よ)

$\qquad f(x) = a_n x^n + a_{n-1} x^{n-1} + \cdots + a_0,$
$\qquad f(x) = \dfrac{a_n x^n + a_{n-1} x^{n-1} + \cdots + a_0}{b_m x^m + b_{m-1} x^{m-1} + \cdots + b_0}$

(5) 指数関数 $f(x) = a^x$
(6) 対数関数 $f(x) = \log_a x$
(7) 三角関数 $\quad$ たとえば $\quad f(x) = \sin x$

関数のグラフ

関数のグラフ図解に以下の方法がある

- 集合 − 矢図 (図 A): 総数の小さな有限定義域または割り当ての一部分に向いている，
- 関数値表を活用した 座標系のグラフ (図 B): $x \mapsto y$ の代わりに順序のある対 (x, y) で示し，これを座標系の点 (x, y) で表すと定める。

割り当て矢はしばしば点 (x, y) に「つきささった」矢として図解に用いられる。

注: 実際には関数とそのグラフ（すなわち点の集合）とは区別を要する。それにもかかわらず記号は同じ f を用いる。

関数の性質

関数 f は以下でありうる（図 C）。

(a) 単射, おのおのの $y \in W_f$ にちょうど 1 つの $x \in D_f$ が属するとき (f は 1 対 1, すなわち双「方向」に一意),
(b) 全射, $W = W_f$ のとき
(c) 双射**, 単射でかつ 全射 のとき

注: すべての関数は $W_f \subseteq W$ なので $W_f = W$ となるように選べば，全射にできる。

(訳注) *2002 年当時．**[全単射]

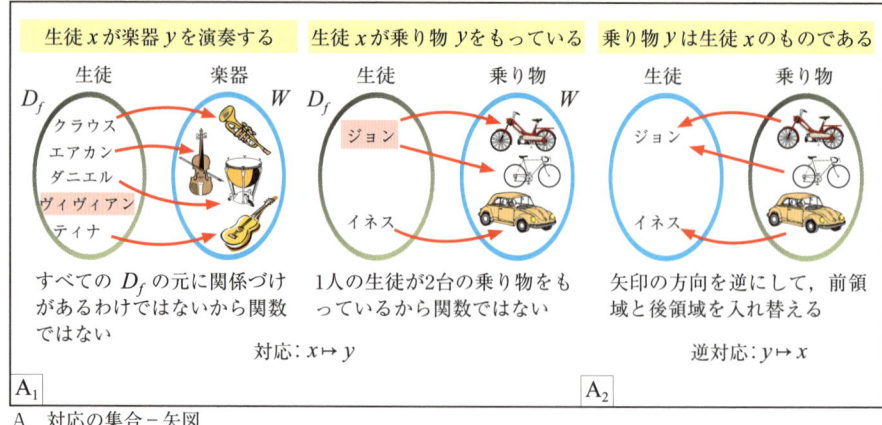

64   対応と関数

生徒 x が楽器 y を演奏する	生徒 x が乗り物 y をもっている	乗り物 y は生徒 x のものである
生徒 D_f: クラウス, エアカン, ダニエル, ヴィヴィアン, ティナ 楽器 W	生徒 D_f: ジョン, イネス 乗り物 W	生徒: ジョン, イネス 乗り物 W
すべての D_f の元に関係づけがあるわけではないから関数ではない	1人の生徒が2台の乗り物をもっているから関数ではない 対応:$x \mapsto y$	矢印の方向を逆にして，前領域と後領域を入れ替える 逆対応:$y \mapsto x$
A_1		A_2

A   対応の集合－矢図

B_1 $y = x^2$ の対応のグラフ

B_2 $y = x^2$ の逆対応のグラフ（関数ではない）

B_3

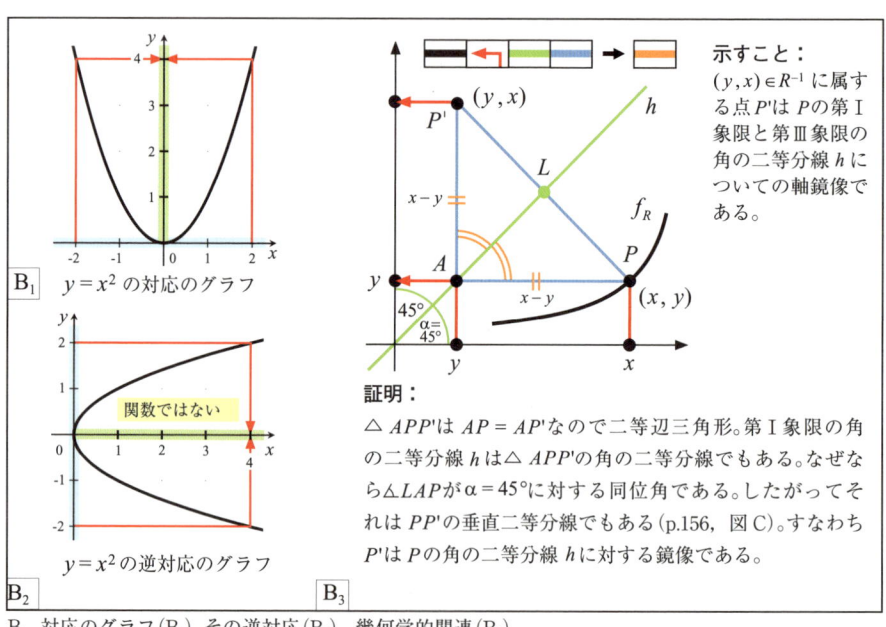

示すこと：
$(y, x) \in R^{-1}$ に属する点 P' は P の第I象限と第III象限の角の二等分線 h についての軸鏡像である。

証明：
△APP' は $AP = AP'$ なので二等辺三角形。第I象限の角の二等分線 h は △APP' の角の二等分線でもある。なぜなら△LAP が $\alpha = 45°$ に対する同位角である。したがってそれは PP' の垂直二等分線でもある（p.156, 図C）。すなわち P' は P の角の二等分線 h に対する鏡像である。

B   対応のグラフ(B_1), その逆対応(B_2), 幾何学的関連(B_3)

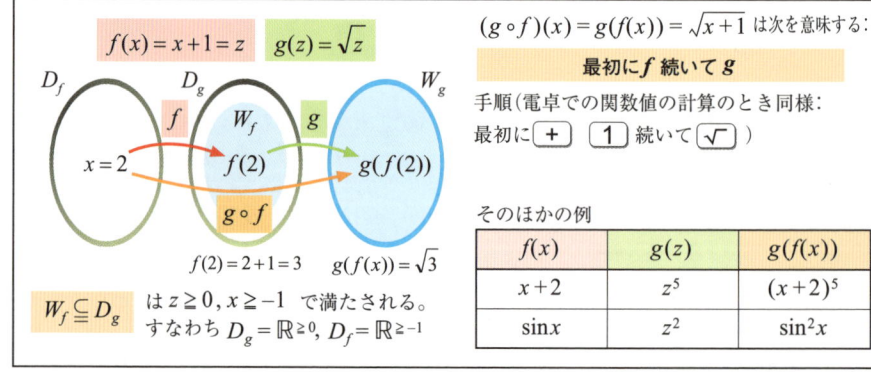

$f(x) = x + 1 = z$ $g(z) = \sqrt{z}$

$(g \circ f)(x) = g(f(x)) = \sqrt{x+1}$ は次を意味する：

最初に f 続いて g

手順（電卓での関数値の計算のとき同様：最初に $\boxed{+}$ $\boxed{1}$ 続いて $\boxed{\sqrt{}}$ ）

$f(2) = 2 + 1 = 3$ $g(f(x)) = \sqrt{3}$

$W_f \subseteq D_g$ は $z \geq 0, x \geq -1$ で満たされる。すなわち $D_g = \mathbb{R}^{\geq 0}, D_f = \mathbb{R}^{\geq -1}$。

そのほかの例

$f(x)$	$g(z)$	$g(f(x))$
$x + 2$	z^5	$(x+2)^5$
$\sin x$	z^2	$\sin^2 x$

C   2関数の連結（合成）

対応の例

図 A_1 の集合－矢図の割り当ては関数で表すことはできない。というのは1番は割り当てが定義域のすべてを「尽くして」はおらず，2番は一意でないからである。
しかしながら関数の「近親者」と見ることはできる。これは対応（「関係」）と呼ばれ，その特殊なものが関数である（下を見よ）。

例（数学的）：
(1) $y^2 = x$, $y \in \{\pm 1, \pm 2\}$, $x \in \mathbb{R}$
(2) $x^2 + y^2 = 1$, $x \in \mathbb{R}, y \in \mathbb{R}$

これらは2変数の命題式 (p.7) であり，順序のある対 (x,y) の特定の集合を解集合にもつ。この割り当てをすべて書き出す：
(1) では：$\{(1,1), (1,-1), (2,4), (2,-4)\}$
(2) では：順序のある対の無限集合となるので，解集合の部分集合を書き出すかもしくは次の表現形で表すしかない。
$$\{(x,y) \mid x^2 + y^2 = 1 \land x \in \mathbb{R} \land y \in \mathbb{R}\}$$

対応の定義

対応の基本的記号：2つの集合と両集合の対（つい）集合 (p.11) の部分集合。
以下のように定義する：

定義1：A, B は空集合でないとする。A と B の間の対応（2価の対応 ともいう）は対集合 $A \times B$ の空でない部分集合 R である。
A を 前領域，B を 後領域 という。
$(x,y) \in R$ は x に y が割り当てられることを意味し，$x \mapsto y$ と書く。
成り立っている割り当ては2変数の命題式の解集合によって書き表せる。

可能な図解

- 集合－矢図（図 A_1）
- 座標系の対応のグラフ（図 B）

特殊な対応としての関数

定義2：2つの集合の間の割り当てに従属する順序のある対について次が成り立つとき p.63 の定義1の意味での関数である。
- 前領域のすべての元が第1成分になる（定義域を尽くす）
- 異なる第2成分に対しては第1成分もまた異なる（一意性）

逆対応

対応規則「x は y の約数」の代わりに規則「y は x の倍数」を用いる。これを 逆対応（逆割り当て）という。

おのおのの対応 R には逆対応 R^{-1} がある。順序のある対 (x,y) を (y,x) に置き換えることによりこの逆対応を得る。

逆対応の図解

- 集合－矢図 では矢の方向を反転し前領域と後領域を入れ替える（図 A_2）
- 対応のグラフでは x と y を入れ替え，軸上の前領域と後領域を入れ替える。直交軸の x 軸上に前領域を記すのが一般的である。（図 B_1, B_2）

R の対応のグラフのデカルト座標系*第 I 象限と第 III 象限の角の二等分線について対称移動することにより，R^{-1} の対応のグラフを得る（図 B_3）。

逆対応の逆対応は原対応そのものである。
すなわち $(R^{-1})^{-1} = R$

逆関数

関数は特殊な対応であるから，すべて逆対応をもつが，一般的にはその対応もまた関数であるとは限らない（図 B_1, B_2）。

定義3：逆対応 f^{-1} がまた関数であるとき f^{-1} を関数 f の 逆関数 といい，f は 可逆 であるという。

次の定理が成り立つ：

定理1：関数 f は双射のときのみ可逆である。

例：線形関数 (p.69)，奇数指数の累乗関数 (p.73)，指数関数 (p.73)，$x \in \left(0, \frac{\pi}{2}\right)$ での sin 関数 (p.77)。

逆関数方程式を求める過程については p.68，図 C を見よ。

関数の連結（合成）

$W_f \subseteq D_g$ のとき，関数 $f: D_f \to W_f$ は関数 $g: D_g \to W_g$ と結合して $(g \circ f)(x) = g(f(x))$ で定義される新しい関数 $g \circ f : D_f \to W_g$ にできる（$g \circ f$ は f に続いて g と読む）。
この連結の関数規則は $g(f(x))$ で求まる（図 C）。

（訳注） *[直交座標系]

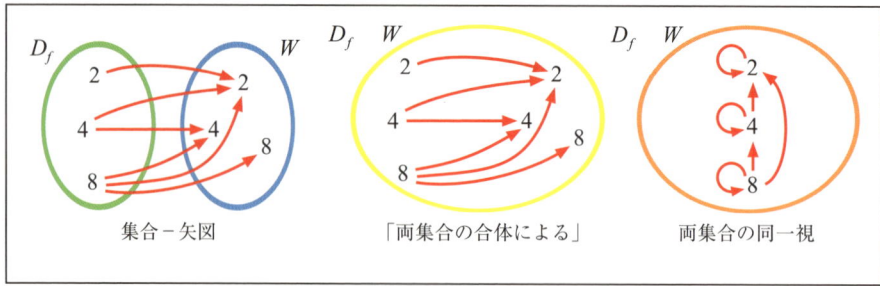

66　対応と関数

A　集合－矢図から集合の中の対応表記への移行

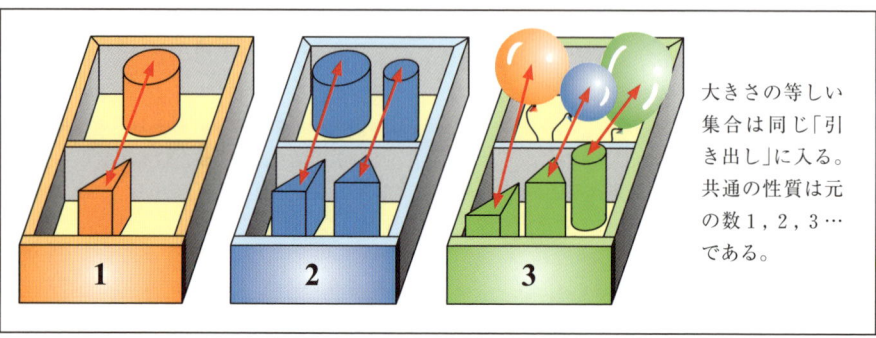

（集合－矢図　／　「両集合の合体による」　／　両集合の同一視）

大きさの等しい集合は同じ「引き出し」に入る。共通の性質は元の数 1, 2, 3 … である。

B　引き出し原理

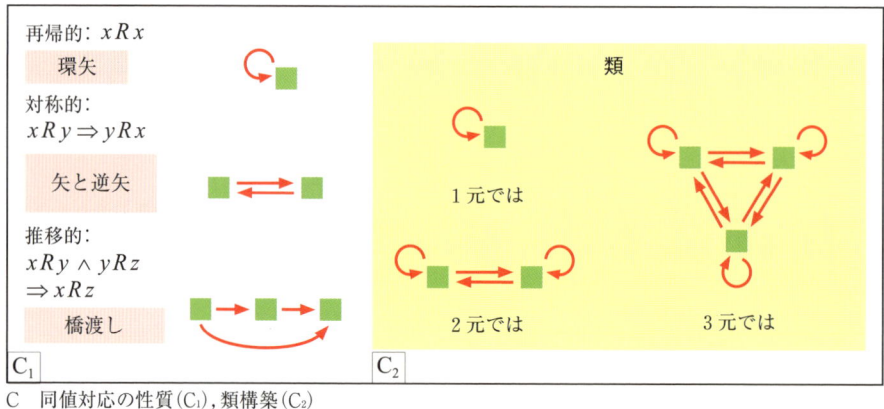

再帰的: xRx
　環矢

対称的:
$xRy \Rightarrow yRx$
　矢と逆矢

推移的:
$xRy \wedge yRz$
$\Rightarrow xRz$
　橋渡し

類
　1元では
　2元では
　3元では

C_1　C_2

C　同値対応の性質（C_1）, 類構築（C_2）

$\frac{a}{b} R \frac{c}{d} :\Leftrightarrow a \cdot d = b \cdot c$

すべての $\frac{a}{b}, \frac{c}{d}, \frac{e}{f} \in \mathbb{Q}^+$ について以下が成り立つのでこれは同値対応である:

(1) 再帰性 $\frac{a}{b} R \frac{a}{b}$　なぜなら $a \cdot b = b \cdot a$
(2) 対称性 $\frac{a}{b} R \frac{c}{d} \Rightarrow \frac{c}{d} R \frac{a}{b}$
　　なぜなら $a \cdot d = b \cdot c \Leftrightarrow c \cdot b = d \cdot a$
(3) 推移性 $\frac{a}{b} R \frac{c}{d} \wedge \frac{c}{d} R \frac{e}{f} \Rightarrow \frac{a}{b} R \frac{e}{f}$
　　なぜなら $a \cdot d = b \cdot c \wedge c \cdot f = d \cdot e$
　　$\Rightarrow a \cdot d \cdot e = b \cdot c \cdot e \wedge d \cdot e = c \cdot f$
　　$\Rightarrow a \cdot c \cdot f = g \cdot c \cdot e \Rightarrow a \cdot f = b \cdot e$

D_1

$\overrightarrow{AB} \uparrow\uparrow \overrightarrow{CD} :\Leftrightarrow \overrightarrow{AB}$ は $\overrightarrow{CD}$ と平行同長

すべての矢 $\overrightarrow{AB}, \overrightarrow{CD}, \overrightarrow{EF}$ について次が成り立つのでこれは同値対応である:

(1) $\overrightarrow{AB} \uparrow\uparrow \overrightarrow{AB}$（再帰性）
(2) $\overrightarrow{AB} \uparrow\uparrow \overrightarrow{CD} \Rightarrow \overrightarrow{CD} \uparrow\uparrow \overrightarrow{AB}$（対称性）
(3) $\overrightarrow{AB} \uparrow\uparrow \overrightarrow{CD} \wedge \overrightarrow{CD} \uparrow\uparrow \overrightarrow{EF} \Rightarrow \overrightarrow{AB} \uparrow\uparrow \overrightarrow{EF}$
　（推移性）

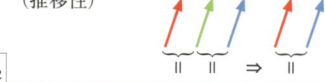

D_2

D　同値対応

集合内の対応

定義1において $A = B$ とおくと次を得る：

定義1*：A は空でない集合とする。対集合 $A \times A$ の空でない部分集合 R のおのおのを **集合内の対応** という。
$(x,y) \in R$ の代わりに xRy （x は y と対応にある と読む）とも書く。
2変数の命題式では解集合がその割り当てを表す。

例：$A = \{2, 4, 8\}$ で「x は y の倍数」、$A = \{$ 父, 母, 息子, 娘 $\}$ で「x は y と血縁」、$x, y \in \mathbb{N}$ で $x \leq y$。

注：2集合の集合－矢図の代わりに両集合の和集合をとって集合内の対応図解を選ぶことができる（図A）。
集合の対応には次がある。

同値対応

同値対応によって本質的なものを非本質的なものと区別できることに意味がある。たとえば集合を用いて自然数の数イメージを得るには、考えている元が特定の色または形をもっているか否かは些細なことである。むしろ大きさの等しいこと（p.13）のみに行き着く。元の数に影響しない非本質的な性質は抽象化し、大きさの等しい集合の類（下を見よ）に行き着く（「引き出し原理」図B）。それぞれの類が1つの自然数を定義する。

定義4：集合 A 内の対応 R が以下を満たすとき **同値対応** という。
再帰的：$\Leftrightarrow$ すべての $x \in A$ において
$\quad\quad xRx$ が成り立つ。
対称的：$\Leftrightarrow$ すべての $x, y \in A$ において
$\quad\quad xRy = yRx$ が成り立つ。
推移的：$\Leftrightarrow$ すべての $x, y, z \in A$ において
$\quad\quad xRy \wedge yRz \Rightarrow xRz$ が成り立つ。
（xRy を x は y と対応にある と読む）（図 C_1）。
ある $a \in A$ と対応にあるすべての A の元の集合を **生成元（代表元）** a をもつ類 $K(a)$ と呼ぶ。

> **定理2**：集合 A における同値対応はその集合を以下の性質をもつ空でない類に解体する。
> (1) A のすべての元はちょうど1つの類に属する
> (2) 同値な生成元の類は同じ
> (3) 異なる類は共通部分をもたない

証明：(1) $a \in A$ が類 $K(a)$ の生成元であるとする。再帰性により a は自身と対応にある。すなわち a は $K(a)$ に含まれる。したがって $K(a)$ は空ではない。a, b は A の元であり、それぞれから生じた類 $K(a)$ および $K(b)$ の元である。

(2) 次を示す：$aRb \Leftrightarrow K(a) = K(b)$
(2a) $aRb \Rightarrow K(a) \subseteq K(b)$,
なぜなら $aRb \wedge x \in K(a) \Rightarrow aRb \wedge xRa$
$\quad\quad\quad\quad\quad\quad\quad\quad \Rightarrow xRa \wedge aRb$
（推移性により）$\quad \Rightarrow xRb \Rightarrow x \in K(b)$

(2b) $aRb \Rightarrow K(b) \subseteq K(a)$,
なぜなら $aRb \wedge x \in K(b) \Rightarrow aRb \wedge aRb$
（対称性により）$\quad\quad \Rightarrow xRb \wedge bRa$
（推移性により）$\quad\quad \Rightarrow xRa \Rightarrow x \in K(a)$

(3) 次を示す：
$K(a) \neq K(b) \Rightarrow K(a) \cap K(b) = \{\}$
対偶の証明（p.249 を見よ）：
$\quad K(a) \cap K(b) \neq \{\} \Rightarrow K(a) = K(b)$
条件より $c \in K(a) \cap K(b)$ が存在する。
積集合（p.13）と類の定義を応用すると対称性と推移性により次を得る：
$c \in K(a) \wedge c \in K(b) \Rightarrow cRa \wedge cRb$
$\quad \Rightarrow aRc \wedge cRb \Rightarrow aRb$。
(2) より： $K(a) = K(b)$ w.z.z.w.

注：図 C_2 は 1〜3 の元による印象を成立させている。

応用

a) 正の有理数 $\mathbb{Q}^+$

分数の集合（p.23, p.25 を見よ）では同値対応が定義される（図 D_1）。
この対応は分数の集合に類への解体をもたらす。分数の類はそれぞれ約分および拡張によって互いに移行できるすべての分数で構成されている（p.22 図 D と比較せよ）。それぞれの類が1つの有理数を定義する。

例：$\frac{6}{4} R \frac{3}{2}$. $6 \cdot 2 = 4 \cdot 3$ なので $\frac{6}{4}$ と $\frac{3}{2}$ は同じ類に属す。したがって $\frac{6}{4}$ と $\frac{3}{2}$ は同じ有理数を定める。対して、$\frac{3}{2}$ と $\frac{2}{3}$ は $3 \cdot 3 \neq 2 \cdot 2$ なので $\frac{3}{2} R \frac{2}{3}$ は成り立たず、異なる有理数を定める。

b) ベクトル

ベクトル計算（p.193）では、ベクトルを平行同長の矢の類として導入する。「平行同長」という性質はすべての矢の集合に同値対応 ↑↑ を定義する（図 D_2）ので、平行同長の矢の類によって生じる解体は可能である。

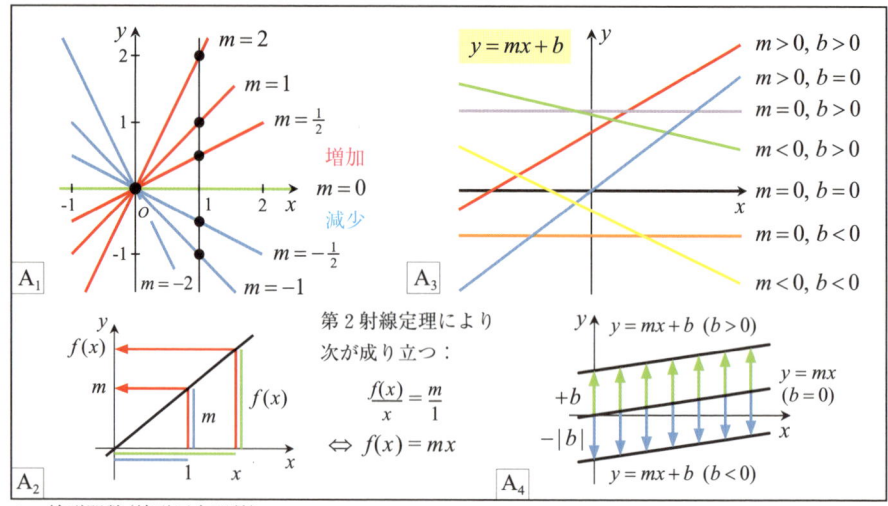

68　対応と関数

A1

$m=2$, $m=1$, $m=\frac{1}{2}$, $m=0$, $m=-\frac{1}{2}$, $m=-1$, $m=-2$

増加　減少

A3

$y = mx + b$

$m>0, b>0$
$m>0, b=0$
$m=0, b>0$
$m<0, b>0$
$m=0, b=0$
$m=0, b<0$
$m<0, b<0$

A2

$f(x)$, m, $f(x)$

A4

第2射線定理により次が成り立つ：

$$\frac{f(x)}{x} = \frac{m}{1} \iff f(x) = mx$$

$y = mx + b$ $(b>0)$
$y = mx$ $(b=0)$
$y = mx + b$ $(b<0)$
$+b$, $-|b|$

A　線形関数（線形原点関数）

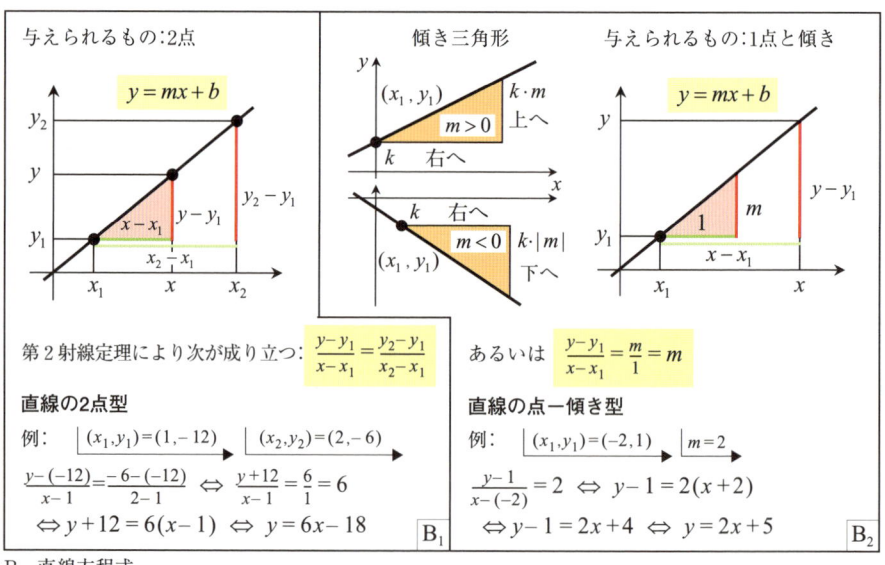

与えられるもの：2点　　　　傾き三角形　　　　与えられるもの：1点と傾き

$y = mx + b$

(x_1, y_1), $k \cdot m$ 上へ, k 右へ, $m>0$

k 右へ, $m<0$, $k \cdot |m|$ 下へ, (x_1, y_1)

$y = mx + b$

第2射線定理により次が成り立つ：$\dfrac{y-y_1}{x-x_1} = \dfrac{y_2-y_1}{x_2-x_1}$　　あるいは　$\dfrac{y-y_1}{x-x_1} = \dfrac{m}{1} = m$

直線の2点型

例：$(x_1,y_1)=(1,-12)$　$(x_2,y_2)=(2,-6)$

$\dfrac{y-(-12)}{x-1} = \dfrac{-6-(-12)}{2-1} \iff \dfrac{y+12}{x-1} = \dfrac{6}{1} = 6$

$\iff y+12 = 6(x-1) \iff y = 6x-18$　　**B1**

直線の点―傾き型

例：$(x_1,y_1)=(-2,1)$　$m=2$

$\dfrac{y-1}{x-(-2)} = 2 \iff y-1 = 2(x+2)$

$\iff y-1 = 2x+4 \iff y = 2x+5$　　**B2**

B　直線方程式

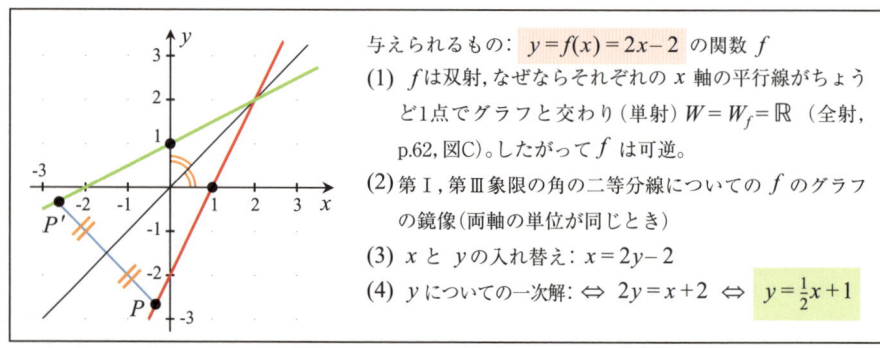

与えられるもの：$y = f(x) = 2x - 2$ の関数 f

(1) f は双射、なぜならそれぞれの x 軸の平行線がちょうど1点でグラフと交わり（単射）$W = W_f = \mathbb{R}$（全射，p.62, 図C）。したがって f は可逆。

(2) 第Ⅰ, 第Ⅲ象限の角の二等分線についての f のグラフの鏡像（両軸の単位が同じとき）

(3) x と y の入れ替え：$x = 2y - 2$

(4) y についての一次解：$\iff 2y = x + 2 \iff y = \dfrac{1}{2}x + 1$

C　線形関数の逆関数の関数規則の決定

特殊な関数 I 69

線形関数 $f(x) = mx$ 型

デカルト座標（p.199）では図 A_1 に描写された直線は原点 O およびもう 1 つの点たとえば $m \in \mathbb{R}$ の $(1, m)$ を通って一意に定まる。これは関数のグラフとして解釈される。第 2 射線定理（p.171）により関数規則 $f(x) = mx (m \in \mathbb{R})$ を得る（図 A_2）。

定義 1：$x \mapsto y = f(x) = mx$ によって定義される関数 $f : \mathbb{R} \to \mathbb{R}$ を傾き m の 線形原点関数 という。

定理 1：線形原点関数 f のグラフは点 $(1, m)$ と原点を通る直線 である。

線形関数の傾き

線形原点関数を次のように分ける

- 傾き正 ($m > 0$)
- 傾き負 ($m < 0$)
- 傾き 0 ($m = 0$)

「傾き」の概念は $m > 0$ のときの関数のグラフの様子を座標系の x 軸と比べると明白になる（図 A_1）。

m が大きくなればなるほどグラフは傾く。

負の傾きでは負の数ゆえに「下降」（図 A_1）といい、$|m|$ とともに大きくなる（$3 > 2$ なので -3 は -2 より大きく下降する）。

$m = 0$ のケースではグラフは x 軸となり「傾き 0」の明白なイメージとなる。

$f(x) = mx$ の性質

(I) すべての $x, k \in \mathbb{R}$ について次が成り立つ：

$x \mapsto y = f(x) \Rightarrow k \cdot x \mapsto k \cdot y = k \cdot f(x)$

次の計算による：$f(k \cdot x) = m \cdot (k \cdot x)$
$= k \cdot (mx) = k \cdot f(x) = k \cdot y$

この性質を比例関係の計算および三文法に用いる（p.81 を見よ）：

第 1 の量 (x) の 2 倍、3 倍、...、k 倍、... には第 2 の量 (y) の 2 倍、3 倍、...、k 倍、... が、3 分割、4 分割、... には 3 分割、4 分割、... が対応する。

(II) すべての $x_1, x_2 \in \mathbb{R}$ について次が成り立つ

$x_1 \mapsto y_1 = f(x_1) \wedge x_2 \mapsto y_2 = f(x_2)$
$\Rightarrow x_1 + x_2 \mapsto y_1 + y_2$

次の計算による：
$f(x_1 + x_2) = m(x_1 + x_2) = mx_1 + mx_2$
$= f(x_1) + f(x_2) = y_1 + y_2$

2 つの第 1 の量の和にはそれぞれに割り当てる第 2 の量の和が属する。

線形関数 $f(x) = mx + b$ 型

定義 2：$x \mapsto y = f(x) = mx + b (m, b \in \mathbb{R})$ で定義される関数 $f : \mathbb{R} \to \mathbb{R}$ を 線形関数 という。m は傾き、b は y 軸上の切片 または y 切片（図 A_3）という。

この定義は $b = 0$ のケースとして、原点線形関数の定義を含んでいる。

$m = 0$ ととると値の一定な関数 $f(x) = b$ を得る。このグラフは y 軸上の点 $(0, b)$ を通る x 軸の平行線である。

定理 2：線形関数 f のグラフは直線 である。これに属する原点関数のグラフを y 軸に沿って $b > 0$ のときは上方に、$b < 0$ のときは下方に b だけ平行移動するとできる（図 A_4）。

線形関数とそれに属する原点関数のグラフは互いに平行な直線である（図 A_4）。

座標系への線形関数のグラフ描写（図 B）は以下の場合は一意に可能である。

a) **2 点が与えられた場合**（実践では読み取り誤差をより小さくするために、できるだけ離れた 2 点をとる。）

b) **傾き三角形の形で 1 点と傾きが与えられた場合**（実践ではできるだけ大きな三角形をとる）

線形関数の**関数式の計算**（図 B を見よ）

線形関数の逆関数

$m \neq 0$ のとき、x 軸に平行な直線はすべて唯一点で、このグラフ（直線）を切断する。したがって線形関数は $m \neq 0$ で双射（p.63）である。

$m = 0$ では線形関数は単射ではない。なぜならすべての順序のある対が同じ y をもつ。したがって次が成り立つ：

定理 3：すべての線形関数は $m \neq 0$ で双射であり可逆である。

線形関数の逆関数のグラフもまた直線である。
例：図 C

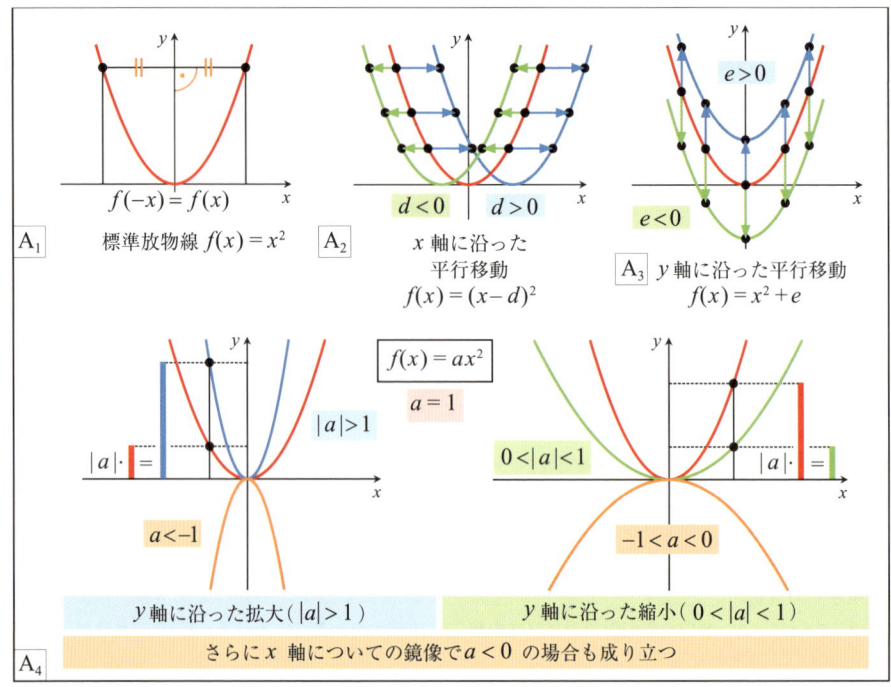

70　対応と関数

A_1　標準放物線 $f(x) = x^2$
$f(-x) = f(x)$

A_2　x 軸に沿った平行移動
$f(x) = (x-d)^2$
$d < 0$　$d > 0$

A_3　y 軸に沿った平行移動
$f(x) = x^2 + e$
$e > 0$
$e < 0$

$f(x) = ax^2$
$a = 1$
$|a| > 1$
$a < -1$
$0 < |a| < 1$
$-1 < a < 0$
$|a| \cdot \rule{1em}{0.5pt} = \rule{1em}{0.5pt}$

y 軸に沿った拡大 ($|a| > 1$)
y 軸に沿った縮小 ($0 < |a| < 1$)

A_4　さらに x 軸についての鏡像で $a < 0$ の場合も成り立つ

A　標準放物線とパラメーターによる変形

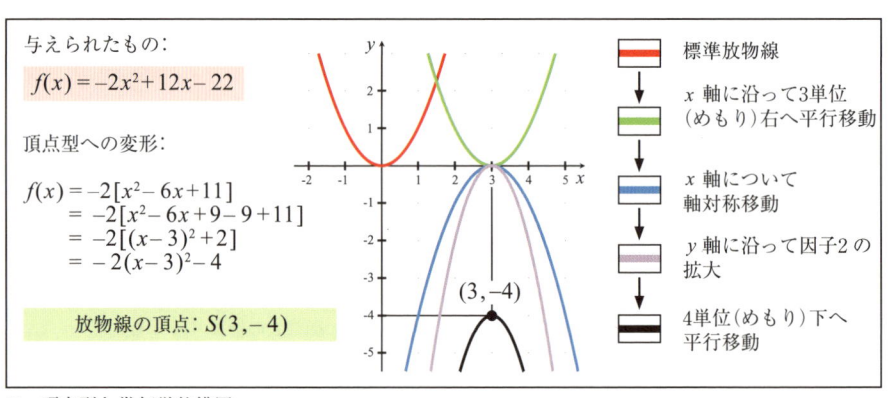

与えられたもの：
$f(x) = -2x^2 + 12x - 22$

頂点型への変形：
$f(x) = -2[x^2 - 6x + 11]$
$\quad = -2[x^2 - 6x + 9 - 9 + 11]$
$\quad = -2[(x-3)^2 + 2]$
$\quad = -2(x-3)^2 - 4$

放物線の頂点：$S(3, -4)$

標準放物線
↓
x 軸に沿って3単位（めもり）右へ平行移動
↓
x 軸について軸対称移動
↓
y 軸に沿って因子2の拡大
↓
4単位（めもり）下へ平行移動

B　頂点型と幾何学的描写

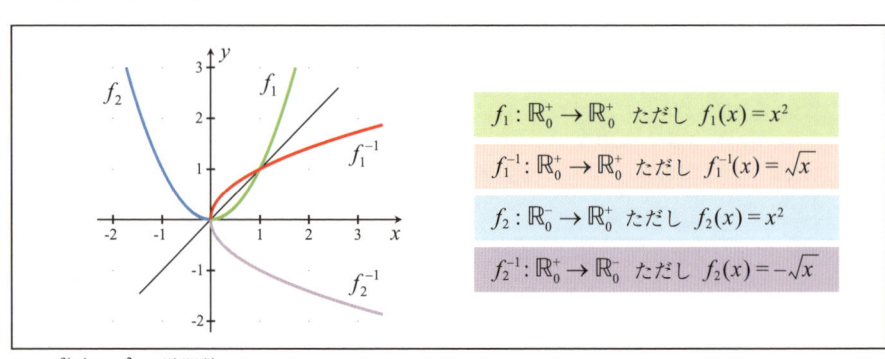

$f_1 : \mathbb{R}_0^+ \to \mathbb{R}_0^+$　ただし $f_1(x) = x^2$
$f_1^{-1} : \mathbb{R}_0^+ \to \mathbb{R}_0^+$　ただし $f_1^{-1}(x) = \sqrt{x}$
$f_2 : \mathbb{R}_0^- \to \mathbb{R}_0^+$　ただし $f_2(x) = x^2$
$f_2^{-1} : \mathbb{R}_0^+ \to \mathbb{R}_0^-$　ただし $f_2(x) = -\sqrt{x}$

C　$f(x) = x^2$ の逆関数

平方関数（二次関数）

$f(x) = ax^2 + bx + c$ 型 $(a \neq 0, a, b, c \in \mathbb{R})$

定義 3：$f(x) = x^2$ によって定義された関数 $f: \mathbb{R} \to \mathbb{R}$ を 平方関数，そのグラフを 標準放物線 （図 A_1）という。点 $(0,0)$ を 頂点 と呼ぶ。

すべての $x \in \mathbb{R}$ について $f(x) = f(-x), f(x) \geqq 0$ なので次を得る：

定理 4：標準放物線は y 軸について対称。その頂点は絶対的な最低点である。

幾何学の表現を用いるとすべての平方関数のグラフは標準放物線から導かれる。したがって

放物線の形は，$a > 0$ では上方に $a < 0$ では下方に多かれ少なかれ開いている（定理 5 と比較せよ）。

標準放物線の幾何学的描写 （図 A_2〜A_4）

(1) $d > 0$ では右へ d，$d < 0$ では左へ $|d|$ の x 軸に沿った平行移動：$f(x) = (x-d)^2$

(2) $e > 0$ では上へ e，$e < 0$ では下へ $|e|$ の y 軸に沿った平行移動：$f(x) = x^2 + e$

(3) 両平行移動 (1), (2) を同時に行う：
$f(x) = (x-d)^2 + e$ または $f(x) - e = (x-d)^2$
（平行移動形）

(4) $a > 0$ では因子 a による 拡大（縮小），$a < 0$ では因子 $|a|$ による 拡大（縮小）とそれに続く x 軸についての対称移動（反転）

どの幾何学的図解をどの順序で行うかは

平方関数の頂点型
$$f(x) = a(x-d)^2 + e$$

で定まる。

すべての平方関数は関数規則から a のくくり出しとカッコ内のふさわしい平方充足（p.48, 図 A と比較せよ）によりこの形にできる：

$f(x) = a\left[x^2 + \frac{b}{a}x + \frac{c}{a}\right]$ | q.E.

$= a\left[x^2 + \frac{b}{a}x + \left(\frac{b}{2a}\right)^2 - \left(\frac{b}{2a}\right)^2 + \frac{c}{a}\right]$

$= a\left[\left(x + \frac{b}{2a}\right)^2 + \frac{c}{a} - \frac{b^2}{4a^2}\right]$

$= a\left(x + \frac{b}{2a}\right)^2 + c - \frac{b^2}{4a}$

$= a(x-d)^2 + e$ ここで $d = -\frac{b}{2a}$, $e = c - \frac{b^2}{4a}$

次が成り立つ：

定理 5：$f(x) = a(x-d)^2 + e$ が与えられたとき，標準放物線から幾何学的図解を次々と行ってこの関数に属する放物線を得る：(1), (4) 最後に (2)。放物線の頂点は点 (d,e)。

例：図 B

平方関数の逆関数

x 軸に関する平行線で平方関数のグラフを 2 点で切断するものがあるので，平方関数は単射ではない。すなわち 1 対 1 ではないので，可逆ではない (p.65, 定理 1)。

定義域を $\mathbb{R}_0^+$ または $\mathbb{R}_0^-$ に制限するとそれぞれの部分関数は $\mathbb{R}_0^+$ を値域として双射である。すなわちそれぞれに逆関数が存在する（図 C）。

3 点が与えられた場合

定理 6：一直線上に並んでいない 3 点を通る平方関数は一意に定まる。すなわちこれがこの 3 点を通るちょうど 1 つの放物線である。

例：$A(1,-12), B(2,-6), C(3,-4)$ および関数規則の一般形 $f(x) = ax^2 + bx + c$ が与えられたとき，a, b, c を求めよ。

1) 2 点 A, B を通る直線の関数規則が $y = 6x - 18$ となるが (p.68, 図 B_1 を見よ)，$C(3,-4)$ は点検算 (p.203) が，以下のような偽の命題に行き着く。これら 3 点は一直線上にはない：

$\boxed{y = -4; x = 3 \quad \longrightarrow \quad -4 = 6 \cdot 3 - 18}$ (f)

2) これらの点が平方関数に含まれているのでこれらの座標は関数規則を満たさなければならない。変数 x と $y = f(x)$ に代入すると a, b, c の 3 つの条件を得る：

(I) $a + b + c = -12$

(II) $4a + 2b + c = -6$

(III) $9a + 3b + c = -4$

この (3,3)-LGS をガウス行列法により解く (p.61)。ちょうど 1 つの解がある：
$a = -2 \wedge b = 12 \wedge c = -22$
すなわち $f(x) = -2x^2 + 12x - 22$

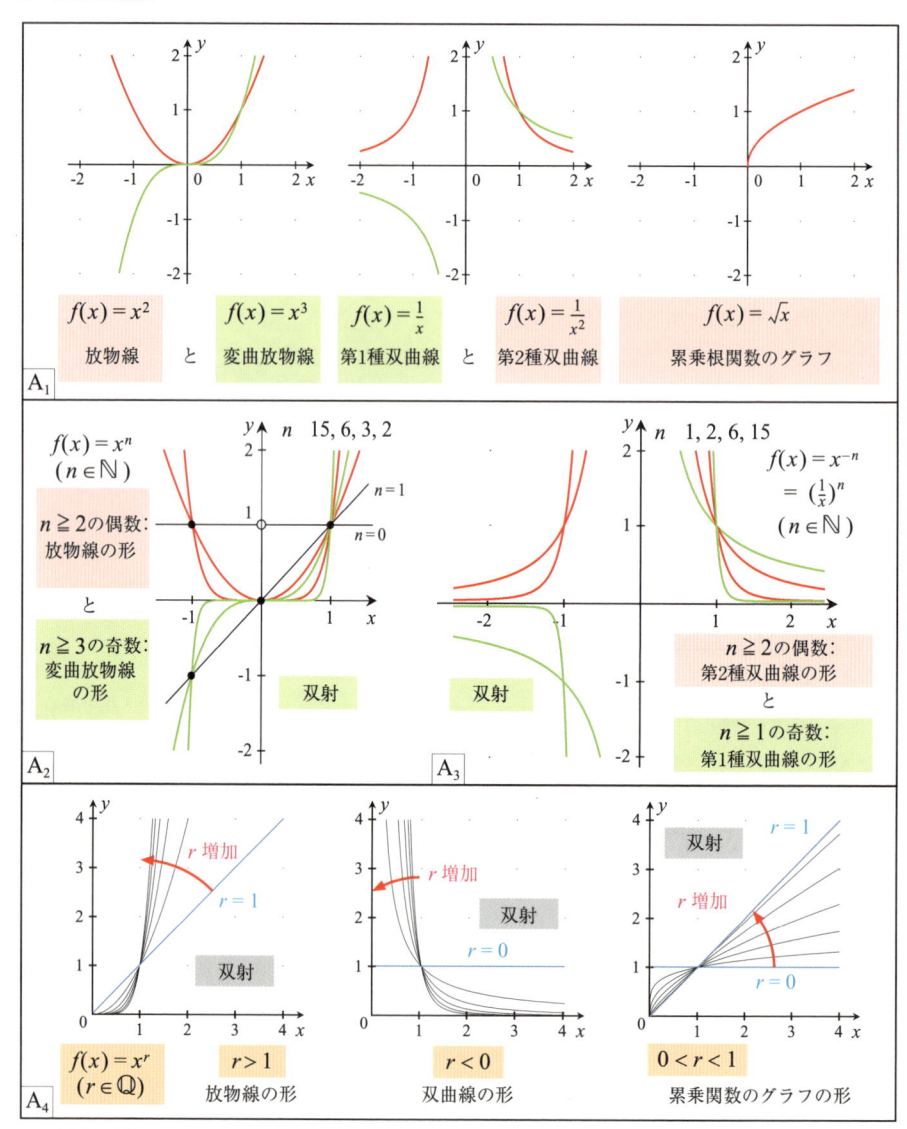

72　対応と関数

A₁

$f(x) = x^2$ 放物線 と $f(x) = x^3$ 変曲放物線　$f(x) = \frac{1}{x}$ 第1種双曲線 と $f(x) = \frac{1}{x^2}$ 第2種双曲線　$f(x) = \sqrt{x}$ 累乗根関数のグラフ

A₂

$f(x) = x^n$ ($n \in \mathbb{N}$)

$n \geq 2$ の偶数: 放物線の形

と

$n \geq 3$ の奇数: 変曲放物線の形

$n = 15, 6, 3, 2$
$n = 1$
$n = 0$

双射

A₃

$f(x) = x^{-n} = \left(\frac{1}{x}\right)^n$ ($n \in \mathbb{N}$)

$n = 1, 2, 6, 15$

$n \geq 2$ の偶数: 第2種双曲線の形

と

$n \geq 1$ の奇数: 第1種双曲線の形

双射

A₄

$f(x) = x^r$ ($r \in \mathbb{Q}$)

$r > 1$　放物線の形　r 増加　$r = 1$　双射

$r < 0$　双曲線の形　r 増加　$r = 0$　双射

$0 < r < 1$　累乗関数のグラフの形　$r = 1$　r 増加　$r = 0$　双射

A　累乗関数

B　指数関数

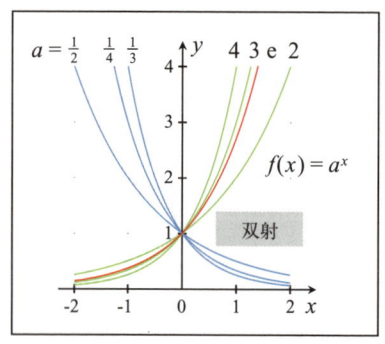

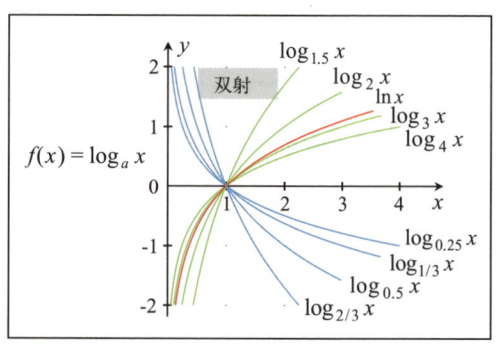

$a = \frac{1}{2}, \frac{1}{4}, \frac{1}{3}$ ... $4, 3, e, 2$

$f(x) = a^x$

双射

C　対数関数

$f(x) = \log_a x$

$\log_{1.5} x$, $\log_2 x$, $\ln x$, $\log_3 x$, $\log_4 x$

$\log_{0.25} x$, $\log_{1/3} x$, $\log_{0.5} x$, $\log_{2/3} x$

双射

累乗関数 $f(x) = x^r$ $(r \in \mathbb{Q})$

この関数を指数によって分けると次のように偶数型と奇数型がある。

> グラフは次の形をもっている（図 A_1）
> (a) 放物線 ($r = 2$) または 変曲放物線 ($r = 3$)
> (b) 双曲線 ($r = -1, r = -2$)
> (c) 累乗根関数のグラフ ($r = \frac{1}{2}$)

(a) $n \in \mathbb{N}_0$ で $r = n$ （図 A_2）
$f(x) = x^n$ の定義域は $\mathbb{R}$。
$n \geq 2$ の偶数指数ではグラフは放物線型，$n \geq 3$ の奇数指数では変曲放物線の形をとる。
$r = 0$ では点 $(0, 1)$ を通る x 軸の平行線。0^0 は定義されないのでこの点は含まない。
$r = 1$ ではグラフは $f(x) = x$ の線形関数の直線となる (p.69)。

(b) $n \in \mathbb{N}$ で $r = -n$ （図 A_3）
$f(x) = x^{-n} = \frac{1}{x^n} = \left(\frac{1}{x}\right)^n$ の定義域は $\mathbb{R}^{\neq 0}$。

これは双曲線型であり，偶数 指数では y 軸について 軸対称，奇数 指数では原点について 点対称 なグラフである。

(c) $\frac{a}{b} \in \mathbb{Q}, \frac{a}{b} \notin \mathbb{Z}$ で $r = \frac{a}{b}$ （図 A_4）
$f(x) = x^{\frac{a}{b}}$ の定義域は $\mathbb{R}^+$ (p.41，定義 4 を見よ)。
この定義域のゆえに，検討するグラフは第 1 象限の放物曲線，双曲線に制限される。グラフは以下に似ている。

- $r > 1$ では放物線のグラフ
- $r < 0$ では双曲線のグラフ
- $0 < r < 1$ では累乗根関数のグラフ

注：無理数指数についても同様の結果を得る。

累乗関数の逆関数

(c) ではすべての関数が，(a)，(b) では n が奇数のときのみ双射。逆関数の式として次を得る。

> **定理 7**：(a) n 奇数で $f(x) = x^n$
> $\Leftrightarrow f^{-1}(x) = \begin{cases} \sqrt[n]{x} & x \geq 0 \\ -\sqrt[n]{-x} & x < 0 \end{cases}$
> (b) n 奇数で $f(x) = x^{-n} = \left(\frac{1}{x}\right)^n$
> $\Leftrightarrow f^{-1}(x) = \begin{cases} \sqrt[n]{\frac{1}{x}} & x > 0 \\ -\sqrt[n]{-\frac{1}{x}} & x < 0 \end{cases}$
> (c) $f(x) = x^{\frac{a}{b}}, D_f = \mathbb{R}^+ \Rightarrow f^{-1}(x) = x^{\frac{b}{a}}$

指数関数と対数関数

> **定義 4**：$x \mapsto f(x) = a^x$ で定義された関数 $f : \mathbb{R} \to \mathbb{R}^+$ はすべての $a \in \mathbb{R}^+ \backslash \{1\}$ で a を底とする指数関数 という（図 B）。

性質：
(1) すべてのグラフは点 $(0, 1)$ を含み，x 軸を漸近線とする。
(2) $0 < a < 1$ では指数関数は狭義単調減少，$a > 1$ では狭義単調増加；$f(x) = a^x$ のグラフは $g(x) = \left(\frac{1}{a}\right)^x$ のグラフの y 軸についての軸鏡像である。
(3) すべての関数は双射であり，それゆえ可逆である。

この逆関数は，$f(x) = y = a^x$ において，すべての x を $x = a^y$ の指数 y に割り当てる。すなわち x の a を底とする対数関数である：
$$y = \log_a x \quad (\text{p.41, 定義 5})$$

> **定義 5**：関数式 $\log_a x$ の関数 $\mathbb{R}^+ \to \mathbb{R}$ を底 a の対数関数 という。ただし $a \in \mathbb{Q}^+ \backslash \{1\}$。

> **定理 8**：それぞれの指数関数は対数関数を逆関数としてもつ。逆も成り立つ。

e 関数と ln 関数

e 関数とは底が $e = 2.7182818284\cdots$（いわゆるオイラー数，p.142 を見よ）の特殊な指数関数である：$x \in \mathbb{R}$ で $f(x) = e^x$。
指数関数である e 関数は可逆である。これに属する対数関数を 自然対数関数 という (p.141, 143 と比較せよ)。
e 関数の 一般化された形 $f(x) = c \cdot e^{k \cdot x}$ $(c, k \in \mathbb{R})$ が存在する。

> **定理 9**：すべての指数関数 $f(x) = c \cdot a^x$ には $f(x) = c \cdot e^{k \cdot x}$ となる $k \in \mathbb{R}$ が存在する。

この証明では $f(x) = c \cdot a^x$ が与えられたとする。還元公式 $a^{\log_a x} = x$ (p.41) より a と e，x と a の交換によって：$e^{\log_e a} = a$

$f(x) = c \cdot a^x$ に代入して次を得る：
$f(x) = c \cdot (e^{\log_e a})^x$
$\quad\, = c \cdot e^{x \log_e a} = c \cdot e^{k \cdot x} \quad (k = \log_e a = \ln a)$

74　対応と関数

A_1　**線形増加**

$f(x) = c \cdot x$

x 軸方向の等しい増分 Δx に対して, y 軸方向の増分 Δy が等しい(「増分階段」の段の高さが一定)。

$$f(x+\Delta x) = f(x) + \Delta y$$

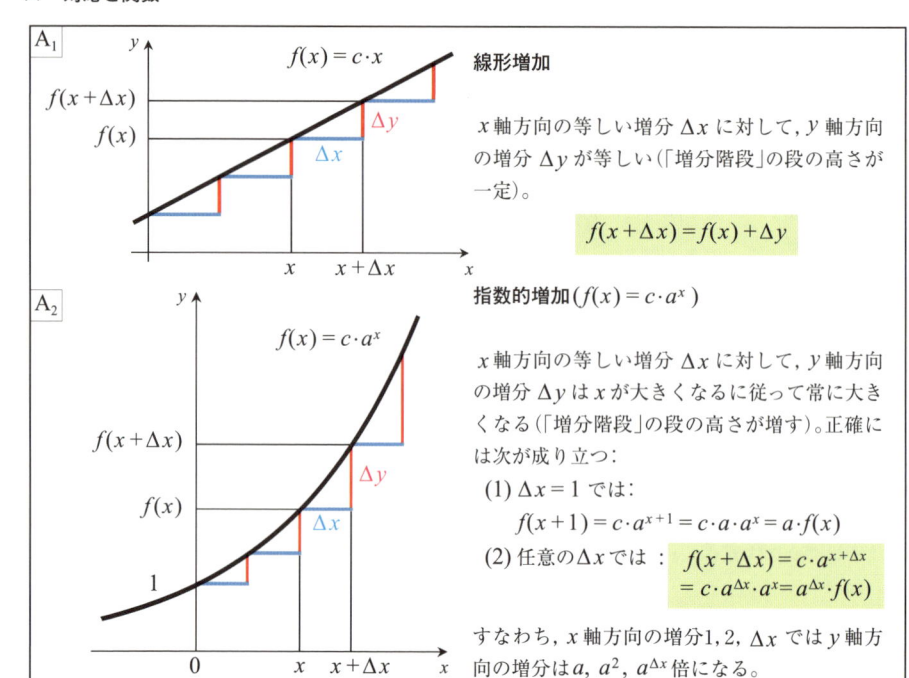

A_2　**指数的増加** ($f(x) = c \cdot a^x$)

x 軸方向の等しい増分 Δx に対して, y 軸方向の増分 Δy は x が大きくなるに従って常に大きくなる(「増分階段」の段の高さが増す)。正確には次が成り立つ:

(1) $\Delta x = 1$ では:
$$f(x+1) = c \cdot a^{x+1} = c \cdot a \cdot a^x = a \cdot f(x)$$

(2) 任意の Δx では:
$$f(x+\Delta x) = c \cdot a^{x+\Delta x} = c \cdot a^{\Delta x} \cdot a^x = a^{\Delta x} \cdot f(x)$$

すなわち, x 軸方向の増分 $1, 2, \Delta x$ では y 軸方向の増分は $a, a^2, a^{\Delta x}$ 倍になる。

A　線形増加(A_1), 指数的増加(A_2)

指数的増加の例 ($a > 1$)

ミルクを入れた容器には最初80の乳酸菌が含まれているが, 真夏の気温では20分後にはその数は倍になる。10時間後の乳酸菌の数を求めよ！

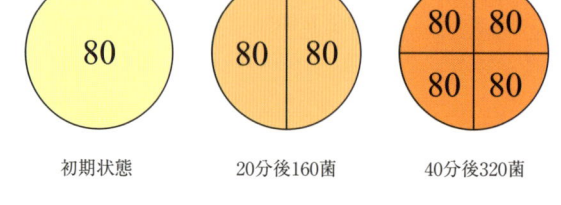

初期状態　　20分後160菌　　40分後320菌

解: $\frac{1}{3}$ 時間後倍化が起こる。160菌を2つの80菌と考えると, 2つの領域で乳酸菌の数は 互いに無関係に 次の $\frac{1}{3}$ 時間で倍化するという関連づけがあると考えられる。4つになった領域でまたもや80の菌は互いに無関係に倍化する。1時間後には80の菌をもった8つの領域に分かれる。乳酸菌の増加を指数関数によって数学的モデルに表すこともできる: $f(t) = 80 \cdot 2^t$, ただし t は $\frac{1}{3}$ 時間の倍数である。

1時間単位で求めるには, t の代わりに $3t$ を用いるとよい:
$$f(t) = 80 \cdot 2^{3t} = 80 \cdot (2^3)^t = 80 \cdot 8^t \quad (t \text{の単位は時間})$$

したがって10時間後の乳酸菌の数は: $f(10) = 80 \cdot 8^{10} = 1.07 \cdot 10^{10}$

注: 指数関数を定める別の方法として, 倍増期の公式から: $T_D = \frac{\lg(2)}{\lg(a)} \Leftrightarrow \lg(a) = \frac{\lg(2)}{T_D}$

$T_D = \frac{1}{3}$[h]　$\lg(a) = \frac{0.30103}{\frac{1}{3}} = 0.90309 \Rightarrow a = 8$, すなわち $f(t) = 80 \cdot 8^t$

B　指数的増加

特殊な関数 IV

増加過程

2つの量の「〜すればするほど〜」のタイプの割り当てを次のようにもいう：
「第2の量は第1の量に従って増える」。
たとえばブレッチェン（小形の丸パン）を多く焼けば多く焼くほど多くの小麦粉を必要とする。あるいは，銀行口座に預金を長くおけばおくほど利息によって預金額は大きくなり，一緒に住む人が多ければ多いほどゴミの量は多くなる。

最後の例を関数で表すことがほとんどできないのに対して，他の2例は一方の量の増加が他方の量で表せる特徴的な関数である。

これによると同一のレシピでブレッチェンを焼くとき小麦粉の量がブレッチェンの数とともに直線的に増加することとなる：$f(x) = 30 \cdot x$（p.63 と比較せよ）。この増加を **線形増加** という。

利息による数年間の元金の増加は利率が一定にとどまるならば次の式で算出できる（p.83）：

$$K = K_0 \cdot (1 + p\%)^n$$

元利合計の増加は $p = 1 + p\%$ の指数関数で書けるので，これを **指数的増加** という。

指数的増加

▌**定義6**：$f(x) = c \cdot a^x$ の指数関数での2つの量の関係づけが **指数的増加** をなす。

時間的に変化する増加過程では定数 c はちょうど計測または観察の最初の時刻 0 の状態である：
$f(0) = c \cdot a^0 = c \cdot 1 = c$ すなわち $f(x) = f(0) \cdot a^x$
$a > 1$ では $f(x)$ の増加分は元金 K の利回り（下を見よ）の意味で表される。
$0 < a < 1$ では実際には増加は現れない（グラフは下降する）。したがって **負の指数的増加**，またはよりふさわしく **指数的減少** という。

線形および指数的増加の表記（図A）

線形増加：	$f(x + \Delta x) = f(x) + \Delta y$
指数的増加：	$f(x + \Delta x) = f(x) \cdot a^{\Delta x}$

たとえば酵母とバクテリア培養時の増加過程または人口の発達などを把握するには指数的増加の数学的モデルを当てはめ，このモデルで計算して増加過程の命題に帰着する。

指数的増加の例 $(a > 1)$

図 B を見よ。

倍増期

異なる増加過程の比較では $a > 1$ のときのいわゆる **倍増期** T_D すなわちある状態の後 $f(x)$ が2倍になるまでにかかる時間が興味深い。この時間は最初の状態には依存しない。以下の立式により求まる：

$f(T_D) = 2 \cdot f(0) \Leftrightarrow f(0) \cdot a^{T_D} = 2 \cdot f(0)$

$\Leftrightarrow a^{T_D} = 2 \Leftrightarrow \log_a a^{T_D} = \log_a 2$

$\Leftrightarrow T_D = \log_a 2 = \dfrac{\lg 2}{\lg a}$ （変形公式 p.41 の応用）

増加が大きくなるほど，すなわち a が大きくなるほど倍増期は短くなる。

応用：図 B，注

指数的減少の例 $(0 < a < 1)$

1991年ウッツ谷とシュマルツ谷の間の雪解け水の湖でのちにウッツィ（OETZI）と名付けられたものが見つかった。このウッツィは約 5300 年前，新石器時代に生きていた人間の遺骸が氷の中に自然に保存されたものである。

時代特定にはマンモスの骨の発見の際などに行われたいわゆる ^{14}C 法を用いた。この方法論は炭素14 の放射性同位元素ラジオアイソトープが重要な役割を果たす。人間は生きている間は成分 ^{14}C にさらされていて，よく知られているように骨の中に濃縮されて沈殿していく。死後この濃縮物は同位元素の崩壊により減少する。

この減少は指数的であるから，発見時の濃縮物から骨がどのくらい古いかを知ることができる（応用は p.77 を見よ）。

半減期

指数的増加 $(a > 1)$ における倍増期は指数的減少では **半減期** T_H という。状態 $f(x)$ が半分になる時間のことである。

76　対応と関数

A_1

sin α (赤)
cos α (青)

4つの象限における符号：

	I	II	III	IV
sin x	+	+	−	−
cos x	+	−	−	+

三角形は $|\sin\alpha|$, $|\cos\alpha|$ の長さをカテーテにもち、斜辺1の直角三角形（いわゆる単位三角形）。したがってピタゴラスの定理（p.177）が成り立つ。
（訳注カテーテ：直角三角形の直角をはさむ辺）

A_2
$$|\sin\alpha|^2 + |\cos\alpha|^2 = 1 \Leftrightarrow \sin^2\alpha + \cos^2\alpha = 1$$
三角比ピタゴラス

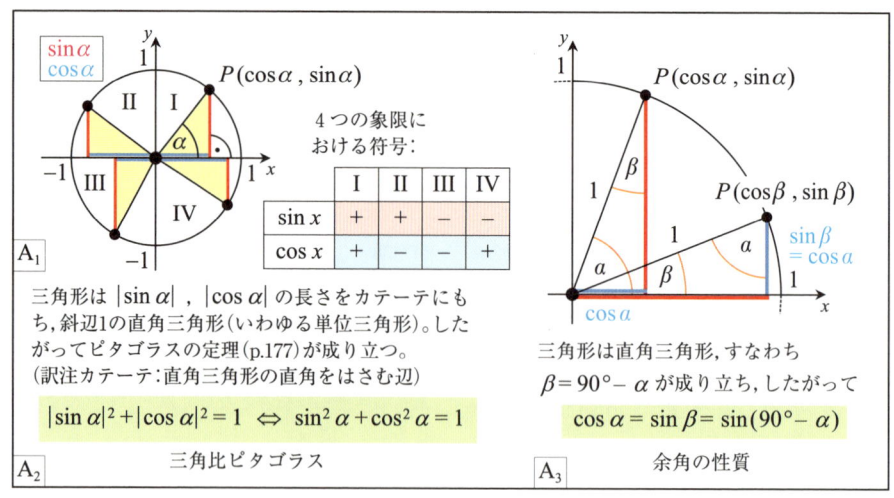

三角形は直角三角形、すなわち $\beta = 90° - \alpha$ が成り立ち、したがって

A_3
$$\cos\alpha = \sin\beta = \sin(90° - \alpha)$$
余角の性質

A　単位円における正弦関数, 余弦関数

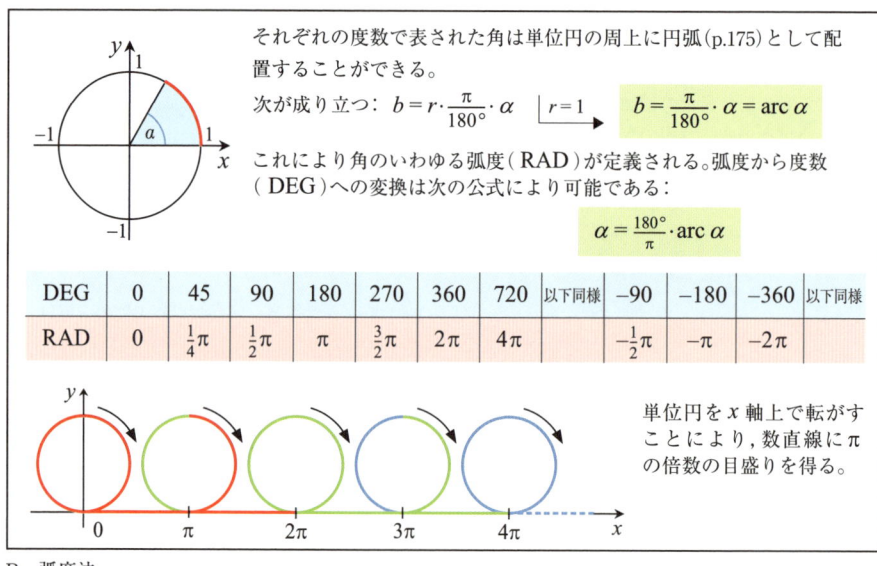

それぞれの度数で表された角は単位円の周上に円弧（p.175）として配置することができる。

次が成り立つ： $b = r \cdot \dfrac{\pi}{180°} \cdot \alpha$ 　$r=1$ → $b = \dfrac{\pi}{180°} \cdot \alpha = \text{arc}\,\alpha$

これにより角のいわゆる弧度（RAD）が定義される。弧度から度数（DEG）への変換は次の公式により可能である：

$$\alpha = \frac{180°}{\pi} \cdot \text{arc}\,\alpha$$

DEG	0	45	90	180	270	360	720	以下同様	−90	−180	−360	以下同様
RAD	0	$\frac{1}{4}\pi$	$\frac{1}{2}\pi$	π	$\frac{3}{2}\pi$	2π	4π		$-\frac{1}{2}\pi$	$-\pi$	-2π	

単位円を x 軸上で転がすことにより、数直線に π の倍数の目盛りを得る。

B　弧度法

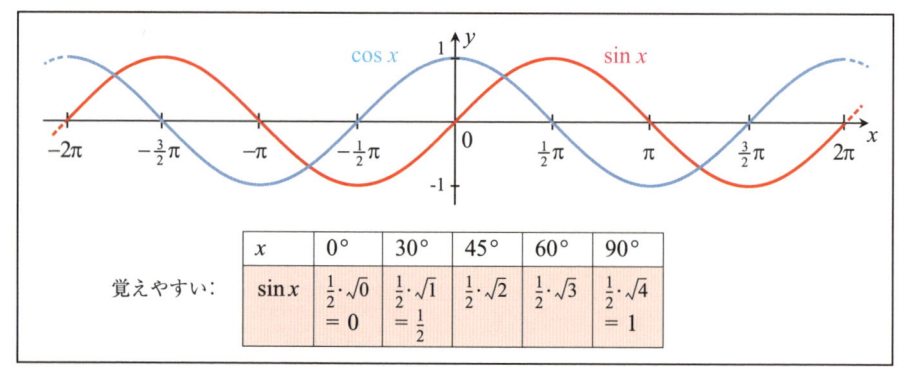

覚えやすい：

x	0°	30°	45°	60°	90°
$\sin x$	$\frac{1}{2}\cdot\sqrt{0}$ $=0$	$\frac{1}{2}\cdot\sqrt{1}$ $=\frac{1}{2}$	$\frac{1}{2}\cdot\sqrt{2}$	$\frac{1}{2}\cdot\sqrt{3}$	$\frac{1}{2}\cdot\sqrt{4}$ $=1$

C　正弦関数, 余弦関数のグラフと特殊な正弦の値

以下のように計算する
$f(T_H) = \frac{1}{2} \cdot f(0) \Leftrightarrow f(0) \cdot a^{T_H} = \frac{1}{2} \cdot f(0)$
$\Leftrightarrow a^{T_H} = \frac{1}{2} \Leftrightarrow \log_a a^{T_H} = \log_a \frac{1}{2}$
$\Leftrightarrow T_H = -\log_a 2 \Leftrightarrow T_H = -\frac{\lg 2}{\lg a}$

この減少が大きくなるほどすなわち a が大きくなるほど半減期は短くなる。

応用：発見骨に対し，20% の ^{14}C 含有量を得た（最初の含有量を 100% とおく）。この骨はどのくらい古いか？

次が成り立つ：
$T_H = -\frac{\lg 2}{\lg a} \Leftrightarrow \lg a = -\frac{\lg 2}{T_H}$

^{14}C の半減期は 5750 年である：

$\boxed{T_H = 5750}$ $\lg a = -\frac{\lg 2}{5750} = -5.24 \cdot 10^{-5}$

$\Rightarrow a = 10^{-5.24 \cdot 10^{-5}} \Rightarrow a = 0.99988$

属する指数関数は次のようになる：
$f(t) = 0.99988^t$ [t 年]

$\boxed{f(t) = 20\%}$ $0.20 = 0.99988^t$

$\Rightarrow \lg 0.20 = \lg 0.99988^t = t \cdot \lg 0.99988$

$\Rightarrow t = \frac{\lg 0.2}{\lg 0.99988} = 13400$ [年]

三角関数

次の関数がある。

sin 関数（正弦関数）　　cos 関数（余弦関数）
tan 関数（正接関数）　　cot 関数（余接関数）

$\sin \alpha$ と $\cos \alpha$ の定義

単位円 すなわちデカルト座標上の半径 1 の円（図 A_1）で定義する：

> **定義 7**：デカルト座標系があるとき，単位円周 k 上の点 P の座標を $\cos \alpha$ と $\sin \alpha$ で表す。ただし α は OP と x 軸とのなす角の大きさ。
> $P(\cos \alpha, \sin \alpha) \Leftrightarrow P \in k$

$\sin \alpha$ と $\cos \alpha$ とは互いに独立ではない。次が成り立つ：

(1) α の cos 値は余角 $90° - \alpha$ の sin 値に等しい：

$$\cos \alpha = \sin(90° - \alpha) \quad \text{(図 } A_3\text{)}$$

したがってこの名前「ko-sin」は「余角-sin」である。そのほかにもいわゆる 三角比ピタゴラス が成り立つ：

(2) $\quad \sin^2 \alpha + \cos^2 \alpha = 1 \quad \text{(図 } A_2\text{)}$

sin 値から同じ角の cos 値が算出できる。その反対も成り立つ：

$$\cos \alpha = \pm \sqrt{1 - \sin^2 \alpha}$$
$$\sin \alpha = \pm \sqrt{1 - \cos^2 \alpha}$$

sin 関数と cos 関数のグラフ

すべての角 α は単位円での定義で一意に sin 値，cos 値に割り当てられる。sin 関数，cos 関数を得る。

両関数のグラフを 1 つのデカルト座標系（両軸の単位を等しくとる）上に描こうとするとき，角の大きさ α（DEG 度）の代わりに弧度（RAD 度）を用いる。公式による変換は次のとおりである：

$$x = \alpha \cdot \frac{\pi}{180°}, \quad \alpha = x \cdot \frac{180°}{\pi} \quad \text{(図 B)}$$

図 C には次の 2 つのグラフがある。

$x \mapsto \sin x$ で定義される $\sin : \mathbb{R} \longrightarrow [-1, 1]$
$x \mapsto \cos x$ で定義される $\cos : \mathbb{R} \longrightarrow [-1, 1]$

以下を意味する

$0 \leqq x \leqq 2\pi$：OP の時計の針と同じ向きの回転
　　　　　（正の回転）

$x > 2\pi$：正の回転による OP の回転の繰り返し

$x < 0$：OP の逆回転（負の回転）

単位円周上なので次が成り立つ：

$$-1 \leqq \sin x \leqq 1, \quad -1 \leqq \cos x \leqq 1$$

値集合は $W_f = [-1, 1]$ である。

sin 関数，cos 関数のその他の性質（公式集も見よ）

(3) 両グラフとも 2π ごとに x 軸に沿って移動すると自身に重なる。すなわち周期 2π で周期的である。

$$\sin(x + n \cdot 2\pi) = \sin x$$
$$\cos(x + n \cdot 2\pi) = \cos x$$
$$\text{すべての } n \in \mathbb{Z}, x \in \mathbb{R}$$

(4) 次が成り立つから，cos 関数のグラフは y 軸について軸対象であり，sin 関数のグラフは原点について点対称である：

$$\cos(-x) = \cos x \quad \sin(-x) = -\sin x$$
$$\text{すべての } x \in \mathbb{R}$$

(5) cos 関数 [sin 関数] を右へ [左へ] $\frac{\pi}{2}$ 平行移動すると sin 関数 [cos 関数] のグラフを得る：

$$\cos(x - \tfrac{\pi}{2}) = \sin x, \quad \sin(x + \tfrac{\pi}{2}) = \cos x$$
$$\text{すべての } x \in \mathbb{R}$$

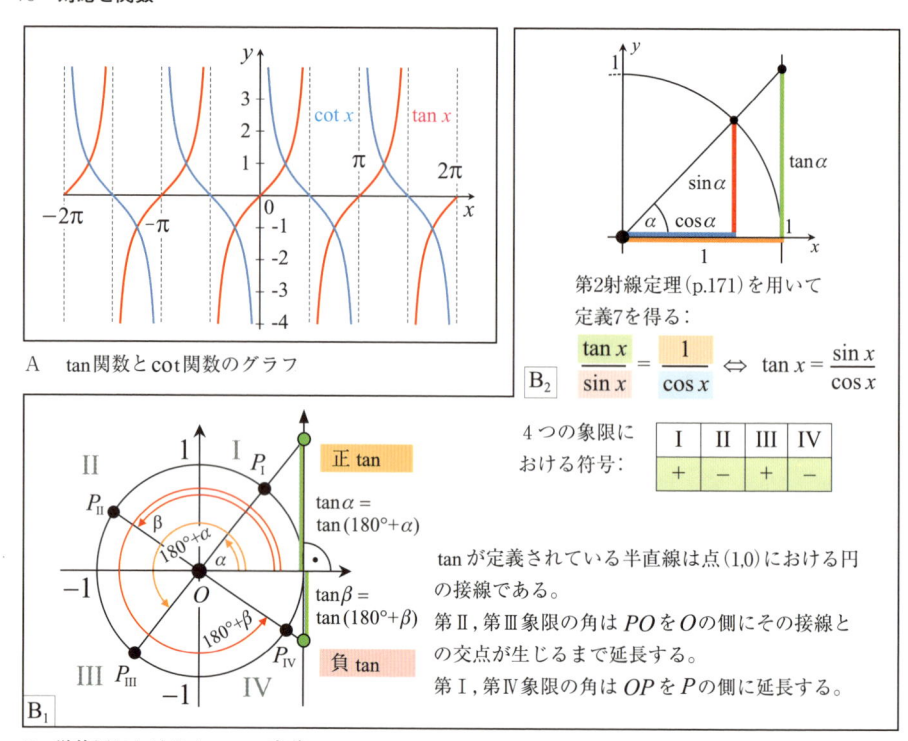

78　対応と関数

A　tan関数とcot関数のグラフ

B_2　第2射線定理 (p.171) を用いて定義7を得る:
$$\frac{\tan x}{\sin x} = \frac{1}{\cos x} \Leftrightarrow \tan x = \frac{\sin x}{\cos x}$$

4つの象限における符号:

	I	II	III	IV
	+	−	+	−

B_1

tan が定義されている半直線は点 $(1,0)$ における円の接線である。
第 II, 第 III 象限の角は PO を O の側にその接線との交点が生じるまで延長する。
第 I, 第 IV 象限の角は OP を P の側に延長する。

B　単位円における $\tan x$ の定義

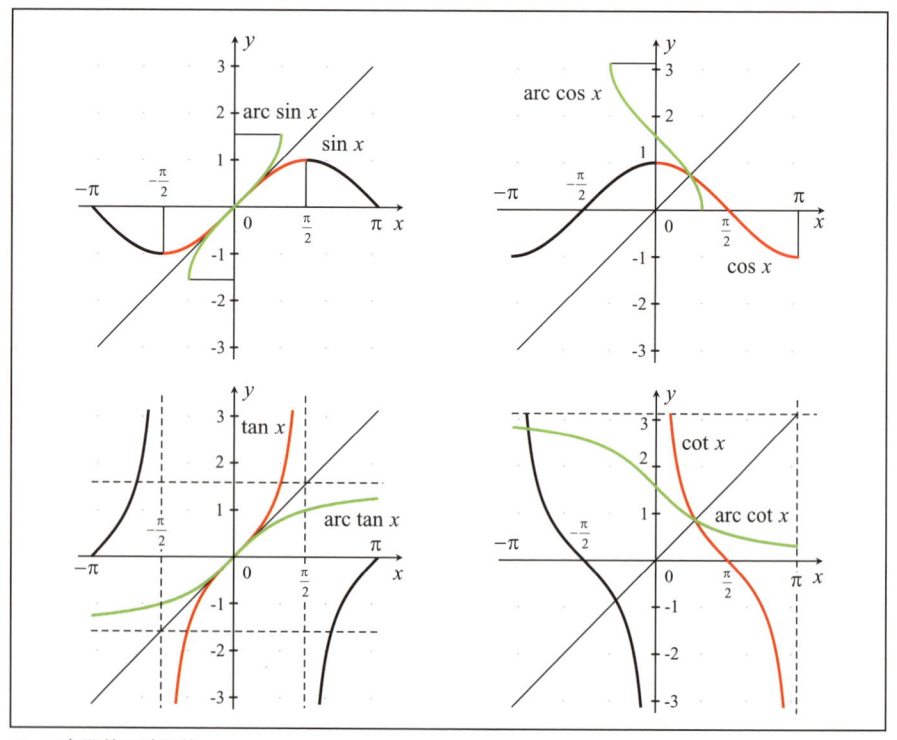

C　三角関数の逆関数

sin 値の計算

p.76 の図 C の表に基本的幾何学を用いて計算できる覚えやすい sin 値をあげてある。電卓を用いるともちろんより簡単である。しかしながら「高等数学」がこれにつながっていることを知らなければならない（p.145 と比較せよ）。
たとえば式 $x - \frac{x^3}{6} + \frac{x^5}{120} - \frac{x^7}{7!}$ （x は弧度法）について小数点以下第 4 位の確かさによる $\sin x$ の値を用いた計算を行う。
電卓が大いなる成果をもたらす以前は表を用いて苦労して値を求めた。

tan 関数 （x は弧度法）

tan 関数は sin 関数および cos 関数に帰着できる。一連の応用，たとえば傾き概念や三角比の計算では $\sin x$ と $\cos x$ の商で計算する。商に新しい式を代入することに意義がある。

> **定義 8**：$\tan x := \frac{\sin x}{\cos x}$
> $x \in \mathbb{R} \setminus \{x | \cos x = 0\}$

tan 関数（グラフ：図 A）は $\pm\frac{\pi}{2}, \pm\frac{3}{2}\pi, \pm\frac{5}{2}\pi, \ldots$ で定義間隙をもつ，というのは x のこれらの値では分母 $\cos x$ が 0 になるからである。
注：定義 8 には単位円での定義があてはめられる（図 B）：このことから「接線 (Tangente)」の名をもつ。

tan 関数の性質

(1) グラフは x 軸に沿った π の平行移動で自身と重なる。すなわち tan 関数は周期 π で周期的である：

> すべての $n \in \mathbb{Z}$, $x \in \mathbb{R} \setminus \{x | \cos x = 0\}$ について
> $$\tan(x + n\pi) = \tan x$$

(2) tan 関数のグラフは原点について点対称である。なぜなら次が成り立つ：

> すべての $n \in \mathbb{Z}$, $x \in \mathbb{R} \setminus \{x | \cos x = 0\}$ について
> $$\tan(-x) = \frac{\cos(-x)}{\sin(-x)} = \frac{-\sin x}{\cos x} = -\frac{\sin x}{\cos x}$$
> $$= -\tan x$$

cot 関数

cot 値は余角の tan 値として把握できる（sin と cos の余角性と似ている）

> **定義 9**： $\cot x := \tan\left(\frac{\pi}{2} - x\right)$
> $x \in \mathbb{R} \setminus \{x | \sin x = 0\}$

$\tan\left(\frac{\pi}{2} - x\right) = \frac{\sin\left(\frac{\pi}{2} - x\right)}{\cos\left(\frac{\pi}{2} - x\right)} = \frac{\cos x}{\sin x}$ なので次を得る：

> $$\cot x = \frac{\cos x}{\sin x} = \frac{1}{\tan x}$$

cot 関数（グラフ：図 A）は $0, \pm\pi, \pm 2\pi, \pm 3\pi, \ldots$ で定義間隙をもつ。なぜならば x のこれらの値では $\sin x$ が 0 になるからである。
注：tan 関数同様，cot 関数も周期 π であり，そのグラフは原点について点対称である。

逆関数

すべての三角関数は単射ではない（x 軸に平行な直線で無限に多くの点で切断するものがある）から双射ではない。
すなわち逆対応が存在する。

> sin 関数を $\left[-\frac{\pi}{2}, \frac{\pi}{2}\right]$ に
> cos 関数を $[0, \pi]$ に
> tan 関数を $\left(-\frac{\pi}{2}, \frac{\pi}{2}\right)$ に
> cot 関数を $(0, \pi)$ に

それぞれ制限すると，逆関数の存在するケースとなる（図 C）：

逆 sin 関数：$[-1, 1] \to \left[-\frac{\pi}{2}, \frac{\pi}{2}\right]$
$x \mapsto y = \arcsin x$ で定義される。

逆 cos 関数：$[-1, 1] \to [0, \pi]$
$x \mapsto y = \arccos x$ で定義される。

逆 tan 関数：$\mathbb{R} \to \left(-\frac{\pi}{2}, \frac{\pi}{2}\right)$
$x \mapsto y = \arctan x$ で定義される。

逆余接関数：$\mathbb{R} \to (0, \pi)$
$x \mapsto y = \text{arc} \cot x$ で定義される。

応用：三角比（p.183，p.185 を見よ）

加法定理，減法定理

応用では 2 角の和と差の sin 値，cos 値が必要となる。次の等式が成り立つ（証明は省く）：

> $\sin(\alpha + \beta) = \sin\alpha \cdot \cos\beta + \cos\alpha \cdot \sin\beta$
> $\cos(\alpha + \beta) = \cos\alpha \cdot \cos\beta - \sin\alpha \cdot \sin\beta$
> $\sin(\alpha - \beta) = \sin\alpha \cdot \cos\beta - \cos\alpha \cdot \sin\beta$
> $\cos(\alpha - \beta) = \cos\alpha \cdot \cos\beta + \sin\alpha \cdot \sin\beta$

推論：最初の 2 方程式で $\alpha = \beta$ とおくと二倍角の sin 値と cos 値が得られる：

$\sin 2\alpha = 2 \cdot \sin\alpha \cdot \cos\alpha$
$\cos 2\alpha = \cos^2\alpha - \sin^2\alpha$

そのほかの公式は公式集を見よ。

80　対応と関数

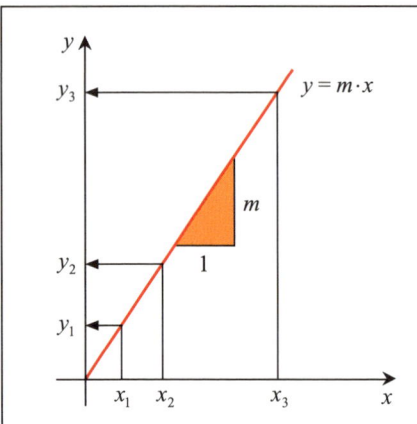

$\dfrac{y}{x} = \dfrac{y_1}{x_1} = \dfrac{y_2}{x_2} = \dfrac{y_3}{x_3} = m$　商の同一性

2つの値 x, y の測定により, 点 (x, y) が原点を通る直線上にあるので, 2つの間に比例関係が成立する(小さな誤差は視覚的に生じたものである)。

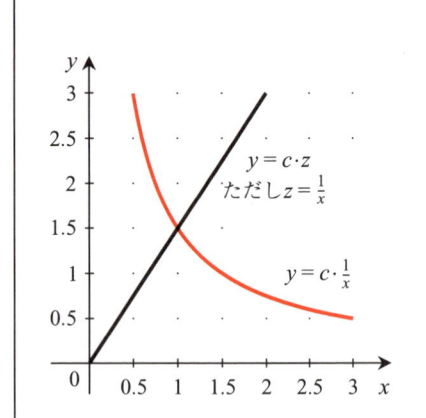

反比例関係は変数 $z = \dfrac{1}{x}$ の置換で比例関係になる。

2つの順序のある値 x と y の測定により原点を通る直線上にある点 $(\dfrac{1}{x}, y)$ を得るので, 点 (x, y) は反比例関係をつくる。

A　比例関係

B　反比例関係

基本量 G はそのものの値, そのうちの部分 $\dfrac{p}{100}$ (百分率 p)から百分値 W を得る:
$W = p\% \cdot G$

1) 求めるもの:**百分値 W**　　　　与えられたもの:基本量 G, 百分率 p

例:235ユーロの請求書がある。3%の現金割引が受けられるとき, 支払額はいくら安くなるか？

計算: $W = p\% \cdot G$

$p = 3, G = 235 [ユーロ]$　　$W = 3\% \cdot 235 = \dfrac{3}{100} \cdot 235 = 3 \cdot 2.35 = 7.05$ (ユーロ)

2) 求めるもの:**基本量 G**　　　　与えられたもの:百分量 W, 百分率 p

例:メイヤー家は月360ユーロの家賃を払っている。これは月収の24%に当たる。収入はいくらか？

計算: $W = p\% \cdot G \Leftrightarrow G = \dfrac{W}{p\%}$

$W = 360 [ユーロ], p = 24$　　$G = \dfrac{360}{24\%} = \dfrac{360}{\frac{24}{100}} = \dfrac{360 \cdot 100}{24} = 1500$ (ユーロ)

3) 求めるもの:**百分率 p**　　　　与えられたもの:基本量 G, 百分量 W

例:ある学校の870人の生徒のうち410人が電車, バス通学生である。これは何%にあたるか？

計算: $W = p\% \cdot G \Leftrightarrow p\% = \dfrac{W}{G}$

$W = 410, G = 870$　　$p\% = \dfrac{410}{870} = 0.47126\ldots \approx 0.47 = \dfrac{47}{100} = 47\% \Rightarrow p \approx 47$

C　百分率の基本問題

三文法と百分率

三文法はたとえば以下のような自家用車での旅行**問題**に用いる：

450 km 走るのにスーパーガソリン 35 ℓ を要した（計測は満タンから満タンによる）。満タンのガソリン（65 ℓ）でハンブルクからミュンヘンまで（約770 km）走れるか？

解：
(1) 35 [ℓ]   450 [km] （条件）
(2) 何倍かの量 から 単位量（1 ℓ あたりの平均走行距離）に至る：
$$1 (\ell) \quad 450 : 35 \approx 13 \text{ [km]}$$
(3) 単位量 から もう 1 つの何倍かの量（65 ℓ あたりの走行距離）に至る：
$$65 [\ell] \quad 13 \cdot 65 = 845 \text{ [km]}$$
結論：満タンで走行できる。

解ではガソリン料と走行距離の間に比例関係が想定されている。

> **比例関係**とは，2 つの正の量の「〜であればあるほど〜」という割り当ての特別な形である。
> 第 1 の値 (x) の 2 倍，3 倍，…，65 倍，
> …，3 分割，4 分割，…，には
> 第 2 の量 (y) の 2 倍，3 倍，…，65 倍，
> …，3 分割，4 分割，…，が従う。

旅行問題を表で表すと：

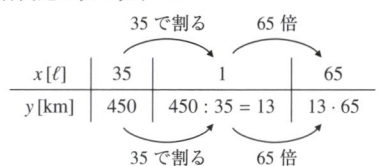

		35 で割る		65 倍
$x[\ell]$	35	1	65
y [km]	450	$450 : 35 = 13$	$13 \cdot 65$

         35 で割る   65 倍

商の同一性

比例関係の決め方により商の同一性の定める値がある：
$$\frac{y}{x} = \frac{2y}{2x} = \frac{\frac{1}{3}y}{\frac{1}{3}x} = \frac{ky}{kx} = 一定 = m$$

この定数 m を**比例定数**といい，第 1 の値の単位あたりの第 2 の値の配分を与える。これは $\frac{y}{x} = m$ に属する一次原点関数（p.69）の関数方程式 $y = mx$ の傾きに等しい。

> 比例関係のグラフはデカルト座標系の第 I 象限の半直線で始点は原点である（図 A）。

三文法と反比例関係

25 人の生徒の遠足にバス代と運転手の手当とで 75.40 ユーロかかる。実際には 21 人しか参加しなかった。

この **運賃問題** を解くには反比例関係を用いる。

> **反比例関係**とは 2 つの正の量の間の「増えれば増えるほど減る」割り当ての特別なものである。
> 第 1 の量 (x) の 2 倍，3 倍，…，25 倍，
> 3 分割，4 分割，…，に対しては，
> 第 2 の量 (y) の $\frac{1}{2}$ 倍，$\frac{1}{3}$ 倍，…，$\frac{1}{25}$ 倍，
> 3 倍，4 倍，…，が従う。

以下のように計算する

(1) 25 [人]（生徒）$\mapsto$ 75.40 [ユーロ]（条件）(25 人のときの 1 人あたりの基本料金)
(2) 1 [人] $\mapsto 75.40 \times 25 = 1885$ [ユーロ]（バスおよび運賃の合計）
(3) 21 [人] $\mapsto 1885 : 21 = 89.76$ [ユーロ]（21 人のときの 1 人あたりの新料金）

表を用いると：

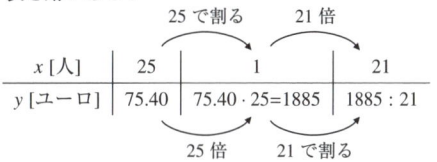

	25 で割る		21 倍
x [人]	25	1	21
y [ユーロ]	75.40	$75.40 \cdot 25 = 1885$	$1885 : 21$

         25 倍   21 で割る

積の同一性

反比例関係からは積の同一性で定まる値がある：
$$x \cdot y = (2x) \cdot \left(\frac{1}{2}y\right) = (3x) \cdot \left(\frac{1}{3}y\right) = \cdots = 一定 = c$$

この定数は三文法では旅費の総額のような一定の「与えられている量」を意味する。

積の同一性はこの割り当てが特殊な累乗関数（p.73）であることを意味する：関数方程式 $y = c \cdot \frac{1}{x}$

> 反比例のグラフはデカルト座標系の双曲線の第 I 象限部分である（図 B）。

百分率計算

以下のように定義する：

$6 \% := 100 \text{ のうち } 6 = \frac{6}{100} = 0.06$ または一般的に

$p \% := 100 \text{ のうち } p = \frac{p}{100}$ （p パーセントと読む）

数 p を**百分率**という。

例：同じテストで 6 年 a 組 **20 名**のうち **5 名**，6 年 b 組 **25 名**のうち **6 名**が優 (A) の成績を得た。

これは分数部分 $\frac{5}{20}$ および $\frac{6}{25}$ である。分母を 100 にして比べると：

$\frac{25}{100} > \frac{24}{100}$，すなわち $25\% > 24\%$ または $0.25 > 0.24$。

基本量 G，**百分率** p，**百分量** P の間の 3 つの**基本問題**は図 C に説明する。

1) 求めるもの:**利息 Z**　　　　与えられたもの:元金 K, 利率 p, 期間 f

例:200日後に返される20,000ユーロの貸し金がある。返済には11%の利息が付く。借方は合わせていくら払わなければならないか?

計算:$Z = p\% \cdot K \cdot f$　$\Big|$　$K = 20000[\text{ユーロ}], p = 11, f = \frac{t}{360}, t = 200$

$K + Z = 20000 + \frac{11}{100} \cdot 20000 \cdot \frac{200}{360} = 20000 + 1222.22 = 21222.22[\text{ユーロ}]$

2) 求めるもの:**利率 p**　　　　与えられたもの:元金 K, 利息 Z, 期間 f

例:ミュラー氏は4月25日には預金通帳に10000ユーロ持っていた。同年12月31日の口座残高は10238.19ユーロになっていた。この貯蓄銀行は彼といくらの利率に決めていたか?

計算:$Z = p\% \cdot K \cdot f \Leftrightarrow p\% = \frac{Z}{K \cdot f}$

$\Big|$ $Z = 10238.19 - 10000[\text{ユーロ}], K = 10000[\text{ユーロ}], f = \frac{t}{360}, t = 5 + 8 \cdot 30 = 245[\text{日}]$

$p\% = \frac{10238.19 - 10000}{10000 \cdot \frac{245}{360}} = \frac{238.19}{10000} \cdot \frac{360}{245} = 0.0350 = 3.5\% \Rightarrow p = 3.5$

3) 求めるもの:**期間 f**　　　　与えられたもの:元金 K, 利息 Z, 利率 p

例:利率5%で200ユーロの利息を得るには5000ユーロをどれだけの期間預金口座に置かなくてはならないか?

計算:$Z = p\% \cdot K \cdot f \Leftrightarrow f = \frac{Z}{p\% \cdot K}$　$\Big|$　$Z = 200[\text{ユーロ}], p = 5, K = 5000[\text{ユーロ}]$

$f = \frac{200}{5\% \cdot 5000} = \frac{200}{250} = 0.8 = \frac{288}{360} \Rightarrow t = 288[\text{日}]$

4) 求めるもの:**元金 K**　　　　与えられたもの:利息 Z, 利率 p, 期間 f

例:ミュラー氏は借金をしたい。現状では利率11%で2年間である。利息が1000ユーロを超えてはならないとしたら、いくら借りうるか?

計算:$Z = p\% \cdot K \cdot f \Leftrightarrow K = \frac{Z}{p\% \cdot f}$　$\Big|$　$Z = 1000[\text{ユーロ}], p = 11, f = 2[\text{年}]$

$K \leqq \frac{1000}{11\% \cdot 2} = \frac{1000}{\frac{11}{100} \cdot 2} = \frac{50000}{11} \approx 4545.45[\text{ユーロ}]$

A　利息計算の基本問題

〜後	元金+利息	カッコでくくる	代入
初期元金 K_0			
1年目	$K_1 = K_0 + p\% \cdot K_0$	$= K_0(1 + p\%)$	
2年目	$K_2 = K_1 + p\% \cdot K_1$	$= K_1(1 + p\%)$	$\underset{K_1}{\longrightarrow}$ $K_2 = K_0(1 + p\%)^2$
3年目	$K_3 = K_2 + p\% \cdot K_2$	$= K_2(1 + p\%)$	$\underset{K_2}{\longrightarrow}$ $K_3 = K_0(1 + p\%)^3$
…	…	…	…
n年目	$K_n = K_{n-1} + p\% \cdot K_{n-1}$	$= K_{n-1}(1 + p\%)$	$\underset{K_{n-1}}{\longrightarrow}$ $K_n = K_0(1 + p\%)^n$

B　複利計算の基本問題

利息

利息の計算は百分率計算の応用である。2 つに区分する
- 単利利息
- 複利利息

年利息

1 年間で生じる利息のことを **年利息** という。
百分率の概念と年利の計算の間には以下の相応関係がある：

基本料 G $\triangleq$ 元金 K
百分率 p $\triangleq$ 利率 p
百分量 W $\triangleq$ 利息 Z
$W = G$ の $p\%$ $\triangleq$ $Z = K$ の $p\%$
$W = p\% \cdot G$ $\triangleq$ $Z = p\% \cdot K$

例：$p = 2, K = 5000\,[\text{ユーロ}]$
$Z = 2\% \cdot 5000 = \frac{2}{100} \cdot 5000 = 100\,[\text{ユーロ}]$

いろいろな期間の利息

一般に利息は期間によって計算される。預金を持ち続けている，または借金を続けている時間の長さを **期間** という。
期間を時間因子 j で表す：

$$Z = p\% \cdot K \cdot j$$

j は年数である。月または日で計算するときは j を $\frac{m}{12}, \frac{t}{360}$ に置き換える。ただし，m は月数，t は日数である。
注：銀行の 1 月は 30 日，1 年は 360 日（12 月）である。

単利利息計算の基本問題

図 A に 4 つの基本問題を例示してある。

複利利息

5000 ユーロの預金を 5 年間毎年利息を払い戻すことなく据え置くと，口座に残した利息にはまた利息が付く。これがいわゆる複利利息である。
図 B の表は元金 K_0 での n 年後の元利合計 K_n の計算方法を示している。次を得る：

$$K_n = K_0 \cdot (1 + p\%)^n$$

この公式は底 $1 + p\%$ の指数関数（p.73）の関数式とみなすことができる：

$$n \mapsto K_n = K_0 \cdot (1 + p\%)^n$$

複利利息計算の基本問題

1) 課題：**元利合計** K_n；条件：元金 K_0，期間 n，利率 p

$K_n = K_0 \cdot (1 + p\%)^n$

$p = 2, K = 5000\,[\text{ユーロ}], n = 5$

$K_5 = 5000 \cdot (1 + 2\%)^5 = 5000 \cdot 1.1040808\cdots$
$\quad\ = 5520.40\,[\text{ユーロ}]$

2) 課題：**利率** p；条件：元金 K_0，元利合計 K_n，期間 n

$$K_n = K_0 \cdot (1 + p\%)^n \Leftrightarrow p\% = \sqrt[n]{\frac{K_n}{K_0}} - 1$$

$n = 5, K_5 = 6000, K_0 = 5000\,[\text{ユーロ}]$

$p\% = \sqrt[5]{\frac{6000}{5000}} - 1 = \sqrt[5]{1.2} - 1 = 1.0371\cdots - 1$
$\quad\ = 0.0371\cdots \Rightarrow p \approx 3.7$

3) 課題：**元金** K_0；条件：元利合計 K_n，利率 p，期間 n

$$K_n = K_0 \cdot (1 + p\%)^n \Leftrightarrow K_0 = \frac{K_n}{(1 + p\%)^n}$$

$n = 5, K_5 = 6000, p = 2$

$K_0 = \frac{6000}{1.02^5} = \frac{6000}{1.1040808\cdots} = 5434.38\,[\text{ユーロ}]$

4) 課題：**期間** n；条件：元利合計 K_n，元金 K_0，期間 p

$$K_n = K_0 \cdot (1 + p\%)^n \Leftrightarrow \frac{K_n}{K_0} = (1 + p\%)^n$$
$$\Leftrightarrow n = \frac{\lg \frac{K_n}{K_0}}{\lg(1 + p\%)}$$

$p = 2, K_n = 6000, 5000\,[\text{ユーロ}]$

$n = \frac{\lg(1.2)}{\lg(1.02)} = \frac{0.07918\cdots}{0.00860\cdots} \approx 9.21\,[\text{年}]$

注：実施では，利息はちょうどの年数についてのみ利率公式で計算する：$K_9 = 5975.46\,[\text{ユーロ}]$ を得る。6000 ユーロとの差 24.54 ユーロは元金 K_9 の単利利息で求めなくてはならない。
問われているのは少なくとも 24.54 ユーロの利息を得るため据え置かなくてはならない期間である。このケースでは最短で 74 日後である：

$$j = \frac{Z \cdot 360}{p\% \cdot K_0} = \frac{24.54 \cdot 360}{2\% \cdot 5975.46} = 73.92\cdots\,[\text{日}]$$

すなわち $n = 9$ 年 74 日となる。

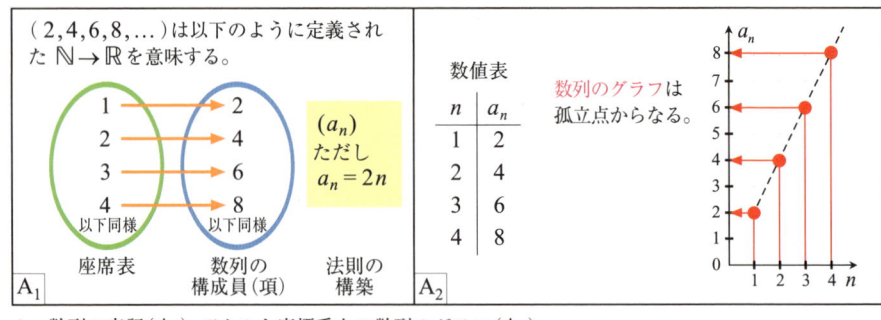

84　極限値概念

$(2, 4, 6, 8, \ldots)$ は以下のように定義された $\mathbb{N} \to \mathbb{R}$ を意味する。

座席表 → 数列の構成員（項） → 法則の構築
(a_n) ただし $a_n = 2n$

数値表

n	a_n
1	2
2	4
3	6
4	8

数列のグラフは孤立点からなる。

A　数列の表記（A_1），デカルト座標系上の数列のグラフ（A_2）

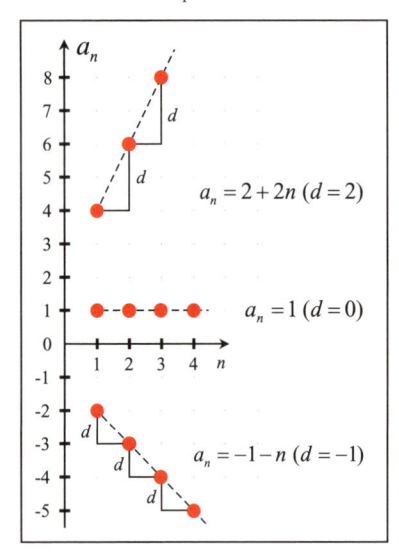

B　算術的数列

$a_n = 2 + 2n \ (d = 2)$
$a_n = 1 \ (d = 0)$
$a_n = -1 - n \ (d = -1)$

C　算術的級数

和を求めようとしている級数を2通りの方法で表す:

$$\begin{array}{lllll} 1 & +2 & +\ldots+(N-1) & +N & = S_N \\ N & +(N-1) & +\ldots+2 & +1 & = S_N \\ \hline (N+1) & +(N+1) & +\ldots+(N+1) & +(N+1) & = 2S_N \end{array}$$

和の項 $(N+1)$ が N 個

$\Rightarrow \ 2S_N = N \cdot (N+1) \ \Rightarrow \ S_N = \frac{1}{2}N(N+1)$

任意の算術的級数について次が成り立つ:
$S_N = a + d + a + 2d + a + 3d + \ldots + a + Nd$
$\quad = Na + d(1 + 2 + 3 + \ldots + N)$
$\quad = Na + d \cdot \frac{1}{2}N(N+1)$
$\quad = \frac{1}{2}N(2a + d(N+1)) = \frac{1}{2}N(2a + d + Nd)$
$\quad = \frac{1}{2}N([a+d] + [a+Nd])$

$\Rightarrow \ S_N = \frac{1}{2}N(a_1 + a_n)$

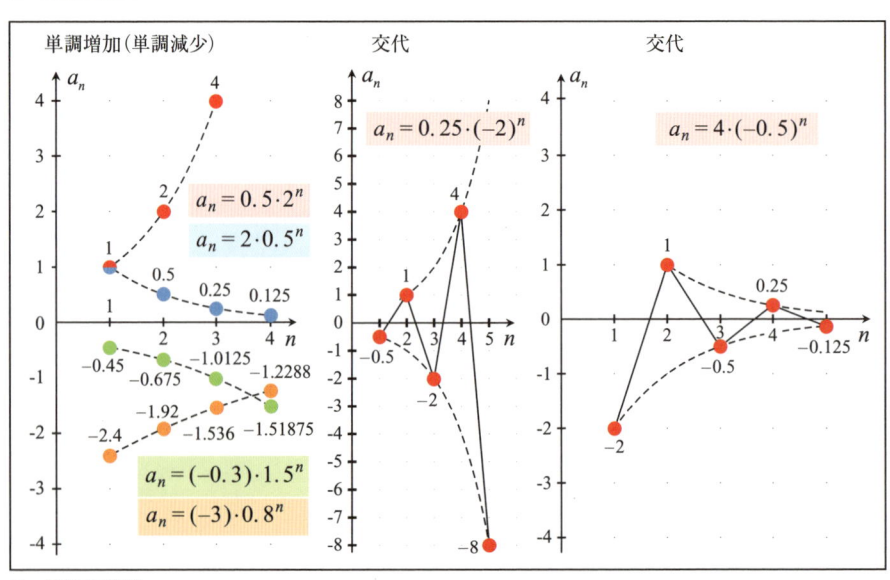

D　幾何的数列

単調増加（単調減少）
$a_n = 0.5 \cdot 2^n$
$a_n = 2 \cdot 0.5^n$
$a_n = (-0.3) \cdot 1.5^n$
$a_n = (-3) \cdot 0.8^n$

交代
$a_n = 0.25 \cdot (-2)^n$

交代
$a_n = 4 \cdot (-0.5)^n$

数列の概念の定義

数列は自然数を定義域にとる特殊な関数である。

定義1：$\mathbb{N}$ または $\mathbb{N}$ の無限部分集合を定義域とする関数を 無限数列 という。定義域が自然数の有限集合のときは 有限数列 という。値域が $\mathbb{R}$ の部分集合のとき無限 実数値数列（有限 実数値数列）という。

例：$(2, 4, 6, 8, \ldots)$ は偶数の無限数列，$(1, 3, 5, 7, 9)$ は 10 より小さい奇数の数列。( ) は $\mathbb{N}$ あるいは $\mathbb{N}$ の有限部分集合と値域の割り当ての簡略化を意味する（図A）。

値域は区間縮小の区間の数列のように区間でも構成されうる（p.37）。線分（p.110, p.148）および多角形（p.172, 図C）の数列のほかにも複数の関数の数列（p.145）も考えられる。以下で数列を議論するときには $D_f = \mathbb{N}$ の無限実数値数列を前提とする。それ以外の定義域が現れるときにはっきり明記する必要がある。

表記法：
$f : \mathbb{N} \longrightarrow \mathbb{R}, n \mapsto f(n) = a_n$。または簡単に (a_n)（数列 a_n と読む）あるいは $(a_1, a_2, a_3, \ldots)$（数列 $a1, a2, a3, \ldots$ と読む）

例：$\left(1, \frac{1}{2}, \frac{1}{3}, \frac{1}{4}, \ldots\right)$ $a_n = \frac{1}{n}$
$\left(\frac{1}{2}, \frac{2}{3}, \frac{3}{4}, \ldots\right)$ $a_n = \frac{n}{n+1}$

注：帰納的定義 により特殊な数列を決定できる：数列のおのおのの項がそれ以前にくる1つまたは複数の項から算出できる。

例：$a_{n+1} = \frac{1}{2}\left(a_n + \frac{15}{a_n}\right)$ $a_1 = 1$ （p.148 を見よ）
$a_{n+2} = a_{n+1} + a_n$, $a_1 = 1$, $a_2 = 1$
（いわゆるフィボナッチ数列）

数列のグラフ

数列は数値表または集合–矢図（主として全射でないとき）またはデカルト座標系に図示される（図A）。

算術的数列

$a_n = 2 + 2n$ および $a_n = -1 - n$ は算術的数列の例である。これらは特徴的な以下の性質をもつ。算術的数列の連続する2つの項の差 $d = a_{n+1} - a_n$ は常に一定である。この命題は $a_n = a + n \cdot d \, (a, d \in \mathbb{R})$ と同値である。

定義2：$a_n = a + n \cdot d \, (a, d \in \mathbb{R})$ の数列は 算術的 であるという。

注：「算術的数列」という名はこの数列の隣り合う3項の真ん中のものが他の2項の算術的平均値 (p.217) に等しいことによる：
$\frac{1}{2}(a_n + a_{n+2}) = \frac{1}{2}(a + nd + a + (n+2)d)$
$= \frac{1}{2}(2a + 2nd + 2d) = \frac{1}{2} \cdot 2(a + (n+1)d)$
$= (a + (n+1)d) = a_{n+1}$

算術的数列のグラフはデカルト座標系*上では直線となる（図B）。$d > 0$ では右上がり，$d < 0$ では右下がり，$d = 0$ のときは傾きは 0 である（定数数列，p.87）。

算術的級数

有限な 算術的数列のすべての項の和を考えることにより算術的級数を得る。

定義3：算術的有限数列 $(a_1, a_2, \ldots, a_N)$ おのおのにおいて和 $a_1 + a_2 + \cdots + a_N$ を 算術的級数 という。

例：数列 $(1, 2, \ldots, N)$ には級数 $1 + 2 + \cdots + N$ が属する。この和は $\frac{1}{2}N(N+1)$（図C）。

一般のケースでは次の定理が成り立つ。

> **定理1**：算術的級数の和の値 S_N について次が成り立つ（図C）：
> $$S_N = \frac{1}{2}N(a_1 + a_N)$$

幾何的数列

図Dに幾何的数列の例を示す。

定義4：$a_n = a \cdot q^{n-1} \, (a, q \in \mathbb{R}^{\neq 0})$ の数列を 幾何的 であるという。

$q < 0$ では幾何的数列は 交代，すなわち数列の項の符号が交互に変わる（図D）。
幾何的数列は次の性質をもつ：

> 隣り合う2項の商 $\frac{a_{n+1}}{a_n}$ は一定である。次が成り立つ：
> $$\frac{a_{n+1}}{a_n} = \frac{a \cdot q^n}{a \cdot q^{n-1}} = q$$

（訳注） *[直交座標系]

86　極限値概念

幾何的数列 $(a, aq, aq^2, \ldots, aq^{n-1})$ が与えられたとき，S_N を求める。
解答：
$$q \cdot S_N = aq + aq^2 + aq^3 + \ldots + aq^{n-1} + aq^n$$
$$- \quad S_N = a + aq + aq^2 + \ldots + aq^{n-2} + aq^{n-1}$$
$$q \cdot S_N - 1 \cdot S_N = -a + 0 + \phantom{aq^{n-1}} \ldots \phantom{aq^{n-1}} + 0 + aq^n = aq^n - a \Rightarrow \boxed{S_N = a \cdot \dfrac{q^n - 1}{q - 1}}$$

A　幾何的級数の和の公式

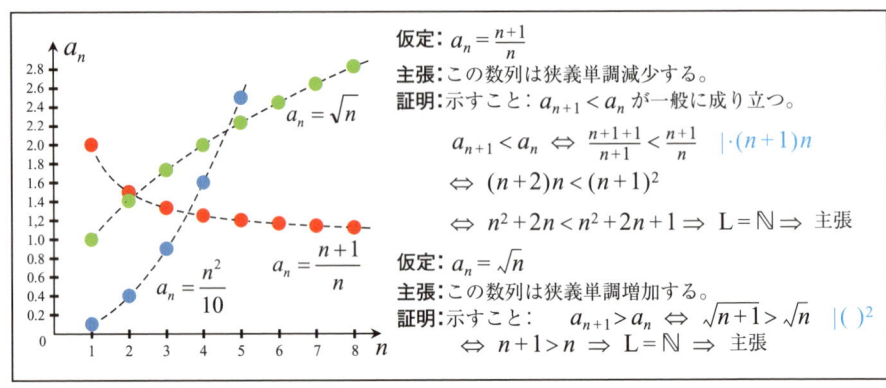

仮定：$a_n = \dfrac{n+1}{n}$
主張：この数列は狭義単調減少する。
証明：示すこと：$a_{n+1} < a_n$ が一般に成り立つ。
$$a_{n+1} < a_n \Leftrightarrow \dfrac{n+1+1}{n+1} < \dfrac{n+1}{n} \quad |\cdot (n+1)n$$
$$\Leftrightarrow (n+2)n < (n+1)^2$$
$$\Leftrightarrow n^2 + 2n < n^2 + 2n + 1 \Rightarrow L = \mathbb{N} \Rightarrow 主張$$

仮定：$a_n = \sqrt{n}$
主張：この数列は狭義単調増加する。
証明：示すこと：$a_{n+1} > a_n \Leftrightarrow \sqrt{n+1} > \sqrt{n} \quad |(\ )^2$
$$\Leftrightarrow n + 1 > n \Rightarrow L = \mathbb{N} \Rightarrow 主張$$

（グラフ：$a_n = \sqrt{n}$, $a_n = \dfrac{n^2}{10}$, $a_n = \dfrac{n+1}{n}$）

B　単調数列

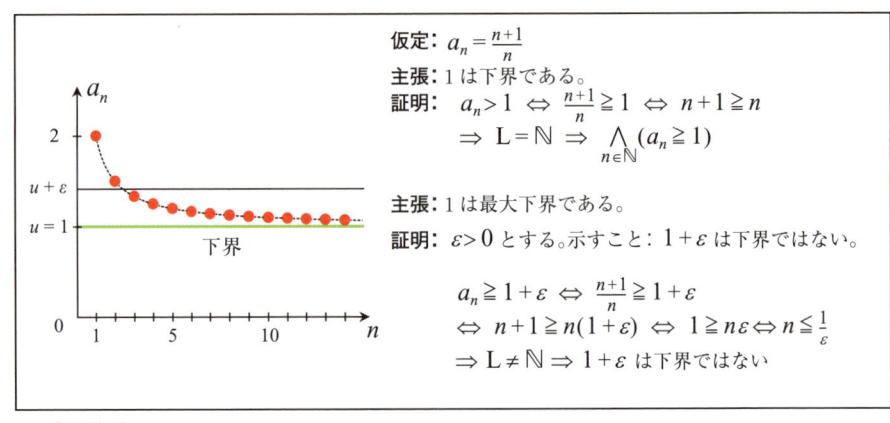

仮定：$a_n = \dfrac{n+1}{n}$
主張：1 は下界である。
証明：$a_n > 1 \Leftrightarrow \dfrac{n+1}{n} \geq 1 \Leftrightarrow n + 1 \geq n$
$$\Rightarrow L = \mathbb{N} \Rightarrow \bigwedge_{n \in \mathbb{N}} (a_n \geq 1)$$

主張：1 は最大下界である。
証明：$\varepsilon > 0$ とする。示すこと：$1 + \varepsilon$ は下界ではない。
$$a_n \geq 1 + \varepsilon \Leftrightarrow \dfrac{n+1}{n} \geq 1 + \varepsilon$$
$$\Leftrightarrow n + 1 \geq n(1 + \varepsilon) \Leftrightarrow 1 \geq n\varepsilon \Leftrightarrow n \leq \dfrac{1}{\varepsilon}$$
$$\Rightarrow L \neq \mathbb{N} \Rightarrow 1 + \varepsilon は下界ではない$$

C　有界数列

仮定：上界 o および下界 u をもつ数列，すなわちすべての a_n は o-u 帯 の中にある。
求めるもの：n 軸を中心とする $K \in \mathbb{R}^+$ の K 帯 で o-u 帯を含みすべての $n \in \mathbb{N}$ で $-K \leq a_n \leq K$，すなわち $|a_n| \leq K$ が成り立つのが確かなもの。

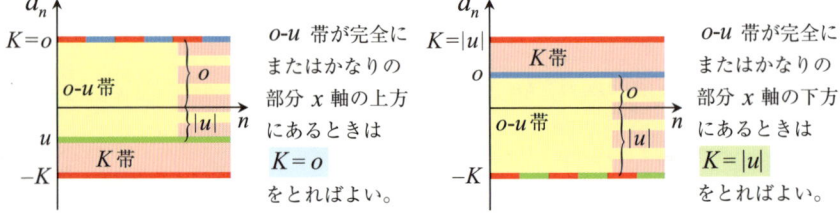

o-u 帯が完全に
またはかなりの
部分 x 軸の上方
にあるときは
$K = o$
をとればよい。

o-u 帯が完全に
またはかなりの
部分 x 軸の下方
にあるときは
$K = |u|$
をとればよい。

D　定理 3 の図解

注：「幾何的数列」の名はこの数列の隣り合う3項の真ん中の項が他の2項の幾何的平均と等しくなることによる：

$$\sqrt{a_n \cdot a_{n+2}} = \sqrt{a \cdot q^{n-1} \cdot a q^{n+1}}$$
$$= \sqrt{a^2 \cdot q^{2n}} = \sqrt{(a \cdot q^n)^2} = |a \cdot q^n| = |a_{n+1}|$$

幾何的級数

算術的級数と同様に幾何的級数を定義する。

定義5：有限な幾何的数列 $(a, aq, aq^2, \ldots, aq^{N-1})$ のおのおのに対して，その和 $S_N = a + aq + aq^2 + \cdots + aq^{N-1}$ を 幾何的級数 と呼ぶ。

次が成り立つ：

定理2：$S_N = a \cdot \dfrac{q^N - 1}{q - 1} \quad (q \in \mathbb{R}^{\neq 1})$

和の公式の証明は図Aのように進めることができる。

応用：米粒問題（p.4, 図B_2）は $q = 2, a = 1$ の幾何的級数 $1 + 2 + 4 + 8 + \cdots + 2^{63}$ の問題である。したがってその和の値は：

$$S_{64} = 1 \cdot \frac{2^{64} - 1}{2 - 1} = 2^{64} - 1$$

単調数列

すべての算術的数列および $q > 0$ の幾何的数列は特に定数である以外は単調増加関数（または単調減少関数）である（p.117）。
単純な構成の定義域をもつ自然数の数列が単調な場合には 隣り合う2項の比較だけで，同値の簡略な定義となる。

定義6：数列 (a_n) は

(1) 　一定 :⇔ $\bigwedge\limits_{n \in \mathbb{N}}(a_{n+1} = a_n)$

(2) 単調増加 :⇔ $\bigwedge\limits_{n \in \mathbb{N}}(a_{n+1} \geqq a_n)$

(3) 単調減少 :⇔ $\bigwedge\limits_{n \in \mathbb{N}}(a_{n+1} \leqq a_n)$

(2) で > が，あるいは (3) で < が成り立つとき 狭義単調増加 および 狭義単調減少 という。

例：図B

有界数列

有界数列は特殊な有界関数である。数列の言葉では次のように表す：

定義7：数列 (a_n) は

(1) 上界 o で 上に有界 :⇔ $\bigvee\limits_{o \in \mathbb{R}} \bigwedge\limits_{n \in \mathbb{N}}(a_n \leqq o)$

(2) 下界 u で 下に有界 :⇔ $\bigvee\limits_{u \in \mathbb{R}} \bigwedge\limits_{n \in \mathbb{N}}(a_n \geqq u)$

(3) 上下に有界なとき単に 有界 という。

例：図C
有界数列では n 軸に平行な o-u 帯の中にグラフが入ってしまうので，上界と下界が求まる。この帯を n 軸の両側に等距離にあってグラフを含む k 帯に置き換えることができる。したがって次が成り立つ（図D）。

定理3：(a_n) が有界数列なら，すべての $n \in \mathbb{N}$ について $|a_n| \leqq K$ となる $K \in \mathbb{R}^+$ がある。

有界数列の最小上界と最大下界

単調数列の収束性（p.91, 定理10b）に関連して数列が 最小上界 ［最大下界］をもつかどうかが問題になる。

例：図C

定義8：数列の最小上界［最大下界］が存在するときそれを 上限 ［下限］という。

次の定理が成り立つことは直感的に明白であるが証明は容易ではない。

定理4：上に有界［下に有界］な数列は上限［下限］をもつ。

零数列

$-1 < q < 1 \, (q \neq 0)$ のとき幾何的数列は特徴的な振る舞いをする（p.84, 図Dを見よ）。
すべてのグラフは一様に：
番号が大きくなるに従って x 軸からの距離は小さくなる。数列の項についていえば限りなく0に近づくことになる（したがって「零数列」の名を得る）。
0 からの偏差（$= |a_n|$）はある $n(\varepsilon)$ からの番号 n の増加により小さな数 $\varepsilon \in \mathbb{R}^+$ をより小さくすることができる。

$\varepsilon \in \mathbb{R}^+$	0からの偏差 ε の条件（n軸を中心とする ε 帯）
$|a_n|$	縦軸上の a_n の0からの距離
$|a_n| < \varepsilon$	ε 帯の中に入るグラフの点
すべての $n \geq n(\varepsilon)$ で $|a_n| < \varepsilon$	座席番号 $n(\varepsilon)$ から先ではすべての点が帯の中にある。（表現：ε 帯 は最終的にこのグラフを含む、あるいはグラフのほとんどすべての点がこの帯の中にある）
$n(\varepsilon)$	与えられた ε に対して，この先のグラフの点がすべて ε 帯の中にあるような席番号が存在する。（一般的には ε が小さくなるほど $n(\varepsilon)$ は大きくなる）
すべての $\varepsilon \in \mathbb{R}^+$	すべての（非常に狭いものまで）ε 帯について

定義9の具体例を得る：

> n 軸を中心とする ε 帯のすべてが最終的にそのグラフを含むとき（すべての ε 帯の中にグラフのほとんどすべての点があるとき），その数列は零数列である。

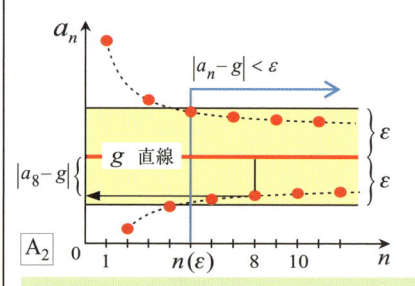

g 数列は構成員がいつも確実に $g \in \mathbb{R}$ に近づいていく数列である：g 数列は g に消失する。A_1 の図を縦軸に沿って $|g|$ だけ上方に（$g>0$）または下方に（$g<0$）移動するとき，g 直線は0数列での x 軸の役割を果たす。$|a_n|$ の代わりに $|a_n - g|$ すなわち a_n と g の y 軸方向の距離をとる。

定義10の具体例ができる：

> すべての g 直線を中心とする ε 帯が最終的にグラフを含む数列を g 数列（g に収束する数列）という（すべての ε 帯の中にほとんどすべてのグラフの点がある）。

A 零数列の定義の具体化 (A_1)，g 数列の定義の具体化 (A_2)

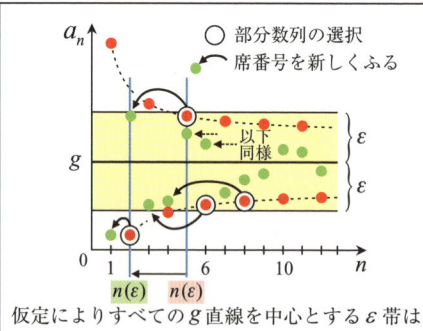

仮定によりすべての g 直線を中心とする ε 帯は最終的に (a_n) のグラフを含む。これは無限の部分数列において初めて成り立つ。というのは数列構成員の帯化では $n(\varepsilon)$ はいずれにせよ小さくなるからである。

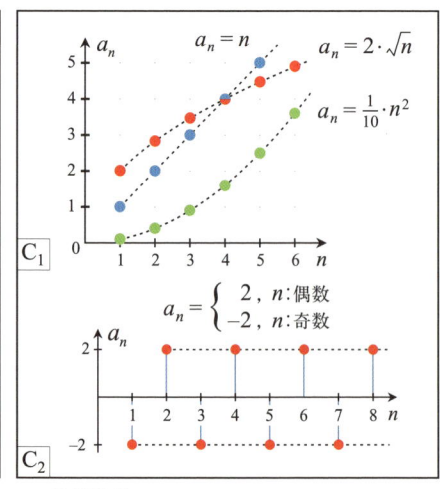

B 定理5の証明

$a_n = n$, $a_n = 2 \cdot \sqrt{n}$, $a_n = \dfrac{1}{10} \cdot n^2$

$a_n = \begin{cases} 2, & n : \text{偶数} \\ -2, & n : \text{奇数} \end{cases}$

C 発散数列

零数列の定義

定義 9：それぞれの $\varepsilon \in \mathbb{N}$ が存在して，すべての $n \geq n(\varepsilon)$ で $|a_n| \leq \varepsilon$ が成り立つとき，数列 (a_n) は 零数列 であるという。またこの数列は 0 に収束する，あるいはこの数列は極限値 0 をもつという（記号では $\lim_{n\to\infty} a_n = 0$ と書いて，n が限りなく増加するとき a_n の lim（極限値）は 0 に等しいと読む）。

図解：図 A_1

零数列の検証の計算過程は次のように表せる：

- 与えられた任意の $\varepsilon \in \mathbb{R}^+$,
- 式 $|a_n|$ の簡略化,
- n と ε の関係を定めるべく，不等式 $|a_n| \leq \varepsilon$ を変形することにより $n(\varepsilon)$ を求めることができる。

$a_n = (-1)^n \cdot \frac{1}{n}$ の (a_n) への 応用：
$\varepsilon \in \mathbb{R}^+$ が与えられたとき，次が成り立つ：
$|a_n| = \left|(-1)^n \cdot \frac{1}{n}\right| = |(-1)^n| \cdot \left|\frac{1}{n}\right| = \frac{1}{n}$
これにより
$|a_n| < \varepsilon \Leftrightarrow \frac{1}{n} < \varepsilon \Leftrightarrow n \leq \frac{1}{\varepsilon}$ (p.46 規則 (4) による)
$n(\varepsilon)$ を $\frac{1}{\varepsilon}$ と等しいかより大きく（この数を $\left[\frac{1}{\varepsilon}\right]$ で表す）とすると，次が成り立つ：すべての $n \geq \left[\frac{1}{\varepsilon}\right]$ について $|a_n| \leq \varepsilon$。(a_n) は零数列である。

収束数列

零数列の概念は g 数列に一般化できる。このとき，n 軸の代わりに g 軸を用いる（図 A_2）。g 軸からグラフの点の距離は $|a_n - g|$ で与えられる。したがって定義 9 と同様に次を得る：

定義 10：おのおのの $\varepsilon \in \mathbb{R}^+$ について $n(\varepsilon)$ があって，すべての $n \geq n(\varepsilon)$ について $|a_n - g| < \varepsilon$ が成り立つとき，数列 (a_n) は g に収束する（極限値 g をもつ）。

計算的手法は零数列の場合と異ならない。
$a_n = \frac{n+1}{n}$ の (a_n) への応用：
推測：$g = 1$
$\varepsilon \in \mathbb{R}^+$ が与えられたとき次が成り立つ：
$|a_n - g| = \left|\frac{n+1}{n} - 1\right| = \left|\frac{n}{n} + \frac{1}{n} - 1\right|$
$= \left|1 + \frac{1}{n} - 1\right| = \frac{1}{n}$
$|a_n - g| < \varepsilon \Leftrightarrow \frac{1}{n} < \varepsilon \Leftrightarrow n > \frac{1}{\varepsilon}$

$n(\varepsilon) = \left[\frac{1}{\varepsilon}\right]$ ととると次が成り立つ：
すべての $n \geq n(\varepsilon)$ について $|a_n - 1| < \varepsilon$。
この数列は 1 に収束する。
定義 10 による計算では極限値を用いるので前もって極限値を予想しておかなければならない。たとえば以下の方法により得ることができる：

- n に大きな値を代入（電卓を用いる）して極限値を予想する；
- 数列の項を変形して論証
  たとえば $\frac{2n-3}{3n+4} = \frac{n\left(2 - \frac{3}{n}\right)}{n\left(3 + \frac{4}{n}\right)} = \frac{2 - \frac{3}{n}}{3 + \frac{4}{n}}$；
  大きな n について分子は 2 に収束し，分母は 3 に収束する；
  推測：商は $\frac{2}{3}$ に収束する。

注：すべてのケースでこの方法で目標に至るとは限らない。たとえば項 $(1 + \frac{1}{n})^n$ への大きな数の代入は無理数 e の近似値にしかならない（p.142）。しかしながら計算では極限値として受け入れられない。

部分数列

定義 11：数列 (a_n) の項の削除によりつくられた数列 $(t_1, t_2, t_3, \ldots)$ を数列 $(a_1, a_2, a_3, \ldots)$ の 部分数列 という。番号は新しく振り直す。

例：数列 $\left(1, \frac{1}{3}, \frac{1}{5}, \frac{1}{7}, \ldots\right)$, $a_n = \frac{1}{n}$ は無限部分数列。$\left(1, \frac{1}{2}, \frac{1}{3}, \ldots, \frac{1}{100}\right)$ は有限部分数列。

定理 5：g に収束する数列のすべての無限部分数列は g に収束する。

証明：図 B

部分数列への移行は収束性に影響しない。

定理 6：項の順序の入れ替え，有限個の項の補足 および 差し替え は収束数列の収束性に影響しない。

発散数列

定義 12：極限値をもたない数列は 発散 するという。

例：図 C
発散性を計算で検証するには，極限値になりうるすべての数を抹消しなくてはならない。
発散数列のうちで特別の位置にある 定発散数列 はいかなる上界よりも大きくなる，もしくはいかなる下界より小さくなる。

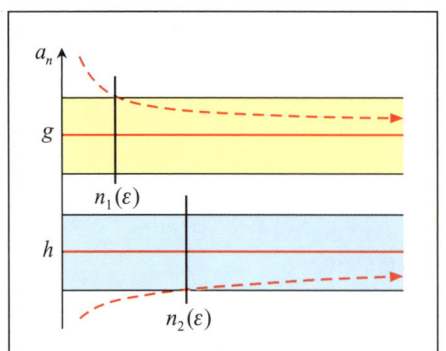

90　極限値概念

A　定理7の証明

仮説：g と h は数列の極限値で $g \neq h$ とする。

このとき g と h それぞれに ε 帯を見いだすと両方が共有する点はない。数列の収束性により，そのグラフは最終的に両 ε 帯の中になければならない。すなわち両 ε 帯が同一点を含むことになる。矛盾！

B　定理9の証明

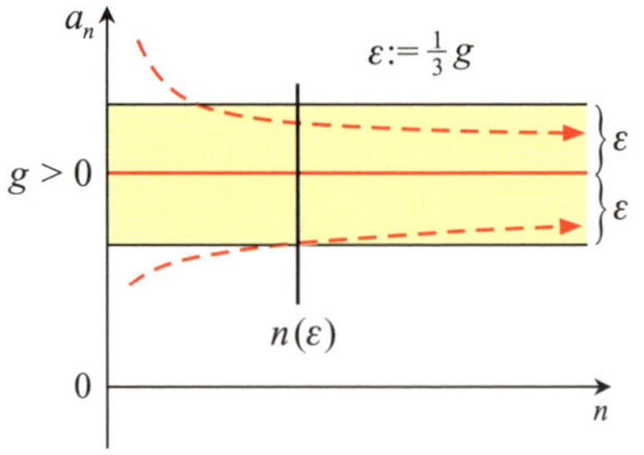

a) 仮定より $g > 0$ が成り立つ。このとき，$\varepsilon = \frac{1}{3}g$ の ε 帯は第Ⅰ象限に完全に含まれる。この数列は収束するので，グラフは最終的に ε 帯の中に収まる。したがってほとんどすべての項が正。

b) 仮定：$g < 0$ とする。そのとき a) により，ほとんどすべてのこの数列の項は負。仮定より，ほとんどすべての項は正。矛盾！

C　定理10 a の証明

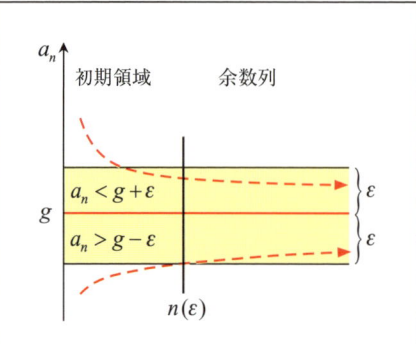

ある ε 帯が与えられているとする（たとえば $\varepsilon = 1$）。収束数列の初期領域にはグラフの点は最大でも有限個しかない。この中にはいつでも最大の a_n と最小の a_n が存在する。余数列の点は ε 帯の中にある。これらについて次が成り立つ：$g - \varepsilon < a_n < g + \varepsilon$。
すなわちこの数列は有界。

D　定理10 b の証明

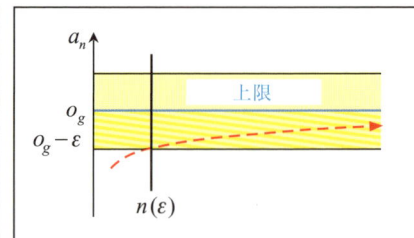

仮定より，この数列は上に有界。すなわちこの数列の上限 o_g（p.87, 定理4）があり，次が成り立つ：すべての $n \in \mathbb{N}$ で $o_g \geqq a_n$。

示すべきこと：o_g がこの数列の極限値。$\varepsilon \in \mathbb{R}^+$ が与えられたとする。上限の性質から，$o_g - \varepsilon$ は上界ではありえない，すなわち $a_m > o_g - \varepsilon$ となる a_m が存在する。数列の単調性から次が成り立つ：すべての $n \geqq m$ について $o_g \geqq a_n > o_g - \varepsilon$。すなわちこの数列のグラフは最終的に与えられた ε 帯に含まれる。

E　入れ子定理

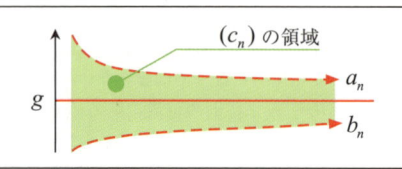

数列の収束性は有限個の項に影響されないから，入れ子定理は最大でも有限個の c_n について不等式 $a_n \leqq c_n \leqq b_n$ が成り立たないときにも成り立つ。

定義 13：数列 (a_n) がすべての $a \in \mathbb{R}^+$ $(a \in \mathbb{R}^-)$ で $n \geq n(a)$ ならば $a_n > a$ $[a_n < a]$ となるような $n(a)$ をもつとき $+\infty$ $[-\infty]$ への定発散 という。簡単に $\lim\limits_{n \to \infty} a_n = +\infty [-\infty]$ と表す。

注：$+\infty$ および $-\infty$ は数ではない：これは単に数の振る舞いが無制限に大きいあるいは小さい数値であることを示すのみである。それにもかかわらずしばしばこの両記号を数であるかのようにみなし極限値として用いる。
例：p.88, 図 C_1

収束数列の定理

定理 7：収束数列はちょうど 1 つの極限値をもつ。

証明（間接的）：図 A

定理 8：数列 (a_n) は数列 $(a_n - g)$ が零数列のときのみ極限値をもつ：
$$\lim_{n \to \infty} a_n = g \Leftrightarrow \lim_{n \to \infty} (a_n - g) = 0$$

証明：数列 $(a_n - g)$ のグラフは数列 (a_n) のグラフを y 軸に沿って上方あるいは下方に $|g|$ だけ移動したものである。このとき y 軸の ε 帯は n 軸の ε 帯を移動したものになる。これにより g 数列は零数列になりその逆も成り立つ。

定理 9：
a) 収束数列の極限値が 0 より大きい（小さい）ならばその数列のほとんどすべての項すなわち有限個の例外を除いて同じことが成り立つ。
b) 収束数列のほとんどすべての項が 0 より大きい（小さい）か等しいとき極限値も同様である。

証明：図 B（いずれの場合もカッコ命題が似ている）

定理 10：
a) 収束する数列は有界である。
b) 上に有界で単調増加［下に有界で単調減少］する数列は上限［下限］に収束する。

証明：図 C, D

定理 11：(a_n) が有界数列で (b_n) が零数列ならば $(a_n \cdot b_n)$ は零数列である。

推論：「有界」を「収束」に置き換えると定理 10 b）が成り立つので定理 11 も成り立つ。

証明：仮定より (a_n) が有界。すなわちすべての $n \in \mathbb{N}$ で $|a_n| \leq K$ が成り立つような K が存在する (p.87, 定理 3)。
さらに (b_n) は零数列として与えられている。すなわちそれぞれの $\tau \in \mathbb{R}^+$ についてすべての $n \geq n(\tau)$ で $|b_n| \leq \tau$ となる $n(\tau)$ が存在する (p.89, 定義 9)。
$\varepsilon \in \mathbb{R}^+$ が与えられたとき，$n \geq n(\varepsilon)$ となるすべての n について $|a_n \cdot b_n| < \varepsilon$ が成り立つような $n(\varepsilon)$ が存在することを示さなければならない。
次が知られている：すべての $n \in \mathbb{N}$ について $|a_n \cdot b_n| = |a_n| \cdot |b_n|$ (p.29) $\leq K \cdot |b_n|$
$\tau \in \mathbb{R}^+$ は任意に選びうるから，$\tau = \frac{\varepsilon}{K}$ となるようにとれる。するとすべての $n \geq n(\varepsilon) = n(\tau)$ で $|b_n| < \frac{\varepsilon}{K}$ したがって $|a_n \cdot b_n| < K \cdot \frac{\varepsilon}{K} = \varepsilon$。w.z.z.w.
特定の条件の下では，数列の収束を「無理に入手」できる。

定理 12（入れ子定理）：(a_n) と (b_n) が g に収束し，すべての $n \in \mathbb{N}^{\geq n_0}$ について $b_n \leq c_n \leq a_n$ が成立するとき，(c_n) もまた g に収束する。

この定理の内容は図 E の図解により直接求まる。

数列の結合

数列の項はしばしば和，差，積，商の式の形をとる。

例：$a_n = \dfrac{n+1}{n^2-n} = \dfrac{n\left(1+\frac{1}{n}\right)}{n^2\left(1-\frac{1}{n}\right)} = \dfrac{1}{n} \cdot \dfrac{1+\frac{1}{n}}{1-\frac{1}{n}}$

以下のように定義する：

定義 14：数列 (a_n) と (b_n) について以下のようにいう。

$(a_n) + (b_n) := (a_n + b_n)$ 和数列

$(a_n) - (b_n) := (a_n - b_n)$ 差数列

$(a_n) \cdot (b_n) := (a_n \cdot b_n)$ 積数列

すべての $n \in \mathbb{N}$ で $b_n \neq 0$ のとき
$(a_n) : (b_n) := (a_n : b_n)$ 商数列

上の例で用いたのは与えられた商数列の第 2 因子が和数列と差数列の商数列になる積数列への変形である。
与えられた数列の結合の振る舞いをどこまでに定めるかが問題になる。
上例では極限値定理 (p.93) を用いて，定数数列 (1) の収束性と零数列 $\left(\frac{1}{n}\right)$ の収束性とのみから，変形した数列の収束性に至る。それによって最初の数列の収束性を示し，極限値を求めることができる。

定理13(b1) 和数列の定理

仮定: $\lim_{n \to \infty}(a_n) = a$, $\lim_{n \to \infty}(b_n) = b$ $\Leftrightarrow$ $\lim_{n \to \infty}(a_n - a) = 0$, $\lim_{n \to \infty}(b_n - b) = 0$

仮説: $\lim_{n \to \infty}(a_n + b_n) = a + b$ **証明:** $\Leftrightarrow$ $\lim_{n \to \infty}(a_n + b_n - (a+b)) = 0$ (p.91, 定理8)

$\Leftrightarrow$ $\lim_{n \to \infty}((a_n - a) + (b_n - b)) = 0$

仮定から $(a_n - a)$, $(b_n - b)$ は零数列。
次を証明すればよい:

2つの零数列の和数列もまた零数列になる。

和数列の ε 帯が与えられたとする。
ゴール:和数列のグラフが ε 帯の中に含まれる。
$(a_n - a)$ と $(b_n - b)$ は零数列なので、これらのグラフは最終的に n 軸の周りの すべての ε 帯に含まれる。すなわち双方とも $\frac{\varepsilon}{2}$ 帯に含まれる。和の数列のグラフはしたがって倍の幅の帯に最終的に含まれる。すなわち ε 帯である。w. z. z. w.

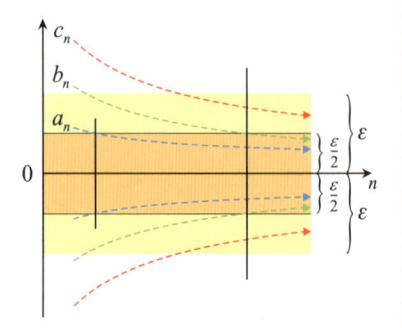

定理13(b2) 積数列の定理

仮定: $\lim_{n \to \infty}(a_n) = a$, $\lim_{n \to \infty}(b_n) = b$ $\Leftrightarrow$ $\lim_{n \to \infty}(a_n - a) = 0$, $\lim_{n \to \infty}(b_n - b) = 0$

仮説: $\lim_{n \to \infty}(a_n \cdot b_n) = a \cdot b$ **証明:** $\Leftrightarrow$ $\lim_{n \to \infty}(a_n \cdot b_n - a \cdot b) = 0$ (p.91, 定理8)

示すべきこと:数列 $(a_n \cdot b_n - a \cdot b)$ が零数列。
仮定と仮説を結ぶ変形ができる:

$$a_n \cdot b_n - a \cdot b = a_n \cdot b_n - a_n \cdot b + a_n \cdot b - a \cdot b = a_n \cdot (b_n - b) + b \cdot (a_n - a)$$

数列 $c_n := a_n \cdot (b_n - b)$ をとると零数列。なぜなら (a_n) は収束数列として有界であり、$(b_n - b)$ は仮定により零数列であるから(定理11の応用)。
同じ論証で数列 $d_n := b \cdot (a_n - b)$ もまた零数列である。
したがって数列 $(a_n \cdot b_n - a \cdot b)$ もまた2つの零数列の和として零数列である(上の(b1)を見よ)。

w. z. z. w.

A　極限値の定理の証明

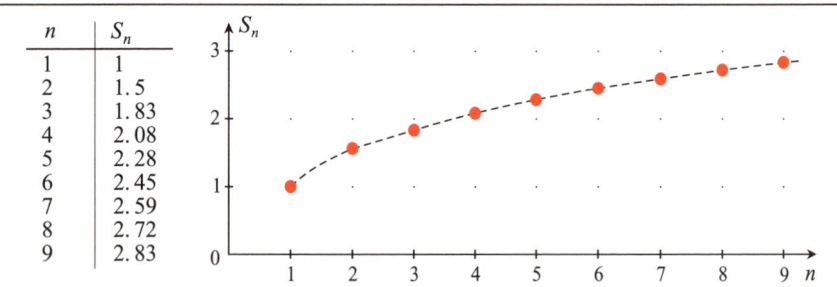

n	S_n
1	1
2	1.5
3	1.83
4	2.08
5	2.28
6	2.45
7	2.59
8	2.72
9	2.83

$n = 2^k$ $(k \in \mathbb{N})$ とする。すなわち,部分数列 $(S_2, S_4, S_8, \ldots)$ を研究することになる。

$S_2 = 1 + \frac{1}{2}$　　$S_4 = (1 + \frac{1}{2}) + (\frac{1}{3} + \frac{1}{4}) > (1 + \frac{1}{2}) + (\frac{1}{4} + \frac{1}{4}) \geq 1 + \frac{1}{2} + 2 \cdot \frac{1}{4} = 1 + 2 \cdot \frac{1}{2}$

$S_8 = (1 + \frac{1}{2}) + (\frac{1}{3} + \frac{1}{4}) + (\frac{1}{5} + \frac{1}{6} + \frac{1}{7} + \frac{1}{8}) > (1 + \frac{1}{2}) + 2 \cdot \frac{1}{4} + 4 \cdot \frac{1}{8} = 1 + 3 \cdot \frac{1}{2}$

$S_{2^k} > 1 + k \cdot \frac{1}{2}$　(数学的帰納法による証明, p.249)

数列 $(1 + n \cdot \frac{1}{2})$ は $+\infty$ への定発散。したがって数列 (S_{2^k}) も同様である。(S_n) の部分数列であることから, (S_n) 自身も $+\infty$ に定発散する。

B　調和数列

数列と級数 V

数列の極限値定理

定理 13:
(a) 定数数列 $a_n = a$ は a に収束する。
(b) (a_n) が a に収束し，(b_n) が b に収束するとき以下が成り立つ：

(b1) $(a_n \pm b_n)$ は $a \pm b$ に収束する，すなわち
$$\lim_{n\to\infty}(a_n \pm b_n) = \lim_{n\to\infty} a_n \pm \lim_{n\to\infty} b_n$$
特殊化： すべての $a \in \mathbb{R}$ について
$$\lim_{n\to\infty}(a + b_n) = a + \lim_{n\to\infty} b_n$$

(b2) $(a_n b_n)$ は $a \cdot b$ に収束する，すなわち
$$\lim_{n\to\infty}(a_n \cdot b_n) = \lim_{n\to\infty} a_n \cdot \lim_{n\to\infty} b_n$$
特殊化： すべての $a \in \mathbb{R}$ について
$$\lim_{n\to\infty}(a \cdot b_n) = a \cdot \lim_{n\to\infty} b_n$$

(b3) すべての n で $b_n \neq 0$，$b \neq 0$ のケースで $(a_n : b_n)$ は $a : b$ に収束する，すなわち
$$\lim_{n\to\infty}(a_n : b_n) = \lim_{n\to\infty} a_n : \lim_{n\to\infty} b_n$$

(b4) $([a_n]^r)$ は a^r に収束する，すなわち
すべての $r \in \mathbb{R}^+, a_n \geq 0$ で
$$\lim_{n\to\infty}[a_n]^r = (\lim_{n\to\infty} a_n)^r$$

定理 13 の証明は部分的に図 A に示してある。

注： 定理 13 の「…ならば…」命題の逆は偽である。たとえば和の項（因子）でこれらが成り立たないのに収束する和数列（積数列）がある：
$a_n = n, \ b_n = -n$（定発散），しかし $a_n + b_n = 0$（収束）；
$a_n = (-1)^n$（発散），しかし $a_n \cdot a_n = 1$（収束）。

応用： $a_n = \dfrac{(n+1)}{n^2 + n} = \dfrac{1}{n} \cdot \dfrac{1 + \frac{1}{n}}{1 - \frac{1}{n}}$ から $\lim_{n\to\infty} 1 = 1$，$\lim_{n\to\infty} \dfrac{1}{n} = 0$ が導かれる：
第 1 因子が零数列，第 2 因子が収束する商数列なので，この積数列は収束する。分子数列は収束する和数列，分母数列は 0 でない極限値をもつ収束差数列なので，最終式が成り立つ。すなわち次を得る：
$$\lim_{n\to\infty} a_n = \lim_{n\to\infty} \frac{1}{n} \cdot \lim_{n\to\infty} \frac{1 + \frac{1}{n}}{1 - \frac{1}{n}} = 0 \cdot \lim_{n\to\infty} \frac{1 + \frac{1}{n}}{1 - \frac{1}{n}} = 0$$

無限級数

限りなく多くの項からなる和，たとえば調和級数（図 B）$1 + \frac{1}{2} + \frac{1}{3} + \cdots$ は一般的に計算できない。その代わり「いつも 1 つ項が増える」法を継続し，数列の途中までの結果，いわゆる部分和数列を決定できる（図 B）：
$$\left(1, 1 + \frac{1}{2}, 1 + \frac{1}{2} + \frac{1}{3}, 1 + \frac{1}{2} + \frac{1}{3} + \frac{1}{4}, \cdots\right)$$
$$= (1, 1.5, 1.83, 2.083, \cdots)$$

一般化：

席番	部分和
1	$a_1 = S_1$
2	$a_1 + a_2 = S_2$
3	$a_1 + a_2 + a_3 = S_3$
	以下同様

定義 15： (a_n) は数列とする。和の部分数列 $(a_1, a_1 + a_2, a_1 + a_2 + a_3, \ldots)$ を 部分和数列 $(S_1, S_2, S_3, \ldots)$ または 無限級数 $\sum\limits_{i=1}^{\infty} a_i$ という。
（i が 1 から ∞ までのすべての a_i の和と読む）。
この無限級数が g に収束するならば，極限値 g を和の値として割り当てる：$\sum\limits_{i=1}^{\infty} a_i = g$
定発散のケースでは次のように書く：
$$\sum_{i=1}^{\infty} a_i = +\infty \quad \text{または} \quad \sum_{i=1}^{\infty} a_i = -\infty$$

例： 調和級数は非常にゆっくり増加する。それにもかかわらず，次が成り立つ。

定理 14： 調和級数 $\sum\limits_{i=1}^{\infty} \dfrac{1}{i}$ は $+\infty$ に定発散する。

幾何的無限級数

幾何的数列に基づく無限級数 があるとき，和の値について次が成り立つ。

定理 15： $|q| < 1$ のとき $\sum\limits_{i=1}^{\infty} a \cdot q^i = \dfrac{a}{1-q}$

証明： 部分和の数列が求まる：$S_n = a \dfrac{q^n - 1}{q - 1} = a \dfrac{q^n}{q-1} - a \dfrac{1}{q-1} = \dfrac{a}{q-1} \cdot q^n + \dfrac{a}{1-q}$

$(a_n) := \left(\dfrac{a}{q-1} \cdot q^n\right)$ とおくと $|q| < 1$ では定数数列と零数列からなる積である。
定理 11 より (a_n) は零数列である。
$(b_n) := \left(\dfrac{a}{1-q}\right)$ とおくと定数数列なので次が成り立つ：
$$\lim_{n\to\infty} S_n = \lim_{n\to\infty} a_n + \lim_{n\to\infty} b_n$$
$$= 0 + \frac{a}{1-q} = \frac{a}{1-q} \quad \text{w.z.z.w.}$$

応用： おのおのの循環小数は分数に変形できる (p.33)。たとえば $0.\bar{9}$ を幾何的無限級数ととらえると，以下を得る：
$$0.9999\cdots = 9 \cdot \frac{1}{10} + 9 \cdot \frac{1}{100} + 9 \cdot \frac{1}{1000} + \cdots$$
$$= \frac{9}{10}\left(\frac{1}{10}\right)^0 + \frac{9}{10}\left(\frac{1}{10}\right)^1 + \frac{9}{10}\left(\frac{1}{10}\right)^2 + \cdots$$
$$= aq^0 + aq^1 + aq^2 + \cdots, \quad a = \frac{9}{10}, \ q = \frac{1}{10}$$
属する無限級数は和の値 $\dfrac{a}{1-q}$ をもつ。

$a = 0.9, \ q = 0.1 \quad 0.\bar{9} = \dfrac{0.9}{1 - 0.1} = \dfrac{0.9}{0.9} = 1$

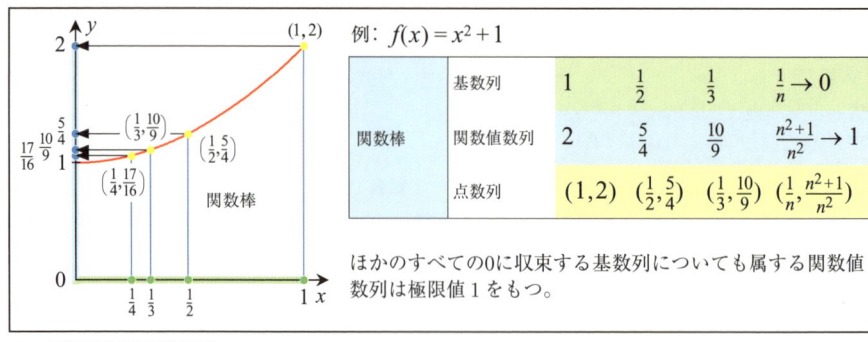

94　極限値概念

例： $f(x) = x^2 + 1$

関数棒	基数列	1	$\frac{1}{2}$	$\frac{1}{3}$	$\frac{1}{n} \to 0$
	関数値数列	2	$\frac{5}{4}$	$\frac{10}{9}$	$\frac{n^2+1}{n^2} \to 1$
	点数列	$(1, 2)$	$(\frac{1}{2}, \frac{5}{4})$	$(\frac{1}{3}, \frac{10}{9})$	$(\frac{1}{n}, \frac{n^2+1}{n^2})$

ほかのすべての0に収束する基数列についても属する関数値数列は極限値1をもつ。

A　基数列と関数値数列

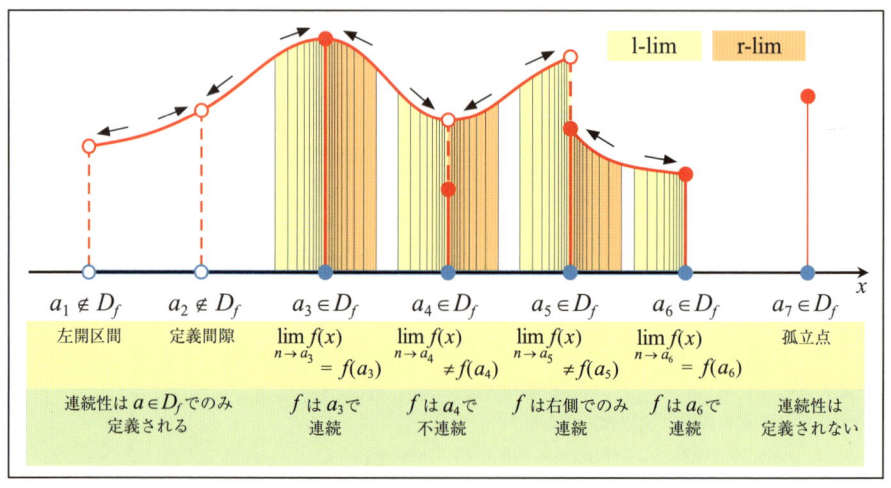

	$a_1 \notin D_f$	$a_2 \notin D_f$	$a_3 \in D_f$	$a_4 \in D_f$	$a_5 \in D_f$	$a_6 \in D_f$	$a_7 \in D_f$
	左開区間	定義間隙	$\lim_{n \to a_3} f(x)$ $= f(a_3)$	$\lim_{n \to a_4} f(x)$ $\neq f(a_4)$	$\lim_{n \to a_5} f(x)$ $\neq f(a_5)$	$\lim_{n \to a_6} f(x)$ $= f(a_6)$	孤立点
	連続性は $a \in D_f$ でのみ定義される		f は a_3 で連続	f は a_4 で不連続	f は右側でのみ連続	f は a_6 で連続	連続性は定義されない

B　1点における連続性

$$f(x) = \begin{cases} 2x, & x \leq 1 \\ x^2 + 2x, & x > 1 \end{cases}$$

継ぎ目 $a = 1$ における連続性の研究

a) 左側連続性　示すこと：$h > 0$ のとき $\lim_{h \to 0} f(1 - h) = f(1) = 2$

ただし $h > 0$ では $1 - h < 1$ なので $f(x) = 2x$ は以下のような式になる：
$f(1-h) = 2(1-h) = 2 - 2h \Rightarrow \lim_{h \to 0}(2 - 2h) = \lim_{h \to 0} 2 - 2 \cdot \lim_{h \to 0} h = 2 - 2 \cdot 0 = 2 = f(1)$

b) 右側連続性　示すこと：$h > 0$ のとき $\lim_{h \to 0} f(1 + h) = f(1) = 2$

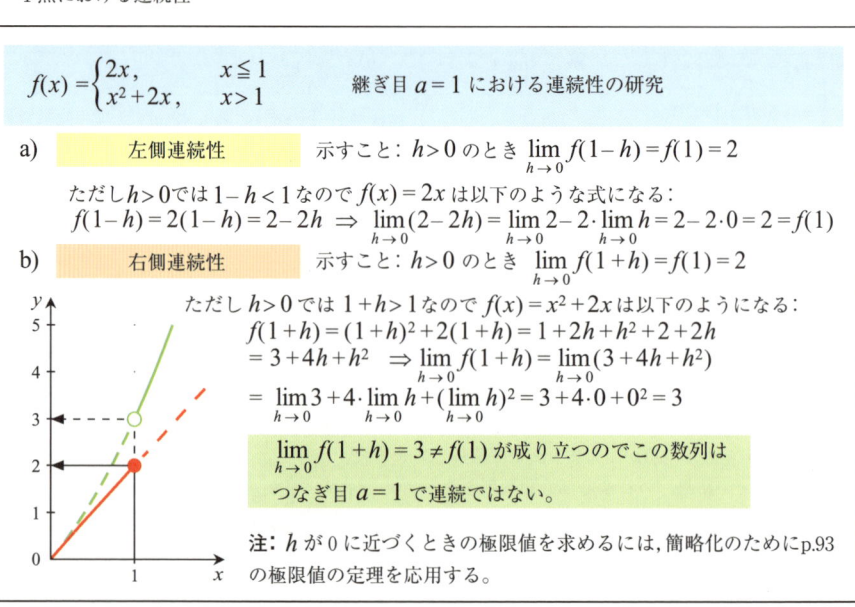

ただし $h > 0$ では $1 + h > 1$ なので $f(x) = x^2 + 2x$ は以下のようになる：
$f(1+h) = (1+h)^2 + 2(1+h) = 1 + 2h + h^2 + 2 + 2h$
$= 3 + 4h + h^2 \Rightarrow \lim_{h \to 0} f(1+h) = \lim_{h \to 0}(3 + 4h + h^2)$
$= \lim_{h \to 0} 3 + 4 \cdot \lim_{h \to 0} h + (\lim_{h \to 0} h)^2 = 3 + 4 \cdot 0 + 0^2 = 3$

$\lim_{h \to 0} f(1+h) = 3 \neq f(1)$ が成り立つのでこの数列はつなぎ目 $a = 1$ で連続ではない。

注：h が0に近づくときの極限値を求めるには、簡略化のためにp.93 の極限値の定理を応用する。

C　h 法による1点における連続性の研究

関数の極限値と連続性 I

連続性の概念はたとえば閉区間における **連続関数の定理**（下を見よ）によって意味をもつ。たとえば **微分の積の法則** (p.115) の中にも入っており、**積分の存在の問題** (p.127, p.129) では重要である。

基数列と関数値数列

基数列の関数値数列を用いて進める。
関数 f の **基数列** は $x_n \in D_f$ の数列 (x_n) である。
関数 f によっておのおのの基数列から **関数値数列** $(f(x_n))$ がもたらされ、f のグラフの点 $(x_n, f(x_n))$ を選抜できる（図 A）。
基数列ごとに選抜されるものは異なる。
関数値数列の収束性の具体化は **関数棒** と呼ばれるものによって可能である（図 A）。

1 点における関数の連続性

学校数学で扱う関数は隣接する点として選ばれたすべての点が密接な関係にあるのでグラフが書ける。すなわちグラフの次の点をいくらでも近くにとることができる。このとき重要な道具は収束数列である。
点 $(a, f(a))$ での「近接」では、a の棒 $f(a)$ の周りにいわゆる関数棒が「圧縮される」。この過程は $D_f \setminus \{a\}$ から基数列 (x_n) によって描かれる。それは a に収束し、属する関数値数列 $(f(x_n))$ はすべて極限値 $f(a)$ をもつ。
この種の基数列の存在することは一般的に確かである。したがって次のように定義する。

> **定義 1**：$D_f \setminus \{a\}$ で $a \in D_f$ に収束する数列 (x_n) が存在するとき、a は D_f で **孤立していない**、または $D_f \setminus \{a\}$ から **到達できる** という。そうでない場合 a は **孤立している** という。

> **定義 2**：$a \in D_f$ を実関数 f の $D_f \setminus \{a\}$ から到達できる位置とする。$D_f \setminus \{a\}$ から a に収束するすべての基数列 (x_n) について、それに属する関数値数列 $(f(x_n))$ が、$f(a)$ に収束するとき、f は a で **連続** であるという。

a における連続性が定義する性質を以下のようにも書く：
$\lim_{x_n \to a} f(x_n) = f(a)$（$x_n$ が a に近づくとき $f(x_n)$ の極限値は $f(a)$ であると読む）

同様に
$\lim_{x \to a} f(x) = f(a)$（$x$ が a に近づくとき $f(x)$ の lim（極限値）は $f(a)$ であると読む）

具体化：図 B

注：関数値数列の収束性に基づいて $f(x_n)$ をいくらでも極限値 $f(a)$ に近づけ、同時に x_n を a に近くおくことができる（AM, p.257 と比較せよ）。これは関数の接線により明らかに描写される（図 B）。

a における左側連続性、右側連続性

定義 2 は a の左側もしくは右側に基数列を取りえないときにも成り立つ。たとえば区間の左端または右端にあるときがそうである（図 B）。基数列 $x_n < a$ ならびに $x_n > a$ で成り立つ。
しかしながら基数列 (x_n) を a の両側で許すような点でも $x_n < a$、または $x_n > a$ に制限することができる。すなわち **左側基数列、右側基数列** を考える。

> **定義 3**：以下が成り立つとき、そこで実関数は **左側連続、右側連続** であるという；
> $\text{l-}\lim_{x_n \to a} f(x_n) = f(a), \ x_n < a$
> $\text{r-}\lim_{x_n \to a} f(x_n) = f(a), \ x_n > a$
> （左 lim〜、右 lim〜と読む。）

具体化：図 B

次が成り立つ。

> **定理 1**：a で実関数が左側連続かつ右側連続ならば、そのときに限りこの実関数は a で定義 2 の意味での連続である。

定理による連続性の証明では h 法が計算的に有利である。

h 法

連続性条件は次の形でも表せる：
$h_n > 0$、零数列 (h_n) のとき
$\text{l-}\lim_{h_n \to 0} f(a - h_n) = \text{r-}\lim_{h_n \to 0} f(a + h_n) = f(a)$

基数列 (x_n) の代わりに $x_n < a$ では数列 $(a - h_n)$ を $x_n > a$ では $(a + h_n)$ をとることにより定義 3 から導ける。このとき (h_n) は零数列である。附番のない型（h 法）は計算しやすい。

$h > 0$ で
$\text{l-}\lim_{h \to 0} f(a - h) = \text{r-}\lim_{h \to 0} f(a + h) = f(a)$

例：図 C

96　極限値概念

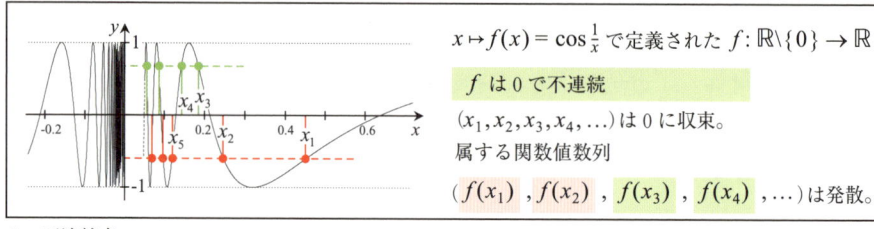

$x \mapsto f(x) = \cos\frac{1}{x}$ で定義された $f: \mathbb{R}\setminus\{0\} \to \mathbb{R}$

f は 0 で不連続

$(x_1, x_2, x_3, x_4, \ldots)$ は 0 に収束。
属する関数値数列
$(f(x_1), f(x_2), f(x_3), f(x_4), \ldots)$ は発散。

A　不連続点

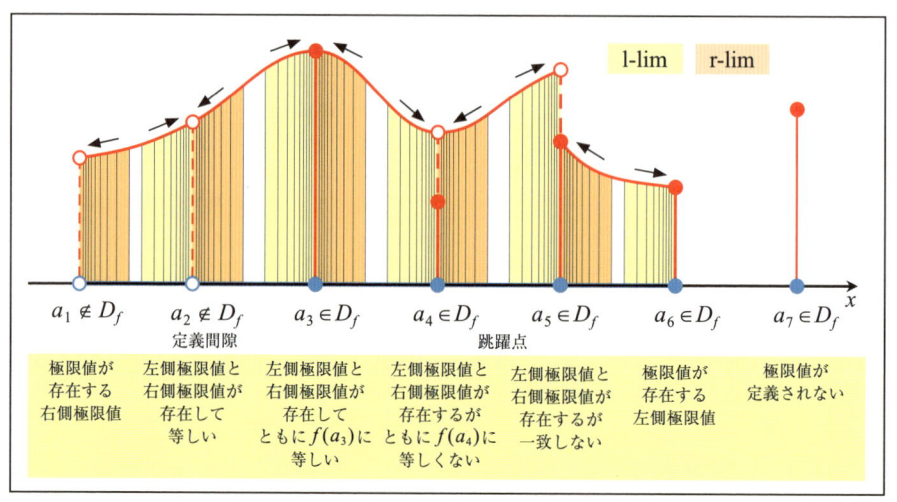

l-lim　　r-lim

$a_1 \notin D_f$	$a_2 \notin D_f$ 定義間隙	$a_3 \in D_f$	$a_4 \in D_f$ 跳躍点	$a_5 \in D_f$	$a_6 \in D_f$	$a_7 \in D_f$
極限値が存在する右側極限値	左側極限値と右側極限値が存在して等しい	左側極限値と右側極限値が存在してともに $f(a_3)$ に等しい	左側極限値と右側極限値が存在するがともに $f(a_4)$ に等しくない	左側極限値と右側極限値が存在するが一致しない	極限値が存在する左側極限値	極限値が定義されない

B　関数の極限値

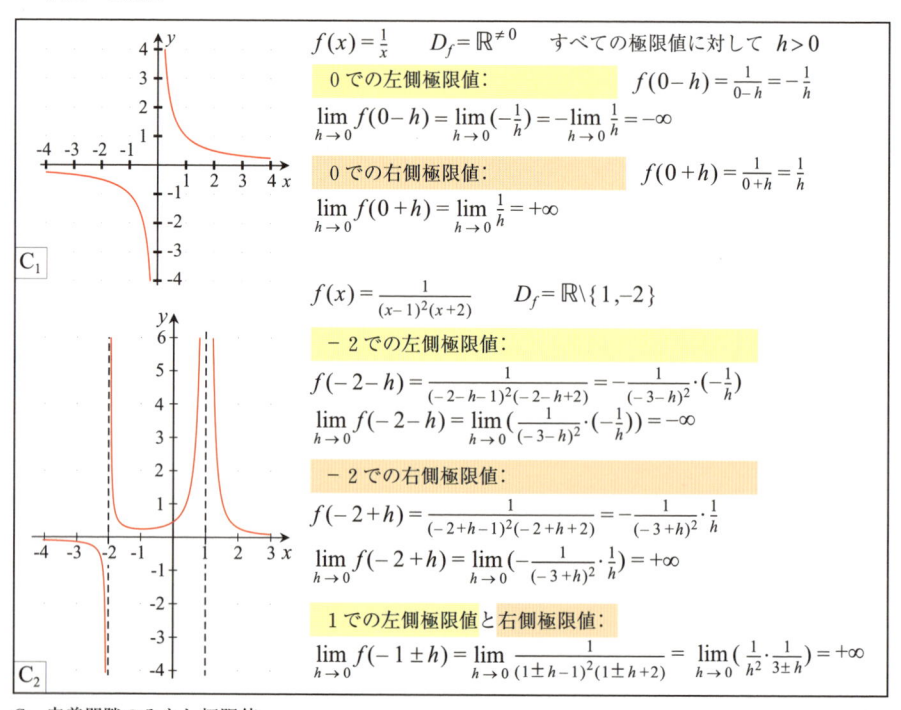

$f(x) = \frac{1}{x}$　　$D_f = \mathbb{R}^{\neq 0}$　　すべての極限値に対して $h > 0$

0 での左側極限値：　　$f(0-h) = \frac{1}{0-h} = -\frac{1}{h}$

$\lim_{h \to 0} f(0-h) = \lim_{h \to 0}(-\frac{1}{h}) = -\lim_{h \to 0}\frac{1}{h} = -\infty$

0 での右側極限値：　　$f(0+h) = \frac{1}{0+h} = \frac{1}{h}$

$\lim_{h \to 0} f(0+h) = \lim_{h \to 0}\frac{1}{h} = +\infty$

C_1

$f(x) = \frac{1}{(x-1)^2(x+2)}$　　$D_f = \mathbb{R}\setminus\{1, -2\}$

-2 での左側極限値：

$f(-2-h) = \frac{1}{(-2-h-1)^2(-2-h+2)} = -\frac{1}{(-3-h)^2} \cdot (-\frac{1}{h})$

$\lim_{h \to 0} f(-2-h) = \lim_{h \to 0}(\frac{1}{(-3-h)^2} \cdot (-\frac{1}{h})) = -\infty$

-2 での右側極限値：

$f(-2+h) = \frac{1}{(-2+h-1)^2(-2+h+2)} = -\frac{1}{(-3+h)^2} \cdot \frac{1}{h}$

$\lim_{h \to 0} f(-2+h) = \lim_{h \to 0}(-\frac{1}{(-3+h)^2} \cdot \frac{1}{h}) = +\infty$

1 での左側極限値と右側極限値：

$\lim_{h \to 0} f(-1 \pm h) = \lim_{h \to 0}\frac{1}{(1 \pm h - 1)^2(1 \pm h + 2)} = \lim_{h \to 0}(\frac{1}{h^2} \cdot \frac{1}{3 \pm h}) = +\infty$

C_2

C　定義間隙のみなし極限値

a での非連続性

f が a で連続でないとき,すなわち基数列 (x_n) で数列 $(f(x_n))$ の $f(a)$ への収束を満たさないものが少なくとも 1 つあるとき,f は a で非連続であるという.

定義 4:実関数が $D_f \setminus \{a\}$ からの基数列 (x_n) でその関数値関数が発散するか,もしくは少なくとも 1 つ $f(a)$ に収束しないものが存在するとき,この実関数は $a \in D_f$ で非連続(連続ではない)という.

例:
$$f(x) = \begin{cases} \cos \frac{1}{x}, & x \neq 0 \\ 任意, & x = 0 \end{cases} \quad (図 A)$$

注:関数は D_f に含まれないところでは連続でも非連続でもない.

関数の極限値

a での連続性の基数列およびその関数値数列による定義は関数の極限値と呼ばれるものの特殊なケースである.

定義 5:実関数 f は $a \in \mathbb{R}$ に $D_f \setminus \{a\}$ から到達しうるとする.$D_f \setminus \{a\}$ から a に収束する基数列 (x_n) のおのおのについて $(f(x_n))$ が g に収束するとき,g を実関数 f の極限値という.

短縮形:$\lim_{x_n \to a} f(x_n) = g$ あるいは,$\lim_{x \to a} f(x_n) = g$

具体化:図 B

注:定義 5 では a の $D_f \setminus \{a\}$ からの到達可能性のみを前提としているが,$a \in D_f$ は前提としていない.これによりたとえば定義間隙における研究も可能である(下を見よ).
$a \in D_f, g = f(a)$ での定義 5 は点 a での連続性の定義と同様である(p.95,定義 2 と比較せよ).

a の近傍

定義 5 で前提とした $D_f \setminus \{a\}$ からの到達可能性は $\varepsilon > 0$ のとき a を含む開区間 $(a-\varepsilon, a+\varepsilon)$ が D_f に含まれるとき,たしかに保証される(a が D_f に属さない,a の存在しないケースでは必要に応じて点を加える).

定義 6:$\varepsilon > 0$ のとき a を含む開区間 $(a-\varepsilon, a+\varepsilon)$ を a の ε 近傍 と呼ぶ.

左側極限値,右側極限値

定義 5 の基数列を $x_n < a$ および $x_n > a$ に制限すると,関数の 左極限値 および 右極限値 を得る.次が成り立つ:

> **定理 2**:ある実関数が a で左側極限値および右側極限値をもち,双方が等しいなら,そこでは定義 5 の意味での極限値が存在する.

h 法はここでも有用である.以下のように調べる.
$\operatorname{l-lim}_{h \to 0} f(a - h) = \operatorname{r-lim}_{h \to 0} f(a + h), \, h > 0$

注:左極限,右極限は p.95 の定義 3 と比較して理解することができる.

定義間隙での応用

定義間隙の近くでの関数の振る舞いについての命題をつくろうとするときには定義されていないところでの関数の左側極限値,右側極限値をつくる(図 C).重要な性質は以下である:

- みなし極限値
- 「穴」の 連続的継続性(p.99)

みなし極限値はたとえば定義間隙 0 をもつ $f(x) = \frac{1}{x}$(図 C_1)のような単純な関数でも生じる.0 では関数値数列が右側では $+\infty$ に定発散し,左側では $-\infty$ に定発散することが明らかに見てとれる.次のように定義する.

定義 7:$a \notin D_f$ は D_f から到達しうる実関数 f の定義間隙とする.左側[右側]から a に収束する D_f のすべての基数列 (x_n) について,属する関数値数列 $(f(x_n))$ が $+\infty$ または $-\infty$ に定発散するとき,a で左側[右側]のみなし極限値 $+\infty$ または $-\infty$ をもつという.

短縮形:
$\lim_{x_n \to a} f(x_n) = +\infty \quad x_n > a \quad (右側)$
$\lim_{x_n \to a} f(x_n) = -\infty \quad x_n < a \quad (左側)$

あるいは h 法で
$\lim_{h \to 0} f(a \pm h) = \pm \infty \quad (h > 0)$

例:図 C

注:定義 7 の条件を満たす点を 無限性点 ともいう.

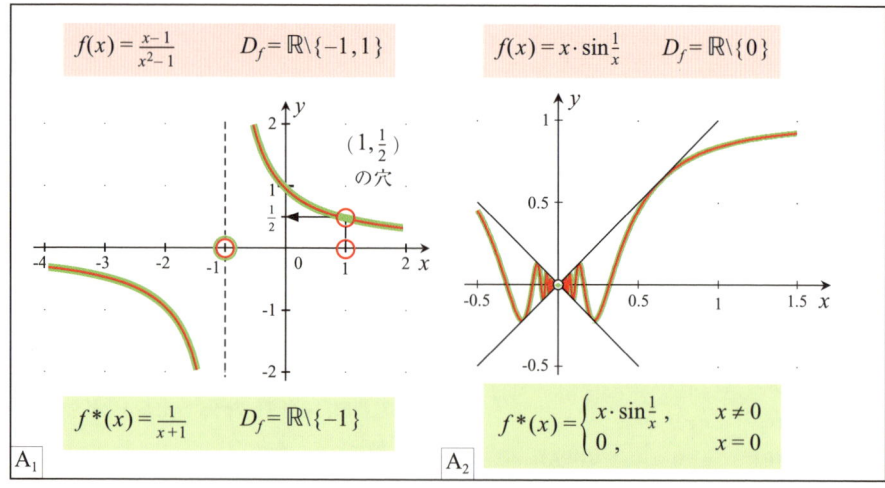

98　極限値概念

$f(x) = \frac{x-1}{x^2-1}$　　$D_f = \mathbb{R}\setminus\{-1, 1\}$

$(1, \frac{1}{2})$ の穴

$f^*(x) = \frac{1}{x+1}$　　$D_f = \mathbb{R}\setminus\{-1\}$

A_1

$f(x) = x \cdot \sin\frac{1}{x}$　　$D_f = \mathbb{R}\setminus\{0\}$

$f^*(x) = \begin{cases} x \cdot \sin\frac{1}{x}, & x \neq 0 \\ 0, & x = 0 \end{cases}$

A_2

A　定義間隙での連続的継続

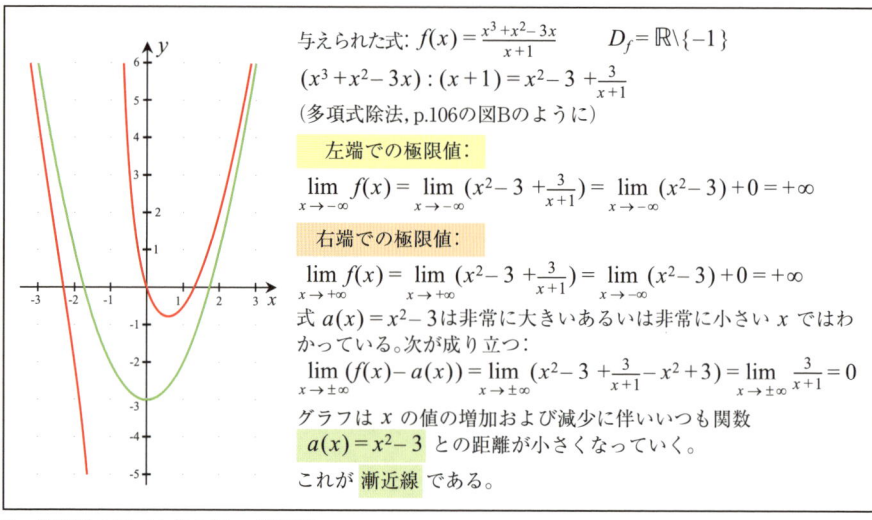

与えられた式: $f(x) = \frac{x^3 + x^2 - 3x}{x+1}$　　$D_f = \mathbb{R}\setminus\{-1\}$

$(x^3 + x^2 - 3x) : (x+1) = x^2 - 3 + \frac{3}{x+1}$

(多項式除法, p.106の図Bのように)

左端での極限値:

$\lim_{x \to -\infty} f(x) = \lim_{x \to -\infty}(x^2 - 3 + \frac{3}{x+1}) = \lim_{x \to -\infty}(x^2 - 3) + 0 = +\infty$

右端での極限値:

$\lim_{x \to +\infty} f(x) = \lim_{x \to +\infty}(x^2 - 3 + \frac{3}{x+1}) = \lim_{x \to -\infty}(x^2 - 3) + 0 = +\infty$

式 $a(x) = x^2 - 3$ は非常に大きいあるいは非常に小さい x ではわかっている。次が成り立つ:

$\lim_{x \to \pm\infty}(f(x) - a(x)) = \lim_{x \to \pm\infty}(x^2 - 3 + \frac{3}{x+1} - x^2 + 3) = \lim_{x \to \pm\infty}\frac{3}{x+1} = 0$

グラフは x の値の増加および減少に伴いいつも関数 $a(x) = x^2 - 3$ との距離が小さくなっていく。

これが 漸近線 である。

B　定義域の端での振る舞い:漸近線

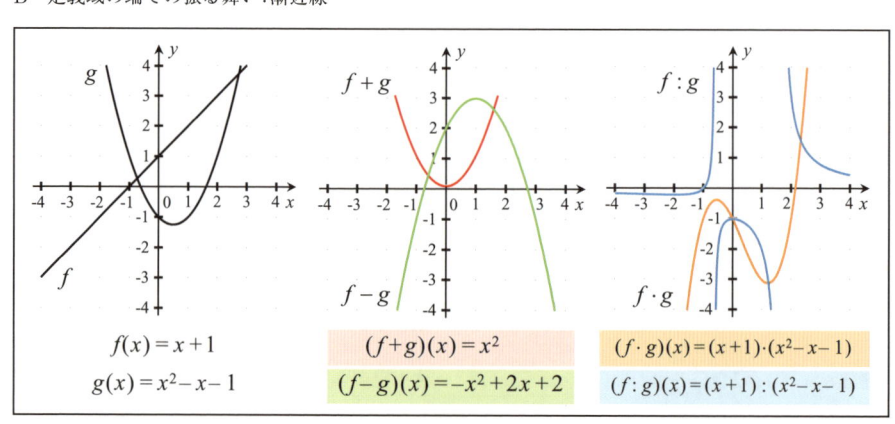

$f(x) = x + 1$
$g(x) = x^2 - x - 1$

$(f+g)(x) = x^2$
$(f-g)(x) = -x^2 + 2x + 2$

$(f \cdot g)(x) = (x+1) \cdot (x^2 - x - 1)$
$(f : g)(x) = (x+1) : (x^2 - x - 1)$

C　関数の結合

連続的継続可能性

$f(x) = \dfrac{x-1}{x^2-1}$ で表される関数は 1 と -1 で定義間隙をもつ。というのは $f(x) = \dfrac{x-1}{(x-1)(x+1)}$ は成り立つが分母は 0 になりえないからである。したがって $D_f = \mathbb{R}\setminus\{-1,1\}$ （図 A_1）である。-1 では無限性点であるのに対し，1 では左側極限値と右側極限値が一致する：
$$\lim_{h\to 0} f(1-h) = \lim_{h\to 0} f(1+h) = \tfrac{1}{2}\ (h>0)$$
したがって，f の定義域の 1 による充填と，$f^*(1) = \tfrac{1}{2}$ とおくことによりグラフの「穴」$(1, \tfrac{1}{2})$ は充填可能である。f^* は $\mathbb{R}\setminus\{-1,1\}$ で f と一致し，1 で連続である。この関数 f^* を f の 連続的継続 という。

> **定義 8**：a で実関数 f の左側極限値と右側極限値が存在して，一致するとき，この関数は $a \in D_f$ で 連続的継続可能（充填可能） という。

定義域の端での振る舞い

極限値概念の別拡張としては左または右に制限されていない定義域をもつ関数での $+\infty$ および $-\infty$ への定発散基数列での関数値の振る舞いの研究がある。簡単に $x \to +\infty, x \to -\infty$ という。関数値 $\lim\limits_{x\to+\infty} f(x), \lim\limits_{x\to-\infty} f(x)$ も扱う。

例：図 B

漸近線

漸近線は与えられた関数式 $f(x)$ の関数で x が増加するほど，あるいは減少するほど 近づいていく関数式 $a(x)$ の関数のグラフである。
$f(x)$ と $a(x)$ の間の差はいくらでも小さくなる。

> **定義 9**：次が成り立つとき $a(x)$ の関数のグラフは $f(x)$ の関数のグラフの 漸近線 であるという。
> $$\lim_{x\to\pm\infty}(f(x) - a(x)) = 0$$

例：図 B
注：漸近線は一意には定まらない。

関数の結合

数列の場合のように関数式もしばしば和，差，積，商の式で書く。

例：図 C

> **定義 10**：定義域 D_f, D_g の 2 関数 f, g について次の関数をそれぞれ以下のように呼ぶ。
> それぞれの関数の定義域は $D_f \cap D_g$

$(f+g)(x) := f(x) + g(x)$ で定義された $f+g$ を 和関数

$(f-g)(x) := f(x) - g(x)$ で定義された $f-g$ を 差関数

$(f \cdot g)(x) := f(x) \cdot g(x)$ で定義された $f \cdot g$ を 積関数

$g(x) \neq 0$ のとき $(f:g)(x) := f(x) : g(x)$ で定義された $f:g$ を 商関数

関数の極限値定理

関数の極限値概念は収束数列の概念の上に構築したので収束数列の極限値定理（p.93）も推移できる。

> **定理 3**：
> (a) $f(x) = c$ の定数関数はすべての $a \in D_f$ で極限値 c をもつ
> (b) f, g が a で極限値 u, v をもつとき，以下のように極限値をもつ：
> (b1) 和（差）関数 $f \pm g$ は
> $$\lim_{x\to a}(f(x) \pm g(x)) = \lim_{x\to a} f(x) \pm \lim_{x\to a} g(x) = u \pm v$$
> (b2) 積関数 $f \cdot g$ は
> $$\lim_{x\to a}(f(x) \cdot g(x)) = \lim_{x\to a} f(x) \cdot \lim_{x\to a} g(x) = u \cdot v$$
> (b3) $v \neq 0$ のとき，商関数 $f:g$ は
> $$\lim_{x\to a}(f(x) : g(x)) = \lim_{x\to a} f(x) : \lim_{x\to a} g(x) = u : v$$

数列の入れ子定理（p.91）も関数に推移できる：

> **定理 4**：f と g が a で同一の極限値 u をもち $x \in (a-\varepsilon, a+\varepsilon)\ (\varepsilon > 0)$ で $f(x) \leq h(x) \leq g(x)$ が成り立つならば，関数 h もまた同様に極限値 u をもつ。

a で連続な関数では次が成り立つ：

> **定理 3***：f, g が点 a で連続ならば，$f+g, f-g, f \cdot g, f:g\ (g \neq 0)$ もまた a で連続である。

> **定理 4***：f, g が a で連続で $\varepsilon > 0$ のとき $x \in (a-\varepsilon, a+\varepsilon)$ で $f(x) \leq h(x) \leq g(x)$ が成り立つとき，h もまた a で連続である。

2 関数の連結（合成）（p.65）については次が成り立つ：

> **定理 3****：f が a で連続，g が $f(a)$ で連続ならば $g \circ f$ は a で連続である。

100　極限値概念

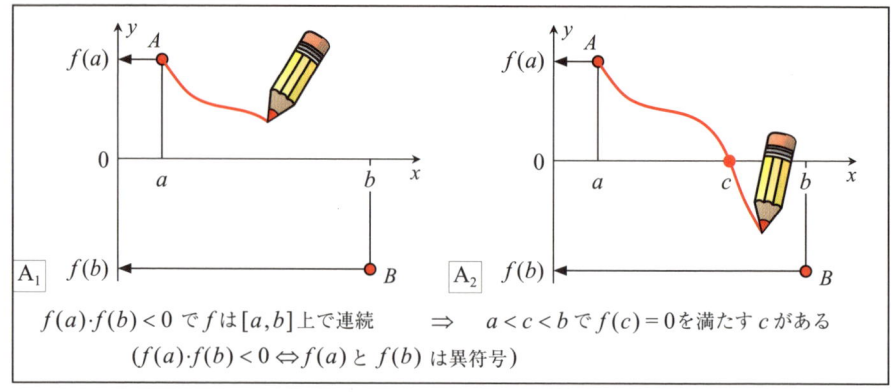

A_1
$f(a) \cdot f(b) < 0$ で f は $[a,b]$ 上で連続　⇒　$a < c < b$ で $f(c) = 0$ を満たす c がある

A_2
$(f(a) \cdot f(b) < 0 \Leftrightarrow f(a)$ と $f(b)$ は異符号)

A　ボルツァノの定理

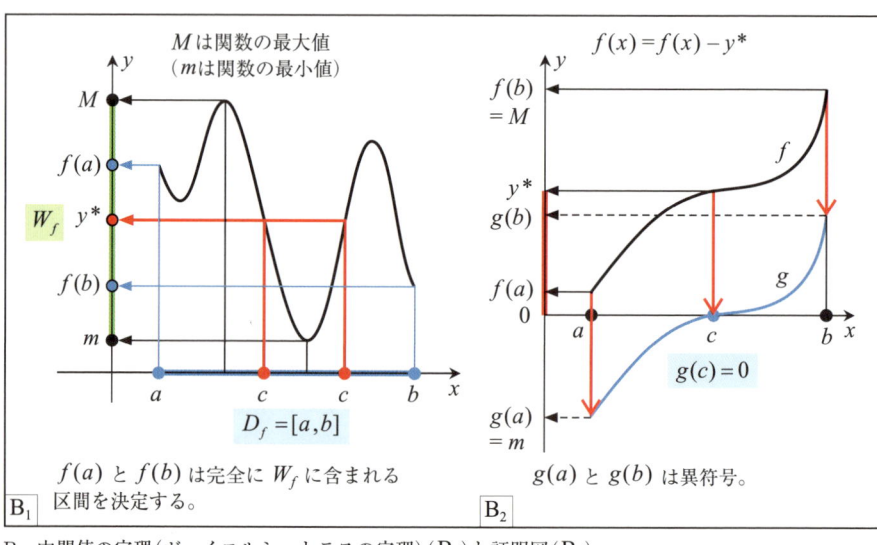

B_1
M は関数の最大値
(m は関数の最小値)

$D_f = [a,b]$

$f(a)$ と $f(b)$ は完全に W_f に含まれる区間を決定する。

B_2
$f(x) = f(x) - y^*$

$f(b) = M$

$g(a) = m$

$g(c) = 0$

$g(a)$ と $g(b)$ は異符号。

B　中間値の定理(ヴァイエルシュトラスの定理)(B_1)と証明図(B_2)

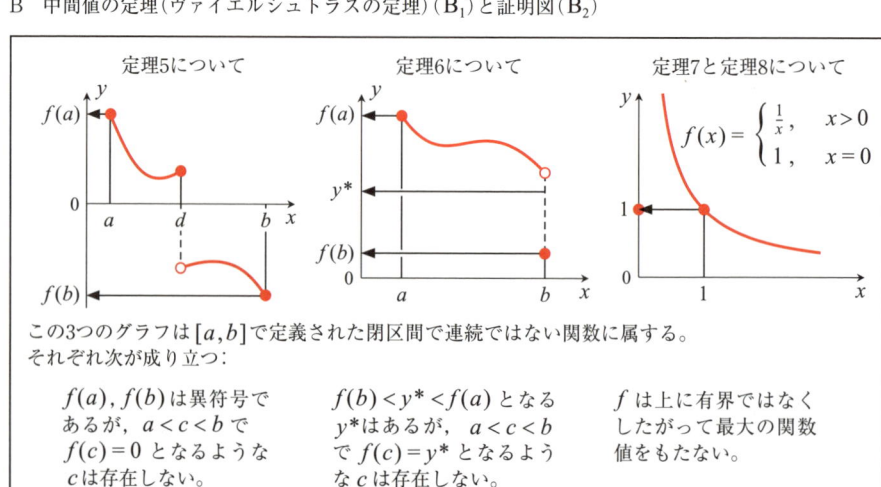

定理5について
定理6について
定理7と定理8について

$$f(x) = \begin{cases} \dfrac{1}{x}, & x > 0 \\ 1, & x = 0 \end{cases}$$

この3つのグラフは $[a,b]$ で定義された閉区間で連続ではない関数に属する。
それぞれ次が成り立つ：

$f(a), f(b)$ は異符号であるが、$a < c < b$ で $f(c) = 0$ となるような c は存在しない。

$f(b) < y^* < f(a)$ となる y^* はあるが、$a < c < b$ で $f(c) = y^*$ となるような c は存在しない。

f は上に有界ではなくしたがって最大の関数値をもたない。

C　定理5～定理8の証明

連続実関数

工学あるいは自然科学では多くの事象を連続的進行と呼ぶ。これにより該当する事象が脈絡のない進行をしないことを意味している。
数学では連続関数といい，これにより跳躍点（p.94 図 B，a_5）のない関数を意味する。次のように定義することは妥当である。

定義 11：定義域 D_f の実関数 f が D_f のすべての点で連続なときこの関数は（D_f で）連続であるという。

数の集合上で定義されたこの連続性は関数のグラフの特別な性質をもたらす。
特に重要な性質は，閉区間上の連続関数が与えられたときに生じる。
連続関数には跳躍はありえないので，D_f が閉区間のときそのグラフは中断のないひと繋がりのものとして描写できるイメージがある。しかしながらこのイメージはいつでも正しいわけではない。その例は p.98 の図 A_2 に示されている。
連続関数 の例：p.63(1)～(7) のすべての関数。
証明に際しては D_f のすべての点での連続性を示さなくてはならない。

ボルツァノの定理，中間値の定理

図 A_1 で，点 A と点 B を 連続 関数のグラフで結ぼうとするとき，すなわち A と B を中断のない線で結ぼうとするとき，この連結線は x 軸を少なくとも 1 回切断しなくてはならない（たとえば図 A_2 のように）。この連続関数は少なくとも 1 個零点をもつ。この具体的で直接理解しやすい命題はボルツァノ（BOLZANO 1781-1878）により区間縮小を用いて証明された。

定理 5（ボルツァノの定理）：f が $[a, b]$ で定義された連続関数で $f(a)$ と $f(b)$ が異なる符号をもつとき，$f(c) = 0$ となる $c \in (a, b)$ が存在する。

この定理は**零点定理**ともいう。

これにより方程式の可解性の命題が可能になる。方程式 $2x^3 + 2x^2 - x + 5 = 0$ は -1 と -2 の間に少なくとも 1 つ実数解をもつ。なぜならば，関数 $f(x)$ について次が成り立つ：
$f(x) = 2x^3 + 2x^2 - x + 5$ とおくと
$\quad f(-1) > 0, \quad f(-2) < 0$

定理 5 より $f(c) = 0$ となる c が $-2 < c < -1$ に存在する。
解の小数表記としては「-1.」がわかったのみである。

- それ以下の位は繰り返し同一の方法を用いることにより求まる：
  $f(-1.9) > 0, f(-2) < 0$
  $f(-1.93) > 0, f(-1.94) < 0 \cdots$
  このようにして $-1.93\cdots$ が求まっていく。

- またはたとえば別の近似手続（p.149, p.151）を初期値 -2 で応用する。

ボルツァノの定理からの推論の 1 つが次である（図 B_1）。

定理 6（中間値の定理）：f が $[a, b]$ で定義された $f(a) \neq f(b)$ の連続実関数のとき次が成り立つ：$f(a)$ と $f(b)$ の間の関数値 y^*，いわゆる中間値のそれぞれには少なくとも 1 つ $f(c) = y^*$ となる $c \in D_f$ がある。

証明：式が $g(x) = f(x) - y^*$ の関数をつくる。これについて次が成り立つ：
$$g(a) = f(a) - y^*, g(b) = f(b) - y^*$$
y^* はいつでも $f(a)$ と $f(b)$ の間にあるから，異符号の $g(a)$ と $g(b)$ をもつ（図 B_2 を見よ）。
したがってボルツァノの定理を g に応用できる。つまり $g(c) = 0$ となる $c \in D_f$ が存在する。これは $g(c) = f(c) - y^* = 0$ を意味し，$f(c) = y^*$. w.z.z.w.

ボルツァノの定理からのもう 1 つの推論は連続関数における**符号域の存在**である（p.103, p.104 を見よ）。

閉区間上の連続関数のそのほかの定理：

定理 7：f が $[a, b]$ で定義された連続関数であれば f は有界である。

定理 8（最大値と最小値の定理，ヴァイエルシュトラスの定理）：f が $[a, b]$ で定義された連続実関数であるとき，f は最大の関数値と最小の関数値をもつ（図 B_2）。

注：定理 5～8 の 閉区間上の連続性 は放棄できない。例は図 C に示す。

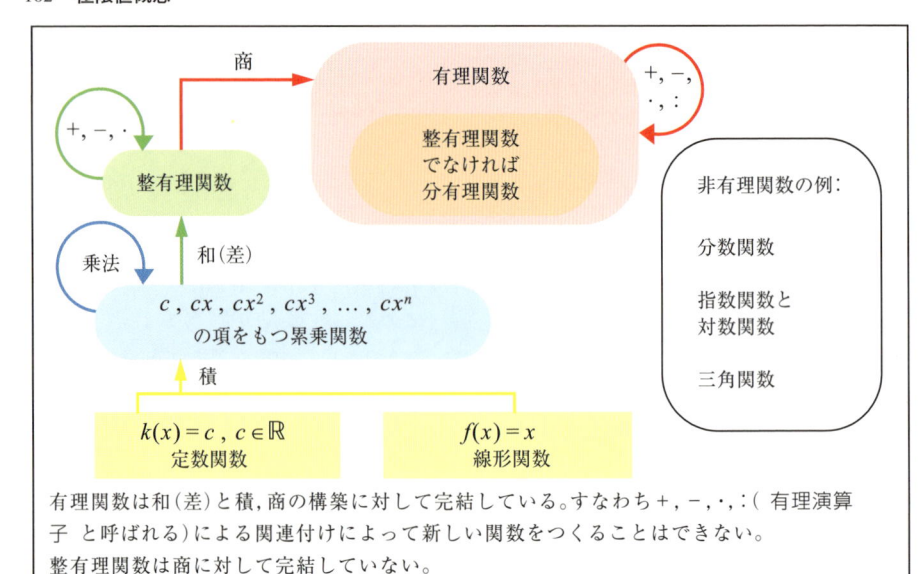

```
                            商
         +,−,·          ┌─────────────────┐        +,−,
                        │    有理関数      │        ·,:
     ┌─────────┐        │                 │
     │ 整有理  │        │   整有理関数    │
     │ 関数    │        │   でなければ    │
     └─────────┘        │   分有理関数    │
                        └─────────────────┘
      乗法       和(差)                        ┌─────────────────┐
                ↑                              │ 非有理関数の例： │
     ┌──────────────────────────────┐         │                 │
     │  c, cx, cx², cx³, ..., cxⁿ   │         │   分数関数      │
     │  の項をもつ累乗関数           │         │                 │
     └──────────────────────────────┘         │   指数関数と    │
              ↑ 積                             │   対数関数      │
     ┌──────────┐  ┌──────────┐               │                 │
     │k(x)=c,c∈ℝ│  │ f(x) = x │               │   三角関数      │
     │ 定数関数 │  │ 線形関数 │               └─────────────────┘
     └──────────┘  └──────────┘
```

有理関数は和(差)と積, 商の構築に対して完結している。すなわち +, −, ·, :（有理演算子 と呼ばれる）による関連付けによって新しい関数をつくることはできない。
整有理関数は商に対して完結していない。

A 有理関数と非有理関数

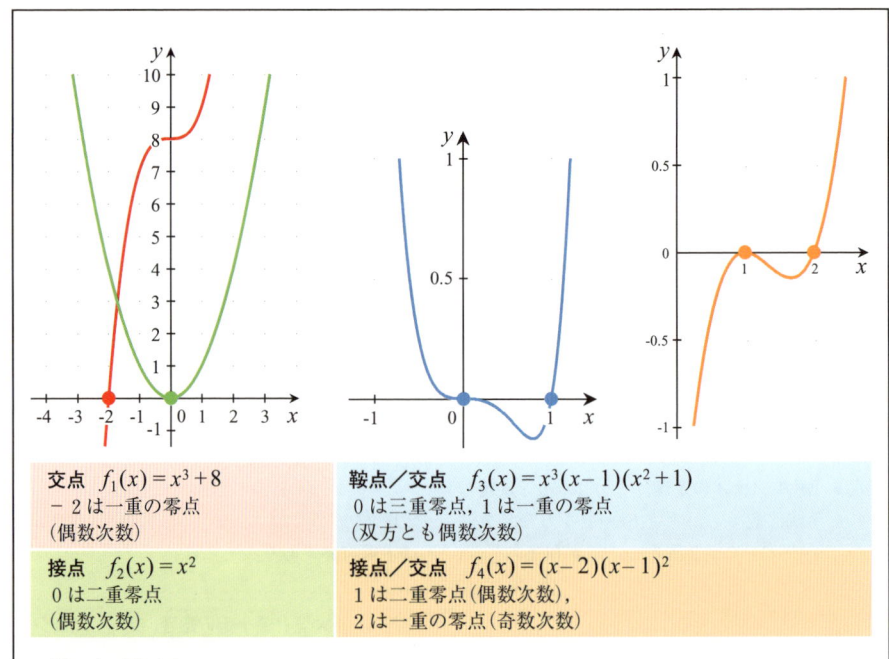

交点 $f_1(x) = x^3 + 8$	鞍点／交点 $f_3(x) = x^3(x-1)(x^2+1)$
−2 は一重の零点	0 は三重零点, 1 は一重の零点
（偶数次数）	（双方とも偶数次数）

接点 $f_2(x) = x^2$	接点／交点 $f_4(x) = (x-2)(x-1)^2$
0 は二重零点	1 は二重零点（偶数次数）,
（偶数次数）	2 は一重の零点（奇数次数）

一般に次が成り立つ:
1) **奇数次数** の零点では, 零点の近傍で関数値は符号を変える（グラフは x 軸の反対側に変わる）。次数が 1 より大きいときは切断は鞍点の形をとる (p.121)。
2) **偶数次数** の零点は零点の近傍での関数値の符号は保たれる（グラフは x 軸の同じ側にある）。

B 零点の次数と零点近傍のグラフ

有理関数には以下のような式の関数がある。
$f(x) = x^4 - 2x^3 + 2x - 2$, $f(x) = \dfrac{x^2 - 1}{x^3 + 2x - 1}$
整有理関数 および 分有理関数 と呼ばれるものである（図 A）。

整有理関数

> **定義 1**：下の式による実関数 $f : \mathbb{R} \longrightarrow \mathbb{R}$ を整有理関数 または n 次多項式関数 という。
> $f(x) = a_n x^n + a_{n-1} x^{n-1} + \cdots + a_1 x + a_0$
> $n \in \mathbb{N}_0, a_n \neq 0, i = 0, 1, \ldots, n$ で $a_i \in \mathbb{R}$

例：$n = 4, a_4 = 1, a_3 = 0, a_2 = -2, a_1 = 3, a_0 = -3$ で
$f(x) = x^4 - 2x^2 + 3x - 3$

注：整有理関数は単純な「ブロック」から関数の有理的関連付け (p.99) を用いてつくり出される。このブロックは定数関数と線形関数 $f(x) = x$ であり（図 A），これらの項をかけまたは足す（引く）ことによる。

整有理関数の性質

a) 連続性

整有理関数の単純なブロック $f(x) = x$ の関数と定数関数は連続なので，p.99 定理 3* より任意の整有理関数の連続性が得られる。

b) 零点

> **定義 2**：実関数 f で $f(c) = 0$ が成り立つとき，$c \in D_f$ を実関数 f の 零点 という。

零点は実関数のグラフでは x 軸の切断点として現れる（特殊なケースとして図 B のように接点であることもある）。

例：(1) $f(x) = x^3 + 8$
$f(-2) = 0$ なので -2 は零点（グラフは x 軸を切断）：これは簡単に予測される。

(2) $f(x) = x^2$
$f(0) = 0$ なので 0 は零点（グラフは x 軸に接する）。一般的に零点はそれほど簡単にはみつからないのでしばしば近似値で満足せざるをえない (p.101, p.149, p.151)。

c) 零点と一次因子

近似手続以外では零点の決定には因数分解が用いられる。これにより解いている方程式の次数を小さくする。
特に有用なのは **一次因子** と呼ばれるものである。これは $x - c$ 型の式で零点は c である。次が成り立つ：

> **定理 1**：$c \in \mathbb{R}$ が n 次整有理関数の零点の 1 つであるとき，$f(x)$ は $x - c$ で割り切れる。すなわち次が成り立つ：
> $f(x) = (x - c) \cdot g(x)$, g は $(n - 1)$ 次整有理関数。

> **推論 1**：n 次整有理関数は最大で n 個の零点をもつ。

最大で n 回一次因子で割り切れるので推論 1 は成り立つ。

> **推論 2**：$c_1, c_2, \ldots, c_r$ $(r \leq n)$ が n 次整有理関数の零点のとき，$f(x)$ に属するこれらの一次因子による一意的な積表記が存在する：
> $f(x) = (x - c_1)^{n_1} (x - c_2)^{n_2} \cdots (x - c_r)^{n_r} \cdot g(x)$,
> $g(x)$ は零点をもたない。

> **定義 3**：積表記の $n_1, n_2, \ldots, n_r$ の自然数次数を零点の多重性 という。c_i は n_i 重零点（次数 n_i）（図 B）。

例：(1) $f(x) = x^3 - 4x^2 + 5x - 2 = (x - 2)(x - 1)^2$
(1a) 零点 1 で試す
(1b) $x - 1$ で多項式除法：
$f(x) = (x - 1)(x^2 - 3x + 2)$
(1c) 二次式の一次因子の積への分解 (p.48, 図 B_2)：
$x^2 - 3x + 2 = (x - 1)(x - 2)$
(1d) $f(x) = (x - 1)(x - 1)(x - 2)$
$= (x - 1)^2 (x - 2)$

(2) $f(x) = x^6 - x^5 + x^4 - x^3$
$= x^3 (x - 1)(x^2 + 1)$

d) 符号域

> **定理 2**：c_1, c_2 がある整有理関数の隣接する零点であるとき，$c_1 < x < c_2$ のすべての x で関数値 $f(x)$ は同符号である。

証明（間接的）：c_1 と c_2 の間の x ですべての $f(x)$ が同符号でないとすると，$c_1 < a < c_2, c_1 < b < c_2$ の a と b があって $f(a)$ と $f(b)$ は異符号である。ボルツァノの定理 (p.101) により c_1 と c_2 との間にもう 1 つの零点が存在することになり，仮定に矛盾する。w.z.z.w

したがって 2 つの隣接する零点の間のある点で関

$f(x) = (x-2)(x+3)^2$

零点集合: $\{2, -3(二重)\}$
符号: $f(-4) = (-6)\cdot(-1)^2 < 0$
　　 $f(0) = (-2)\cdot 3^2 < 0$
　　 $f(3) = 1\cdot 6^2 > 0$

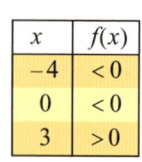

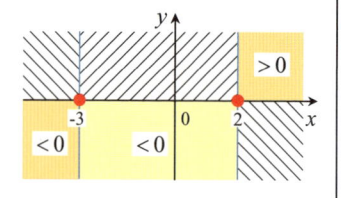

x	$f(x)$
-4	< 0
0	< 0
3	> 0

A 符号域

与えられた式: $f(x) = x^5 - x^4 - 4x^3 + 4x^2 = 0$, $D_f = \mathbb{R}$

1) 零点: $f(x) = 0 \Leftrightarrow x^5 - x^4 - 4x^3 + 4x^2 = 0 \Leftrightarrow x^2(x^3 - x^2 - 4x + 4) = 0$
  $\Leftrightarrow x^2 = 0 \lor x^3 - x^2 - 4x + 4 = 0$　　0 は二重零点。
そのほかの零点は $x^3 - x^2 - 4x + 4 = 0$ の解でなければならない。
推測および近似的計算により, 1 は零点となる:
$1^3 - 1^2 - 4\cdot 1 + 4 = 0$ (w)
したがって, $x^3 - x^2 - 4x + 4$ は $x - 1$ で割り切れる。
多項式除法を得る:

$$
\begin{array}{r}
(x^3 - x^2 - 4x + 4) : (x-1) = x^2 - 4 \\
\underline{-(x^3 - x^2)} \\
0 - 4x + 4 \\
\underline{-(-4x + 4)} \\
0
\end{array}
$$

すなわち次が成り立つ:

$f(x) = x^2(x-1)(x^2-4) = x^2(x-1)(x-2)(x+2)$　　零点集合: $\{-2, 0(二重), 1, 2\}$

2) 符号域:

x	-3	-1	0.5	1.5	3
$f(x)$	<0	>0	>0	<0	>0

3) 端での振る舞い: $a_n > 0$ で $n = 5$ (奇数) なので $\lim_{x\to\pm\infty} f(x) = \pm\infty$ が成り立つ。

4) 零点, 符号域, 端での振る舞いを座標形に持ち込む:

5) 中断なく描けるように各グラフ部分の延長:

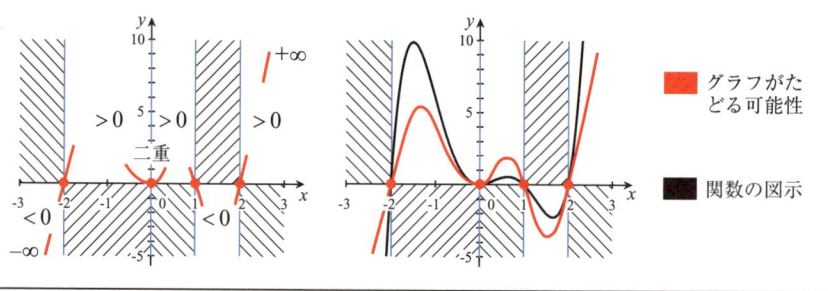

グラフがたどる可能性

関数の図示

B 整有理関数のグラフの略図

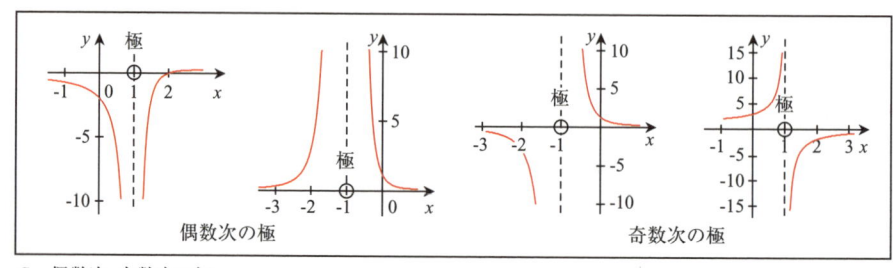

偶数次の極　　　　　　　　　　　　奇数次の極

C 偶数次, 奇数次の極

数値が負（正）ならば同じ零点間の域に属するすべての関数値についておなじことが成り立つ。
例：図A

e) 定義域の端での振る舞い

和の項 $a_n x^n$ を x の非常に大きな正または非常に小さな負の値でのグラフの振る舞いで判別する。

n	偶数	奇数
$a_n > 0$	$\lim_{x \to \pm\infty} f(x) = +\infty$	$\lim_{x \to \pm\infty} f(x) = \pm\infty$
$a_n < 0$	$\lim_{x \to \pm\infty} f(x) = -\infty$	$\lim_{x \to \pm\infty} f(x) = \mp\infty$

f) y 軸についての軸対称，原点についての点対称

次の2つの条件に関する考察からは一般的な結果が得られる。

すべての $x \in D_f$ について $f(-x) = f(x)$ が成り立つ（y 軸についての軸対称）。

すべての $x \in D_f$ について $f(-x) = -f(x)$ が成り立つ（原点についての点対称）。

第1の対称性は $f(x)$ が奇数累乗項をもたないときのみ成り立ち，第2の対称性は $f(x)$ が奇数累乗項のみからなるとき成り立つ。

例：$f(x) = x^4 - 2x^2 + 3$ ならびに $f(x) = x^5 + 3x$。上で扱った対称性はもちろん零点の状態や符号域の環境にも成り立つ。したがって図Aの関数ではグラフにはどちらの対称性も現れない。

g) 整有理関数のグラフの概略図

- 零点とその多重性
- 符号域
- 定義域の端での振る舞い

これらが連続性に基づいて，主要な点からグラフの略図を描くことを可能にする（中断のない描写）。このとき，場合によっては対称性に基づいて問題を簡略化することができる。
例：図B

有理関数，分有理関数

整有理関数の式から商を用いて有理関数に至る。

定義 4：次の関数式で表される定義域 $D_f = \mathbb{R}\setminus\{x \mid n(x) = 0\}$ の実関数 $f : D_f \longrightarrow \mathbb{R}$ を有理関数という。

$$f(x) = \frac{a_n x^n + a_{n-1} x^{n-1} + \cdots + a_0}{b_m x^m + b_{m-1} x^{m-1} + \cdots + b_0} = \frac{z(x)}{n(x)}$$

ただし，$z(x), n(x)$ は整有理関数式。

$m \neq 0$ のときは 分有理関数 という。

集合 $\{x \mid n(x) = 0\}$ の数を 定義間隙 という。

注：定義4では $m \neq 0$ によって分母が定数であることは閉め出されている。したがって整有理関数は分有理関数には数えない。

例：$f(x) = \dfrac{x^4 - 1}{x^3 + x^2}$, $\quad D_f = \mathbb{R}\setminus\{-1, 0\}$

なぜなら
$x^3 + x^2 = 0 \Leftrightarrow x^2(x + 1) = 0$
$\Leftrightarrow x^2 = 0 \vee x + 1 = 0 \Leftrightarrow x = 0 \vee x = -1$

分有理関数の性質

a) 連続性

$\mathbb{R}$ で連続な2つの整有理関数の商としてすべての分有理関数はその定義域で連続である（p.99，定理3*）。

b) 定義間隙

分母の零点が定義間隙である（p.97 と比較せよ）。次の2つの可能性がある：

b1) 無限性点

b2) グラフの穴

b1) について：無限性点 c は $n(c) = 0 \wedge z(c) \neq 0$ で生じる。分母関数の零点 c の多重性がその点でのグラフの外見を決める。奇数次の極，偶数次の極 という（図C）。

例1： $f(x) = \dfrac{x - 2}{(x - 1)^2}$, $\quad D_f = \mathbb{R}\setminus\{1\}$

例2： $f(x) = \dfrac{1}{(x + 1)^2}$, $\quad D_f = \mathbb{R}\setminus\{-1\}$

例3： $f(x) = \dfrac{1}{x + 1}$, $\quad D_f = \mathbb{R}\setminus\{-1\}$

例4： $f(x) = \dfrac{-3}{x - 1}$, $\quad D_f = \mathbb{R}\setminus\{1\}$

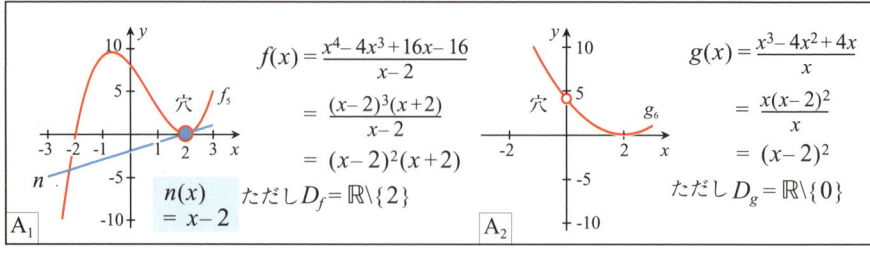

$$f(x) = \frac{x^4 - 4x^3 + 16x - 16}{x-2}$$
$$= \frac{(x-2)^3(x+2)}{x-2}$$
$$= (x-2)^2(x+2)$$
ただし $D_f = \mathbb{R}\setminus\{2\}$

$n(x) = x - 2$

$$g(x) = \frac{x^3 - 4x^2 + 4x}{x}$$
$$= \frac{x(x-2)^2}{x}$$
$$= (x-2)^2$$
ただし $D_g = \mathbb{R}\setminus\{0\}$

A 分有理関数のグラフの穴

与えられた式: $f(x) = \dfrac{x^5 - x^4 - 4x^3 + 4x^2}{x^2 - 1}$

1) 定義域: $f(x) = \dfrac{x^5 - x^4 - 4x^3 + 4x^2}{(x-1)(x+1)}$ なので次が成り立つ: $D_f = \mathbb{R}\setminus\{-1, 1\}$

2) 零点: 求めるものは分子関数の D_f にある零点。分子関数は図B (p.104) の有理関数と一致するので, $1 \notin D_f$ では零点集合 $\{-2, 0\,(二重), 2\}$ を得る。

3) 定義間隙: $f(x) = \dfrac{x^2(x-1)(x-2)(x+2)}{(x-1)(x+1)} = \dfrac{x^2(x-2)(x+2)}{x+1}$

1 で: $\text{l-}\lim\limits_{x \to 1} f(x) = \text{r-}\lim\limits_{x \to 1} f(x) = -\dfrac{3}{2}$　この点 $(1, -\dfrac{3}{2})$ は穴。

-1 で: 分母が $x+1$ なので奇数次の極が得られる。

4) 符号域:

x	-3	-1.5	-0.5	0.5	1.5	3
$f(x)$	<0	>0	<0	<0	<0	>0

5) 漸近線
多項式除法: $f(x) = \dfrac{x^2(x-2)(x+2)}{x+1} =$

$(x^4 - 4x^2) : (x+1) = x^3 - x^2 - 3x + 3 + \dfrac{-3}{x+1}$ 剰余項

$\begin{array}{l}
-(x^4 + x^3) \\
\hline
-x^3 - 4x^2 \\
-(-x^3 - x^2) \\
\hline
-3x^2 \\
-(-3x^2 - 3x) \\
\hline
3x \\
-(3x + 3) \\
\hline
-3
\end{array}$

漸近線関数の式は

$a(x) = x^3 - x^2 - 3x + 3$, $\lim\limits_{x \to \pm\infty} \dfrac{-3}{x+1} = 0$ なので

D_f の端での振る舞いは:
$\lim\limits_{x \to \pm\infty} f(x) = \lim\limits_{x \to \pm\infty} (x^3 - x^2 - 3x + 3) = \pm\infty$

6) 零点, 定義間隙, 符号域, 極, 端での振る舞いなどを座標系に持ち込み, ばらばらにあるグラフの部分を中断なく描けるように延長する:

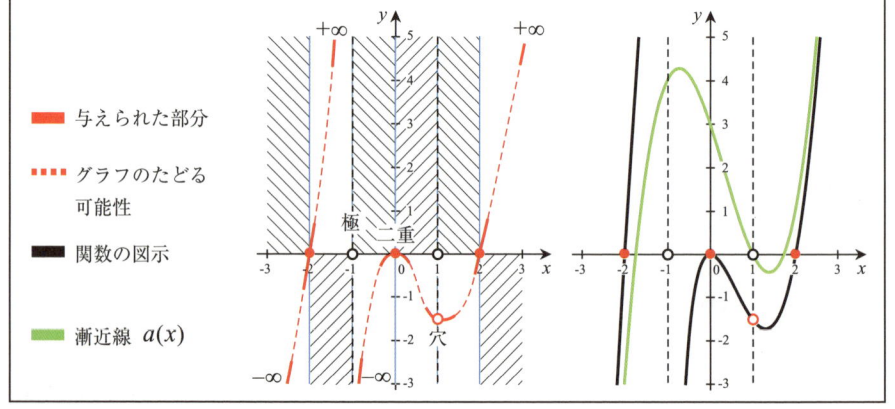

■ 与えられた部分
┅ グラフのたどる可能性
■ 関数の図示
■ 漸近線 $a(x)$

B 分有理関数のグラフの略図

b2) について：$n(c) = 0 \wedge z(c) = 0$ では c は分母関数の零点でもある．分子関数の多重性 r と分母関数の多重性 s を比べる：

$$r > s, \quad r < s, \quad r = s$$

(a) $r < s$：

分子の一次因子 $x - c$ は約分により排除される．新しくできた分母関数は $s - r$ に制限された多重性を得る．極が奇数次か偶数次かを見いださなくてはならない（p.104，図 C）．

(b) $r > s$：

分母の一次因子 $x - c$ は約分により排除される．新しくできた分子関数はその点を $r - s$ に制限された多重性の点とする．与えられた分有理関数はこの零点の代わりに穴 $(c, 0)$ をもつ（図 A_1）．

(c) $r = s$：

一次因子は約分により分母からも分子からも消滅する．左側極限値 と 右側極限値 が存在して一致する．グラフでは穴となる（図 A_2）．

c) 零点

分有理関数の零点は，それが D_f に含まれる限りにおいて，分子の整有理関数の零点に等しい（b2 と比較せよ）．

d) 符号域

符号域の数は定義間隙により付け加えられた符号域の数だけ整有理関数の場合より増える．
定義 2（p.103）は隣接した零点に加えて定義間隙も含めると，分有理関数でも意義をもって成り立つ（図 B の 3, 4）．

e) 定義域の端での振る舞い

定義域の端での振る舞いについては多項式除法 $z(x) : n(x)$ を用いて得られる漸近線が決定する．2 つのケースに分ける：

e1) $n < m$

分子関数の次数 n が分母関数の次数 m より小さい，すなわち分母式のほうが重い．極限値は 0，すなわちグラフは非常に大きいあるいは非常に小さい x の値でより一層 x 軸に近づいていく．

e2) $n \geqq m$

$n > m$ のケースでは分子式が重い．分母を分子で割ると整有理関数 $a(x)$ と剰余の式を得る（図 B, 5）．この剰余の式は x の値がすべての境界を越えて増加または減少するとき，0 に消失する．したがって分有理関数のグラフはそれに属する漸近線と呼ばれる整有理関数 $a(x)$ に一層近づいていく．
$n = m$ では商は定数の 漸近線関数 となり，そのグラフは x 軸に平行である．

定義 5：関数式 $a(x)$ の関数は以下が成り立つとき，式 $f(x)$ の関数の 漸近線関数 であるといい，そのグラフを 漸近線 という：

$$\lim_{|x| \to +\infty} (f(x) - a(x)) = 0$$

f) y 軸についての軸対称原点についての点対称

第 1 の対称形は分子関数 $z(x)$ と分母関数 $u(x)$ のグラフがともに軸対称，またはともに点対称のとき現れる．詳しくいうと次が成り立つ：
すべての $x \in D_f$ について

$$f(-x) = \frac{z(-x)}{n(-x)} = \frac{z(x)}{n(x)} = f(x)$$

またはすべての $x \in D_f$ について

$$f(-x) = \frac{-z(x)}{-n(x)} = f(x)$$

同様に第 2 の対称形は分母分子が異なる対称形を表しているとき生じる．

g) 分有理関数のグラフの略図

・零点

・定義間隙

・符号域

・漸近線

これらが主要な点となり，分有理関数の略図が可能となる．
例：図 B

注：一般には有理関数のグラフの極値点についての命題は微分計算の方法論なしにはせいぜい定理的であるにすぎない．正確な状況は導関数算出（p.111, p.113）のとき得られる判定法を用い求められる．変曲点についても同様のことがいえる．

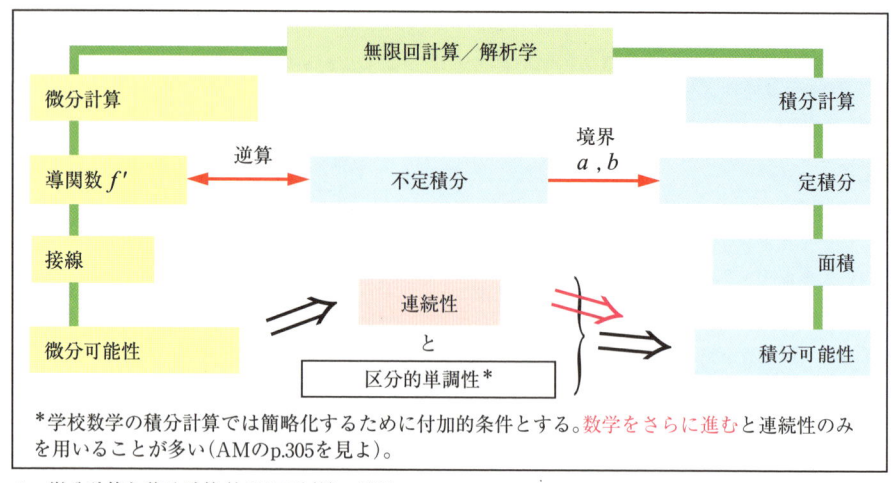

108　微分計算と積分計算

```
┌─────────── 無限回計算／解析学 ───────────┐
│                                              │
│  微分計算                            積分計算 │
│                    逆算        境界          │
│  導関数 $f'$  ←──→  不定積分  ──a,b──→ 定積分│
│                                              │
│  接線                                 面積   │
│                    ⟹  連続性                │
│  微分可能性             と        ⟹ 積分可能性│
│                       区分的単調性*          │
└──────────────────────────────────────────────┘
```

*学校数学の積分計算では簡略化するために付加的条件とする。数学をさらに進むと連続性のみを用いることが多い（AMのp.305を見よ）。

A　微分計算と積分計算（無限回計算）の構造

微分計算	積分計算
(1) 累乗規則　　　(p.113/135)	
(2) 定数因子の規則 (p.113/135)	
(3) 和（差）の規則 (p.113/135)	
(4) 積の規則 (p.115)	(4) 部分積分 (p.137)
(5) 商の規則 (p.115)	(5) 置換積分 (p.137)
(6) 連結規則 (p.115)	

B　微分計算・積分計算の規則

凡例:
→ 手段（黒）
→ 主定理を用いない（緑）
→ 主定理を用いる（赤）

面積:
$$A_a^b = \int_a^b f(x)\,dx \qquad A_a^b = \left|\int_a^b f(x)\,dx\right|$$

$f(x) \geqq 0$　　$f(x) \leqq 0$

不定積分 $\int f(x)\,dx$ → 原始関数 F →

定積分:
$$\int_a^b f(x)\,dx = F(b) - F(a) \quad \text{主定理}$$

$$\int_a^b f(x)\,dx = \lim_{n\to\infty} O_n = \lim_{n\to\infty} U_n$$

微分計算・積分計算の規則（図B）

上方和 O_n　下方和 U_n

連続, 区分的単調　　　$f(x) \geqq 0$　　$f(x) \leqq 0$

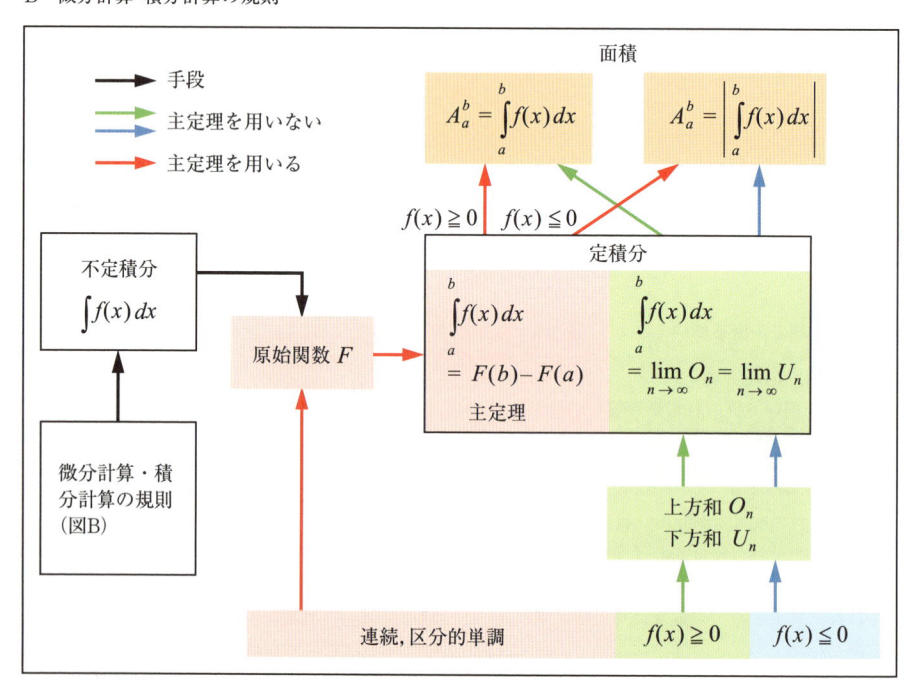

C　主定理を用いた面積算出と主定理を用いない面積算出

互いに密接に結びついた微分計算と積分計算はともに 無限回計算 と呼ばれる分野にある。この分野は 無限に小さい値 と今日 無限回過程（極限値構築）と呼んでいる手法を用いて解かれる主張を扱う。

ギリシャ数学においてすでに，アルキメデス（Archimedes, BC285–212 頃）などによりこの種の過程が見いだされている。彼らは面積と体積の近似計算には徹底的に取り組んだものの，一般に使えるような定理 をもつには至らなかった。

定理的基礎を最初に作り上げたのはI. ニュートン（I. Newton, 1642–1727）であるが，これとは全く別に G. ライプニッツ（G. Leibniz, 1646–1716）もまた定理的基礎を作り上げた。この2人の発端は非常に異なる。すなわちニュートンは物理学から，ライプニッツは変分と呼ばれるものを用いた無限に小さい大きさの合算を可能にする試みから，全く独立して微積分計算の創始者となった。以来，無限回過程計算である 微分法，積分法 は数学の多くの分野で驚異的に応用されている。

微分計算

微分計算の構築（図 A）

微分法の原領域は実関数のグラフでの接線問題（p.111）に行き着く。ある点での関数のグラフの傾きの問題に始まって，関数 f の一次導関数 f' に関する広範囲な問題に至る。

f' を分析して f の傾きの振る舞いを総括的に把握する（単調性の規則，p.119）。無制限に f' が存在するような関数 f は 微分可能 であるという（これには連続性が必要条件である p.113）。このタイプの関数では f の割線の傾きの収束数列を経て f' を導くことができる（したがって関数 f' は「導く」を名にもつ）。さらに一連の計算規則に行き着く（p.113, p.115）。

導関数の概念を用いて関数の性質を研究する（極値点，変曲点，上昇・下降，p.117, p.119）。このとき 高次導関数 と呼ばれる導関数の導関数およびさらにその導関数も重要な役割を果たす。

応用（p.123, p.125）はそのほかの分野での微分計算の利用の小さな認識をあげる。回転体の面積，体積の計算のほかにも 自然対数 の累乗規則の間隙（$r = -1$）への導入を行う。

積分計算

積分計算の構築（図 A）

関数のグラフの曲線によって囲まれた 平面の面積問題（p.127）と密接な関連がある。ここで面積の大きさについての問いとともに，そもそも面積があるのかという問いも解説する。

正則面と呼ばれる確定したタイプの面では，上方和，下方和 の一致する 極限値 によって定義される 定積分（p.129）が両方の問いに答えを与える（p.129, p.131）。しかしながらグラフは負の部分をもちうるから，一般には積分は面積ではない。

すべての関数に積分が存在するわけではない。積分可能 といわれる関数（p.131）の集合はすべての 微分可能な関数を（すべての連続な関数をも）含む。

積分の算出，すなわち面積の算出は **微分計算と積分計算の主定理**（p.133）を用いると非常に簡単になる。これにより積分の値は 原始関数 と呼ばれるものの2つの関数値の差に簡素化される（図 C）。

原始関数の概念は導関数によりもたらされ，
主定理：

$$F' = f \quad (\text{p.135})$$

は微分計算と積分計算の間の中継ぎである。
原始関数を求めることを 積分する ともいう。積分法は微分法の 逆算 である。
微分計算の規則に対応する 計算規則（p.135, p.137）が積分法にも初めからありはするが（図 B），それでもなお積分法は微分法よりはるかに難しい。

積分法には多くの忍耐と想像力が要求される。不定積分 と呼ばれるものについてだけで分厚い本1冊が書かれさえする。コンピュータを用いて定積分を算出するためにインストールされる 近似手続は，計算的近似解が素早く求められるので非常に重要である。数値的積分計算としては台形手続，シンプソンの規則がある。また別の数的手続により方程式の解が求められる。

応用（p.139, p.141）は積分計算利用の可能性の小さな認識を記すにとどめる。

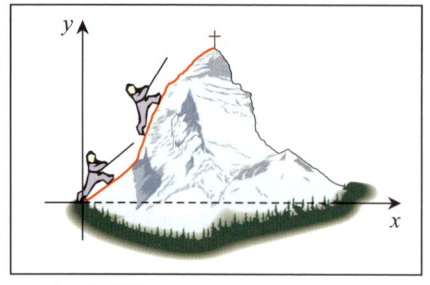

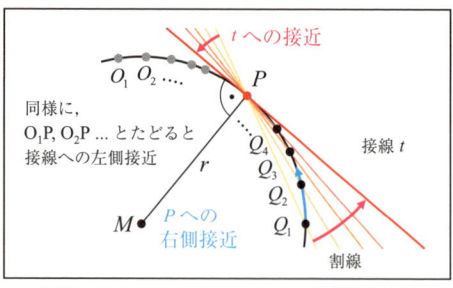

110　微分計算と積分計算

A　山の急斜面

B　割線の極限ケースとしての円の接線

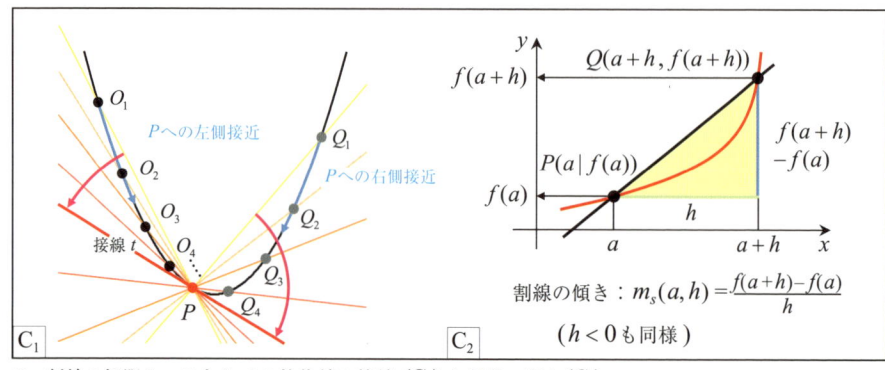

同様に，
O_1P, O_2P …とたどると
接線への左側接近

tへの接近

Pへの
右側接近

接線 t

割線

C_1

Pへの左側接近

Pへの右側接近

接線 t

C_2

$Q(a+h, f(a+h))$

$P(a, f(a))$

$f(a+h) - f(a)$

h

割線の傾き：$m_s(a, h) = \dfrac{f(a+h) - f(a)}{h}$

（$h < 0$ も同様）

C　割線の極限ケースとしての放物線の接線 (C_1) と割線の傾き (C_2)

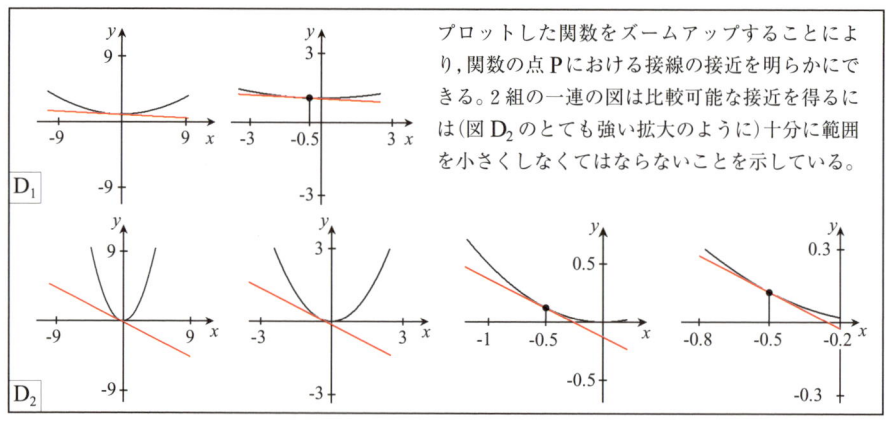

D_1

プロットした関数をズームアップすることにより，関数の点 P における接線の接近を明らかにできる。2組の一連の図は比較可能な接近を得るには（図 D_2 のとても強い拡大のように）十分に範囲を小さくしなくてはならないことを示している。

D_2

D　近似としての接線

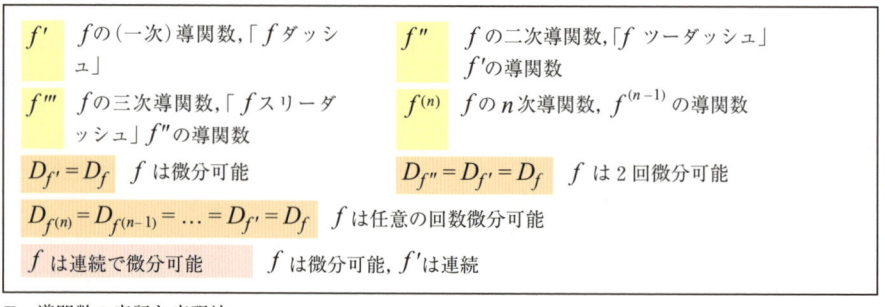

f'	f の（一次）導関数，「f ダッシュ」	f''	f の二次導関数，「f ツーダッシュ」f' の導関数
f'''	f の三次導関数，「f スリーダッシュ」f'' の導関数	$f^{(n)}$	f の n 次導関数，$f^{(n-1)}$ の導関数
$D_{f'} = D_f$	f は微分可能	$D_{f''} = D_{f'} = D_f$	f は2回微分可能
$D_{f^{(n)}} = D_{f^{(n-1)}} = \dots = D_{f'} = D_f$	f は任意の回数微分可能		
f は連続で微分可能		f は微分可能，f' は連続	

E　導関数の表記と表現法

図Aにおける登山者の登山ルートを観察すると，最初は高さが増すにしたがって急に登り，頂上付近では再び緩やかになっていく感じをうける。傾きの概念と数的把握の定義は接線の概念を用いて得ることができる。このとき登坂ルートの位置を実関数のグラフがたどる。

関数のグラフの1点における接線の定義

幾何学で拡張した円の接線の性質（p.167）は以下で代用できる（図B）：

> 1点 P における接線のすべてはこの点 P と P に近づいていく円周上の点 Q を結ぶすべての割線の極限状態である。

関数のグラフに，あるいは数的にも一般化できる。

> (1) $h \neq 0$ のとき，定点 $P(a, f(a))$ と変位点 $Q(a+h, f(a+h))$ を結ぶ割線について傾き $m_S(a, h)$ の算出：
> $m_S(a, h) = \dfrac{f(a+h) - f(a)}{h}$ （図 C_2）

例：

$f(x) = \frac{1}{2}x^2 \quad m_S(a, h) = \dfrac{\frac{1}{2}(a+h)^2 - \frac{1}{2}a^2}{h}$

$= \dfrac{\frac{1}{2}(a^2 + 2ah + h^2) - \frac{1}{2}a^2}{h} = a + \frac{1}{2}h$

> (2) グラフ上での第2の割線点の第1の割線点への接近，すなわち h は0へ収束。

$\Rightarrow \lim_{h \to 0} m_S(a, h) = \lim_{h \to 0}\left(a + \frac{1}{2}h\right) = a$

この式は a の点 $(a, f(a))$ に1つの値を割り当てる。その値を $(a, f(a))$ を通る直線，いわゆる接線 の傾き $m_T(a)$ として用いる。
$a = -0.5$, 点 $(-0.5, f(-0.5))$ $[a = 2,$ 点 $(2, f(2))]$ での接線の方程式を点－傾き－型の平面の直線で得る（p.68, 図 B_2）：

$t_1(x) = -\frac{1}{2}x - \frac{1}{8} \qquad [t_2(x) = 2x - 2]$

一般的に点 $P(a, f(a))$ を通る接線 t_a の方程式を得る。

> $t_a(x) = m_T(a) \cdot (x - a) + f(a)$

注：p.112 の A_2 のような y 軸に平行な接線は傾きを割り当てることができないので把握されない。

a の近傍での関数のグラフと接線を比較すると（図 D_1, D_2）その差違は近傍が小さくなればなるほど小さくなる。

a の近傍を十分に小さくとったときに限り，接線の方程式は関数 f の良い近似となる（図 D_1 を図 D_2 と比較せよ）：

> $f(x) \cong f(a) + m_T(a) \cdot (x - a)$

または $h \neq 0$ で x と $a+h$ とを入れ換えて

> $f(a+h) \cong f(a) + m_T(a) \cdot h$

差商，傾き

> **定義1**：f は実関数，$P(a, f(a))$, $Q((a+h), f(a+h))$ はグラフ上の2点（$h \in \mathbb{R}^{\neq 0}$）とする。$P, Q$ を通る直線を 割線 という。この傾き
> $m_S(a, h) = \dfrac{f(a+h) - f(a)}{h}$
> を a での f の 差商 という。

a を固定して選ぶとき，$P(a, f(a))$ を通るすべての割線は $h < 0, h > 0$ で $m_S(a, h)$ と書かれる（図 C_1）。

> **定義2**：極限値 $f'(a) := \lim_{h \to 0} m_S(a, h)$ が存在するとき，$f'(a)$（f だっしゅ a と読む）は点 P でのこのグラフの傾きであり，a での f の微分係数であるという。この関数 f は a で微分可能であるという。
> a で 左極限値 ［右極限値］（p.97）が存在するときには f は a で 左微分可能 ［右微分可能］であるという。
> a でのグラフの傾きと同じ傾きをもち，点 $P(a, f(a))$ を通る直線を点 $P(a, f(a))$ での 接線 と呼ぶ。

例：p.113

割線の極限値が存在しないとき f は $a \in D_f$ で微分不可能 である。
例：p.112, 図A

微分係数の関数

$f'(x)$ は定義域 $D_{f'} \subseteq D_f$ の関数で書き表される。f から導かれたこの接線の傾き，微分係数の関数を f の 導関数（または 一次導関数）f' という。f から f' を導き出す過程を差（Differenz）の商に基づくことから 微分法（Differenzieren）と呼ぶ。高次導関数 と表現は図E。

$f(x) = |x|$, $D_f = \mathbb{R}$

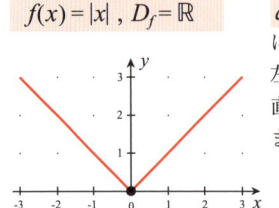

$a = 0$：割線 $P(0,0)$ における傾きは P の左側および右側で半直線の傾きとして求まる。

左側極限値は -1 であるが，右側極限値は 1 である。したがって差商は極限をもたない。グラフでは点 $(0,0)$ で接線は存在しない。($(0,0)$ を通るいかなる直線も「接しているもの」として接線の条件を満たさない。)

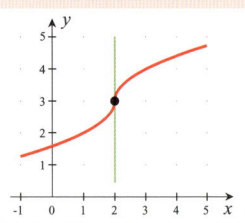

A_1

$f(x) = \begin{cases} \sqrt{x-2} + 3 &, x \geq 2 \\ -\sqrt{-x+2} + 3 &, x < 2 \end{cases}$

$a = 2$：差商の極限値はみなし極限値である。点 $(2,3)$ での接線，y 軸の平行線が存在する。

A_2

A 微分不可能な点

主張: $f(x) = \sin x \Rightarrow f'(x) = \cos x$

証明: $a \in \mathbb{R}$ は任意とする。

(1) 差商の変形：

$m_s(a,h) = \dfrac{f(a+h) - f(a)}{h}$ $\;\xrightarrow{f(x) = \sin x}\;$ $m_s(a,h) = \dfrac{\sin(a+h) - \sin a}{h}$

$\sin x - \sin y = 2\cos\dfrac{x+y}{2} \cdot \sin\dfrac{x-y}{2}$

なので $y = a$ では $x = h + a$ で次が成り立つ：$m_s(a,h) = \dfrac{2\cos\dfrac{2a+h}{2} \cdot \sin\dfrac{h}{2}}{h} = \dfrac{\sin\dfrac{h}{2}}{\dfrac{h}{2}} \cdot \cos\dfrac{2a+h}{2}$

(2) 極限値の算出
（極限値の法則 p.99 の応用）：$\displaystyle\lim_{h \to 0}\left(\dfrac{\sin\dfrac{h}{2}}{\dfrac{h}{2}} \cdot \cos\left(\dfrac{2a+h}{2}\right)\right) = \lim_{h \to 0}\dfrac{\sin\dfrac{h}{2}}{\dfrac{h}{2}} \cdot \lim_{h \to 0}\cos\left(a + \dfrac{h}{2}\right)$

第 1 の極限値は 1。cos 関数の連続性により，第 2 の極限値は $\cos a$。したがって次が成り立つ：
$f'(a) = \cos a$ 　　　　　　　　　　　　　　　　　　　　　　　　　　w.z.z.w.

$f(x)$	c	x	x^2	x^3	x^4	$\sin x$	$\cos x$
$f'(x)$	0	1	$2x$	$3x^2$	$4x^3$	$\cos x$	$-\sin x$

B $\sin x$ の微分係数といくつかの微分係数の表

条件: f は a で微分可能である。
主張: f は a で連続，すなわち次が示されうる：
$\displaystyle\lim_{h \to 0} f(a+h) = f(a)$ あるいは
p.91 の定理 8 により：$\displaystyle\lim_{h \to 0}(f(a+h) - f(a)) = 0$

証明: $f(a+h) - f(a) = \dfrac{f(a+h) - f(a)}{h} \cdot h$

$\Rightarrow \displaystyle\lim_{h \to 0}(f(a+h) - f(a)) = \lim_{h \to 0}\left(\dfrac{f(a+h) - f(a)}{h} \cdot h\right)$

$\displaystyle\lim_{h \to 0}\dfrac{f(a+h) - f(a)}{h} = f'(a)$ で $\displaystyle\lim_{h \to 0} h = 0$ なので

最終的に次を得る：
$\displaystyle\lim_{h \to 0}(f(a+h) - f(a)) = f'(a) \cdot 0 = 0$ 　w.z.z.w.

C_1

$f(x) = \begin{cases} x &, x \leq 1 \\ x-1 &, x > 1 \end{cases}$

f は 1 で非連続
$\Rightarrow f$ は 1 で微分可能ではない
（定理 1 の対偶）

C_2

C 定理 1 の証明 (C_1) と応用 (C_2)

微分不可能な関数

関数が $a \in D_f$ で微分不可能ならば，割線の傾きの極限値は存在しない。そのとき，一般には点 $(a, f(a))$ では極限値は右側でも左側でも存在しないか，あるいは存在しても一致しない（図 A_1）。したがって，接線はない。みなし極限値のケースでは極限値が存在しないにもかかわらず直線が求まり（図 A_2），接線のイメージに合致している。すなわち y 軸の平行線である。

定義による微分

> 与式： $f(x) = x^3 \quad D_f = \mathbb{R}$
> $f'(x)$ を求める； $a \in D_f$ は任意

(1) 差商の変形　$m_S(a, h) = \dfrac{f(a+h) - f(a)}{h}$

$= \dfrac{(a+h)^3 - a^3}{h}$

$= \dfrac{a^3 + 3a^2h + 3ah^2 + h^3 - a^3}{h}$

$= \dfrac{3a^2h + 3ah^2 + h^3}{h} = 3a^2 + 3ah + h^2$

(2) 極限値の算出（極限値定理，p.99 の応用）：

$\lim\limits_{h \to 0}(3a^2 + 3ah + h^2) = 3a^2 + 0 + 0 = 3a^2$

> 結果： $f(x) = x^3 \Longrightarrow f'(x) = 3x^2$

注：差商は分母の h がなくなるまで簡略化または変形しなくてはならない

> 与式： $f(x) = \sqrt{x} \quad D_f = \mathbb{R}_0^+$；
> 求めるもの： $f'(x) ; a \in D_f$ は任意で $a \neq 0$

(1) 差商の変形：
$m_S(a, h) = \dfrac{f(a+h) - f(a)}{h}$

$= \dfrac{\sqrt{a+h} - \sqrt{a}}{h} = \dfrac{\sqrt{a+h} - \sqrt{a}}{h} \cdot \dfrac{\sqrt{a+h} + \sqrt{a}}{\sqrt{a+h} + \sqrt{a}}$

$= \dfrac{(\sqrt{a+h} - \sqrt{a})(\sqrt{a+h} + \sqrt{a})}{h(\sqrt{a+h} + \sqrt{a})} = \dfrac{a + h - a}{h(\sqrt{a+h} + \sqrt{a})}$

$= \dfrac{h}{h(\sqrt{a+h} + \sqrt{a})} = \dfrac{1}{\sqrt{a+h} + \sqrt{a}}$

(2) 極限値の算出（極限値定理，p.99 の応用と分母式 $\sqrt{a+h}$ における累乗根関数の連続性）：

$\lim\limits_{h \to 0} \dfrac{1}{\sqrt{a+h} + \sqrt{a}} = \dfrac{1}{\sqrt{a} + \sqrt{a}} = \dfrac{1}{2\sqrt{a}}$

すなわち： $f(x) = \sqrt{x} \Rightarrow f'(x) = \dfrac{1}{2\sqrt{x}} \ (x \neq 0)$

別の例が図 B にある。

微分可能性と連続性

不連続な点（p.97）では接線は存在しない。
例：図 C_2
次の定理が成り立つことにより，連続性は微分可能性の 必要条件 であることがわかる：

> 定理 1： f が a で微分可能なら， f は a で連続である。

証明：図 C_1

導関数の規則

定義による導関数の構築は一般的には煩雑である。したがって簡略化のための規則を求める。

(a) 累乗規則

この規則は図 B の表の例に示してある。

> $f(x) = c \Rightarrow f'(x) = 0; f(x) = x \Rightarrow f'(x) = 1$
> $f(x) = x^n \Rightarrow f'(x) = n \cdot x^{n-1}, n \in \mathbb{N}^{>1}, x \in \mathbb{R}$

証明： $a \in D_f$ は任意とする。

(1) 差商の変形

$m_S(a, h) = \dfrac{f(a+h) - f(a)}{h}$

$= \dfrac{(a+h)^n - a^n}{h} = \dfrac{a^n + nha^{n-1} + h^2(\cdots) + \cdots + h^n - a^n}{h}$

$= \dfrac{h[na^{n-1} + \cdots h^{n-1}]}{h} = na^{n-1} + h(\cdots) + \cdots$

(2) 極限値の算出（極限値定理，p.99）：

$\lim\limits_{h \to 0}(na^{n-1} + h(\cdots) + \cdots)$

$= na^{n-1} + 0 + 0 + \cdots = na^{n-1}$　　　w.z.z.w

注：累乗規則の成立領域は $x \neq 0$ で $n \in \mathbb{Z}$ に，さらに $x > 0$ で $n \in \mathbb{R}$ に拡張しうる。

(b) 定数因子の規則

$f(x)$ に含まれる定数因子 c は関数 f のグラフでは y 軸に沿った拡大（縮小）として現れる。いずれにせよ傾き三角形では y 辺は因子 c で拡大（縮小）される。次が成り立つ：

> 定理 2：定数因子は微分により保たれる。すなわち f が a で微分可能ならば $g := c \cdot f$ について $g'(a) = c \cdot f'(a)$ が成り立つ。

(c) 和と差の規則

> 定理 3： f, g が a で微分可能なとき次の和関数（差関数）も微分可能であり，
> $[f(a) \pm g(a)]' = f'(a) \pm g'(a)$ が成り立つ。

和の規則の証明：

(1) 仮定の f と g の微分可能性に注意して差商を変形：

$m_S(a, h) = \dfrac{(f+g)(a+h) - (f+g)(a)}{h}$

$= \dfrac{f(a+h) + g(a+h) - [f(a) + g(a)]}{h}$

$= \dfrac{f(a+h) - f(a) + [g(a+h) - g(a)]}{h}$

$= \dfrac{f(a+h) - f(a)}{h} + \dfrac{g(a+h) - g(a)}{h}$

連結規則の証明

(1) $h \neq 0$ での差商の変形

$$m_S(a,h) = \frac{(g \circ f)(a+h) - (g \circ f)(a)}{h} = \frac{g(f(a+h)) - g(f(a))}{h} = \frac{g(f(a+h)) - g(f(a))}{f(a+h) - f(a)} \cdot \frac{f(a+h) - f(a)}{h}$$

$\bar{h} = \bar{h}(h) := f(a+h) - f(a) \neq 0$ とすると $h \to 0$ では $\bar{h} \to 0$ もまた成り立つ。
(f の微分可能性から f の連続性が $\lim_{h \to 0} f(a+h) = f(a)$ から $\lim_{h \to 0}(f(a+h) - f(a)) = 0$)が導かれる。)

(2) 極限値の算出

$$\lim_{h \to 0} m_S(a,h) = \lim_{h \to 0} \frac{g(f(a+h)) - g(f(a))}{\bar{h}} \cdot \lim_{h \to 0} \frac{f(a+h) - f(a)}{h} = \lim_{h \to 0} \frac{g(f(a+h)) - g(f(a))}{\bar{h}} \cdot f'(a)$$

$f(x) = z$, $f(a) = z_0$ とすると,すなわち $f(a+h) = f(a) + \bar{h} = z_0 + \bar{h}$。したがって次が成り立つ:
$$\lim_{h \to 0} m_S(a,h) = \lim_{h \to 0} \frac{g(z_0 + \bar{h}) - g(z_0)}{\bar{h}} \cdot f'(a) = g'(z_0) \cdot f'(a) = g'(f(a)) \cdot f'(a)$$

$\Rightarrow \quad (g(f(a)))' = g'(f(a)) \cdot f'(a)$

注: 証明においてほとんどの微分可能な関数 f が歩み寄るような a の近傍で $\bar{h} \neq 0$ とする。

例:
$$\left. \begin{array}{l} k(x) = (x^2 - 1)^{15} \\ z = f(x) = x^2 - 1 \\ g(z) = z^{15} \end{array} \right\} \Rightarrow \left. \begin{array}{l} f'(x) = 2x \\ g'(z) = 15z^{14} \end{array} \right\} \Rightarrow k'(x) = 2x \cdot 15z^{14} = 30x(x^2 - 1)^{14}$$

$$\left. \begin{array}{l} k(x) = \sqrt{x^2 + 10 - 2x} \\ z = f(x) = x^2 + 10 - 2x \\ g(z) = \sqrt{z} \end{array} \right\} \Rightarrow \left. \begin{array}{l} f'(x) = 2x - 2 \\ g'(z) = \frac{1}{2\sqrt{z}} \end{array} \right\} \Rightarrow k'(x) = \frac{2x - 2}{2\sqrt{x^2 + 10 - 2x}}$$

A 連結規則

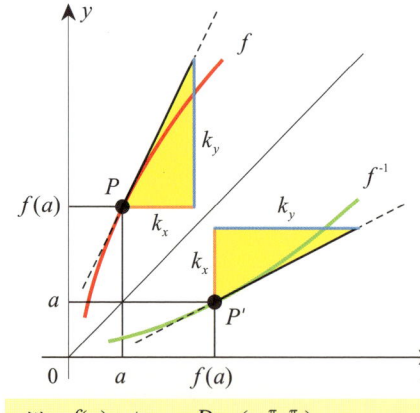

逆 tan 関数の図解的構造

両軸の単位の等しいとき,逆関数 f^{-1} のグラフを第 I, III 象限の角の二等分線についての鏡像により得る (p.65)。点 P において接線の増分三角形は同様に対称移動する。像の三角形は点 P における接線の増分三角形である。次が成り立つ:

$$(f^{-1})'(f(a)) = \tan a = \frac{k_x}{k_y} = \frac{1}{\frac{k_y}{k_x}} = \frac{1}{f'(a)}$$

例: $f(x) = \tan x$, $D_f = (-\frac{\pi}{2}, \frac{\pi}{2})$

tan 関数は区間 D_f で狭義単調増加である。$\tan x = \frac{\sin x}{\cos x}$ なので tan 関数はおのおのの点 $a \in D_f$ で微分可能である。すなわち逆関数である逆 tan 関数 (p.79) もまた $f(a)$ で微分可能であり,次が成り立つ:

$$\arctan'(f(a)) = \frac{1}{\tan'(a)} = \frac{1}{1 + \tan^2 a} = \frac{1}{1 + [f(a)]^2}$$

変数の変換により次を得る: $\arctan' x = \frac{1}{1 + x^2}$

B 逆関数規則と逆 tan 関数の導関数

導関数の概念 III

2) 極限値の算出（極限値定理の応用，p.99 を見よ）：
$$\lim_{h\to 0}\left(\frac{f(a+h)-f(a)}{h}+\frac{g(a+h)-g(a)}{h}\right) \quad |\text{仮定より}$$
$$= f'(a) + g'(a) \qquad \text{w.z.z.w.}$$

例：$f(x) = x^5 - x^4 - 4x^3 + 4x^2, D_f = \mathbb{R}$
$\Rightarrow f'(x) = 5x^4 - 4x^3 - 12x^2 + 8x$

定数因子の規則，累乗と和差の規則に応用される。
注：差の規則も同様に証明する。

(d) 積の規則

> **定理 4**：f, g が a で微分可能ならば，積関数もまた微分可能である。
> $$[f(a) \cdot g(a)]' = f'(a) \cdot g(a) + f(a) \cdot g'(a)$$

証明：
(1) 仮定および f, g の微分可能性に注目して差商の変形：
$$m_S(a, h) = \frac{(f \cdot g)(a+h) - (f \cdot g)(a)}{h}$$
$$= \frac{f(a+h) \cdot g(a+h) - f(a) \cdot g(a)}{h}$$

f と g の差商に至るために分子に適当なものすなわち次の式を補わなければならない：

$$-f(a) \cdot g(a+h) + f(a) \cdot g(a+h)$$

次を得る：$m_S(a, h)$
$$= \frac{f(a+h) \cdot g(a+h) - f(a) \cdot g(a+h) + f(a) \cdot g(a+h) - f(a) \cdot g(a)}{h}$$
$$= \frac{[f(a+h) + f(a)] \cdot g(a+h) + f(a) \cdot [g(a+h) - g(a)]}{h}$$
$$= \frac{f(a+h) - f(a)}{h} \cdot g(a+h) + f(a) \cdot \frac{g(a+h) - g(a)}{h}$$

(2) 極限値の算出（極限値定理の応用，p.99）：
$$\lim_{h\to 0}\left(\frac{f(a+h)-f(a)}{h} \cdot g(a+h) + f(a) \cdot \frac{g(a+h)-g(a)}{h}\right)$$
$$= f'(a) \cdot g(a) + f(a) \cdot g'(a) \qquad \text{w.z.z.w.}$$

注：第 1 の和の項では g の連続性（定理 1 より g の微分可能性から導かれる）が充足される：
$$\lim_{h\to 0} g(a+h) = g(a)$$

例：$f(x) = x^3 \cdot \cos x; \ D_f = \mathbb{R}$
$\Rightarrow f'(x) = 3x^2 \cdot \cos x + x^3 \cdot (-\sin x)$
$\qquad = 3x^2 \cos x - x^3 \sin x$

定数因子，累乗，積の規則が応用されている。

(e) 商の規則

> **定理 5**：f, g が a で微分可能ならば以下のように商関数もまた $(g(a) \neq 0)$ 微分可能である：
> $$\left[\frac{f(a)}{g(a)}\right]' = \frac{f'(a) \cdot g(a) - f(a) \cdot g'(a)}{[g(a)]^2}$$

証明：積の規則と同様に展開する。
(1) 差商 $m_S(a, h)$ は共通分母 $g(a+h) \cdot g(a)$ の応用と積の規則の場合と同様の同一式の充足により次のように変形される：
$$\frac{\frac{f(a+h)-f(a)}{h} \cdot g(a+h) - f(a) \cdot \frac{g(a+h)-g(a)}{h}}{g(a+h) \cdot g(a)}$$

(2) この式の極限値は $g(a) \neq 0$ で存在し，
$$\frac{f'(a) \cdot g(a) - f(a) \cdot g'(a)}{[g(a)]^2} \text{ に等しい。} \qquad \text{w.z.z.w.}$$

例：$f(x) = \frac{x+2}{x^2-1}, \ D_f = \mathbb{R} \setminus \{-1, 1\}$ ならば
$$f'(x) = \frac{1 \cdot (x^2 - 1) - (x+2) \cdot 2x}{(x^2-1)^2} = \frac{-x^2 - 4x - 1}{(x^2-1)^2}$$

(f) 連結規則

規則 (a)〜(e) からすべての有理関数（p.105）の微分可能性が導かれる。そのほかにも微分可能な関数を結合によって 1 つにした関数のすべても微分可能である。

もう 1 つの形がいわゆる関数の連結（p.65）であり，たとえば $f(x) = (x^2-1)^{15}$ とか $f(x) = \sin x^2$ である。次が成り立つ：

> **定理 6**：f が a で，g が $f(a)$ で微分可能ならば連結 $g \circ f$ が存在し，$g \circ f$ もまた微分可能で次が成り立つ：
> $$g(f(a))' = g'(z) \cdot f'(a) \text{ ただし } z = f(a)$$

導関数 $g'(z)$ を 外導関数，$f'(x)$ を 内導関数 という。この定理の証明と例は図 A。

(g) 逆関数規則

> **定理 7**：f がある区間で定義された狭義単調増加（減少）関数 $y = f(x)$ で，a で微分可能，$b = f(a)$，$f'(a) \neq 0$ のとき，逆関数について a で次が成り立つ：
> f^{-1} は $f(a)$ で微分可能で，
> $$[f^{-1}]'(f(a)) = (f^{-1})'(b)$$
> $$= \frac{1}{f'(a)} = \frac{1}{f'(f^{-1}(b))}$$
> 変数 x と y との入れ替えにより次が成り立つ：
> $$[f^{-1}]'(x) = \frac{1}{f'(f^{-1}(x))}$$

具体的なこの定理の正当化と例は図 B。

重要な関数の導関数は公式集を見よ。

116　微分計算と積分計算

問題設定：床面が長方形の鶏小屋を納屋の壁に沿って造りたい。残る3面には20mの囲いを用いる。最大面積をもつのはどの長さのときか？

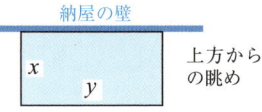

納屋の壁

上方からの眺め

周りの長さ $Z = 2x + y = 20$ [m]　（副条件：$2x + y = 20 \Leftrightarrow y = 20 - 2x$）

鶏小屋の面積：　$A(x, y) = x \cdot y$ [m²]

$y = 20 - 2x$

$A(x) = x(20 - 2x)$
$\Leftrightarrow A(x) = 20x - 2x^2$
$\Leftrightarrow A(x) = -2(x - 5)^2 + 50$

グラフは放物線

ゴール：　最大の $A(x)$ の値

結論：グラフの「最高」点は $(5, 50)$。

したがって鶏小屋の辺の長さは 5m, 10m, 5m。

x	$A(x)$
2	32
3	42
4	48
5	50
6	48
7	42
8	32

A　極値問題

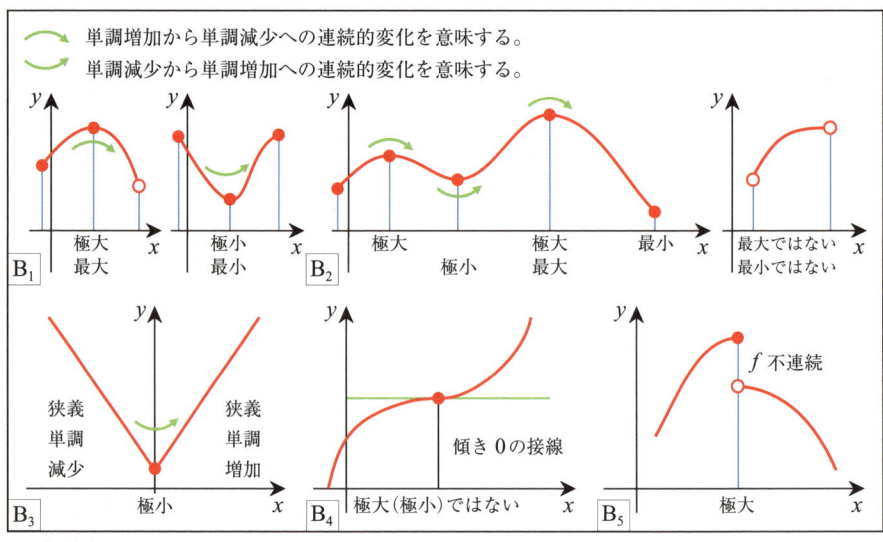

↷　単調増加から単調減少への連続的変化を意味する。
↶　単調減少から単調増加への連続的変化を意味する。

B_1　極大／最大　極小／最小
B_2　極大　極小／最大　最小
　　最大ではない／最小ではない
B_3　狭義単調減少／狭義単調増加　極小
B_4　傾き0の接線　極大（極小）ではない
B_5　f 不連続　極大

B　極値点のグラフ

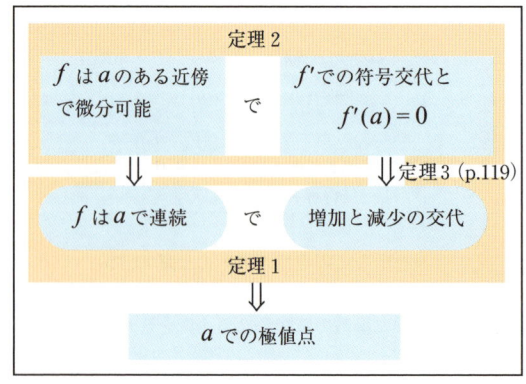

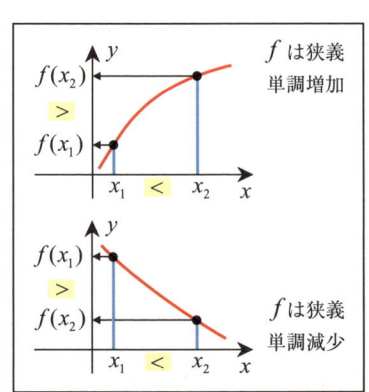

定理2
f は a のある近傍で微分可能　で　f' での符号交代と $f'(a) = 0$
⇓　　　　　　　　⇓ 定理3 (p.119)
f は a で連続　で　増加と減少の交代
定理1
⇓
a での極値点

C　定理1と2の関連づけ

$f(x_2) > f(x_1)$, $x_1 < x_2$　f は狭義単調増加

$f(x_1) > f(x_2)$, $x_1 < x_2$　f は狭義単調減少

D　狭義単調関数

局所的極値，絶対的極値

図 A に示された問題ではグラフ（ここでは放物線の移動形）の一番高い点に答えを見いだすことができる。数学の応用ではこの種の「最高点」，「最低点」（上級概念では極値点）は重要な役割を果たす（p.123, p.125）。

極値点の定義

図 B の例のように極値点には次の 2 つがある
- **絶対的**に最大（最小）の関数値 – 合わせた定義域全体で極端である。
- **局所的**に最大（最小）の関数値 – 近隣では比較的極端である。

> **定義 1**：すべての $x \in D_f$ で次が成り立つとき実関数 f は $a \in D_f$ で 絶対的最大値［絶対的最小値］をもち，そのグラフは 絶対的最高点［絶対的最低点］をもつ：
> $$f(x) \leq f(a) \qquad [f(x) \geq f(a)]$$

絶対的極値は D_f の端にもありうる（図 B_2）。これを 端極値 という。
絶対的極値は実在する必要はない（図 B_2）。

> **定義 2**：a のある近傍で以下が成り立つとき，実関数 f は $a \in D_f$ で 局所的（相対的）最大値［最小値］をもち，グラフは 局所的（相対的）最高点［最低点］をもつ：
> すべての $x \neq a$ で $f(x) \leq f(a)$ $[f(x) \geq f(a)]$
> f は a で 極値 をもつという。

（訳注）以下では日本の用語に従い，絶対的最大値を最大値，絶対的最小値を最小値，絶対的極値を最大値最小値，局所的最大値を極大値，局所的最小値を極小値，局所的極値を極値と呼ぶ。

最大値最小値を求めるには一般的に極値を知らなくてはならない。

極値をもつ位置の十分条件

「B ならば，a で極大値（極小値）をもつ」という形の定理を求める。ここで B は満たされたときにはそれから極値点に至る十分な条件である。十分条件 と呼ぶ。

増加–減少定理と減少–増加定理

> **定義 3**：実関数 f が $x_1 < x_2$ となる D_f の 2 点 x_1, x_2 で次を満たすとき，f は 単調増加［単調減少］

するという：
$$f(x_1) \leq f(x_2) \qquad [f(x_1) \geq f(x_2)]$$
$\leq$ を $<$ に［$\geq$ を $>$ に］置き換えたとき 狭義単調増加［狭義単調減少］という（図 D）。

図 B_1, B_2 の例は極値点での 狭義増加から狭義減少への移行（極大値），狭義減少から狭義増加への移行（極小値）である。

次が成り立つので，この条件は極値点に十分である。

> **定理 1（増加–減少定理，減少–増加定理）**：
> a で連続な関数 f が a の近傍で左側狭義増加［減少］関数でかつ右側狭義単調減少［増加］ならば，a に極大値［極小値］があるという。

例：図 B_3

符号交代

図 B_1, B_2 のグラフの傾きは極値点の近傍で特殊な性質を示す，微分可能 な関数である：

(1) 極値をもつ 0 ではグラフおよび接線の傾きは 0。

(2) 極値点での 傾きの正から負への移行（極大値）あるいは 負から正への移行（極小値）が生じている。

条件 (1) は単独では十分ではない。傾き 0 で極値性をもたない関数が存在する（図 B_4）。
これに対して (1), (2) 双方では極値点として十分である。次の定理が成り立つ：

> **定理 2（符号交代定理）**：
> a で微分可能で $f'(a) = 0$ となる関数 $f(x)$ で
> $$f'(x) \begin{cases} > 0, & x < a \\ < 0, & x > a \end{cases}$$
> または
> $$f'(x) \begin{cases} < 0, & x < a \\ > 0, & x > a \end{cases}$$
> が成り立つなら，a で極大値または極小値をもつ。

注：この定理は狭義単調増加関数ならびに狭義単調減少関数とそれらの導関数 f'（p.119，単調性定理を見よ）の密接な関連性に基づく定理 1 の特殊なケースである（図 C）。

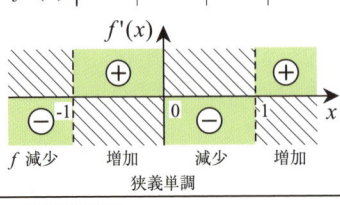

A 単調性区間

与えられたもの: $f(x) = x^4 - 2x^2 + 1$

求めること: 狭義単調減少, 狭義単調増加の領域

次が成り立つ: $f'(x) = 4x^3 - 4x$

(1) f' の零点(f の接線の傾きが0):
$4x^3 - 4x = 0 \Leftrightarrow 4x(x^2 - 1) = 0$
$\Leftrightarrow x = 0 \lor x = 1 \lor x = -1$

零点集合: $\{-1, 0, 1\}$

(2) f' の符号域:

x	-2	-0.5	0.5	2
$f'(x)$	<0	>0	<0	>0

f 減少 / 増加 / 減少 / 増加

狭義単調

B 符号交代基準の応用

与えられたもの: $f(x) = \frac{1}{5}x^5 - \frac{1}{4}x^4$

求めること: 極値点

次が成り立つ: $f'(x) = x^4 - x^3$

(1) 方程式 $f'(x) = 0$ の解は $0, 1$

(2) f' の符号域:

x	-1	0.5	2
$f'(x)$	>0	<0	>0

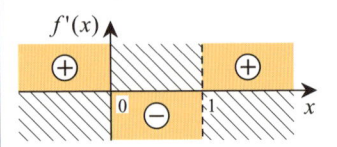

$f'(0) = 0$, $f'(1) = 0$, 0 での符号交代は $+$ から $-$ へ, 1 での符号交代は $-$ から $+$ なので 0 では極大点, 1 では極小点をもつ。

C f'-f'' 定理の応用

与えられたもの: $f(x) = x^3 - 12x$ 求めるもの: 極値点

(1) 方程式 $f'(x) = 0$ の解
$f'(x) = 0 \Leftrightarrow 3x^2 - 12 = 0 \Leftrightarrow x^2 - 4 = 0 \Leftrightarrow x = 2 \lor x = -2 \Rightarrow L = \{-2; 2\}$

最大でも $-2, 2$ でのみ極値点をもちうる。

(2) 十分条件の確認 $f'(a) = 0$ かつ $f''(a) < 0$ と $f'(a) = 0$ かつ $f''(a) > 0$

$f''(x) = 6x$　$\underset{a=2}{\longrightarrow}$　$f'(2) = 0$, $f''(2) = 12 > 0$

$\underset{a=-2}{\longrightarrow}$　$f'(-2) = 0$, $f''(-2) = -12 < 0$

すなわち 2 に極大点, -2 に極小点がある。

D 反例

最高点 $(0, 1)$

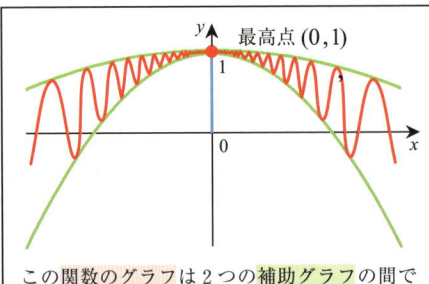

この関数のグラフは2つの補助グラフの間で振動して伸びている。

したがって 0 のいかなる近傍でも単調増加および単調減少は得られない。符号交代もありえない。しかしながら $(0, 1)$ は極大点である。

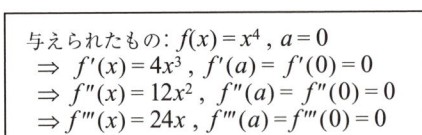

E 定理5の逆の反例

与えられたもの: $f(x) = x^4$, $a = 0$
$\Rightarrow f'(x) = 4x^3$, $f'(a) = f'(0) = 0$
$\Rightarrow f''(x) = 12x^2$, $f''(a) = f''(0) = 0$
$\Rightarrow f'''(x) = 24x$, $f'''(a) = f'''(0) = 0$

$f''(x) \neq 0$ が満たされないにもかかわらず, 0 に極小点がある。

$f(x) = x^4$ のグラフ:

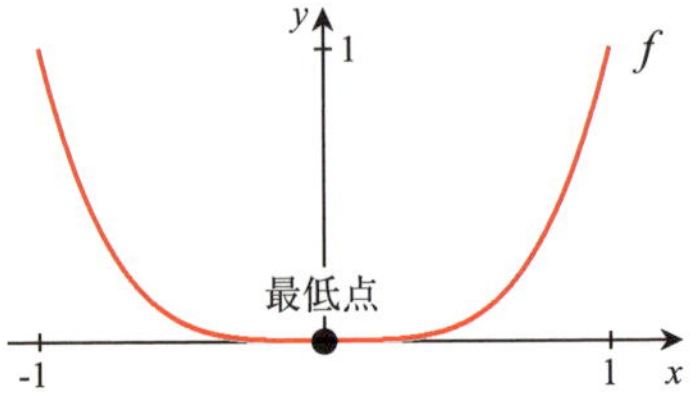

最低点

定義に基づいた単調性の説明は単純な関数においてでさえかなり面倒な計算である。このような計算は以下の定理の応用により回避できる。

定理 3（単調性の定理）：ある区間で定義された微分可能な関数 f について，そこで
$$f'(x) > 0 \quad [f'(x) < 0]$$
が成り立つなら，f は狭義単調増加［狭義単調減少］関数である（p.116，図 D）。

証明略。

例：$f(x) = x^4 - 2x^2 + 1$
符号域による解は図 A。

注 1：定理 3 を用いると次を得る：定理 2 は定理 1 の特殊なケースである（p.116，図 C）。

注 2：定理 3 の逆定理は偽である。なぜならたとえば $f'(a) = 0$ となる狭義単調増加関数が存在する。
例：$f(x) = x^3 \Rightarrow f'(x) = 3x^2 \Rightarrow f'(0) = 0$

極値の証明における $f'(x) = 0$ の**方程式の意味**は極値が存在するとき微分可能な a で 不可欠に $f'(a) = 0$ が成り立つことである。$f'(a) \neq 0$ のすべての a は極値点をもつ候補からはずされる。次が成り立つ：

定理 4：微分可能な関数では 最大でも* 方程式 $f'(x) = 0$ の解の存在するところのみが極値点になりうる。

例： $f(x) = \frac{1}{5}x^5 - \frac{1}{4}x^4 \Longrightarrow f'(x) = x^4 - x^3$
　　　方程式 $f'(x) = 0$ の解
　　　$x^4 - x^3 = 0 \Longleftrightarrow x = 0 \vee x = 1$
　　　このグラフはすなわち 0 と 1 でのみ極値点をもちうる。

必要条件は $f'(x) = 0$ 以上でも以下でもない。極値の判定については十分条件と照合しなければならない。たとえば a で $f'(a) = 0$ と f' の符号交代 (VW) である（図 B）。

f'-f'' 定理

f の VW にあたることは，第 2 次導関数 f''（f' の導関数 $(f')'$）の可能な極値点での調査に置き換えられる。次が成り立つ：

定理 5（f'-f'' 定理）：関数 f が a の近傍で 2 回微分可能で，以下が成り立つとき

$f'(a) = 0$ で $f''(a) < 0$ ［$f'(a) = 0$ で $f''(a) > 0$］
関数 f は a で極大値［極小値］をもつ。

例：図 C

$f^{(n)}$-$f^{(n+1)}$ 定理

$f(x) = \frac{1}{5}x^5 - \frac{1}{4}x^4$ について
$f'(x) = x^4 - x^3$ と
$f''(x) = 4x^3 - 3x^2$ を得る。
0 に極値点（定義 4 の例を見よ）があるが $f''(x) = 0$ が成り立つので定理 5 は応用できない。
更なる導関数をつくる
$f'''(x) = 12x^2 - 6x$
$f^{(4)}(x) = 24x - 6$
ここで $f'''(0) = 0, f^{(4)}(0) = -6 < 0$ が確立する。0 で最初に 0 とならない微分係数は偶数次で負である。これより 0 で極大値をもつことを得る。
一般的に次が成り立つ。

定理 6：関数 f が a の近傍で少なくとも n 回微分可能，n が偶数で以下が成り立つとき：
$f'(a) = f''(a) = \cdots = f^{(n-1)}(a) = 0$,
$f^{(n)}(a) < 0 \quad [f^{(n)}(a) > 0]$
関数 f は a で極大値［極小値］をもつ。

極値点の十分条件の限界

定理 1, 2, 5, 6 は極値点の十分条件を保っている。しかしながら，これらの条件は不可欠ではない。すなわち 1 箇所で満たして**いない**にもかかわらずここに極値点を得ることがある（下の反例を見よ）。極値が**ない**ことを証明するにはほかの方法で判定しなくてはならない。たとえば，$f'(a) = 0$ あるいは極値点の別の必要条件を試すことができる。

反例

定理 1 に対して：a では連続でないにもかかわらず，a で極値点をもつ関数がある（p.116，図 B_5 を見よ）。
そのほかにも左側または右側から a で狭義単調減少または狭義単調増加していないにもかかわらず，a で極値点をもつ関数がある（図 D）。
定理 2 に対して：a で符号交代が存在しないケースで a に極値点がある関数がある（図 D）。
定理 5 に対して：図 E
定理 6 に対して：図 E で $f(x) = x^{n+2}$ のケース

（訳注）　*［たかだか］

120　微分計算と積分計算

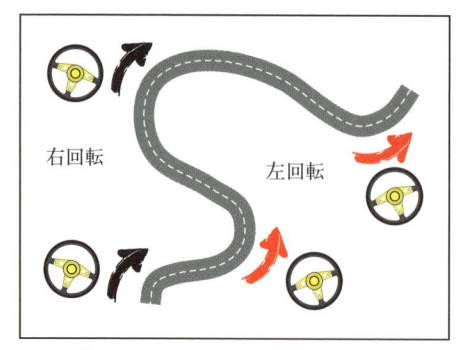

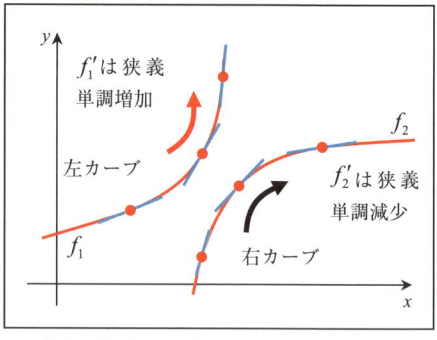

A　自動車のカーブ運転

右回転／左回転

B　左わん曲, 右わん曲

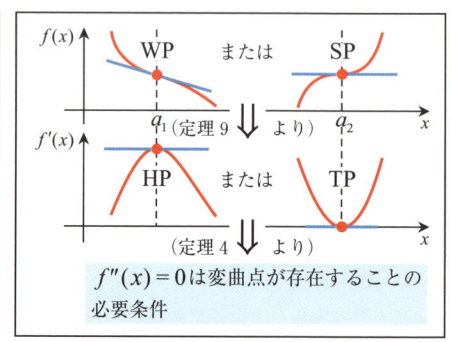

f_1' は狭義単調増加　左カーブ　f_2
f_2' は狭義単調減少　右カーブ　f_1

C　変曲点, 鞍点

f_1　左わん曲　WP　$m \neq 0$　右わん曲
f_2　左わん曲　SP　$m = 0$　右わん曲
― 接線
WP ＝ 変曲点
SP ＝ 鞍点

D　変曲点の必要条件

$f(x)$：WP または SP
$f'(x)$：q_1（定理9　より）q_2
HP または TP
（定理4　より）

$f''(x) = 0$ は変曲点が存在することの必要条件

E　極値の定理と変曲点の定理の関係

	a での極値について	a での変曲点について
必要	$f'(a) = 0$（定理4）	$f''(a) = 0$（定理8）
十分	$f'(x) = 0$ と f' の ＋から－ および －から＋ の符号交代（定理2）	$f''(x) = 0$ と f'' の ＋から－ および －から＋ の符号交代（定理10）
	$f'(a) = 0 \wedge f''(a) \neq 0$（定理5）	$f''(a) = 0 \wedge f'''(a) \neq 0$（定理11）
	$f'(a) = \ldots = f^{(n-1)} = 0 \wedge f^{(n)} \neq 0$, n は $n \geq 2$ の偶数（定理6）	$f''(a) = \ldots = f^{(n-1)} = 0 \wedge f^{(n)} \neq 0$, n は $n \geq 3$ の奇数（定理12）

F　定理10による変曲点の決定

$f(x) = \frac{1}{6}x^6 - \frac{1}{5}x^5$, $D_f = \mathbb{R}$
$\Rightarrow f'(x) = x^5 - x^4$, $f''(x) = 5x^4 - 4x^3$
必要条件:
$f''(x) = 0 \Leftrightarrow x^3(5x - 4) = 0 \Leftrightarrow x = 0 \vee x = \frac{4}{5}$
f'' の符号交代は 0 と $\frac{4}{5}$:
$f''(-1) > 0$, $f''(\frac{1}{2}) < 0$, $f''(1) > 0$

f'' の連続性と定理10から次が得られる：0 に左から右わん曲への変曲点, $\frac{4}{5}$ にその反対の変曲点をもつ。（0 では鞍点）

注：$\frac{4}{5}$ には定理11も応用できるが, 0 ではできない（その代わり定理12）。

わん（湾）曲

自動車でわん曲した通りを走るとき，運転手は絶え間なく（車の）ハンドルを左または右に回して車の方向を変える（図A）。ハンドルの回転ごとに通りは左または右にカーブしている。関数のグラフでは 右わん曲，左わん曲 という。図Bでは接線の状態の変化において，わん曲が微分係数 f' の変化と何らかの関係をもっているに違いないことを明らかにしている。したがって次のように定義する。

定義4：f を微分可能な関数とする。このとき区間 I で f' が狭義単調増加［減少］するなら，f のグラフはこの区間で左わん曲［右わん曲］する。
このグラフは区間 I で 左わん曲的［右わん曲的］であるともいう。

2回微分可能な関数は単調性定理（p.119）により，f'' の符号をわん曲の種類に結びつけることができる。次が成り立つ。

定理7（わん曲定理）：f が2回微分可能な関数で区間 I で，$f''(x) > 0$ ［$f''(x) < 0$］が成り立つとき，f は左わん曲［右わん曲］する。

例：$f(x) = x^3$, $D_f = \mathbb{R}$
$\Rightarrow f'(x) = 3x^2;\quad f''(x) = 6x$

$$f''(x) \begin{cases} > 0, & x > 0 : 左わん曲 \\ < 0, & x < 0 : 右わん曲 \end{cases}$$

変曲点

変曲点とはグラフ上でわん曲の種類の変わる点のことである（図C）。この変化は左わん曲から右わん曲へおよび右わん曲から左わん曲への2つのケースに分けられる。

定義5：グラフ上で左わん曲から右わん曲へまたはその反対の移行の起こる点を 変曲点 という。接線の傾き0の変曲点を 鞍（あん）点 という。

2回微分可能な関数では f' は連続である。したがって変曲点を f' の狭義増加から狭義減少への連続的移行または狭義減少から狭義増加への連続的移行とみなせる。したがって関数 f を f' で置き換えることにより定理1（p.117）が応用できる。すなわち次が成り立つ。

定理8：f が2回微分可能で a に変曲点があるなら，f' は a で極値をもつ。このとき左わん曲から右わん曲［右わん曲から左わん曲］への移行は f' での極大点［極小点］にあたる。

定理8を定理4（p.119）と結びつけることにより f' についても同様に得られる（図D）。

定理9：2回微分可能な関数では変曲点は方程式 $f''(x) = 0$ の解のあるところにしか存在しない。したがって $f''(a) = 0$ は a で変曲することの必要条件である。

定理9が定理4に対応する（導関数の次数は1上がる）ように，定理10, 11, 12 は定理2, 5, 6 に対応する（図E）。

定理10：関数 f が a の近傍で2回微分可能，$f''(a) = 0$ で次が成り立つとき

$$f''(x) \begin{cases} > 0, & x > a \\ < 0, & x < a \end{cases}$$

$$\left[f''(x) \begin{cases} < 0, & x > a \\ > 0, & x < a \end{cases} \right]$$

a には左わん曲から右わん曲［左わん曲から右わん曲］への変曲点がある。

定理11（f''-f''' 定理）：関数 f が a の近傍で3回微分可能で

$f''(a) = 0$ かつ $f'''(a) < 0$

［$f''(a) = 0$ かつ $f'''(a) > 0$］が成り立つならば a には左わん曲から右わん曲［左わん曲から右わん曲］への変曲点がある。

定理12：関数 f が a の近傍で少なくとも n 回微分可能，$n\,(n \geq 3)$ が奇数で

$f''(a) = f'''(a) = \cdots = f^{(n-1)}(a) = 0$,
$f^{(n)}(a) < 0$ ［$f^{(n)}(a) > 0$］

が成り立つとき，a には左わん曲から右わん曲［左わん曲から右わん曲］への変曲点がある。

例：(1) $f(x) = x^3$, $D_f = \mathbb{R}$。0で $f'(0) = f''(0)$, $f'''(0) = 6$ が成り立つ。定理11により0に右わん曲から左わん曲への変曲点がある。したがって $f'(a) = 0$ は鞍点である。
(2) 図F

122　微分計算と積分計算

$y^2 = 10 - 2x$　⇔　$f(x) = \sqrt{10-2x}$　∨　$f(x) = -\sqrt{10-2x}$

U' の符号域

x	1	3	4.5
$U'(x)$	<0	>0	<0

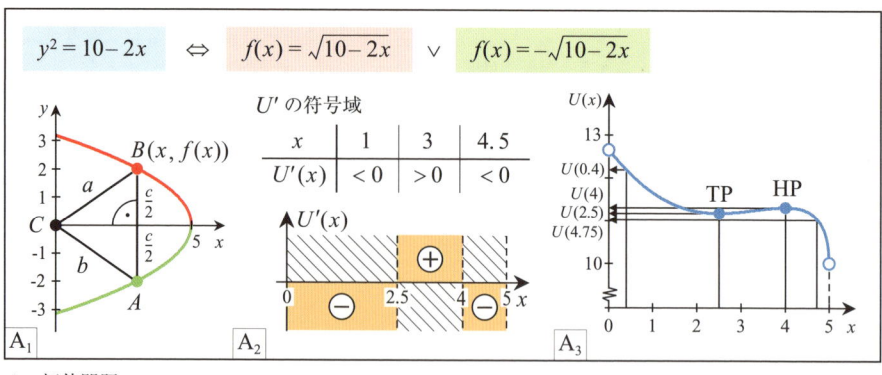

A_1　A_2　A_3

A　極値問題

わん曲議論は一般には以下の観点に注意する必要がある(p.105, p.107と比較せよ)：
(1) 定義域　D_f(定義間隙と不連続点の決定)
(2) 対称性(軸対称 ⇔ すべての $x \in D_f$ について $f(-x) = f(x)$ または 点対称 ⇔ すべての $x \in D_f$ について $f(-x) = -f(x)$)
(3) y 切片(y 軸との交点) $(0, f(0))$
(4) f の零点と符号域
(5) D_f の端での振る舞い(たとえば $\lim_{x \to \pm\infty} f(x)$)
(6) 極値点：・微分可能領域 $D_{f'}$ の決定
　　　　　・必要条件：方程式 $f'(x) = 0$ の解(p.119, 定理4)
　　　　　・十分条件：定理1, 2, 5, 6 (p.117, p.119)
　　(必要に応じてp.118, 図Dの例のようにp.117, 定義2による過程)
(7) 変曲点：・微分可能領域 $D_{f''}$ の決定
　　　　　・必要条件：方程式 $f''(x) = 0$ の解(p.121, 定理9)
　　　　　・十分条件：定理10, 11, 12 (p.121)
(8) 関数のグラフ(必要に応じて関数表の特徴的な点による充足)

B　わん曲議論の要素

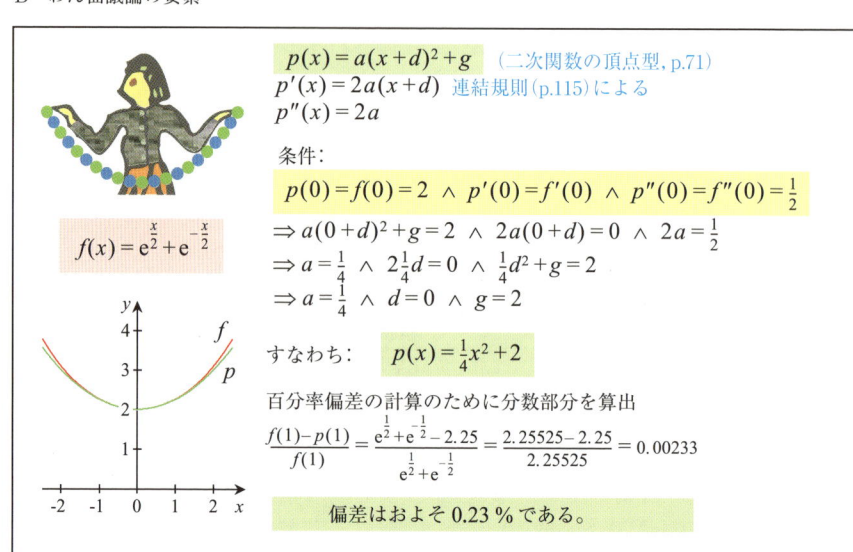

$p(x) = a(x+d)^2 + g$　(二次関数の頂点型, p.71)
$p'(x) = 2a(x+d)$　連結規則(p.115)による
$p''(x) = 2a$

条件：

$p(0) = f(0) = 2 \;\land\; p'(0) = f'(0) \;\land\; p''(0) = f''(0) = \frac{1}{2}$

$f(x) = e^{\frac{x}{2}} + e^{-\frac{x}{2}}$

$\Rightarrow a(0+d)^2 + g = 2 \;\land\; 2a(0+d) = 0 \;\land\; 2a = \frac{1}{2}$
$\Rightarrow a = \frac{1}{4} \;\land\; 2\frac{1}{4}d = 0 \;\land\; \frac{1}{4}d^2 + g = 2$
$\Rightarrow a = \frac{1}{4} \;\land\; d = 0 \;\land\; g = 2$

すなわち：$p(x) = \frac{1}{4}x^2 + 2$

百分率偏差の計算のために分数部分を算出

$$\frac{f(1) - p(1)}{f(1)} = \frac{e^{\frac{1}{2}} + e^{-\frac{1}{2}} - 2.25}{e^{\frac{1}{2}} + e^{-\frac{1}{2}}} = \frac{2.25525 - 2.25}{2.25525} = 0.00233$$

偏差はおよそ $0.23\,\%$ である。

C　首飾り線の放物線による近似

極値問題

最大値または最小値になりうる大きさの関数表現による表記（いわゆる 終結関数）が問題になる。一般的に複数変数の従属性が存在する。副条件により属する変数の数は1つ減らせる。

変数が1つのこの関数は1つの最大値または最小値が求められうる（p.116, 図Aと比較せよ）。

例題1： 対応表現 $y^2 = 10 - 2x$, $x \in [0, 5]$ で表される放物線の部分が与えられたとき，先端の頂点が $(0,0)$ で，底辺を定める他の2頂点が放物線上にある二等辺三角形で周長が最大のものを求める（図 A_1）。

解：

(1) 変数の導入，求める関数の立式，副条件による変数の数の削減：

a, b, c を三角形の辺の長さとする。求める関数の式：辺の長さ a, b, c との関係による三角形の周長 U は

$$U(a, b, c) = a + b + c$$

副条件：

a) $a = b$ 二等辺三角形であることより

b) $c = 2\sqrt{10 - 2x}$ 三角形の頂点が放物線上にあることにより

c) $a = \sqrt{x^2 + [f(x)]^2}$ 部分直角三角形より

$\Rightarrow U(x) = 2\sqrt{x^2 + [f(x)]^2} + 2\sqrt{10 - 2x}$

$\Rightarrow U(x) = 2\sqrt{x^2 + 10 - 2x} + 2\sqrt{10 - 2x}$

$D_U = (0, 5)$（0と5では三角形が成立しないので開区間）

(2) 極値点についての考察

U は D_U で微分可能であり，連結規則（p.115）により次を得る：

$$U'(x) = \frac{2x - 2}{\sqrt{x^2 + 10 - 2x}} + \frac{-2}{\sqrt{10 - 2x}}$$

(2.1) 方程式 $U'(x) = 0$, $D_x = (0, 5)$ の解

$\frac{2x - 2}{\sqrt{x^2 + 10 - 2x}} = \frac{2}{\sqrt{10 - 2x}}$

$\Leftrightarrow \frac{x - 1}{\sqrt{x^2 + 10 - 2x}} = \frac{1}{\sqrt{10 - 2x}}$

$\Leftrightarrow (x - 1) \cdot \sqrt{10 - 2x} = \sqrt{x^2 + 10 - 2x}$ | 平方

$\Rightarrow (x - 1)^2 (10 - 2x) = x^2 + 10 - 2x$

$\Leftrightarrow 2x^3 - 13x^2 + 20x = 0$

$\Leftrightarrow x = 0 \lor 2x^2 - 13x + 20 = 0$ | 0の排除

$\Rightarrow x = 4 \lor x = 2.5$

平方しているので検算が不可欠：

$x = 4$, $U'(4) = \frac{6}{\sqrt{18}} - \frac{2}{\sqrt{2}} = 0$

$x = 2.5$, $U'(2.5) = \frac{3}{\sqrt{11.25}} - \frac{2}{\sqrt{5}} = 0$

4と2.5にのみ極値が存在しうる。

(2.2) 十分条件の検証（p.117, 定理2）

U' の符号域（図 A_2）：VWがあることにより，

2.5は極大点 $(2.5, 5\sqrt{5})$

4は極小点 $(4, 8\sqrt{2})$

(3) 最大値最小値の検証

U' の負の符号域では，U は区間の両端付近では狭義単調減少である。さらにたとえば $U(0, 6) > U(4)$, $U(4, 9) < U(2, 5)$ が成り立つ。

区間端では三角形が成立しないので，最大値も最小値も存在しない。

曲線議論

（図 B）

例題2： $x \in \mathbb{R}$, e：オイラー数について $f(x) = e^{\frac{x}{2}} + e^{-\frac{x}{2}}$ で表される関数が与えられたとき（p.143）．

a) 零点，極値点，変曲点の検証によりこの関数のグラフが求まる。

b) この関数のグラフは放物線 $p(x) = a(x + b)^2 + c$ によって置き換えられる：

$$p(0) = f(0), \quad p'(0) = f'(x), \quad p''(0) = f''(0)$$

1でどのくらいの百分率誤差があるか？

解：

a) 零点：和の項となっている関数がともに正であるからこの関数に零点はない。

極値点（説明略）：

$f'(x) = \frac{1}{2}\left(e^{\frac{x}{2}} - e^{-\frac{x}{2}}\right) \Rightarrow f''(x) = \frac{1}{4}\left(e^{\frac{x}{2}} + e^{-\frac{x}{2}}\right)$

$f'(x) = 0 \Leftrightarrow \frac{1}{2}\left(e^{\frac{x}{2}} - e^{-\frac{x}{2}}\right) = 0 \Leftrightarrow e^{\frac{x}{2}} = e^{-\frac{x}{2}}$

$\Leftrightarrow e^x = 1 \Leftrightarrow x = 0$

$f''(0) = \frac{1}{2} > 0$

$f'(0) = 0 \land f''(0) => 0 \Rightarrow (0, 1)$ 極小点

変曲点：$f''(x)$ はいつも正，すなわち左わん曲のみであるから変曲点はない。

注： この関数のグラフ（図C）は 首飾り線 と呼ばれる。

$$k(x) = \frac{r}{2}\left(e^{\frac{x}{r}} + e^{-\frac{x}{r}}\right), \qquad r \in \mathbb{R}_0^+$$

で表される関数の特殊なケース（$r = 2$）である。両端を持ち自然にたれ下げたとき真珠の首飾りはこの種の曲線に似たものを描く。

b) 図C

頂点の近くでは，この首飾り線は放物線により非常によく近似される。

$f_1(x) = \dfrac{x^2}{x^2+1}$ f_1 のグラフ $f_k(x) = \dfrac{x^2}{x^2+k^2}, k \in \mathbb{N}$

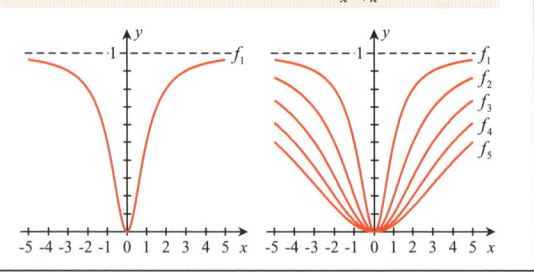

f_1 の情報:
- $D_{f_1} = \mathbb{R}, \mathbb{R}$ で連続
- y 軸について対称
- y 軸との交点: 0
- 漸近線: $a(x) = 1$ の a
- $(0,0)$ が唯一の極値点(極小点)
- 変曲点 $\left(\dfrac{1}{\sqrt{3}}, \dfrac{1}{4}\right)$

A　パラメーター関数の議論

$f(x) = x^4 - 2x^3$

検算:
$f'(x) = 4x^3 - 6x^2,\ f''(x) = 12x^2 - 12x,$
$f'''(x) = 24x - 12$

$(0,0)$ はグラフの点。なぜなら $f(0) = 0$

$(0,0)$ は鞍点。
なぜなら必要条件 $f'(0) = 0$ と p.121, 定理11の
十分条件を満たしている:
$f'(0) = 0\ \wedge\ f''(x) = 0\ \wedge\ f'''(0) = -6 < 0$

$\dfrac{3}{2}$ で極値をとる。なぜなら p.119, 定理5の
十分条件を満たしている:
$f'\left(\dfrac{3}{2}\right) = 4 \cdot \left(\dfrac{3}{2}\right)^3 - 6 \cdot \left(\dfrac{3}{2}\right)^2 = \dfrac{27}{2} - \dfrac{27}{2} = 0\ \wedge\ f''\left(\dfrac{3}{2}\right) = 12 \cdot \left(\dfrac{3}{2}\right)^2 - 12 \cdot \dfrac{3}{2} = 27 - 18 = 9 > 0$

$(1, -1)$ はグラフの点。なぜなら: $f(1) = 1 - 2 = -1$

これによりすべての副条件は満たされている。

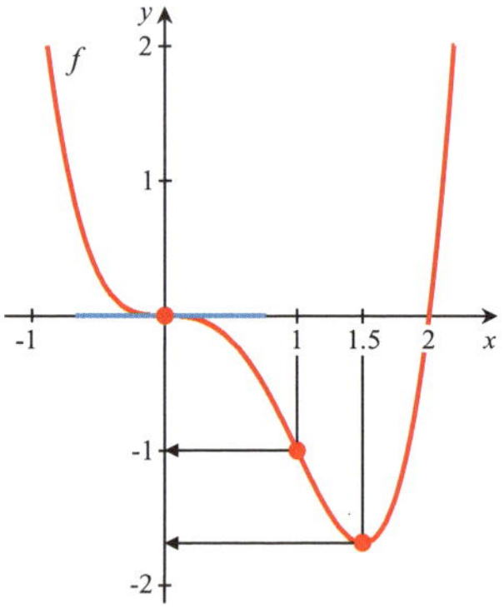

B　局所的性質の十分条件による(再)検証

例5: 三次の整有理関数で $(0,0)$ が極値 $(-1, -1)$ を通り, 1 では傾き3のものはあるか。

解(略解):
$f(x) = ax^3 - bx^2 - cx + d,\ f'(x) = 3ax^2 + 2bx + c$
a) $f(0) = 0\ \Leftrightarrow\ d = 0$
b) $f'(0) = 0\ \Leftrightarrow\ c = 0$
c) $f(-1) = -1\ \Leftrightarrow\ (-a) + b = -1$
d) $f'(1) = 3\ \Leftrightarrow\ 3a + 2b = 3$
連立方程式 c), d) から $a = 1,\ b = 0$ が求まる。
したがって求める整有理関数の式は $f(x) = x^3$ であるかもしれない。この関数グラフはいわゆる変曲放物線 (p.73) で極値点をもたないばかりか, 0 では鞍点をもつ。いずれにせよ $f'(x) = 0$ は必要条件である。

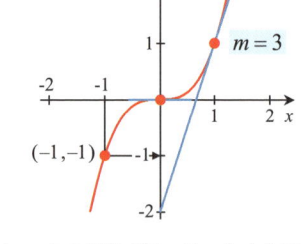

すなわち与えられた性質をもつ三次整有理関数は存在しない。

C　局所的性質による整有理関数の決定のときの誤りの原因

例題 3：パラメーター $k \in \mathbb{N}$ をもつ
$$f_k(x) = \frac{x^2}{x^2 + k^2}$$
が与えられたとき，曲線議論を行え（p.122，図 B を見よ）．

解：

(1) 定義域：$D_{f_k} = \mathbb{R}, x^2 + k^2 > 0, (\forall x \in \mathbb{R}, k \in \mathbb{N})$ なので定義の間隙はない．不連続点もない．

(2) 対称：次が成り立つので y 軸についての軸対称．
$$f_k(-x) = \frac{(-x)^2}{(-x)^2 + k^2} = \frac{x^2}{x^2 + k^2} = f_k(x)$$
すべての $x \in \mathbb{R}, k \in \mathbb{N}$．したがって，これ以上の検証は，$\mathbb{R}_0^+$ に制限できる．

(3) y 切片は $(0,0)$，すべての $k \in \mathbb{N}$ で $f_k(0) = 0$ が成り立つ．

(4) 零点：$f_k(x) = 0 \Leftrightarrow x = 0$
符号域：すべての $x \in \mathbb{R}_0^+, k \in \mathbb{N}$ で $f_k(x) \geqq 0$

(5) 周辺端では：$\lim\limits_{x \to +\infty} f_k(x) = 1$
$$\lim_{x \to +\infty} \frac{x^2}{x^2 + k^2} = \lim_{x \to +\infty} \frac{x^2}{x^2\left(1 + \frac{k^2}{x^2}\right)}$$
$$= \lim_{x \to +\infty} \frac{x^2}{1 + \frac{k^2}{x^2}} = \frac{1}{1+0}$$
x 軸に平行な $a(x) = 1$ はすべての $k \in \mathbb{N}$ について漸近線．

(6) 極値点：
$$f_k'(x) = \frac{2x(x^2+k^2) - 2x x^2}{(x^2+k^2)^2} = \frac{2xk^2}{(x^2+k^2)^2}$$
$$f_k''(x) = \frac{2k^2(x^2+k^2)^2 - 2(x^2+k^2) \cdot 2(x \cdot 2xk^2)}{(x^2+k^2)^4}$$
$$= \frac{2k^2(x^2+k^2) - 8x^2 k^2}{(x^2+k^2)^3}$$
$$= \frac{2k^2(x^2+k^2 - 4x^2)}{(x^2+k^2)^3} = \frac{2k^2(k^2 - 3x^2)}{(x^2+k^2)^3}$$

必要条件：次の方程式の解としての極値点の位置の候補
$f_k'(x) = 0 \Leftrightarrow 2xk = 0 \Leftrightarrow x = 0$
0 にのみ極値点がありうる．極値点の十分条件（p.119，定理5）の再検証：

$\left\lfloor x = 0 \right.$ $f_k'(0) = 0 \wedge f_k''(0) = \frac{2}{k^2} > 0$

すなわち $(0,0)$ はすべての $k \in \mathbb{N}$ で（$f_k(0) = 0$ なので）極値点（極小点）．

(7) 変曲点：
必要条件：次の方程式の解としての変曲点の位置の候補

$f_k''(x) = 0 \Leftrightarrow k^2 - 3x^2 \Leftrightarrow x = \frac{1}{\sqrt{3}}k$

$\frac{1}{\sqrt{3}}k$ にのみ変曲点がありうる．

十分条件（p.121，定理10）の再検証：
f_k'' の符号域：
$$f_k''(0) = \frac{2}{k^2} > 0, \quad f_k''(k) = \frac{2k^2(k^2 - 3k^2)}{(k^2+k^2)^3} < 0$$
したがって：変曲点 $\left(\frac{1}{\sqrt{3}}k, \frac{1}{4}\right)$

(8) グラフ：図 A

整有理関数と局所的性質

n 次の整有理関数（p.103）の関数式は $n+1$ 個の係数が得られれば一意に決まる．場合によっては同数のいわゆる 局所的性質 からこの関数が算出される．すなわち零点，極値点，変曲点，より正確な傾きの値，与えられた位置のグラフの通過する点のような性質である．しかしながらすべての条件が適するわけではないことは，図 C の例 5 が示している．
不可欠ではあるが十分ではない局所的性質の取り違いを防ぐため検算が欠かせない．

例題 4：$(0,0)$ が鞍点，$\frac{3}{2}$ で極値点をとり，グラフが点 $(1, -1)$ を通る 4 次の整有理関数は存在するか．

解：

(1) 仮定：$f(x) = ax^4 + bx^3 + cx^2 + dx + e$,
$a, b, c, d, e \in \mathbb{R}, \quad D_f = \mathbb{R}$
$f'(x) = 4ax^3 + 3bx^2 + 2cx + d$
$f''(x) = 12ax^2 + 6bx + 2c$

(2) 副条件

(2a) グラフの点 $(0,0)$, $(1,-1)$：
$f(0) = 0 + 0 + 0 + 0 + e = 0 \Leftrightarrow e = 0$
$f(1) = a + b + c + d = -1$

(2b) 鞍点に 2 つの必要条件がある：
$f'(0) = 0 + 0 + 0 + d = 0 \Leftrightarrow d = 0$
$f''(0) = 0 + 0 + 2c = 0 \Leftrightarrow c = 0$

(2c) $\frac{3}{2}$ に極値をもつことが必要条件の 1 つである：
$f'(\frac{3}{2}) = 4a\frac{27}{8} + 3b\frac{9}{4} = 0$

(2d) 全部を合わせると：
$e = 0, d = 0, c = 0, a + b = -1, 2a + b = 0$
最後の 2 式から $a = 1, b = -2$ が求まる．
したがって $f(x) = x^4 - 2x^3$ が得られる．

検算とグラフ：図 B

126　微分計算と積分計算

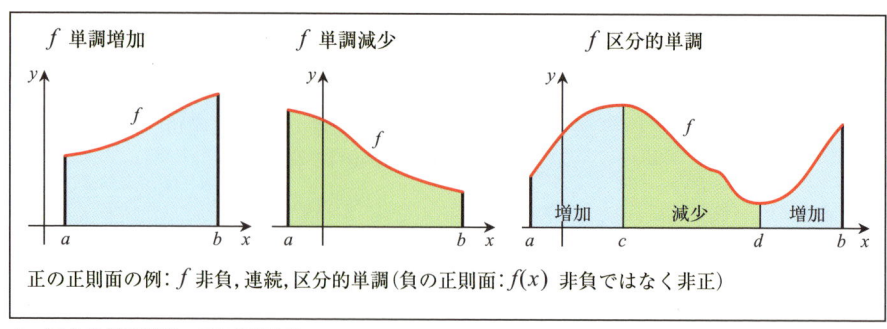

f 単調増加	f 単調減少	f 区分的単調
		増加　減少　増加　a　c　d　b

正の正則面の例：f 非負, 連続, 区分的単調（負の正則面：$f(x)$ 非負ではなく非正）

A　区分的単調関数の正正則平面

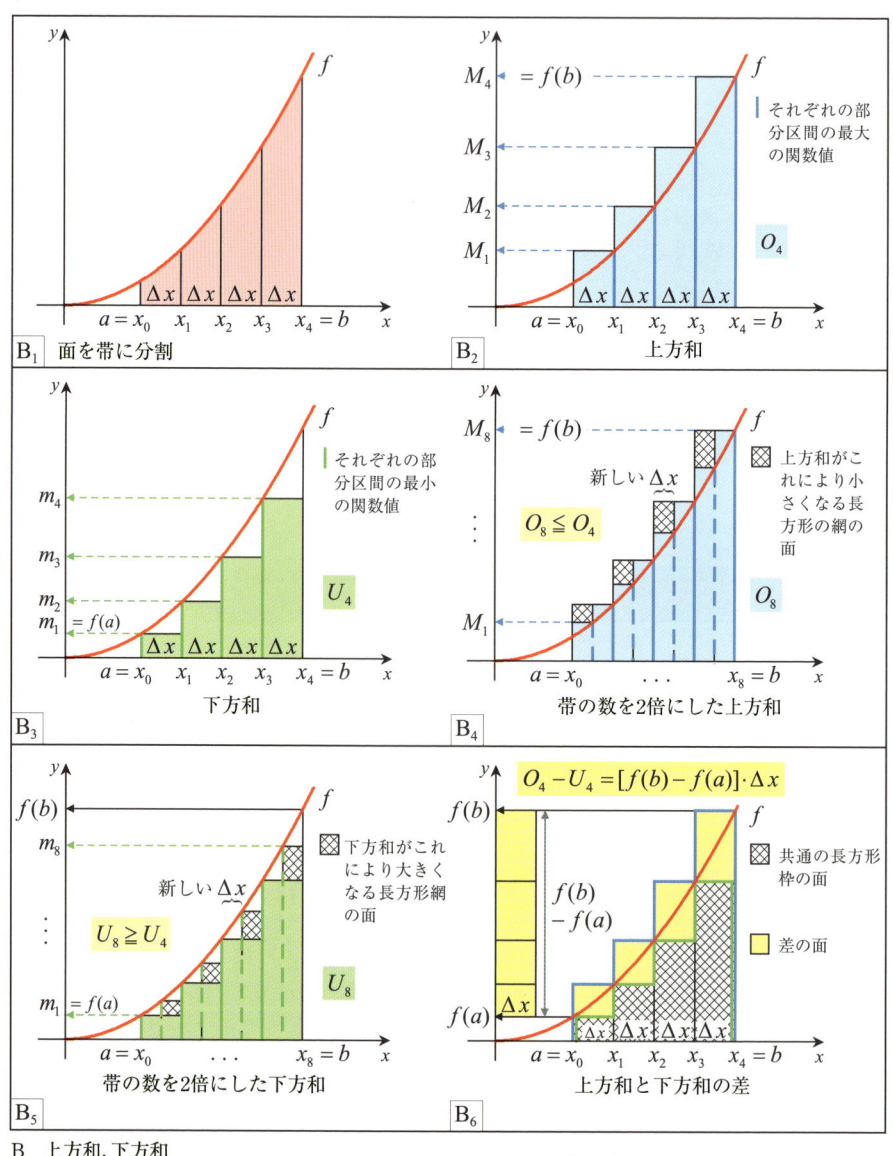

B_1　面を帯に分割

B_2　上方和　$M_4 = f(b)$　それぞれの部分区間の最大の関数値　O_4

B_3　下方和　$m_1 = f(a)$　それぞれの部分区間の最小の関数値　U_4

B_4　帯の数を2倍にした上方和　$M_8 = f(b)$　$O_8 \leqq O_4$　上方和がこれにより小さくなる長方形の網の面　O_8

B_5　帯の数を2倍にした下方和　$U_8 \geqq U_4$　$m_1 = f(a)$　下方和がこれにより大きくなる長方形網の面　U_8

B_6　上方和と下方和の差　$O_4 - U_4 = [f(b) - f(a)] \cdot \Delta x$　共通の長方形枠の面　差の面

B　上方和, 下方和

わん曲した境界の平面の面積

このタイプの面の例としては，円面（p.173, p.175）と積分計算の枠内にある関数のグラフと x 軸の間の平面がある。（特殊なもの：関数値の符号が変わらない **正および負の正則面**，図 A）。

これらの平面における面積の問題はいわゆる関数の積分の一般的問題に入れられる。

ここでは特殊な例をまず最初に扱い (I)，次に任意の正の正則面を扱う (II)。

これらのケースでは面積の概念と積分の概念は同じものである。負の関数値を認めることにより，積分（定積分）の概念へと拡張する (III)。

次の 2 つは区別する。

a) 面積の存在

b) 面積（および積分）の算出。

I) 特殊な正則面

Ia) 面積の存在 放物線より下方の平面の場合 $[a, b]$ $(a \geq 0)$ 上に定義された単調増加で非負の連続な関数 $f(x) = x^2$ が与えられたとき。

以下の仮定が正則面の面積の存在を確証する：

(1) y 軸の平行線で平面を n 個の同幅 Δx の帯に切り分ける（図 B_1）

(2) それぞれの帯を幅 Δx で第 i 番目の帯での最大の関数値 M_i を高さとする長方形に置き換える（図 B_2）

(3) **外接長方形網** の面積 O_n を算出
   （f の $[a, b]$ 上の **n 次上方和**，図 B_2）：

$$O_n = M_1 \cdot \Delta x + \cdots + M_n \cdot \Delta x = \sum_{i=1}^{n} M_i \cdot \Delta x$$

(4) 同様の **内接長方形網** を第 i 帯の最小の関数値 m_i を高さとしてつくり，その面積 U_n を算出（f の $[a, b]$ 上の **n 次下方和**，図 B_3）：

$$U_n = m_1 \cdot \Delta x + \cdots + m_n \cdot \Delta x = \sum_{i=1}^{n} m_i \cdot \Delta x$$

(5) 帯の数 n を大きくする（$n \to \infty$）；上方和は小さくなり（数列 (O_n) は単調減少，図 B_4），下方和は大きくなる（数列 (U_n) は単調増加，図 B_5）。両数列は有界なので，それぞれの下限と上限に収束する（p.91, 定理 10b）。

(6) 同時にすべての $n \in \mathbb{N}$ において次が成り立つ（図 B_6）：

$$U_n \leq O_n \text{ かつ } O_n - U_n = [f(b) - f(a)] \cdot \Delta x$$

帯の数の増加にしたがってその幅は常に小さくなる。すなわち $n \to \infty$ ならば $\Delta x \to 0$ したがって

$$\lim_{n \to \infty}(O_n - U_n) = \lim_{n \to \infty}([f(b) - f(a)] \cdot \Delta x) = 0$$

p.91, 定理 8 より次を得る：

$$\lim_{n \to \infty} O_n = \lim_{n \to \infty} U_n$$

次のように定義する：

定義：グラフの下方の平面は O_n と U_n の共通極限として割り当てられる。記号で $A_a^b(f(x))$ または簡略に $A_a^b(f)$ と書く（x が a から b での f の面積と読む）。あるいは以下のように表す。

$$\int_a^b f(x)dx$$

（a から b の $f(x)$ の積分と読む）

積分のこの記号はライプニッツ（1646–1716）に由来する。$\int$ は和構築の S，dx は極限値 $\Delta x \to 0$ を思わせる。

Ib) 面積 $A_a^b(x^2)$ の算出

上方和公式に代入して $\Delta x^2 := (\Delta x)^2$ で極限値を求めれば十分である：

$f(x) = x^2; x_1 = a + 1 \cdot \Delta x; \ldots; x_n = a + n \cdot \Delta x$

$M_1 = (a + 1 \cdot \Delta x)^2; \ldots; M_n = (a + n \cdot \Delta x)^2$

$$\begin{aligned}
O_n &= \Delta x \cdot [(a + 1 \cdot \Delta x)^2 + \cdots + (a + n \cdot \Delta x)^2] \\
&= \Delta x \cdot [a^2 + 1 \cdot 2a\Delta x + \Delta x^2 + \cdots \\
&\qquad + a^2 + n \cdot 2a\Delta x + n^2 \Delta x^2] \\
&= \Delta x \cdot [n \cdot a^2 + 2a\Delta x(1 + 2 + \cdots + n) \\
&\qquad + \Delta x^2(1 + 4 + \cdots + n^2)] \\
&= n \cdot a^2 \Delta x + 2a \frac{n(n+1)}{2} \Delta x^2 \\
&\qquad + \frac{1}{6}n(n+1)(2n+1)(\Delta x^3)
\end{aligned}$$

和は公式集を見よ

$\Delta x = \dfrac{b-a}{n}$

$$\begin{aligned}
O_n &= (b-a)a^2 + a(b-a)^2 \cdot \frac{n+1}{n} \\
&\qquad + (b-a)^3 \cdot \frac{(n+1)(2n+1)}{6n^2}
\end{aligned}$$

$$\begin{aligned}
\Longrightarrow \lim_{n \to \infty} O_n &= (b-a)a^2 + a(b-a)^2 \\
&\qquad + \frac{1}{3}(b-a)^3 \\
&= ba^2 - a^3 + ab^2 - 2a^2b + a^3 + \frac{1}{3}b^3 \\
&\qquad - b^2a + ba^2 - \frac{1}{3}a^3 \\
&= \frac{1}{3}b^3 - \frac{1}{3}a^3 \Longrightarrow A_a^b(x^2) = \frac{1}{3}b^3 - \frac{1}{3}a^3
\end{aligned}$$

例： $a = 0; b = 3 \quad A_0^3(x^2) = \frac{1}{3}3^3 - \frac{1}{3}0^3 = 9$

128　微分計算と積分計算

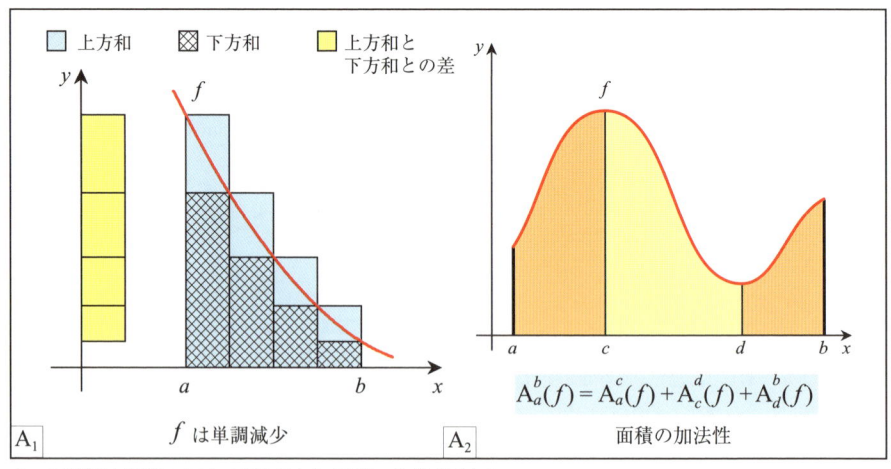

A₁　f は単調減少

上方和 ／ 下方和 ／ 上方和と下方和との差

A₂　面積の加法性

$$A_a^b(f) = A_a^c(f) + A_c^d(f) + A_d^b(f)$$

A　単調減少関数の下方の平面 (A_1), 面積の加法性 (A_2)

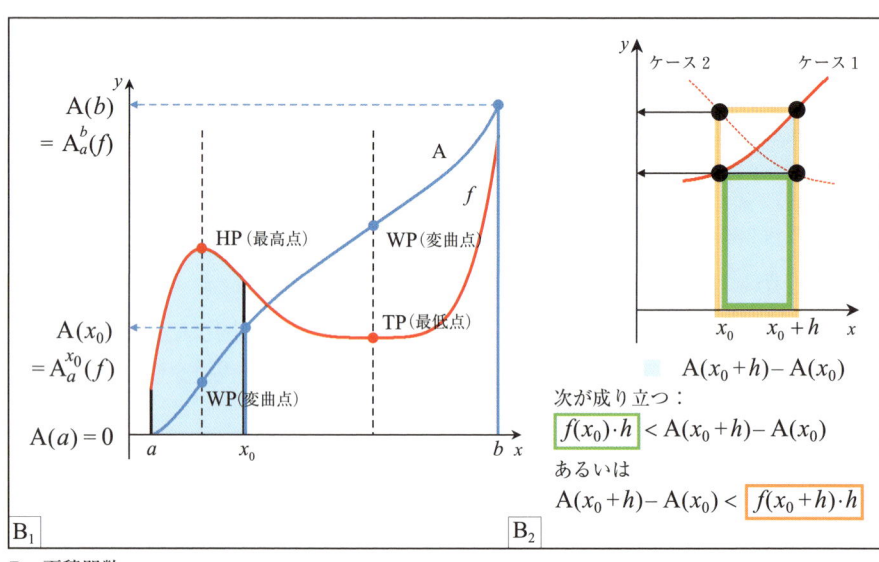

B₁

$A(b) = A_a^b(f)$

HP（最高点）　WP（変曲点）　TP（最低点）　WP（変曲点）

$A(x_0) = A_a^{x_0}(f)$

$A(a) = 0$

B₂

ケース2　ケース1

$A(x_0 + h) - A(x_0)$

次が成り立つ：

$$f(x_0) \cdot h < A(x_0 + h) - A(x_0)$$

あるいは

$$A(x_0 + h) - A(x_0) < f(x_0 + h) \cdot h$$

B　面積関数

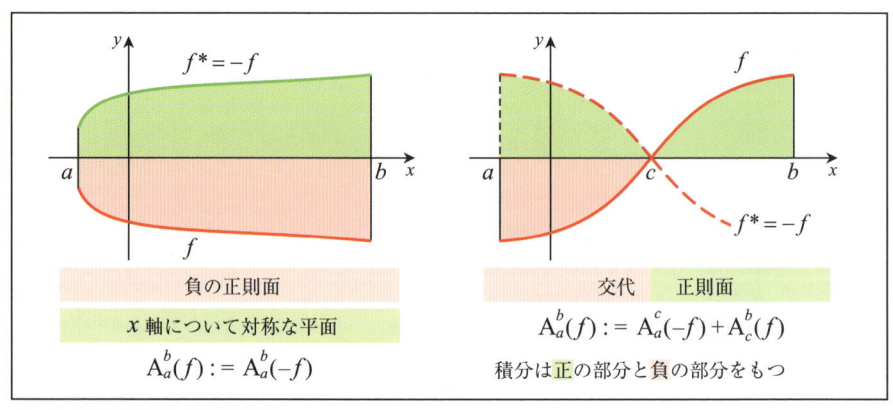

C

$f^* = -f$

負の正則面

x 軸について対称な平面

$$A_a^b(f) := A_a^b(-f)$$

交代　正則面

$$A_a^b(f) := A_a^c(-f) + A_c^b(f)$$

積分は正の部分と負の部分をもつ

C　負の正則平面と交代正則面

IIa) 正の正則平面の面積（積分）の存在

Ia) (p.127) の仮定を正確に検証すると，どこにも特別な関数表記 $f(x) = x^2$ が用いられていないことが目につく。したがって面積の存在証明はすべての $[a,b]$ で定義された非負の単調増加および増加関数について有効性をもつ。関数は単調増加ではなくて単調減少でもありうる（図 A_1）。
$[a,b]$ で定義された非負の区分的に単調な連続関数のケースでも面積の存在は確かである。直接明白な加法性を用いるなら（図 A_2）。積分は面積と一致するから，これらのタイプの関数にもまた積分が存在する。非負性を放棄するとこの一致性もはずれてしまう（III を見よ）。

IIb) 正の正則平面の面積（積分）の算出

上方和および下方和を用いての面積の算出は Ib) に示してあるように全く煩雑なので計算の簡略化を試みる。
項 $\frac{1}{3}b^3 - \frac{1}{3}a^3$ によく注目すると放物線の一部の下方の平面の面積 $A_a^b(x^2)$ は $f(x)$ のいわゆる原始関数 F，$F(x) = \frac{1}{3}x^3$ の2つの関数値の差 $F(b) - F(a)$ であることに気づく。これについては

$$F'(x) = \left[\frac{1}{3}x^3\right]' = 3 \cdot \frac{1}{3}x^2 = x^2 = f(x)$$

が成り立つ（p.135 を見よ）。
正の正則面の面積 $A_a^b(f(x))$ と f の原始関数の関係が一般的であることは面積関数と呼ばれるものを用いて示される。

面積関数

面積関数 A は与えられた正の正則平面で，x の値の増加 – 区間の左端 a から始まって右端 b まで – にさいし，それぞれの部分区間 $[a,x]$ の面積 $A(x)$ が「認め」られる（図 B_1）。A は $A(0) = 0$，$A(b) = A_a^b(f)$ で狭義単調増加。
図 B_1 のグラフに明らかなように，A は f が極値をもつところで変曲点をもつ。
したがって次が推測される：

定理1：A が関数 f の正の正則平面に対する面積関数ならば，$A'(x) = f(x)$ が成り立つ，すなわち A は f の原始関数の1つである。

証明：（図 B_2）
$A'(x) = f(x)$ を示す。$h > 0$ とする（$h < 0$ も同様に示す）：
(1) 割線の傾き（p.111 と比較せよ）

$$m_S(x_0; h) = \frac{A(x_0 + h) - A(x_0)}{h} \quad (h \neq 0)$$

両長方形を用いて囲い込みを得る（見積り）

$$f(x_0) \leq \frac{A(x_0 + h) - A(x_0)}{h} \leq f(x_0 + h)$$

同様に $(h < 0)$ では

$$f(x_0 + h) \leq \frac{A(x_0 + h) - A(x_0)}{h} \leq f(x_0)$$

(2) 極限値の検証（囲い込み定理, p.99 と f の x_0 における連続性）

$$f(x_0) \leq A'(x_0) \leq f(x_0) \Rightarrow A'(x_0) = f(x_0)$$

W.Z.Z.W

推論
定理1より A は f の原始関数のいずれかである，すなわち $A(x) = F(x) + c$ （p.135）。
$A(a) = 0$, $A(b) = A_a^b(f(x))$ なので次を得る：
$A(a) = F(a) + C = 0 \implies C = -F(a)$
$\implies A(x) = F(x) - F(a) \implies A(b) = F(b) - F(a)$
$\implies A_a^b(f(x)) = F(b) - F(a)$.

定理2：正の正則平面があるとき，次が成り立つ：

$$A_a^b(f(x)) = F(b) - F(a)$$

ただし，F は f の原始関数の1つ。

以下の表記は有用である：

$$\left[F(x)\right]_a^b = F(b) - F(a)$$

例：$f(x) = \frac{1}{2}x^3$; $a = 0$; $b = +2$

$$A_0^2\left(\frac{1}{2}x^3\right) = \left[\frac{1}{8}x^4\right]_0^2 = 2 - 0 = 2$$

そのほかの応用は p.139：

III) （定）積分概念の案内

上方和と下方和の定義（p.127 を見よ）にさいして，内接および外接する長方形群の面積としてつくり出すという幾何学的意味を放棄することにより，負の関数値も許容できる。そのときも次が成り立つ。

$$\lim_{n \to \infty} O_n = \lim_{n \to \infty} U_n$$

この共通の極限値は f の非負性を要求しないので非正でもありうる。非正では平面の面積という解釈が脱落する（図 C）。
加法性（次頁を見よ）の証明をしたいときには，上方和，下方和の一般化が不可欠である。加えて帯の等しい幅を第1に放棄しなければならない。

130　微分計算と積分計算

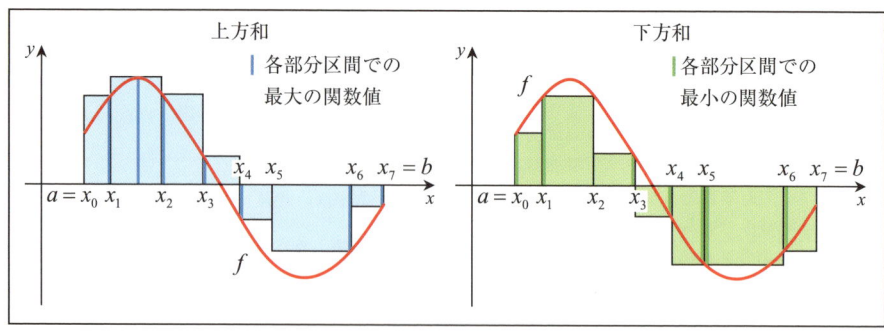

A 定積分における上方和と下方和

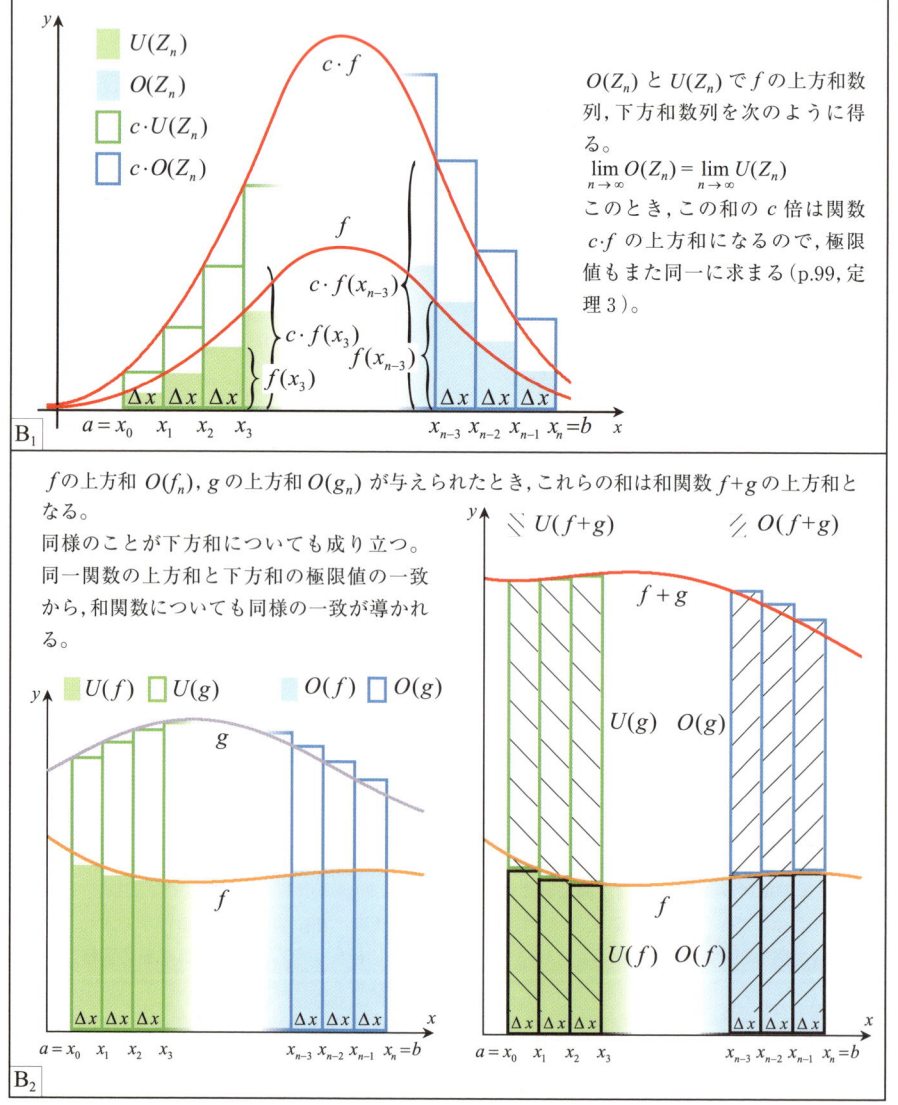

上方和 ▮ 各部分区間での最大の関数値

下方和 ▮ 各部分区間での最小の関数値

$O(Z_n)$ と $U(Z_n)$ で f の上方和数列,下方和数列を次のように得る。
$$\lim_{n\to\infty} O(Z_n) = \lim_{n\to\infty} U(Z_n)$$
このとき,この和の c 倍は関数 $c \cdot f$ の上方和になるので,極限値もまた同一に求まる(p.99, 定理3)。

f の上方和 $O(f_n)$, g の上方和 $O(g_n)$ が与えられたとき,これらの和は和関数 $f+g$ の上方和となる。
同様のことが下方和についても成り立つ。
同一関数の上方和と下方和の極限値の一致から,和関数についても同様の一致が導かれる。

B 定数倍の規則(B_1)と和の規則(B_2)

上方和と下方和，積分（定積分）の定義

定義 1：f は $[a,b]$ で定義された連続関数で
$Z :\Leftrightarrow x_0 < x_1 < \cdots < x_{n-1} < x_n = b$
は $[a,b]$ の 分割 とする．このとき
$O(Z) = M_1 \cdot (x_1 - x_0) + \cdots + M_n \cdot (x_n - x_{n-1})$
$= \sum_{i=1}^{n} M_i \cdot (x_i - x_{i-1})$
を関数 f の分割 Z における 上方和 といい，
$U(Z) = m_1 \cdot (x_1 - x_0) + \cdots + m_n \cdot (x_n - x_{n-1})$
$= \sum_{i=1}^{n} m_i \cdot (x_i - x_{i-1})$
を関数 f の分割 Z における 下方和 という．
ただし，$M_1, M_2, \ldots, M_n$ と $m_1, m_2, \ldots, m_n$ はそれぞれ Z からつくり出した帯の中での関数の最大値，最小値である（図 A）．

定義 2：f を $[a,b]$ で定義された連続関数とする．このとき区間 $[a,b]$ の分割列 (Z_n) が存在して次を満たすとき f は 積分可能 であるといい，この一致した極限値を f の $[a,b]$ 上の（定）積分という：
$$\lim_{n \to \infty} O(Z_n) = \lim_{n \to \infty} U(Z_n)$$
記号で $\int_a^b f(x)dx$ と表す．（$f(x)$ の a から b の積分と読む）f は 被積分関数，a は積分の 下端，b は積分の 上端 という．

注：分割 (Z_n) の選択には依存しないことを証明しなくてはならないのは当然である．さらに
$\lim_{n \to \infty} O(Z_n^*) = \lim_{n \to \infty} U(Z_n^*)$ となる別の分割列 (Z_n^*) についても同じ極限値をもつことも示さなくてはならない．

積分（定積分）の加法性

非負関数の面積の加法性の一般化である（分割された積分の存在は前提とする）：

（積分1） $\int_a^c f(x)dx + \int_c^b f(x)dx = \int_a^b f(x)dx$
$(a \leq x \leq b)$

証明にさいしては，部分区間の分割列を統合して合わせた区間の分割列とし，極限値をつくる．

積分可能な関数

定理 3：f が $[a,b]$ で定義された単調で連続な増加関数（単調減少関数）ならば，f は積分可能である．

定理 3 は p.127 の Ia) と同様に証明できる．分割列の積分の非従属性から，同一視できる等幅（等距離）分割を基底におく．

定理 4：f が $[a,b]$ で定義された区分的に単調（増加または減少）で連続な関数ならば，f は積分可能である．

定理 4 は積分の加法性による結合で定理 3 から導き出される．

注：
(i) 連続性のみから積分可能性に至れる．一様連続性の概念を用いるので証明はかなり難しい（AM の p.305 を見よ）．
(ii) 定理 3 と定理 4 で連続性は放棄できる．そうすると定義 1 と定義 2 では連続性の代わりに f の有界性を導かなくてはならない．定義 1 では関数の最大値と最小値を関数の上限と下限（AM の p.35）で置き換えなければならない．したがって次が成り立つ：$[a,b]$ で定義されたすべての有界関数で最大でも有限個の間隙しかもたないものは積分可能である．
(iii) 定理 4 により十分に大きな関数の類に積分の存在が保証される．学校数学の積分の応用で扱う関数はいつもこの前提を満たす．

そのほかの（定）積分の規則

（図 B と比較せよ）

（積分2） $\int_a^b (c \cdot f(x))dx = c \cdot \int_a^b f(x)dx \, (c \in \mathbb{R})$
定数因子の規則

（積分3） $\int_a^b (f(x) \pm g(x))dx$
$= \int_a^b f(x)dx \pm \int_a^b g(x)dx$
和（差）の規則

すべての $x \in [a,b]$ で $f(x) \leq g(x)$ のとき

（積分4） $\int_a^b f(x)dx \leq \int_a^b g(x)dx$

（積分5） $\left| \int_a^b f(x)dx \right| \leq \int_a^b |f(x)|dx$

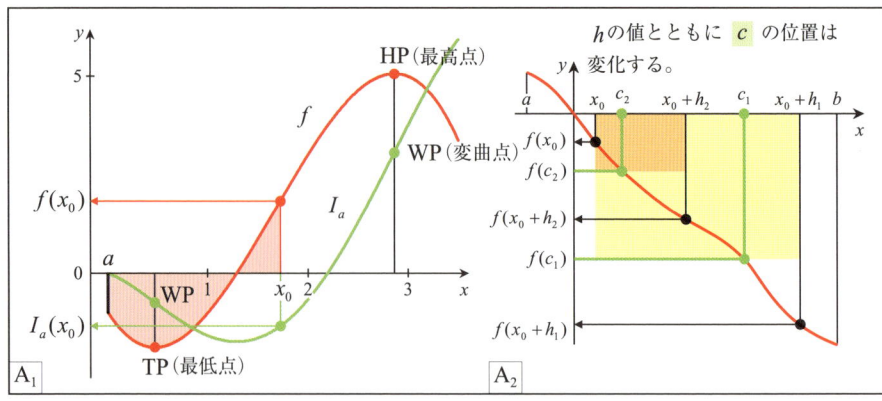

A 積分関数

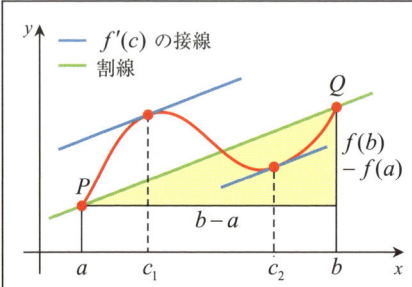

A_1

HP(最高点), WP(変曲点), f, I_a, $f(x_0)$, $I_a(x_0)$, TP(最低点), WP, a, x_0

A_2

h の値とともに c の位置は変化する。

a, x_0, c_2, x_0+h_2, c_1, x_0+h_1, b, $f(x_0)$, $f(c_2)$, $f(x_0+h_2)$, $f(c_1)$, $f(x_0+h_1)$

B 中間値の定理

B_1 微分計算の中間値の定理

$f'(c)$ の接線 / 割線

P, Q, $f(b)-f(a)$, $b-a$, a, c_1, c_2, b

f が (a,b) 上で微分可能で $[a,b]$ 上で連続とすると次が成り立つ:

点 $P(a,f(a))$ と点 $Q(b,f(b))$ を通る割線に対し,そこにおける接線が割線に平行になるような $a<c<b$ の点 $(c,f(c))$ が存在する。すなわち次が成り立つ:

$$\frac{f(b)-f(a)}{b-a}=f'(c)$$

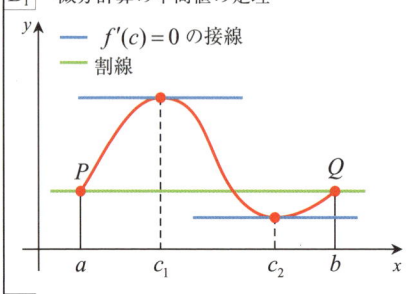

B_2 特殊化:ロール(Rolle)の定理

$f'(c)=0$ の接線 / 割線

P, Q, a, c_1, c_2, b

f が (a,b) 上で微分可能で $[a,b]$ 上で連続とすると次が成り立つ:

$f(a)=f(b)$ を満たすなら,そこにおける接線が水平すなわち x 軸に平行になるような $a<c<b$ の点 $(c,f(c))$ が存在する。

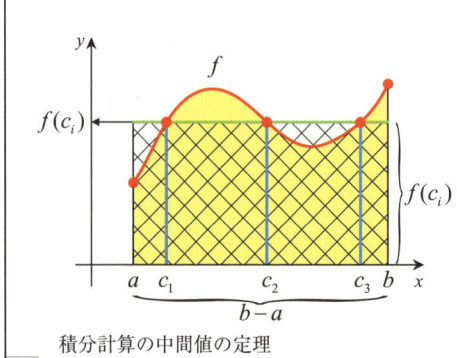

B_3 積分計算の中間値の定理

f, $f(c_i)$, $f(c_i)$, a, c_1, c_2, c_3, b, $b-a$

$[a,b]$ 上の非負な連続関数では次が成り立つ:

$(c,f(c))$ を通る x 軸の平行線が $[a,b]$ 上にその面積が積分と一致する長方形を定めるような $c\in[a,b]$ が存在する。

一般的に連続で無条件に非負ではない関数において次が成り立つ:

$a<c<b$ となる c があって,そこで次が成り立つ

$$f(c)\cdot(b-a)=\int_a^b f(x)\,dx$$

そのほかの定義

（前述の規則を用いて）

$$\int_a^a f(x)dx := 0, \quad \int_b^a f(x)dx := -\int_a^b f(x)dx$$

例：$\int_{-2}^1 (4x^3 - 2x^2 + x - 4)dx$

$= 4\int_{-2}^1 x^3 dx - 2\int_{-2}^1 x^2 dx + \int_{-2}^1 x dx - 4\int_{-2}^1 1 dx$

（和（差）の規則，定数因子の規則の応用）

注1：定理1と定理2を得た今，上方和・下方和を用いた最初の定積分の算出はもはや賢明ではない。両定理の命題が特別なケースのみで成立するものではないことが推測できるからである。

注2：被積分関数の式で複数の変数，たとえば x と t が扱われているとき，いわゆる積分変数を dx および dt で表して区別する。積分変数の交替により一般的に積分のもう1つの結果に至る：

$$\int_{-2}^1 t \cdot x^2 dx = t \cdot \int_{-2}^1 x^2 dx, \quad \int_{-2}^1 t \cdot x^2 dt = x^2 \cdot \int_{-2}^1 t dt$$

b) 原始関数を用いた（定）積分の算出

正の正則平面の面積の算出過程（p.129, IIb）は一般化される。面積関数には f の区間 $[a,b]$ の x それぞれを $[a,x]$ 上の f の積分に割り当てる積分関数があてはまる。

定義3：f を積分可能な関数とすると，このときすべての点 $x \in [a,b]$ に f の $[a,x]$ 上の積分が割り当てられる関数 I_a を下端 a についての**積分関数** という（図 A_1）：

$$I_a(x) := \int_a^x f(t)dt$$

注3：x は関数変数である。そこに 代入できる。x への代入ごとに属する積分の計算により関数値 $I_a(x)$ が得られる。これに対して積分変数 t は限定された変数である。そこに 代入することは許されない。

定理1と同様に次を得る。

定理5（主定理）：f は $[a,b]$ で連続かつ区分的に単調とするとき，積分関数 I_a について次が成り立つ：

$$I_a'(x) = f(x)$$

すなわち I_a は f の原始関数の1つである。

証明：$x_0 \in [a,b], x_0 + h \in [a,b]$ が任意に与えられるとき $(h > 0)$；$(h < 0$ も同様に$)$

「関数 I_a の割線の傾きの x_0 での極値は $f(x_0)$ に等しい」ことを示す。

(1) 割線の傾き

$$m_S(x_0, h) = \frac{I_a(x_0 + h) - I_a(x_0)}{h}$$

$$= \frac{\int_a^{x_0+h} f(t)dt - \int_a^{x_0} f(t)dt}{h}$$

$$= \frac{\int_a^{x_0} f(t)dt + \int_{x_0}^{x_0+h} f(t)dt - \int_a^{x_0} f(t)dt}{h}$$

$$= \frac{\int_{x_0}^{x_0+h} f(t)dt}{h} = \frac{f(c) \cdot h}{h} = f(c)$$

ただし，$x_0 < c < x_0 + h$

（積分の中間値の定理の応用による，図 B_3）

数 c は h とともに変化する（図 A_2）。c の代わりに $c(h)$ と書くほうがよい。

(2) 極値の再検証

f の区分的単調性に基づき十分小さな h で x_0 と $x_0 + h$ は同じ単調区間内にある。したがって $x_0 < c(h) < x_0 + h$ にあてはめると次のどちらかが成り立つ。

$$f(x_0) \leqq f(c(h)) \leqq f(x_0 + h),$$
$$f(x_0) \geqq f(c(h)) \geqq f(x_0 + h)$$

したがって $h \to 0$ では囲い込み定理（p.99）と f の連続性から次が成り立つ：

$$f(c(h)) \longrightarrow f(x_0)$$

すなわち次が成り立つ：

$$\lim_{h \to \infty} m_S(x_0, h) = \lim_{n \to \infty} f(c(h)) = f(x_0)$$

つまり $I_a'(x_0) = f(x_0)$ 。 w.z.z.w.

推論

定理1から定理2が導かれるのと同様の帰結として，定理5から定理6を得る。

定理6：f は連続で $[a,b]$ で区分的に単調であるとする。このとき次が成り立つ：

$$\int_a^b f(t)dt = F(b) - F(a)$$

ただし F は f の原始関数。

これにより，定積分の計算は原始関数の2つの関数値の差というより簡単な計算に帰結する。本質的難しさはほとんどの場合原始関数を見いだすことにある（p.135 を見よ）。

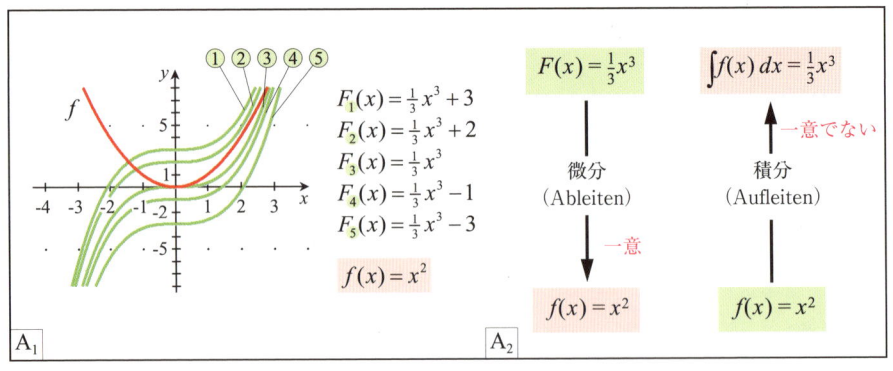

A 原始関数の集まり

$F_1(x) = \frac{1}{3}x^3 + 3$
$F_2(x) = \frac{1}{3}x^3 + 2$
$F_3(x) = \frac{1}{3}x^3$
$F_4(x) = \frac{1}{3}x^3 - 1$
$F_5(x) = \frac{1}{3}x^3 - 3$

$f(x) = x^2$

$F(x) = \frac{1}{3}x^3$ → 微分（Ableiten）一意 → $f(x) = x^2$

$f(x) = x^2$ → 積分（Aufleiten）一意でない → $\int f(x)\,dx = \frac{1}{3}x^3$

被積分関数の式 $f(x)$	一つの原始関数の式 $F(x)$	不定積分
$a \in \mathbb{R}$	ax	$\int a\,dx = ax,\quad \int dx = \int 1\,dx = x$
$x^r,\ r \neq -1$	$\frac{1}{r+1}\cdot x^{r+1}$	$\int x^r\,dx = \frac{1}{r+1}\cdot x^{r+1}$
$\frac{1}{x},\ 0 \notin [a,b]$	$\ln|x|$	$\int \frac{1}{x}\,dx = \ln|x|$
e^x	e^x	$\int e^x\,dx = e^x$
$a^x\ (a>0,\ a\neq 1)$	$\frac{1}{\ln a}\cdot a^x$	$\int a^x\,dx = \frac{1}{\ln a}\cdot a^x$
$\sin x$	$-\cos x$	$\int \sin x\,dx = -\cos x$
$\cos x$	$\sin x$	$\int \cos x\,dx = \sin x$
$\frac{1}{\cos^2 x}$	$\tan x$	$\int \frac{1}{\cos^2 x}\,dx = \tan x$
$\frac{1}{\sin^2 x}$	$-\cot x$	$\int \frac{1}{\sin^2 x}\,dx = -\cot x$

例1: $\int (x+a)\,dx = \int x\,dx + a\int 1\,dx = \frac{1}{2}x^2 + ax$ 　検算: $(\frac{1}{2}x^2 + ax)' = \frac{1}{2}\cdot 2x + a = x + a$

（**不定積分3**），（**不定積分2**），（**不定積分1**）の規則により級数を用いる。

例2: $\int 4x^5\,dx = 4\int x^5\,dx = 4\cdot \frac{1}{6}x^6 = \frac{2}{3}x^6$ 　検算: $(\frac{2}{3}x^6)' = \frac{2}{3}\cdot 6x^5 = 4x^5$

（**不定積分2**），（**不定積分1**）の規則により級数を用いる。

例3: $\int \sqrt[5]{x^3}\,dx = \int x^{\frac{3}{5}}\,dx = \frac{1}{\frac{3}{5}+1}x^{\frac{3}{5}+1} = \frac{1}{\frac{8}{5}}x^{\frac{8}{5}} = \frac{5}{8}x^{\frac{8}{5}} = \frac{5}{8}\sqrt[5]{x^8}$

検算: $\left(\frac{5}{8}\sqrt[5]{x^8}\right)' = \frac{5}{8}\cdot \left(x^{\frac{8}{5}}\right)' = \frac{5}{8}\cdot \frac{8}{5}\cdot x^{\frac{8}{5}-1} = 1\cdot x^{\frac{3}{5}} = \sqrt[5]{x^3}$

B 規則を用いた不定積の分算出例

原始関数

主定理による積分の算出 (p.133 を見よ) では，まず f の原始関数 F を見いださなくてはならない。

> **定義 1**：$F'(x) = f(x)$ がすべての $x \in (a,b)$ で成り立つとき，F を f の $[a,b]$ での原始関数（短く f の原始関数）と呼ぶ。

> 原始関数を求めること (Aufleiten とも書く) は関数の導関数を求めること (Ableiten) の逆である。

微分可能な関数を求めることが一意であるのに対し，1 つの原始関数をもつ関数は無限に多くの原始関数をももっている。より正確にいうなら，和の規則 (p.113) と $[C]' = 0$ により，次もまた成り立つ：

$$F'(x) = f(x) \Longrightarrow [F(x) + C]' = f(x)$$

> **定理 1**：F が f の原始関数の 1 つならば，すべての $C \in \mathbb{R}$ で $F + C$ は f の原始関数である。

他方，次も成り立つ：

> **定理 2**：F_1, F_2 がともに f の原始関数ならば，次が成り立つ：
> $$F_2(x) = F_1(x) + C, \quad C \in \mathbb{R}$$

証明：$G(x) = F_2(x) - F_1(x)$ とおく。差の規則 (p.113) と定義 1 により次が成り立つ：
$F_2'(x) - F_1'(x) = f(x) - f(x) = 0$，すなわち $G'(x) = 0$
微分可能な関数である G もまた連続である。微分計算の中間値の定理 (p.132, 図 B_1) により f の代わりに G で次が成り立つ：
$\frac{G(x+h) - G(x)}{h} = G'(c)$ ただし $x < c < x + h$
このとき，$G'(c) = 0$ が成り立つので，次を得る：
$\frac{G(x+h) - G(x)}{h} = 0 \Leftrightarrow G(x+h) = G(x)$
h は任意なので G は定数関数である。　　w.z.z.w.
関数のすべての原始関数は互いに y 軸方向に平行移動したものである（図 A_1）。

不定積分

F が $[a,b]$ 上の関数 f の原始関数の 1 つならば，$[a,b]$ 上の f のすべての原始関数は $F(x) + C$ で得られる。以下の取決めは役に立つ：

> $\int f(x)dx := F(x)$　　（積分 $f(x)dx$ と読む）

$\int f(x)dx$ は f のすべての原始関数の集合の 1 つの特別な原始関数であり，**不定積分** という。

例：$\int x^2 dx = \frac{1}{3}x^3$, $\int \cos t\, dt = \sin t$

注：関数で得られる不定積分に対して，特定の実数である p.131, 定義 2 の積分 $\int_a^b f(x)dx$ は **定積分** と呼ばれる。

不定積分の表記を用いて微分法と積分法の密接な関連を表せる（図 A_2）：

> $$\left[\int f(x)dx\right]' = [F(x)]' = f(x)$$
> **(不定積分 0)** $\int F'(x)dx = \int f(x)dx = F(x)$

（$\int$ と $'$ は打ち消しあう。）

不定積分から定積分への移行では積分端の付加が可能である。

$$\int f(x)dx = F(x) \Rightarrow \int_a^b f(x)dx = [F(x)]_a^b$$

注：$\int f(x)dx$ は一意には定まらない。したがって不定積分の計算では等号の使用には注意を要する：たとえば

$$\int f(x)dx = F_1(x) \text{ と } \int f(x)dx = F_2(x)$$

から次は導かれない。$F_1(x) = F_2(x)$
正しくは $F_1(x) = F_2(x) + C$ である。

不定積分の算出法

(1) すでに導関数の知られている関数
求める関数はその導関数の原始関数の 1 つである（基本積分，図 B）。

$$\int F'(x)dx = F(x)$$

例：$F(x) = \frac{1}{5}x^5 \Longrightarrow F'(x) = x^4$
$F(x) = \frac{1}{n+1}x^{n+1} \Longrightarrow F'(x) = x^n$

累乗の規則

> **(不定積分 1)** $\int x^n dx = \frac{1}{n+1}x^{n+1}, n \neq -1$

注：累乗規則は $n = -1$ のケースでは成立しない。別の方法で次を得る：

$$\int \frac{1}{x}dx = \ln|x| \quad (\text{p.141, p.143 を見よ})。$$

以下の 2 つの規則はふさわしい導関数規則 (p.113) より得る：

(2) 定数因子の規則

> **(不定積分 2)** $\int (c \cdot f(x))dx = c \cdot \int f(x)dx, c \in \mathbb{R}$

過程的説明:

(1) 積を $f'(x) \cdot g(x)$ とおく。

(2) どの因子を $g(x)$ とすべきか決める(導関数 $g'(x)$ によって第2の積分が簡単に解けることもある)。

(3) もう一つの因子の積分 $f(x)$ を定める。

(4) $g'(x)$ をつくる。

(5) 公式(**不定積分4**)に代入して,可能であれば新しくできた積分を求める。

(6) 求めることができないときには,同様の過程をもう一度繰り返す。

(6*) 代用できる戦略としては左辺に異符号の目標積分(場合によっては定数)を加えて両積分の和によって積分を含まない式を得る(例2を見よ)。

(6**) あるいは $I_n = \ldots I_{n-1}$ (下の例を見よ)または $I_n \ldots = \ldots I_{n-1} \ldots I_{n-2}$ のタイプの漸化式の構築も可能性の一つである。

例:

与えられた式: $f(x) = x^n \cdot e^x \ (n \in \mathbb{N})$　　求める式: $I_n = \int x^n \cdot e^x \, dx$

(1) 部分積分のための公式　　$f'(x) \cdot g(x) = x^n \cdot e^x$

(2) 2番目の積分 $f'(x) = e^x$, $g(x) = x^n$ をにらんで $\int f(x) \cdot g'(x) \, dx$ とおく

(ここで $g'(x)$ によって指数が1減る。)

(3/4) $f(x) = e^x$, $g'(x) = n \cdot x^{n-1}$

(5) I_n への代入: $I_n = e^x \cdot x^n - \int e^x \cdot n \cdot x^{n-1} \, dx = e^x \cdot x^n - n \cdot \int e^x \cdot x^{n-1} \, dx = e^x \cdot x^n - n \cdot I_{n-1}$

x の指数なので右辺の $n \geq 1$ の積分は依然求められない。その代わり漸化式が得られる。

(6) すなわち次が成り立つ: すべての $n \in \mathbb{N}$ で $I_n = e^x \cdot x^n - n \cdot I_{n-1}$

この漸化式と呼ばれるものは I_0 に始まる継続的な代入による積分 I_n の算出を可能にする(例 I_4, 下を見よ)。

$I_0 = \int e^x \, dx = e^x$　　　$I_n = e^x \cdot x^n - n \cdot I_{n-1}$

$I_1 = e^x \cdot x^1 - 1 \cdot I_0 = e^x \cdot x - e^x = e^x(x-1)$

$I_2 = e^x \cdot x^2 - 2 \cdot I_1 = e^x \cdot x^2 - 2e^x(x-1) = e^x(x^2 - 2x + 2)$

$I_3 = e^x \cdot x^3 - 3 \cdot I_2 = e^x \cdot x^3 - 3e^x(x^2 - 2x + 2) = e^x(x^3 - 3x^2 + 6x - 6)$

$I_4 = e^x \cdot x^4 - 4 \cdot I_3 = e^x \cdot x^4 - 4e^x(x^3 - 3x^2 + 6x - 6) = e^x(x^4 - 4x^3 + 12x^2 - 24x + 24)$

部分積分の過程的説明と応用(漸化式)

(3) 和と差の規則

> (不定積分 3) $\int (f(x) \pm g(x))dx$
> $= \int f(x)dx \pm \int g(x)dx$

例：$f(x) = \frac{1}{3}x^3 + 2x^2 - x + 5$
$\implies \int (\cdots)dx = \frac{1}{12}x^4 + \frac{2}{3}x^3 - \frac{1}{2}x^2 + 5x$

(4) 部分積分法

微分計算の積の規則 $[f(x) \cdot g(x)]' = f'(x) \cdot g(x) + f(x) \cdot g'(x)$ から両辺を積分し，(不定積分 0) と和の規則 (不定積分 3) を用いて次が導かれる．
$f(x) \cdot g(x) = \int f'(x) \cdot g(x)dx + \int f(x) \cdot g'(x)dx$
したがって次が成り立つ：

> (不定積分 4) $\int f'(x) \cdot g(x)dx$
> $= f(x) \cdot g(x) - \int f(x) \cdot g'(x)dx$

このいわゆる 部分積分法 は原始関数が積関数に解釈されるときに用いる．

例 1：$\int x \cdot \cos x\, dx$ を求める．
$g(x) = x$ とおくと $g'(x) = 1$
$f'(x) = \cos x \impliedby f(x) = \sin x$
$\implies \int x \cdot \cos x\, dx = x \cdot \sin x - \int \sin x \cdot 1\, dx$
$= x \cdot \sin x - (-\cos x)$
$\implies \int x \cos x\, dx = x \cdot \sin x + \cos x$

例 2：$\int \sin^2 x\, dx$ を求める．
$g(x) = \sin x$ とおくと $g'(x) = \cos x$．
$g(x) = \sin x \implies g'(x) = \cos x$
$f'(x) = \sin x \impliedby f(x) = -\cos x$
$\implies \int \sin^2 x\, dx = -\sin x \cos x + \int \cos^2 x\, dx$
$-\sin x \cos x + \int (1 - \sin^2 x) dx$
$-\sin x \cos x + \int 1\, dx - \int \sin^x dx$
$\implies 2\int \sin^2 x\, dx = -\sin x \cos x + x$
$\implies \int \sin^2 x\, dx = \frac{1}{2}(x - \sin x \cos x)$

一般的注意点とそのほかの例（帰納的積分公式）は図に示す．

(5) 置換規則

この規則は連結定理 (p.115) $[g(\sigma(x))]' = \sigma'(x) \cdot g'(z), z = \sigma(x)$ に基づく．これから $z = \sigma(x)$ のとき $g(\sigma(x))$ は式 $\sigma'(x) \cdot g'(z)$ の原始関数であることが導かれる．不定積分の表記では：
$$\int \sigma'(x) \cdot g'(z)dx = g(\sigma(x))$$
原始関数にはふつう大文字を用いる．g を F で置き換えると $F'(x) = f(x)$ が成り立つので，g' は f で置き換えなければならない．次を得る：

> (不定積分 5) $\int \sigma'(x) \cdot f(\sigma(x))dx$
> $= F(\sigma(x)) = \left[\int f(z)dz\right]_{z=\sigma(x)}$

例 3：$\int x \cdot \cos x^2 dx$ を求める．
$\int x \cdot \cos x^2 dx = \frac{1}{2} 2x \cos x^2 dx$
$= \frac{1}{2}\int 2x \cdot \cos x^2 dx = \frac{1}{2}\int (\sin x^2)' dx = \frac{1}{2}\sin x^2$
$(\sigma(x) = x^2, \sigma'(x) = 2x, f(z) = \cos z)$

左辺の積分から右辺への移行は置換 $\sigma(x) = z$ と $\sigma'(x)dx = dz$ により形式的に生じる．すなわち，ここでは，$\sigma(x) = z = x^2, 2xdx = dz$ を変形した $dx = \frac{1}{2x}dz$ の代入である：
$\implies \int x \cdot \cos x^2 dx = \left[\int x \cdot \cos z \cdot \frac{1}{2x} dz\right]_{z=x^2}$
$\left[\frac{1}{2}\int \cos z\, dz\right]_{z=x^2} = \left[\frac{1}{2}\sin z\right]_{z=x^2} = \frac{1}{2}\sin x^2$

置換公式（不定積分 5）は不定積分の特別な形：$\sigma'(x)$ が存在しなくてはならない．

方程式（不定積分 5）を右から左へ読むと次が成り立つ：

> (不定積分 6) $\int f(x)dx$
> $= \left[\int \sigma'(t) \cdot f(\sigma(t))dt\right]_{t=\sigma^{-1}(x)}$

この形は任意の置換を許すが，必ずしも結論に至れるとは限らない．

注：置換関数 σ の可逆性は前提条件である．

微分法 による検算

例 4：$\int \sqrt{1 - x^2} dx$ を求める．
$x = \sigma(t) = \cos t$ とおく，すなわち $dx = -\sin t\, dt$
$\implies \int \sqrt{1 - x^2} dx = \int -\sin t \sqrt{1 - \cos^2 t}\, dt$
$= -\int \sin^2 t\, dt = -\frac{1}{2}(t - \sin t \cos t)$
$= \frac{1}{2}x \cdot \sqrt{1 - x^2} - \frac{1}{2}\arccos x$
$\implies \int \sqrt{1 - x^2} dx = \frac{1}{2}x\sqrt{1 - x^2} - \frac{1}{2}\arccos x$

定積分への移行

> (定積分 2) $\int_a^b (c \cdot f(x))dx = c \cdot \int_a^b f(x)dx$
>
> (定積分 3) $\int_a^b (f(x) \pm g(x))dx$
> $= \int_a^b f(x)dx \pm \int_a^b g(x)dx$
>
> (定積分 4) $\int_a^b (f'(x) \cdot g(x))dx$
> $= [f(x) \cdot g(x)]_a^b - \int_a^b (f(x) \cdot g'(x))dx$
>
> (定積分 5) $\int_a^b (f'(x) \cdot g(x))dx = \int_{f(a)}^{f(b)} g(t)dt$
>
> (定積分 6) $\int_a^b f(x)dx = \int_{\sigma^{-1}(a)}^{\sigma^{-1}(b)} f(\sigma(t)) \cdot \sigma(t)dt$

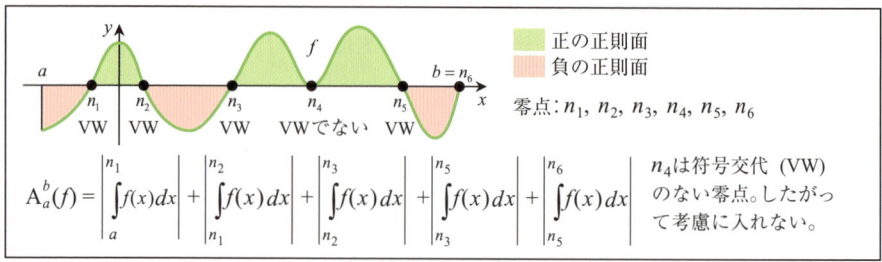

138 微分計算と積分計算

正の正則面
負の正則面

零点: $n_1, n_2, n_3, n_4, n_5, n_6$

VW VW VW VWでない VW

$$A_a^b(f) = \left|\int_a^{n_1} f(x)dx\right| + \left|\int_{n_1}^{n_2} f(x)dx\right| + \left|\int_{n_2}^{n_3} f(x)dx\right| + \left|\int_{n_3}^{n_5} f(x)dx\right| + \left|\int_{n_5}^{n_6} f(x)dx\right|$$

n_4 は符号交代 (VW) のない零点。したがって考慮に入れない。

A　グラフと x 軸のあいだの平面

ケース(a):

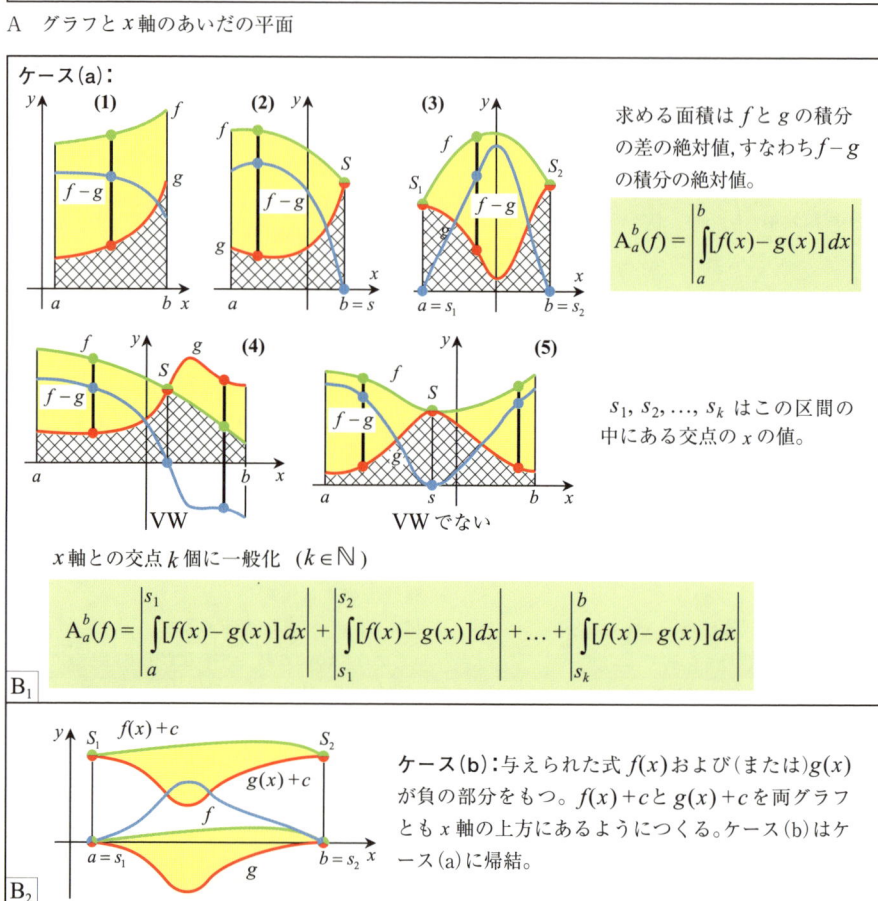

(1) (2) (3) (4) (5)

求める面積は f と g の積分の差の絶対値、すなわち $f-g$ の積分の絶対値。

$$A_a^b(f) = \left|\int_a^b [f(x)-g(x)]dx\right|$$

$s_1, s_2, \ldots, s_k$ はこの区間の中にある交点の x の値。

VW　VWでない

x 軸との交点 k 個に一般化 $(k \in \mathbb{N})$

$$A_a^b(f) = \left|\int_a^{s_1}[f(x)-g(x)]dx\right| + \left|\int_{s_1}^{s_2}[f(x)-g(x)]dx\right| + \ldots + \left|\int_{s_k}^b[f(x)-g(x)]dx\right|$$

B_1

ケース(b): 与えられた式 $f(x)$ および(または)$g(x)$ が負の部分をもつ。$f(x)+c$ と $g(x)+c$ を両グラフとも x 軸の上方にあるようにつくる。ケース(b)はケース(a)に帰結。

B_2

B　2つのグラフのあいだの平面

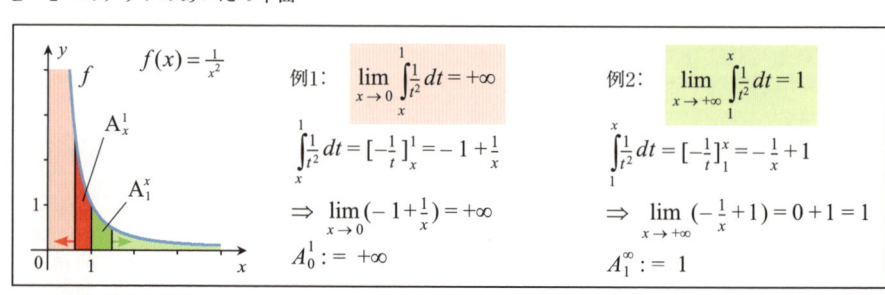

$f(x) = \frac{1}{x^2}$

例1: $\displaystyle\lim_{x \to 0} \int_x^1 \frac{1}{t^2} dt = +\infty$

$\displaystyle\int_x^1 \frac{1}{t^2} dt = \left[-\frac{1}{t}\right]_x^1 = -1 + \frac{1}{x}$

$\Rightarrow \displaystyle\lim_{x \to 0}\left(-1 + \frac{1}{x}\right) = +\infty$

$A_0^1 := +\infty$

例2: $\displaystyle\lim_{x \to +\infty} \int_1^x \frac{1}{t^2} dt = 1$

$\displaystyle\int_1^x \frac{1}{t^2} dt = \left[-\frac{1}{t}\right]_1^x = -\frac{1}{x} + 1$

$\Rightarrow \displaystyle\lim_{x \to +\infty}\left(-\frac{1}{x} + 1\right) = 0 + 1 = 1$

$A_1^\infty := 1$

C　みなし積分と面積

(I) 関数のグラフと x 軸上の区間 $[a,b]$ の間の平面の面積

f は $[a,b]$ 上で定義された区分的単調で連続な関数とする。

この区間はそれぞれの区間で正の正則平面または負の正則平面をつくるような区間に分割できる（図 A）。加えて符号交代を伴う f の零点をすべて算出する。これらがその区間とそれに属する算出可能な正則平面を定める。

> VW 交代を伴う零点に属する f の区間積分の絶対値を加える。

例：（p.104 の図 B と比較せよ）
$$f(x) = x^5 - x^4 - 4x^3 + 4x^2; \quad D_f = [-2, 2]$$
$$= x^2(x-1)(x-2)(x+2)$$

零点集合：$\{-2, 0\,(二重), 1, 2\}$
二重の零点では符号の交代は生じない。したがってこの零点 0 は「削除して積分する」。

$$A_{-2}^2(f) = \left|\int_{-2}^{1} f(x)dx\right| + \left|\int_{1}^{2} f(x)dx\right|$$
$$= |F(1) - F(-2)| + |F(2) - F(1)|$$
ここで $F(x) = \frac{1}{6}x^6 - \frac{1}{5}x^5 - x^4 + \frac{4}{3}x^3$
$$= |0.3 - (-9.6)| + |-1.067 - 0.3|$$
$$= 9.9 + 1.367 = 11.267$$

(II) 2 つのグラフのあいだの平面

関数 f と g は $[a,b]$ 上で定義され，区分的に単調で連続であるとする。

ケース (a)：両グラフが x 軸の上方にあり，0，1，2，… 個の交点をもちうる（図 B_1）。

(1) のように交点を もたない なら，差関数 $f - g$ の積分の絶対値が求める面積である。

少なくとも 1 個の交点をもつときには例 (2), (3) を (1) 同様に行う。

中にある交点は (4) のように $f - g$ の VW と結びつけられるときと，(5) のように VW をもたないときがある。VW を伴う交点の x の値はちょうど差関数 $f - g$ の VW を伴わない零点である。

これにより面積計算の問題は (I) に帰結し，次が成り立つ：

> 符号交代のある f と g の交点に属する $f - g$ の区間積分の絶対値を加える。

ケース (b)：両グラフの少なくとも一方が x 軸より下方にある。このとき，両グラフとも x 軸の上方に来るまで y 軸に沿って平行移動する（図 B_2）。その後は**ケース (a)** と同様に差関数で行う。

例：
$$f(x) = \frac{1}{2}x^2; \; g(x) = x + 4 \quad D_f = D_g = [-4, 4]$$

両グラフの交点：
$$f(x) = g(x) \Leftrightarrow \frac{1}{2}x^2 = x + 4$$
$$\Leftrightarrow x^2 - 2x - 8 = 0 \Leftrightarrow (x-1)^2 = 9$$
$$\Leftrightarrow x - 1 = 3 \Leftrightarrow x - 1 = -2 \Leftrightarrow x = 4 \vee x = -2$$

交点は -2 と 4 にある。
グラフ間の平面として次を得る：

$$Z_{-4}^4(f, g)$$
$$= \left|\int_{-4}^{-2} [f(x) - g(x)]dx\right|$$
$$\quad + \left|\int_{-2}^{4} [f(x) - g(x)]dx\right|$$
$$= |F(-2) - F(-4)| + |F(4) - F(-2)|$$
ここで $F(x) = \frac{1}{6}x^3 - \frac{1}{2}x^2 - 4x$
$$= \left|4\tfrac{2}{3} - (-2\tfrac{2}{3})\right| + \left|-13\tfrac{1}{3} - 4\tfrac{2}{3}\right| = 7\tfrac{1}{3} + 18$$
$$= 25\tfrac{1}{3}$$

みなし積分

第 1 種のみなし積分* とは上端または下端（あるいはその両方）の変数が $x \to \pm\infty$ となる積分の極限値である（この極限値はみなし極限 (p.97) でありうる）。

$$\int_a^{+\infty} f(x)dx := \lim_{x \to \infty} \int_a^x f(t)dt$$
$$\int_{-\infty}^b f(x)dx := \lim_{x \to -\infty} \int_x^b f(t)dt$$

例：図 C

被積分関数が a で定義間隙をもち，$x \to a$ の極限値が存在するか，みなし極限値であるときは，第 2 種みなし積分 と呼ぶ。次のように定義する：

$$\int_a^b f(x)dx := \lim_{x \to a} \int_x^b f(x)dx$$

例：図 C

（訳注）　*[広義積分]

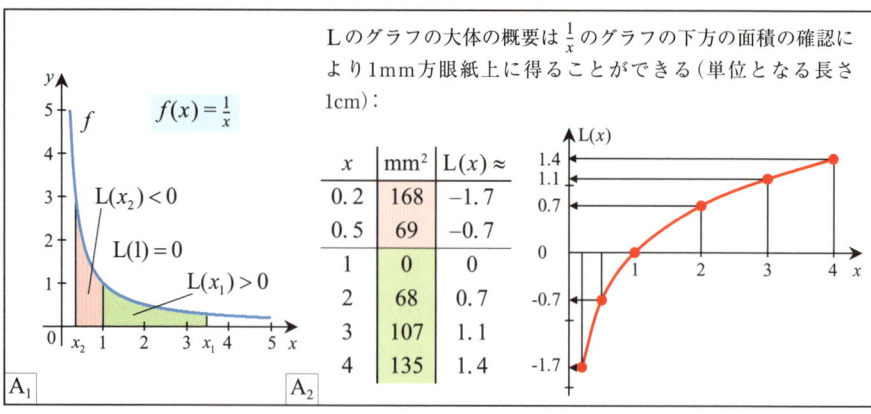

A　Lの定義域(A_1)とLのグラフの振る舞い(A_2)

Lのグラフの大体の概要は $\frac{1}{x}$ のグラフの下方の面積の確認により1mm方眼紙上に得ることができる(単位となる長さ1cm)：

x	mm²	$L(x) \approx$
0.2	168	-1.7
0.5	69	-0.7
1	0	0
2	68	0.7
3	107	1.1
4	135	1.4

$a \in \mathbb{R}^+$ で $L'(x) = \frac{1}{x}$, $L'(a \cdot x) = \frac{1}{a \cdot x} \cdot a = \frac{1}{x}$ が成り立つ(連結規則, p.115)。
つまり $L'(x) = L'(a \cdot x)$。すなわち $L(x)$ と $L(a \cdot x)$ は同じ導関数をもつ原始関数式。したがってこれらの違いは定数でしかない(p.135, 定理2)：

$$L(x) = L(a \cdot x) + C$$

(b)により1はLの零点の1つ：$L(1) = 0 \Rightarrow L(a \cdot 1) + C = 0 \Rightarrow C = -L(a \cdot 1) = -L(a)$.
方程式 $L(x) = L(a \cdot x) + C$ のCを$-L(a)$で置き換えて次の方程式を得る

$$L(x) = L(a \cdot x) - L(a)$$

xに $\mathbb{R}^+$ からの代入をすることができる。

$\boxed{x = b}$　$L(b) = L(a \cdot b) - L(a) \Leftrightarrow L(a \cdot b) = L(a) + L(b)$　w.z.z.w.

$\boxed{x = \frac{1}{a}}$　$L(\frac{1}{a}) = L(a \cdot \frac{1}{a}) - L(a) \Leftrightarrow L(\frac{1}{a}) = L(1) + L(a) \Leftrightarrow L(\frac{1}{a}) = -L(a)$　w.z.z.w.

$\boxed{x = \frac{1}{b}}$　$L(\frac{1}{b}) = L(a \cdot \frac{1}{b}) - L(a) \Leftrightarrow L(\frac{a}{b}) = L(a) - L(b)$　w.z.z.w.

さらに $n \in \mathbb{N}$ について次が成り立つ：
$L(a^n) = L(a \cdot a^{n-1}) = L(a) + L(a^{n-1}) = L(a) + L(a \cdot a^{n-2}) = L(a) + L(a) + L(a^{n-2})$
$= \ldots = \underbrace{L(a) + \ldots + L(a)}_{n \text{ 個の和の項}} = n \cdot L(a)$　w.z.z.w

B　対数の法則の証明

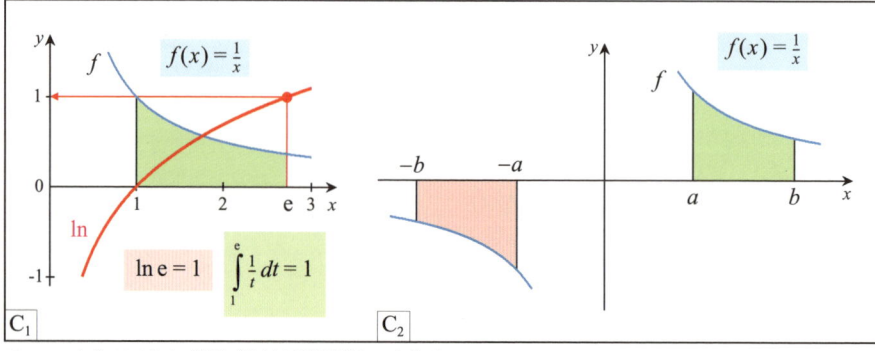

C　e の定義(C_1)と ln 関数(常用対数関数)の定積分(C_2)

$\ln e = 1$　　$\int_1^e \frac{1}{t} dt = 1$

積分としての自然対数

指数関数の逆関数としての対数の導入 (p.41, p.73) は自然対数の関数を導入するという1つの可能性を表している。具体的にはオイラー数 e (p.143) を底にもつ対数関数の特殊ケースとしてである。もう1つの可能性は, $\frac{1}{x}$ の積分関数 (p.133 を見よ) を用いることにより得られる。この方針でさらに累乗規則の間隙 ($n = -1$, p.135) を埋める。すなわち $\int \frac{1}{t} dt$ が解かれる (下を見よ)。
最初に関数 L を定義し, その性質から ln との同一性を導き出す:

定義 1: $L(x) = \int_1^x \frac{1}{t} dt \quad (x \in \mathbb{R}^+)$ (図 A_1)

以下の (a) から (c) の性質はすでに L としては対数関数が問題であることを推測させる。

(a) $D_L = \mathbb{R}^+$

(b) 次が成り立つので 1 で零点をとる:
$$L(x) = 0 \Leftrightarrow \int_1^x \frac{1}{t} dt = 0 \Leftrightarrow x = 1$$
すなわち $L(1) = 0$
符号域: $x > 1 \Leftrightarrow L(x) > 0$
$0 < x < 1 \Leftrightarrow L(x) < 0$

(c) L はすべての $x \in \mathbb{R}$ で任意の回数微分可能で
$$L'(x) = \frac{1}{x} > 0, \quad L''(x) = -\frac{1}{x^2} < 0$$
(主定理, p.133, 連結定理, p.115)

すなわち L は D_L 全体で狭義単調増加で右わん曲。
(p.119, 定理 3, p.121, 定理 7)

この性質により, 関数値表 (図 A_2) で確かめられるように, L のグラフはすでに対数関数の特徴的形をとっている (p.72, 図 C_2 と比較せよ)。いわゆる**対数の法則** (p.41 と比較せよ) もまた成り立つ (証明は図 B)。

(d) すべての $a, b \in \mathbb{R}^+, n \in \mathbb{N}$ で次が成り立つ:
  (d1) $L(a \cdot b) = L(a) + L(b)$
  (d2) $L(\frac{1}{a}) = -L(a) \quad L(\frac{a}{b}) = L(a) - L(b)$
  (d3) $L(a^n) = n \cdot L(a)$

注: n の定義域 $\mathbb{N}$ は段階的に $\mathbb{Z}, \mathbb{Q},$ そして $\mathbb{R}$ に拡張できる (証明略)。
(d3) を用いて次を導く。

(e) D_L の端での振る舞い:
$\lim_{x \to +\infty} L(x) = +\infty$ かつ
$\lim_{x \to 0} L(x) = -\infty$
なぜなら (d3) で $a = 2$ の場合を得る:
$L(2^n) = n \cdot L(2)$

すなわち
$$\lim_{n \to \infty} L(2^n) = L(2) \cdot \lim_{n \to \infty} n = +\infty$$
($x \to 0$ の場合は 2^{-n} で同様に)

推論: 値域については次が成り立つ:
$W_L = \mathbb{R}$

L の ln との同一性のためには, 換算方程式 $a^{\log_a(x)} = x$ (p.41) を用いる。関数 L をこれに応用すると:
$L(a^{\log_a(x)}) = L(x)$。
(d3) より次を得る。
$$\log_a x \cdot L(a) = L(x)$$
$a \in \mathbb{R}^+$ を $L(a) = 1$ が成り立つように選び, 特別な底 e (オイラー数, p.143) をつける。次の**定理**が成り立つ。

> $$L(x) = \log_e x = \ln x = \int_1^x \frac{1}{t} dt$$
> ただし, $\ln(e) = 1$ すなわち $\int_1^e \frac{1}{t} dt = 1$
> (図 C_1 参照)

基本積分 $\int \frac{1}{t} dt$

$x > 0$ に対して $\ln'(x) = \frac{1}{x}$ となり, かつ
$x < 0$ に対して $\ln'(-x) = -\frac{1}{-x} = \frac{1}{x}$ (連結規則)
により累乗規則で把握できなかった基本積分 $\int \frac{1}{t} dt$ が解かれる:

$$\int \frac{1}{t} dt = \ln|x| = \begin{cases} \ln x, & x > 0 \\ \ln(-x), & x < 0 \end{cases}$$

これにより以下のタイプの定積分も $a, b \in \mathbb{R}$ で解きうる (図 C_2):
$$\int_a^b \frac{1}{t} dt = [\ln(x)]_a^b = \ln(b) - \ln(a)$$
$$\int_{-b}^{-a} \frac{1}{t} dt = [\ln(-x)]_{-b}^{-a} = \ln(a) - \ln(b)$$

例: $\int_{-4}^{-2} \frac{1}{t} dt = \ln 2 - \ln 4$

$\ln 2$ と $\ln 4$ のさらなる計算に必要な値は電卓で近似できる (p.144 を見よ) (あるいは表を用いる)。

注:「自然対数関数」(ラテン語では logarithmus naturalis) の名は自然科学のための関数の意味からくる。しかしながら, この関数は純粋数学においても微分積分計算にはどうしても必要である。たとえば数論では素数の分布を扱うとき (AM の p.117 を見よ), 確率計算ではポアソンの分布, あるいはユーロ導入前の最後の 10 マルク札に載っていたガウスの誤差積分 (AM の p.445 を見よ) で必要不可欠である。

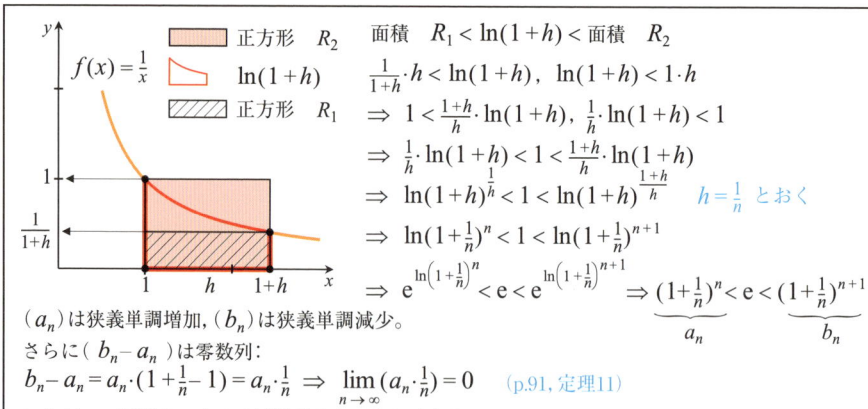

面積　$R_1 < \ln(1+h) <$ 面積　R_2

$$\frac{1}{1+h}\cdot h < \ln(1+h), \quad \ln(1+h) < 1\cdot h$$

$\Rightarrow \quad 1 < \frac{1+h}{h}\cdot\ln(1+h), \quad \frac{1}{h}\cdot\ln(1+h) < 1$

$\Rightarrow \quad \frac{1}{h}\cdot\ln(1+h) < 1 < \frac{1+h}{h}\cdot\ln(1+h)$

$\Rightarrow \quad \ln(1+h)^{\frac{1}{h}} < 1 < \ln(1+h)^{\frac{1+h}{h}}$　　$h=\frac{1}{n}$ とおく

$\Rightarrow \quad \ln(1+\frac{1}{n})^n < 1 < \ln(1+\frac{1}{n})^{n+1}$

$\Rightarrow \quad e^{\ln(1+\frac{1}{n})^n} < e < e^{\ln(1+\frac{1}{n})^{n+1}} \Rightarrow \underbrace{(1+\frac{1}{n})^n}_{a_n} < e < \underbrace{(1+\frac{1}{n})^{n+1}}_{b_n}$

(a_n) は狭義単調増加，(b_n) は狭義単調減少。
さらに $(b_n - a_n)$ は零数列：
$b_n - a_n = a_n\cdot(1+\frac{1}{n}-1) = a_n\cdot\frac{1}{n} \Rightarrow \lim_{n\to\infty}(a_n\cdot\frac{1}{n}) = 0$　(p.91, 定理11)

したがって区間 $[a_n, b_n]$ は区間縮小 (p.37) を形成する。これにより両数列は e に収束する：

$$\lim_{n\to\infty}(1+\frac{1}{n})^n = \lim_{n\to\infty}(1+\frac{1}{n})^{n+1} = e$$

W.Z.Z.W.

両数列の関数値表

n	10	100	1000	10000	10^5	10^6
$(1+\frac{1}{n})^n$	2.59	2.70…	2.717…	2.7181…	2.71826…	2.718280…
$(1+\frac{1}{n})^{n+1}$	2.85…	2.73…	2.719…	2.7184…	2.71829…	2.718283…

両数列は非常にゆっくりと $e = 2.7182818284…$ に収束する

A　オイラー数 e

	終着方程式	x についての解	$\boxed{x\,|\,y}$ での逆関数方程式 f^{-1}
関数方程式	$f(x) = \ln x$	$x = e^{f(x)}$	$f^{-1}(x) = e^x$
定義集合	$\mathbb{R}^+$	$\mathbb{R}$	$D_{f^{-1}} = \mathbb{R}$
値集合	$\mathbb{R}$	$\mathbb{R}^+$	$W_{f^{-1}} = \mathbb{R}^+$

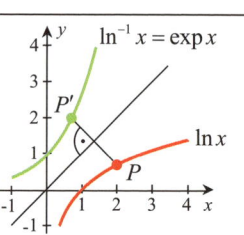

B　ln 関数(自然対数関数)の逆関数としての e 関数(指数関数)

回転体の中に内接する円柱からなる立体，同様に外側から外接する円柱からなる立体を思い浮かべると，この回転体について，体積として以下の囲い込みを得る。($V = r^2\pi\cdot h$ 円柱の体積，ただし $r = m$ および $r = M$，$h = \Delta x$)：

$m_1^2\pi\cdot\Delta x + \ldots + m_n^2\pi\cdot\Delta x \leq V_{rot} \leq M_1^2\pi\cdot\Delta x + \ldots + M_n^2\pi\cdot\Delta x$

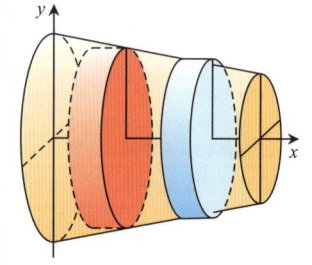

$\Leftrightarrow \quad \pi\sum_{i=1}^{n}(m_i^2\cdot\Delta x) \leq V_{rot} \leq \pi\sum_{i=1}^{n}(M_i^2\cdot\Delta x)$

左辺の和は $g(x) = [f(x)]^2$ の関数 g の下方和，右辺の和は同じ関数の上方和(p.131, 定義1 と比較せよ)。$[f(x)]^2$ の積分が存在するなら上方和，下方和ともに同一の極限値をもつ。すなわち次が成り立つ：

$$V_{rot} = \pi\cdot\int_a^b [f(x)]^2\, dx$$

C　回転体の体積

e 関数

ln 関数には逆関数として e 関数と呼ばれるものが含まれる。e 関数は ln 関数の狭義単調性から存在する (p.141, p.73)。(底 e の) 対数関数の逆関数としての e 関数は，底 e の指数関数である。
$$x \mapsto e^x \quad \text{ただし} \quad D_f = \mathbb{R} \quad (\text{図 B})$$
$\exp x = e^x$ とも書く。
導関数については次が成り立つ。

$$(e^x)' = e^x$$

証明：逆関数 f^{-1} の導関数の規則 (p.115) により次を得る：
$f(a) = \ln a, a = e^{f(a)}, f'(a) = \frac{1}{a}$ で
$(f^{-1})'(f(a)) = \frac{1}{f'(a)}$ だから
$$(f^{-1})'(\ln a) = \frac{1}{\frac{1}{a}} = a = e^{\ln a}$$
$\ln a = x$ では次が成り立つ：$(f^{-1})'(x) = e^x$ w.z.z.w

注：次が成り立つ。
$$e^x = f(x) = f'(x) = f''(x) = \cdots = f^{(n)}(x) = \cdots$$
$c \in \mathbb{R}$ で $c \cdot e^x$ についてもこれは成り立つ。そのうえ $c \cdot e^x$ がこの性質をもつ唯一の関数の式であることも示せる。

オイラー数 e

ln 関数および e 関数の底はオイラー数 e であり，数 π と並んで数学では最も重要な数である。定義方程式 $\ln e = 1$ 単独ではこの数 e についてわずかしか語らない。e の小数表記などはたいへん興味深い。
e の値は，非常に骨を折れば次の性質から得られる。

$$e = \lim_{n \to \infty} \left(1 + \frac{1}{n}\right)^n$$

証明：図 A
収束がゆっくりしているので，この数列の実践はあまり意味がない。近似値の算出には級数の表記が役に立つ：
$$R(n) = 1 + \frac{1}{1!} + \frac{1}{2!} + \frac{1}{3!} + \cdots + \frac{1}{n!} \quad (\text{p.144})$$
次の関数値表を得る：

n	1	5	8	9
$R(n)$	2	2.716	2.71827	2.718281

数列では $n = 1000000$ で出てくる第 5 位の正確さはこの級数では $n = 9$ ですでに越している。

注：数 e は無理数である。

一般的な対数関数

$f(x) = \log_a x \, (a \in \mathbb{R}^+\setminus\{1\})$ が与えられたとき，換算公式 (p.41) により次のように書ける：
$$f(x) = \frac{\ln x}{\ln a} = \frac{1}{\ln a} \cdot \ln x$$
導関数については，定数因子の規則 (p.113) から次が導かれる：
$$[\log_a x]' = \frac{1}{\ln a}(\ln x)' = \frac{1}{\ln a} \cdot \frac{1}{x} = \frac{1}{x \cdot \ln a}$$
すなわち，

$$[\log_a x]' = \frac{1}{x \cdot \ln a}$$

一般的な指数関数

$f(x) = a^x$ が与えられたとき，p.73，定理 9 により $f(x) = e^{x \cdot \ln a}$ と書き換えられる。連結規則 (p.115) を用いて導関数について次を得る。
$$(a^x)' = (e^{x \cdot \ln a})' = e^{x \cdot \ln a} \cdot \ln a = a^x \ln a$$
すなわち，

$$[a^x]' = a^x \cdot \ln a$$

回転体

関数のグラフを x 軸の周りに回転させて回転体と呼ばれるものをつくる。

この体積について次が成り立つ（f はたとえば連続で区分的に単調であるとすると，p.131 の定理 4 を f^2 に応用できる。なぜなら f の連続性と区分的単調性は f^2 に移行される）：

$$V_{rot} = \pi \int_a^b [f(x)]^2 dx$$

導き出し：図 C
例：方程式 $\frac{x^2}{a^2} + \frac{y^2}{b^2} = 1$ の楕円 (p.209) を x 軸の周りに回転する。描き出された楕円体の体積を求めよ。
解：$V_{Ell} = \pi \int_{-a}^{+a} [f(x)]^2 dx = 2\pi \int_0^{+a} y^2 dx$
（対称性より）
$y^2 = [f(x)]^2 = b^2\left(1 - \frac{x^2}{a^2}\right)$
$$V_{Ell} = 2\pi \int_0^{+a} b^2\left(1 - \frac{x^2}{a^2}\right)dx$$
$$= 2\pi b^2 \left[x - \frac{1}{a^2} \cdot \frac{1}{3}x^3\right]_0^{+a}$$
$$= 2\pi b^2 \left(a - \frac{1}{3}a - 0\right)$$
$$= 2\pi \frac{2}{3} ab^2$$
$$= \frac{4}{3}\pi ab^2$$

定義： $n! := 1 \cdot 2 \cdot 3 \cdots n$ のとき $n \geq 2$, $1! := 1$, $0! := 1$ （nの階乗と読む）

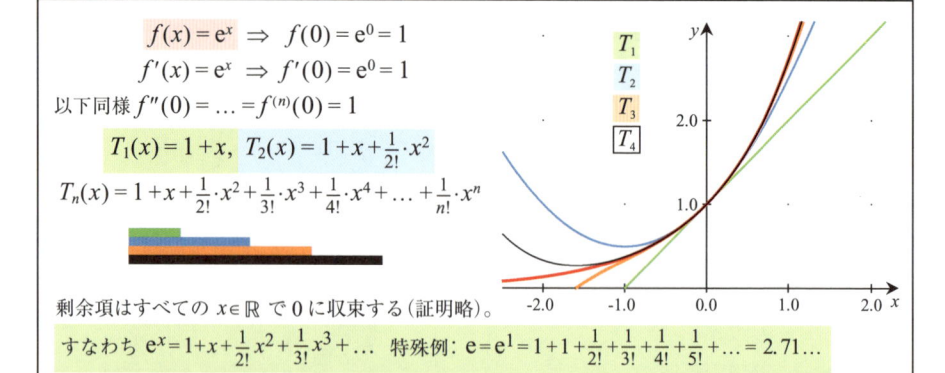

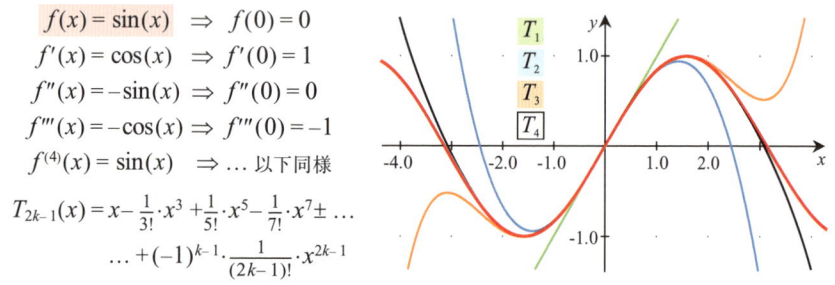

$f(x) = e^x \Rightarrow f(0) = e^0 = 1$
$f'(x) = e^x \Rightarrow f'(0) = e^0 = 1$
以下同様 $f''(0) = \ldots = f^{(n)}(0) = 1$

$T_1(x) = 1 + x$, $T_2(x) = 1 + x + \frac{1}{2!} \cdot x^2$
$T_n(x) = 1 + x + \frac{1}{2!} \cdot x^2 + \frac{1}{3!} \cdot x^3 + \frac{1}{4!} \cdot x^4 + \ldots + \frac{1}{n!} \cdot x^n$

剰余項はすべての $x \in \mathbb{R}$ で 0 に収束する（証明略）。

すなわち $e^x = 1 + x + \frac{1}{2!}x^2 + \frac{1}{3!}x^3 + \ldots$　特殊例： $e = e^1 = 1 + 1 + \frac{1}{2!} + \frac{1}{3!} + \frac{1}{4!} + \frac{1}{5!} + \ldots = 2.71\ldots$

$f(x) = \sin(x) \Rightarrow f(0) = 0$
$f'(x) = \cos(x) \Rightarrow f'(0) = 1$
$f''(x) = -\sin(x) \Rightarrow f''(0) = 0$
$f'''(x) = -\cos(x) \Rightarrow f'''(0) = -1$
$f^{(4)}(x) = \sin(x) \Rightarrow \ldots$ 以下同様

$T_{2k-1}(x) = x - \frac{1}{3!} \cdot x^3 + \frac{1}{5!} \cdot x^5 - \frac{1}{7!} \cdot x^7 \pm \ldots$
$\ldots + (-1)^{k-1} \cdot \frac{1}{(2k-1)!} \cdot x^{2k-1}$

剰余項はすべての $x \in \mathbb{R}$ で 0 に収束する（証明略）。

すなわち $\sin(x) = x - \frac{1}{3!}x^3 + \frac{1}{5!}x^5 \mp \ldots$　特殊例： $\sin 0.7 = 0.644\ldots$

ln 関数は 0 で定義されないので $\ln x$ の代わりに
関数式 $\ln(1+x)$ を選ぶ。

$f(x) = \ln(1+x) \Rightarrow f(0) = 0$
$f'(x) = \frac{1}{1+x} \Rightarrow f'(0) = 1$
$f''(x) = \frac{-1}{(1+x)^2} \Rightarrow f''(0) = -1$
$f'''(x) = \frac{2}{(1+x)^3} \Rightarrow f'''(0) = 2$
$f^{(4)}(x) = -\frac{2 \cdot 3}{(1+x)^4} \Rightarrow f^{(4)}(0) = -2 \cdot 3$
$f^{(n)}(x) = (-1)^{n+1} \cdot \frac{(n-1)!}{(1+x)^n} \Rightarrow f^{(n)}(0) = (-1)^{n+1} \cdot (n-1)!$

$T_n(x) = x - \frac{1}{2}x^2 + \frac{1}{3}x^3 - \frac{1}{4}x^4 \pm \ldots + (-1)^{n+1} \cdot \frac{1}{n} \cdot x^n$

剰余項はすべての $x \in (-1, 1]$ で 0 に収束する（証明略）。

すなわち $\ln(1+x) = x - \frac{1}{2}x^2 + \frac{1}{3}x^3 \mp \ldots$　特殊例： $\ln(2) = 0.782\ldots$

テイラー多項式による近似式

近似式

近似式とは e^x や $\sin x$, $\ln$ などのような式の整有理関数のような単純な関数による近似で，関数値の近似的算出を可能にするために行う。ここでは近似式として以下のいわゆるテーラーの多項式 $T_n (n \in \mathbb{N})$ を用いる。

$T_1(x) = f(0) + f'(0) \cdot x; \quad (0, f(0))$ での接線

$T_2(x) = f(0) + \dfrac{f'(0)}{1!} x + \dfrac{f''(0)}{2!} x^2 \quad$ (放物線)

$T_n(x) = f(0) + \dfrac{f'(0)}{1!} x + \dfrac{f''(0)}{2!} x^2 + \cdots + \dfrac{f^{(n)}(0)}{n!} x^n$

注：p.111 ですでに関数の接線による近似を扱った（線形近似式または**一次の近似式**）。
二次の近似式は p.123 の計算例 2b に示してあるように放物線による（ここで見いだした次の近似関数はまさにテーラーの多項式 T_2 である

$$p(x) = \tfrac{1}{4} x^2 + 1$$

この式は計算で簡単に求まる）。

近似式の基本的考え方

次の和表現がある。
$$f(x) = T_n(x) + R_n(x) \quad \text{すべての } x \in \mathbb{R}$$
ここで $R_n(x)$ は **剰余項** と呼ばれるものであり，実際の関数値と近似した関数値との誤差を表す。

これは**テーラーの定理**であり，0 を含む区間で十分な回数微分可能な関数である。
剰余項は n の増加に従い 0 に消失するので，テーラーの多項式の次数が上がるとよりいっそう $f(x)$ と一致する。この振る舞いを無限級数が表す：

$$f(x) = f(0) + \dfrac{f'(0)}{1!} x + \dfrac{f''(0)}{2!} x^2 + \dfrac{f'''(0)}{3!} x^3 + \cdots$$

応用：図

剰余項 $R_n(x)$ の積分表現

剰余項 $R_1(x)$ はたとえば部分積分を用いて以下のように求まる：

$$f(x) = f(0) + f'(0) \cdot x + R_1(x)$$
$$\Leftrightarrow f(x) - f(0) = f'(0) \cdot x + R_1(x)$$

左辺は p.133 の定理 6 により $\int_0^x f'(t) dt$ に等しく，右辺の和の第 1 項は $[f'(t) \cdot (t-x)]_0^x$ と書かれる。

次が導かれる：

$$\int_0^x f'(t) dt = \left[f'(t) \cdot (t-x) \right]_0^x + R_1(x)$$

この方程式を部分積分法 (p.137, 定積分 4)

$$\int_0^x u'(t) \cdot v(t) dt = \left[u(t) \cdot v(t) \right]_0^x - \int_0^x u(t) \cdot v'(t) dt$$

と比較して，さらに $u'(t) = 1$, $v(t) = f'(t)$ とおいて $v'(t) = f''(t)$ を導きだし，$u(t) = t - x$ と選ぶと，左辺と一致するので，右辺で次が成り立つ：

$$R_1(x) = -\int_0^x (t-x) \cdot f''(t) dt$$

$$\Leftrightarrow R_1(x) = \int_0^x (x-t) \cdot f''(t) dt$$

上述の積分 $R_1(x)$ を $u'(t) = x - t$, $v(t) = f''(t)$ で置換積分を実行することにより，次数 2 の近似式の剰余項 $R_2(x)$ を得る。この結果を代入すると：

$$f(x) = f(0) + f'(0) \cdot x + f''(0) \cdot x^2$$
$$+ \dfrac{1}{2} \int_0^x (x-t) f'''(t) dt$$
$$\Rightarrow R_2(x) = \dfrac{1}{2} \int_0^x (x-t)^2 \cdot f'''(t) dt$$

剰余項 $R_1(x)$ は和に分解できて，その和の第 1 の項は多項式の次数が 1 大きくなり第 2 の項は新しい剰余項 $R_2(x)$ をつくる。これが次々と繰り返されていく：

n 次の近似式でも同様のことが成り立つ（数学的帰納法 p.247, p.249 により証明は可能である。）：

$$R_n(x) = \dfrac{1}{n!} \int_0^x (x-t)^n \cdot f^{(n+1)}(t) dt$$

注：誤差を評価するには，たとえば e^x の $n = 9$ で級数を中断するときには剰余項 $R_9(x)$ を評価しなくてはならないであろう。実際ここでは実行しえないような正確さ 10^{-5} での評価が存在する (p.143 の表と比較せよ)。

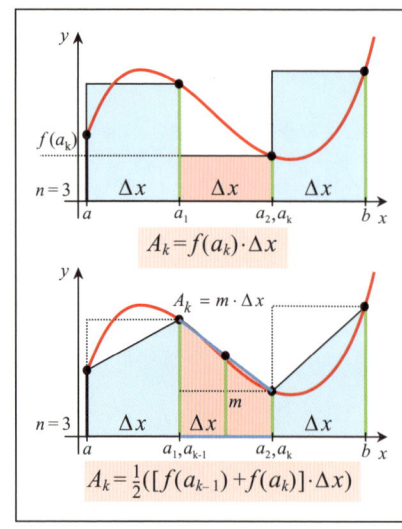

長方形面積 A_k の和は
$$S_n = \Delta x \cdot [f(a) + f(a_1) + \ldots + f(a_{n-1}) + f(b)]$$
ただし $\Delta x = \dfrac{b-a}{n}$ の n 個の同幅の部分区間

$A_k = f(a_k) \cdot \Delta x$

台形面積 A_k の和は
$$S_n = \dfrac{1}{2} \cdot \Delta x \cdot [f(a) + f(a_1) + f(a_1) + f(a_2) + \ldots$$
$$\ldots + f(a_{n-2}) + f(a_{n-1}) + f(a_{n-1}) + f(b)]$$
$$\Rightarrow S_n = \Delta x \cdot [\tfrac{1}{2}f(a) + f(a_1) + \ldots + f(a_{n-1}) + \tfrac{1}{2}f(b)]$$
ただし $\Delta x = \dfrac{b-a}{n}$ の n 個の同幅の部分区間

$A_k = \dfrac{1}{2}([f(a_{k-1}) + f(a_k)] \cdot \Delta x)$

A 長方形網手続, 台形手続

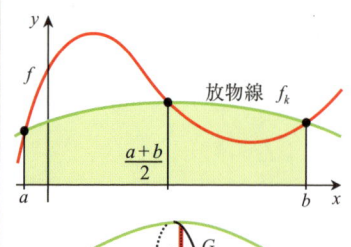

近似積分 $\int_a^b f_k(t)dt$ は 1 回の応用では一般的に $\int_a^b f(t)dt$ から大きく離れている。

複数回のシンプソンの規則の応用によって初めて(下を見よ)ケプラーの規則は有効に使用できる。

この規則は近似的算出により確かな回転体を用いることができるので「ワイン樽規則」という名をもつ。

G, G_1, G', H が図の樽のように与えられているとき次を得る：

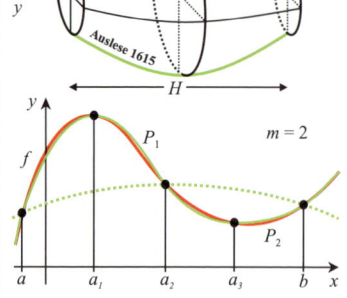

$$V_{rot} \simeq \dfrac{H}{6}(G + 4G_1 + G') \quad \text{および}$$
$$V_{Fass} \simeq \dfrac{H}{6}(\pi r^2 + 4\pi R^2 + \pi r^2)$$
$$\Rightarrow V_{Fass} \simeq \dfrac{\pi}{3} H(r^2 + 2R^2)$$

$[a,b]$ は $4, 6, 8, \ldots, 2m$ 個の同幅の部分区間に分割される。次に $2, 3, 4, \ldots, m$ 個のケプラーの規則の成り立つ放物線をはめ込む。

次を得る：

$$\int_a^b f(x)dt \simeq \int_a^{a_2} p_1(x)dt + \int_{a_2}^{a_4} p_2(x)dt + \ldots + \int_{a_{2m-2}}^b p_m(x)dt \quad (a_2 - a = a_4 - a_2 = \ldots = b - a_{2m-2} = \tfrac{b-a}{m})$$
$$= \dfrac{b-a}{6m}(f(a) + 4f(a_1) + f(a_2)) + \dfrac{b-a}{6m}(f(a_2) + 4f(a_3) + f(a_4)) + \ldots$$
$$\ldots + \dfrac{b-a}{6m}(f(a_{2m-2}) + 4f(a_{2m-1}) + f(a_{2m}))$$

すなわち次が成り立つ：

$$\int_a^b f(x)dt \simeq \dfrac{b-a}{6m}[f(a) + f(b) + 2\{f(a_2) + f(a_4) + \ldots + f(a_{2m-2})\} + 4\{f(a_1) + f(a_3) + \ldots + f(a_{2m-1})\}]$$

B ケプラーのワイン樽規則, シンプソンの規則

数的手続

直接的にゴールに導く公式による解法が用意されていない定理（たとえば解の公式が存在していない6次方程式を解くようなとき）では数的手続は代入に行き着く。あるいは問題解法の時間消費を軽減させるために，計算機の導入により帰納的手続（下を見よ），いわゆる反復手続（下を見よ）を基本にしており計算機にはことのほかよく当てはまる。ここでは以下の分野を論述する：

- 数的積分法
- 数的方程式の解法
- 零点の数的特定
- 反復手続

数的積分法

定積分の数的算出には多数の手続がある：

- 長方形網手続
- 台形手続
- ケプラーのワイン樽規則
- シンプソンの規則

a) 長方形網手続

この手続は積分の定義を用いた計算の量が膨大になるのでコンピュータにとってしか意味がない（計算公式：図A）。たとえば，「途中に」極値点があったりしうるから，算出された長方形網は上方和，下方和で同一であるとは限らない。しかしこのケースでは中間和が問題になる。積分が存在するケースではいずれにせよこの積分に収束する。最初に与えられた同幅の区間分割を，それぞれの部分区間を二等分することでさらに細かくする手続はまた「区間二分割手続」とも呼ぶ。

b) 台形手続

長方形網を台形網で置き換えることにより台形手続を得る。長方形網手続より収束が早いので，こちらのほうが優れている。関数のグラフにおける適用は台形のほうが長方形よりよい（算出公式：図A）。

c) ケプラーのワイン樽規則

この規則では適合は放物線により行われる（図B）。
一直線上にない3点は一意に放物線を特定するので，3点を次のように始めると

$(a, f(a)), \quad (b, f(b)), \quad (\frac{a+b}{2}, f(\frac{a+b}{2}))$

軸がy軸に平行な放物線関数をあげられる：
数式 $f_K(x) = p_1 + p_2 x + p_3 x^2$ をこの放物線関数とすると，$\int_a^b f(t)dt$ は $\int_a^b f_K(t)dt$ により近似される。このとき係数 p_1, p_2, p_3 は3点の情報から突き止められる。

主定理（p.133）を用いた積分で次を得る：

$$\int_a^b f_K(t)dt = \int_a^b [p_1 + p_2 t + p_3 t^2]dt$$
$$= p_1 b + \frac{1}{2}p_2 b^2 + \frac{1}{3}p_3 b^3 - \left(p_1 a + \frac{1}{2}p_2 a^2 + \frac{1}{3}p_3 a^3\right)$$
$$= p_1(b-a) + \frac{1}{2}p_2(b^2 - a^2) + \frac{1}{3}p_3(b^3 - a^3)$$
$$= (b-a)\left[p_1 + \frac{1}{2}p_2(b+a) + \frac{1}{3}p_3(a^2 + ab + b^2)\right]$$
$$= \frac{b-a}{6}[6p_1 + 3p_2 b + 3p_2 a + 2p_3 a^2 + 2p_3 ab + 2p_3 b^2]$$

与えられた3つの点は放物線上にあるので，次が成り立たなければならない：

$f(a) = p_1 + p_2 a + p_3 a^2$

$f(b) = p_1 + p_2 b + p_3 b^2$

$f(\frac{a+b}{2}) = p_1 + p_2 \frac{a+b}{2} + p_3 (\frac{a+b}{2})^2$

次が導かれる：

$$\int_a^b f_K(t)dt = \frac{b-a}{6}[p_1 + p_2 a + p_3 a^2 + p_1 + p_2 b$$
$$+ p_3 b^2 + 4p_1 + 2p_2 a + 2p_2 b + p_3 a^2 + 2p_3 ab + p_3 b^2]$$
$$= \frac{b-a}{6}\left[f(a) + f(b) + 4p_1 + 2p_2(a+b) + p_3(a+b)^2\right]$$
$$= \frac{b-a}{6}\left[f(a) + f(b) + 4p_1 + p_2\frac{a+b}{2} + p_3(\frac{a+b}{2})^2\right]$$

$$\Rightarrow \int_a^b f_K(t)dt = \frac{b-a}{6}\left[f(a) + 4f(\frac{a+b}{2}) + f(b)\right]$$

注：この公式は J. ケプラー（J. KEPLER, 1571–1630）がワイン樽の体積に取り組んでいたときにこれを発見したことに由来する（図B）。

d) シンプソンの規則

ケプラーの規則の繰り返しの応用（図B）により，シンプソンの規則（TH. SIMPSON, 1710–1761）を得る。この応用は一般によりよい近似をつくり出す。なぜなら増加する$2m$個（$m \in \mathbb{N}$）の区間への分割で改良されている。

長方形の正方形への等積変形は，両辺の長さの差を常に小さくする。

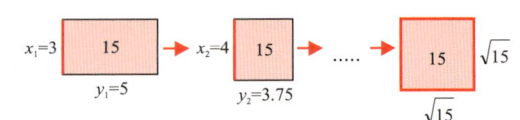

x_1 は初期値。y_1 は面積が15であるから演えきできる。つまり $y_1 = \frac{15}{3} = 5$。

長方形の辺の長さの調整は y_2 として x_2 と y_1 の代数的平均値をとると可能になる。すなわち以下のように

$$x_2 = \frac{1}{2}\left(x_1 + \frac{15}{x_1}\right)$$

同様に進めていくと

$$x_3 = \frac{1}{2}\left(x_2 + \frac{15}{x_2}\right),\ x_4 = \frac{1}{2}\left(x_3 + \frac{15}{x_3}\right)\ldots$$

一般化：$n \in \mathbb{N}$ で $x_{n+1} = \frac{1}{2}\left(x_n + \frac{15}{x_n}\right)$

数列の最初の項を電卓で算出：

入力プログラム

$\boxed{X_1} \to \boxed{Sto} + \boxed{15} \div \boxed{Rcl} = \times \boxed{0.5} =$

数列：
$(3,\ 4,\ 3.875,\ 3.8729839,\ \ldots,\ 3.8729833,\ \ldots)$

この数列が $\sqrt{15}$ に収束することは初期値が正であることには従属しない。負の初期値では極限値は $-\sqrt{15}$。

A ヘロンの手続

例：

求めるのは
次の方程式の解
$\frac{1}{4}x^2 = \frac{1}{2}x + 4,\ x \in \mathbb{R}$

$f(x) = \frac{1}{4}x^2 - \frac{1}{2}x - 4$,

$D_f = \mathbb{R}^+$ の関数 f の零点 c を求める。c の近似値を求めなくてはならない。

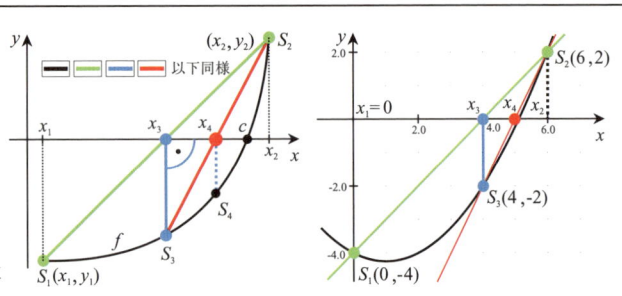

f は c で VW をもつ，c の近傍で左わん曲の連続関数。

手順：

$S_1(x_1, y_1)$ と $S_2(x_2, y_2)$ を x 軸の反対側にとる：
2点の割線の方程式を求める（p.68, 図C, 2点型）：
$\frac{y - y_1}{x - x_1} = \frac{y_2 - y_1}{x_2 - x_1}$
（例では：$y = x - 4$）

$(x_3, 0)$ での点検算により，x_3 はこの割線の零点：

$y = 0, x = x_3 \quad \frac{0 - y_1}{x_3 - x_1} = \frac{y_2 - y_1}{x_2 - x_1} \Leftrightarrow \frac{x_3 - x_1}{-y_1} = \frac{x_2 - x_1}{y_2 - y_1} \Leftrightarrow x_3 = x_1 - y_1 \cdot \frac{x_2 - x_1}{y_2 - y_1}$

（例では：$x_3 = 4$）

点 S_3 により近似の改良を得る。この点は $(x_3, 0)$ での直角三角形により，x_3 と同じ手順で今度は点 S_2 と S_3 を用いて $x_4 = x_3 - y_3 \cdot \frac{x_3 - x_2}{y_3 - y_2}$ およびさらに同様にそのさきを得る：
例では次を得る：$x_3 = 4,\ x_4 = 5,\ x_5 = 5.11,\ \ldots$
（p.49の手続により二次方程式を解くと，零点は $1 + \sqrt{17} = 5.123\ldots$）

B 割線手続

方程式の数的解法

近似的にしか解けない方程式がある。

例： $x^5 - x + 1 = 0, \quad \cos x = 0, \quad x \cdot \ln x = 1$

一般的あるいは特殊な場合の解法が存在する方程式も計算が膨大なときにはしばしば近似的に解かれる。コンピュータを用いることの効果が大きいからである。

方程式の解と関数の零点

方程式を解くことは（p.45, p.47 を見よ）原理的にそれに属する関数の零点を算出することに帰結できる

例：

方程式		零型		関数
$x^2 = 4$	$\Leftrightarrow$	$x^2 - 4 = 0$	$\Leftrightarrow$	$f(x) = x^2 - 4$
$\sin x = x$	$\Leftrightarrow$	$\sin x - x = 0$	$\Leftrightarrow$	$f(x) = \sin x - x$

零型は $f(x) = 0$ と同一。
属する関数 $f(x)$ は零型の左辺を関数式としてもつ。f の零点は最初の方程式の解である。

ヘロンの手続

近似的に解かなくてはならないのは，$a > 0$ での $x^2 = a$ 型の方程式で，a が単純な平方数で求め得ないときである。
次の公式によって $\sqrt{a}$ を近似的に算出する（図 A）：

$$x_{n+1} = \frac{1}{2}\left(x_n + \frac{a}{x_n}\right)$$

例： $\sqrt{15}$ の算出

上述の公式によって数列 $(x_1, x_2, x_3, \ldots)$ を定義する。ここでもまた自由に選びうるいわゆる 初期値 について繰り返して詳しく述べる（図 A）。式の数列のおのおのの項を初期値とみなし，定数，計算演算はすでに求まった前出のものから構築した数列を **帰納的に定義された数列** と呼ぶ。すなわち初期値 x_1 に「帰結」しなくてはならない（ラテン語で recurere：帰結）。
図 A の数列 (x_n) がまさに $\sqrt{15}$ に収束することは証明を必要とするが，同様に一般のケースに展開できる。

$x_{n+1} = \frac{1}{2}\left(x_n + \frac{a}{x_n}\right)$ で表された数列は $a \geq 0$ で $\sqrt{a}$ に収束する。

証明：図 A の例は，$x_1 > 0$ で (x_n) が単調減少で下に有界，これにより g に収束すること（p.91，定理 10b）を推測するのはもっともである。
$x_{n+1} = \frac{1}{2}(x_n + \frac{a}{x_n})$ が成り立つので，いろいろな極限値の法則（p.91）により次が成り立つ：

$$g = \frac{1}{2}\left(g + \frac{a}{g}\right) \Leftrightarrow g^2 = a \Leftrightarrow g = \sqrt{a}$$

示すことがまだ残っている：(x_n) は単調減少で下に有界

$$x_{n+1} \leq x_n \Leftrightarrow \frac{1}{2}\left(x_n + \frac{a}{x_n}\right) \leq x_n$$
$$\Leftrightarrow \frac{a}{x_n} \leq x_n \Leftrightarrow a \leq x_n^2 \Leftrightarrow x_n^2 - a \geq 0$$

$x_n^2 - a \geq 0$ がすべての n について成り立つとき減少の単調性は推測できる。最後の不等式の左辺は $n \geq 2$ で換算される（二項公式の応用）：

$$x_n^2 - a = \left[\frac{1}{2}\left(x_{n-1} + \frac{a}{x_{n-1}}\right)\right]^2 - a = \cdots$$
$$= \left[\frac{1}{2}\left(x_{n-1} - \frac{a}{x_{n-1}}\right)\right]^2$$

平方式なのですべての $n \geq 2$ で $x_n^2 - a \geq 0$ が成り立ち，それによって減少は単調である。

$$x_n^2 - a \geq 0 \Leftrightarrow x_n^2 \geq a \Leftrightarrow |x_n| \geq \sqrt{a}$$

により下方への有界性も推測される。　　w.z.z.w.

割線手続

零点決定のこの手続（弦手続，regula falsi ともいう）は割線関数を零点の近似に用いる。
条件より
- f は連続で c は c の近傍で唯一の零点
- c での f の符号交代，c の同じ近傍で 左わん曲 または 右わん曲（p.121）

これらは図 B に表記された振る舞いを保証する。

注：左わん曲のケースの手続きは図 B に記してある。右わん曲が与えられたときは S_1 と S_2 を互いに入れ替えるだけでよい。
符号が変更されているときにはその他の解説を用いることができる。

電卓を用いる場合の計算量は比較的多く，したがってコンピュータのプログラミングは大いに助けになる。なぜなら帰納的手続がコンピュータ用にアレンジされている（いわゆる研磨）。

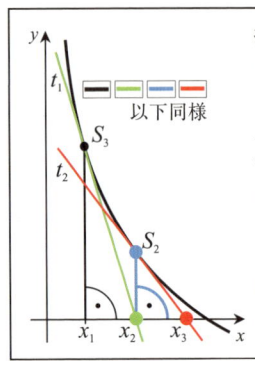

接線 t_1 について次が成り立つ：
$$t_1(x) = f'(x_1) \cdot (x - x_1) + f(x_1)$$
(p.111 と比較せよ)
点 $(x_2, 0)$ は接線上にある。
すなわち
$$0 = f'(x_1) \cdot (x_2 - x_1) + f(x_1)$$
$$\Leftrightarrow x_2 = x_1 - \frac{f(x_1)}{f'(x_1)}$$
同様に次を得る：
$$x_{n+1} = x_n - \frac{f(x_n)}{f'(x_n)}$$

例：p.148, 図Bと比較せよ
$$f(x) = \frac{1}{4}x^2 - \frac{1}{2}x - 4$$
$$f'(x) = \frac{1}{2}x - \frac{1}{2}$$
初期値 $x_1 = 4$
$$x_1 - \frac{f(4)}{f'(4)} = 5.3333333$$
$$x_3 = x_2 - \frac{f(5.3333333)}{f'(5.3333333)} = 5.1281088$$
$$x_4 = x_3 - \frac{f(5.1281088)}{f'(5.1281088)} = 5.1231056$$

A 接線手続

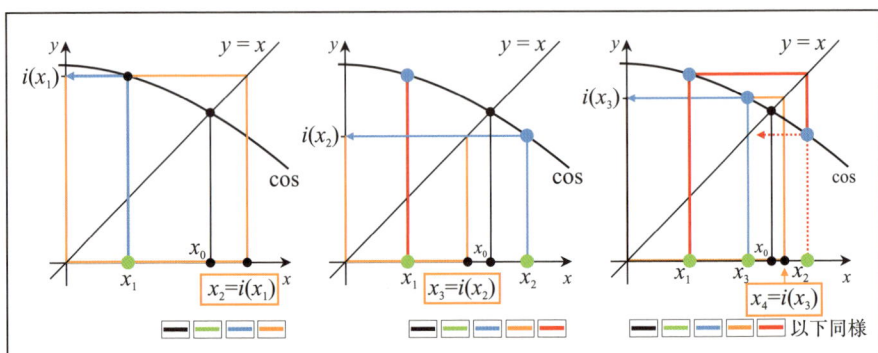

赤の線は点 $(x_n, i(x_n))$ を段階的に把握している。このらせん状の形は数列 (x_n) の収束性を非常に良く描いている。くさび形も同様である（下を見よ）。

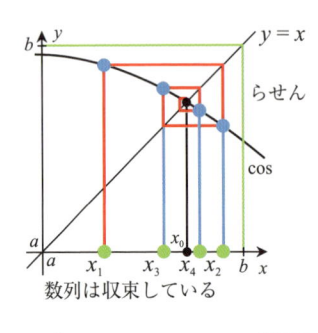

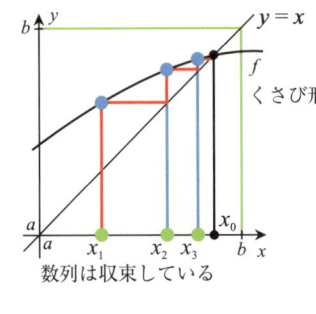

数列は収束している　　数列は収束している

反復のらせん状の形が1点まで伸びている, あるいはくさび形をなしているこの2つの場合は反復数列は収束している。

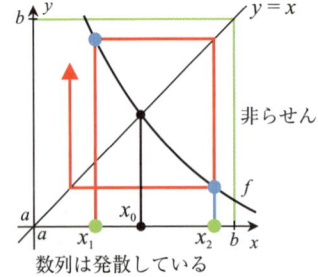

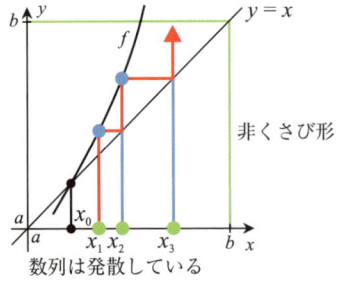

数列は発散している　　数列は発散している

B 反復手続（図解）

接線手続（ニュートンの手続）

I. ニュートンに由来するこの手続では f の零点の近似を接線関数の零点により行う．このとき以下のように選択する（図A）

- 初期値 x_1
- 点 $(x_1, f(x_1))$ における接線
- 第2近似値としてのその接線の零点
- x_1 の代わりに x_2 を用いて繰り返して次の帰納的数列を得る：

$$x_{n+1} = x_n - \frac{f(x_n)}{f'(x_n)}$$

1つの零点 c の近傍で以下が成り立つとき，この数列 (x_n) は構築可能であり，収束する．

- f は十分な回数微分可能
- そこで $f'(x) \neq 0$ が成り立つ
- c で f の符号交代を得る
- 初期値が c から遠すぎないところに選ばれている．

近似値が c の両側に存在する関数例がある．
割線手続とちがって接線手続はほとんど手間がかからない．一般的にこの近似のほうがより早く得られる．
近似数列の帰納的定義はコンピュータの役に立つばかりでなく簡単な電卓用にも変換しうる．

例： $f(x) = \cos x - x$
$\Rightarrow f'(x) = -\sin x - 1$

初期値としてたとえば $x_1 = 0.3$ を与えて次を得る

（電卓を RAD に設定する）：

$x_2 = 0.3 - \frac{f(0.3)}{f'(0.3)} = 0.8058481$

$x_3 = 0.8058481 - \frac{f(0.8058481)}{f'(0.8058481)} = 0.7400021$

$x_4 = 0.7400021 - \frac{f(0.7400021)}{f'(0.7400021)} = 0.7390853$

$x_5 = 0.7390853 - \frac{f(0.7390853)}{f'(0.7390853)} = 0.73908531$

すなわち求めている零点は近似値として 0.7390853 をもつ．

反復手続

接線手続における計算過程（最後の例を見よ）は演えき的に反復できる：

関係式 $i(x) = x - \frac{f(x)}{f'(x)}$ と代入される初期値 x_1 が存在する．
この結果 $i(x_1)$ は x_2 として確定され，代入される．

以前と同じ計算過程（同一のキー操作）で $i(x_2)$ を得，これを x_3 として同様に用いる．以下同様．すなわち次のように定義される：

$$x_{n+1} := i(x_n), \quad すべての n \in \mathbb{N}$$

この種の計算手続を **反復** という．
反復の結果は一定の条件の下 x_0 に収束する数列 (x_n) である．収束するケースでは次を得る：

$$i(x_0) = i(\lim_{n \to \infty} x_n) = \lim_{n \to \infty} i(x_n) \quad (i \text{ は連続})$$
$$= \lim_{n \to \infty} x_{n+1} = x_0$$

すなわち x_0 は次の方程式の解である．

$$x = i(x), \quad ならびに \quad i(x) - x = 0$$

x_0 は i の **固定点** と呼ばれるもので，x_n は x_0 の近似値である．

この手続は一般化される：

与えられた方程式 $g(x) = 0$ を $x = i(x)$ の形に持ち込む．この方程式の近似された解 x_0 について最初の近似値 x_1 を初期値に選ぶ．
$x_{n+1} = i(x_n)$ を用いて数列 $x_2 = i(x_1)$, $x_3 = i(x_2)$, …をつくる．

この数列の収束の条件は，i の定義域の元としての一歩手前の関数値 $i(x_n)$ を用いるから $i : [a,b] \to [a,b]$ である（図B）．i のグラフはしたがってこの $[a,b]$ で定まる正方形の中にある．
収束の十分条件は以下の定理にある．

定理：$i : [a,b] \to [a,b]$ が微分可能で，i' が連続で，$|i'(x)| \leq M < 1$ で i はちょうど1つの固定点 x_0 をもつならば，反復数列は x_0 に収束する．

例：$i(x) = \cos x \Rightarrow i'(x) = -\sin x$
$a \geq 0, b < \frac{\pi}{2}$ なる $[a, b]$ 上で $\Rightarrow |i'(x)| \leq M < 1$

反復手続，特に収束性は図解可能である（図B）．

注：$i(x) = x - \frac{f(x)}{f'(x)}$ の接線手続は次の十分な収束条件をもつ反復手続である．

$$i'(x) = \left| \frac{f(x) \cdot f''(x)}{[f''(x)]^2} \right| \leq M < 1$$

学校数学の枠内では一般にこれらの条件の検討を放棄することができ，「幾何学的」（図B を見よ）に事実上の収束を推測する．近似値はこれ以上の説明を要しない（振る舞いの確定）．

表面が同一の正 n 角形すなわち正三角形,正方形,正五角形のみからなっており,その頂点でおのおの同数ずつ接している凸型多面体（p.186, 図 A を見よ）を **正多面体** または **プラトンの立体** と呼ぶ。

> 正六角形では空間的頂点をつくることができないので $n=6$ ではこのような立体はできない（ $n \geq 7$ でも同様）。

表面となりうるタイル：

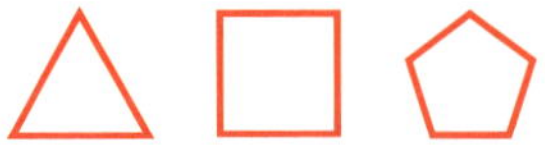

1 つの頂点をつくるようなタイル：

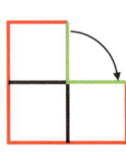

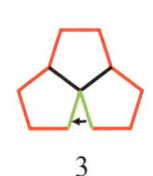

3　　　4　　　5　　　3　　　3

双方の緑で示された辺を貼り付ける（同一視する）ことにより空間的辺を得る。プラトンの立体は以下に展開図をあげたようにちょうど 5 個できる：

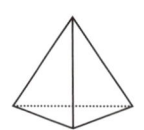

正 4 面体

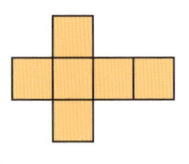

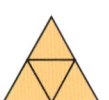

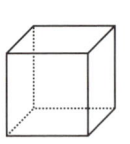

立方体（正 6 面体）

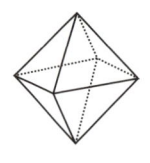

正 8 面体

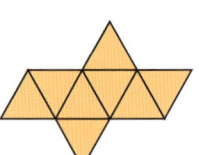

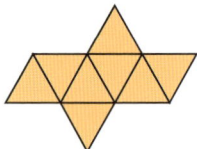

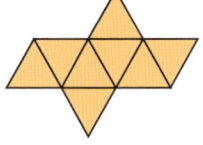

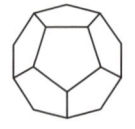

正 20 面体

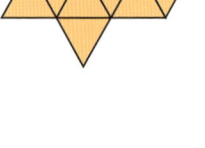

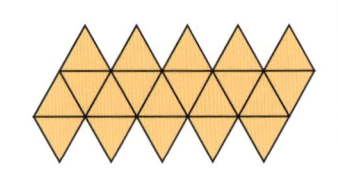

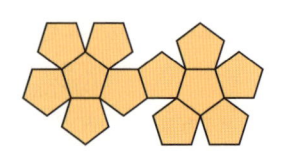

正 12 面体

プラトンの立体

導入

幾何学（ギリシャ語で地測）は，環境を計測して把握したいという要求から発達した。およそ4000–5000年前バビロニアとエジプトではすでに実践面で長さ，広さ，大きさの尺度を扱っている。ギリシャ幾何学は**公理的方法論**と呼ばれるものを背景に成果の多い実践に至っていた。
この方法論はミレトのタレス (Milet の Thales) とピタゴラス (Pythagoras, 500 BC 頃) の名に密接に結びつけられ，ユークリッド (Euklid, 365–310 BC) により今日に至るまで非常に多くの人々に読まれている「原論」（全13巻）に書き著された。確立した基本概念とすでに知られた基礎定理（公理）の上に反論の余地のない幾何学概念の再生を行っている。公理はそれ以上証明しようのないものであり，またこれらからそのほかのすべての幾何学的定理が導き出せる。公理系は次のようでなくてはならない。

矛盾なく独立的で完備

幾何学は堅固な土台の上に立てられた建造物のように思われる。それはすでにほぼ2000年存続している。
ギリシャ幾何学の発達は哲学者プラトン (Platon, 427–347 BC) の影響なしにはありえなかった。自身数学者でこそなかったが，今日ならいうところの本気の「数学愛好家（ホビー数学者）」であり，彼のアテネの大学（アカデミー）では幾何学は非常に重要であった。

> 幾何学の知識をもたざる者は何人（びと）もこの大学への入学を許されない。

彼にちなんで名付けられたプラトンの立体は「原論」第13巻の最後にクライマックスともいうべき扱いを受けており，プラトンの哲学的世界観においても意味深い（参考文献を見よ）。

平行線公理

ギリシャ人は以下にあげる**平行線公理**と呼ばれるものが他の公理と証明済みの定理を用いて証明できるかという問いをすでに扱っていた。

==「1本の直線とその上にない1点について，その点を通る平行線はちょうど1本存在する。」==

この問題提起は19世紀になって「我々は（1本の直線とその上にない1点について）2本または3本あるいは無限に多くの平行線をひきうるような

幾何学をもちうるか」という問題に発展した。いわゆる「**非ユークリッド幾何学** (AMのp.119およびp.121を見よ)」へと導いたのである。この幾何学は平行線公理に基づく**ユークリッド**幾何学より宇宙を模型的によりよく表すようである。しかもここではユークリッド幾何学を平行線公理がそのように成り立つように表現できる。非ユークリッド幾何学に基づく平面幾何学，空間幾何学の表現は公理的には築かれない。むしろ語用論的に説明される。

ユークリッド幾何学の部分領域

平面幾何学（平面測量学ともいう）では三角形，四角形，長さ，面積，角の測定とその補助手段を研究する。最後は合同定理，射線定理，タレスの定理，ピタゴラスの定理群（ピタゴラスの定理，高さ*の定理，カテーテ*の定理）である。
まっすぐでない曲線（ここでは円周および円弧）の長さとまっすぐではない線に囲まれた面（ここでは円面および扇形）の面積を n 角形による近似を用いて求める方法論が準備されている。三角形の辺の長さと角の大きさを求める特別なアプローチは三角関数を用いて **三角法** で行う。
空間幾何学（立体測量学）では三次元空間の立体を把握する。すなわち立体の可能な限り大きい類を体積に割り当てることを試みる。立体の表面が平らな面でできているか（角柱，角錐など）曲がった面でできているか（円柱，円錐，球など）によって分類する。
幾何学の代数化は**解析幾何学**で行う。この幾何学はデカルト (Descartes, 1596–1650) に由来する。（デカルト）座標系**の導入によってすべての点は座標をもち，これを用いて直線と平面そして円が表記できる。
たいへん有用な**ベクトル**の利用もまた学校数学で証明する。
2つのベクトルの加法 (p.193) と S 乗法 (p.195) の2種類の計算によって我々は計算的幾何学を営むことができるようになる。

> 第1分配法則の応用は幾何学的には第2射線定理の応用を意味する。

(訳注)* 直角三角形を一番長い辺を下にしておく。直角の頂点から左右に降りる辺をカテーテこの頂点から底辺におろした垂線を高さという。
** ［直交］座標系

154　平面幾何学

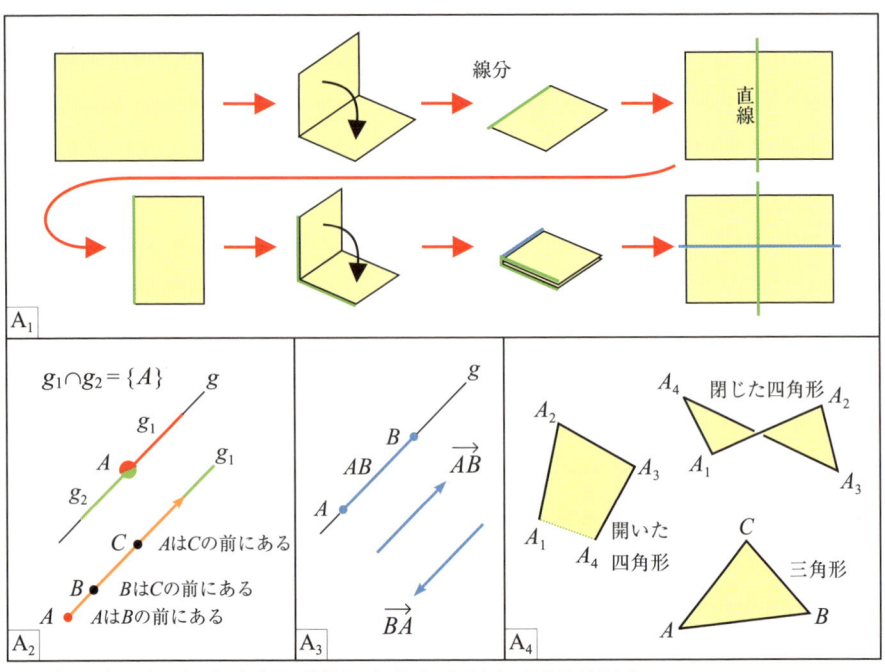

A　折り目をつける(A_1),半直線,射線(A_2),線分,矢(A_3),線分連結(A_4)

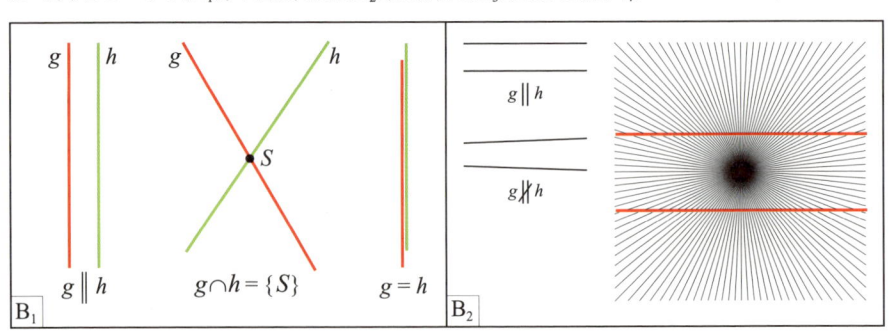

B　平行線(B_1),光学的錯覚(B_2)

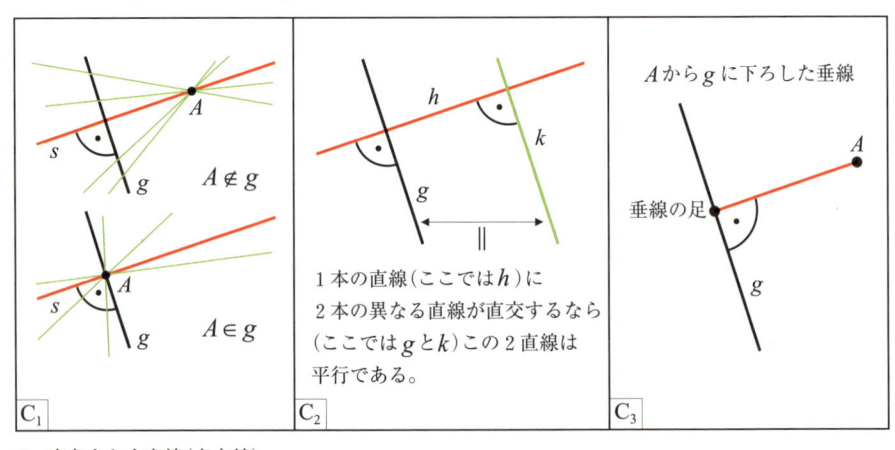

C　直角をなす直線(直交線)

点と直線

ユークリッドによって点と直線は次のように定義されている：
- 点は部分をもたないもの
- 線は幅をもたないもの
- 直線はその上にある点とちょうど等しい

しかしながら近代数学ではこの種の不完全な定義の試みは放棄した。

それでもなお我々はこの基本概念の確かなイメージをもっている。

たとえば紙を折り曲げたたむこと（図 A_1）によりイメージを発展させる：
- それぞれの折りたたみによる折り山は線分を描き，限りなく拡大してできた平面では両側が限りなく延長されると考えるときには直線である。
- 2 本の折り山は交わって点をつくることができる。

直線を点の集合として把握する。幾何学では集合論の表現を用いる（p.4, p.5）。

点は A, B, C, P, P', P_1 などのアルファベット大文字で表し，直線は g, h, a, b, p_1 など小文字で表す。

したがって $A \in g$ は点 A が直線 g の元であることを意味する。これを「A は g に属する（g の上にある）」または簡単に「g 上の A」あるいは「g は A を通る」，「A を通る g」ともいう。

> 2 つの異なる点 A と B ごとに 2 点を通る直線 $g(A, B)$ がちょうど 1 本存在する。

半直線，射線，線分

直線 g 上のそれぞれの点 A はこの直線を $g_1 \cap g_2 = \{A\}$ となる 2 つの半直線 g_1 と g_2 に分割する。この点 A を半直線の始点という（図 A_2）。

始点 A をもつ半直線に走り抜けるという意味（方向性）を与えると，すなわち A から始まる射線というものになる。射線上では 2 点を「…は…の前にある」として扱う（図 A_2）。

$A \in g$ と $B \in g$（$A \neq B$）のあいだにある直線 g のすべての点の集合を端点 A と B を含めて線分 AB という。$BA = AB$ が成り立つ（図 A_3）。

互いにつらなっている線分 $A_1A_2, A_2A_3, \ldots, A_{n-1}A_n$ は開いたまたは閉じた（$A_n = A_1$ のケース）線分連結をつくる。後者は三角形，四角形，多角形（n 角形）である（図 A_4）。

線分 AB に方向性を割り当てることにより矢線 $\overrightarrow{AB}$ あるいは逆矢線 $\overrightarrow{BA}$ を得る（図 A_3）。

平行線と直交線

両概念が 2 本の直線の特殊な位置関係を表す。同一平面上にある 2 直線 g と h が共通の点をもたないとき平行であるといい記号で $g \parallel h$ と書く。同一の直線もまた平行であるとみなすことは有用である。次が導かれる：

> 2 直線 g と h が平行でないならちょうど 1 つの交点 S をもつ（図 B_1）：
> $$g \not\parallel h \Rightarrow g \cap h = \{S\}$$

基本的な意味から次の性質が得られる（p.153 を見よ）：

> $A \notin g$ が成り立つときちょうど 1 本の A を通る g に平行な直線 h がある。

さらに次が成り立つ：$g \parallel h \Rightarrow h \parallel g$,
$$g \parallel h \wedge h \parallel k \Rightarrow g \parallel k$$

注：人間の眼は「平行」と「非平行」の違いをとてもよく区別できる。しかしそれでも取り違えることもある（図 B_2）。

図 A_1 のように 1 枚の紙を 2 回折りたたむと互いに垂直な（直交する）2 本の直線ができる。

> A と g が与えられたなら A を通り g に垂直にのびる直線がちょうど 1 本存在する。いわゆる A を通る g の垂直線 s で $s \perp g$ と書く。A を通る s 以外の直線はすべて g に垂直ではない（図 C_1）。

さらに次が成り立つ：$g \perp h \Rightarrow h \perp g$,
$$g \perp h \wedge h \perp k \Rightarrow g \parallel k \text{（図 } C_2\text{）}$$

2 直線の直交の特殊なケースとして 1 点から直線へ下ろした垂線がある（図 C_3）

注：記号では直角は角域の中に・で表す（図 C）。

注：「鉛直」と「垂直」を混同することは許されない！「鉛直」は重力によって生じる地表に向かう鉛直線の方向を思わせる。

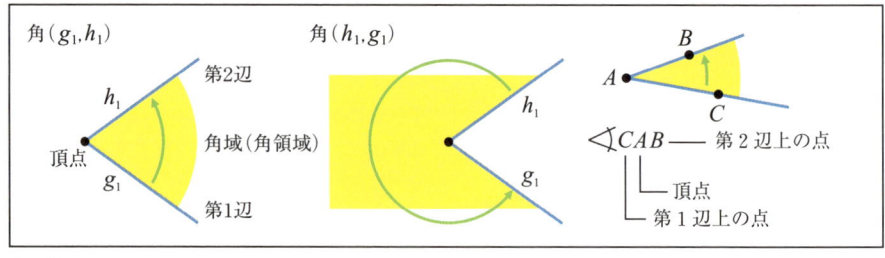

156　平面幾何学

角(g_1, h_1)　第2辺　h_1　角域(角領域)　角(h_1, g_1)　h_1　B　A　C
頂点　g_1　第1辺　g_1　∡CAB —— 第2辺上の点
　　　　　　　　　　　　　　　　　　　　　└── 頂点
　　　　　　　　　　　　　　　　　　　　　└── 第1辺上の点

A　角

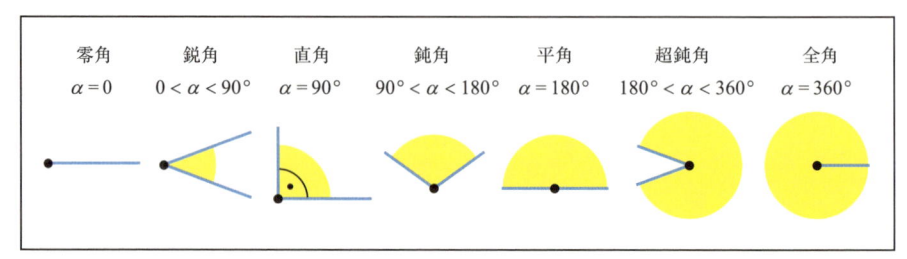

零角	鋭角	直角	鈍角	平角	超鈍角	全角
$\alpha = 0$	$0 < \alpha < 90°$	$\alpha = 90°$	$90° < \alpha < 180°$	$\alpha = 180°$	$180° < \alpha < 360°$	$\alpha = 360°$

B　角のタイプ

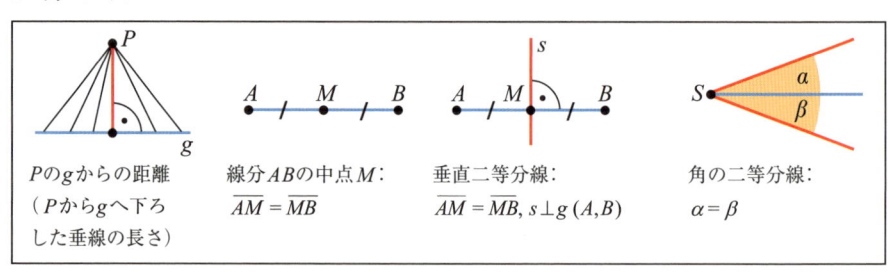

Pのgからの距離　　線分ABの中点M:　　垂直二等分線:　　角の二等分線:
(Pからgへ下ろ　　　$\overline{AM} = \overline{MB}$　　$\overline{AM} = \overline{MB}, s \perp g(A,B)$　　$\alpha = \beta$
した垂線の長さ)

C　定義

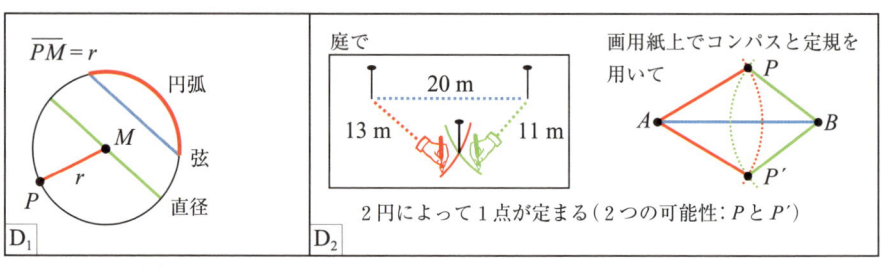

$\overline{PM} = r$　　円弧　　弦　　直径　　　庭で　20 m　13 m　11 m　　画用紙上でコンパスと定規を用いて
　　　　　　　　　　　　　　　　　　　　　　　　　2円によって1点が定まる (2つの可能性: P と P')

D₁　　D₂

D　円と2円の交点

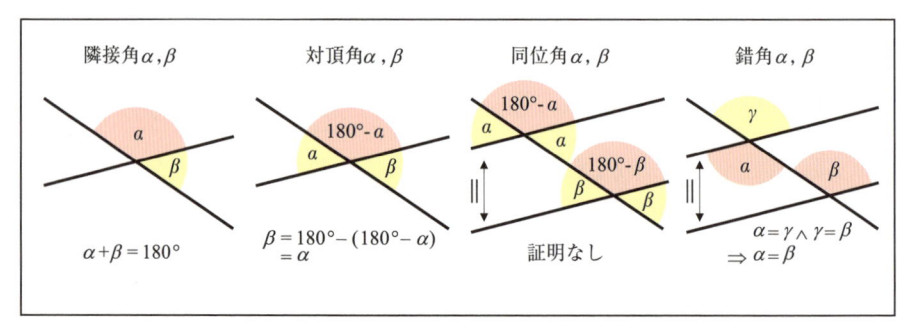

隣接角 α, β　　　対頂角 α, β　　　同位角 α, β　　　錯角 α, β

$\alpha + \beta = 180°$　　$\beta = 180° - (180° - \alpha)$　　証明なし　　$\alpha = \gamma \wedge \gamma = \beta$
　　　　　　　　　　　　　$= \alpha$　　　　　　　　　　　　　　　　　　　　$\Rightarrow \alpha = \beta$

E　交わる直線の角

角

角（図 A）は同じ始点をもつ 2 本の半直線 g_1 と h_1 として理解されている。そこには 2 つの角領域がつくられる：

$\sphericalangle(g_1, h_1)$ に属する角域は角をつくる第 1 の辺 g_1 を反時計回り（正の回転方向 とよぶ）に第 2 の辺 g_2 に重なるまで回す（図 A の $\sphericalangle(h_1, g_1)$ と比較せよ）。記号では角はいつもギリシャ文字の小文字 $\alpha, \beta, \gamma, \delta$ などで表す（アルファ，ベータ，ガンマ，デルタと読む）。そのほかの記号は図 A。

角の尺度

角の大きさは次の方法で示せる。
・ 度数法（電卓の DEG = 英語の degree）
・ 弧度法（RAD = Radiant）
　　（p.76，図 B を見よ）

度数法は以下の取り決めに基づいている：全角を $360°$ となし，平角が $180°$ である。任意の 鋭角，直角，鈍角，超鈍角 は $360°$ の部分で得られる（図 B）。

負の回転方向（時計回り）の角についてはふさわしい負の大きさを割り当てる。
$1°$ より小さい単位角は分（角分）$1'$ および秒（角秒）$1''$ である。次が成り立つ：

$$1° = 60' = 3600''$$

注：誤解の生じえない場合には一般的に角の名前 $\alpha, \beta, \gamma, \delta$ などを度数法の値にも用いる：たとえば $\alpha = 33°$ の角 α

　測地学（土地測量）では全角を $360°$ の代わりに $400\,\text{gon}$ で表す。すなわち $90° = 100\,\text{gon}$ である。三角関数では角として $360°$ より大きい角をも扱う（p.77，p.79 を見よ）。

角のタイプ

角を大きさにしたがって図 B のタイプに分ける。

長さの尺度

それぞれの線分 AB に長さ $\overline{AB}$ を割り当てる。いわゆる 線分長 である。与えられた単位の長さの 倍量 で扱う。
$\overline{AB}$ という書き方は幾分回りくどいので小文字のアルファベット a, b, c（ピタゴラスの定理）あるいは d_K（円の直径）などを用いる。

距離，間隔

点 P の点 Q からの 距離（間隔）は線分 PQ の長さである。

点 P の直線 g からの距離
この距離は直線上の点からの距離の最小のものである（図 C）。これは P から g へ下ろした垂線の長さである。

線分の中点，垂直二等分線，角の二等分線

図 C を見よ。

円

円 は固定された点（中心）から 等距離（半径）r のすべての点 P の集合である（図 D_1）。

円は点を定める。
たとえば庭に 3 辺の与えられた三角形（頂点が互いに $20\,\text{m}$，$11\,\text{m}$，$13\,\text{m}$ 離れている）を描きたいときには以下のように行えばよい（図 D_2）：
(1) 巻き尺を使って 2 つの頂点を $20\,\text{m}$ 離して定める。
(2) 綱を使って片方の頂点からの距離（半径）$13\,\text{m}$ の円弧を描く。同様にもう 1 つの頂点から $11\,\text{m}$ の半径で円弧を描く。
(3) 第 3 の頂点は 2 つの円弧の上にある。すなわち交点である。

コンパスと定規による点の決定（作図）には以下の可能性がある：

> 2 つの円の交点は与えられた距離の点を定める。同様に円と 1 本の直線の交点または 2 本の直線の交点でも点を定めることができる。

交わる直線の角

これらの角としてあげられるのは以下である（図 E）：
交わる 2 直線のつくる**隣接角**と**対頂角**，1 組の平行線とそれに交わる直線のつくる**同位角**と**錯角**。次が成り立つ：

> 角とその隣接角との和は $180°$ になる。平行線においてそれぞれの 2 つの対頂角は大きさが等しく，同様に同位角と錯角もそれぞれ大きさが等しい。

158　平面幾何学

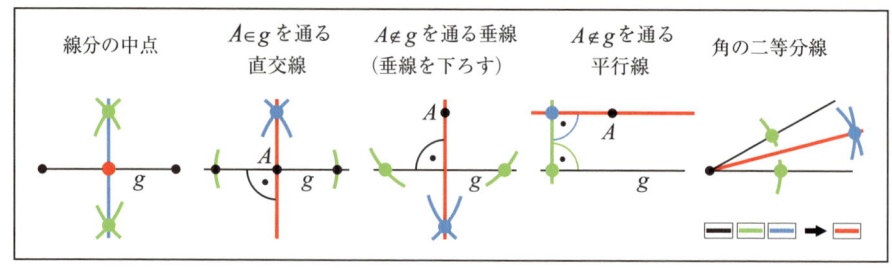

A　コンパスと定規による基本作図

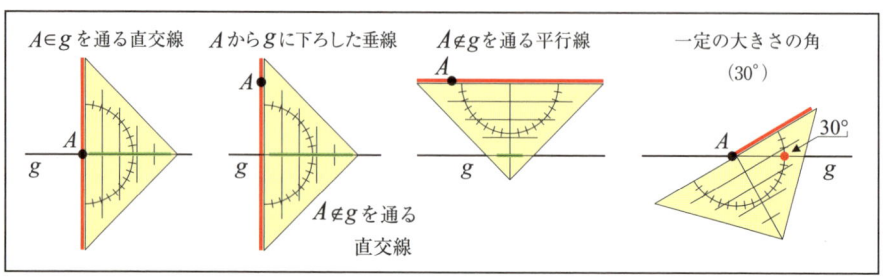

（線分の中点　／　$A \in g$ を通る直交線　／　$A \notin g$ を通る垂線（垂線を下ろす）　／　$A \notin g$ を通る平行線　／　角の二等分線）

B　幾何学三角定規を用いた基本作図

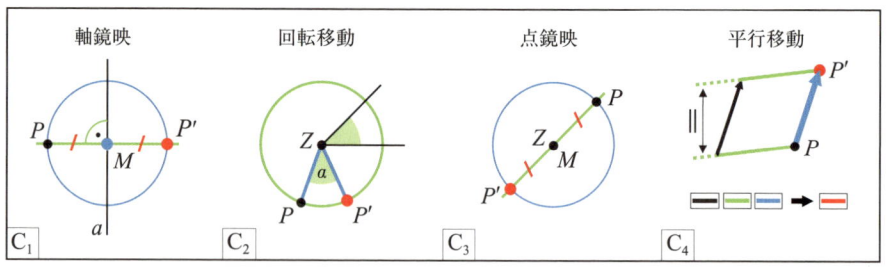

（$A \in g$ を通る直交線　／　A から g に下ろした垂線　／　$A \notin g$ を通る平行線　／　$A \notin g$ を通る直交線　／　一定の大きさの角 (30°)）

C　合同写像における像点の作図

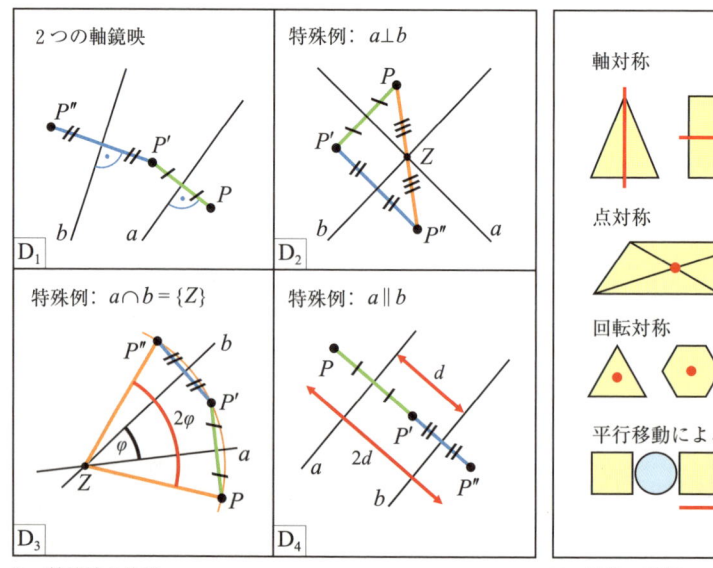

C_1　軸鏡映　／　C_2　回転移動　／　C_3　点鏡映　／　C_4　平行移動

D　軸鏡映の連結

D_1　2つの軸鏡映
D_2　特殊例：$a \perp b$
D_3　特殊例：$a \cap b = \{Z\}$
D_4　特殊例：$a \parallel b$

E　対称の種類

軸対称　／　点対称　／　回転対称　／　平行移動による対称

基本概念 III   159

基本作図

a) コンパスと定規を用いる（図 A を見よ）

b) 幾何学三角定規*を用いる（図 B を見よ）

一般的写像概念

写像について語るとき第 1 集合（原像域，定義域）のおのおのの元が第 2 の集合（像域，値域）のちょうど 1 つの元に割り当てられるという一意の**関連付け**を前提としている。

単射，全射，双射 の概念は p.63 から推移できる。幾何学的写像 では原像域と像域はともに点の集合である。一般的には平面，直線，線分，角および三角形や円などの図形を扱う。$A, B, \cdots, P$ に対する像点は $A', B', \cdots, P'$ で表す。

幾何学的写像の例の 1 つは合同写像である。

合同写像

以下のものが含まれる：
- 軸（直線）鏡映**
- 回転移動
- 点鏡映***
- 平行移動

a) 直線 a についての軸鏡映

写像表現（図 C_1）

$P \in a$ については次が成り立つ：$P' = P$

$P \notin a$ では次が成り立つ：P と P' は a の異なる側にあり a は線分 PP' の垂直二等分線である。

注：「軸鏡映」の名はある図形を軸の一方の側においたときその像集合を軸上に立てた鏡の像として得られる性質から来る。

b) 中心 Z の周りの角 α の回転移動

写像表現（図 C_2）

$P = Z$ については次が成り立つ：$P' = Z$

$P \neq Z$ では次が成り立つ：P' は中心 Z，半径 $r = ZP$ の円の上にあり $\sphericalangle PZP' = \alpha$ である。

c) 中心 Z についての点鏡映

写像表現（図 C_3）

$P = Z$ については次が成り立つ：$P' = Z$

$P \neq Z$ については次が成り立つ：P' は直線 $g(Z, P)$ の始点 Z の 2 本の半直線のうち P を含まないほうの上にあり，Z からの距離は P のそれと等しい。

d) 平行移動

写像表現（図 C_4）

P' は与えられた平行移動矢と平行で同方向同じ長さの矢 $\overrightarrow{PP'}$ の先端である。

共通な性質

すべての合同写像は：

（平行な）直線，半直線，線分，線分の中点，角をそれぞれ（平行な）直線，半直線，線分，線分の中点，同じ大きさの角に移す。

> 像集合は原像集合に重ね合わせられる（合同である）。

合同写像の連結

2 つの軸鏡映は続けて行うことができる（図 D_1）。

これもまた連結と名付ける（p.65 と比較せよ）。

互いに直角をなす 2 本の鏡軸についての軸鏡映の連結によって点鏡映を置き換えられる。このとき軸の交点が中心 Z になる（図 D_2）。

互いに交わる 2 本の鏡軸についての軸鏡映の連結によって回転移動が置き換えられる。このとき 2 本の軸のなす角は回転角の半分である（図 D_2, D_3）。

2 本の平行線で軸鏡映するとこの鏡映で平行移動を置き換えられる。このとき 2 本の軸のなす距離は平行移動の長さの半分である（図 D_4）。

> すべての合同写像は軸鏡映とその連結に帰着できる。

対称

図形を軸鏡映 [点鏡映，回転移動，平行移動] で自身に重ね合わせられるときこの図形は軸対称 [点対称，回転対称，平行移動対称] であるという。
例：図 E

軸対称では鏡映軸を対称軸ともいう。

対称軸を 2 本以上もつ図形も存在する。

（訳注）*　幾何学三角定規とは図 B にあるように，直角二等辺三角形の定規の中に半円の分度器を組み込んだもので，作図にはこの 1 枚で足りる。
** [線対称移動] *** [点対称移動]

平面幾何学

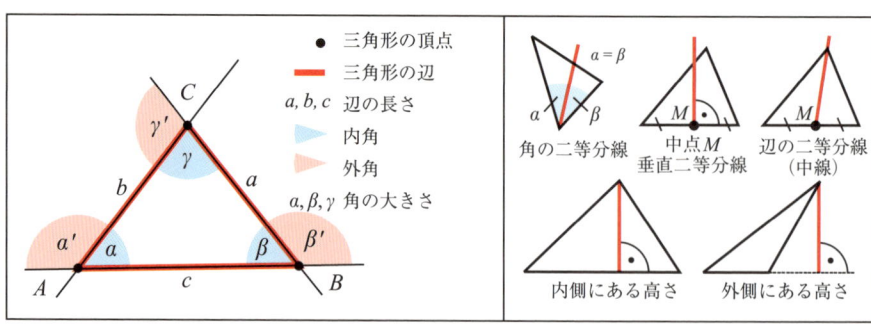

A 三角形の名称と線

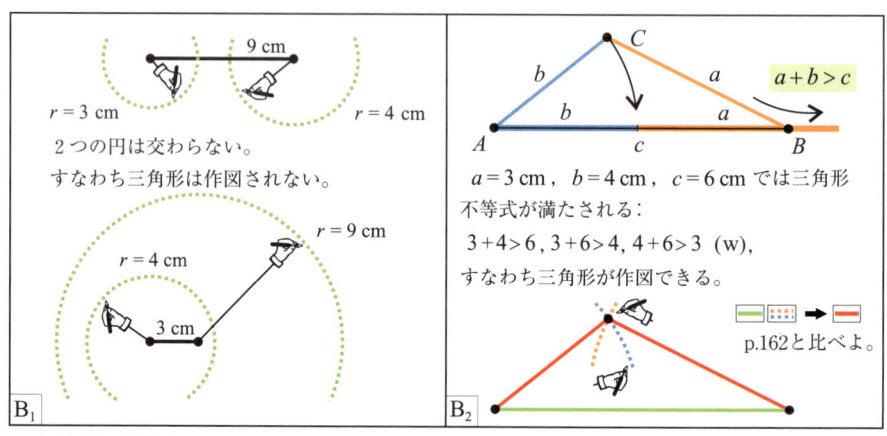

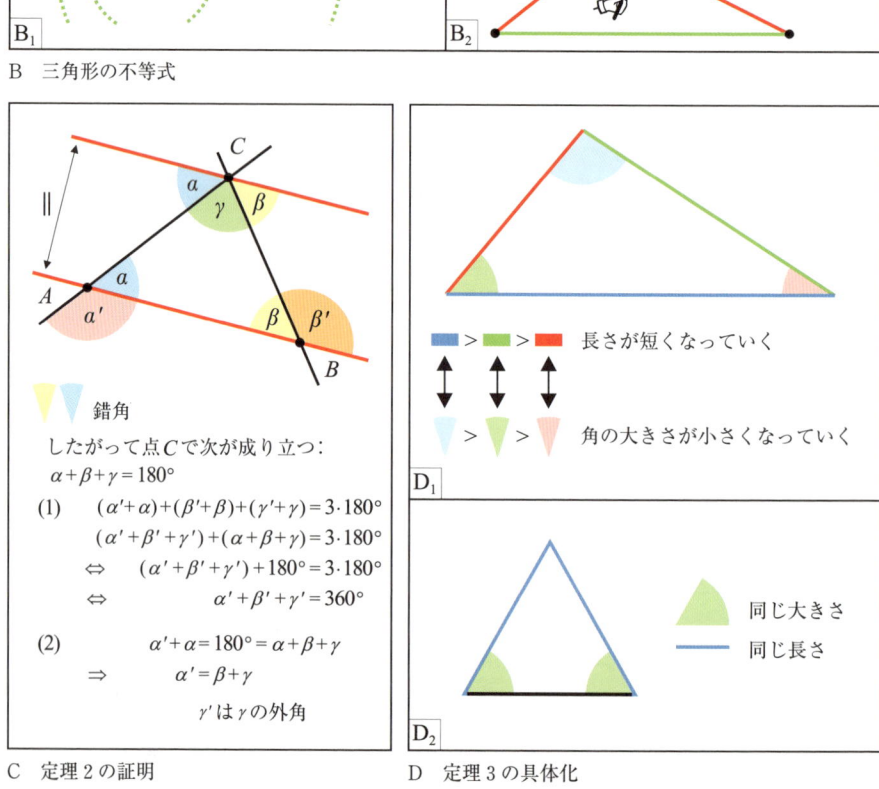

- 三角形の頂点
- 三角形の辺
- a, b, c 辺の長さ
- 内角
- 外角
- a, β, γ 角の大きさ

角の二等分線　中点 M 垂直二等分線　辺の二等分線（中線）

内側にある高さ　外側にある高さ

B 三角形の不等式

B₁
$r = 3\,\text{cm}$, $r = 4\,\text{cm}$, $9\,\text{cm}$
2つの円は交わらない。
すなわち三角形は作図されない。

$r = 4\,\text{cm}$, $3\,\text{cm}$, $r = 9\,\text{cm}$

B₂
$a + b > c$

$a = 3\,\text{cm}$, $b = 4\,\text{cm}$, $c = 6\,\text{cm}$ では三角形不等式が満たされる：
$3 + 4 > 6,\ 3 + 6 > 4,\ 4 + 6 > 3$ (w),
すなわち三角形が作図できる。

p.162と比べよ。

C 定理2の証明

錯角

したがって点 C で次が成り立つ：
$\alpha + \beta + \gamma = 180°$

(1)
$(\alpha' + \alpha) + (\beta' + \beta) + (\gamma' + \gamma) = 3 \cdot 180°$
$(\alpha' + \beta' + \gamma') + (\alpha + \beta + \gamma) = 3 \cdot 180°$
$\Leftrightarrow (\alpha' + \beta' + \gamma') + 180° = 3 \cdot 180°$
$\Leftrightarrow \alpha' + \beta' + \gamma' = 360°$

(2)
$\alpha' + \alpha = 180° = \alpha + \beta + \gamma$
$\Rightarrow \alpha' = \beta + \gamma$

γ' は γ の外角

D 定理3の具体化

D₁
■ > ■ > ■　長さが短くなっていく
▲ > ▲ > ▲　角の大きさが小さくなっていく

D₂
▲ 同じ大きさ
— 同じ長さ

三角形

a) 名称，直線，三角形の形

同一直線上にない3点 A, B, C があるとするとそれぞれの2点がちょうど1本の直線を定める。この3本の直線は三角形 ABC をつくる。名称と線は図 A。

以下のように三角形の形を分類する（カッコの中が定義文）：

- 鋭角 三角形（すべての内角が鋭角）
- 鈍角 三角形（1つの内角が鈍角）
- 直角 三角形（1つの内角が直角）
- 二等辺 三角形（等脚三角形）（2辺が同じ長さ）
- 正 三角形（等辺三角形）（すべての辺が同じ長さ）

b) 辺の長さのあいだの関係

辺の長さがどのように与えられても三角形ができるというわけではない；$a = 3$ cm, $b = 4$ cm, $c = 9$ cm では三角形は作図されない（図 B_1）。すなわち与えられた値の三角形を得るためには必要不可欠的に充足されなくてはならない線分の長さのあいだの関係があるに違いない。それが以下の性質（不等式）である：

> **定理1**：すべての三角形で次が成り立つ：
> (1) 2辺の長さの和はいつも第3の辺より長い（図 B_2）：
> $$a+b > c, \quad a+c > b, \quad b+c > a$$
> （三角形不等式）
> (2) 1辺の長さはいつも他の2辺の長さの差より長い：
> $$a > b-c, \quad b > a-c, \quad c > a-b \cdots\cdots$$

応用：先に述べた例でも一般的な三角形不等式 $a+b > c$ が満たされなくてはならないはずである。しかし実際に代入してみると偽の命題 $3+4 > 9$ を得てしまう。すなわち上述の条件では三角形は存在しない。

与えられた辺の長さですべての三角不等式が満たされるならこの条件の三角形は作図できる。
例：図 B_2。

c) 角の大きさのあいだの関係

この関係は特に次の定理ではっきりしている。

> **定理2（角の和の定理）**：すべての三角形で次が成り立つ：
> すべての内角の大きさの和は $180°$ になる：
> $$\alpha + \beta + \gamma = 180°$$
> 推論：
> (1) すべての外角の大きさの和は $360°$ になる。
> (2) 1個の外角の大きさは向かい合う2個の内角の大きさの和に等しい。

証明：図 C

応用：3個の内角のうち2個、たとえば α と β の大きさが知られているとすると第3の角は算出できる：
$$\gamma = 180° - \alpha - \beta = 180° - (\alpha + \beta)$$
直角三角形ではすでに直角な角が知られているので他の2角の大きさの和は $90°$ である。すなわち $\gamma = 90°$ ならば次が成り立つ：
$$\alpha = 90° - \beta \quad 同様に \quad \beta = 90° - \alpha$$

d) 辺の長さと角の大きさのあいだの関係

次が得られている：

> **定理3**：すべての三角形で次が成り立つ：
> (1) 2辺のうち長いほうの辺に向かい合っているのは大きいほうの角である（図 D_1）。
> (2) 2角のうち大きいほうの角に向かい合っているのは長いほうの辺である。
> (3) 2辺が同じ長さならそれらの辺に向かい合う角は同じ大きさであり, 逆も成り立つ（図 D_2）。

e) 合同の定理

2個の図形 F_1 と F_2 の合同はすべての要素での一致と理解する（記号*：$F_1 \cong F_2$）。合同な図形は重ね合わせられる。

三角形では合同な2個の三角形はすべての辺の組で長さがすべての角の組で大きさが一致しなければならないことになる。

合同の定理の重要性は 必ずしもすべて の辺の組, すべての角の組の同一性を証明する必要のないところにある。実際 3組 の一致だけで合同には十分である。ただし一致のうち1組は辺の長さでなくてはならない。なぜなら角の大きさのみで一致するならこれらの三角形は相似三角形（p.171 を見よ）でしかなくなる。

（訳注）*　合同の記号「$\cong$」の日本式は「$\equiv$」。

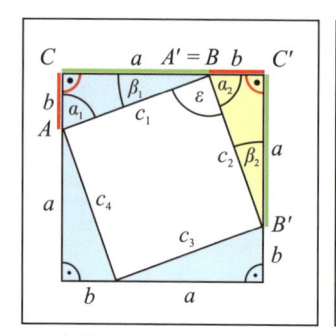

162　平面幾何学

A　定理5の応用

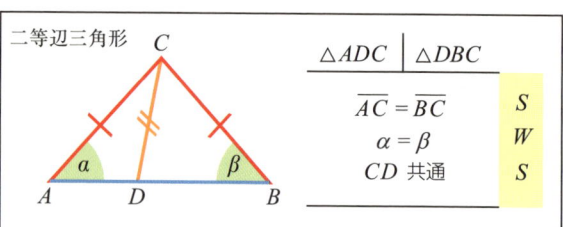

B　定理7の例と注

二等辺三角形

	$\triangle ADC$	$\triangle DBC$
$\overline{AC} = \overline{BC}$		S
$\alpha = \beta$		W
CD 共通		S

2つの部分三角形は2辺の長さと1つの角の大きさが一致する。しかしこれらは合同ではない。

C_1　予定図： SSS　　1 LE = 5 mm
$a=2, b=3, c=4$
$\triangle ABC \cong \triangle AC'B$

C_2　予定図： SWS
$b=3, \alpha=35°, c=4$
$\triangle ABC \cong \triangle AC'B$

C_3　予定図： SSW
$b=3, c=4, \beta=45°$
$\triangle ABC \not\cong \triangle AC'B$

C_4　予定図： SSWg
$b=3, c=4, \gamma=100°$
$\triangle ABC \cong \triangle ACB'$

C_5　予定図： WSW
$\alpha=35°, c=4, \beta=45°$
$\triangle ABC \cong \triangle AC'B$

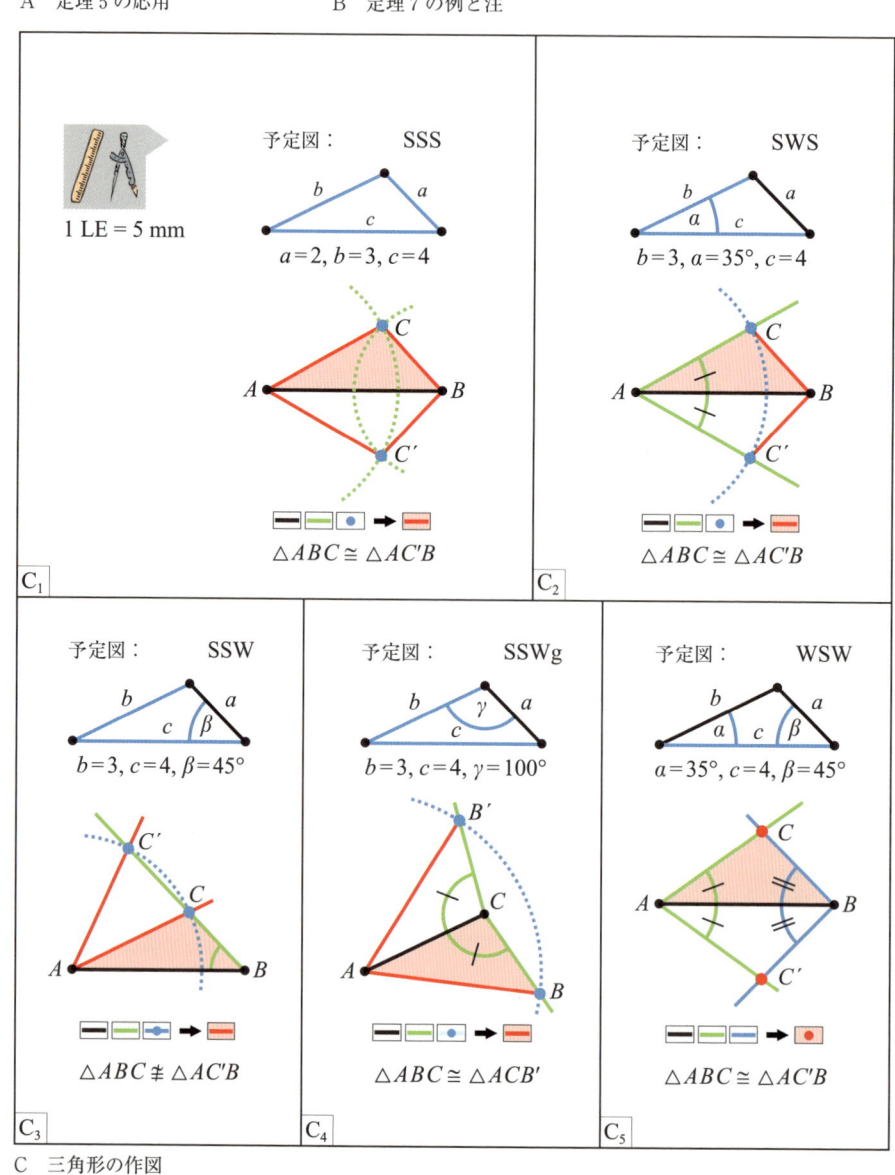

C　三角形の作図

三角形と四角形 II

合同の定理*は以下である（カッコ内に非常に覚えやすい略号を示す；S は辺 W は角と読む）：

定理 4（SSS 辺辺辺）：2 つの三角形が 3 組の辺の長さでそれぞれ一致するならこれらの三角形は合同である。

応用：二等辺三角形の性質（p.165）

定理 5（SWS 辺角辺）：2 つの三角形が 2 組の辺の長さとそれらの辺に挟まれた角の大きさで一致するときこれらの三角形は合同である。

応用：図 A のように正方形が与えられていてその中に四角形が内接している。その四角形もまた正方形であることを示せ。

解：一般に無制限に以下が成り立つのであるから、4 つの直角三角形のうちのどの 2 つをとっても合同の定理 SWS により合同である：

$\triangle ABC$	$\triangle A'B'C'$	
$\overline{AC} =$	$\overline{A'C'} = b$	S
$\sphericalangle ACB =$	$\sphericalangle A'B'C' = 90°$	W
$\overline{CB} =$	$\overline{C'B'} = a$	S
$\Rightarrow \triangle ABC \cong \triangle A'B'C'$		

三角形の合同性からすべての三角形の斜辺の長さの同一性 $c_1 = c_2 = c_3 = c_4$ と角の大きさの同一性 $a_1 = a_2 = a_3 = a_4$, $\beta_1 = \beta_2 = \beta_3 = \beta_4$ が導かれる。角 ε を算出する。
$\varepsilon = 180° - \beta_1 - \alpha_2 = 180° - (\alpha_2 + \beta_1)$ | $\alpha_2 = \alpha_1$
$= 180° - 90° = 90°$
内側の四角形はしたがって 1 つの角が 90° のひし形すなわち正方形である（p.165）。

定理 6（WSW 角辺角）：2 つの三角形が 2 組の角の大きさとそれらの角に挟まれる辺の長さとで一致するならこれらの三角形は合同である。

応用：平行四辺形の性質（p.165）

定理 7（SSWg 辺辺長辺対角）：2 つの三角形が 2 組の辺の長さと長いほうの辺に向かい合う角の大きさとで一致するならこれらの三角形は合同である。

注：角の長いほうの辺に向かい合うという位置は放棄できない。例：図 B

三角形の作図

コンパスと定規で三角形が作図できるとき、合同の定理はその三角形の 一意的 作図可能性を保証する。このさい「一意的」は「合同の限りにおいて」の意味であることを理解しなくてはならない。三角形の 3 辺の長さと 3 角の大きさの中で作図には 3 つの条件を用いる。条件には以下の組合せの可能性がある：
- すべての辺の長さ
- 2 辺の長さと 1 つの角の大きさ
- 1 辺の長さと 2 角の大きさ

3 角のみが与えられているケースはさらに 1 辺の長さが必要なので除かれる（相似な三角形 p.171 を見よ）。

第 1 のケースは三角形不等式（p.161）が満たされるときのみ 1 つの作図が可能である。そのときももちろん定理 4 より一意に可能である（図 C_1）。

第 2 のケースはさらに以下のような可能性に分類される：
(1) 2 辺が角をつくっている
(2) 角が 2 辺の短いほうに向かい合っている
(3) 角が 2 辺の長いほうに向かい合っている
(4) 2 辺が同じ長さ

(1) について：三角形の作図はいつでも可能であり、定理 5 より一意（図 C_2）。
(2) について：2 つの合同でない三角形がある（図 C_3）。
(3) について：三角形の作図がいつでも可能であり、定理 6 により一意（図 C_4）。
(4) について：一意に作図可能な二等辺三角形。

第 3 のケースは 1 辺の長さとその両端の角の大きさが知られていることを意味する。というのは角の和の定理（p.161）により第 3 の角の大きさも算出できるからである。作図はいつも可能であり、さらに定理 6 により一意（図 C_5）。

注：合同の意味で一意に作図可能な三角形は算出可能でもある（p.185 を見よ）。

（訳注）　合同の定理*はそれぞれ SSS は［三辺相等］、SWS は［二辺挟角相等］、WSW は［二角挟辺相等］、SSWg は［二辺長対角相等］という。

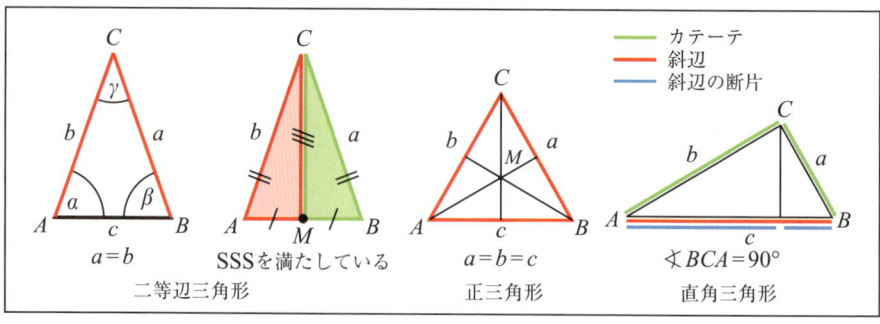

164　平面幾何学

	カテーテ
	斜辺
	斜辺の断片

二等辺三角形	SSSを満たしている	正三角形	直角三角形
$a = b$		$a = b = c$	$\angle BCA = 90°$

A　特殊な三角形

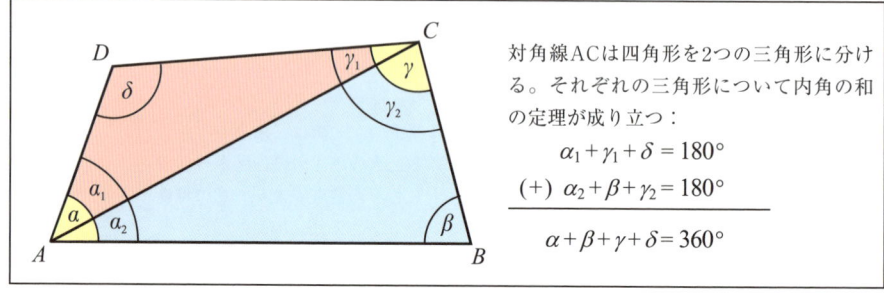

対角線ACは四角形を2つの三角形に分ける。それぞれの三角形について内角の和の定理が成り立つ：

$$\alpha_1 + \gamma_1 + \delta = 180°$$
$$(+)\ \alpha_2 + \beta + \gamma_2 = 180°$$
$$\overline{\alpha + \beta + \gamma + \delta = 360°}$$

B　四角形の内角の和

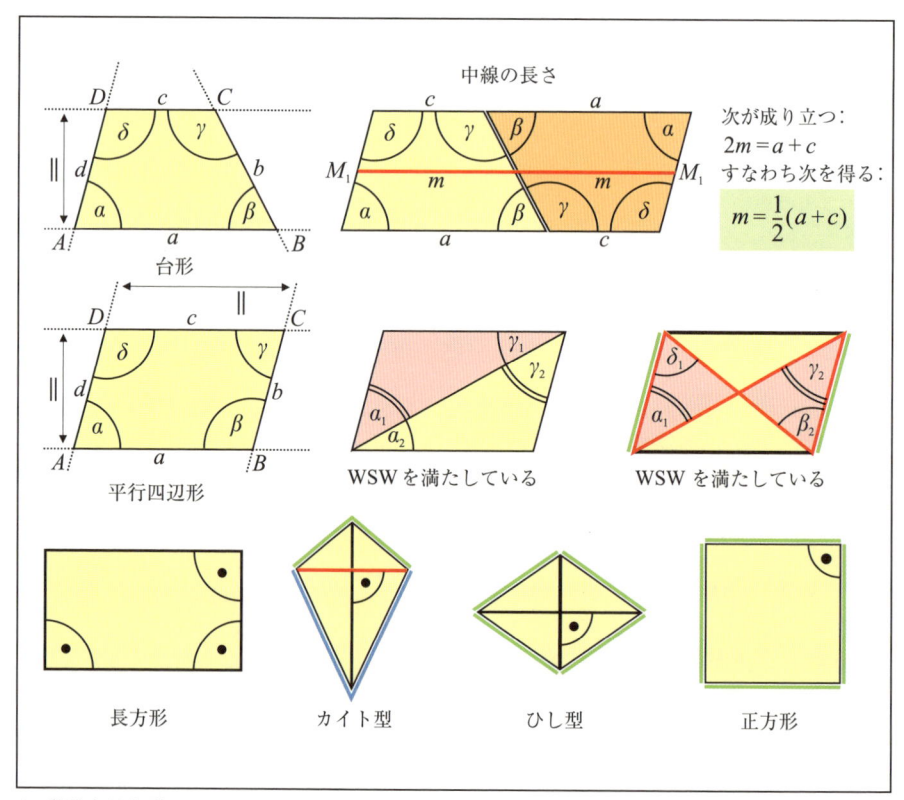

中線の長さ

次が成り立つ：
$$2m = a + c$$
すなわち次を得る：
$$m = \frac{1}{2}(a + c)$$

台形

平行四辺形　　WSWを満たしている　　WSWを満たしている

長方形　　カイト型　　ひし型　　正方形

C　特殊な四角形

特殊な三角形

a) 二等辺三角形（等脚三角形）

定義：長さの等しい 2 辺 をもつ三角形を二等辺三角形と呼ぶ。この等しい 2 辺を 脚，第 3 の辺は底辺と呼ぶ。底辺の両端にある角は 底角，第 3 の角を 頂角 と呼ぶ（図 A）。

底辺の垂直二等分線は二等辺三角形を合同な 2 つの部分三角形に分けている。この 2 つの三角形は 3 組の辺の長さがそれぞれ一致するからである。したがって合同の定理 SSS（p.163）が応用される。合同の基本から以下が導かれる（図 A）：
$\alpha = \beta$, $\sphericalangle AMC = \sphericalangle CMB$, $\sphericalangle MCA = \sphericalangle BCM$
すなわち次のような性質がある：

> (1) 2 つの底角が等しい
> (2) 底辺の中点と向かい合う頂点を結んだ中線はこの頂点から底辺に下ろした垂線および底辺の垂直二等分線とも一致する。
> (3) 底辺の中線は頂角の二等分線でもある。

b) 正三角形（等辺三角形）

定義：すべての辺の長さの等しい三角形を 正三角形 と呼ぶ（図 A）。

それぞれの辺は二等辺三角形の底辺とみなすことができる。したがって 1 組の底角の大きさは等しく，このことにより正三角形の 3 つの内角が等しくなる。角の和の定理より以下が成り立つ：

> 正三角形の内角はそれぞれ $60°$ である。

c) 直角三角形

定義：1 つの角の大きさが $90°$ の三角形を 直角三角形 と呼ぶ。直角である角に向かい合う 斜辺 を下にしてほかの 2 辺を カテーテ ととらえる（図 A）。

直角ではない 2 角はいわゆる 余角 である。すなわち双方を合わせると $90°$ になる。
斜辺は 3 辺のうちで一番長い。

特殊な四角形（図 C）

それぞれの四角形で内角の和は $360°$ となる（図 B）。これはすべての特殊な四角形でも成り立つ。

a) 台形

定義：2 本の平行な対辺をもつ四角形を 台形 と呼ぶ。

名称と性質：図 C

b) 平行四辺形

定義：2 組の平行な対辺をもつ四角形を 平行四辺形 と呼ぶ。

対角線は平行四辺形を 2 つの部分三角形に分ける（図 C）。これらの三角形で角 α_1 と γ_2 および α_2 と γ_1 は錯角であり大きさが等しい。したがって α と γ がそして同様に β と δ が同じ大きさである。α, β, γ, δ の隣接角と合わせて以下の角の性質を得る：

> 向かい合う角の大きさは等しく，隣り合う角の大きさは合わせて $180°$ である。

2 つの三角形は合同でもある（合同の定理 WSW）から次が成り立つ：

> 向かい合う辺の長さは等しい。

2 本の対角線は平行四辺形を 4 つの三角形に分ける。2 個ずつは合同であり，次が成り立つ：

> 対角線は互いに他を 2 等分する。

c) 長方形（等角四角形）

定義：3 つの直角をもつ四角形を 長方形 と呼ぶ。

角の和の定理より第 4 の角もまた直角である。長方形は 2 本の対角線の等しい特殊な平行四辺形である。

d) カイト（西洋凧）形

定義：1 本の対角線が 2 個の二等辺三角形の底辺（底辺対角線）となっている四角形を カイト形 と呼ぶ。

対角線は互いに垂直であり底辺対角線はもう 1 本の対角線に 2 等分される。

e) ひし形（等辺四角形）

定義：4 辺の長さの等しい四角形を ひし形 と呼ぶ。

ひし形は特殊なカイト形であり，特殊な平行四辺形である。

f) 正方形（等辺等角四角形）

定義：1 つの直角をもつひし形を 正方形 と呼ぶ。

正方形は特殊な長方形である。

166　平面幾何学

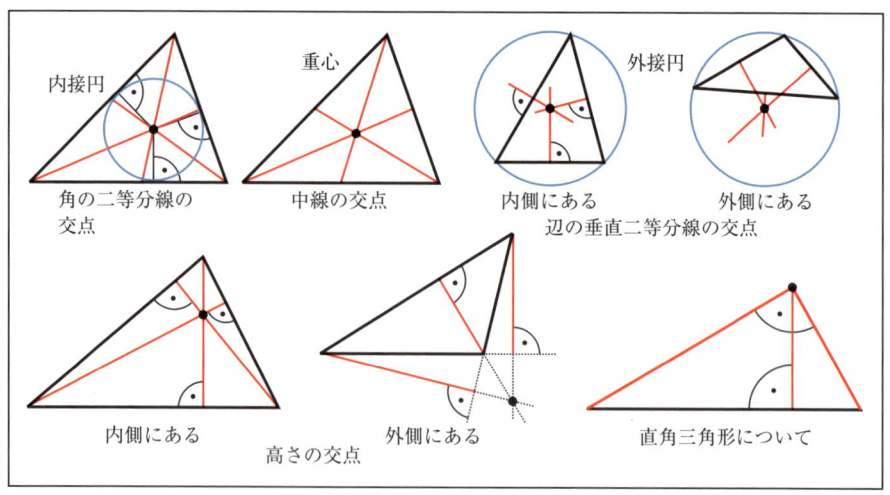

A　三角形の線

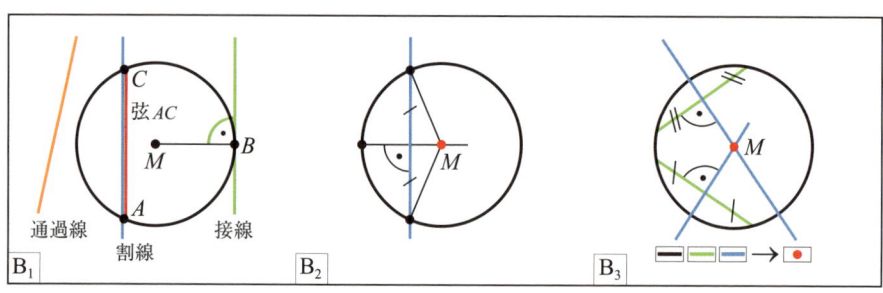

内接円／角の二等分線の交点
重心／中線の交点
外接円／辺の垂直二等分線の交点（内側にある／外側にある）
高さの交点（内側にある／外側にある）
直角三角形について

B　円と直線

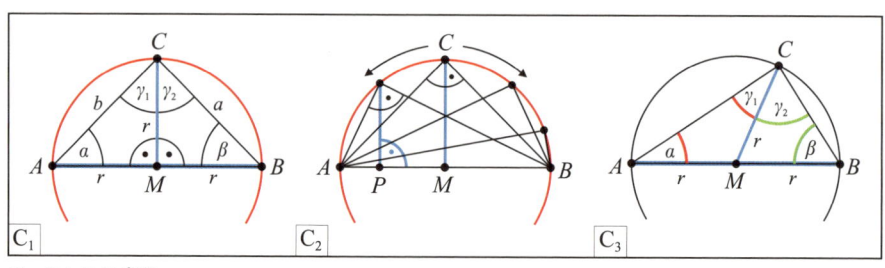

B_1：通過線／弦 AC／割線／接線
B_2
B_3

C　タレスの定理

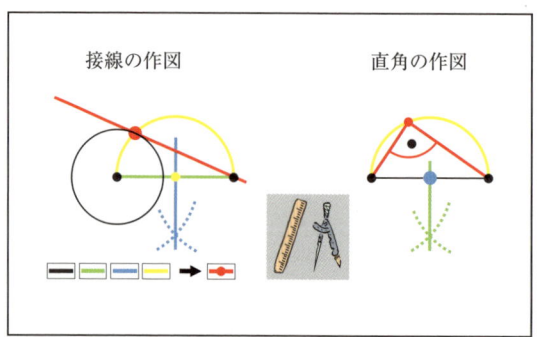

C_1／C_2／C_3

D　タレスの定理による作図

接線の作図／直角の作図

E　タレスの定理の逆の証明

$\alpha + \beta = 90°$
原像／点鏡映による像

三角形と四角形 IV

三角形の線（図 A）
すべての三角形について次が成り立つ:
(1) 3つの内角の角の二等分線は1点で交わり，その点は 内接円の中心（内心）である．
(2) 3つの頂点から向かい合う辺の中点に下ろした3本の 中線 は1点で交わり，その点は 重心 である．このとき中線は互いに他を $2:1$ に分割する（証明：p.195）．
(3) 3辺の 垂直二等分線 は1点で交わり，その点は 外接円の中心（外心）である．
(4) 3頂点から向かい合う辺に垂直に下ろした3本の 高さ は1点で交わる（証明：p.209）．

円と直線
直線は円と次の関係をもちうる（図 B_1）:
・ 2点で交わる（割線）
・ 1点で交わる（接線）
・ 交わらない（通過線）
接線は 接点 で半径と直交する．
それぞれの割線は円との2つの交点を通る 弦 を定める．これらの弦の垂直二等分線は円の中心を通る（図 B_2）．
応用：円の中心を求めるには2本の異なる平行ではない弦を選ぶ．これらの垂直二等分線の交点（図 B_3）が円の中心である．

タレスの定理
タレスの定理の内容は最初に特殊なケースで示す．証明で用いられている仮定を分析すると仮定が必要ではないことが示される．この制限された条件を放棄することにより一般的なケースの表現が可能になる．

特殊なケース：AB を中心 M の円の直径，C が円周上の点で CM が AB の垂直二等分線であるとする（図 C_1）．

主張：$\triangle ABC$ は $\gamma = \gamma_1 + \gamma_2 = 90°$ の直角三角形

証明：2つの部分三角形は AC および BC を底辺とする直角二等辺三角形である．同じ大きさの底角が合わせて $90°$ になるのだからそれぞれの底角は $45°$ である．
すなわち次が成り立つ：
$$\gamma = \gamma_1 + \gamma_2 = 45° + 45° = 90° \qquad \text{w.z.z.w.}$$

部分三角形が直角三角形であることを用いずに三角形の内角の和の定理を用いても同じ結果が得られる（右を見よ）．それは点 C を円周上の別の部分にもとることができ，そこでもなお三角形 ABC は直角三角形であること（図 C_2）を意味する．この命題がミレトのタレス（THALES VON MILET, 624–547BC）に由来する次の定理をつくることになろう．

タレスの定理：円周上の点 A, B, C について AB がこの円の直径で $C \notin AB$ が成り立つなら $\triangle ABC$ の C の角は直角である．

証明：
仮定：証明図（図 C_3）を見よ．
主張：$\gamma = \gamma_1 + \gamma_2 = 90°$
仮定より $\triangle AMC$ と $\triangle BMC$ は二等辺三角形，すなわち底角について次が成り立つ：
$\gamma_1 = \alpha, \ \gamma_2 = \beta \Rightarrow \gamma = \gamma_1 + \gamma_2 = \alpha + \beta$
一方 $\triangle ABC$ で角の和の定理により
$2\alpha + 2\beta = 180°$ すなわち $\alpha + \beta = 90°$
したがって次が成り立つ：$\gamma = 90°$ \qquad w.z.z.w.

応用（図 D）：コンパスと定規を用いて円の外の1点からの接線を作図せよ．また直角三角形を作図せよ．

注：AB を直径とする円は タレスの円 という．しばしば タレスの半円 に制限する．簡単に次のようにいう：
　　タレスの半円のすべての角は直角である．

タレスの定理の逆
次のようになる：

$\triangle ABC$ が C に直角をもつ直角三角形ならば C は AB を直径とする円の上にある．

証明：
仮定：証明図（図 E）を見よ．
主張：A, B, C についてのタレスの円がある．
AB の中点 M を中心とするこの三角形の点鏡映を行うと像と原像とがつくる図形は長方形となる（証明：p.165）．なぜなら $\alpha + \beta = 90°$ である．長方形の2本の対角線は同じ長さで互いに他を二等分しているので4つの頂点は AB を直径とする円上にある．\qquad w.z.z.w.

推論：これがタレスの円を決定する直角三角形そのものである．頂点 C が AB を直径とするタレスの円の外側にある三角形はすべて鋭角三角形であり，内側にある三角形はすべて鈍角三角形である．

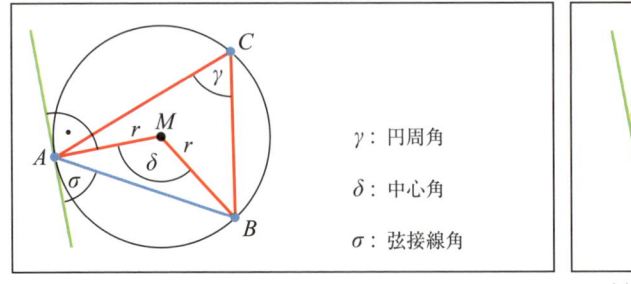

168　平面幾何学

A　円の角

γ：円周角
δ：中心角
σ：弦接線角

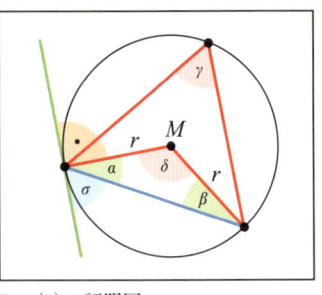

B　(3) の証明図

C　(1) の証明図

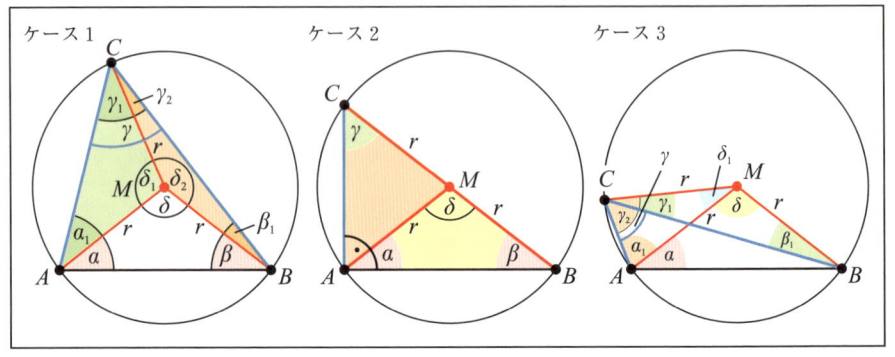

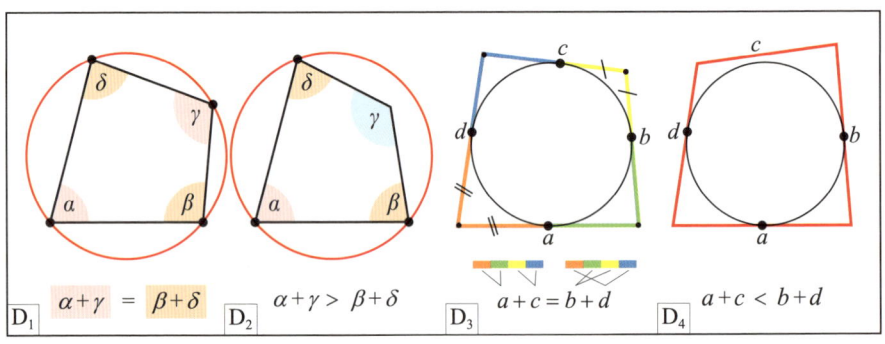

ケース1　ケース2　ケース3

D　弦四角形と接線四角形

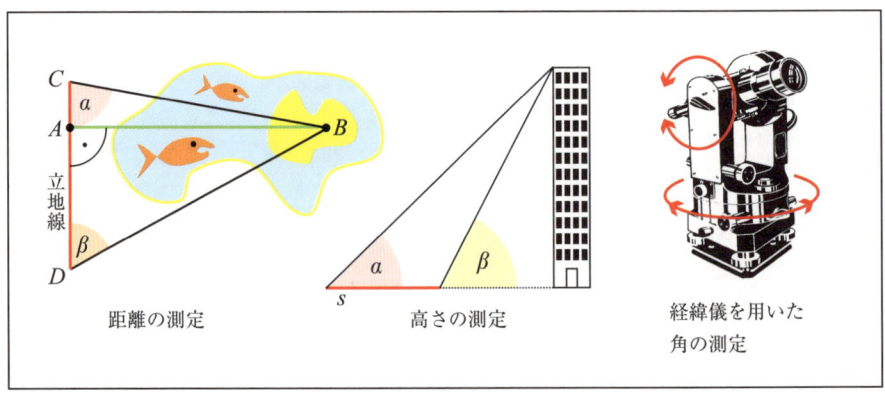

D_1　$\alpha + \gamma = \beta + \delta$

D_2　$\alpha + \gamma > \beta + \delta$

D_3　$a + c = b + d$

D_4　$a + c < b + d$

E　戸外での測量

立地線

距離の測定　　高さの測定　　経緯儀を用いた角の測定

円の角

これに属するものは以下である（図 A）
- 中心角
- 円周角
- 弦接線角

以下の関係が成り立つ：

> (1) ある弦に対する中心角はその弦の円周角の 2 倍に等しい。
>
> (2) ある弦に対する円周角はすべて同じ大きさである。
>
> (3) ある弦接線角はその弦に属する円周角と同じ大きさである。

(1) の証明：（図 C）
3 つのケースに分けなければならない。
ケース 1：M が γ の角域の中にある。
ケース 2：M が γ の辺の 1 つの上にある。
ケース 3：M が γ の角域の外にある。

ケース 1 では証明図で角 α_1 と γ_1 および β_1 と γ_2 は二等辺三角形の 2 つの底角として同じ大きさである。次を得る：
$\delta = 360° - (\delta_1 + \delta_2)$ かつ
$\delta_1 = 180° - 2\gamma_1$ 同様に $\delta_2 = 180° - 2\gamma_2$，すなわち
$\delta = 360° - (180° - 2\gamma_1 + 180° - 2\gamma_2)$
$ = 360° - (360° - 2(\gamma_1 + \gamma_2)) = 2\gamma$

ケース 2 ではタレスの定理 (p.167) より $\triangle ABC$ は直角三角形。したがって次が成り立つ：
$\beta = 90° - \gamma$
さらに $\alpha = \beta$，これらにより
$\delta = 180° - 2\beta = 180° - 2(90° - \gamma) = 2\gamma$

ケース 3 では $\triangle CBM$ と $\triangle CAM$ が二等辺三角形である。したがって次が成り立つ：$\beta_1 = \gamma_1,\ \gamma_2 = \alpha_1$
かつ $\delta + \delta_1 = 180° - \gamma_1 - \beta_1$
$\beta_1 - \gamma_1, \delta_1 = 180° - 2\gamma_2$
$\delta = 180° - 2\gamma_1 - (180° - 2\gamma_2) = 2\gamma_2 - 2\gamma_1$
$ = 2(\gamma_2 - \gamma_1) = 2\gamma$ \hfill w.z.z.w.

(2) の証明：ある弦に属する中心角の大きさは点 C がいかなる位置にあっても不変であるから (1) より (2) も成り立つ。

(3) の証明：（図 B）
$\sigma = 90° - \alpha,\ \alpha + \beta + \delta = 180°$ と $\alpha = \beta$
$\Rightarrow \sigma = 90° - \alpha$ と $\alpha = 90° - \frac{1}{2}\delta$
$\Rightarrow \sigma = 90° - 90° + \frac{1}{2}\delta = \frac{1}{2}\delta = \gamma$ \hfill w.z.z.w.

弦四角形と接線四角形

定義：四角形の 4 つの頂点が同一円周上にあるときこの四角形を **弦四角形** と呼ぶ（図 D_1）。

この円は **外接円** と呼ばれる。

すべての四角形が外接円をもつとは限らない（図 D_2）。次が成り立つ：

> 弦四角形では向かい合う角の大きさは合わせて $180°$ である。

図 D_2 の例ではその大きさが合わせて $180°$ にならない 1 組の向かい合う角があることは明白である。このときこの四角形は外接円をもちえない。

定義：四角形の 4 本の辺が同一円の接線であるときこの四角形を **接線四角形** と呼ぶ（図 D_3）。

この円は三角形での **内接円** に相当する。内接円のない四角形もある（図 D_4）。
次が成り立つ：

> それぞれの接線四角形では向かい合う辺の長さの和は一定である。すなわち次が成り立つ：
> $$a + c = b + d$$

図 D_4 の例では $a + c = b + d$ は成り立たない。したがって接線四角形ではない。

合同の定理の応用

休暇の測量（図 E）
第 1 の例：岸と島の距離を求めよ：$s = 30\,\mathrm{m}$；$\alpha = 80°,\ \beta = 62°$

図による解法：合同の定理 WSW (p.163) によると実際の三角形をたとえば $1:400$ の縮尺で一意（合同の意味で）に作図できる。この三角形の図で立地線からの高さとしておよそ $10.7\,\mathrm{cm}$ の長さを得る。これは距離がおよそ $42.8\,\mathrm{m}$ あるということである。

注 1：図 E の第 2 の例もまた合同の定理の範囲内で図により解ける。2 つの例の計算的扱いは三角法を用いることにより可能である (p.184，図 B)。

注 2：角の大きさの測定は経緯儀によって始まった。角度版上で水平方向と垂直方向に回転する望遠鏡を主とするものである（図 E）。

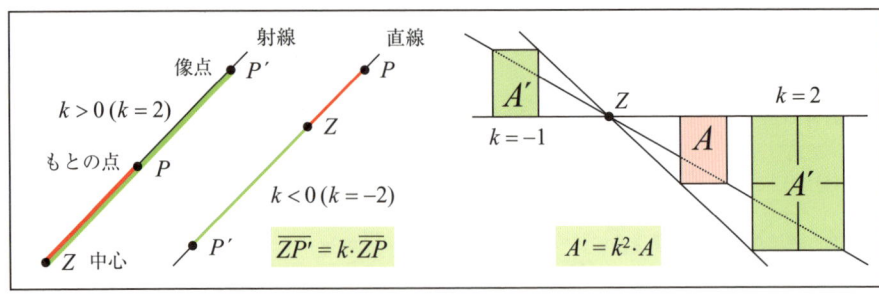

平面幾何学

A 中心をもつ拡大による点(平面)の写像

図中ラベル: 射線, 直線, 像点 P', P, もとの点 P, Z 中心, $k>0\,(k=2)$, $k<0\,(k=-2)$, $\overline{ZP'} = k\cdot\overline{ZP}$, $k=-1$, $k=2$, A', A, $A' = k^2 \cdot A$

B₁ 2つの射線定理の図により中心のある拡大の以下の性質が得られる: 直線の像はもとの直線に平行な直線となる。

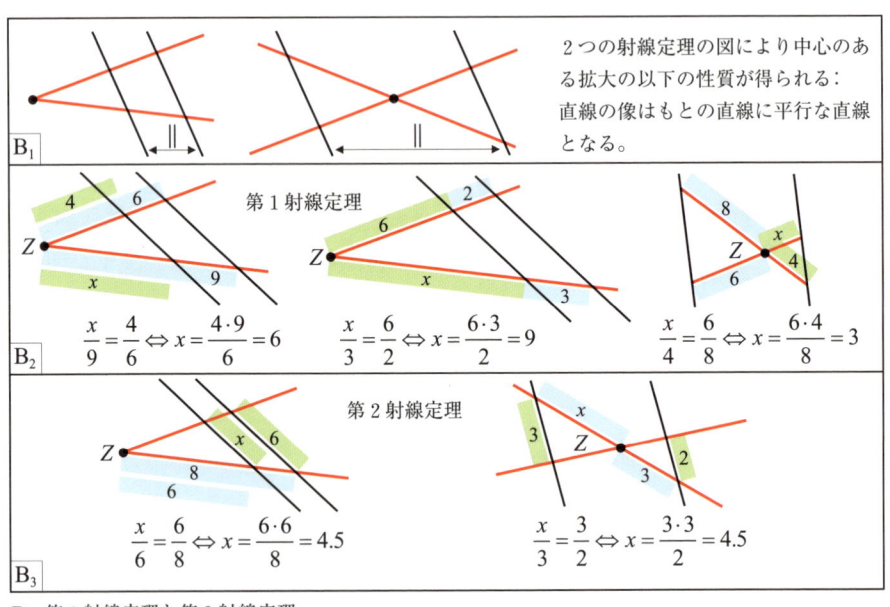

B₂ 第1射線定理

$$\frac{x}{9} = \frac{4}{6} \Leftrightarrow x = \frac{4\cdot 9}{6} = 6$$

$$\frac{x}{3} = \frac{6}{2} \Leftrightarrow x = \frac{6\cdot 3}{2} = 9$$

$$\frac{x}{4} = \frac{6}{8} \Leftrightarrow x = \frac{6\cdot 4}{8} = 3$$

B₃ 第2射線定理

$$\frac{x}{6} = \frac{6}{8} \Leftrightarrow x = \frac{6\cdot 6}{8} = 4.5$$

$$\frac{x}{3} = \frac{3}{2} \Leftrightarrow x = \frac{3\cdot 3}{2} = 4.5$$

B 第1射線定理と第2射線定理

高層ビルの高さを求めるために,点 A から屋根のへりに狙いを定めると,2 m竿と一致する。a と b の線分の長さを測る。

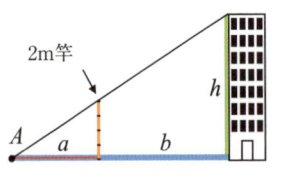

第2射線定理より次が成り立つ:

$$\frac{h}{b} = \frac{2}{a} \quad \text{すなわち} \quad h = \frac{2b}{a} \,[\text{m}]$$

測定くさびとは直方体の材料たとえば金属板の厚さを計る器具である。
材料をくさびにすべりこませて,その厚さを示す目盛りを読み取る(下を見よ)。この目盛りの利点は拡大されている(下の例では拡大因数5)ことにある。そのためより正確に読み取ることができる。

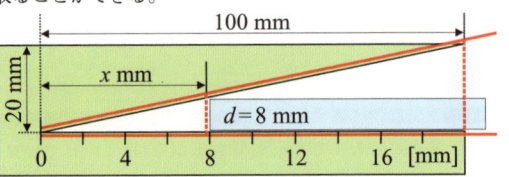

第2射線定理より次が成り立つ:

$$\frac{x}{d} = \frac{100}{20} \Leftrightarrow x = 5d$$

C 応用

相似と射線定理　171

相似写像

この写像は原像と像で以下のように表せるであろう：

それらは「（写真のように）似ている」すなわち大きさを除いて像と原像は一致する。

これに関して最も重要なのが**中心をもつ拡大**である。

写像表現　図A

中心をもつ拡大の**性質**：
線分の長さの保存を除くすべての合同写像の性質（p.159）

> 像線分と原像線分との長さの比は一定の値 k（面積の比は一定の値 k^2）を維持する（図A）。

■ k を **拡大因子** という。

中心をもつ拡大と合同写像との連結はこれらの性質を変えることはない。像と原像は互いに 似ているままである。これらの写像全体を 相似写像 と呼ぶ。

> **定義**：相似写像によって互いに移動して重ねることのできる 2 つの図形は相似（記号*∼）であるという。

第1射線定理と第2射線定理

両定理の基礎は 射線定理図（図 B_1）と呼ばれるものである。応用を見いだすことにより次が成り立つ：
中心 Z から出る射線のうちの 2 本または中心 Z を通る直線のうちの 2 本で 2 本の平行線に交わるものを扱う。
中心をもつ拡大の定義から直接以下が導かれる：

> **定理1（第1射線定理）**：射線定理図（図 B_1）があるとき 1 本の射線上［直線上］の線分の長さの比はもう 1 本の射線上［直線上］の相対する線分の長さの比に等しい。

注：平行線によって切り取られた線分と同様に Z から出るいわゆる断片もまた線分として問題にする（図 B_2）。

> **定理2（第2射線定理）**：射線定理図があるとき，一方の射線上（直線上）の断片の長さの比は平行線上の 相対する 線分の比に等しい（図 B_3）。

応用：
これらは内容が豊富である；
たとえば p.68, 図 A_2, p.78, 図 B_2, p.182, 図 A, p.190, 図 D。
そのほかの応用は図 C にある。

第1射線定理の逆

> **定理3**：1 点 Z から出ている 2 本の射線が 2 本の直線と交わるとき，対応する両射線上の線分の長さの比が等しいならばこの 2 直線は平行である。

第 2 射線定理の逆は成り立たない。

三角形の相似の定理

三角形の合同の定理に相応する定理を相似の定理という。2 つの相似な三角形はすべての対応する角の大きさとすべての対応する辺の長さの比で一致する。
しかしながら 2 つの三角形が相似であることの証明にはすべての一致を証明する必要はない。3 つの一致の証明で十分である。

> **定理4**：以下を満たす 2 つの三角形は相似である：
> (1) 対応する辺の長さの**拡大比**が 3 つとも一致する（**StStSt**, **拡拡拡**）
> (2) 2 組の**角**の大きさがそれぞれ等しい（**WW**, **角角**）
> (3) 2 本の辺の長さの**拡大比**と長いほうの辺に向かい合う**角**の大きさが等しい（**StStW**, **拡拡角**）
> (4) 2 本の辺の長さの**拡大比**とその 2 本の辺に挟まれる**角**の大きさが等しい（**StWSt**, **拡角拡**）

応用：ピタゴラスの定理群の証明（p.178, 図 D）

（訳注）*　相似の記号「∼」の日本式は「∽」。ここでは「相似」と「似ている」は同じドイツ語が用いられている。

形	周長	面積	単位となる長さ（LE）	
正方形	$4a$	a^2	1 mm, 1 cm, 1 dm, 1 m, 1 km	
長方形	$2(a+b)$	$a \cdot b$	換算数 10	
三角形	$a+b+c$	$\frac{1}{2} g \cdot h$	1 cm = 10 mm, 1 dm = 10 cm = 100 mm	
二等辺三角形	$2a+c$	$\frac{1}{2} g \cdot h$	1 m = 10 dm = 100 cm = 1000 mm	
正三角形	$3a$	$\frac{1}{4} a^2 \sqrt{3}$		
直角三角形	$a+b+c$	$\frac{1}{2} a \cdot b$		
平行四辺形	$2(a+b)$	$g \cdot h$	単位面積（FE）	
台形	$a+b+c+d$	$m \cdot h =$ $\frac{1}{2}(a \cdot c) \cdot h$	1 mm², 1 cm², 1 dm², 1 m², 1 a, 1 ha, 1 km² (1 a = 100 m², 1 ha = 100 a = 10000 m²)	
カイト型	$2(a+c)$	$\frac{1}{2} e \cdot f$	換算数 100	
ひし形	$4a$	$\frac{1}{2} e^2$	1 cm² = 100 mm²	
円 (p.175)	$\pi \cdot d = \pi \cdot 2r$	$\pi \cdot r^2$	1 dm² = 100 cm² = 10000 mm²	
扇形	$2r+b$	$\frac{\alpha}{360°} \cdot \pi \cdot r^2$	1 m² = 100 dm² = 10000 cm²	

A　三角形, 四角形, 円の面積と周長

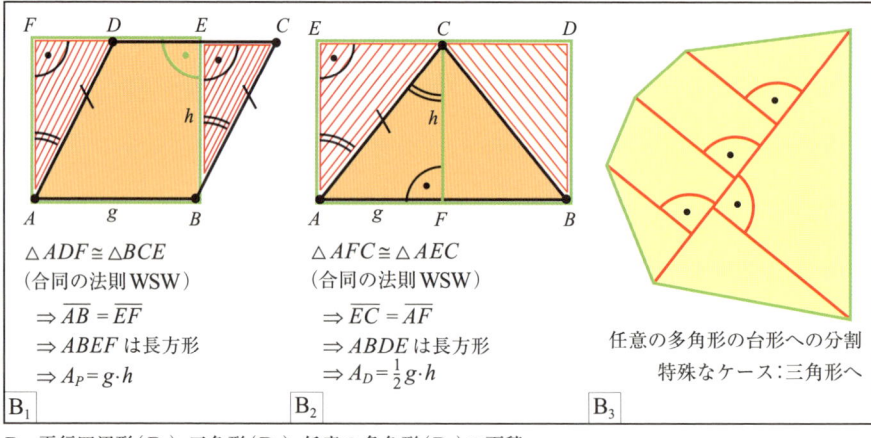

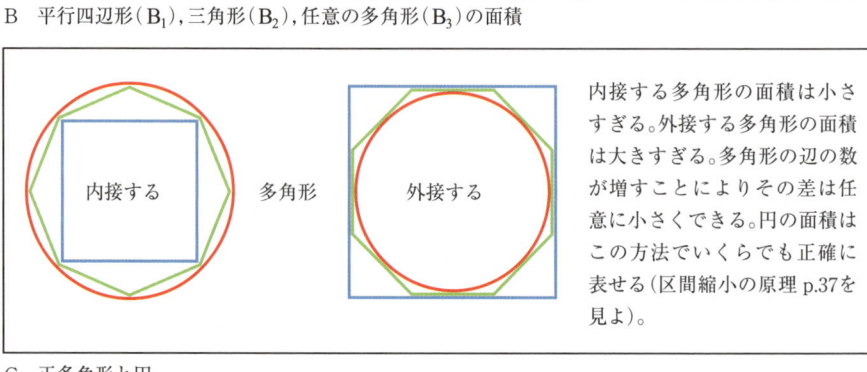

B₁
△ADF ≅ △BCE
（合同の法則 WSW）
⇒ $\overline{AB} = \overline{EF}$
⇒ ABEF は長方形
⇒ $A_P = g \cdot h$

B₂
△AFC ≅ △AEC
（合同の法則 WSW）
⇒ $\overline{EC} = \overline{AF}$
⇒ ABDE は長方形
⇒ $A_D = \frac{1}{2} g \cdot h$

B₃
任意の多角形の台形への分割
特殊なケース：三角形へ

B　平行四辺形（B₁）, 三角形（B₂）, 任意の多角形（B₃）の面積

内接する多角形の面積は小さすぎる。外接する多角形の面積は大きすぎる。多角形の辺の数が増すことによりその差は任意に小さくできる。円の面積はこの方法でいくらでも正確に表せる（区間縮小の原理 p.37 を見よ）。

C　正多角形と円

周長の算出は以下の 2 つの平面の場合で基本的に異なる：

a) **直線で囲まれている**（正方形，長方形，平行四辺形，台形，カイト形，四角形）
b) **曲線で囲まれている**（円，円の一部）

a) では 面積同一性 の方法論と確認されている性質（下を見よ）から求める。これに対して b) では 近似的 にゴールを目指すしかない。

注：平面図形の概念はここでは問題にしない（AMと比較せよ）。平面図形は単純な構造のへりをもつ点集合である。

a1) 直線に囲まれた面の周長
これらの平面図形のへりは閉じた線分連結 (p.155) であり，それらの長さが周長である。したがって線分連結のすべての線分の長さの和として得られる（図 A の表を見よ）。

a2) 直線に囲まれた平面図形の面積
正方形と長方形
単位面積 $1\,\text{cm}^2$（辺の長さが $1\,\text{cm}$ の正方形）とその上下の単位面積との関係（図 A）を定義して FE（単位面積）と呼ぶ。その平面にいくつ FE をおけるか数える。
辺が $3\,\text{cm}$ (aLE)，$4\,\text{cm}$ (bLE) の長方形では $3(a)$ 列の $4\,\text{cm}^2$ (bFE) となるから $12\,\text{cm}^2$ ($a \cdot b$FE) である。

注：$a \cdot b$ は 面の大きさを表す数 と呼ばれるもので，a と b は 長さを表す数 である。
任意の大きさを表す数 a と b について次のように定義する：
（A = 面積，R = 長方形）

$$A_R = a \cdot b$$

特殊なケースとして正方形では次を得る：
$$A_Q = a^2$$

平行四辺形
図 B_1 ではどのようにして面積公式 $A_P = g \cdot h$ がつくられるか示してある。面積の等しい長方形への変形では以下の面積測定の性質が応用される。

(1) 合同写像を行っても面積は変わることはない。
(2) 平面図形を部分平面に分割したとき部分平面の面積の和は全体の平面図形の面積に等しい。

三角形
それぞれの三角形は面積がその 2 倍に等しい長方形を満たすことを利用する（図 B_2），すなわち次が成り立つ：（D = 三角形）

$$A_D = \tfrac{1}{2} g \cdot h$$

特殊な三角形について次を得る：

- 正三角形：（g = 正三角形）
$$A_g = \tfrac{1}{4} a^2 \cdot \sqrt{3}$$
このとき $h_g = \tfrac{1}{2} a \cdot \sqrt{3}$（p.180, 図 A_1）を用いている。

- 直角三角形：（re = 直角三角形）
$$A_{re} = \tfrac{1}{2} a \cdot b$$

台形
p.164 の図 C で見て取れるように台形には 2 倍の面積をもつ平行四辺形を用いることができる。台形の面積には次の公式を得る：（T = 台形）

$$A_T = m \cdot h = \tfrac{1}{2}(a+c) \cdot h$$

カイト形
カイト形は 2 個の二等辺三角形からなっているのでこの 2 つの面積を足すだけでいい（e と f は対角線の長さ）：（Dr = カイト形）

$$A_{Dr} = \tfrac{1}{2} e \cdot f$$

ひし形
4 本の辺の長さが等しい特殊なカイト形がひし形である。すなわちひし形の面積についても次が成り立つ：（Ra = ひし形）

$$A_{Ra} = \tfrac{1}{2} e \cdot f$$

任意の四角形
それぞれの四角形を三角形または台形に分割する（図 B_3）。これらの面積の総和が元の四角形の面積である。

b1) 円の面積
曲線で囲まれた平面は一般的には同じ面積の直線で囲まれた平面に変形できるとは限らない。別の方法を探らなければならない。

たとえば 内接する 正多角形と 外接する 正多角形の利用で求まる（図 C）。

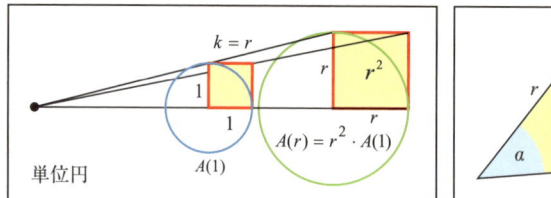

174　平面幾何学

A　単位円の中心をもつ拡大

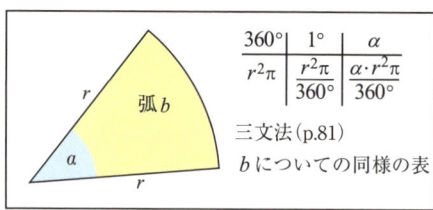

単位円　$A(1)$　$A(r) = r^2 \cdot A(1)$　$k = r$

B　扇形と円弧　円弧は表現式

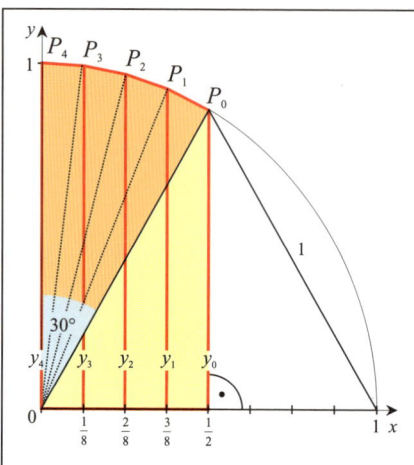

360°	1°	α
$r^2\pi$	$\dfrac{r^2\pi}{360°}$	$\dfrac{\alpha \cdot r^2\pi}{360°}$

三文法(p.81)

b についての同様の表

C　π の近似値

円は表現式　$y = \sqrt{1-x^2}$
$D = [0, 0.5]$ のグラフである。
（ピタゴラスの定理）

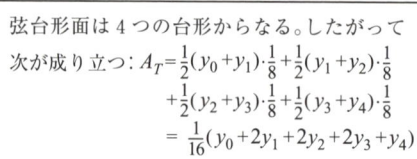

弦台形面は 4 つの台形からなる。したがって次が成り立つ：

$A_T = \dfrac{1}{2}(y_0+y_1)\cdot\dfrac{1}{8} + \dfrac{1}{2}(y_1+y_2)\cdot\dfrac{1}{8}$
$\quad\quad + \dfrac{1}{2}(y_2+y_3)\cdot\dfrac{1}{8} + \dfrac{1}{2}(y_3+y_4)\cdot\dfrac{1}{8}$
$\quad = \dfrac{1}{16}(y_0 + 2y_1 + 2y_2 + 2y_3 + y_4)$

ただし，$y_0 = \sqrt{1-x_0^2}$（関数表現形）
$\quad = \sqrt{1-\dfrac{1}{4}} = \dfrac{1}{8}\sqrt{48}$　同様に

$y_1 = \dfrac{1}{8}\sqrt{55}, y_2 = \dfrac{1}{8}\sqrt{60}, y_3 = \dfrac{1}{8}\sqrt{63}, y_4 = 1$

$\Rightarrow A_T = \dfrac{1}{16}\cdot\dfrac{1}{8}(\sqrt{48} + 2\sqrt{55} + 2\sqrt{60} + 2\sqrt{63} + 8)$
$\quad = 0.477555$

全円の近似値として，$A_D = \dfrac{1}{2}\cdot\dfrac{1}{2}\cdot\dfrac{1}{8}\sqrt{48} = 0.216506$
を得てこれより π の近似値を得る：

$12\cdot(0.477555 - 0.216506) = 3.13259$

10 個の弦台形を用いると近似値は 3.1401 となる。

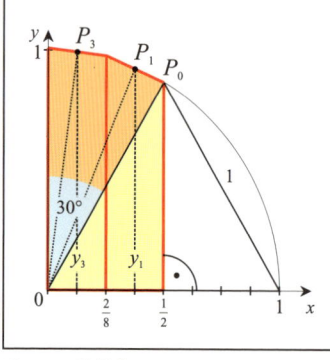

接線台形面は中線の長さ y_1, y_3 のすでにわかっている 2 つの台形からなる。この面積として次を得る

$A_T = y_1\cdot\dfrac{1}{4} + y_3\cdot\dfrac{1}{4} = \dfrac{1}{4}(\dfrac{1}{8}\sqrt{55} + \dfrac{1}{8}\sqrt{63})$
$\quad = \dfrac{1}{32}(\sqrt{55}+\sqrt{63}) = 0.479795$

上述の π の近似値として次を得る：

$12\cdot(0.479795 - 0.216506) = 3.15947$

5 個の接線台形では前述の近似値は 3.1444 に改良される。近似値 3.1401 とあわせると $\pi = 3.14\ldots$ が成り立つにちがいない。

D　円の周長

$n = 6$　$\approx r\cdot\dfrac{U_K}{2}$

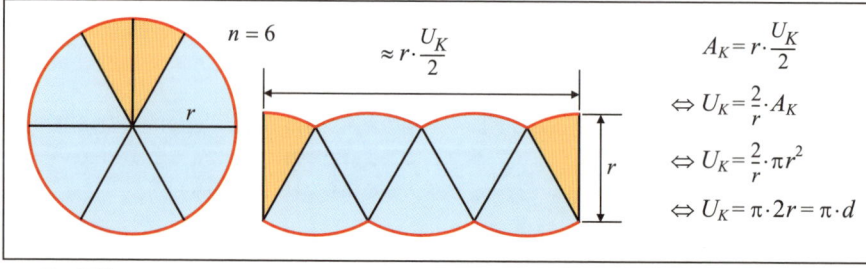

$A_K = r\cdot\dfrac{U_K}{2}$

$\Leftrightarrow U_K = \dfrac{2}{r}\cdot A_K$

$\Leftrightarrow U_K = \dfrac{2}{r}\cdot\pi r^2$

$\Leftrightarrow U_K = \pi\cdot 2r = \pi\cdot d$

円の面積を求めるために，多角形の面積を算出してさらに頂点の数を 2 倍 2 倍としていくことなどはできるかもしれない。この近似的算出法ではそれぞれの半径でくり返さなくてはならないではあろうが，円の面積と半径のあいだにははっきりした関係が存在する。以下の考察によりこれを得る：

正方形［多角形］に拡大因子 k の中心のある拡大（図 A）を行うとき，像正方形［像多角形］の面積は原像正方形［原像多角形］の面積の k^2 倍になる：

$$A' = k^2 \cdot A \quad \text{(p.170, 図 A)}$$

この等式は面積 $A(r)$ の円についても有効であるに違いない（多角形の近似可能性による。下を見よ）。したがって単位円から $k = r$ の中心のある拡大によって円をつくるとき次が成り立つ：

$$A(r) = r^2 \cdot A(1) \quad \text{(図 A)}$$

これにより円面の面積と半径の関係が見つかる：

> 円面の面積はその半径の平方に比例する (p.81)。この比例係数 $A(1)$ を π で表して円定数*と呼ぶ。次が成り立つ：
> $$A_{Kreis} = \pi \cdot r^2$$

円の面積を近似的に計算することを可能にするためだけなら π には近似値を用いればよい。

π の近似値

π の定義に基づいて単位円の面積 $A(1)$ を近似的に算出することが問題となる。
たとえば以下の手続きで行う：
図 C のように四分円の中にある $30°$ の扇形の面積を近似的に算出する。近似には平行な辺が y 軸と平行で高さの等しい内接する「弦台形」を用いる。台形面の面積 A_T から下方にある黄色の三角形の面積 A_D をひくと $30°$ の扇形には 小さすぎる 近似値を得る。この近似値を 12 倍すると単位円の面積すなわち π として 小さすぎる 近似値が得られる。

この 下からの見積もり を 上からの見積もり で補わなければならない。

このとき下からの見積もりの算出はできる限り多くする。外接する平面図形をつくるように弦台形の代わりに半分の数の「接線台形」を描く。

10 の「弦台形」と 5 の「接線台形」で π の値としてすでに小数点以下第 2 位まで正しい近似値 $3.14 \cdots$ を得られる。

注：より詳細な値はもっと多数の台形によって得られる。
$\pi = 3.141592653589 \cdots$ は有理数ではない。

扇形（図 B）
扇形の面積としては次を得る（α は弧度法）：

$$A_{Aus} = \frac{\alpha}{360°} \cdot \pi \cdot r^2$$

b2) 円の周長
図 D では円の面積と周長とのあいだの納得のいく関係が導かれる。扇形の数を倍加していくことによりこの図形と長方形の差異はより小さくなる。これによって円と長方形は最終的に面積が等しくなると仮定する。以下のように計算する：

> 円の周長は直径に比例する。比例定数は π である。次が成り立つ：$U_{Kreis} = \pi \cdot 2r = \pi \cdot d$

円弧（図 B）
中心角 α に属する円弧（または短く：弧）は次の長さをもつ（α は弧度法）：

$$b = \frac{\alpha}{180°} \cdot \pi \cdot r$$

注：A_{Aus} の式にこの式を代入すると次を得る：

$$A_{Aus} = \frac{1}{2} b \cdot r$$

注：正多角形による円の外接と内接はアルキメデス（ARCHIMEDES, BC287–212）に由来する。彼の近似的周長算出（倍化法 という）は驚くべき正確さに到達していた。

（訳注）* ここでは π を円の面積と円の半径の平方との比例定数ととらえている。次に実は 円周 = $\pi \cdot$ 直径 であることすなわち円周率であることに言及している．そのため円定数と訳した。

176　平面幾何学

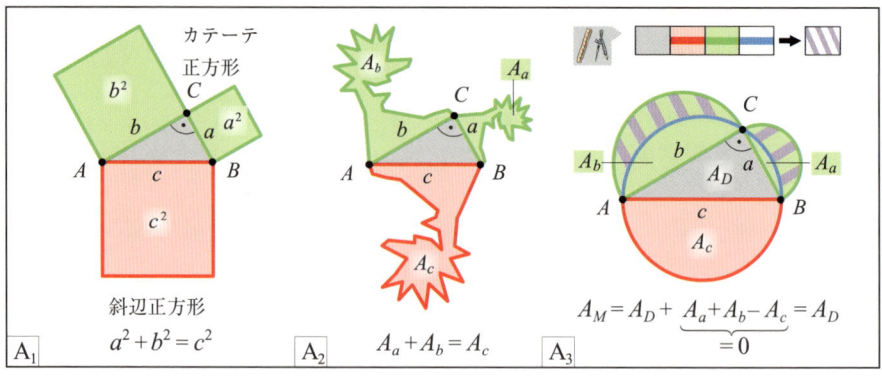

A　ピタゴラスの定理（A_1），拡張（A_2），ヒポクラテスの半月（A_3）

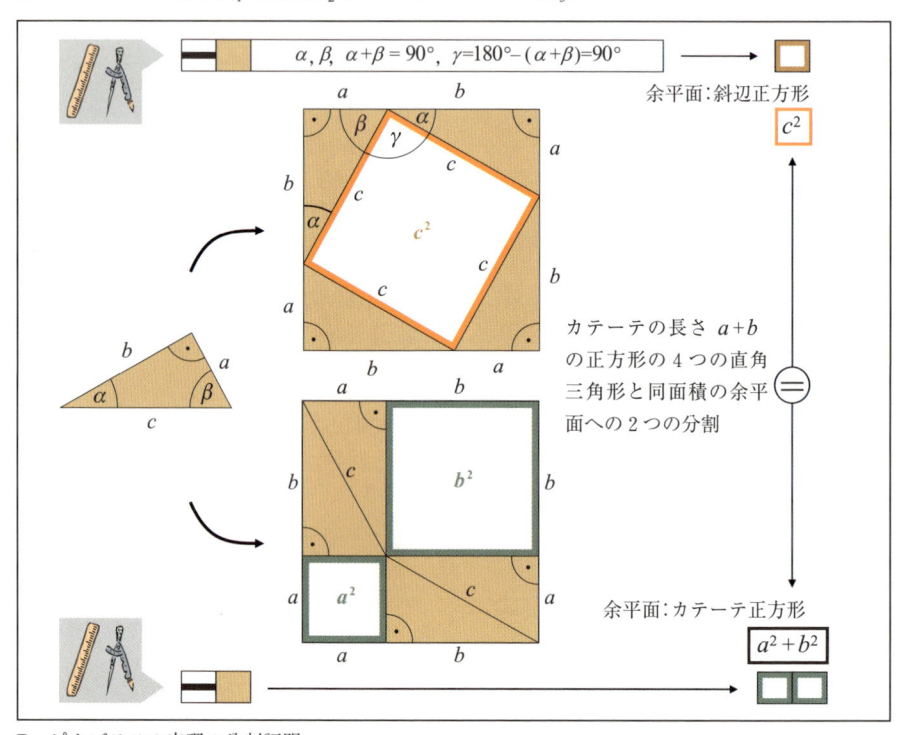

A_1: カテーテ正方形／斜辺正方形　$a^2+b^2=c^2$

A_2: $A_a+A_b=A_c$

A_3: $A_M = A_D + \underbrace{A_a+A_b-A_c}_{=0} = A_D$

B　ピタゴラスの定理の分割証明

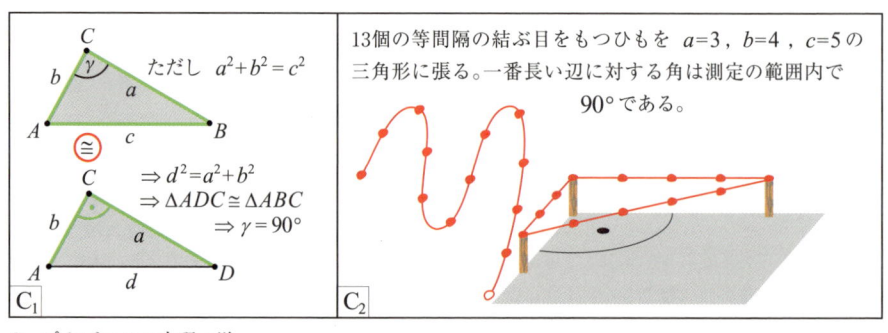

$\alpha, \beta, \alpha+\beta = 90°, \gamma = 180°-(\alpha+\beta)=90°$

余平面：斜辺正方形　c^2

カテーテの長さ $a+b$ の正方形の4つの直角三角形と同面積の余平面への2つの分割

余平面：カテーテ正方形　a^2+b^2

C　ピタゴラスの定理の逆

C_1: ただし $a^2+b^2=c^2$
$\Rightarrow d^2 = a^2+b^2$
$\Rightarrow \triangle ADC \cong \triangle ABC$
$\Rightarrow \gamma = 90°$

C_2: 13個の等間隔の結ぶ目をもつひもを $a=3, b=4, c=5$ の三角形に張る。一番長い辺に対する角は測定の範囲内で90°である。

ピタゴラスの定理群 I

ピタゴラスの定理群には次が含まれる
- ピタゴラスの定理
- ユークリッドの高さ定理，カテーテ定理

ピタゴラスの定理

基礎幾何学の有名な定理の1つは「ピタゴラスの定理」である．この直角三角形に関する定理（p.165）はギリシャの数学者ピタゴラス（PYTHAGORAS, 5世紀 BC）にちなんでいる．

> **ピタゴラスの定理：**
> すべての平らな三角形では次が成り立つ：
> この三角形が直角三角形なら一番長い辺のつくる正方形の面積はほかの2辺がそれぞれつくる正方形の面積の和に等しい．

カテーテ（直角を挟む2辺）の長さを a と b，斜辺の長さを c で表すと正方形の面積の公式（p.173）により**短縮形**を得る（図 A_1）．

> すべての直角三角形において**ピタゴラスの等式**
> $a^2 + b^2 = c^2$ が成り立つ．

エジプトではピタゴラス以前にすでにこの定理の逆（下を見よ）が知られており，非常に有用な応用が実践されていたことが絵画（1500BC 頃）によって確証されている：ナイル川（NILTALS）の毎年の氾濫の後，結び目縄と呼ばれるものを使って農地の直角の境界を再設定していた（図 C_1）．
ピタゴラスの業績は彼が最初にこの定理の証明を必要不可欠とみなしたことにある．
これまでになされたおおよそ 100 の有名な証明の中で重要なのはその一部の **分割証明** と呼ばれるものである（図 B）：
- 図形（ここでは正方形）を2つの方法で分割する；
- 面積の等しいことのわかっている部分（ここでは4つの三角形）は双方の分割で共通
- 面積の等しい残りの図形を作り出して比較する（ここでは斜辺正方形と2つのカテーテ正方形）．

注：ピタゴラスの定理は三角形の辺上の互いに相似な（p.171）平面図形に拡張されうる（図 A_2）．半円を用いると「ヒポクラテスの三日月」と呼ばれるもの（図 A_3，色斜線）と与えられた直角三角形の面積とが等しいことが導かれる（図 A_3）．

ピタゴラスの定理の応用

たとえば
- 直角三角形の辺の長さの算出（p.181）
- 直角三角形をもつ平面図形および立体図形の辺の長さの算出（p.180）
- 三角法関係
$$\sin^2 \alpha + \cos^2 \alpha = 1 \qquad (p.76)$$
- ベクトルの絶対値の定義（p.201）

ピタゴラスの定理は逆も成り立つ．

> **ピタゴラスの定理の逆：**
> それぞれの三角形について次が成り立つ：
> 辺の長さ a, b, c について等式 $a^2 + b^2 = c^2$ が満たされているならこの三角形は直角三角形である．
> 追補：c に属する辺は斜辺である．

推論：ピタゴラスの等式は 直角三角形 についてのみ成り立つ（定理の逆と比較せよ）．

逆の証明：（図 C_1）
仮定：$a^2 + b^2 = c^2$ の $\triangle ABC$ がある
主張：$\triangle ABC$ は直角三角形
証明：$\triangle ABC$ の隣に $\triangle ADC$ を直角を挟む辺の長さが a と b で一意に定まる不明な斜辺の長さ d の直角三角形となるように描く（SWS，p.163 を見よ）．$\triangle ADC$ が直角三角形なのでピタゴラスの等式 $a^2 + b^2 = d^2$ が成り立つ．仮定と合わせて次を得る：$c^2 = d^2$
すなわち $c = d$
したがって $\triangle ADC$ と $\triangle ABC$ は辺の長さが3組とも一致する．これらは合同の定理 SSS（p.163）より合同であり $\triangle ABC$ もまた直角三角形である．
w.z.z.w.

追補（上を見よ）の妥当性は直角三角形の性質から導かれる：
直角三角形では斜辺が一番長い（p.165）．
理由付け：
$$c^2 = a^2 + b^2 \Rightarrow c^2 > a^2 \wedge c^2 > b^2$$
$$\Rightarrow c > a \wedge c > b$$

逆の実践的応用：
- カーペットや部屋の隅などの直角の確認
- 前もって用意した結び目縄を用いた庭の花壇などの直角の設定（図 C_2）

注：$a^2 + b^2 = c^2$ の3個組 (a, b, c) を ピタゴラスの 3個組という（AM の p.110 を見よ）．

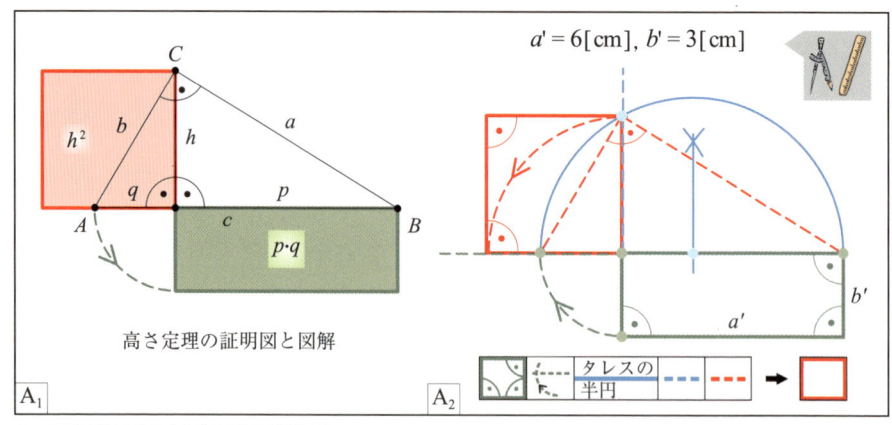

178　平面幾何学

$a' = 6$ [cm], $b' = 3$ [cm]

高さ定理の証明図と図解

A_1　A_2

A　三角形の高さ(A_1) と正方形化(A_2)

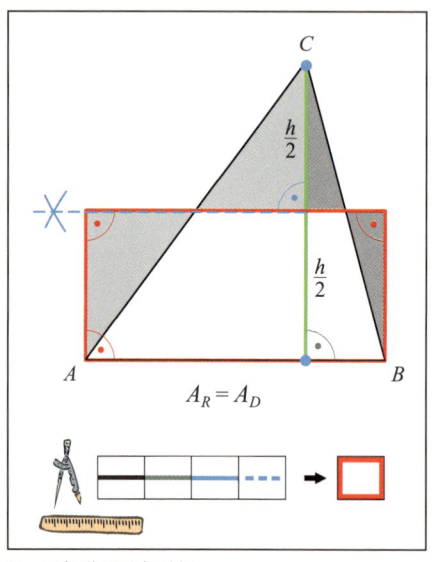

$A_R = A_D$

B　三角形の正方形化

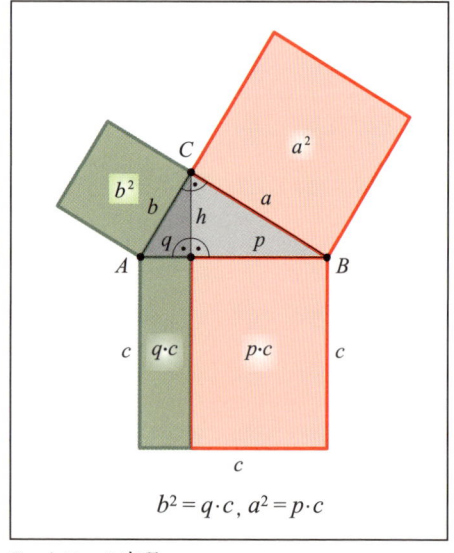

$b^2 = q \cdot c, \ a^2 = p \cdot c$

C　カテーテ定理

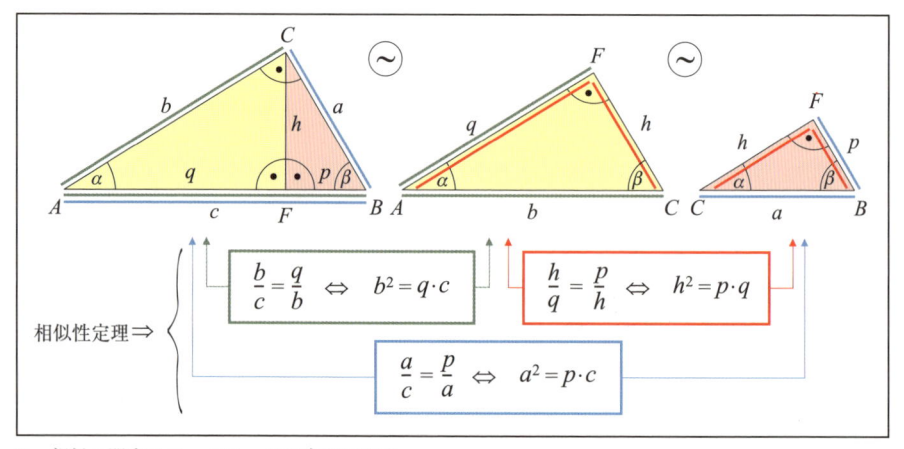

相似性定理 $\Rightarrow$

$$\frac{b}{c} = \frac{q}{b} \iff b^2 = q \cdot c$$

$$\frac{h}{q} = \frac{p}{h} \iff h^2 = p \cdot q$$

$$\frac{a}{c} = \frac{p}{a} \iff a^2 = p \cdot c$$

D　相似に関するユークリッドの定理の証明

ユークリッドの高さ定理

この定理は直角三角形の斜辺に下ろした高さ（垂線）の長さと分割された斜辺の長さとのあいだの関係を表している：

> **ユークリッドの高さ定理：**
> すべての平面三角形では次が成り立つ：
> 三角形が直角三角形ならば高さ正方形と高さで分割された斜辺を2辺とする長方形は面積が等しい。すなわち次が成り立つ：
> $$h^2 = p \cdot q$$

証明（図 A_1）：直角三角形の高さは部分直角三角形をつくるのでピタゴラスの等式を3回応用できる：

(I) $h^2 + q^2 = b^2$
(II) $h^2 + p^2 = a^2$
(III) $a^2 + b^2 = c^2 = (p+q)^2$
$\qquad\qquad\qquad\quad = p^2 + 2pq + q^2$

(I) + (II) は (III) に代入できる式 $a^2 + b^2$ となっている：

$\qquad 2h^2 + q^2 + p^2 = b^2 + a^2 = a^2 + b^2$
$\underline{\text{(III)}}\ 2h^2 + q^2 + p^2 = p^2 + 2pq + q^2$
$\Rightarrow\ 2h^2 = 2pq\ \Rightarrow\ h^2 = pq$ \qquad w.z.z.w.

正方形化

古代ギリシャ数学で最も好まれたテーマは平面図形のコンパスと定規のみによる作図的変形である。円の正方形化問題は19世紀になって初めて不可能であることが証明された（ガロアの定理，AMのp.103を見よ）。一方，長方形の正方形化はすでに行われていた。

長方形の正方形化

長方形の面積の等しい正方形への変形は高さ定理によって行える。次のように作図する：

- 与えられた辺の長さ a' と b' の長方形
- $p = a'$, $q = b'$ の直角三角形（直角についてのタレスの半円 (p.167)）
- 高さ正方形（図 A_2）

これにより**三角形の正方形化**も可能である。

- 三角形を面積の等しい長方形に変形（図 B）

そして

- 長方形の正方形化

を行う。

ユークリッドのカテーテ定理

直角三角形の直角を挟む2辺すなわちカテーテに関するこの定理により長方形の正方形化が可能になる：

> **ユークリッドのカテーテ定理**
> すべての平面三角形において次が成り立つ：
> その三角形が直角三角形ならばカテーテの1本でつくる正方形は斜辺とそのカテーテに隣接する斜辺断片でつくる長方形と面積が等しい。すなわち
> $$b^2 = q \cdot c, \quad a^2 = p \cdot c$$

証明（図 C）：左の部分直角三角形にピタゴラスの等式を用いると高さの定理と $q + p = c$ とにより：

$$b^2 = h^2 + q^2 = p \cdot q + q^2 = q(p+q) = q \cdot c$$

同様に右の部分直角三角形で次を得る：

$$a^2 = p \cdot c \qquad\qquad \text{w.z..z.w.}$$

注：ユークリッドのこの定理は面積を変えない変形を用いることによっても具体的に証明できる（AM の p.152, 図 B を見よ）

相似性についての証明

すべての直角三角形は自身の高さによって分割されてできる部分三角形と相似の定理 WW によって相似である。したがって2つの部分三角形もまた互いに相似である。これにより3つの関係式 (p.171) がつくられ，これらから同値変形によってユークリッドの定理とピタゴラスの定理が導かれる（図 D）。

注：$\sqrt{a \cdot b}$ を数 a と b の**幾何学的平均値**とも呼ぶ。$x = \sqrt{a \cdot b}$ の代わりに $x^2 = a \cdot b$ としても成り立つ。これはつまり幾何学的平均値は辺の長さ a と b の長方形の正方形化で求まる正方形の辺の長さと等しいということである。この幾何学的平均値は作図的に求められる。

このいわゆる幾何学的根号開平はユークリッドおよびピタゴラス学派にとって重要なものであった。

幾何学的平均値は統計学でも特殊な平均値構築として**用いられる**。$a \neq b$ ならばこの平均値は算術的平均値より小さい（p.217 と比較せよ）。

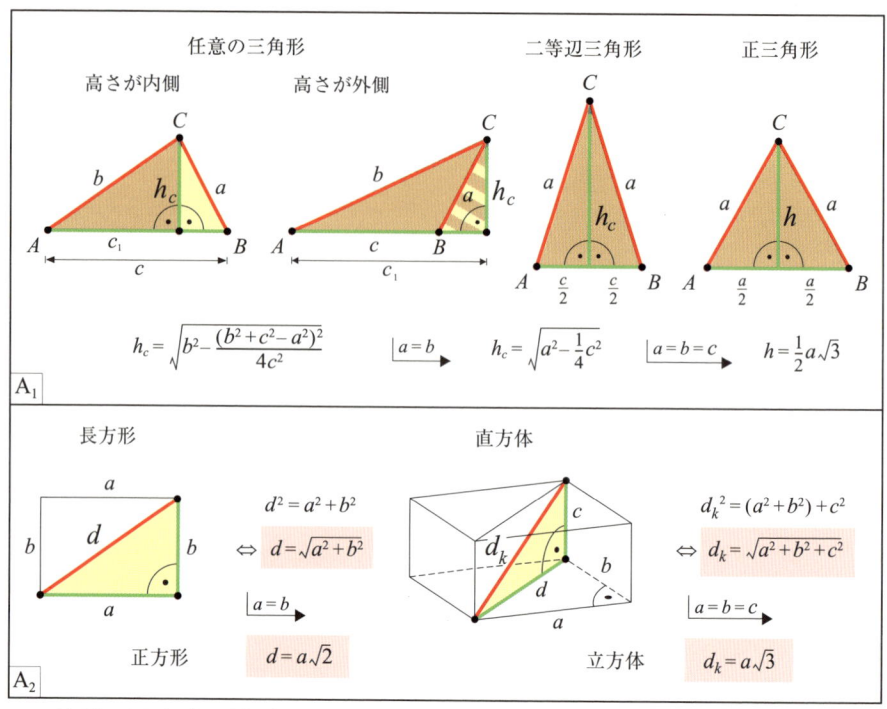

180　平面幾何学

任意の三角形

高さが内側

$h_c = \sqrt{b^2 - \dfrac{(b^2+c^2-a^2)^2}{4c^2}}$

高さが外側

二等辺三角形

$a = b \rightarrow h_c = \sqrt{a^2 - \dfrac{1}{4}c^2}$

正三角形

$a = b = c \rightarrow h = \dfrac{1}{2}a\sqrt{3}$

A_1

長方形

$d^2 = a^2 + b^2 \Leftrightarrow d = \sqrt{a^2 + b^2}$

$a = b \rightarrow$ 正方形　$d = a\sqrt{2}$

直方体

$d_k^2 = (a^2 + b^2) + c^2 \Leftrightarrow d_k = \sqrt{a^2 + b^2 + c^2}$

$a = b = c \rightarrow$ 立方体　$d_k = a\sqrt{3}$

A_2

A　三角形の高さ（A_1），長方形と直方体の対角線（A_2）

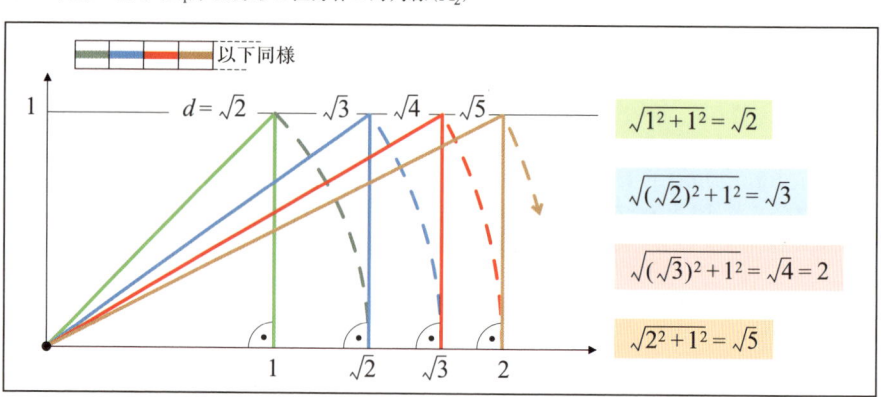

以下同様

$d = \sqrt{2}$,　$\sqrt{3}$,　$\sqrt{4}$,　$\sqrt{5}$

$\sqrt{1^2 + 1^2} = \sqrt{2}$

$\sqrt{(\sqrt{2})^2 + 1^2} = \sqrt{3}$

$\sqrt{(\sqrt{3})^2 + 1^2} = \sqrt{4} = 2$

$\sqrt{2^2 + 1^2} = \sqrt{5}$

B　特殊な無理数の描写

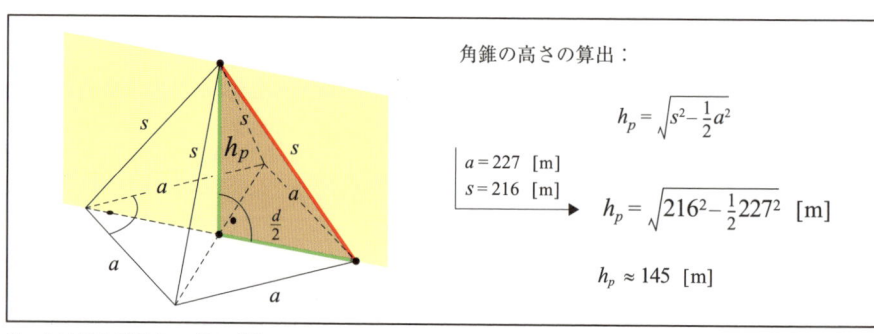

角錐の高さの算出：

$h_p = \sqrt{s^2 - \dfrac{1}{2}a^2}$

$a = 227$ [m], $s = 216$ [m] $\rightarrow h_p = \sqrt{216^2 - \dfrac{1}{2}227^2}$ [m]

$h_p \approx 145$ [m]

C　クフ王のピラミッドの高さ

直角三角形における算出

基本はピタゴラスの等式 $a^2 + b^2 = c^2$。この a, b, c は変数でカテーテと斜辺への応用で出てきた式で置き換えられる。
以下のようなピタゴラスの等式の展開は算出可能である。

- 両カテーテの長さから斜辺の長さを求める：
$$c = \sqrt{a^2 + b^2}$$
- 一方のカテーテと斜辺の長さからもう一方のカテーテの長さを求める：
$$a = \sqrt{c^2 - b^2} \text{ および } b = \sqrt{c^2 - a^2}$$

直角をもたない三角形とそのほかの平面図形および立体における算出

ピタゴラスの定理を応用できるようにするためには直角三角形をつくり出さなくてはならない。以下のように行う：
1) 任意の三角形の高さ
2) ほかの平面図形の対角線，高さまたは垂線
3) 平面図形を得るために立体を切断する

1) 任意の三角形の高さ

三角形の高さ h_c（図 A_1）として次を得る

$$h_c = \sqrt{b^2 - \frac{(b^2 + c^2 - a^2)^2}{4c^2}}$$

この公式を作り出すには高さによってつくられる補助三角形を用いる。
高さが三角形の中にあるようなケースでは次が成り立つ：

(I) $\quad b^2 = h_c^2 + c_1^2$
(II) $\quad a^2 = h_c^2 + (c - c_1)^2$
$\quad\quad\quad = h_c^2 + c^2 - 2cc_1 + c_1^2$

補助変数 c_1 は消去しなくてはならない。
(I) − (II) より c_1 について解くことの容易な等式をつくる：

(I) − (II) $\quad b^2 - a^2 = 2cc_1 - c^2$
$\Rightarrow \quad c_1 = \frac{b^2 + c^2 - a^2}{2c}$

(I) の c_1 にこれを代入して次の式を得る：

$$b^2 = h_c^2 + \frac{(b^2 + c^2 - a^2)^2}{4c^2}$$

さらに h_c について解くことにより公式を得る。
高さが三角形の外にあるケースでは (II) で $c - c_1$ を $c_1 - c$ で置き換える。
$(c_1 - c)^2 = (c - c_1)^2$ なので以降の計算は同一である。

二等辺三角形（正三角形）についてはより簡単な公式が得られる（図 A_1）。

2) 長方形（正方形）の対角線

図 A_2 を見よ。

注：辺の長さ 1 の単位正方形を描くと公式 $d = a\sqrt{2}$ より対角線の長さは算出できる：
$a = 1, \quad d = \sqrt{2},$ すなわち

> 正方形の対角線の長さすなわち辺の長さの $\frac{\sqrt{2}}{1}$ は無理数 $\sqrt{2}$ である（p.37 を見よ）。
> 両線分を測りうる共通の単位となる長さはない。
> これが inkommensurabel（ラテン語：比べられない）である。

単位正方形をデカルト座標系の第 I 象限に描き，対角線を時計回りに x 軸まで回転移動すると 1 と 2 のあいだに $\sqrt{2}$ の「席」を見つけられる（図 B）。次の長方形の対角線の長さの算出とふさわしい回転移動により無理数 $\sqrt{n}$（$n \in \mathbb{N}$，n は平方数ではない）を半直線の上にうまく表すことができる（図 B）。

> すでに密に並んでいる有理数のあいだにまだ無理数に「席」がある。

3a) 直方体（立方体）の立体対角線

図 A_2 を見よ。

3b) 正四角錐の高さ

ピタゴラスの定理はたとえばクフ王のピラミッドの高さのように近づくことのできない線分の長さの算出でことのほか役立つ（図 C）。正四角錐では天頂点から底面に下ろした垂線の足は底面の 2 本の対角線の交点と一致する。天頂点と底面の向かい合う 2 つの頂点を通り底面に垂直な切断から角錐の高さと底面の対角線の 1 本を得る。この高さは側辺の 1 本と対角線の半分とで直角三角形をつくっている。
$d = a\sqrt{2}$ から次を得る：

$h_p^2 + \left(\frac{1}{2}d\right)^2 = s^2$
$\Rightarrow \quad h_p^2 = s^2 - \left(\frac{1}{2}d\right)^2$
$d = a\sqrt{2} \quad h_p^2 = s^2 - \left(\frac{1}{2}a\sqrt{2}\right)^2$
$\Rightarrow \quad h_p = \sqrt{s^2 - \frac{1}{2}a^2}$

平面幾何学

sin と cos の単位三角形 (p.76, 図 A) は直角三角形なので，与えられた三角形を射線定理図と比較することができる。

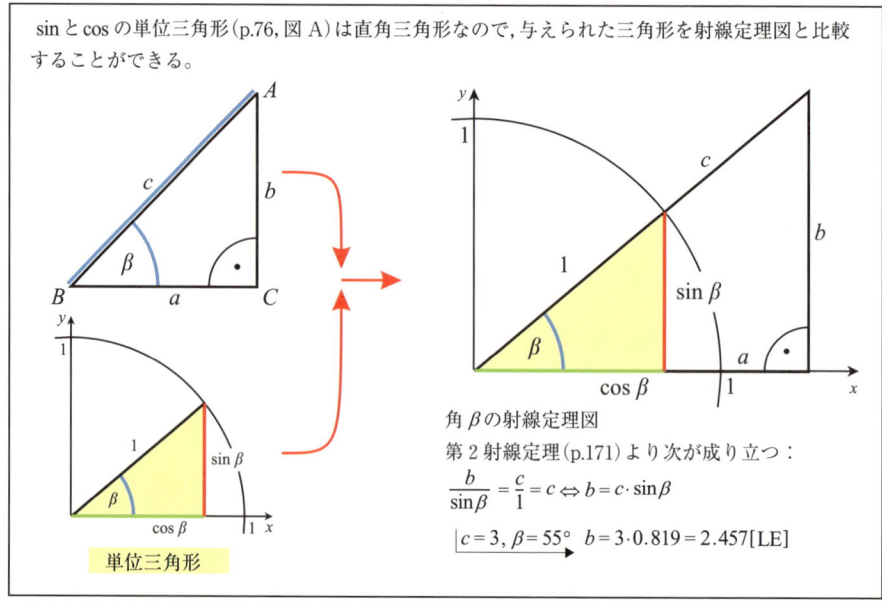

角 β の射線定理図
第 2 射線定理 (p.171) より次が成り立つ：
$$\frac{b}{\sin\beta} = \frac{c}{1} = c \Leftrightarrow b = c \cdot \sin\beta$$

$c = 3, \beta = 55°$ → $b = 3 \cdot 0.819 = 2.457$ [LE]

A 例：カテーテの長さ b の確定

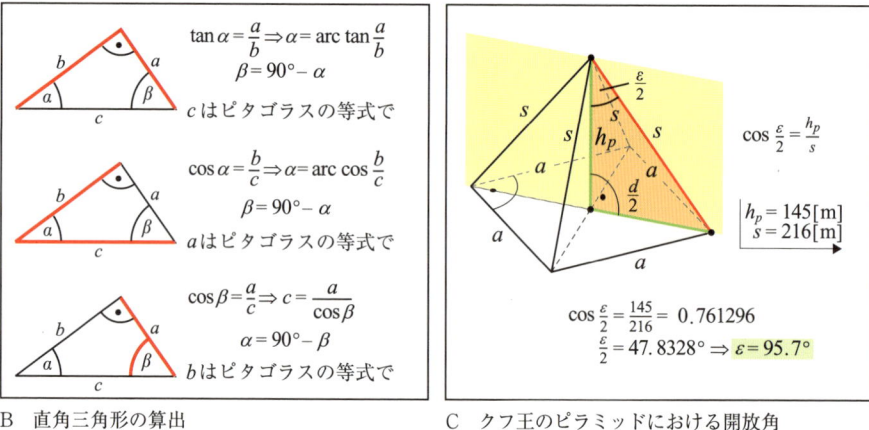

$\tan\alpha = \dfrac{a}{b} \Rightarrow \alpha = \arctan\dfrac{a}{b}$
$\beta = 90° - \alpha$
c はピタゴラスの等式で

$\cos\alpha = \dfrac{b}{c} \Rightarrow \alpha = \arccos\dfrac{b}{c}$
$\beta = 90° - \alpha$
a はピタゴラスの等式で

$\cos\beta = \dfrac{a}{c} \Rightarrow c = \dfrac{a}{\cos\beta}$
$\alpha = 90° - \beta$
b はピタゴラスの等式で

B 直角三角形の算出

$\cos\dfrac{\varepsilon}{2} = \dfrac{h_p}{s}$

$h_p = 145$ [m]
$s = 216$ [m]

$\cos\dfrac{\varepsilon}{2} = \dfrac{145}{216} = 0.761296$
$\dfrac{\varepsilon}{2} = 47.8328° \Rightarrow \varepsilon = 95.7°$

C クフ王のピラミッドにおける開放角

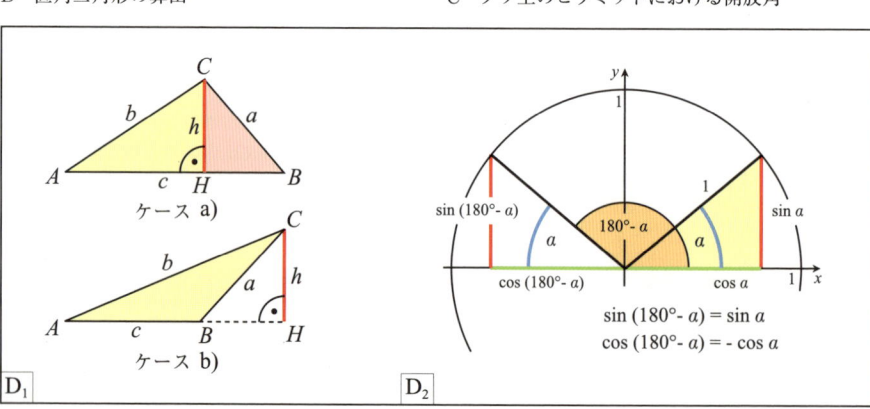

ケース a)

ケース b)

$\sin(180° - a) = \sin a$
$\cos(180° - a) = -\cos a$

D_1 D_2

D sin 定理の証明

三角法 I

三角法では以下のような幾何学図形で角の大きさが与えられているときの計算と角の大きさを求める計算とを扱う：
- 直角三角形
- 任意の三角形（sin 定理と cos 定理）
- 四角形とそのほかの多角形
- 立体図形の平面的切断（たとえば正四角錐の表面の一部である三角形と四角形や角錐の高さの切断面での三角形など）

ピタゴラスの定理群と射線定理はともにたいへん役立ちはするが，これらのみでは次のような簡単に見える問題であっても解きえない：

$\alpha = 55°$ で $c = 3$LE の直角三角形の直角を挟む 2 辺の一方を算出せよ。

この三角形は作図できるにはできるが，たとえば辺の長さ b は sin 関数（p.77）と第 2 射線定理によってのみ算出可能である（図 A）。
基本となる公式は $\sin\beta = \frac{b}{c}$ の形で表すのが通例である。

図 A の図形では第 1 射線定理より次を得る：

$$\frac{a}{\cos\beta} = \frac{c}{1} \Leftrightarrow \cos\beta = \frac{a}{c}$$

$\tan\beta = \frac{\sin\beta}{\cos\beta}$ なので：

$$\tan\beta = \frac{b}{a}$$

合わせると：

$$\sin\beta = \frac{b}{c}, \quad \cos\beta = \frac{a}{c}, \quad \tan\beta = \frac{b}{a}$$

$\alpha = 90° - \beta$ で $\sin\alpha = \cos\beta, \cos\alpha = \sin\beta$（p.77 を見よ）なので次が得られる：

$$\sin\alpha = \frac{a}{c}, \quad \cos\alpha = \frac{b}{c}, \quad \tan\alpha = \frac{a}{b}$$

これら 6 個の等式のそれぞれを**直角三角形**で 2 個の大きさがわかっているときの第 3 の大きさについて解くことにより計算に役立つ等式となる（図 B）。
これらの等式は以下のようないい方を用いると 3 つの等式に簡約されて覚えやすくもなる：
角 α（あるいは角 β）に向かい合う辺を **対カテーテ**，もう一方の辺を **隣接カテーテ** と呼ぶ。

定理 1：すべての直角三角形で直角でない内角 x について次が成り立つ：

$$\sin x = \frac{\text{対カテーテ}}{\text{斜辺}}$$
$$\cos x = \frac{\text{隣接カテーテ}}{\text{斜辺}}$$
$$\tan x = \frac{\text{対カテーテ}}{\text{隣接カテーテ}}$$

応用：図 C

任意の三角形

任意の三角形では高さを描くことにより定理 1 が使えるような直角三角形をつくることができる。目指すところはこの補助線を含まない一般的な公式である。
2 つのケースに分けなければならない（図 D_1）：
a) 鋭角三角形　　　b) 鈍角三角形
後者では高さは三角形の外側に下りる。sin 定理（正弦定理）が成り立つ：

定理 2（sin 定理）：すべての三角形で 2 辺の長さはそれぞれの向かい合う角の sin の値に比例する：

$$\frac{\sin\alpha}{\sin\beta} = \frac{a}{b}, \quad \frac{\sin\beta}{\sin\gamma} = \frac{b}{c}, \quad \frac{\sin\gamma}{\sin\alpha} = \frac{c}{a}$$

証明：

a) $\triangle AHC$ と $\triangle HBC$（図 D_1）が直角三角形。定理 1 より次が成り立つ：

$$\sin\alpha = \frac{h}{b}, \sin\beta = \frac{h}{a} \Rightarrow \frac{\sin\alpha}{\sin\beta} = \frac{\frac{h}{b}}{\frac{h}{a}} = \frac{h}{b} \cdot \frac{a}{h} = \frac{a}{b}$$

ほかの 2 つの等式も同様に導かれる。

b) $\triangle AHC$ と $\triangle BHC$（図 D_1）は直角三角形。定理 1 より次が成り立つ：

$$\sin\alpha = \frac{h}{b}, \quad \sin(180° - \beta) = \frac{h}{a}$$

さらに $\sin(180° - \beta) = \sin\beta$（図 D_2）で：

$$\frac{\sin\alpha}{\sin(180° - \beta)} = \frac{\sin\alpha}{\sin\beta} = \frac{a}{b}$$

ほかの 2 つの等式も同様に得られる。

sin 定理の応用

基本的に 3 つの値が与えられることが必要不可欠である：
- 2 辺の長さと角 1 つの大きさ
- 2 角の大きさ（必要な対角が与えられていないケースでも第 3 の角の大きさは角の和の定理から算出できる）と 1 辺の長さ

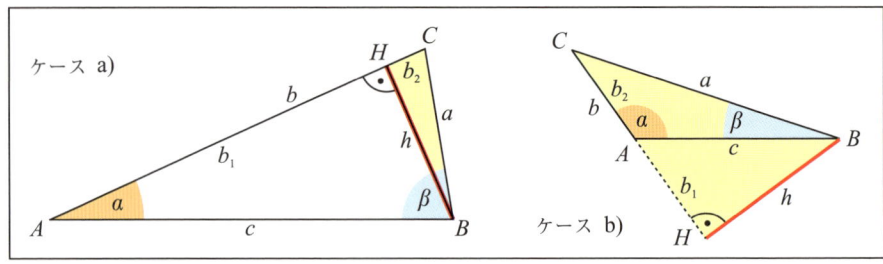

A cos 定理の証明図

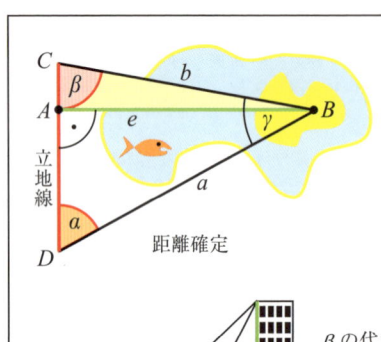

解法 (与えられたデータは .... の中):

(1) p.183 の定理 1 から次が成り立つ:
$$\sin\alpha = \frac{e}{b} \Leftrightarrow e = b\cdot\sin\alpha$$

(2) sin 定理から b を得る:
$$b = s\cdot\frac{\sin\beta}{\sin\gamma}, \text{ すなわち } e = s\cdot\frac{\sin\alpha\cdot\sin\beta}{\sin\gamma}$$
$$\gamma = 180° - \alpha - \beta$$

$s = 30[\text{m}], \alpha = 80°, \beta = 62°, \gamma = 38°$ ⟶ $e = 42.4[\text{m}]$

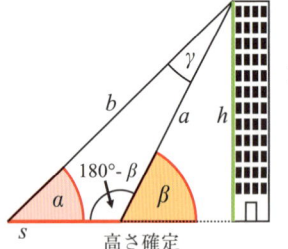

β の代わりに β の隣接角をとり e を h で置き換えると距離確定の項式はここでも成り立つ:
$$h = s\cdot\frac{\sin\alpha\cdot\sin(180°-\beta)}{\sin\gamma} = s\cdot\frac{\sin\alpha\cdot\sin\beta}{\sin\gamma}$$

$s = 15[\text{m}], \alpha = 45°, \beta = 65°, \gamma = 20°$ ⟶ $h = 28.1[\text{m}]$

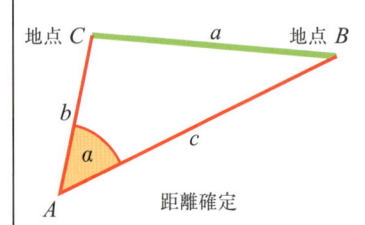

地点 A から地点 B と地点 C までの空間的直線距離が知られていて,両地点が A から見える(すなわち角 α の大きさが測りうる)とき,C と B からでは直接は測れない空間的直線距離を cos 定理により算出できる:
$$a = \sqrt{b^2 + c^2 - 2bc\cdot\cos\alpha}$$

$b = 5.1, c = 6.4[\text{km}], \alpha = 40.5°$ ⟶ $a = 4.2[\text{km}]$

f と β_2 がわかっているとき,c は cos 定理を用いて算出可能である:
$$b = s\cdot\frac{\sin\alpha_1}{\sin\gamma_1} \text{ ただし } \gamma_1 = 180° - \alpha_1 - \beta$$

同様に $\triangle ABD$ で f を算出する:
$$f = s\cdot\frac{\sin\alpha}{\sin\gamma_2}$$
$$\Rightarrow c = \sqrt{b^2 + f^2 - 2bf\cdot\cos(\beta - \beta_1)}$$

$s = 1.0\text{km}, \alpha = 126°, \beta = 115°, \alpha_1 = 60°, \beta_1 = 50°$ ⟶
$c = 11.7[\text{km}]$ (d と e についての確認計算も可能)

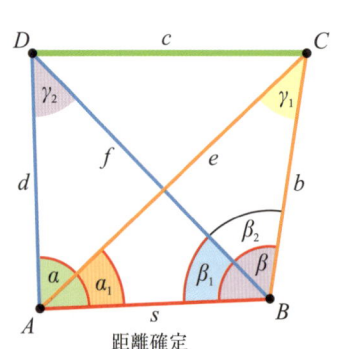

B 戸外での測量の応用

三角法 II 185

cos 定理

以下の与えられ方では sin 定理で算出できない：
- 2 辺の長さとそれらに挟まれた角の大きさ
- 3 辺の長さ

これらのケースでは cos 定理（余弦定理）を用いる。

定理 3（cos 定理）：すべての三角形で次が成り立つ：
$$a^2 = b^2 + c^2 - 2bc \cdot \cos\alpha$$
$$b^2 = a^2 + c^2 - 2ac \cdot \cos\beta$$
$$c^2 = a^2 + b^2 - 2ab \cdot \cos\gamma$$

証明：（証明図は図 A にある）

a) $a^2 = h^2 + b_2^2 = h^2 + (b - b_1)^2$
$= h^2 + b^2 - 2bb_1 + b_1^2 \mid b_1^2 = c^2 - h^2$
$= b^2 + c^2 - 2bb_1 \mid b_1 = c \cdot \cos\alpha$
$= b^2 + c^2 - 2bc \cdot \cos\alpha$

残りの 2 つの等式も同様に得られる。

b) b_1 と b_2 に a) とは別の意味をもたせて次を得る：
$a^2 = h^2 + b_2^2 = h^2 + (b + b_1)^2$
$= h^2 + b^2 + 2bb_1 + b_1^2 \mid b_1^2 = c^2 - h^2$
$b^2 + c^2 + 2bb_1 \mid b_1 = c \cdot \cos(180° - \alpha)$
$= b^2 + c^2 + 2bc \cdot \cos(180° - \alpha)$
（p.182, 図 D_3 によって）
$= b^2 + c^2 + 2bc \cdot (-\cos\alpha)$
$= b^2 + c^2 - 2bc \cdot \cos\alpha$ w.z.z.w.

注：この cos 定理は任意の三角形への ピタゴラスの定理の一般化 ともみなせる。

sin 定理と cos 定理の応用

合同の定理はすべてが 1 つのケースでしかない。

ケース 1：SSS

与えられたもの：3 辺の長さ
求めるもの：α, β, γ
- cos 定理：$\alpha = \arccos \dfrac{b^2 + c^2 - a^2}{2bc}$
- cos 定理：$\beta = \arccos \dfrac{a^2 + c^2 - b^2}{2ac}$
- $\gamma = 180° - \alpha - \beta$

ケース 2：SWS

与えられたもの：2 辺の長さとそれらに挟まれている角の大きさ。たとえば a, b, γ
求めるもの：c, α, β
- cos 定理：$c = \sqrt{a^2 + b^2 - 2ab \cdot \cos\gamma}$
- cos 定理：$\beta = \arccos \dfrac{a^2 + c^2 - b^2}{2ac}$
- $\alpha = 180° - \beta - \gamma$

ケース 3：SSWg

与えられたもの：2 辺の長さと 2 本のうち長いほうの辺の対角の大きさ。たとえば b, c と β
求めるもの：a, α, γ
- sin 定理：$\gamma = \arcsin\left(\sin\beta \cdot \dfrac{c}{b}\right)$
- $\alpha = 180° - \beta - \gamma$
- cos 定理により $a = \sqrt{b^2 + c^2 - 2bc \cdot \cos\alpha}$
  または sin 定理により $a = c \cdot \dfrac{\sin\alpha}{\sin\gamma}$

ケース 4：WSW

与えられたもの：1 辺の長さとその両端にある角の大きさ。たとえば c と α, β
求めるもの：a, b, γ
- $\gamma = 180° - \alpha - \beta$
- sin 定理：$a = c \cdot \dfrac{\sin\alpha}{\sin\gamma}$
- cos 定理により $b = \sqrt{a^2 + c^2 - 2ac \cdot \cos\beta}$
  または sin 定理により $b = c \cdot \dfrac{\sin\beta}{\sin\gamma}$

注 1：第 3 ケースのように sin 定理を用いて角の大きさを算出するとき，いわゆる 見せかけの解 に出会うことがある。

例 1：$b = 5, c = 4, \beta = 30°$
$\gamma = \arcsin\left(\sin 30° \cdot \dfrac{4}{5}\right) = \arcsin 0.4 = 23.6°$
$\sin(180° - \gamma) = \sin\gamma$ (p.182, 図 D_2) なので $180° - 23.6°$ の角すなわち $156.4°$ の角もまた γ のありうる解の 1 つである。この第 2 の角はしかしながら $c = 4$ にはあてはまらない。p.161 の定理 3 によると $\gamma < 30°$ でなければならないから γ' は該当しない。すなわち考慮に入れない。

忠告：できうる限り cos 定理を用いる：cos 定理はいつも一意の結果に至るから。

注 2：第 3 ケースでも 2 つ目の受け入れるべき解が出てくることがある：

例 2：$b = 3, c = 4, \beta = 30°$
$\gamma = \arcsin\left(\sin 30° \cdot \dfrac{4}{3}\right) = \arcsin 0.6\overline{6} = 41.8°$
2 番目の可能な解はしたがって
$\gamma' = 180° - 41.8° = 138.2°$
今回は $b < c$ なので p.161 の定理 3 とのあいだに矛盾はない（p.162 の図 C_3 と比較せよ）。これらの三角形は合同ではない。

応用：図 B

面積の定理

定理 4：すべての三角形で面積について次が成り立つ：
$$A_D = \tfrac{1}{2}bc \cdot \sin\alpha = \tfrac{1}{2}ac \cdot \sin\beta = \tfrac{1}{2}ab \cdot \sin\gamma$$

1 つの証明について記載する；これは非常にやさしい（ケース a) とケース b) を区別する）。

186　空間幾何学

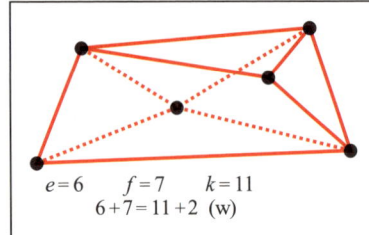

立体の2点がそれぞれ線分でつなぎえて，それらの線分がすべて立体の内部を通るとき，この多面体は凸であるという。頂点の数 e，面の数 f，辺の数 k の凸な多面体では次が成り立つ：

$e=6 \quad f=7 \quad k=11$
$6+7=11+2 \ (\text{w})$

オイラーの多面体公式： $e+f=k+2$

A　オイラーの多面体公式

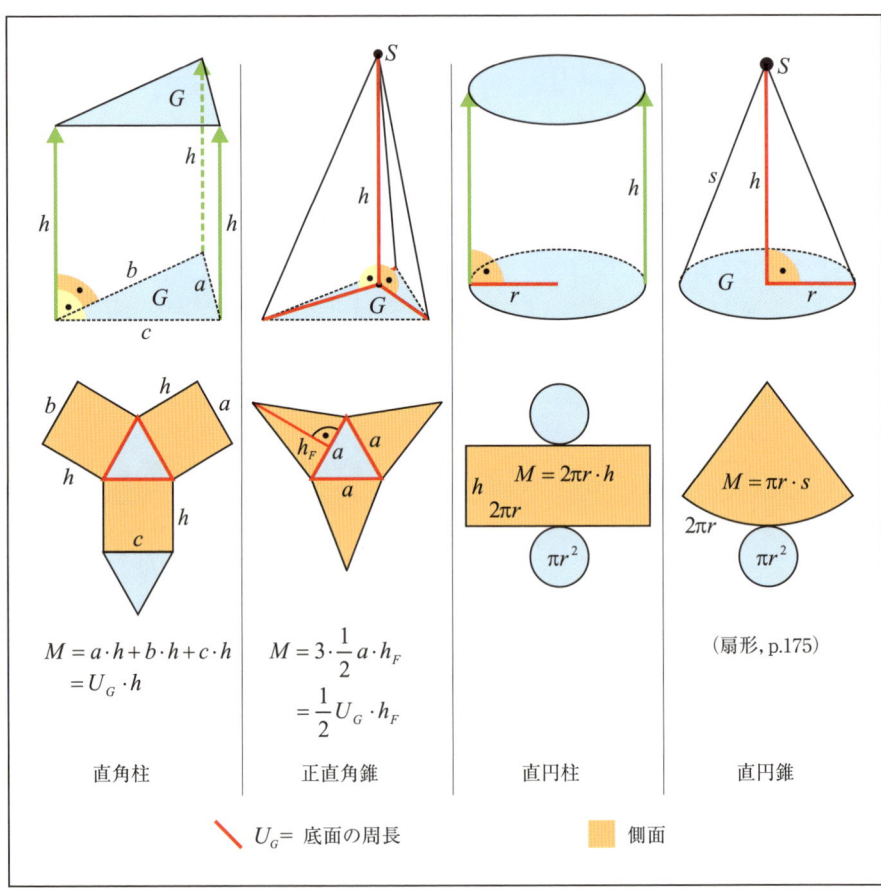

$M = a \cdot h + b \cdot h + c \cdot h$
$= U_G \cdot h$

$M = 3 \cdot \dfrac{1}{2} a \cdot h_F$
$= \dfrac{1}{2} U_G \cdot h_F$

$M = 2\pi r \cdot h$

$M = \pi r \cdot s$

（扇形，p.175）

直角柱　　正直角錐　　直円柱　　直円錐

$U_G=$ 底面の周長　　側面

B　特殊な幾何学的立体とその展開図

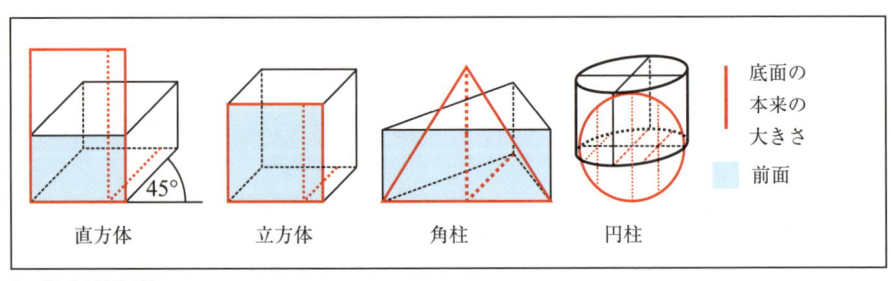

直方体　　立方体　　角柱　　円柱

底面の本来の大きさ　　前面

C　騎士透視画法

我々を取り巻く三次元の空間は大小さまざまな立体で満たされている。それらの立体は工業的製造物であれ建築物であれ，また人工物であれ自然界のものであれ容易に幾何学的立体に分類することができる。幾何学的立体とは以下のものである：
- 角柱（特殊なもの：直方体，立方体）
- 角錐
- 円柱
- 円錐
- 球

立体の境界を**表面**と呼ぶ。

立体を次の2つに区別する：
- 表面が平らな平面である立体（ギリシア語でいう Poryeder：多面体）
- 表面の一部またはすべてが曲がっている立体

多面体の表面をなす平面を面（特殊なもの：底面，場合によっては 上面 もありうる）と呼ぶ。立体の辺 となる辺をもつ多角形を扱う。辺の端点は 頂点 である。以上より多面体ではすべての辺は2つの面に属することになる。

注：多面体の頂点，辺，面の数の関係は図 A。

直角柱と直円柱
両立体とも底面を上面まで底面と 垂直に 平行移動（p.193）できる（図 B）。底面と上面は角柱では2つの多角形であり，円柱では2つの円であるが，平行であり合同である。側面は角柱では複数の長方形からなり，円柱ではただ1つの長方形が丸まっている。側面は底面に垂直に立っている。底面と上面との距離が立体の高さ h である。

直正角錐と直円錐
これらの立体は正多角形（正三角形，正方形など）あるいは円を底面とし，底面の中心点の垂直上にある1点いわゆる 天頂点 をもつ（図 B）。角錐の側面は合同な二等辺三角形からなる。この等しい辺を 側辺 と呼ぶ。円錐では（無限に多くの）側線* となる。
天頂点と底面の距離がこの立体の高さ h である。

騎士透視法
立体の 透視図 への表現は平行透視法の方法論により生じる。

1つの特殊でかつ非常に好都合な形は騎士透視法である。この透視法は騎士時代の建築マイスターに由来して騎士の名をもつ（騎士＝フランス語で chevalier）。

以下の基本規則にしたがう：
- もとの図形で前もって定めた前面に 平行な 線分はもとの図形に忠実に再現する。
- もとの図形で前面に 垂直な 線分は 45° の角をもち長さは半分に縮小して現す。

前面に平行でも垂直でもない線分は平行または垂直になる補助線のみを用いて現す。

例：図 C

多面体の表面は**表面積**に割り当てられる。すなわち表面をある特定の数の辺で「切開」することによってできる表面をなす多角形による 展開図 の面積である（図 B）。

円柱と円錐では同様の方法での表面積の確定が可能である（図 B）。

球にこの方法を転用することはできない。球の表面積は平らな展開図の形では表しえないからである（切り開いたテニスボールを「平ら」にしてみよ）。球の表面積の算出は解析学の手法によって可能である（AM を見よ）。

表面積 O, 側面積 M, 底面積 G, 周長 U	
角柱	$O = 2G + M$　　$M = U_G \cdot h$
	$U_G = $ 底面の周長
直方体	$O = 2(ab + bc + ca)$
立方体	$O = 6a^2$
角錐（直）	$O = G + M$　　$M = \frac{1}{2} U_G \cdot h_F$
	$h_F = $ 側面の底についての高さ
円柱	$O = 2G + M$　　$M = 2\pi r \cdot h$
	$G = \pi r^2 \Rightarrow O = 2\pi r(r + h)$
円錐（直）	$O = G + M$　　$M = \pi r s$
	$\Rightarrow O = \pi r(r + s)$
球	$O = 4\pi r^2$

(訳注)　*［母線］

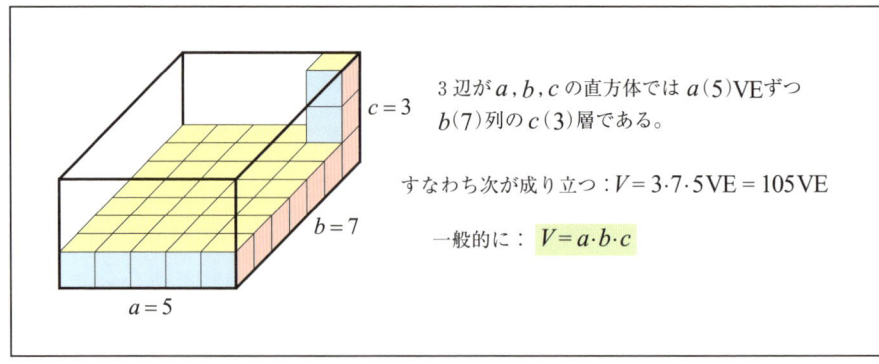

188　空間幾何学

3辺が a, b, c の直方体では $a(5)$ VEずつ $b(7)$ 列の $c(3)$ 層である。

すなわち次が成り立つ：$V = 3 \cdot 7 \cdot 5 \, \text{VE} = 105 \, \text{VE}$

一般的に：　$V = a \cdot b \cdot c$

A　数え上げによる体積測定

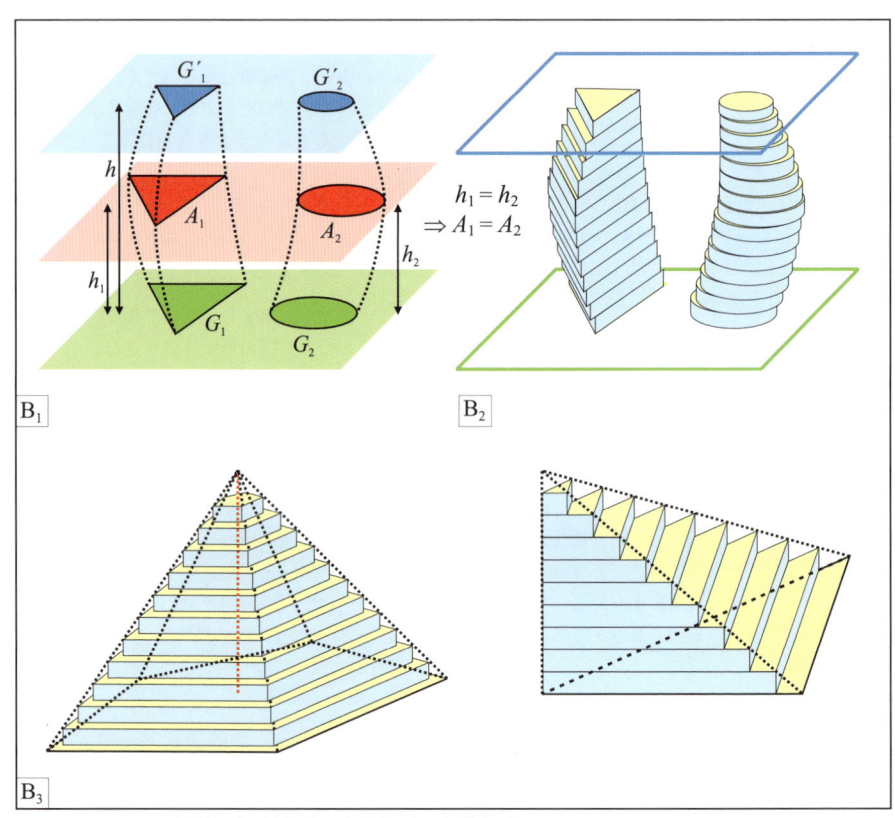

$h_1 = h_2 \Rightarrow A_1 = A_2$

B　カバリエリの原理（B_1），同体積の立体（B_2），角錐（B_3）

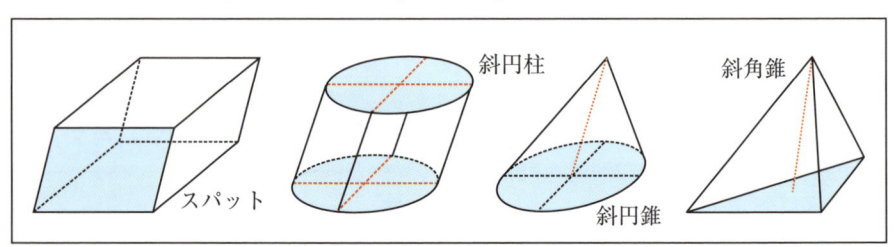

スパット　　斜円柱　　斜円錐　　斜角錐

C　斜立体

空間的大きさ（体積）

立体の体積は量を表す数字と適切な単位体積（短く VE）によって与えられる．たとえば 1 辺の長さ 1 cm の立方体の体積によって定まる 1 cm³ は VE の 1 つである．

さらに小さい単位体積，より大きい単位体積とその関係：

$$1\,\text{cm}^3 = 1000\,\text{mm}^3 = 1\,\text{m}\ell$$
$$1\,\text{dm}^3 = 1000\,\text{cm}^3 = 1{,}000{,}000\,\text{mm}^3 = 1\,\ell$$
$$1\,\text{m}^3 = 1000\,\text{dm}^3 = 1{,}000{,}000\,\text{cm}^3$$
$$\qquad = 1{,}000{,}000{,}000\,\text{mm}^3$$
$$1\,\text{km}^3 = 1{,}000{,}000{,}000\,\text{m}^3$$

直方体の体積

辺の長さが自然数の直方体では体積は列と層を数えて量れる（図 A）．量を表す数字 a, b, c（正の実数）では

$$\text{直方体の体積}: V_Q = a \cdot b \cdot c$$

特殊なケースとして

$$\text{立方体の体積}: V_W = a^3$$

直角柱の体積

特別な角柱として直方体から始める．この場合底面は面積 $G = a \cdot b$ の長方形なので，高さ $= c$ の直方体の体積では次の公式が成り立つ：
$$V_Q = (a \cdot b) \cdot c = G \cdot h$$
長方形の面積から多角形の面積への拡張（p.173, a2）をたどっていくと底面の変形ごとにその底面をもつ角錐を得る．これらの角錐の体積については次が成り立つ：

$$V_{Pr} = G \cdot h$$

直円柱の体積

内接する多角形と外接する多角形による円の面積の近似計算に行き着く（p.173, b1）．多角形には先に述べた体積公式 $V_{Pr} = G \cdot h$ を満たす角柱が属している．したがって円柱については次の公式が成り立つ：

$$V_Z = G \cdot h = \pi r^2 \cdot h$$

カバリエリの定理

角錐，円錐，球の体積を決定するときの最も重要な手段はイタリアの数学者カバリエリ（B. CAVALIERI 1598–1647）にまでさかのぼる．

カバリエリの定理：2 つの立体で底面からの高さの等しい横断面がそれぞれ同じ大きさならば 2 つの立体の体積は等しい（図 B_1）．

「ビアコースター原理」と呼ばれる原理を用いるとこの定理は直接的に明白である．2 つの立体をそれぞれ非常に薄い（たとえば円柱の場合ではビアコースターのような）薄片の集まりに置き換える（図 B_2, B_3）．そうすると底面から同じ高さの横断面が同じ大きさなので，底面から同じ高さの薄片は（柱ととらえて）体積が等しい．それぞれの体積の和すなわち両薄片立体の体積は等しい．薄片をより薄くとっていくにしたがい薄片立体と与えられた立体の体積の差は小さくなっていく．したがって最初の 2 つの立体の体積は同じとみなせる．

カバリエリの定理では（「横断面の大きさの同一性」を前提として）2 立体の体積の同一性のみが確定できる．したがってある立体の体積を確定するにはもう一方の立体の体積がすでに知られているかもしくは算出可能でなければならない．

体積についての過程的方法

- 角錐：角柱を用いて計算可能な特殊な三角錐への一般的ケースの簡素化
- 円錐：角錐との比較．
- 球　：横断面の大きさの同一性の条件の下につくられる立体の体積との比較．

角錐の体積

底面積 G, 高さ h の任意の角錐が与えられたとする．底面をなす多角形が正多角形である必要はないが，斜角錐（図 C）は除外される．

次頁のように進めよ：

190 空間幾何学

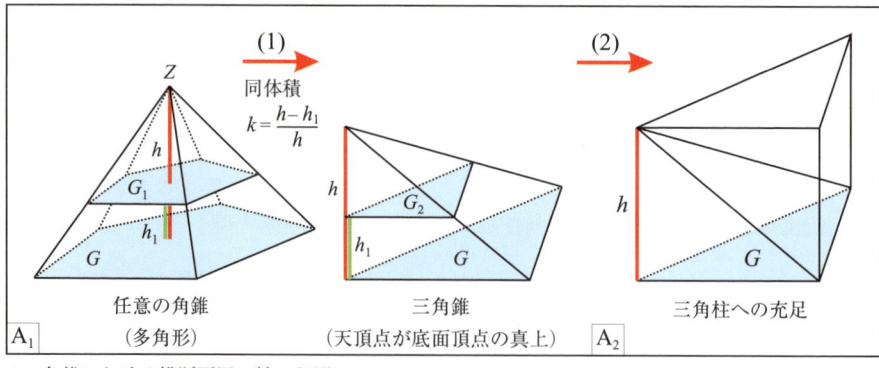

A 角錐における横断面同一性の証明

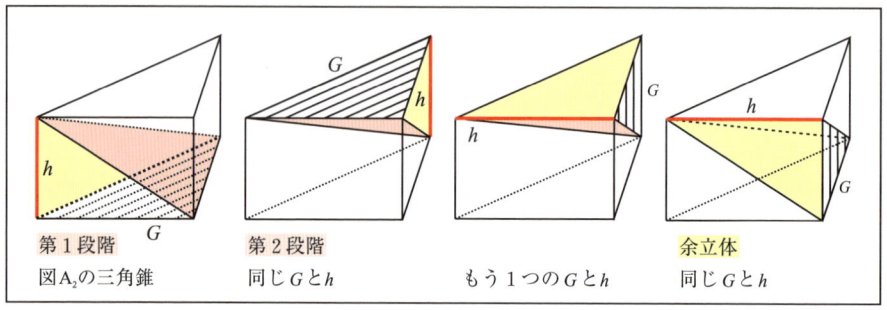

A_1 任意の角錐（多角形）
Z, h, G_1, h_1, G
(1) 同体積 $k = \dfrac{h - h_1}{h}$

三角錐（天頂点が底面頂点の真上）
G_2, h_1, G, h

(2) A_2 三角柱への充足
h, G

B 角柱の3個の同体積角錐への分割

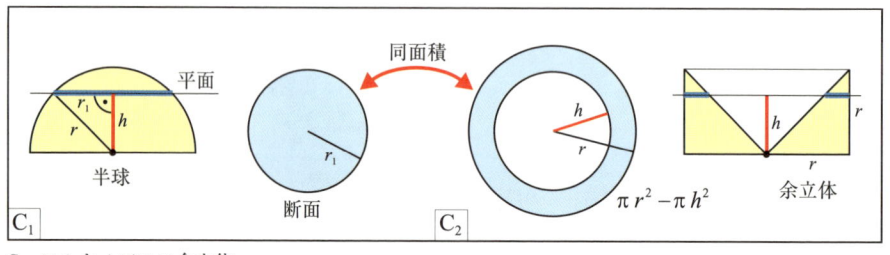

第1段階：図 A_2 の三角錐
第2段階：同じ G と h
もう1つの G と h
余立体：同じ G と h

C アルキメデスの余立体

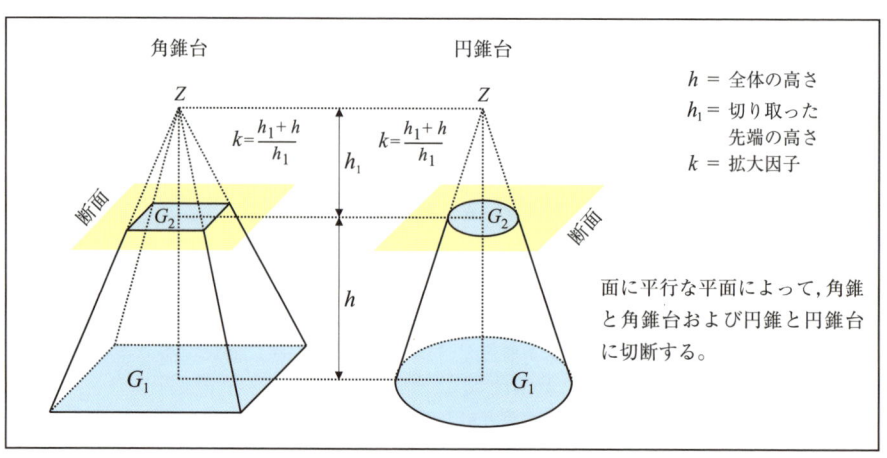

C_1 半球：r_1, r, h, 平面
断面：r_1
C_2 同面積 $\pi r^2 - \pi h^2$：h, r
余立体：h, r

D 錐台

角錐台　　円錐台

$k = \dfrac{h_1 + h}{h_1}$　　$k = \dfrac{h_1 + h}{h_1}$

Z, G_2, 断面, h_1, h, G_1

h = 全体の高さ
h_1 = 切り取った先端の高さ
k = 拡大因子

面に平行な平面によって，角錐と角錐台および円錐と円錐台に切断する。

(1) 与えられた角錐を底面の大きさが等しく G で高さも等しく h，したがって体積の等しい角柱に変形する。ただしこの角柱の天頂点は底面の頂点の1つの垂直上にとる（図 A_1）。

2つの角錐では

同じ大きさの底面 と 同じ高さ

という2つの性質のみで，すべての高さにおける横断面積の同一性には十分であり，したがってこれらの角錐の体積が等しいことにも十分であることを示す。
そのさい不可欠なのは側辺が角錐の天頂点を中心として空間的射線定理図を描くことである。底面から高さ h_1 の横断面 G_1 および G_2 はしたがって底面 G の拡大因子 $k = \frac{h - h_1}{h}$ の中心を通る拡大の図を描く。底面の大きさが等しく拡大因子も等しいなら横断面 G_1 と G_2 の面積は同一である。

w.z.z.w.

(2) 三角錐で同じ底辺をもつ直三角柱を満たす（図 A_2）。この角柱の体積は算出できる：
$$V = G \cdot h$$

(3) この三角柱を2回切ってそれらの1つが前述の三角錐と一致するような体積の等しい3個の三角錐に分割する（図 B）。

合わせて次を得る：
底面の大きさ G，高さ h の任意の角錐の体積

$$V_P = \tfrac{1}{3} G \cdot h$$

円錐の体積
図 A の左の角錐を底面の大きさ G，高さ h の円錐で置き換えると次を得る：

$$V_{Ke} = \tfrac{1}{3} G \cdot h$$

球の体積
球の体積を求めるには最初に体積が算出可能で横断面積の同一性を満たすような比較立体を見つけなければならない。
半球を底面からの距離 h の平面で切断すると切断面は半径 r_1 の円となる。切断面の面積が h に従属して算出されることは有用である（ピタゴラスの等式）：
$$A(h) = \pi \cdot r_1^2 = \pi(r^2 - h^2) = \pi r^2 - \pi h^2$$

2つの円の面積の差を一方が一定で他方が h とともに増大するようにとる。
その差は2つの中心を同じくする円からなる輪の面積とみなせる。このとき球の中心からの距離 h が大きくなると内側の切り取りは規則的に大きくなる。この切り取りは 0 から r の h で円錐を描く。一方一定の円面では円柱を描く。

半球について求めている比較立体はしたがって円錐を切り出した円柱である。

横断面積の同一性（円面と円輪は同じ大きさ）を満たしているのでカバリエリの定理によると半球と同体積である。
したがって球の体積については次が成り立つ：

$$V_K = 2(V_Z - V_{Ke}) = 2\left(\pi r^2 \cdot r - \tfrac{1}{3}\pi r^2 \cdot r\right)$$
$$= 2 \cdot \tfrac{2}{3}\pi r^3 = \tfrac{4}{3}\pi r^3$$

$$V_K = \tfrac{4}{3}\pi r^3$$

角錐台と円錐台の体積
両錐台について次が成り立つ（図 D）：

$$V_{St} = \tfrac{1}{3} h (G_1 + \sqrt{G_1 \cdot G_2} + G_2)$$

特に円錐台では次が成り立つ：

$$V_{St} = \tfrac{1}{3} \pi h \cdot (r_1^2 + r_1 \cdot r_2 + r_2^2)$$

最初の公式の根拠付けとして次のように始める：
$$V_{St} = \tfrac{1}{3} G_2 \cdot (h_1 + h) - \tfrac{1}{3} G_1 \cdot h_1$$

h_1 を消去するために空間的射線規則を平面に応用する：

$$\frac{G_2}{G_1} = \left(\frac{h_1 + h}{h_1}\right)^2 \Leftrightarrow \frac{\sqrt{G_2}}{\sqrt{G_1}} = \frac{h_1 + h}{h_1} \quad \text{(p.170, 図 A)}$$

$$\Leftrightarrow \frac{\sqrt{G_2}}{\sqrt{G_1}} = \frac{h_1 + h}{h_1} = 1 + \frac{h}{h_1}$$

$$h_1 = \frac{h \cdot \sqrt{G_1}}{\sqrt{G_2} - \sqrt{G_1}} \qquad h_1 + h = \frac{h \cdot \sqrt{G_2}}{\sqrt{G_2} - \sqrt{G_1}}$$

$$V_{St} = \tfrac{1}{3} h \cdot \frac{G_2 \cdot \sqrt{G_2} - G_1 \cdot \sqrt{G_1}}{\sqrt{G_2} - \sqrt{G_1}}$$
$$= \tfrac{1}{3} h \cdot (G_1 + \sqrt{G_1 \cdot G_2} + G_2)$$

w.z.z.w.

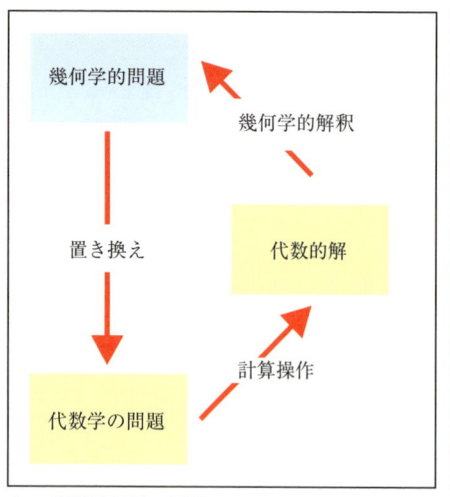

192　解析幾何学とベクトル計算

A　解析幾何学の問題

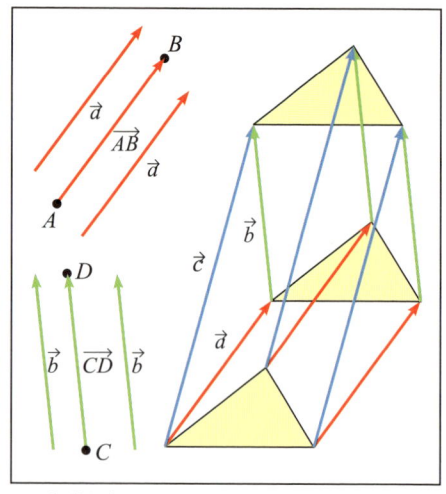

幾何学的問題 → 置き換え → 代数学の問題 → 計算操作 → 代数的解 → 幾何学的解釈 → 幾何学的問題

B　移動と矢

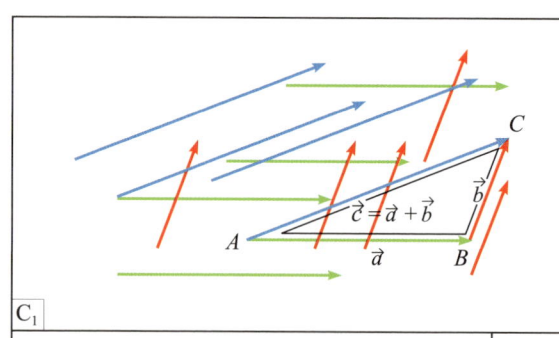

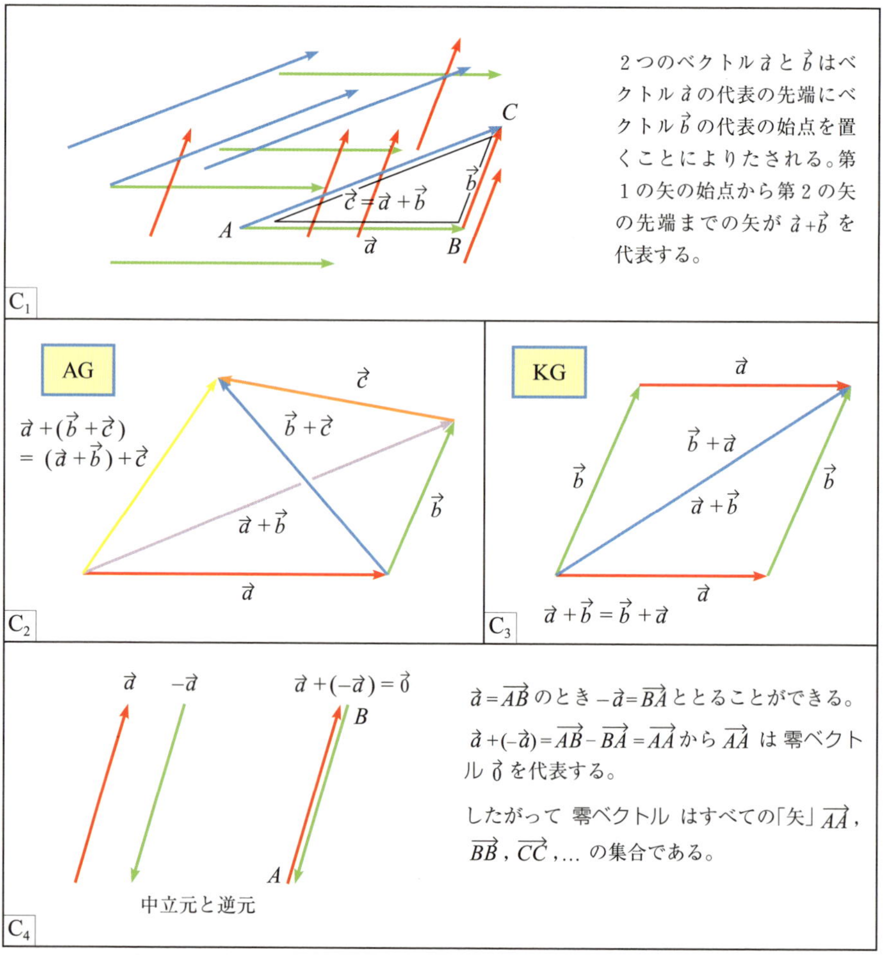

C_1

2つのベクトル $\vec{a}$ と $\vec{b}$ はベクトル $\vec{a}$ の代表の先端にベクトル $\vec{b}$ の代表の始点を置くことによりたされる。第1の矢の始点から第2の矢の先端までの矢が $\vec{a}+\vec{b}$ を代表する。

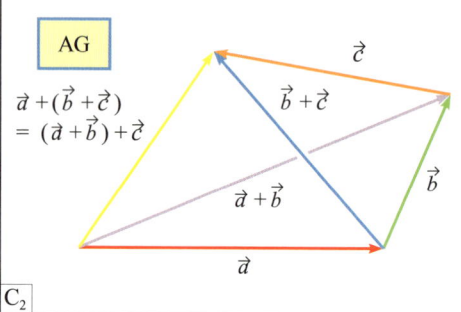

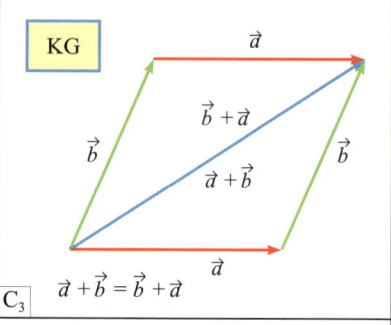

C_2　AG

$$\vec{a}+(\vec{b}+\vec{c}) = (\vec{a}+\vec{b})+\vec{c}$$

C_3　KG

$$\vec{a}+\vec{b} = \vec{b}+\vec{a}$$

C_4　中立元と逆元

$\vec{a}+(-\vec{a}) = \vec{0}$

$\vec{a} = \overrightarrow{AB}$ のとき $-\vec{a} = \overrightarrow{BA}$ ととることができる。$\vec{a}+(-\vec{a}) = \overrightarrow{AB} - \overrightarrow{BA} = \overrightarrow{AA}$ から $\overrightarrow{AA}$ は零ベクトル $\vec{0}$ を代表する。

したがって 零ベクトル はすべての「矢」$\overrightarrow{AA}$, $\overrightarrow{BB}$, $\overrightarrow{CC}$, ... の集合である。

C　ベクトルの加法とその法則

解析幾何学の課題

幾何学的に構築されたものを代数的補助手段を用いて表現すること，幾何学の問題提起や問いに「計算的に」解答することあるいは解くことであり，最終的にその結果を再び幾何学的に解釈することである（図 A）。

例：下を見よ。

有用な補助手段としてはベクトル計算がある。ベクトル計算は以下に基づいている：

- 次にあげる2つを伴うベクトル概念
- すでに知られている定理が成り立つことが数の計算により求められるようなベクトルの加法（減法）
- スカラー乗法と呼ばれるものとその法則（下を見よ）

幾何学的ベクトル概念

平面または我々を取り巻く3次元空間を基底にする。

定義1：2点 A と B の順序のある対 (A, B) を A から B の矢という：$\overrightarrow{AB}$。

A を矢の始点，B を終点と呼ぶ。矢の長さは $\overrightarrow{AB}$ に属する線分 AB の長さ $|\overrightarrow{AB}|$ である。

定義2：すべての平行で同じ長さかつ同じ向きの矢の集合（類）をベクトルという。ベクトルは次のような記号で表す：$\vec{a}, \vec{b}, \vec{c}, \ldots$（ベクトル a，ベクトル b などと読む）。

これによりベクトルは平行移動を具体的に表すこととなる（図 B）。

平行移動はすでに点の写像で一意に確立している。同様にベクトルもその矢の任意の1つによって一意に定まる。次のようにいう：

それぞれの矢はその矢が属するベクトルの代表である。

この意味で $\vec{a} = \overrightarrow{AB}$ と書くことも認められる。ベクトルの長さ $|\vec{a}|$ は属する矢の長さである。

ベクトルの加法

2つの平行移動の関連付けはそれらの連結（次々と行うこと，p.65 と比較せよ）により得られる。このとき連結の結果は別の1つの平行移動で得られる。ここでベクトルに置き換えると連結の代わりにベクトルの加法ということになる。次が成り立つ：

1. 平行移動 $\vec{a} = \overrightarrow{AB}$
2. 平行移動 $\vec{b} = \overrightarrow{BC}$
   連結 $\vec{a} + \vec{b} = \overrightarrow{AB} + \overrightarrow{BC} = \overrightarrow{AC}$

このことから次のように定義する（p.18，図 A と比較せよ）：

定義3：$\overrightarrow{AB}$ と $\overrightarrow{BC}$ が $\vec{a}$ と $\vec{b}$ の代表であるとき，和ベクトル $\vec{a} + \vec{b}$ の代表は $\overrightarrow{AC}$ である（図 C_1）。

$\vec{a}$ と $\vec{b}$ に属する矢はすなわち図 C にあるように連結される。

ベクトルの集合を V で表すとき $(V; +)$ を内的関連付け + によって関連付けを構築された集合と呼ぶ。すなわち

2つのベクトルごとにそれぞれ和ベクトルもまた V の元になる。

以下のような法則が成り立つ。

$(V; +)$ における法則

3個あるいはそれより多いベクトルの加法について次が成り立つ：

AG（結合法則）：
$\vec{a} + (\vec{b} + \vec{c}) = (\vec{a} + \vec{b}) + \vec{c}$
すべての $\vec{a}, \vec{b}, \vec{c} \in V$（図 C_2）

さらに次も成り立つ：

KG（交換法則）：
$\vec{a} + \vec{b} = \vec{b} + \vec{a}$
すべての $\vec{a}, \vec{b} \in V$（図 C_3）

幾何学的に見える平行四辺形の基本性質はベクトルの加法から得られる。

ある図形の平行移動は単純な方法で逆行することができる：像図形に逆矢の平行移動を行うのである。先に行った平行移動は相殺される。ベクトルでは次の法則が成り立つことを意味する：

逆元の法則：
それぞれのベクトル $\vec{a}$ ごとに以下が成り立つような逆ベクトルと呼ばれるベクトル $-\vec{a}$ が存在する：
$\vec{a} + (-\vec{a}) = \vec{0}$（図 C_4）

194 解析幾何学とベクトル計算

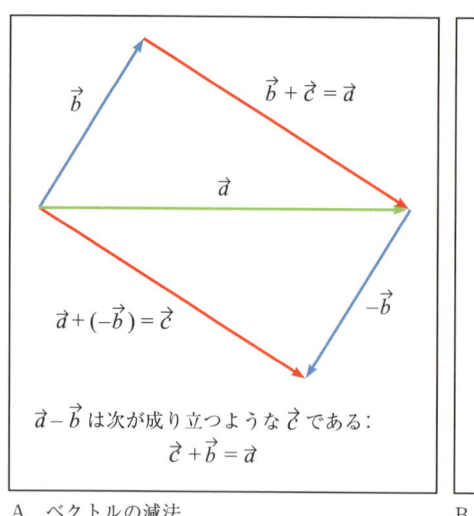

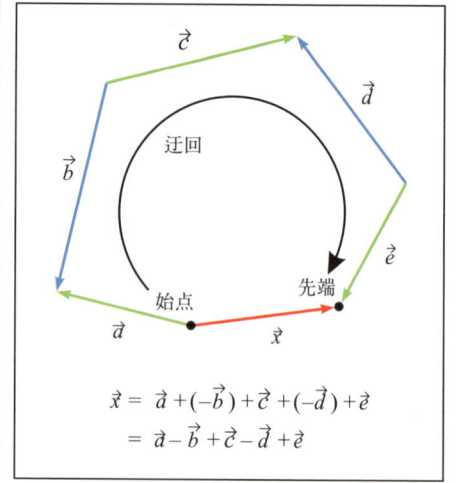

A ベクトルの減法

B ベクトルの鎖

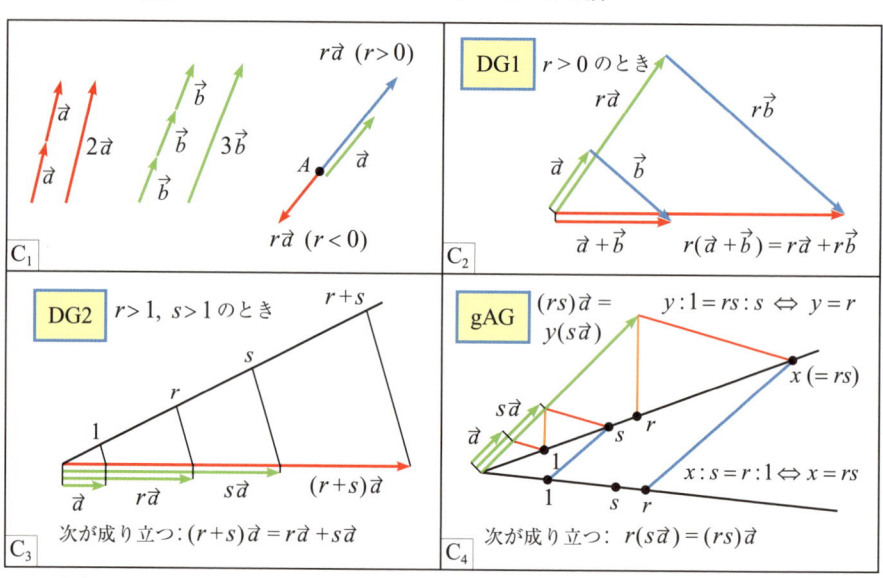

C S乗法とその法則

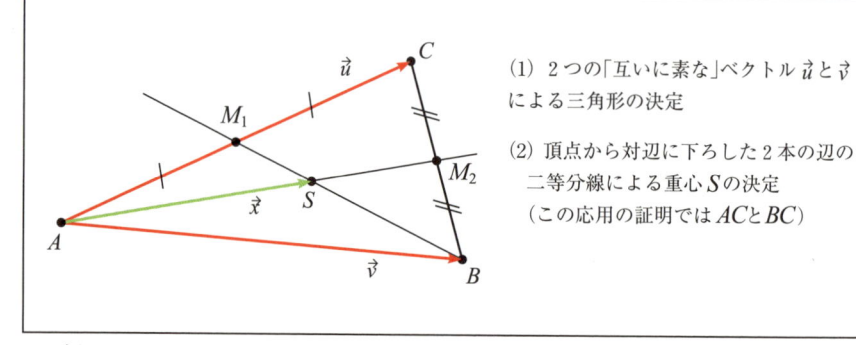

D 応用の証明図

(1) 2つの「互いに素な」ベクトル $\vec{u}$ と $\vec{v}$ による三角形の決定
(2) 頂点から対辺に下ろした2本の辺の二等分線による重心 S の決定
（この応用の証明では AC と BC）

零（ぜろ）ベクトルはまた，中立元 ともとらえられる。なぜなら零ベクトルをいかなるほかのベクトルと関連付けてもどのような効果も生じない。次が成り立つ：

中立元の法則：
$\vec{a} + \vec{0} = \vec{a}$ すべての $\vec{a} \in V$

$(V; +)$ における減法
数集合では減法は異符号数の加法で定義される。ベクトルでは異符号数を逆元と言い換える。減法のイメージは加法の逆行で得る（図A）。

定義 4：$\vec{a} - \vec{b} = \vec{a} + (-\vec{b})$
すべての $\vec{a}, \vec{b} \in V$

ベクトル鎖
図Bにあるようなものをベクトル x についてのベクトル鎖 と呼ぶ。これは $\vec{x}$ の回り道ともいうべきものを表している。これによって $\vec{x}$ の算出ができる。x の始点からスタートして終点までの回り道をたどるのである。矢が反対を向いているときは逆ベクトルを通る。$\vec{x}$ の代わりとしてベクトルの和を得る。そしてこの和は数集合の代数のときのように定義4により正と負の項から1つの混合和に変形できる。

スカラー乗法（S乗法）*
和 $\vec{a} + \vec{a}$ ではこの矢の長さは $\vec{a}$ の矢の長さの2倍である。拡大数2の矢の拡大ということができる。同様に $\vec{b} + \vec{b} + \vec{b}$ では拡大数3の拡大となる。変数の計算のときと同様にこれらの和も $2 \bullet \vec{a}$ と $3 \bullet \vec{b}$ あるいは短く $2\vec{a}$ と $3\vec{b}$ と書くことは理にかなっている。この数2と3は $\vec{a}$ と $\vec{b}$ の 係数 である（図C_1）。

任意の係数 $r \in \mathbb{R}$ について次のように定義する：

定義 5：ベクトル $r \bullet \vec{a}$ は次のようなベクトルである。
$\vec{a}$ の代表の $|r|$ 倍の長さをもち，$r \in \mathbb{R}^+$ では $\vec{a}$ と同じ方向，$r \in \mathbb{R}^-$ では $\vec{a}$ と正反対の方向をもつ。$r = 0$ では $0 \bullet \vec{a} = \vec{0}$ が成り立つ（図C_1）。

$r \bullet \vec{a}$ の代わりに短く $r\vec{a}$ とも書く。
この関連付けを S乗法（スカラー乗法）という。係数 r を スカラー とも呼ぶ。関連付けは集合の中で起きるとは限らない。それどころかこの場合は外から実数をもちこむので外的関連付 けという。幾何学的には S乗法は中心点をもつ拡大である。

（訳注）　＊［（ベクトルの）定数倍］

計算の規則
実数と変数の計算のときと同様以下が成り立つ：

分配法則
DG1 : $r(\vec{a} + \vec{b}) = r\vec{a} + r\vec{b}$
　　　すべての $\vec{a}, \vec{b} \in V$，すべての $r \in \mathbb{R}$
DG 2 : $(r + s)\vec{a} = r\vec{a} + s\vec{a}$
　　　すべての $\vec{a} \in V$，すべての $r, s \in \mathbb{R}$

混合結合法則
gAG : $r(s\vec{a}) = (rs)\vec{a}$
　　　すべての $\vec{a} \in V$，すべての $r, s \in \mathbb{R}$
1規則 : $1 \bullet \vec{a} = \vec{a}$，すべての $\vec{a} \in V$

規則の根拠と幾何学的解釈：図C
これらの規則による計算は射線定理（p.171）の応用を含んでいる。

そのほかのS乗法の規則
$0 \bullet \vec{a} = \vec{0}$ 　　　$r \bullet \vec{0} = \vec{0}$
$r(-\vec{a}) = -(r\vec{a}) = (-r)\vec{a}$
$r \bullet \vec{a} = \vec{0} \Rightarrow r = 0 \vee \vec{a} = \vec{0}$

注：加法と減法よりS乗法のほうが強く結びつけるべきである。すなわち点は線の前に規則（**PvS**）が成り立つ。

応用：三角形の中線はその三角形を 2：1 の割合に分ける。

証明：(1) と (2) は図Dにある。
(3) $\overrightarrow{AS}$ の2つベクトル鎖：
$\overrightarrow{AS} = \vec{v} + \overrightarrow{BS} = \vec{v} + r \bullet \overrightarrow{BM_1}$
$\quad\quad = \vec{v} + r\left(-\vec{v} + \frac{1}{2}\vec{u}\right)$
$\overrightarrow{AS} = s\overrightarrow{AM_2} = s \bullet \left(\vec{v} + \frac{1}{2}\overrightarrow{BC}\right)$
$\quad\quad = s\vec{v} + \frac{1}{2}s(-\vec{v} + \vec{u}) = \frac{1}{2}s(\vec{u} + \vec{v})$

(4) r と s を特定する方程式：
$\vec{v} + r\left(-\vec{v} + \frac{1}{2}\vec{u}\right) = s\vec{v} + \frac{1}{2}s(-\vec{v} + \vec{u})$
$\Leftrightarrow \vec{v} - r\vec{v} + \frac{1}{2}r\vec{u} = \frac{1}{2}s\vec{v} + \frac{1}{2}s\vec{u}$
$\Leftrightarrow \vec{v} - r\vec{v} - \frac{1}{2}s\vec{v} = \frac{1}{2}s\vec{u} - \frac{1}{2}r\vec{u}$
$\Leftrightarrow \left(1 - r - \frac{1}{2}s\right)\vec{v} = \left(\frac{1}{2}s - \frac{1}{2}r\right)\vec{u}$

(5) 特殊な証明法（p.197と比べよ）：
この型の方程式は（$\vec{u}$ と $\vec{v}$ が平行でないので）$\vec{u}$ と $\vec{v}$ の双方の係数が0のときのみ成り立つ。
$\Rightarrow 1 - r - \frac{1}{2}s = 0 \wedge \frac{1}{2}s - \frac{1}{2}r = 0$

(6) 連立方程式の解法：
$r = s \wedge 1 - r - \frac{1}{2}s = 0$
$\Leftrightarrow r = s \wedge 1 = \frac{3}{2}r \Leftrightarrow r = \frac{2}{3} \wedge s = \frac{2}{3}$

(7) 結果：$\overrightarrow{AS} = \frac{2}{3}\overrightarrow{AM_2}$ かつ $\overrightarrow{SM_2} = \frac{1}{3}\overrightarrow{AM_2}$
つまり，中線は $\frac{2}{3} : \frac{1}{3}$ の比にすなわち 2：1 の比に分かれる。

可換群の公理	S乗法の公理
（群1）すべての $a, b \in V$ について次が成り立つ：$a + b \in V$	（S1）すべての $a \in V$, すべての $r \in \mathbb{R}$ について次が成り立つ：$r \bullet a \in V$
（群2）すべての $a, b, c \in V$ について次が成り立つ：$(a+b)+c = a+(b+c)$ 結合法則	（S2）すべての $a, b \in V$, すべての $r \in \mathbb{R}$ について次が成り立つ：$r \bullet (a+b) = r \bullet a + r \bullet b$ 混合結合法則
（群3）すべての $a \in V$ について次が成り立つような**中立元**と呼ばれる $n \in V$ が存在する：$a + n = a$	（S3）すべての $a, b \in V$, すべての $r \in \mathbb{R}$ について次が成り立つ：$r \bullet (a+b) = r \bullet a + r \bullet b$ 第1分配法則
（群4）それぞれの元 $a \in V$ について V に**逆元**と呼ばれる $-a$ が存在して，次が成り立つ：$a + (-a) = n$	（S4）すべての $a \in V$, すべての $r, s \in \mathbb{R}$ について次が成り立つ：$(r+s) \bullet a = r \bullet a + s \bullet a$ 第2分配法則
（群5）すべての $a, b \in V$ について次が成り立つ：$a + b = b + a$ 交換法則	（S5）すべての $a \in V$ について次が成り立つ：$1 \bullet a = a$ 1の法則

注：すべてのベクトルに対してただ1つの中立元が存在すること，おのおののベクトルに一意に定まった逆元が存在することが証明できる（p.213）。

ベクトル空間 $(V; +; \mathbb{R}; \bullet)$ の公理

A　ベクトル空間

(1) 計算領域：内的関連づけとしての加法と外的関連づけとしての乗法「・」をもつ $(\mathbb{R}; +; \mathbb{R}; \cdot)$
(2) 長さの等しい列のベクトル空間（n 個組空間）：

ベクトルの加法の定義　　　　　　　　　　S乗法の定義

$$\begin{pmatrix} a_1 \\ a_2 \\ \vdots \\ a_n \end{pmatrix} + \begin{pmatrix} b_1 \\ b_2 \\ \vdots \\ b_n \end{pmatrix} := \begin{pmatrix} a_1 + b_1 \\ a_2 + b_2 \\ \vdots \\ a_n + b_n \end{pmatrix} \qquad r \bullet \begin{pmatrix} a_1 \\ a_2 \\ \vdots \\ a_n \end{pmatrix} := \begin{pmatrix} r \cdot a_1 \\ r \cdot a_2 \\ \vdots \\ r \cdot a_n \end{pmatrix}$$

両関連づけは**成分ごとに**成り立つ：このときベクトルの加法「＋」は実数の加法「＋」，ベクトルのS乗法「・」は実数の乗法「・」に帰する。

ベクトル空間の公理は完全である（計算により簡単に確かめることができる。下を見よ）。それぞれの要素ごとに実数の計算が成り立つからである。

$$\text{中立元：} \vec{0} := \begin{pmatrix} 0 \\ 0 \\ \vdots \\ 0 \end{pmatrix}, \quad \vec{a} = \begin{pmatrix} a_1 \\ a_2 \\ \vdots \\ a_n \end{pmatrix} \text{ の逆元は } -\vec{a} := \begin{pmatrix} -a_1 \\ -a_2 \\ \vdots \\ -a_n \end{pmatrix}$$

（群4）の証明（図A）：$-\vec{a}$ は $\mathbb{R}^n$ から定義された元である。なぜなら，それぞれの成分に定数の逆元が存在する。さらに次が成り立つ：

$$\vec{a} + (-\vec{a}) = \begin{pmatrix} a_1 \\ a_2 \\ \vdots \\ a_n \end{pmatrix} + \begin{pmatrix} -a_1 \\ -a_2 \\ \vdots \\ -a_n \end{pmatrix} = \begin{pmatrix} a_1 - a_1 \\ a_2 - a_2 \\ \vdots \\ a_n - a_n \end{pmatrix} = \begin{pmatrix} 0 \\ 0 \\ \vdots \\ 0 \end{pmatrix} = \vec{0}$$

B　例

ベクトル空間 I 197

p.193 と p.195 で加法と S 乗法について示した規則と性質によって矢で定義したベクトルの集合はベクトルの $\mathbb{R}$ 上のベクトル空間と呼ばれるものになる（図 A）。3 次元 [2 次元] の点空間 $\mathbb{R}^3$ [$\mathbb{R}^2$] の**平行移動のベクトル空間** V_3 [V_2] ともいう。

この物理学にとって非常に大切なベクトル空間モデルと並んで $\mathbb{R}^n$ の **n 個組空間**（図 B）は重要な役割を果たす。$n > 3$ のケースでは単に 3 次元を超えるということだけではなく，**座標系での位置ベクトル**によって点の計算が可能になる。座標系の導入には線形独立の概念が必要になる。

共線性，線形独立（従属）なベクトル

p.195 の応用の特別代数的な証明法の (5) 段階は与えられた幾何学的状況に基づいている。三角形の辺上に定められた 2 つのベクトルは 共線的 ではない。というのはそれぞれのベクトルの代表は同じ直線に平行ではない。もし平行なら三角形は描けない。
S 乗法の定義より共線性とは 2 つのベクトルのうち一方が他方の何倍かであることを意味する。

> **定義 1**：次が成り立つとき 2 つのベクトル $\vec{u}$ と $\vec{v}$ は 共線的 または 線形従属的 であるという：
> $$\vec{u} = r \bullet \vec{v} \lor \vec{v} = s \bullet \vec{u}$$
> ただし $r, s \in \mathbb{R}$

注：零ベクトル $\vec{0}$ はすべての $\vec{u} \in V_3(V_2)$ について $\vec{0} = 0 \bullet \vec{u}$ となるのでいかなるベクトルに対しても共線的である。

> **定義 2**：次の形の和を $\vec{u}_1, \vec{u}_2, \ldots, \vec{u}_n$ の**線形結合** という：
> $$r_1 \bullet \vec{u}_1 + r_2 \bullet \vec{u}_2 + \ldots + r_n \bullet \vec{u}_n \quad (n \in \mathbb{N})$$

定義 1 の共線性条件を次のように変形する：
$$1 \bullet \vec{u} + (-r) \bullet \vec{v} = \vec{0} \lor s \bullet \vec{u} + (-1) \bullet \vec{v} = \vec{0}$$
すると自明ではない零ベクトルの線形結合を得る。このとき 自明ではない ということは少なくとも 1 つの係数が 0 ではないことと理解する（$0 \bullet \vec{u} + 0 \bullet \vec{v} = \vec{0}$ はいつでも成り立つ 自明な線形結合の 1 つである）。

線形従属性の新しい定義を得る：

> **定義 3**：零ベクトルの自明ではない線形結合をもつようなベクトル $\vec{u}_1, \ldots, \vec{u}_n$ は 線形従属 であるという。零ベクトルの自明な線形結合しか可能でないときは 線形独立（線形従属ではない）という。

重要な証明法が存在する：

> 線形独立なベクトル $\vec{u}_1, \vec{u}_2, \ldots, \vec{u}_n$ について，次の形の等式があるとする：
> $$r_1 \bullet \vec{u}_1 + r_2 \bullet \vec{u}_2 + \ldots + r_n \bullet \vec{u}_n = \vec{0} \quad (n \in \mathbb{N})$$
> すると $r_1 = r_2 = \ldots = r_n = 0$ となる。

例：
(1) 3 個組（3 重対）
$$\begin{pmatrix} 1 \\ 0 \\ 0 \end{pmatrix}, \begin{pmatrix} 0 \\ 1 \\ 0 \end{pmatrix}, \begin{pmatrix} 0 \\ 0 \\ 1 \end{pmatrix}$$ は線形独立である。なぜなら
$$r_1 \bullet \begin{pmatrix} 1 \\ 0 \\ 0 \end{pmatrix} + r_2 \bullet \begin{pmatrix} 0 \\ 1 \\ 0 \end{pmatrix} + r_3 \bullet \begin{pmatrix} 0 \\ 0 \\ 1 \end{pmatrix} = \begin{pmatrix} 0 \\ 0 \\ 0 \end{pmatrix}$$ ならば
次が成り立つ：$\begin{pmatrix} r_1 \\ r_2 \\ r_3 \end{pmatrix} = \begin{pmatrix} 0 \\ 0 \\ 0 \end{pmatrix}$ すなわち
$r_1 = r_2 = r_3 = 0$

(2) 2 個組（順序のある対）
$$\begin{pmatrix} 2 \\ 4 \end{pmatrix}, \begin{pmatrix} 1 \\ 1 \end{pmatrix}, \begin{pmatrix} 0 \\ 2 \end{pmatrix}$$ は線形従属である。
なぜならたとえば $r_1 = 2, r_2 = -4, r_3 = -2$ で次が成り立つ：
$$r_1 \bullet \begin{pmatrix} 2 \\ 4 \end{pmatrix} + r_2 \bullet \begin{pmatrix} 1 \\ 1 \end{pmatrix} + r_3 \bullet \begin{pmatrix} 0 \\ 2 \end{pmatrix} = \begin{pmatrix} 0 \\ 0 \end{pmatrix}$$

(3) V_2 [V_3] では 2 個 [3 個] より多いベクトルはいつでも線形従属である。

ふさわしく選ばれたベクトルの線形結合を用いてベクトル空間全体を表すことができる（p.198 の図 A を見よ）。

> **定義 4**：ベクトル $\vec{u}_1, \ldots, \vec{u}_n$ のすべての線形結合の集合が V に等しいとき $\{\vec{u}_1, \ldots, \vec{u}_n\}$ を V の **生成系** という。

例 1 の (1) にある $\mathbb{R}^3$ の 3 個のベクトルは特別な生成系である。同様な $\mathbb{R}^n$ の生成系：
$$\begin{pmatrix} 1 \\ 0 \\ 0 \\ \vdots \\ 0 \end{pmatrix}, \begin{pmatrix} 0 \\ 1 \\ 0 \\ \vdots \\ 0 \end{pmatrix}, \ldots, \begin{pmatrix} 0 \\ 0 \\ \vdots \\ 0 \\ 1 \end{pmatrix}$$

$\mathbb{R}^2$ のいわゆる標準底は $\left\{\begin{pmatrix}1\\0\end{pmatrix}, \begin{pmatrix}0\\1\end{pmatrix}\right\}$ である。たとえば集合 $\left\{\begin{pmatrix}2\\1\end{pmatrix}, \begin{pmatrix}1\\2\end{pmatrix}\right\}$ も同様に $\mathbb{R}^2$ の底である。

証明:

(1) 両ベクトルは線形独立, なぜなら線形結合 $r \cdot \begin{pmatrix}2\\1\end{pmatrix} + s \cdot \begin{pmatrix}1\\2\end{pmatrix} = \vec{0}$ ならば $2r+s=0 \wedge r+2s=0$ すなわち $r=0 \wedge s=0$

(2) $\mathbb{R}^2$ のすべてのベクトルは両ベクトルの線形結合で表せる。すなわち $\mathbb{R}^2$ のすべてのベクトル $\begin{pmatrix}x_1\\x_2\end{pmatrix}$ について実数 r_1 と r_2 が存在して, 等式 $\begin{pmatrix}x_1\\x_2\end{pmatrix} = r_1 \cdot \begin{pmatrix}2\\1\end{pmatrix} + r_2 \cdot \begin{pmatrix}1\\2\end{pmatrix}$ を満たす。これは変数 r_1, r_2 の一次連立方程式: $x_1 = 2r_1 + r_2 \wedge x_2 = r_1 + 2r_2$ の可解性と同値である。解として次を得る: $r_1 = \frac{2}{3}x_1 - \frac{1}{3}x_2$, $r_2 = -\frac{1}{3}x_1 + \frac{2}{3}x_2$ w.z.z.w.

A　ベクトル空間の底

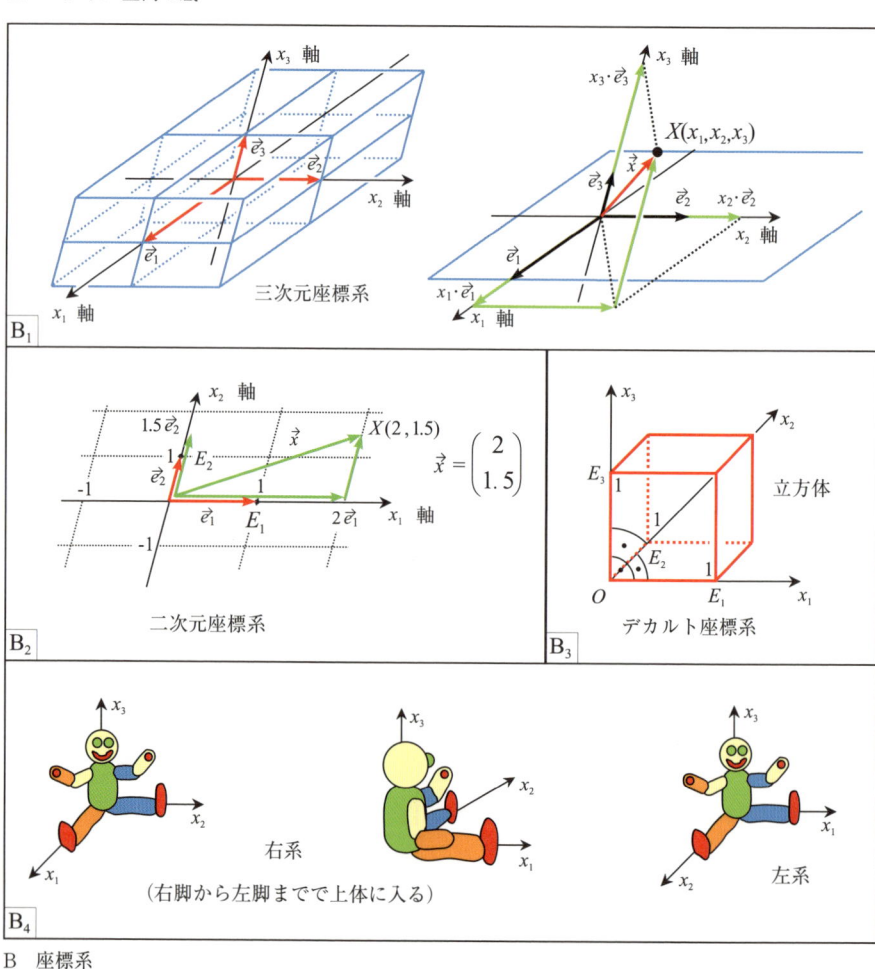

三次元座標系

B_1

二次元座標系

B_2

立方体

デカルト座標系

B_3

右系
(右脚から左脚までで上体に入る)

左系

B_4

B　座標系

ベクトル空間の底

定義 5：線形独立なベクトルの生成系を **底** と呼ぶ。

ベクトル空間はいくつもの底をもつことができる（例：図 A）。しかしながら底の元の個数は一定であり，この個数はそのベクトル空間に特有である。

定義 6：底のベクトルの個数をベクトル空間の **次元** という。

すなわちベクトル空間 V_2 および V_3 は 2 次元および 3 次元であり，$\mathbb{R}^n$ は n 次元である。

座標系とベクトル

点，直線，平面の関係をベクトル的に把握できるようにするためには点とベクトルのあいだの関係を確立しなくてはならない。
それぞれの点の組には一意に 1 つのベクトルが属するが，逆は成り立たない（矢の類としてのベクトル）。点とベクトルのあいだに双射の割り当てを得るために位置ベクトルと呼ばれるものを定義する。

座標系の位置ベクトル

さらに点空間に点 O（原点と呼ぶ）を指定して 3 点 E_1, E_2, E_3 をベクトル $\vec{e}_1 := \overrightarrow{OE_1}, \vec{e}_2 := \overrightarrow{OE_2}, \vec{e}_3 := \overrightarrow{OE_3}$ が線形独立になるようにとる。これらのベクトルは属するベクトル空間 V_3 の底をなす（図 B）。
点は底を定めるとそれぞれ 1 つの 3 重座標 $X(x_1, x_2, x_3)$ に割り当てられる。位置ベクトル $\overrightarrow{OX}$ の導入は点空間の点と V_3 のベクトルとのあいだの双射の割り当てである。

底が生成系と同じであれば，それぞれのベクトル $\overrightarrow{OX}$ は線形結合で表せる：
$\overrightarrow{OX} = \vec{x} = x_1 \cdot \vec{e}_1 + x_2 \cdot \vec{e}_2 + x_3 \cdot \vec{e}_3$
この表現は一意である。なぜなら次のような第 2 の表現があるとすると
$\vec{x} = y_1 \cdot \vec{e}_1 + y_2 \cdot \vec{e}_2 + y_3 \cdot \vec{e}_3$
差をとってカッコをはずして計算する：
$(x_1 - y_1)\vec{e}_1 + (x_2 - y_2)\vec{e}_2 + (x_3 - y_3)\vec{e}_3 = \vec{0}$
底が線形独立なのでこの線形結合は $x_1 - y_1 = x_2 - y_2 = x_3 - y_3 = 0$ でのみすなわち $x_1 = y_1, x_2 = y_2, x_3 = y_3$ でのみ成り立つことになる（p.197 の重要な証明法を見よ）。

注：点 $X, A, B \ldots$ の位置ベクトルは，これより先いつもそれに属する小文字のベクトル $\vec{x}, \vec{a}, \vec{b}, \ldots$ で表すものとする。

座標

点の組 $(O, E_1), (O, E_2), (O, E_3)$ によってそれぞれ x_1 軸，x_2 軸，x_3 軸の座標軸が定まる。点 E_1, E_2, E_3 は軸上の単位点を表す：$E_1(1, 0, 0), E_2(0, 1, 0), E_3(0, 0, 1)$。一般的に軸として直交系（図 B_4）をとる。さらに 4 点 O, E_1, E_2, E_3 が立方体の頂点となるときこの座標は **デカルト的** である（図 B_3）という。

$\vec{x} = x_1 \cdot \vec{e}_1 + x_2 \cdot \vec{e}_2 + x_3 \cdot \vec{e}_3$ の代わりに次のように書く：$\vec{x} = \begin{pmatrix} x_1 \\ x_2 \\ x_3 \end{pmatrix}$

V_3 のベクトル $\vec{a}$ はそれぞれ位置ベクトルの差で表せる：

$$\vec{a} = \overrightarrow{XY} = \begin{pmatrix} a_1 \\ a_2 \\ a_3 \end{pmatrix} = \begin{pmatrix} y_1 - x_1 \\ y_2 - x_2 \\ y_3 - x_3 \end{pmatrix} = \vec{y} - \vec{x}$$

2 つのベクトルの和と S 乗法を得る：

$$\vec{a} + \vec{b} = \begin{pmatrix} a_1 + b_1 \\ a_2 + b_2 \\ a_3 + b_3 \end{pmatrix} \text{ および } r \cdot \vec{a} = \begin{pmatrix} ra_1 \\ ra_2 \\ ra_3 \end{pmatrix}$$

すなわちベクトル空間 V_3 ではベクトル空間 $\mathbb{R}^3$ におけると同様に計算する。

注：2 次元空間では第 3 座標（成分）をはずして同様に行う。

注：具体的空間への座標系の導入によりベクトル空間 V_3 [V_2] はベクトル空間 $\mathbb{R}^3$ [$\mathbb{R}^2$] で定義できる。以下では $\mathbb{R}^2$ あるいは $\mathbb{R}^3$ での解析幾何学について述べる。◁

図 A の例の計算で $\mathbb{R}^3$ [$\mathbb{R}^2$] でのベクトル計算には **3 個** [**2 個**] の座標方程式の連立方程式が属することが見てとれる。たとえば次が成り立つ：

$$\begin{pmatrix} a_1 \\ a_2 \\ a_3 \end{pmatrix} = \begin{pmatrix} b_1 \\ b_2 \\ b_3 \end{pmatrix} \Leftrightarrow a_1 = b_1 \wedge a_2 = b_2 \wedge a_3 = b_3$$

A_1

$$\vec{a} = \begin{pmatrix} a_1 \\ a_2 \\ a_3 \end{pmatrix}$$

$$|\vec{a}| = \sqrt{a_1^2 + a_2^2 + a_3^2}$$

A_2

$$\vec{a} = \begin{pmatrix} 0 \\ 2 \\ 0 \end{pmatrix} \quad \vec{b} = \begin{pmatrix} 2 \\ 1 \\ 2 \end{pmatrix} \quad \vec{c} = \vec{b} - \vec{a} = \begin{pmatrix} 2 \\ -1 \\ 2 \end{pmatrix}$$

$|\vec{a}| = \sqrt{0^2 + 2^2 + 0^2} = 2$
$|\vec{b}| = \sqrt{2^2 + 1^2 + 2^2} = 3$
$|\vec{c}| = \sqrt{2^2 + (-1)^2 + 2^2} = 3$

$$\vec{a}^0 = \frac{1}{|\vec{a}|}\vec{a} = \frac{1}{2}\begin{pmatrix} 0 \\ 2 \\ 0 \end{pmatrix} = \begin{pmatrix} 0 \\ 1 \\ 0 \end{pmatrix}$$

A_3

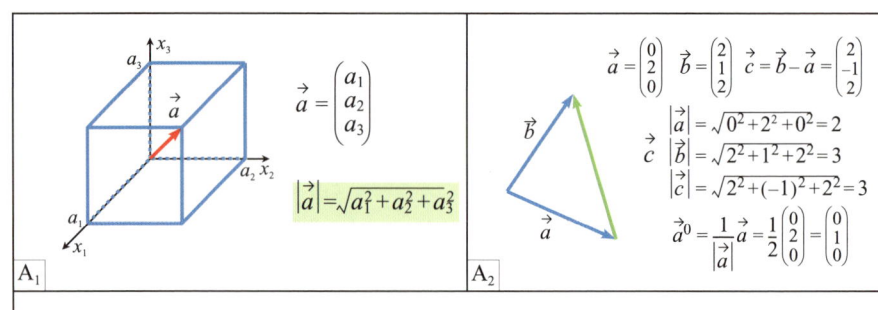

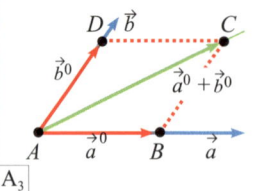

角の二等分線

$ABCD$ はひし形，対角線ベクトル $\vec{a}^0 + \vec{b}^0$ はすなわち $\angle BAD$ の二等分線。

次が成り立つ： $\vec{a}^0 + \vec{b}^0 \neq (\vec{a} + \vec{b})^0$

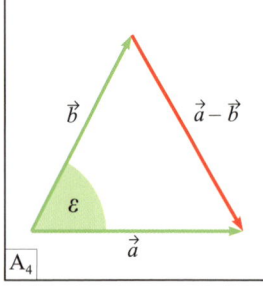

A_4

2つのベクトルのあいだの角

三角法のcos定理 (p.185) より，$\mathbb{R}^2$ では次が成り立つ：

$$\cos\varepsilon = \frac{|\vec{a}-\vec{b}|^2 - |\vec{a}|^2 - |\vec{b}|^2}{-2|\vec{a}|\cdot|\vec{b}|} = \frac{(a_1-b_1)^2 + (a_2-b_2)^2 - |\vec{a}|^2 - |\vec{b}|^2}{-2|\vec{a}|\cdot|\vec{b}|}$$

分子に第2二項定理を応用すると項 $-2(a_1b_1 + a_2b_2)$ が求まる。したがって次が成り立つ：

$$\cos\varepsilon = \frac{a_1b_1 + a_2b_2}{|\vec{a}|\cdot|\vec{b}|} \quad (\mathbb{R}^3 \text{では} + a_3b_3 \text{を加える})$$

A 長さと角

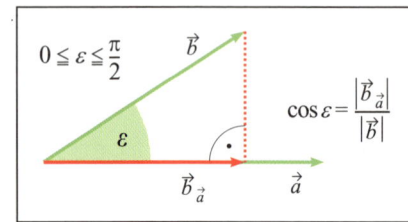

$0 \leq \varepsilon \leq \dfrac{\pi}{2}$: $\cos\varepsilon = \dfrac{|\vec{b}_{\vec{a}}|}{|\vec{b}|}$

$\dfrac{\pi}{2} \leq \varepsilon \leq \pi$: $\cos\varepsilon = -\cos(\pi - \varepsilon) = -\dfrac{|\vec{b}_{\vec{a}}|}{|\vec{b}|}$

B スカラー積の幾何学的解釈

与えられたもの：$\mathbb{R}^3$ の $\vec{a}, \vec{b}$，求めるもの：$\vec{n}\perp\vec{a} \wedge \vec{n}\perp\vec{b}$ となる $\vec{n}$，すなわち $\vec{n}*\vec{a} = 0 \wedge \vec{n}*\vec{b} = 0$ となる $\vec{n}$ を得る。

それはつまり変数 n_1, n_2, n_3 の (2,3)-LGS (I) $n_1a_1 + n_2a_2 + n_3a_3 = 0$ (II) $n_1b_1 + n_2b_2 + n_3b_3 = 0$ を解くことである。

過程：(I)$\cdot b_1 -$(II)$\cdot a_1 \wedge$ (I)$\cdot b_2 -$(II)$\cdot a_2$
(I′) $n_2(a_2b_1 - a_1b_2) + n_3(a_3b_1 - a_1b_3) = 0$ (II′) $n_1(a_1b_2 - a_2b_1) + n_3(a_3b_2 - a_2b_3) = 0$

(2,3)-LGSになるので，n_3 は自由に選べる。n_3 に両方程式の共通な因数 $a_1b_2 - a_2b_1 \neq 0$ を選ぶのは意味がある。これにより次を得る：

$n_1 = a_2b_3 - a_3b_2, \quad n_2 = a_3b_1 - a_1b_3, \quad n_3 = a_1b_2 - a_2b_1$

$$\vec{n} = \begin{pmatrix} a_2b_3 - a_3b_2 \\ a_3b_1 - a_1b_3 \\ a_1b_2 - a_2b_1 \end{pmatrix}$$ についての

計算により $a_1b_2 - a_2b_1 = 0$ でも上の条件 $\vec{n}*\vec{a} = 0 \wedge \vec{n}*\vec{b} = 0$ が満たされることが確かめられる。

C 法線ベクトル

S 乗法のほかに 3 つの別の概念がある。それらはベクトルの**積**であることがその名前により著されている：
- **スカラー積**（結果はスカラー数すなわち実数）
- **ベクトル積**（結果はベクトル，内的関連付け）
- **スパット**（**平行六面体**）**積**（特殊なスカラー積，p.209）

簡略化のためにデカルト座標系を前提とする。

$\mathbb{R}^2$ および $\mathbb{R}^3$ におけるベクトルの長さ

ベクトルの長さ はそれの属する矢の長さで定義する（p.193）から，ピタゴラスの等式により次を得る（図 A_1 と p.178 の図 A_2）。

$$|\vec{a}| = \sqrt{a_1^2 + a_2^2} \quad \text{同様に} \quad |\vec{a}| = \sqrt{a_1^2 + a_2^2 + a_3^2}$$

例：図 A

単位ベクトル $\vec{a^0}$ は長さ 1 のベクトルと理解する。$\vec{a}$ から $\frac{1}{|\vec{a}|}$ との S 積によって $\vec{a^0}$ を得る：

$$\vec{a^0} := \frac{1}{|\vec{a}|} \cdot \vec{a} \quad (\vec{a} \neq \vec{0})$$

$$\Rightarrow |\vec{a^0}| = \left|\frac{1}{|\vec{a}|} \cdot \vec{a}\right| = \frac{1}{|\vec{a}|} \cdot |\vec{a}| = 1$$

例：図 A_2, A_3

$\mathbb{R}^2$ および $\mathbb{R}^3$ における角算出

図 A_4 より $\vec{a}$ と $\vec{b}$ のあいだの角 ε について次が成り立つ：

$$\cos\varepsilon = \frac{a_1 b_1 + a_2 b_2}{|\vec{a}| \cdot |\vec{b}|} \quad \text{同様に}$$

$$\cos\varepsilon = \frac{a_1 b_1 + a_2 b_2 + a_3 b_3}{|\vec{a}| \cdot |\vec{b}|} \quad (0 \leqq \varepsilon \leqq 180°)$$

これらの等式により $\mathbb{R}^2$ および $\mathbb{R}^3$ での角の算出を得る。

例：p.207

$\mathbb{R}^2$ および $\mathbb{R}^3$ におけるスカラー積

$\vec{a} * \vec{b} := a_1 \cdot b_1 + a_2 \cdot b_2$ および $\vec{a} * \vec{b} := a_1 \cdot b_1 + a_2 \cdot b_2 + a_3 \cdot b_3$ を $\mathbb{R}^2$ および $\mathbb{R}^3$ での $\vec{a}$ と $\vec{b}$ による **スカラー積** と呼ぶ。

上述の角算出の等式より次のような 座標を使わない スカラー積の把握も成り立つ：

$$\vec{a} * \vec{b} = |\vec{a}| \cdot |\vec{b}| \cdot \cos \sphericalangle(\vec{a}, \vec{b})$$

ただし，$\sphericalangle(\vec{a}, \vec{b})$ は小さいほうの角。この等式は幾何学的にも解釈される：

$$\vec{a} * \vec{b} = \vec{a} * \vec{b_{\vec{a}}} = \pm|\vec{a}| \cdot |\vec{b_{\vec{a}}}|$$

ただし，$|\vec{b_{\vec{a}}}|$ はベクトル $\vec{b}$ のベクトル $\vec{a}$ 上への射影の長さ（図 B）。

スカラー積の性質

$\vec{a} * \vec{b} = \vec{b} * \vec{a}$	交換法則
$\vec{a} * (\vec{b} + \vec{c}) = \vec{a} * \vec{b} + \vec{a} * \vec{c}$	分配法則
$(r\vec{a}) * \vec{b} = r(\vec{a} * \vec{b})$	混合結合法則
$\vec{a} * \vec{b} = 0 \Leftrightarrow \vec{a} = \vec{0} \vee \vec{b} = \vec{0} \vee \vec{a} \perp \vec{b}$	
	直交性の法則

例：$(2\vec{a}) * (3\vec{b}) = 6(\vec{a} * \vec{b})$ gAG, KG

$(\vec{a} + \vec{b})^2 = \vec{a}^2 + 2(\vec{a} * \vec{b}) + \vec{b}^2$ DG, KG, gAG

ただし，$\vec{x}^2 := \vec{x} * \vec{x}$ とする。

注：ベクトルの長さについては次が成り立つ：

$$|\vec{a}| = \sqrt{\vec{a} * \vec{a}} = \sqrt{\vec{a}^2}$$

$\vec{AB} = \vec{b} - \vec{a}$ で同様に

$$|\vec{AB}| = \sqrt{(\vec{b} - \vec{a}) * (\vec{b} - \vec{a})} = \sqrt{(\vec{b} - \vec{a})^2}$$

平方根の開平は互いに以下のようには移行しないことに気をつける：

$$\sqrt{\vec{a}^2} \neq \vec{a} \quad \text{あるいは} \quad \sqrt{(\vec{b} - \vec{a})^2} \neq \vec{b} - \vec{a}$$

$\mathbb{R}^3$ におけるベクトル積

2 つの与えられた非線形独立なベクトル $\vec{a}$ と $\vec{b}$ を求めることは幾何学的には可能である（たとえば平面の標準ベクトル，p.207）。

図 C のように行うとベクトル積 $\vec{a} \times \vec{b}$ として特別な形を以下のような性質をもつように得る：

$$\vec{a} \times \vec{b} = \begin{pmatrix} a_2 b_3 - a_3 b_2 \\ a_3 b_1 - a_1 b_3 \\ a_1 b_2 - a_2 b_1 \end{pmatrix}$$

$\vec{a} \times \vec{b} = -\vec{b} \times \vec{a}$	反交換法則
$\vec{a} \times (\vec{b} + \vec{c}) = \vec{a} \times \vec{b} + \vec{a} \times \vec{c}$	分配法則
$(r\vec{a}) \times \vec{b} = r(\vec{a} \times \vec{b})$	混合結合法則

$\vec{a}, \vec{b}$ と $\vec{a} \times \vec{b}$ はこの順に **右系**（p.199）をつくる（$\vec{a}$ と $\vec{b}$ が線形独立のときのみ意味をもつ）。

$\vec{a} \times \vec{b} = \vec{0} \Leftrightarrow \vec{a}, \vec{b}$ は **線形従属**。

$|\vec{a} \times \vec{b}| = |\vec{a}| \cdot |\vec{b}| \cdot |\sin\sphericalangle(\vec{a}, \vec{b})|$ はベクトル $\vec{a}$ と $\vec{b}$ がつくる平行四辺形の**面積**。

注：3 つのベクトルのベクトル積を意味のあるように定義することはできない。したがって通常の結合法則は存在しない。

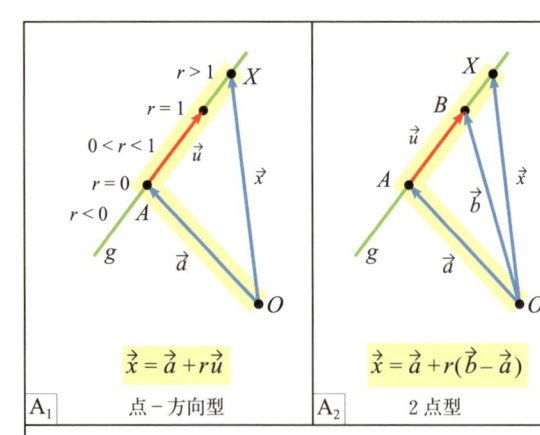

A₁ 点 – 方向型

$\vec{x} = \vec{a} + r\vec{u}$

A₂ 2点型

$\vec{x} = \vec{a} + r(\vec{b} - \vec{a})$

例: $A(1, 2, 1)$, $B(4, 0, 1)$

$$\vec{x} = \begin{pmatrix} 1 \\ 2 \\ 1 \end{pmatrix} + r \begin{pmatrix} 3 \\ -2 \\ 0 \end{pmatrix}$$

ただし $\vec{u} = \begin{pmatrix} 4 \\ 0 \\ 1 \end{pmatrix} - \begin{pmatrix} 1 \\ 2 \\ 1 \end{pmatrix} = \begin{pmatrix} 3 \\ -2 \\ 0 \end{pmatrix}$

A₃

点 $C(0, 0, 2)$ の点検算: $C \in g(A, B)$?

$r \in \mathbb{R}$ があって次が成り立つ: $\begin{pmatrix} 0 \\ 0 \\ 2 \end{pmatrix} = \begin{pmatrix} 1 \\ 2 \\ 1 \end{pmatrix} + r \begin{pmatrix} 3 \\ -2 \\ 0 \end{pmatrix} \Leftrightarrow \begin{pmatrix} -1 \\ -2 \\ 1 \end{pmatrix} = \begin{pmatrix} 3r \\ -2r \\ 0 \end{pmatrix}$?

第3行で $1 = 0$ なのでこの条件を満たす r は存在しない。

すなわち次が成り立つ: $C \notin g(A, B)$

A $\mathbb{R}^2$ または $\mathbb{R}^3$ における直線の方程式

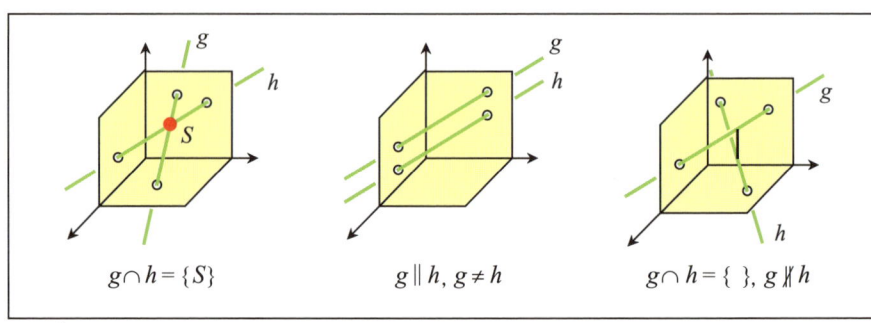

$g \cap h = \{S\}$ $g \parallel h, g \neq h$ $g \cap h = \{\ \}, g \nparallel h$

B $\mathbb{R}^3$ における2直線の交点

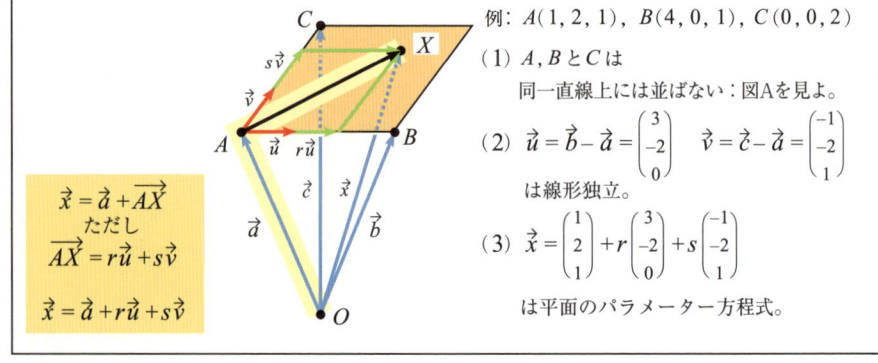

C 平面の方程式

$\vec{x} = \vec{a} + \overrightarrow{AX}$
ただし
$\overrightarrow{AX} = r\vec{u} + s\vec{v}$

$\vec{x} = \vec{a} + r\vec{u} + s\vec{v}$

例: $A(1, 2, 1)$, $B(4, 0, 1)$, $C(0, 0, 2)$

(1) A, B と C は
   同一直線上には並ばない:図Aを見よ。

(2) $\vec{u} = \vec{b} - \vec{a} = \begin{pmatrix} 3 \\ -2 \\ 0 \end{pmatrix}$ $\vec{v} = \vec{c} - \vec{a} = \begin{pmatrix} -1 \\ -2 \\ 1 \end{pmatrix}$
   は線形独立。

(3) $\vec{x} = \begin{pmatrix} 1 \\ 2 \\ 1 \end{pmatrix} + r \begin{pmatrix} 3 \\ -2 \\ 0 \end{pmatrix} + s \begin{pmatrix} -1 \\ -2 \\ 1 \end{pmatrix}$
   は平面のパラメーター方程式。

直線のパラメーター方程式

$\mathbb{R}^2$ と $\mathbb{R}^3$ における以下の方程式を直線のパラメーター方程式と呼ぶ：

$\vec{x} = \vec{a} + r\vec{u}$ $(r \in \mathbb{R})$ 点－方向型

このとき，以下のように定める（図 A_1）
- $\vec{x}$ は直線の任意の点 X の位置ベクトル
- $\vec{a}$ は直線上の点 A の位置ベクトル
- $\vec{u}$ ($\neq \vec{0}$) は方向ベクトル
- r はパラメーター

直線上の点にはそれぞれちょうど1つのパラメーター値が存在してその逆も成り立つ。

ある点にパラメーター値が与えられていないならこの点はこの直線上にはない（**点検算**；例：図 A_3）。

直線上の任意の点として直線上の別の点をとるか，あるいは方向ベクトルとして別のベクトルをとると，パラメーター方程式はそれに伴って変わる。直線は変わらないままである。直線は2点 A と B によって定まる。$\vec{u} = \vec{b} - \vec{a}$ で方向ベクトルが定まり，上述の方程式に代入すると次のようになる（図 A_2）：

$\vec{x} = \vec{a} + r(\vec{b} - \vec{a})$ $(r \in \mathbb{R})$ 2点型

$\mathbb{R}^2$ における直線の座標方程式

$\vec{x} = \begin{pmatrix} x_1 \\ x_2 \end{pmatrix}$ とおくと行ごとに進めてパラメーター方程式を2つの座標方程式に分けることができる。ここに含まれる変数は x_1, x_2 と r である。両方程式に r が表れるとき（座標軸の平行線のみがこのケースではない）一方の方程式を r について解き，第2の方程式の r に代入することができる。変数 x_1 と x_2 とでなっているこの方程式を $\mathbb{R}^2$ 上の **直線の座標方程式** と呼ぶ。
この方程式の x_1 と x_2 を x と y で置き換えると p.69 の方程式が得られる。

注：$\mathbb{R}^3$ では直線の座標方程式は存在しない。

2直線の位置関係

$\mathbb{R}^3$ では2本の直線は以下でありうる（図 B）：
- ちょうど1点で交わる
- 同一
- 平行ではあるが同一ではない
- ねじれている（交点もなければ平行でもない）

ベクトルによる交点方程式によってどのケースにあたるか判別できる。この方程式は点－方向型で与えられた2つの方程式の右辺同士を「等号で結ぶ」ことで得られる：

g: $\vec{x} = \vec{a} + r\vec{u}$, h: $\vec{x} = \vec{b} + s\vec{v}$

$\Rightarrow \vec{a} + r\vec{u} = \vec{b} + s\vec{v}$ （交点方程式）

このベクトル方程式は行ごとに変数 r と s の3つの座標方程式に分けられる：
この (3,2)-LGS では前述の列挙から導かれる次のような解対が存在する：
- ちょうど1つの解対 (r, s)
- 無限に多くの解対
- 解対はなく，$\vec{u}$ と $\vec{v}$ は線形従属
- 解対はなく，$\vec{u}$ と $\vec{v}$ は線形独立

平面のパラメーター方程式

次のような 点－方向型 を平面パラメーター方程式という：

$\vec{x} = \vec{a} + r\vec{u} + s\vec{v}$ $(r, s \in \mathbb{R})$

このとき以下のように定める：
- $\vec{x}$ は平面の任意の点 x の位置ベクトル
- $\vec{a}$ は平面上の点 A の位置ベクトル
- $\vec{u}$ と $\vec{v}$ は線形独立
- r と s はパラメーター

例：図 C

平面の点はそれぞれちょうど1組のパラメーター対 (r, s) をもち，逆もまた成り立つ。

パラメーター対をもたない点が存在するとすればその点はこの平面上にはない（**点検算**）。

同一直線上にない3点によってもまた平面が定まる。位置ベクトルから2個の線形独立な方向ベクトルが得られる。上述の型に代入することにより 3点型 を得る：

$\vec{x} = \vec{a} + r(\vec{c} - \vec{a}) + s(\vec{c} - \vec{b})$ $(r, s \in \mathbb{R})$

異なった2つのパラメーター方程式で同一平面を書き表すことができる。たとえば別の直線の点を平面上の点とするか，または別の2つの線形独立な方向ベクトル $\vec{u}^*$ と $\vec{v}^*$ をとることができる。それらは同じ平面をつくるように選ばれなければならない。$\vec{u}, \vec{v}, \vec{u}^*$ と $\vec{u}, \vec{v}, \vec{v}^*$ が共面的あるいは線形従属ならばこのケースである。

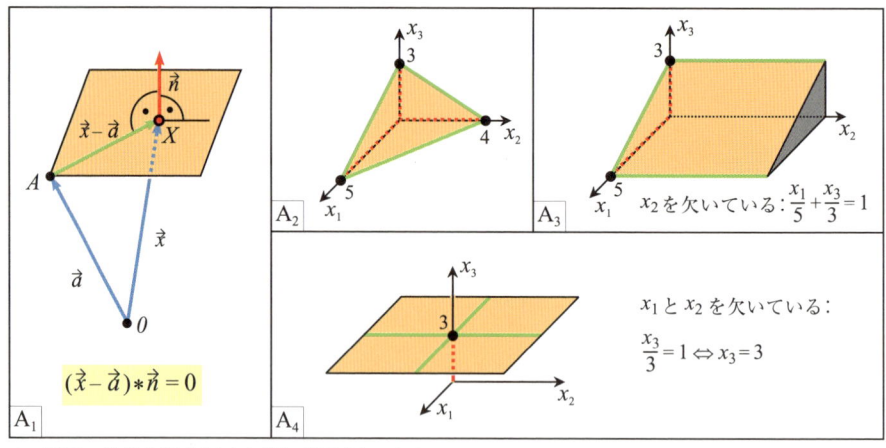

204　解析幾何学とベクトル計算

$(\vec{x} - \vec{a}) * \vec{n} = 0$

A₃　x_2 を欠いている：$\dfrac{x_1}{5} + \dfrac{x_3}{3} = 1$

x_1 と x_2 を欠いている：
$\dfrac{x_3}{3} = 1 \Leftrightarrow x_3 = 3$

A　平面の法線方程式（A₁）と軸切片型（A₂〜A₄）

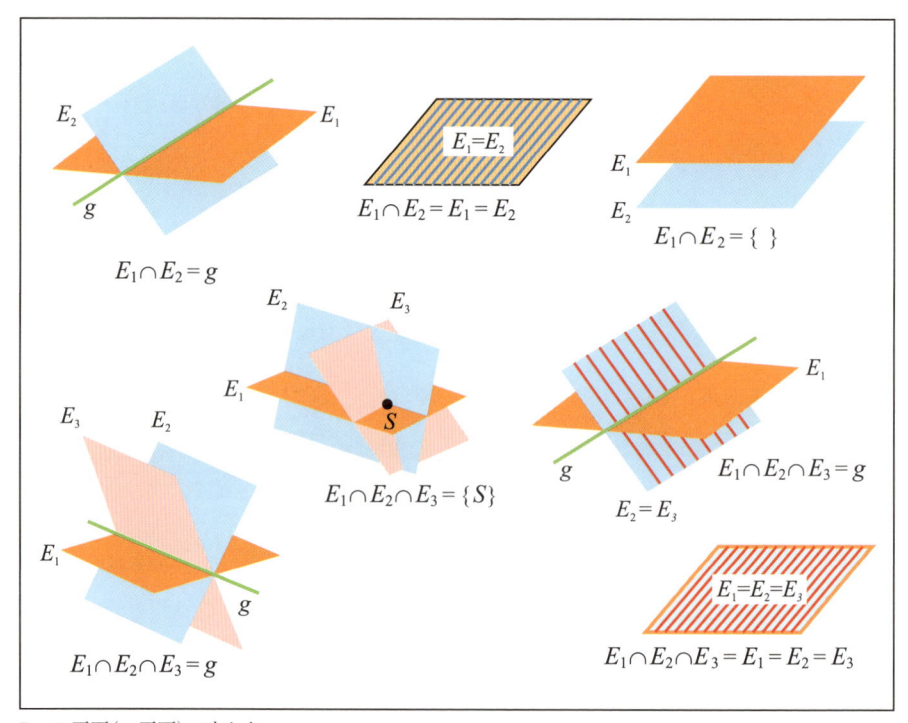

$E_1 \cap E_2 = g$

$E_1 \cap E_2 = E_1 = E_2$

$E_1 \cap E_2 = \{\ \}$

$E_1 \cap E_2 \cap E_3 = \{S\}$

$E_1 \cap E_2 \cap E_3 = g$　$E_2 = E_3$

$E_1 \cap E_2 \cap E_3 = g$

$E_1 \cap E_2 \cap E_3 = E_1 = E_2 = E_3$

B　2 平面（3 平面）の交わり

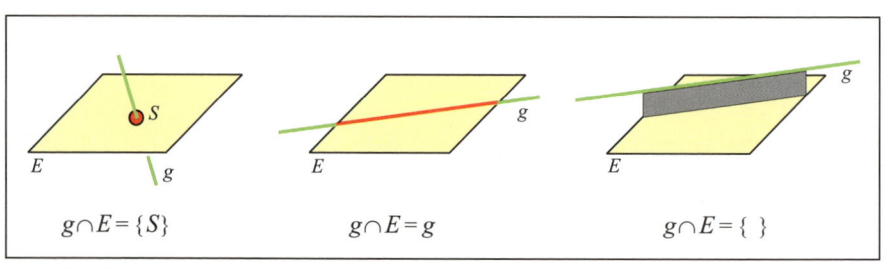

$g \cap E = \{S\}$　　$g \cap E = g$　　$g \cap E = \{\ \}$

C　直線と平面の交わり

平面方程式の法線型

平面は1点とその平面に垂直なベクトルとでも一意に決定できる。この平面に垂直なベクトルを法線ベクトルと呼ぶ。平面方程式の 法線型 と呼ばれるものを得る（図 A_1）：

$$(\vec{x} - \vec{a}) * \vec{n} = 0 \Leftrightarrow \vec{x} * \vec{n} = \vec{a} * \vec{n}$$

同様に一般的 座標方程式：

$$n_1 x_1 + n_2 x_2 + n_3 x_3 = d \quad \text{ただし } d = \vec{a} * \vec{n} \in \mathbb{R}$$

x_i の係数は $\vec{n}$ の成分である。

法線ベクトルの決定

ベクトル積（p.201）を用いる。
前提として必要なものは以下である：

- 平面の（線形独立な）2つの方向ベクトル
または
- 平面の同一直線上にない3点

第2のケースは位置ベクトルの差をとることによって最初のケースに帰結できる。

例：p.202 の図 C で，3点が2つの（線形独立な）ベクトルを定めてその積 $\vec{u} \times \vec{v}$

$$= \begin{pmatrix} 3 \\ -2 \\ 0 \end{pmatrix} \times \begin{pmatrix} -1 \\ -2 \\ 1 \end{pmatrix} = \begin{pmatrix} (-2) \cdot 1 - 0 \cdot (-2) \\ 0 \cdot (-1) - 3 \cdot 1 \\ 3 \cdot (-2) - (-2) \cdot (-1) \end{pmatrix} = \begin{pmatrix} -2 \\ -3 \\ -8 \end{pmatrix}$$

が法線ベクトル $\vec{n}$ を与える。平面の点 A(1,2,1) から座標方程式が生じる：

$$-2x_1 - 3x_2 - 8x_3 = d \quad \text{ただし } d = \vec{a} * \vec{n} = -16$$
$$\Leftrightarrow 2x_1 + 3x_2 + 8x_3 = 16$$

平面の軸切片型

平面の座標方程式を次の形にできるとき 軸切片型 という：

$$\frac{x_1}{a} + \frac{x_2}{b} + \frac{x_3}{c} = 1$$

詳しくいうと $(a,0,0), (0,b,0), (0,0,c)$ が平面の軸切片である。分母の数はつまり平面の座標軸上原点からの距離である 軸切片 である。

例：$12x_1 + 15x_2 + 20x_3 = 60$ $\quad |:60$

$$\Leftrightarrow \frac{x_1}{5} + \frac{x_2}{4} + \frac{x_3}{3} = 1 \quad \text{(図 } A_2\text{)}$$

軌跡直線

変数の1つを0にすると残りの方程式はもとの平面を残った変数の座標平面が切断してつくる 軌跡直線 の方程式となる。

軸切片型の特殊な型（図 A_3 と A4）：

- 変数を1つ除くとその変数に属する軸に平行な平面をなす。
その方程式はもとの平面の残った2つの変数の座標平面への軌跡直線の方程式と等しくなる。
- 2つの変数を除くと除いた両変数の座標軸に平行な平面となる。

2平面（3平面）の位置関係（図 B）

次の座標方程式で与えられた2平面における計算例：

$E_1 : x_1 + 2x_2 - x_3 = 4$
$E_2 : x_1 - 2x_2 + 3x_3 = 0$

解かなければならないのは (2,3)-LGS であり，ガウス行列（p.60）に0行を加えて (3,3) 行列に拡張できる（x_3 はしたがって $x_3 = r$ のように自由に選べる）：

$$\begin{pmatrix} 1 & 2 & -1 & 4 \\ 1 & -2 & 3 & 0 \\ 0 & 0 & 0 & 0 \end{pmatrix} \Leftrightarrow \begin{pmatrix} 1 & 0 & 1 & 2 \\ 0 & 1 & -1 & 1 \\ 0 & 0 & 0 & 0 \end{pmatrix}$$

$$\Leftrightarrow \begin{cases} x_1 = 2 - r \\ x_2 = 1 + r \\ x_3 = r \end{cases} \Rightarrow \vec{x} = \begin{pmatrix} x_1 \\ x_2 \\ x_3 \end{pmatrix} = \begin{pmatrix} 2 - r \\ 1 + r \\ r \end{pmatrix} \Leftrightarrow$$

$$\vec{x} = \begin{pmatrix} 2 \\ 1 \\ 0 \end{pmatrix} + r \begin{pmatrix} -1 \\ 1 \\ 1 \end{pmatrix} \quad \text{パラメーター型の切断直線の方程式}$$

注：平面の法線型は3変数の線形方程式である（p.61 と比べよ）。したがってその解は $\mathbb{R}^3$ での平面としての表現をなす。すなわち (2,3)-LGS および (3,3)-LGS の解の可能性は2および3平面の交わる可能性と関係がある（図 B）。

直線と平面の位置関係（図 C）

計算例：

g と E のパラメーター方程式

$$\vec{x} = \begin{pmatrix} 1 \\ 0 \\ 1 \end{pmatrix} + r \begin{pmatrix} 1 \\ 1 \\ 1 \end{pmatrix} \qquad \vec{x} = \begin{pmatrix} 1 \\ 0 \\ 2 \end{pmatrix} + s \begin{pmatrix} 0 \\ 1 \\ 1 \end{pmatrix} + t \begin{pmatrix} 1 \\ 1 \\ 0 \end{pmatrix}$$

から右辺を等号で結んで 交点方程式 を得る。この方程式は3つの座標方程式に分けられる。(3,3)-LGS の法線形への変形によりこれらの係数は変数 r, s, t のガウス行列をつくる：

$$\begin{pmatrix} 1 & 0 & -1 & 0 \\ 1 & -1 & -1 & 0 \\ 1 & -1 & 0 & 1 \end{pmatrix} \Leftrightarrow \begin{pmatrix} 1 & 0 & 0 & 1 \\ 0 & 1 & 0 & 0 \\ 0 & 0 & 1 & 1 \end{pmatrix} \Rightarrow \begin{cases} r = 1 \\ s = 0 \\ t = 1 \end{cases}$$

すなわち次が成り立つ：$g \cap E = (2, 1, 2)$

A 交わりの角

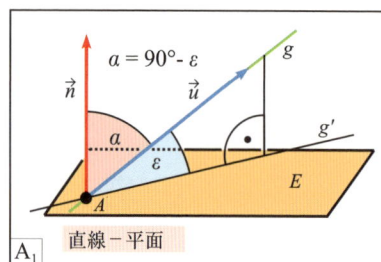

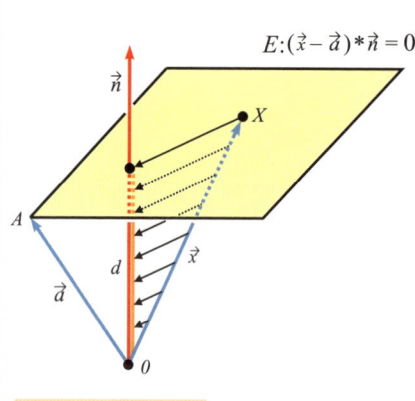

A_1 直線 − 平面

直線 g とそれに交わる平面 E の間の角 ε として，その直線とその直線の平面への垂直射影 g' とがなす角をとる（g は E に垂直でも平行でもない）。（$g \perp E$ のときには，$\varepsilon = 90°$，$g \subset E$ のときには $\varepsilon = 0°$）
$\alpha := \sphericalangle(\vec{n}, \vec{u})$ について次が成り立つ：

$$\cos \alpha = \cos(90° - \varepsilon) = \sin \varepsilon = \frac{|\vec{u} * \vec{n}|}{|\vec{u}| \cdot |\vec{n}|}$$

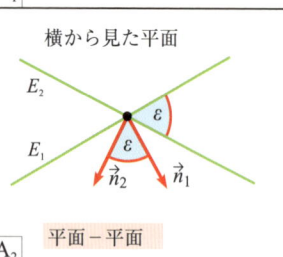

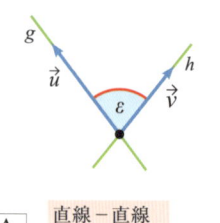

A_2 平面 − 平面 / A_3 直線 − 直線

2つの交わる平面［直線］のなす角 ε を両平面の法線ベクトル［両平面の方向ベクトル］がつくる角の小さいほうで定義する。

B スカラー積による距離計算

B_1 原点 − 平面の距離

$E: (\vec{x} - \vec{a}) * \vec{n} = 0$

$\vec{x}$ の $\vec{n}$ への垂直射影は平面のすべての点 X で同じ，すなわち平面の原点からの距離に等しい。したがって次が成り立つ：

$$|\vec{n} * \vec{a}| = \vec{n} * \vec{a}_{\vec{n}} = |\vec{n}| \cdot d$$
$$\Rightarrow \frac{1}{|\vec{n}|}|\vec{a} * \vec{n}| = d$$
$$\Rightarrow d = \left|\frac{\vec{n}}{|\vec{n}|} * \vec{a}\right|$$
$$\Rightarrow \boxed{d = |\vec{n_0} * \vec{a}|}$$

B_2 点 − 平面の距離

$E: (\vec{x} - \vec{a}) * \vec{n} = 0$

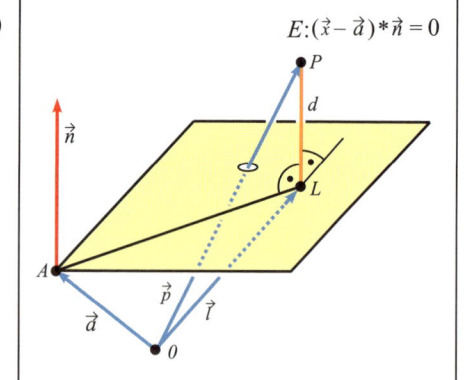

次が成り立つ：

$$|\overrightarrow{LP} * \vec{n}| = |\overrightarrow{LP}| \cdot |\vec{n}| = d \cdot |\vec{n}|$$
$$\Leftrightarrow d = \frac{1}{|\vec{n}|}|\vec{n} * \overrightarrow{LP}| = \frac{1}{|\vec{n}|}|\vec{n} * (\vec{p} - \vec{l})|$$

$L \in E$ なので $\vec{n} * \vec{l} = \vec{n} * \vec{a}$

であり，したがって

$$\vec{n} * (\vec{p} - \vec{l}) = \vec{n} * \vec{p} - \vec{n} * \vec{l}$$
$$= \vec{n} * \vec{p} - \vec{n} * \vec{a}$$
$$= \vec{n} * (\vec{p} - \vec{a})$$
$$\Rightarrow \boxed{d = |\vec{n_0} * (\vec{p} - \vec{a})|}$$

角計算

g は点 $A(2,3,1)$ と $B(4,6,2)$ を通り，平面 E は点 A, $C(3,3,3)$, $D(2,4,5)$ で決定されるとする．E と g のなす角の大きさを求めよ．

解答：図 A_1

(1) $A \in g$ かつ $A \in E$ なので A は g と E の交点である．
角 ε について次が成り立つ：$\sin \varepsilon = \dfrac{|\vec{n} * \vec{u}|}{|\vec{n}| \cdot |\vec{u}|}$

(2a) 方向ベクトル $\vec{u} = \vec{b} - \vec{a} = \begin{pmatrix} 2 \\ 3 \\ 1 \end{pmatrix}$

(2b) 線形独立な 2 つの方向ベクトル $\vec{v}$ と $\vec{w}$ のベクトル積上の法線ベクトル $\vec{n}$：

$\vec{v} = \vec{c} - \vec{a} = \begin{pmatrix} 1 \\ 0 \\ 2 \end{pmatrix}$ $\vec{w} = \vec{d} - \vec{a} = \begin{pmatrix} 0 \\ 1 \\ 4 \end{pmatrix}$

$\vec{v}$ と $\vec{w}$ は線形独立．なぜなら

$r \begin{pmatrix} 1 \\ 0 \\ 2 \end{pmatrix} + s \begin{pmatrix} 0 \\ 1 \\ 4 \end{pmatrix} = \vec{0}$ が成り立つなら

$r = 0 \wedge s = 0$ となる．

$\vec{n} = \vec{v} \times \vec{w} = \begin{pmatrix} 1 \\ 0 \\ 2 \end{pmatrix} \times \begin{pmatrix} 0 \\ 1 \\ 4 \end{pmatrix} = \begin{pmatrix} -2 \\ -4 \\ 1 \end{pmatrix}$

(3) $\sin \varepsilon = \dfrac{\left| \begin{pmatrix} 2 \\ 3 \\ 1 \end{pmatrix} * \begin{pmatrix} -2 \\ -4 \\ 1 \end{pmatrix} \right|}{\sqrt{14} \cdot \sqrt{21}} = \dfrac{15}{\sqrt{14} \cdot \sqrt{21}} = 0.8748178$

$\Rightarrow \varepsilon = 61.02°$

次の 2 つの平面のなす角の大きさを求めよ．
$E_1: 2x_1 + 3x_2 - 5x_3 = 5$
$E_2: 3x_1 - 3x_2 + 5x_3 = 4?$

解答：(図 A_2)

(1) 平面方程式の変数の係数がそれぞれ平面の 1 つの可能な法線ベクトルを定める：

$\vec{n}_1 = \begin{pmatrix} 2 \\ 3 \\ -5 \end{pmatrix}$, $\vec{n}_2 = \begin{pmatrix} 3 \\ -3 \\ 5 \end{pmatrix}$

(2) スカラー積の定義により 2 つの角の小さいほうについて次が成り立つ：

$\cos \varepsilon = \dfrac{|\vec{n}_1 * \vec{n}_2|}{|\vec{n}_1| \cdot |\vec{n}_2|}$

$= \dfrac{|6 - 9 - 25|}{\sqrt{38} \cdot \sqrt{43}} = 0.692679$

$\Rightarrow \varepsilon = 46.16°$

原点と直線の距離

次の平面のデカルト座標系の原点からの距離を求めよ．$E: 2x_1 + 3x_2 + 4x_3 = 12$

解答：

(1) 図 B_1 に示したように平面の原点からの距離 d とについて次が成り立つ：
$d = |\vec{n^0} * \vec{a}|\ (A \in E)$

(2a) 平面方程式の法線ベクトルを読み取る：

$\vec{n} = \begin{pmatrix} 2 \\ 3 \\ 4 \end{pmatrix} \Rightarrow \vec{n^0} = \dfrac{1}{\sqrt{29}} \begin{pmatrix} 2 \\ 3 \\ 4 \end{pmatrix}$

(2b) 平面上の点 A を定める：$A(1,2,1)$

(3) $d = \left| \dfrac{1}{\sqrt{29}}(2 + 6 + 4) \right| = 2.23$

点と平面の距離

点 $P(2,2,3)$ の前の課題にあげられた平面からの距離を求めよ．

解答：

(1) 図 B_2 に示したように距離 d について次が成り立つ：
$d = |\vec{n^0} * (\vec{p} - \vec{a})|\quad (A \in E)$

(2) $\vec{n^0}, \vec{a}$ は前問と同様：$\vec{p} - \vec{a} = \begin{pmatrix} 1 \\ 0 \\ 2 \end{pmatrix}$

(3) $\Rightarrow d = \left| \dfrac{1}{\sqrt{29}}(2 + 0 + 8) \right| = 1.86$

注：与えられた平面の座標方程式について $\dfrac{1}{|\vec{n}|}$ または $-\dfrac{1}{|\vec{n}|}$ をかけることによって（同値変形）変数 x_i の係数が単位法線ベクトルをつくり，同時に一般的な座標系（p.205）の欠けている項が負ではないことを与える．したがって平面の原点からの距離を得る．

この方程式の形より $d \geq 0$ のときには，L.O. ヘッセ（L.O. Hesse, 1811–1874）によってヘッセの法線型とされたものを得る：
$$\vec{n^0} * \vec{x} = d$$

例：$2x_1 - 3x_2 + 4x_3 = 12 \quad \left| \cdot \dfrac{1}{\sqrt{29}} \right.$

$\Leftrightarrow \dfrac{2}{\sqrt{29}} x_1 - \dfrac{3}{\sqrt{29}} x_2 + \dfrac{4}{\sqrt{29}} x_3 = \dfrac{12}{\sqrt{29}}$

この平面の原点からの距離は

$\dfrac{12}{\sqrt{29}}$ すなわち $d = 2.23$

そのほかの距離問題は p.209 にある．

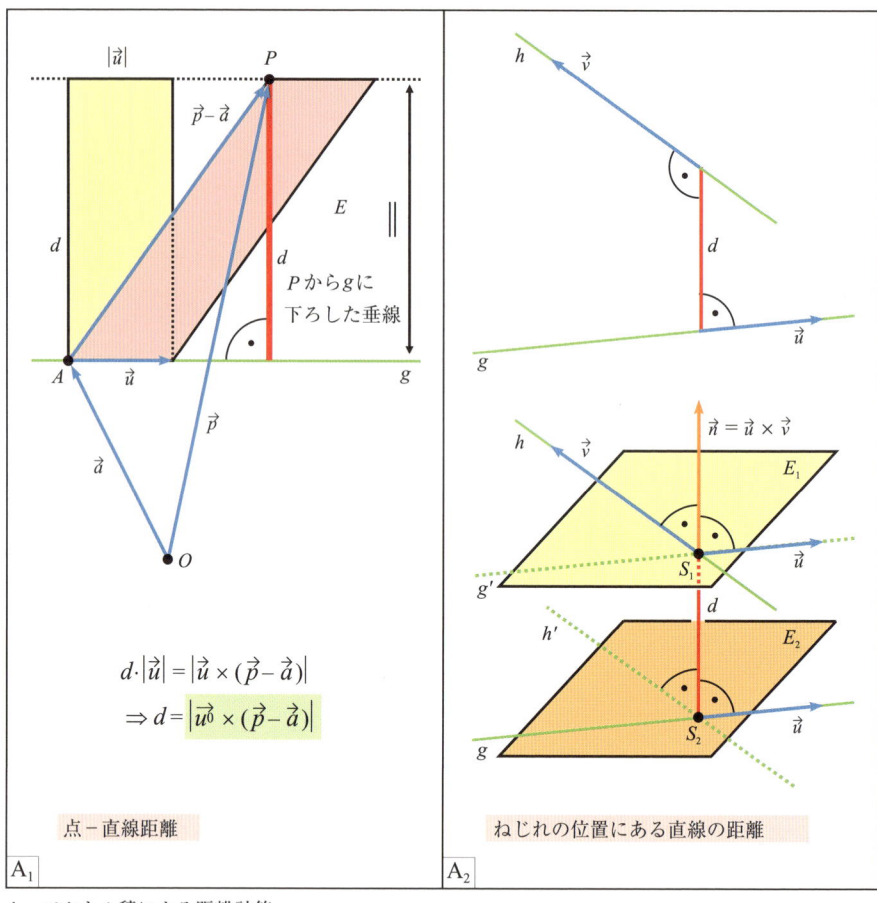

208 解析幾何学とベクトル計算

A ベクトル積による距離計算

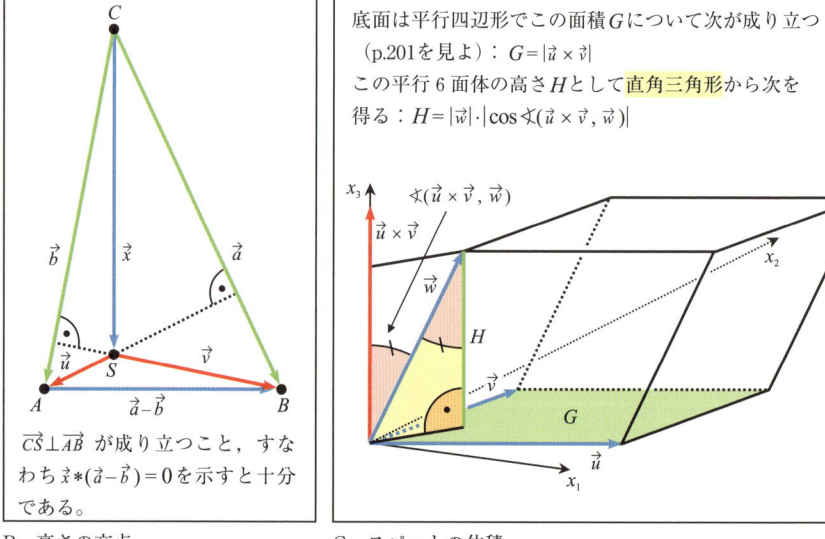

A₁ 点 – 直線距離

$$d \cdot |\vec{u}| = |\vec{u} \times (\vec{p} - \vec{a})|$$
$$\Rightarrow d = \left| \vec{u^0} \times (\vec{p} - \vec{a}) \right|$$

A₂ ねじれの位置にある直線の距離

$\vec{n} = \vec{u} \times \vec{v}$

B 高さの交点

$\vec{CS} \perp \vec{AB}$ が成り立つこと，すなわち $\vec{x} * (\vec{a} - \vec{b}) = 0$ を示すと十分である。

C スパットの体積

底面は平行四辺形でこの面積 G について次が成り立つ（p.201を見よ）： $G = |\vec{u} \times \vec{v}|$

この平行6面体の高さ H として直角三角形から次を得る： $H = |\vec{w}| \cdot |\cos\sphericalangle(\vec{u} \times \vec{v}, \vec{w})|$

平行な 2 平面の距離

平行な平面の距離は一方の平面の 1 点の他方の平面からの距離に等しい。したがってこの距離問題はすでに p.207 で解いてある。次を得る：
$d = |\vec{n^0} * (\vec{p} - \vec{a})|$ ただし $\vec{n}$ は両平面の法線ベクトル，P は一方の平面に A は他方の平面に属する。

$\mathbb{R}^3$ における点と直線の距離（図 A_1）

点 $P(2, 2, 3)$ の $A(1, 2, 1)$ と $B(3, 3, 0)$ を通る直線からの距離を求めよ。

解答：

(1) 点 P の直線 g からの距離 d を P から g に下ろした垂線の長さで定義する。

(2) $P \notin g$ なので P と g は平面 E をその中に図 A_1 の長方形とそれと同面積（p.173 を見よ）の平行四辺形があるように定める。

(3) 面積の同一性とベクトル積の平行四辺形の面積算出の可能性（p.201）のゆえに次の等式を得る：
$d \cdot |\vec{u}| = |\vec{u} \times (\vec{p} - \vec{a})|$
$\Leftrightarrow d = \frac{1}{|\vec{u}|} |\vec{u} \times (\vec{p} - \vec{a})| \Leftrightarrow d = |\vec{u^0} \times (\vec{p} - \vec{a})|$
ここで，$\vec{a}$ として $A(1, 2, 1)$ を選びうる：

$\vec{u} \times (\vec{p} - \vec{a}) = \begin{pmatrix} 2 \\ 1 \\ -1 \end{pmatrix} \times \begin{pmatrix} 1 \\ 0 \\ 2 \end{pmatrix} = \begin{pmatrix} 2 \\ -5 \\ -1 \end{pmatrix}$

$\Rightarrow d = |\vec{u^0} \times (\vec{p} - \vec{a})| = \frac{1}{\sqrt{6}} \sqrt{30} = \sqrt{5}$

$\mathbb{R}^3$ における直線と直線の距離（図 A_2）

$\mathbb{R}^3$ の 2 直線が次のように与えられたとする：
$g: \vec{x} = \vec{a} + r\vec{u}$ と $h: \vec{x} = \vec{b} + s\vec{v}$

ケース a)：2 直線が平行（p.202 の図 B と比較せよ）。
この場合直線 h 上に点を選んで直線 g からの距離を上のように算出することができる。

ケース b)：2 直線がねじれの位置にある。すなわち交点ももたなければ，平行でもない。距離は両直線から 1 点ずつとった 2 つの点の隔たりの最短のもので定まる。それは両直線間の共通垂線になる。これが存在することは図 A_2 の描写で明白である。
2 つの方向ベクトルは線形独立（2 直線が平行でない）。したがってそれぞれに 2 直線の一方が含まれるような補助平面が定まる。g [h] の含まれていないほうの平面への垂直射影 g' [h'] が h [g] とちょうど 1 点 S_1 [S_2] で交わる。
線分 $S_1 S_2$ が求めている共通垂線であり，その長さが平行 2 補助平面の距離すなわちねじれの位置にある 2 直線の距離である。したがってねじれの位置にある 2 直線の距離問題は平行な 2 直線の距離問題に帰結する。次が成り立つ：

$$d = |(\vec{u} \times \vec{v})^0 * (\vec{b} - \vec{a})|$$

三角形の高さの交点

三角形の高さは 1 点で互いに交わることを示せ。

証明：（図 B）
仮定より $\vec{u} \perp \vec{a}$ すなわち $\vec{u} * \vec{a} = 0$，$\vec{v} \perp \vec{b}$ すなわち $\vec{v} * \vec{b} = 0$ さらに $\vec{x} = \vec{b} - \vec{u}$ と $\vec{x} = \vec{a} - \vec{v}$ が成り立つ。
そこから次が導かれる：

$$\begin{aligned}
\vec{x} * (\vec{a} - \vec{b}) &= \vec{x} * \vec{a} - \vec{x} * \vec{b} \\
&= (\vec{b} - \vec{u}) * \vec{a} - (\vec{a} - \vec{v}) * \vec{b} \\
&= \vec{a} * \vec{b} - 0 - \vec{a} * \vec{b} + 0 = 0
\end{aligned}$$
w.z.z.w.

スパット（平行六面体）積

$\vec{u}, \vec{v}, \vec{w}$ によってつくられる「傾いた」直方体（スパット）体積を求めよ（図 B）。

ケース 1：$\vec{u}, \vec{v}, \vec{w}$ が線形従属だとする。
立体はできないので体積は 0。

ケース 2：$\vec{u}, \vec{v}, \vec{w}$ が線形独立だとする。
スパットの体積について次が成り立つ（p.189）：
$V_{Spat} = G \cdot H$（Spat=スパット）
ただし $G = |\vec{u} \times \vec{v}|$, $H = |\vec{w}| \cdot |\cos \sphericalangle (\vec{u} \times \vec{v}; \vec{w})|$

したがって次のようになる：

$$V_{Spat} = |(\vec{u} \times \vec{v}) * \vec{w}|$$

注：$(\vec{u} \times \vec{v}) * \vec{w}$ はスパット積と呼ばれ実数である。この数は $\vec{u}, \vec{v}, \vec{w}$ がこの順に右系 [左系] をつくるとき正 [負] である。3 個のベクトルが線形従属なときはちょうど 0 である。
スパット積は × も * も使わずに $(\vec{u}, \vec{v}, \vec{w})$ の形でも書きうる。なぜならスパット積の値を変えることなく × と * とを入れ替えることができるからである。

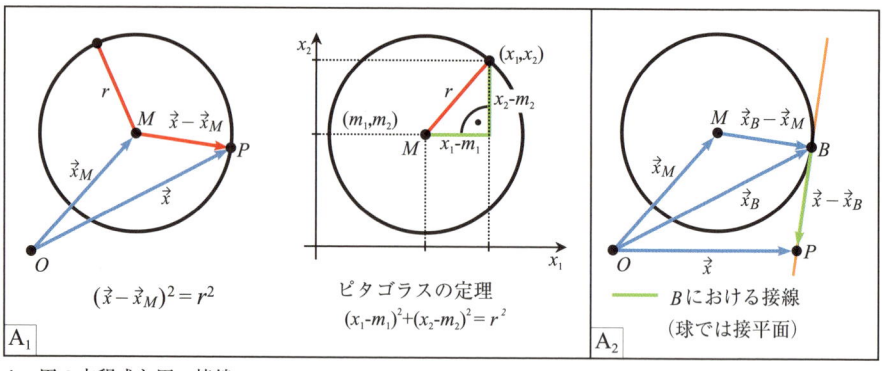

210 解析幾何学とベクトル計算

A 円の方程式と円の接線

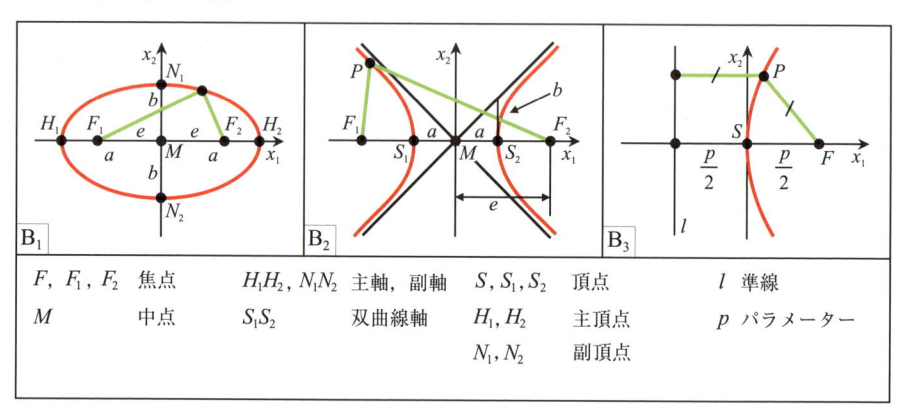

A₁: $(\vec{x} - \vec{x}_M)^2 = r^2$

ピタゴラスの定理
$(x_1 - m_1)^2 + (x_2 - m_2)^2 = r^2$

A₂: Bにおける接線（球では接平面）

B 楕円, 双曲線, 放物線

F, F_1, F_2 焦点	H_1H_2, N_1N_2 主軸, 副軸	S, S_1, S_2 頂点	l 準線
M 中点	S_1S_2 双曲線軸	H_1, H_2 主頂点	p パラメーター
		N_1, N_2 副頂点	

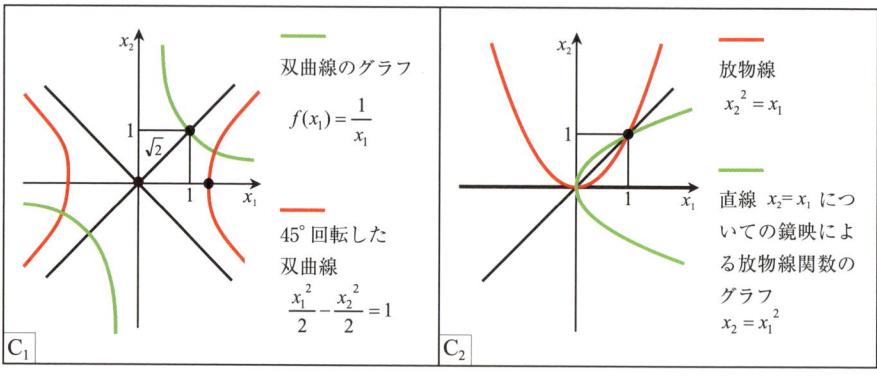

C 双曲線と双曲線関数, 放物線と放物線関数

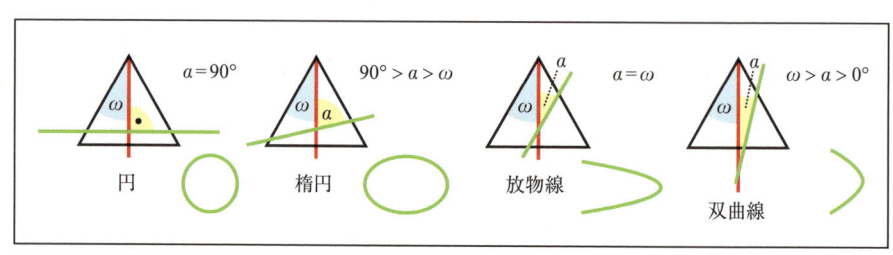

C₁: 双曲線のグラフ $f(x_1) = \dfrac{1}{x_1}$

45°回転した双曲線 $\dfrac{x_1^2}{2} - \dfrac{x_2^2}{2} = 1$

C₂: 放物線 $x_2^2 = x_1$

直線 $x_2 = x_1$ についての鏡映による放物線関数のグラフ $x_2 = x_1^2$

D 円錐切断曲線

$\alpha = 90°$ 円　　$90° > \alpha > \omega$ 楕円　　$\alpha = \omega$ 放物線　　$\omega > \alpha > 0°$ 双曲線

円（球）

デカルト座標系では次が成り立つ（図 A_1）：

$(\vec{x} - \vec{x}_M)^2 = r^2$, 中心 $M(m_1, m_2)$ の円の 中心型
$\vec{x}^2 = r^2$, 原点型 $M(0,0)$

座標を用いると次の等式を得る：

$(x_1 - m_1)^2 + (x_2 - m_2)^2 = r^2$
$x_1^2 + x_2^2 = r^2$

注：円の定義を $\mathbb{R}^3$ に移行することにより 球の定義 を得る。球には円におけると同じベクトル方程式が属する。座標方程式では第 3 座標 x_3 としてふさわしい項が加わる。

だ（楕）円と双曲線

異なる 2 点 F_1 と F_2 が x_1 軸上原点から距離 e の位置にあるとする。F_1 と F_2 からの距離の和が一定 $\overline{PF_1} + \overline{PF_2} = 2a$ ［距離の差が一定 $|\overline{PF_1} - \overline{PF_2}| = 2a$］$(e, a \in \mathbb{R}^+)$ のすべての点の集合を だ円［双曲線］と呼ぶ（図 B_1 と B_2）。

$e = 0$ のだ円は円である。

だ円方程式（名称：図 B）：

$\frac{x_1^2}{a^2} + \frac{x_2^2}{b^2} = 1$

原点型 $(M(0,0))$
$F_1 = (-e, 0)$ と $F_2 = (e, 0)$ で次を得る：
$\overline{PF_1} = \sqrt{(x_1 + e)^2 + x_2^2}$,
$\overline{PF_2} = \sqrt{(e - x_1)^2 + x_2^2}$
距離の和に置き換えて以下を得る：
$\sqrt{(x_1 + e)^2 + x_2^2} + \sqrt{(e - x_1)^2 + x_2^2} = 2a$
$\Leftrightarrow 2a - \sqrt{(e - x_1)^2 + x_2^2} = \sqrt{(x_1 + e)^2 + x_2^2}$ ｜平方
$\Rightarrow 4a^2 - 4ex_1 = 4a\sqrt{(e - x_1)^2 + x_2^2}$ ｜:4a
$\Leftrightarrow a - \frac{e}{a}x_1^2 = \sqrt{(e - x_1)^2 + x_2^2}$ ｜平方
$\Rightarrow a^2 - \frac{e^2}{a^2}x_1^2 = e^2 + x_1^2 + x_2^2$
$\Leftrightarrow \left(1 - \frac{e^2}{a^2}\right)x_1^2 + x_2^2 = a^2 - e^2$
$\Leftrightarrow (a^2 - e^2)\frac{x_1^2}{a^2} + x_2^2 = a^2 - e^2$ ｜$: a^2 - e^2 = b^2$
$\Leftrightarrow \frac{x_1^2}{a^2} + \frac{x_2^2}{b^2} = 1$

中心型 では次のようになる：
$\frac{(x_1 - m_1)^2}{a^2} + \frac{(x_2 - m_2)^2}{b^2} = 1$, 中心点 $M(m_1, m_2)$

距離の差についてだ円の場合と同じ計算をすると，結果として 双曲線方程式 を得る：

$\frac{x_1^2}{a^2} - \frac{x_2^2}{b^2} = 1$, 原点型（$M(0,0)$）

同様に

$\frac{(x_1 - m_1)^2}{a^2} - \frac{(x_2 - m_2)^2}{b^2} = 1$, 中心点型
（中心点 $M(m_1, m_2)$）

注：これを原点の周りに時計回りに 45° 回転移動すると 双曲線関数（p.73）のグラフとの関係がわかる（図 C_1）。
双曲線が漸近線をもつことは図より明白である。漸近線は方程式 $x_2 = \pm x_1$ の 2 直線である。
一般的なケースでは原点型では商 $\frac{x_2}{x_1}$ をつくる。すなわち：
$\frac{x_2}{x_1} = \pm \frac{b}{a}\sqrt{1 - \frac{a^2}{x_1^2}}$ となり，$\lim_{x_1 \to \pm \infty} \frac{x_2}{x_1} = \pm \frac{b}{a}$
漸近線として方程式 $x_2 = \pm \frac{b}{a}x_1$ の 2 直線を得る。

放物線

平面上の直線 l から距離 p にある点 F があるとする。F と l からの距離が等しいようなすべての点の集合 $(p \in \mathbb{R}^+)$ を 放物線 と呼ぶ（図 B_3）。

図 B_3 のようにデカルト座標系では 放物線方程式 として 頂点型 と呼ばれる $x_2^2 = 2px_1$ を得る。

注：$x_2 = x_1$ の直線についての鏡映（図 C_2）によって，放物線関数：$x_2 = \frac{1}{2p}x_1^2$ のグラフとの関係がわかる（p.71 を見よ）。

円の接線（球の接平面）

円の接線は自身の接する半径に垂直であるから，その点について次のベクトル方程式が成り立つ（図 A_2）：

$(\vec{x} - \vec{x}_B) * (\vec{x}_B - \vec{x}_M) = 0$

第 1 因子の $\vec{x}_B$ を $\vec{x}_M + (\vec{x}_B - \vec{x}_M)$ で置き換えると変形によって円方程式に似た形の 接線方程式 を得る：

$(\vec{x} - \vec{x}_M) * (\vec{x}_B - \vec{x}_M) = r^2$

注：だ円，双曲線，放物線を 円錐切断曲線* という。

これらはたとえば石膏で造った円錐での実践から得ている。円錐をとがった紙袋の中に造って円錐の軸と一定の角をもつ平面に沿ってのこぎりで切断できる。この切断面の縁がいくつかの特殊なケースを除いてだ円（特別なものが円）や双曲線，放物線である（図 D および AM の p.187）。

――――――
（訳注） *［円錐曲線］

212　解析幾何学とベクトル計算

A₁

$M = \{u, g\}$
$(M; +; \bullet)$ 環

$M \backslash \{g\} = \{u\}$

中立元 g を
もつ可換群 $(M; +)$

+	u	g
u	g	u
g	u	g

$(M; \bullet)$
半群

$\bullet$	u	g
u	u	g
g	g	g

中立元 u をもつ可換群
$(M \backslash \{g\}; \bullet)$

$\bullet$	u
u	u

$u :=$ 奇数
$g :=$ 偶数

$(M; +; \bullet)$ は2元の体

A₂

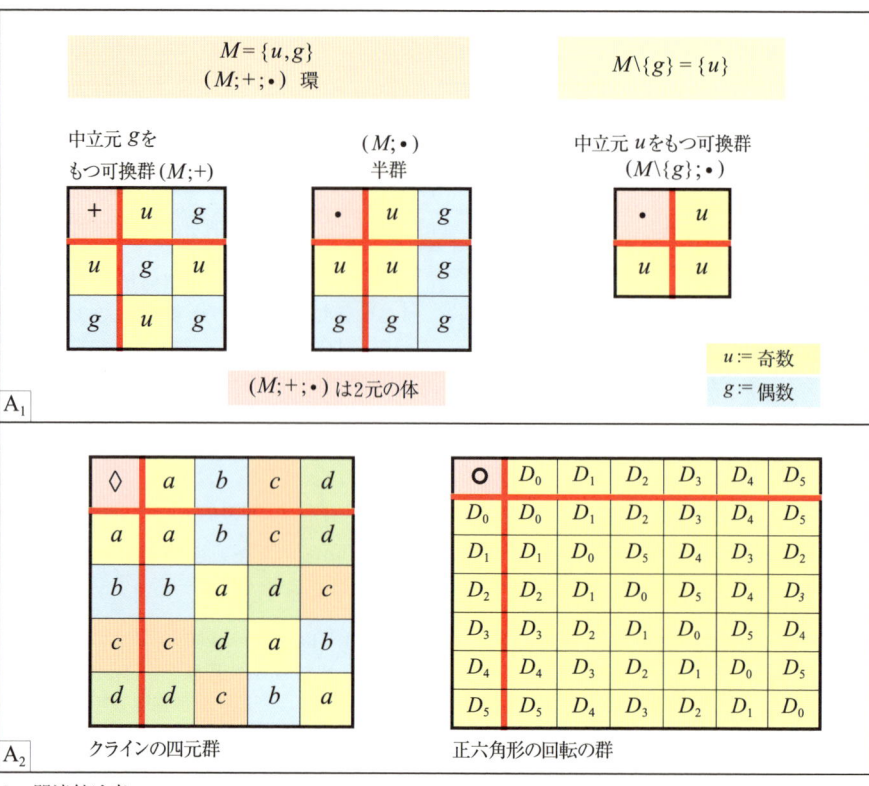

◊	a	b	c	d
a	a	b	c	d
b	b	a	d	c
c	c	d	a	b
d	d	c	b	a

クラインの四元群

○	D_0	D_1	D_2	D_3	D_4	D_5
D_0	D_0	D_1	D_2	D_3	D_4	D_5
D_1	D_1	D_0	D_5	D_4	D_3	D_2
D_2	D_2	D_1	D_0	D_5	D_4	D_3
D_3	D_3	D_2	D_1	D_0	D_5	D_4
D_4	D_4	D_3	D_2	D_1	D_0	D_5
D_5	D_5	D_4	D_3	D_2	D_1	D_0

正六角形の回転の群

A　関連付け表

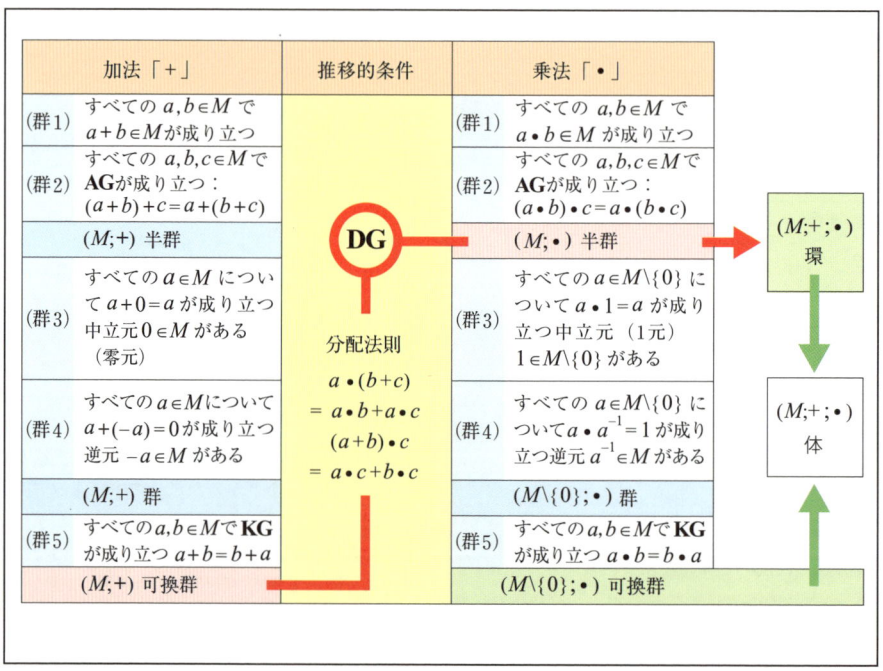

B

	加法「+」	推移的条件	乗法「・」	
(群1)	すべての $a, b \in M$ で $a + b \in M$ が成り立つ		すべての $a, b \in M$ で $a \bullet b \in M$ が成り立つ	(群1)
(群2)	すべての $a, b, c \in M$ で **AG** が成り立つ：$(a+b)+c = a+(b+c)$		すべての $a, b, c \in M$ で **AG** が成り立つ：$(a \bullet b) \bullet c = a \bullet (b \bullet c)$	(群2)
	$(M; +)$ 半群	**DG**	$(M; \bullet)$ 半群	→ $(M; +; \bullet)$ 環
(群3)	すべての $a \in M$ について $a + 0 = a$ が成り立つ中立元 $0 \in M$ がある（零元）	分配法則 $a \bullet (b+c) = a \bullet b + a \bullet c$ $(a+b) \bullet c = a \bullet c + b \bullet c$	すべての $a \in M \backslash \{0\}$ について $a \bullet 1 = a$ が成り立つ中立元（1元）$1 \in M \backslash \{0\}$ がある	(群3)
(群4)	すべての $a \in M$ について $a + (-a) = 0$ が成り立つ逆元 $-a \in M$ がある		すべての $a \in M \backslash \{0\}$ について $a \bullet a^{-1} = 1$ が成り立つ逆元 $a^{-1} \in M$ がある	(群4)
	$(M; +)$ 群		$(M \backslash \{0\}; \bullet)$ 群	$(M; +; \bullet)$ 体
(群5)	すべての $a, b \in M$ で **KG** が成り立つ $a + b = b + a$		すべての $a, b \in M$ で **KG** が成り立つ $a \bullet b = b \bullet a$	(群5)
	$(M; +)$ 可換群		$(M \backslash \{0\}; \bullet)$ 可換群	

B　環と体

群・環・体・行列 I

数学で「群（Gruppe）」について語るときには，数またはほかの対象の集合で与えられた確定した規則（公理）の上に「計算」が存在するものを念頭に置く。
実際，規則による計算はたとえば実数の加法 $a+b$ や乗法 $a \cdot b$ のように代数のみの用件であると思うに違いない。しかしながらベクトルの集合はすでに「計算」の対象が必ずしも数に限られたものではないことの例である。そこでは平面または空間での平行移動に属する矢の類を扱う（p.193）。
集合 M の対象の「計算」の代わりに次のようにもいう：

M 上に定義された 内的関連付け が行われる。

内的関連付け

ここで集合 M の 2 つの元 a と b ごとに（$a=b$ も認める）数集合での和や積のように集合 M の一意の「結果」に割り当てられる。
この意味で平行移動の次々の実行（ベクトルの加法）もまた内的関連付けといえる。なぜなら $\vec{u}$ と $\vec{v}$ では $\vec{u}+\vec{v}$ もまた 1 つの平行移動（ベクトル）であるから。特定の関連付けを用いずに一般的に関連付けの記号を定義する。

すべての $a, b \in M$ について次が成り立つ：
$a \diamond b \in M$（a は b に関連付くと読む）

さらに $(M; \diamond)$ と書く（内的関連付け「$\diamond$」をもつ集合 M と読む）。

内的関連付けの例：
(a) $\mathbb{N}, \mathbb{Z}, \mathbb{Q}, \mathbb{R}, \mathbb{C}$ 上の「$+$」と「$\bullet$」
(b) n 回積の加法（p.196, 図 B）
(c) 正六角形（正 n 角形）の自身の中央点の周りの回転移動で頂点の上に頂点が移るようなもののすべてからなる集合で回転が次々と実行されることは内的関連付けとなる
(d) 図 A にあるような関連付け表にしたがった関連付け

群公理

内的関連付けの実施は代数でよく知られている特定の定理によって生じる（ここでは短い形で述べる。精察な定式化は図 B）：

| （群 1）内的関連付け（iV） | $a \diamond b \in M$ |
| （群 2）結合法則（AG） | |

$(a \diamond b) \diamond c = a \diamond (b \diamond c)$
（群 3）中立元 e (nE)　　$a \diamond e = a$
（群 4）a の逆元 $\bar{a}$ (iE)　　$a \diamond \bar{a} = e$
（群 5）交換法則 (KG)　　$a \diamond b = b \diamond a$

（群 1）から（群 5）を 群公理 と呼ぶ。以下の概念が定義される：

集合 M で（群 1）から（群 4）までが成り立つなら $(M; \diamond)$ を 群 と呼ぶ。さらに（群 5）が成り立つならその群は 可換 であるという。（群 1）と（群 2）しか成り立たないなら 半群 という。

群/半群の例
(1) $(\mathbb{Z}; +)$, $(\mathbb{Q}; +)$, $(\mathbb{C}; +) / (\mathbb{N}; +)$, $(\mathbb{N}; \bullet)$
(2) $(\mathbb{Q} \setminus \{0\}; \bullet)$, $(\mathbb{R} \setminus \{0\}; \bullet)$, $(\mathbb{C} \setminus \{0\}; \bullet)$
(3) 左欄の例 (c)
(4) 図 A の関連付け表で定義された有限群

(nE) と (iE) の補足

(nE) と (iE) では e との関連付けと $\bar{a}$ との関連付けが左側からも生じるということも除外されない。そのうえ複数の中立元の存在や複数の逆元さえも全く不可能ではない。

定理：群 $(M; \diamond)$ では次が成り立つ：
(a) $\bar{a} \diamond a = a \diamond \bar{a} = e$
(b) $e \diamond a = a \diamond e = a$
(c) ちょうど 1 つの中立元がある
(d) 元それぞれにちょうど 1 つの逆元がある

上の定理にあげた性質は 4 つの公理（群 1）から（群 4）のみから導かれる（証明は AM の p.63 を見よ）。したがって定義にこれらを取り入れる必要はない。

環と体

「数集合」の章の p.15, p.17 にあるように $\mathbb{N}$ ならびに $\mathbb{Z}$ の計算を $\mathbb{Q}$ でのそれに比較すると不十分である。$\mathbb{Z}$ ではつまり負の数には（$(\mathbb{N}; +)$ に欠けていた逆元である）減法が定義されている。それでもなお $(\mathbb{Z} \setminus \{0\}; \bullet)$ の逆元は欠けている。その逆元は $\mathbb{Q}$ では完全な除法を可能にするための逆数となる。

図 B に示した概念構築では $(\mathbb{Z}; +; \bullet)$ は環の代数的構造をもち，一方 $(\mathbb{Q}; +; \bullet)$ はさらに広がった体の構造をもつ。

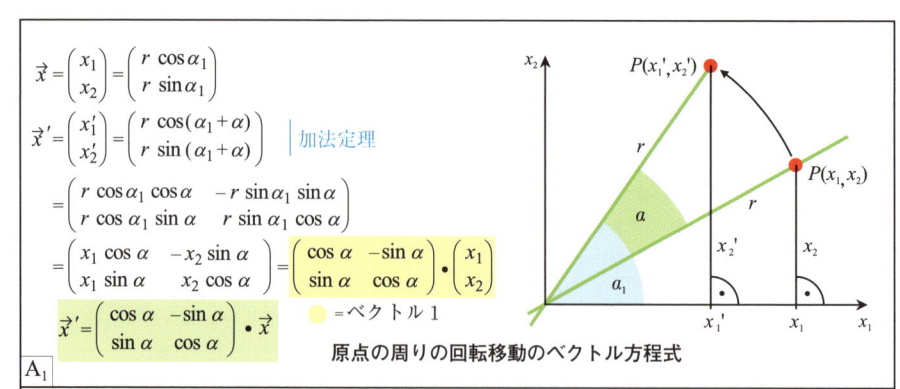

214 解析幾何学とベクトル計算

$$\vec{x} = \begin{pmatrix} x_1 \\ x_2 \end{pmatrix} = \begin{pmatrix} r\cos\alpha_1 \\ r\sin\alpha_1 \end{pmatrix}$$

$$\vec{x}' = \begin{pmatrix} x_1' \\ x_2' \end{pmatrix} = \begin{pmatrix} r\cos(\alpha_1+\alpha) \\ r\sin(\alpha_1+\alpha) \end{pmatrix} \quad \text{加法定理}$$

$$= \begin{pmatrix} r\cos\alpha_1\cos\alpha & -r\sin\alpha_1\sin\alpha \\ r\cos\alpha_1\sin\alpha & r\sin\alpha_1\cos\alpha \end{pmatrix}$$

$$= \begin{pmatrix} x_1\cos\alpha & -x_2\sin\alpha \\ x_1\sin\alpha & x_2\cos\alpha \end{pmatrix} = \begin{pmatrix} \cos\alpha & -\sin\alpha \\ \sin\alpha & \cos\alpha \end{pmatrix} \bullet \begin{pmatrix} x_1 \\ x_2 \end{pmatrix}$$

$$\vec{x}' = \begin{pmatrix} \cos\alpha & -\sin\alpha \\ \sin\alpha & \cos\alpha \end{pmatrix} \bullet \vec{x} \qquad \bullet = \text{ベクトル } \mathbf{1}$$

原点の周りの回転移動のベクトル方程式

A_1

行列 と ベクトル の間の乗法「•」は以下のように定義されている：
行列の行を段(行ベクトル$\vec{z_1}, \vec{z_2}$)ととらえる。スカラー積$\vec{z_1}*\vec{x}, \vec{z_2}*\vec{x}$をつくる(p.201を見よ)。これにより図$A_1$のベクトル **1** の第1, 第2成分を得る。

$$\begin{pmatrix} \cos\alpha & -\sin\alpha \\ \sin\alpha & \cos\alpha \end{pmatrix} \bullet \begin{pmatrix} x_1 \\ x_2 \end{pmatrix} = \begin{pmatrix} \vec{z_1}*\vec{x} \\ \vec{z_2}*\vec{x} \end{pmatrix}$$

A_2

原点を中心とする2つの回転移動が与えられた回転角α, βをもつとき
　　すなわち$\vec{x}' = D_\alpha \bullet \vec{x},\ \vec{x}'' = D_\beta \bullet \vec{x}'$のとき
次々と実践していくために次が成り立つ(2つの等式の第1のほうを第2へ代入)：
$\vec{x}'' = D_\beta \bullet (D_\alpha \bullet \vec{x})$
カッコを置き換えられることのみが成り立つとよい。それにはまず$D_\beta \bullet D_\alpha$の計算法が与えられなくてはならない。この積を図B_1のように定義すると，$D_{\alpha+\beta}$を次々と実践していくために望ましい性質をもつように得られる。

A_3　　　　　　　　　　　　**2つの回転移動の積**

A　点の周りの回転移動と回転行列

行列とベクトルの積の一般化の1つは 任意の(2,2)行列 の積である。
第1の行列の行ベクトル$\vec{z_1}$と$\vec{z_2}$をつくり，第2の行列の列ベクトル$\vec{s_1}$と$\vec{s_2}$のスカラー積
$\vec{z_1}*\vec{s_1}, \vec{z_2}*\vec{s_1}$ と $\vec{z_1}*\vec{s_2}, \vec{z_2}*\vec{s_2}$ によって列をつくる。

$$\begin{pmatrix} a_{11} & a_{12} \\ a_{21} & a_{22} \end{pmatrix} \bullet \begin{pmatrix} b_{11} & b_{12} \\ b_{21} & b_{22} \end{pmatrix} := \begin{pmatrix} \vec{z_1}*\vec{s_1} & \vec{z_1}*\vec{s_2} \\ \vec{z_2}*\vec{s_1} & \vec{z_2}*\vec{s_2} \end{pmatrix}$$

B_1　　　　　　　　　　　　**任意の(2,2)行列の積**

計算によってこれらの内的関連づけの**結合性**が確かめられる。それに反し，(2,2)行列の乗法は**非可換**。なぜならたとえば次が成り立つ。

$$\begin{pmatrix} 1 & 0 \\ 0 & 0 \end{pmatrix} \bullet \begin{pmatrix} 0 & 1 \\ 0 & 1 \end{pmatrix} = \begin{pmatrix} 0 & 1 \\ 0 & 0 \end{pmatrix} \quad \text{入れ替えて} \quad \begin{pmatrix} 0 & 1 \\ 0 & 1 \end{pmatrix} \bullet \begin{pmatrix} 1 & 0 \\ 0 & 0 \end{pmatrix} = \begin{pmatrix} 0 & 0 \\ 0 & 0 \end{pmatrix}$$

さらに，おのおのの行列に逆行列があるとは限らない。そのうえ**中立行列** $E = \begin{pmatrix} 1 & 0 \\ 0 & 1 \end{pmatrix}$ について次が成り立つ：$A \bullet \overline{A} = E$
この方程式はたとえば $A = \begin{pmatrix} 1 & 0 \\ 0 & 0 \end{pmatrix}$ では可解ではない。

なぜなら $\begin{pmatrix} 1 & 0 \\ 0 & 0 \end{pmatrix} \bullet \begin{pmatrix} x & y \\ v & w \end{pmatrix} = \begin{pmatrix} 1 & 0 \\ 0 & 1 \end{pmatrix}$ ならば次が成り立つ：$0 = 1$

B_2　　　　　　　　　　　　**任意の(2,2)行列の積の性質**

B　(2,2)行列の積

回転行列の群

点 $P(x_1, x_2)$ の $\mathbb{R}^2$ のデカルト座標系の原点の周りの回転移動（回転角 α）は $2 \cdot 2$ すなわち 4 個の数字の (2,2) 行列と呼ばれる形で書ける（回転行列ともいう）。像点 P' について次のベクトル方程式が成り立つ（図 A_1）：

$$\vec{x}' = D_\alpha \bullet \vec{x}$$

ただし行列 $D_\alpha = \begin{pmatrix} \cos\alpha & -\sin\alpha \\ \sin\alpha & \cos\alpha \end{pmatrix}$

ここで行列とベクトルの関連付け「•」は図 A のように定義されている。原点の周りのすべての回転移動の集合上の内的関連付けは次々と続いて行われるものとして得られる。原点の周りの回転角 α と β の回転移動を続けて行うと結果は角の和 $\alpha+\beta$ の回転移動となる。回転移動の表現を回転行列で置き換えて次を得る（図 A_3）：

$$D_{\alpha+\beta} = D_\beta \bullet D_\alpha$$

ここで 2 つの行列の乗法は図 B_1 にあるように行われる。これは内的関連付けであり，次が成り立つ：

> 回転行列の集合は関連付け「•」について可換群をなす。

任意の (2,2) 行列

図 A_3 で定義された内的関連付けについてすべての群公理が満たされるわけではない。すなわち (**AG**) は成り立ち，**単位行列**と呼ばれる中立元

$$\mathbf{E} = \begin{pmatrix} 1 & 0 \\ 0 & 1 \end{pmatrix}$$

が存在する。しかしそれぞれの行列に逆行列が存在するわけではない。そのうえ (**KG**) が成り立たない（図 B_2）。

> **定理**：すべての (2,2) 行列の集合は乗法について中立元 E をもつ非可換な半群をつくる（p.213）。

(2,2) 行列の環

(2,2) 行列の応用範囲は幾何学的写像に制限されない。(2,2) 行列の加法を説明することは大変意味がある。つまり 位置的 にである。ここで (2,2) 行列の位置「11」，「12」，「21」，「22」を区別する。第 1 の番号は行，第 2 の番号は列を表している。

この加法について (2,2) 行列の集合は可換群をなす。

乗法についての半群の性質と分配法則の有効性（対計算）をあわせて次を得る：

> **定理**：(2,2) 行列の集合は前述の内的関連付け「+」と「•」について中立元 E をもつ非可換な環をつくる（p.213）。

正則行列

逆元の存在する (2,2) 行列が 正則 行列と呼ばれる。これはその行列式が 0 に等しくない行列である。

$A = \begin{pmatrix} a_{11} & a_{12} \\ a_{21} & a_{22} \end{pmatrix}$ について

差 $\det A = a_{11} \cdot a_{22} - a_{12} \cdot a_{21}$ を A の 行列式 という。

次の性質から：

$$\det(A \bullet B) = \det A \cdot \det B$$

すべての (2,2) 行列の集合上の内的関連付け「•」は正則行列の部分集合上の内的関連付けでもある。$\det A \neq 0$ かつ $\det B \neq 0$ では $\det(A \bullet B) \neq 0$ もまた得られる。つまり次が成り立つ：

> **定理**：正則 (2,2) 行列の部分集合は乗法「•」について 非可換な群（正則群* という）をなす。

> 群の部分集合がまた同様に群ならば 部分群 と呼ぶ。

回転行列の群はつまり正則群の部分群である。これについては学校数学では部分群の可能性の特殊なケースを扱うのみである。

ギムナジウム後期 I の幾何学の授業全体では相似写像の部分群研究について解釈することが認められている。これには合同写像の重要な部分群をも含まれる。ここではそれぞれの群は不変数と呼ばれるものをもっている。たとえば合同写像における点，直線，平行性，線分の長さ，角の大きさなどがそれである。

（訳注） ＊［一般線形群］

216　推測統計学

指標	特徴	対象
性別	男性，女性，そのほか	人間
選挙支持	SPD，CDU/CSU，FDP，Grüne，そのほか	有権者
賃貸期間（年）	10まで，10超25まで，25超40まで，40超	賃貸人
序列	評価1，評価2，評価3，…，評価6	生徒
サイコロの柄	サイコロの目，1，2，…，6	サイコロ

A　指標と特徴

サイコロを30回振る

原リスト: 32626 16514 36216 12661 46613 11453 ($n=30$)

短線リスト:

1	2	3	4	5	6

絶対度数 $H(a_i)$:

1	2	3	4	5	6
8	4	4	3	2	9

相対度数 $h(a_i)$:

1	2	3	4	5	6
0.27	0.13	0.13	0.10	0.07	0.30

B₁　　　　　　　　　　　　　　　　B₂　ヒストグラム

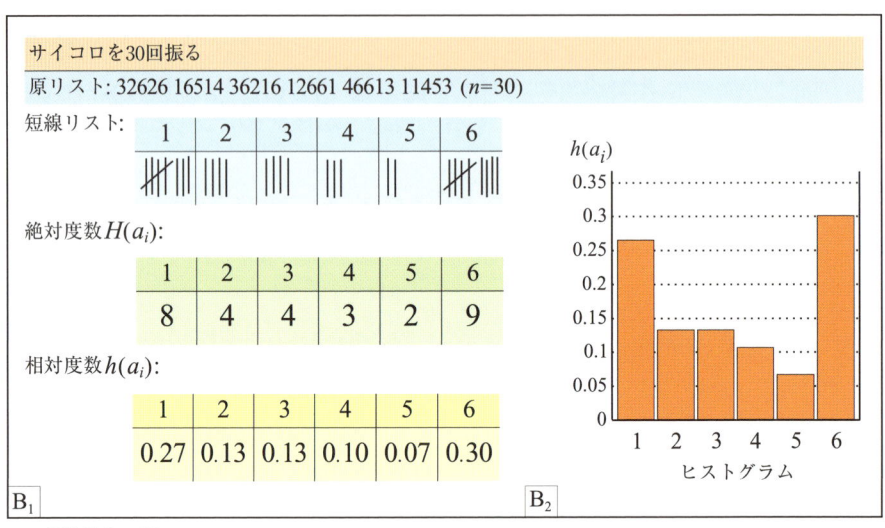

B　度数分布の例

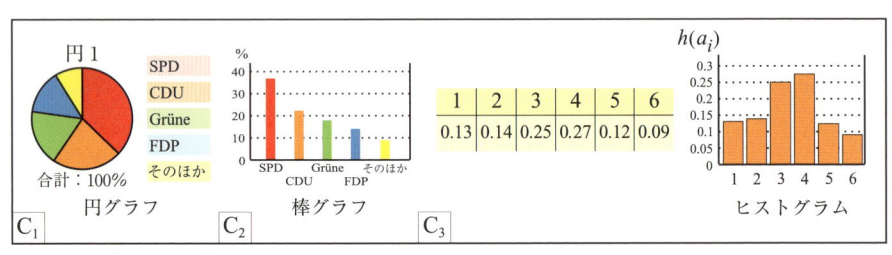

C₁ 円グラフ　　C₂ 棒グラフ

1	2	3	4	5	6
0.13	0.14	0.25	0.27	0.12	0.09

C₃　　　　　　　ヒストグラム

C　度数分布のグラフ表現

1	2	3	4	5	6
0.04	0.10	0.45	0.33	0.07	0.01

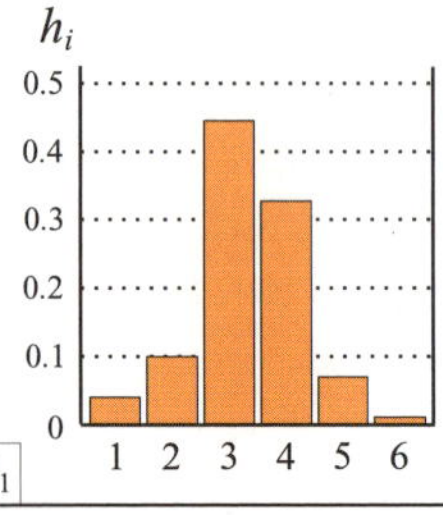

h_i

D₁

a_i	h_i	$a_i \cdot h_i$	$(a_i-\bar{e})^2 \cdot h_i$	h_i	$a_i \cdot h_i$	$(a_i-\bar{e})^2 \cdot h_i$
1	0.04	0.04	0.22	0.13	0.13	0.74
2	0.1	0.2	0.17	0.14	0.28	0.27
3	0.45	1.35	0.02	0.25	0.75	0.64
4	0.33	1.32	0.15	0.27	1.08	0.10
5	0.07	0.35	0.20	0.12	0.6	0.31
6	0.01	0.06	0.07	0.09	0.54	0.62
和	1	3.32	$\bar{s}^2=0.84$	1	3.38	$\bar{s}^2=2.08$
		$\bar{e}=3.32$	$\bar{s}=0.92$		$\bar{e}=3.38$	$\bar{s}=1.44$

D₂

D　平均値と標準偏差

統計学の基礎

統計学は科学，経営，政治，経済そのほかの欠かせない道具になった。

最初はデータ把握（無作為抽出検査）とその処理（記述的統計学）であった。

無作為抽出は社会的集団の代表にふさわしい部分の調査であり，同時に品質検査での検査結果，あるいはサイコロを繰り返し振るときなどにも生じる。

調査はたとえば年齢，家族内の立場，政党の支持などのようないろいろな事象に適した特定の**指標**に値する。タイヤの品質検査の指標はたとえば「長持ちすること」がありうる。一方，サイコロでは結果は「目の数」をみてとる（図 A）。

無作為抽出は特定の指標が事象の集合 $\{a_1, a_2, \ldots, a_k\}$ に属するように調整されている。統計学者は無作為抽出検査による結果の百分率の命題をつくる。

これらの命題が無作為抽出を行った総体について有効かどうかということは確率計算を用いた**評価統計学** の問題である。

度数分布

n 個の観測結果からなる 長さ n の無作為抽出は $e_i \in \{a_1, \ldots, a_k\}$ で $e_1, e_2, \ldots, e_n$ の**原リスト**（図 B_1）で表しうる。

個々の事象の出現の概観は**客観的度数** $H(a_i)$，短くいうと H_i の表に短線リストの原リストで表すことができる（図 B_1）。

商 $\dfrac{H(a_i)}{n}$ をつくると a_i の百分率化された割り当てを得る。

$$h(a_i) := \frac{H(a_i)}{n}$$
短く h_i は a_i の **相対的度数*** という。

相対的度数の割り当て表は**度数分布**とも呼ばれるが，関与する事象の百分率割り当ての概観である（図 B_1）。

定義から次が導かれる

(1) $0 \leq h_i \leq 1$　　(2) $h_1 + \cdots + h_k = 1$

注：$0.27 = \dfrac{27}{100} = 27\%$　　$1 = 100\%$

分布のグラフ表現

ある指標の事象の分布はたとえば円グラフ，棒グラフ，ヒストグラム（図 B, C）を用いて具体化できる。ヒストグラムでは長方形の幅で値 1 の指標の強さを表す。

分布のパラメーター

ある分布を平均値によって特徴付ける。または平均値からの偏差で特徴付ける。次の 2 つに区別する：

　　位置パラメーター，偏差パラメーター

結果が数 であることは前提である。

a) 算術的中間値，中央値

位置パラメーターの最も重要なものは算術的中間値 $\bar{e}$ であり，算術的平均値 ともいう。a_1 の客観的［相対的］度数 $H_i[h_i]$ により無作為抽出の長さ n で次のように得られる：

$$\bar{e} = \frac{1}{n}(a_1 \cdot H_1 + a_2 \cdot H_2 + \ldots + a_k \cdot H_k)$$
$$= a_1 \cdot h_1 + a_2 \cdot h_2 + \ldots + a_k \cdot h_k$$

いわゆる「それだま」（極端に外れた値）には算術的平均値は非常に損なわれやすい反応をする。幾分強くそれだまに対応できるのはいわゆる

　　中央値（メディアン） である。

中央値は原リストの値を大きさの順に並べて個数が奇数の場合には真ん中の値，偶数の場合には中央にある 2 つの平均値をとることにする。

b) 平均値の偏差と拡散量

同じ算術的平均値をもつ度数分布であってもこれらの値の誤差（ばらつき）には大きな違いがある（図 C, D）。

ばらつきのグレードの大きさは算術的平均値の誤差の 2 乗の平均であり，**分散** と呼ぶ。

$$\bar{s}^2 = (a_1 - \bar{e})^2 \cdot h_1 + \ldots + (a_k - \bar{e})^2 \cdot h_k$$

両辺の平方根をとって**標準偏差** $\bar{s}$ と呼ばれるものを得る。

注：誤差の平方により大きな誤差は特別強く現れる。小さな分散は非常に小さな拡散を意味する（図 D）。

（訳注）　＊［相対度数］

1	モオスバッハー氏には衣服の問題がある。彼はジャケットを3枚ズボンを4本ネクタイは3本もっていて月に一度も同じ組合せを身につけては事務所に行きたくない。可能だろうか。	$3 \cdot 4 \cdot 3 = 36$
2	サッカーくじ11では0，1，2の3通りの可能性から11の予想のそれぞれを決定する。いくつの異なる予想ができるか。	$3^{11} = 177147$
3	49からのロト6では49の数字のうち6個に×印をつける。いくつの異なる予想ができるか。	$\binom{49}{6}$ $= 13983816$
4	4つの文字a, b, c, dで重複を許さない［許す］4文字の「単語」はいくつできるか。	$4! = 24$ $[4^4 = 256]$
5	ダンス会に女の子4人と男の子3人が参加している。ダンスのペアはいくつできるか。	$4 \cdot 3 = 12$

A 例

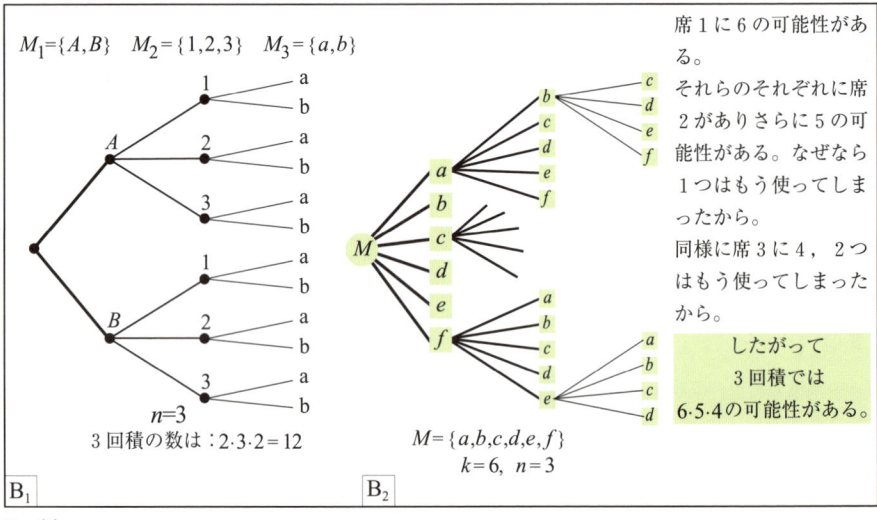

$M_1 = \{A, B\}$ $M_2 = \{1, 2, 3\}$ $M_3 = \{a, b\}$

席1に6の可能性がある。

それらのそれぞれに席2がありさらに5の可能性がある。なぜなら1つはもう使ってしまったから。

同様に席3に4，2つはもう使ってしまったから。

したがって
3回積では
$6 \cdot 5 \cdot 4$ の可能性がある。

$n=3$
3回積の数は：$2 \cdot 3 \cdot 2 = 12$

$M = \{a, b, c, d, e, f\}$
$k = 6, \ n = 3$

B₁   B₂

B 例

n元の部分集合

k元の集合M

n元のn席への振り替え（双射写像）

Mの部分集合のそれぞれには重複を許さないで$n!$のバリエーションがある。

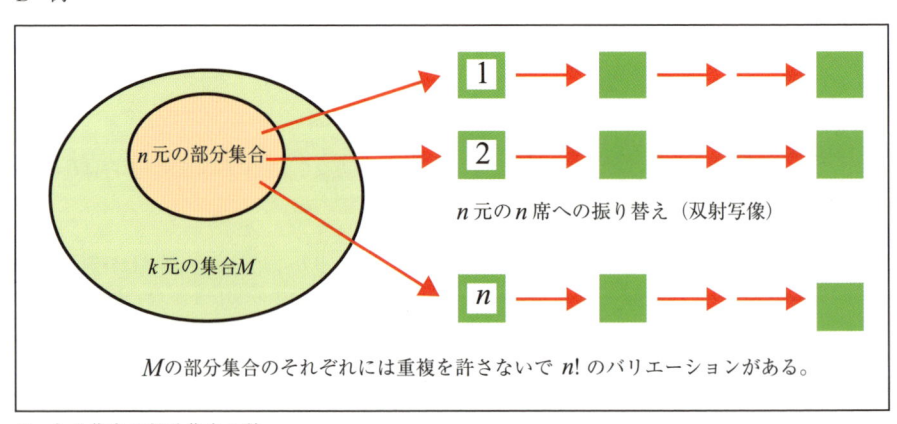

C ある集合の部分集合の数

組合せ理論

組合せ理論ではいくつかの確率計算について重要な数事象を扱う。単独では以下に述べる問題(例,図A)を扱う:

n 回積の数と n 回積の部分集合の数:

n 回積の数

n 個 ($n \in \mathbb{N}$) の連なった席 □, □, □, ..., □ が席1, 席2, ..., 席 n の名をもって与えられているとき,それぞれの席に対象の有限集合からそしてここからのみちょうど1つの対象を席に置きうる。集合は席ごとに $M_1, M_2, ..., M_n$ と呼ぶ。それぞれの集合の元の数は席によって $k_1, k_2, ..., k_n$ となる。

属する集合から n 個の席すべてに置くとできるものを n 回積 ($n=3$ では3重積, $n=2$ では順序のある対)と呼ぶ(p.11と比較せよ)。

例:図 B_1

問題提起:

異なる n 回積の数はいくつあるか(少なくとも1カ所で同じ番号の席が異なるものでしめられている2つの n 回積は異なる)。

解:

n 回積の数はそこに現れる集合の大きさの積である。

$$k_1 \cdot k_2 \cdot ... \cdot k_n$$

この結果は図 B_1 の樹形図を n 個の集合に推移すると明らかである。

特殊なケース

すべて同じ集合 M から取り出してくるとする。このとき $k_1 = k_2 = \cdots = k_n = k$ が導かれ,**n 回積の数**について次が成り立つ:

$$A(n,k) = k^n$$

これを n 回積の代わりに特に**重複のある*順列**ともいう。

n 回積がすべての席で異なるものでしめられているとき**重複のない**順列になる。異なる n 回積の数については $n \leq k$ の条件の下,次が成り立つ

(訳注) *[重複を許す] **[重複を許さない]

(図 B_2):

$$V(n,k) = k \cdot (k-1) \cdot ... \cdot (k-(n-1))$$
$$= \frac{k!}{(k-n)!}$$

注:$k!$ ($k \geq 2$) は次の積であり:$1 \cdot 2 \cdot ... \cdot k$
$(k-n)!$ は次の積である:$1 \cdot 2 \cdot ... \cdot (k-n)$
$k < 2$ では:$1! = 1$, $0! = 1$

$n = k$ では重複のないバリエーションを特別なケースとして**順列**をつくる。n 個の席にどの2つも異なる n 個の元を置くような n 回積を扱う。$0! = 1$ なので集合の n 個の元の**順列の数**が得られる。

$$P(n) = n!$$

部分集合の数

n 回積の集合では席のならびに注意することは重要な条件である。図 A の例4のように,もしそうでないならば与えられた集合の部分集合に行き着く。1つの k 元集合にある異なる n 元部分集合の数に興味がある(少なくとも1つの元が両方の集合に含まれていなければ2つの部分集合は異なる)(図C)。

すべての重複のないバリエーションを得る。すなわちすべての異なるメンバーの n 回積は与えられた k 元の集合 M から以下の考察で導かれる:

(1) 元が n 個の M の部分集合を選ぶときいかようにかして席1から n までをこの元で埋める。このときこの配置は順列となり,この 部分集合の重複のないすべてを得る。

(2) (1) の条件は M の n 元の異なった部分集合が存在する個数だけ重複を許す。

(3) M の**異なる n 元の部分集合の数**を $T(n,k)$ で表すと次が成り立つ:

$$T(n,k) \cdot n! = V(n,k)$$

代入と変形によって次を得る:

$$T(n,k) = \frac{k!}{n! \cdot (k-n)!}$$

注:右辺の式はちょうど二項係数といわれる $\binom{k}{n}$ である。この名前は $(a+b)^k$ の一般的な二項定理からくる(公式集 p.252 を見よ)。この式では係数として分離している。

220　推測統計学

無為試行	結果の過程	結果集合 S
サイコロ1個を振る	⚀ ⚁ ⚂ ⚃ ⚄ ⚅	{1,2,3,4,5,6}
コインを投げる	紋章 Ⓦ Ⓩ 数	{W,Z}
サイコロ2個を振る	⚀⚀, ⚀⚁, ⚀⚂, ⚀⚃ …以下同様	{(1,1),(1,2),…,(1,6), (2,1),… …,(6,1),(6,2),…,(6,6)}
	3 , 7 , …以下同様	{2,3,…,11,12}
画鋲	頭を下に ⊥　針を下に ⌐ （堅い床の上で）	{K, S}

A　無為試行

1個のコインの2段階試行の代わりに2個の異なるコインを投げる

2個の異なるコインを投げると生じる面の組　　1組のコインを投げるとき{W,Z}を基礎におく

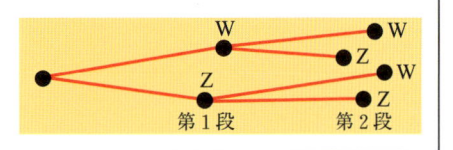

$S = \{(W,W),(W,Z),(Z,W),(Z,Z)\}$

それぞれの対に属す隣にある木の枝

（右図：第1段／第2段の樹形図　W, Z の枝分かれ）

B　多段階試行

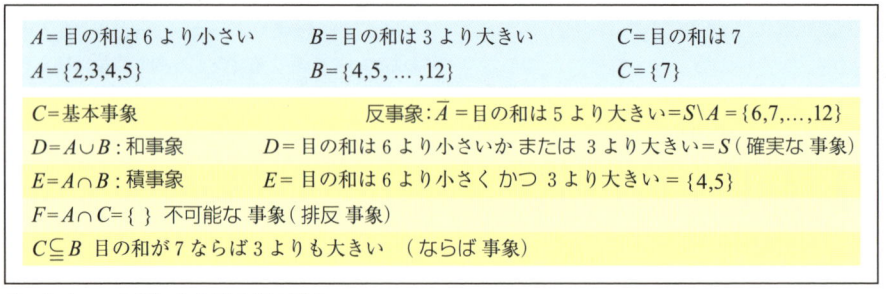

A = 目の和は6より小さい　　B = 目の和は3より大きい　　C = 目の和は7
$A = \{2,3,4,5\}$　　$B = \{4,5,…,12\}$　　$C = \{7\}$

C = 基本事象　　　　　　　　反事象：$\bar{A}$ = 目の和は5より大きい = $S \setminus A = \{6,7,…,12\}$
$D = A \cup B$：和事象　　D = 目の和は6より小さいかまたは3より大きい = S（確実な事象）
$E = A \cap B$：積事象　　E = 目の和は6より小さくかつ3より大きい = $\{4,5\}$
$F = A \cap C = \{\ \}$　不可能な事象（排反事象）
$C \subseteq B$　目の和が7ならば3よりも大きい　　（ならば事象）

C　サイコロ2個による目の和の事象

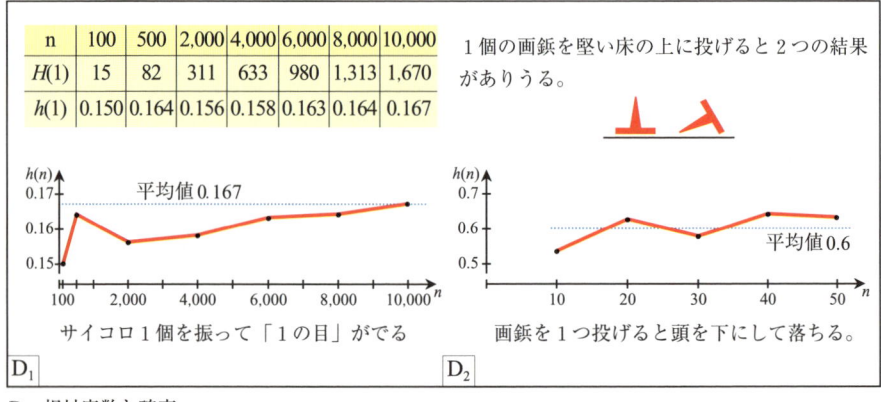

n	100	500	2,000	4,000	6,000	8,000	10,000
$H(1)$	15	82	311	633	980	1,313	1,670
$h(1)$	0.150	0.164	0.156	0.158	0.163	0.164	0.167

1個の画鋲を堅い床の上に投げると2つの結果がありうる。

（グラフ左：$h(n)$　平均値 0.167）
サイコロ1個を振って「1の目」がでる
D_1

（グラフ右：$h(n)$　平均値 0.6）
画鋲を1つ投げると頭を下にして落ちる。
D_2

D　相対度数と確率

確率の概念は例である。一般に 無為試行 と呼ばれその結果は事象概念によって確率概念と数的に関連している。ナンバーロトに参加するものが彼の経験に基づいて仲間にナンバーロトについて「僕はたぶん何も当たらないだろう」と語るのでは数学者にとっては不十分である。この判断は確率が割り当てられた数を根拠としなくてはならない。

無為試行

無為試行 はあらかじめ確定されえない結果をともなった試みで理解する。おのおのの無為試行ごとに可能な結果として少なくとも2元をもつ集合が，いわゆる 結果集合 S として与えられていることを前提とする。

例：1個のサイコロを1回だけ投げると $S = \{1, 2, 3, 4, 5, 6\}$ からどの結果が出るかということは偶然にゆだねられる。そのほかの例は図Aにある。

注：この例はその結果集合が試行と結びついた問題提起に依存していることを示している。
無為試行の1段階と複数段階（n段階）を区別する。

■ n 段階の無為試行 は n 個の無為試行の連続である。

同一の試行の繰り返しとも解釈できる。たとえば n 回コインを投げるように。

例：図B

複数段階の無為試行で確定された試行の順番があるとき，含まれた試行（図B）の結果からその結果を n 回積 (p.11, p.219) で書き表す。

n 回積の代わりに一目瞭然な 樹形図 を利用する（図B）。

事象

1個のサイコロを投げるとき「少なくとも3の目」あるいは「2または6の目」が出るとを期待することができる。最初のケースが部分集合 $\{3, 4, 5, 6\}$ 第2のケースが $\{2, 6\}$ に結果が属するとき 事象 が生じた という。結果が認められたとき結果は一意に書かれていて，事象が生じる。

■ S の部分集合のそれぞれを 事象 と呼ぶ。

集合論の表現 (p.8, p.9を見よ) を有効に使うことが許されていることは以下の特別な事象が示す：
- 確かな事象：S
- ありえない事象：$\{\ \}$
- 基本事象：$\{e\} : e \in S$
- A に対する反事象 $\overline{A} : S \setminus A$
- 積事象：$A \cap B$
- 和事象：$A \cup B$
- A では B もまた生じる：$A \subseteq B$
- A と B が両立しえない：$A \cap B = \{\ \}$

例：図C

相対的度数*，相対的確率

確率として事象に割り当てられる数はいかなる確実さでその事象が起こることが期待されているかという情報を与えなければならない。

確実さのグレードは百分率によって表しうる。それによって大きい数の繰り返しの試行からこの事象の起こることが期待される。このときまず基本的事象に限る。

例：不正のないサイコロ振りではどの回も同じ百分率に関連付けられる。すなわち 16.6% である。「長期試行」を行うと，たとえば「1の目」は最終的にすべてのケースの $\frac{1}{6}$ 出る（図D）。次のようにいう：

「1の目の確率は $\frac{1}{6}$ である」。

不正のないコイン投げでは両面の確率は 50% すなわち $\frac{1}{2}$ になる。

赤玉4個黒玉5個の入ったくじ箱から赤玉を引く確率は $\frac{4}{9}$ である。これに対して黒玉を引く確率は $\frac{5}{9}$ である。

しかしながら画鋲を投げた結果が頭が下になるか針が下になるかはどのようになるだろうか。ここでは相対度数を試行の繰り返しから得なくてはならない。これによって両結果についての確率の評価を得る。

例：図D

ここでいわゆる 大数の法則 というものを得た。

長期試行によって相対的度数はある値に安定する。

―――――
（訳注）＊［相対度数］

A

赤玉4個と黒玉5個のくじ箱

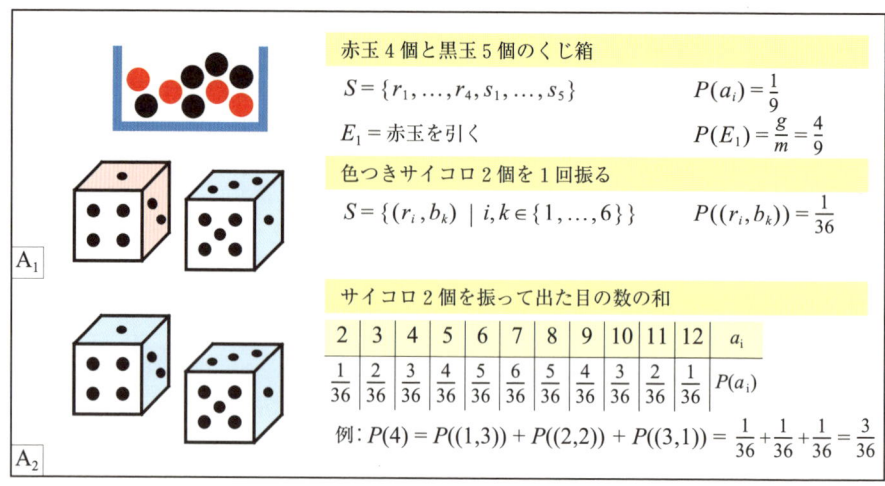

$S = \{r_1, \ldots, r_4, s_1, \ldots, s_5\}$ $P(a_i) = \frac{1}{9}$

$E_1 =$ 赤玉を引く $P(E_1) = \frac{g}{m} = \frac{4}{9}$

色つきサイコロ2個を1回振る

$S = \{(r_i, b_k) \mid i, k \in \{1, \ldots, 6\}\}$ $P((r_i, b_k)) = \frac{1}{36}$

サイコロ2個を振って出た目の数の和

2	3	4	5	6	7	8	9	10	11	12	a_i
$\frac{1}{36}$	$\frac{2}{36}$	$\frac{3}{36}$	$\frac{4}{36}$	$\frac{5}{36}$	$\frac{6}{36}$	$\frac{5}{36}$	$\frac{4}{36}$	$\frac{3}{36}$	$\frac{2}{36}$	$\frac{1}{36}$	$P(a_i)$

例: $P(4) = P((1,3)) + P((2,2)) + P((3,1)) = \frac{1}{36} + \frac{1}{36} + \frac{1}{36} = \frac{3}{36}$

A　ラプラス試行（A_1），非ラプラス試行（A_2）

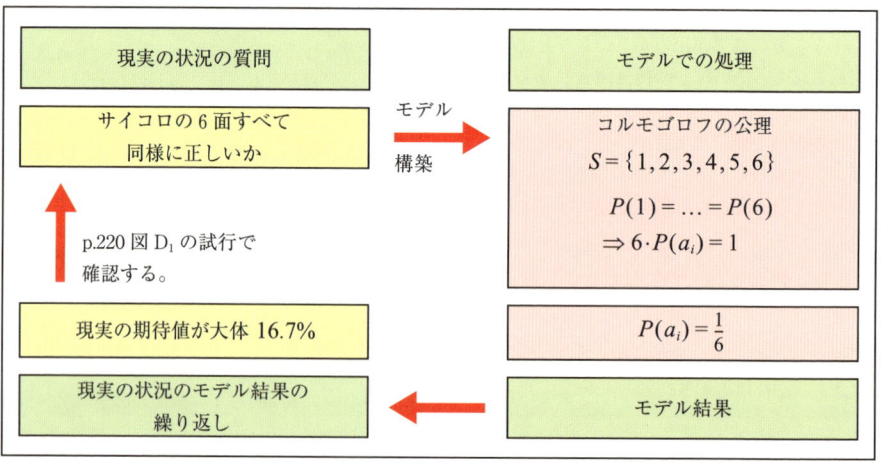

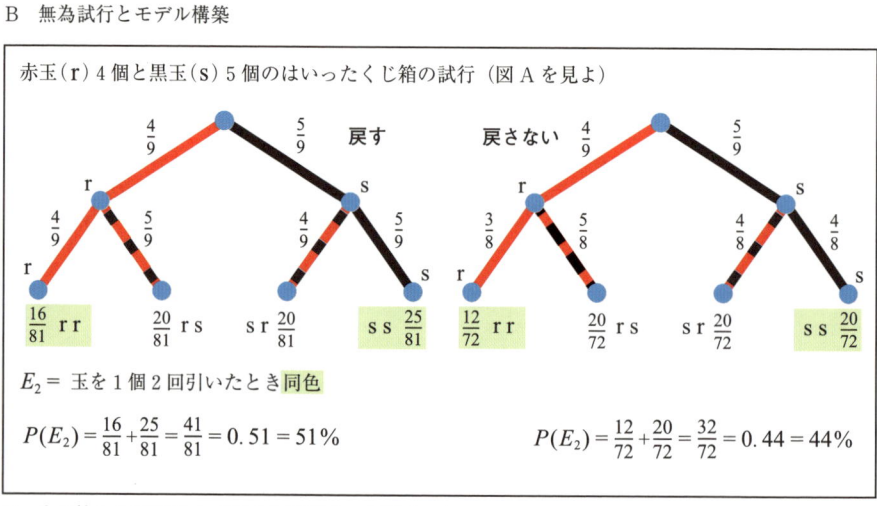

B

現実の状況の質問 → **モデルでの処理**

サイコロの6面すべて同様に正しいか
　→ モデル構築 →
コルモゴロフの公理
$S = \{1, 2, 3, 4, 5, 6\}$
$P(1) = \ldots = P(6)$
$\Rightarrow 6 \cdot P(a_i) = 1$

p.220 図 D_1 の試行で確認する。

現実の期待値が大体 16.7%　←　$P(a_i) = \frac{1}{6}$

現実の状況のモデル結果の繰り返し　←　モデル結果

B　無為試行とモデル構築

C

赤玉（r）4個と黒玉（s）5個のはいったくじ箱の試行（図Aを見よ）

戻す:
$\frac{16}{81}$ rr　$\frac{20}{81}$ rs　$\frac{20}{81}$ sr　$\frac{25}{81}$ ss

戻さない:
$\frac{12}{72}$ rr　$\frac{20}{72}$ rs　$\frac{20}{72}$ sr　$\frac{20}{72}$ ss

$E_2 =$ 玉を1個2回引いたとき同色

$P(E_2) = \frac{16}{81} + \frac{25}{81} = \frac{41}{81} = 0.51 = 51\%$

$P(E_2) = \frac{12}{72} + \frac{20}{72} = \frac{32}{72} = 0.44 = 44\%$

C　くじ箱から玉を引く（引くたび戻す，戻さない）

ラプラスの試行

コイン投げ，1個のサイコロを投げること，あるいはくじ箱から玉を引くことなどは無為試行の例である。これらによって基本事象の割り当てられる確率は同じ大きさである（同確率）。

すべての結果が同確率であるような無為試行を **ラプラス試行** という。

ラプラス試行という名はフランスの数学者ラプラス（P.S. DE LAPLACE, 1749–1827）に由来する。彼はこの試行によく取り組んだ。

ラプラス試行について次が成り立つ:
$$S = \{a_1, a_2, \cdots, a_m\} \Rightarrow P(a_i) = \frac{1}{m}$$

P は定義領域を S とする実数値関数である（写像概念 p.159 と比較せよ）。これを **ラプラス型** または **ラプラス分布** と呼ぶ。

注：記号 P は英語の「probability：確率」からくる。

ラプラス試行について S の部分集合で任意の事象 E が与えられたとき，E はまた確率に割り当てることができる。

$$P(E) = \frac{|E|}{|S|} = \frac{g}{m}$$

このとき g および $|E|$ と m および $|S|$ はそれぞれ E と S の元の数。次のようにいう：

E について m のありうる試行事象のうちで g が成り立つ（図A）。

確率分布，モデル

ラプラス分布をもつラプラス試行は特殊な無為試行である。一方，2個のサイコロを投げて目の数の和を求めることはラプラス試行ではない（図A_2 の分布表を見よ）。

この種のケースで実数値関数 P を得ることがある。P は S で定義されていてそれぞれの事象が確率に割り当てられている。

以下の性質（コルモゴロフの公理　KOLMOGOROFF, 1903–1987）を満たすとき P は S についての **確率方程式** または **確率分布** という：

(4) $P(A) \geq 0$ （すべての $A \subseteq S$） （正値性）
(5) $P(S) = 1$ （正規性）
(6) $A \cap B = \{\ \} \Rightarrow P(A \cup B) = P(A) + P(B)$ （加法性）

これらの性質は S 上に関数 P が定義されているように広範囲に開いている。どの関数がふさわしいかは実際の無為試行と調整して見定めなければならない。それを処理することにより数学的モデルが得られ，問題が書き換えられて問題の解が見つかる。そして実際の状況に関して解釈されなければならない。またこの解釈は試行の実行によって裏付けられねばならない（図B）。

いろいろな規則

(1) $P(\{\ \}) = 0$

(2) $P(\overline{E}) = 1 - P(E)$

(3a) $P(A \cup B) = P(A) + P(B) - P(A \cap B)$

(3b) シルベスターの式
$$P(A \cup B \cup C) = P(A) + P(B) + P(C) \\ - P(A \cap B) - P(A \cap C) - P(B \cap C) \\ + P(A \cap B \cap C)$$

小道規則と和の規則

確率計算の主要課題の1つは与えられた確率から新しい確率を得ることである。I段の確率が得られるとき多段階の無為試行の確率も求めうる。ここで無為試行の樹形図を描くと各段に属する確率を書き込むことができる（図C）。それぞれの小道の確率から多段階の無為試行のために次の小道規則と呼ばれるものを得る：

小道規則：多段階の無為試行の結果の確率，**小道確率** は樹形図に属する小道に沿った確率の積である。

例：図C

注：ここで明らかに第2段の確率はそれ以前に出てきた段の条件に依存する（条件付き確率と比較せよ，p.225）。確率の割り当てでは考慮に入れなければならない。

多段階無為試行についての **和の規則** が事象 E にも同様に成り立つ（例：図C）：

事象 E の確率は E に属する結果のすべての小道確率の和である。

| 有効な結果 | ありうる結果 |

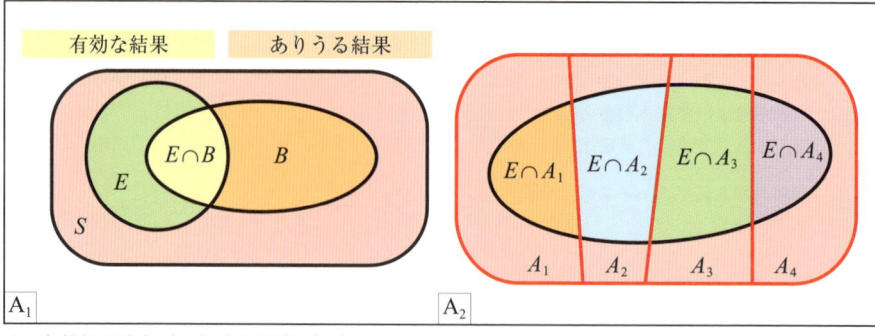

A 条件付き確率（A_1）全体確率（A_2）

P が確率関数ならば，すなわちコルモゴロフの公理（p.223）を満たす。したがって P_B についても成り立つ。示さなくてはならないことは以下である：
(1) $P_B(A) \geq 0$, すべての $A \subseteq S$
(2) $P_B(S) = 1$
(3) $E_1 \cap E_2 = \{\} \Rightarrow P_B(E_1 \cap E_2) = P_B(E_1) + P_B(E_2)$

(1)について：$P(E \cap B) \geq 0, P(B) > 0$ なので商 $\dfrac{P(E \cap B)}{P(B)} \geq 0$ についても成り立つ。

(2)について：$P(S \cap B) = P(B)$ なので次が成り立つ：$P_B(S) = \dfrac{P(S \cap B)}{P(B)} = \dfrac{P(B)}{P(B)} = 1$

(3)について：$P_B(E_1 \cup E_2) = \dfrac{P((E_1 \cup E_2) \cap B)}{P(B)} = \dfrac{P((E_1 \cap B) \cup (E_2 \cap B))}{P(B)}$　　規則（3b）p.10

$(E_1 \cap B) \cap (E_2 \cap B) = (E_1 \cap E_2) \cap B = \{\} \cap B = \{\}$ なので

$\Rightarrow P_B(E_1 \cup E_2) = \dfrac{P(E_1 \cap B) + P(E_2 \cap B)}{P(B)} = \dfrac{P(E_1 \cap B)}{P(B)} + \dfrac{P(E_2 \cap B)}{P(B)} = P_B(E_1) + P_B(E_2)$

B コルモゴロフの公理

ラプラスのサイコロを2個振る。1回目のサイコロで4の目が出たとき目の和が8である確率はいくらか？

結果集合は対集合である。$\{(1,1), \ldots, (1,6), \ldots, (6,6)\}$ (p.220, 図A)

すべての結果が同じ確率ならば次が成り立つ：$P(e_i) = \dfrac{1}{36}$

結果：E: $\Leftrightarrow$ 目の和 $= 8$ 　　$E = \{(2,6),(3,5),(4,4),(5,3),(6,2)\}$
　　　B: $\Leftrightarrow$ 第1のサイコロの目 　$B = \{(4,1),(4,2),(4,3),(4,4),(4,5),(4,6)\}$
　　　　　　　　　　　　　　　　　$E \cap B = \{(4,4)\}$

確率：$P(E) = \dfrac{5}{36}$ 　$P(B) = \dfrac{6}{36} = \dfrac{1}{6}$ 　$P(E \cap B) = \dfrac{1}{36}$

求めている条件は確率：$P_B(E) = \dfrac{P(E \cap B)}{P(B)} = \dfrac{\frac{1}{36}}{\frac{1}{6}} = \dfrac{1}{6}$

C 例

条件付き試行とラプラス試行

結果集合 S のラプラス試行があるとする。E と B はこの試行の 2 つの事象で確率は $P(E) = \frac{|E|}{|S|}$ と $P(B) = \frac{|B|}{|S|}$ であるとする。B についてすでに生じていることを知っているなら条件 B の下の E の確率 $P_B(E)$ (E の B による条件付き確率 ともいう) と呼ばれるもので $P(E)$ と区別される。

以下の過程が条件付き確率の算出を可能にする: B が生じていることから E について B から起こる結果を特定できる。すなわち E に起こりうる結果の結果空間の働きが B に制限される。E の有効な結果はしたがって積集合 $E \cap B$ (図 A_1) によって定まる。ラプラス試行が与えられたとすると $P(B) > 0$ が成り立つとき次が成り立つ:

$$P_B(E) = \frac{g}{m} = \frac{|E \cap B|}{|B|} = \frac{\frac{|E \cap B|}{|S|}}{\frac{|B|}{|S|}} = \frac{P(E \cap B)}{P(B)}$$

例: 図 C

任意の無為試行における条件付き確率

ラプラス試行で確立した次の等式は一般的にも成り立つ。

$$P_B(E) = \frac{P(E \cap B)}{P(B)} \quad (P(B) > 0)$$

条件付き確率を定義するために任意の無為試行の結果を用いる。それぞれの S からの結果 B について P_B を確率関数ととらえることができる。なぜならコルモゴロフの公理 (p.223) から P_B について簡単に説明できる (図 B)。これにより p.223 のすべての規則が P_B に応用できることになる。

乗法定理

条件付き確率の定義方程式を変形すると S の 2 事象, A と B の 乗法定理 が得られる:

$$P(A \cap B) = P(A) \cdot P_A(B) \quad \text{同様に}$$
$$P(A \cap B) = P(B) \cdot P_B(A)$$

最初の方程式は $P(A) = 0$ でも成り立ち, 第 2 の方程式は $P(B) = 0$ でも成り立つ。

注: 乗法定理は「和事象」の確率計算をも許す。

結果集合の共通部分のない分割, 全体確率

結果集合 S の分割がどの 2 つも共通部分をもたない有限個の事象 $A_1, A_2, \ldots, A_n$ で与えられるとき (図 A_2) すなわち $i \neq k$ で $A_i \cap A_k = \{\ \}$ が成り立つとき E の 全体確率 と呼ばれるものを算出できる:

$$P(E) = P(E \cap A_1) + \ldots + P(E \cap A_n)$$
$$= P(A_1) \cdot P_{A_1}(E) + \ldots + P(A_n) \cdot P_{A_n}(E)$$

ベイズの定理 (Bayes, 1702–1761)

乗法定理の 2 つの等式から右辺をとると次の等式が得られる:

$$P(A) \cdot P_A(B) = P(B) \cdot P_B(A)$$

これから条件付きの確率の算出ができる。たとえば

$$P_B(A) = \frac{P(A) \cdot P_A(B)}{P(B)}$$
$$= \frac{P(A) \cdot P_A(B)}{P(A) \cdot P_A(B) + P(\overline{A}) \cdot P_{\overline{A}}(B)}$$

このとき分母は S の共通部分のない分割 A と $\overline{A}$ に関する B の全確率である。ベイズの定理 (AM の p.441 を見よ) の特殊なケースである。

独立事象

$P_B(E) = P(E)$ が成り立つとすると E の確率は B の確率には依存しない。乗法定理より次の形を得る:

$$P(A \cap B) = P(A) \cdot P(B)$$

この性質はいわゆる 統計学的独立性 を定義するのに利用できる:

$P(A \cap B) = P(A) \cdot P(B)$ が成り立つならば事象 A と事象 B は 独立である という。

独立な事象の例はたとえばコインを投げるとき, サイコロを振るとき, くじ箱から玉を引きまた元に戻すときなどである。これに対し図 C の 2 つの事象 E と B は独立ではない。すなわち 従属する。なぜならば次が成り立つ:

$$P(E \cap B) \neq P(E) \cdot P(B)$$

上述の 2 つの事象の定義公式は 3 あるいはそれより多い事象に一般化できる。3 つの事象 A, B, C の場合には次の式の成立は十分ではない:

$$P(A \cap B \cap C) = P(A) \cdot P(B) \cdot P(C)$$

それどころかふさわしい等式が 3 つの事象のうち 2 つずつに成立することが必要である (文献を見よ)。

226　推測統計学

異なる2つのコインを投げる。

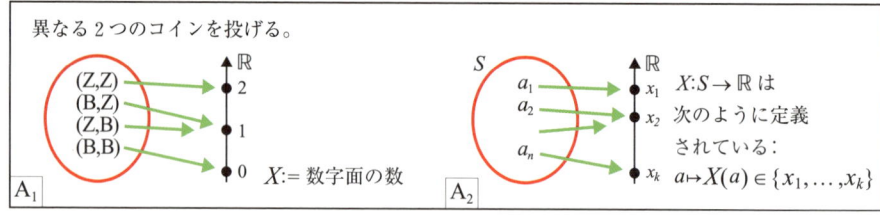

A_1: {(Z,Z), (B,Z), (Z,B), (B,B)} → ℝ, X := 数字面の数

A_2: $S = \{a_1, a_2, \ldots, a_n\}$ → ℝ, $X: S \to \mathbb{R}$ は次のように定義されている: $a \mapsto X(a) \in \{x_1, \ldots, x_k\}$

A　無為変量

白｜緑｜｜白
w｜g｜g｜w
g｜b｜b｜r
緑｜青｜｜赤

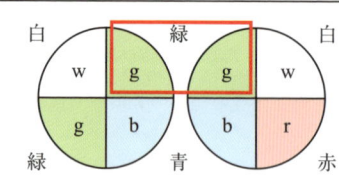

自動賭博機の2枚の円盤が止まったときどちらの円盤もちょうど色のついた四半円が窓に見える。
ゲーム条件：1ゲーム2ユーロ，白と白，青と青では10ユーロ，緑と緑では5ユーロ払い戻される。
このゲーム機で経営者はもうけを当てにできるか？

ゲーム条件の解析

無為変量 $X=$「もうけ」となる。その値は $x_3=10, x_2=5, x_1=0$ で予想のつく確率 $P(X=10), P(X=5), P(X=0)$ に割り当てられる。

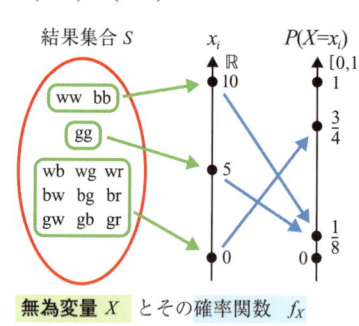

結果集合 S：{ww, bb}, {gg}, {wb, wg, wr, bw, bg, br, gw, gb, gr}

x_i: 10, 5, 0　　$P(X=x_i)$: $\frac{1}{8}, \frac{3}{4}, \frac{1}{8}$

無為変量 X とその確率関数 f_X

分布の算出

(a) 2段階試行の確率の算出，樹形図で（小道規則）：

a	ww	bb	gg	gw	gr	gb	その他
$P(a)$	$\frac{1}{16}$	$\frac{1}{16}$	$\frac{1}{8}$	$\frac{1}{8}$	$\frac{1}{8}$	$\frac{1}{8}$	$\frac{3}{8}$

(b) X の確率の算出：

x_i	0	5	10
$P(X=x_i)$	$\frac{3}{4}$	$\frac{1}{8}$	$\frac{1}{8}$

X の期待値の算出

$$E(X) = x_1 \cdot P(X=x_1) + x_2 \cdot P(X=x_2) + x_3 \cdot P(X=x_3) = 0 \cdot \frac{3}{4} + 5 \cdot \frac{1}{8} + 10 \cdot \frac{1}{8} = 1.875$$

ゲームごとに2ユーロを投入すると期待される当たりの額は1.875ユーロになる。
この設置者はつまり1ゲームごとに0.125ユーロをあてにできる。これは決して大きなリスクではない。

B　自動賭博機

サイコロ2個の目の数の和（p.222，図 A_2）は無為変量で説明する。確率関数は下に書いたヒストグラムからみてとれるように対称である。

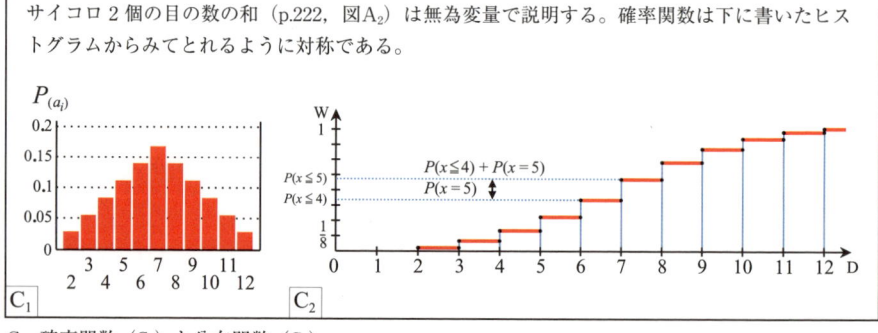

C_1: $P_{(a_i)}$ のヒストグラム（値 2, 3, 4, 5, 6, 7, 8, 9, 10, 11, 12）

C_2: 分布関数、$P(x \leq 5) + P(x=5)$, $P(x \leq 4)$, $P(x=5)$ の表示

C　確率関数（C_1）と分布関数（C_2）

無為変量

実践ではしばしば無為試行の事象については直接興味はなくて，むしろ結果が割り当てられる数値のほうに関心がある。

例：
(1) 2つの区別のできるサイコロを振るときにはそれぞれの順序のある対は目の数の和に割り当てられる。
(2) 2つの区別のできるコインを投げる場合それぞれの整理された数と絵の順序のある対は「数」の個数に割り当てられる（図 A_1）。
(3) 自動賭博機（ゲーム条件，図 B）では特定の絵または色が出ることが勝ちに割り当てられる。

例の割り当ては実数値関数 X で結果集合 S のそれぞれの結果 a にちょうど1つの実数 $x_i = X(a)$ が割り当たっている（図 A_2）。割り当たっている数は偶然性に従属しているので，無為量 X という（無為変量 ともいう）。

注：関数 X の値領域は有限集合である必要はない。S がすでに有限集合なので以下も成立する。無為変量は 離散的 に表現される。この種の無為変量は例外なく一般的に $x_1 < x_2 < \ldots$ と選ばれることと両立できる。

無為変量には大文字のアルファベット $X, Y, \ldots$ を与える。その値は $x_1, x_2, \ldots$ および $y_1, y_2, \ldots$ である。

確率関数と分布関数

P が S の確率関数であるとき無為変量 X のそれぞれの値 $x_1, x_2, \ldots, x_k$ もまた確率に割り当てられる：

S のそれぞれの x_i について原像集合 $\{a \mid X(a) = x_i\}$ を求める。S の部分集合としてそれは短い形で $X = x_i$ と書かれる事象である。すべての事象 $X = x_1, \ldots, X = x_k$ は共通部分のない S の分割をつくる（図 B）。

S のすべての事象上に P が定義されるとき 無為変量 X の確率関数 f_X（短く 分布，特殊な例：二項分布）がある。

$$f_X : x_i \mapsto P(X = x_i)$$

例：図 B
ときとして $x \neq x_i$ のすべての位置で $f_X(x) = 0$ として $\mathbb{R}$ 全体で定義された関数に拡張することが受け入れられる。一般的にその棒グラフが具体化となる（図 C_1）。

$x_1 < \cdots < x_i < \cdots < x_k$ が与えられたとする。この $i = 1, \ldots, k$ でそれぞれの x_i に和 $P(X = x_1) + \cdots + P(X = x_i)$ を割り当てられる関数 F_X は 無為変量 X の分布関数 という。
一般的に関数値を次のように書く：

$$F_X(x_i) = P(X \leq x_i)$$

例：図 C_2
応用については F_X が f_X より重要（p.228, p.231, p.233 を見よ）。

無為変量の期待値

自動賭博機では経営者は器具の減価償却ができるかどうかを知りたい。そのためには長い目で見てゲームごとに投じられるより少ない支払いをしてそれによって収益を維持したい。統計学の算術平均値（p.217）は確率計算の期待値の概念に由来する。この相対的度数は確率 $P(X = x_i)$ で行われる。ある 無為変量 X の期待値 は以下により求まる：

$$E(X) := x_1 \cdot P(X = x_1) + x_2 \cdot P(X = x_2) + \ldots$$
$$\ldots + x_k \cdot P(X = x_k)$$

例：図 B

無為変量の分散

同じ期待値でも「拡散」すなわち x_i の期待値からの誤差は非常に違いがある。「拡散量」は 無為変量 X の分散 の概念から統計的に類似した形（p.217）で定義する：

$$V(X) = (x_1 - E(X))^2 \cdot P(X = x_1) + \ldots$$
$$\ldots + (x_k - E(X))^2 \cdot P(X = x_k)$$

期待値の誤差を2乗しているので大きな無為変量の散布度には大きなばらつきが起こる：

$$\sigma := \sqrt{V(X)} \text{ を 標準偏差 という。}$$

性質

X と Y が同じ結果集合 S の無為試行の無為変量とすると以下が成り立つ（証明略）：

(1) $E(aX + b) = aE(X) + b$
(2) $E(aX + bY) = aE(X) + bE(Y) \quad (a, b \in \mathbb{R})$
(3) $V(X) = E((X - E(X))^2)$
(4) $V(aX + b) = a^2 V(X)$
(5) $V(X + Y) = V(X) + V(Y)$

$aX + bY$ は S 上に定義された実数値関数（p.99，定義 10）。

ある競技者の立射での命中率は80%である。すなわち彼は普通5射すると4射的に当てる。彼が少なくとも3射当てる確率はいくらか？

長さ5のベルヌーイ鎖を用いる。結果集合は実際すべての5回積であり，集合 {T,N}からつくる（樹形図に表せ）。もちろんすべての当たりの順序に至りはしなくとも関心があるのは当たりの数 0, 1, 2, 3, 4, 5 のみである。それぞれの小道すなわちそれぞれの結果はしたがって属する当たりの数 X に割り当てられる（無為変量）。

次を得る：$P(X=3) = \binom{5}{3} \cdot (0.8)^3 \cdot (0.2)^2 = 20.48\%$ なぜなら

(1) ちょうど $\binom{5}{3}$ 個の異なる小道がありちょうど3回Tになりうる。
   （部分集合式，p.219 と比較せよ。5個の番号のついた席の集合で3個の席がTで占められるように選ばれる。）
(2) 同じ小道確率について $(0.8)^3 \cdot (0.2)^2$ が成り立つので
(3) 和の定理より上述の積を得る。

同様に： $P(X=4) = \binom{5}{4} \cdot (0.8)^4 \cdot (0.2)^1 = 40.96\%$

$P(X=5) = \binom{5}{5} \cdot (0.8)^5 \cdot (0.2)^0 = 32.77\%$

少なくとも3回当たる確率はしたがって次のように成り立つ：
$P(X \geq 3) = P(X=3) + P(X=4) + P(X=5) \approx 94\%$

つまり競技者が少なくとも3回当てることはかなり確かである。

A 無為変量

ある銀行が職業訓練職の一人の募集について，全員に25問のテストを課した。それぞれの問いには5個の答えがあってちょうど1つだけが正しい。すべての問いの少なくとも半分に正解するとこのテストに合格できる。

(a) 応募者はどのような確率でこのテストに合格するか？
   （純粋に無作為に答えた場合）
(b) いくつの正解が期待できるか。

文章の解析：無作為に答えを選ぶことは基確率 $p = 0.20$ のベルヌーイ試行で表される（5個の答えのうちちょうど 1 個が正解）。この試行は同じ基確率で25回繰り返される。テスト全体では長さ25のベルヌーイ鎖である。無為変量 X は値集合 $\{0, 1, \ldots, 25\}$ をもっている。したがってパラメーター $n = 25$, $p = 0.2$ のベルヌーイ分布が応用できる。
問われるのは確率 $P(X \geq 13)$ である。

表での確率の読み取り

表には $P(X \leq k)$ の値だけがのっているので
反事象に変更して実行されなくてはならない。

$P(X \geq 13) = 1 - P(X \leq 12) = 1 - 0.9969 = 0.0031$
$ = 0.3\%$

すなわち応募者がこのテストに知識なしに合格することはありえない。

	k	$P(X \leq k)$
	6	7800
	7	8909
	8	9532
	9	9827
	10	9944
	11	9985
$n = 25$	12	9969
$p = 0.2$	13	9999

和化したベルヌーイ分布表の抜粋

X の期待値の算出

期待値は $E(X) = n \cdot p = 25 \cdot 0.2 = 5$
偶然でも5問正解しうる。

B 和的ベルヌーイ試行の応用

p.226 の図 B にあげた無為変量の例はそれぞれの x_i について別々の計算で確率関数 f_X を求めている。しかしすべてが同じ確率関数をもつような無為変量の無為試行がたくさんある。これを二項分布という。

二項分布の基礎はベルヌーイ試行である。

ベルヌーイ試行

スイスの数学者ベルヌーイ（Bernoulli, 1654-1703）にちなんで名付けられたこの試行は以下の例のように結果集合がちょうど **2** つの結果をもっている試行である。

  1 個のサイコロを振って「6 の目」と「6 ではない目」が出る。
  黒と赤の玉の入ったくじ箱から「黒」または「赤（黒ではない）」を引く。

両方の結果はしばしば T（「あたり」）と N（「はずれ」）と表される。
$P(T) = p$ ならば $P(N) = 1 - p = q$ が成り立つ。

長さ n のベルヌーイ鎖，二項分布

n 段階の試行でそれぞれの段が基本確率 $P(T) = p$ のベルヌーイ試行が繰り返されるとき，長さ n のベルヌーイ鎖 という。

この結果集合はその積が集合 {T, N} で埋められた n 回積になる。
例：図 A
図 A の例は長さ n のベルヌーイ鎖に一般化できる：

これは値 $0, 1, 2, \cdots, n$ をとる無為変量 X となりうる。$0 \leq k \leq n$ で $P(X = k)$ は結果 T がちょうど k 回起きたときの確率となる。$P(T) = p$ と $P(N) = 1 - p = q$ から算出する。すなわち $X = k$ は T がちょうど k 回起こる樹形図のすべての小道が考慮されていることを意味する。
この数は $\binom{n}{k}$ で求められる（n 席の集合は k 席の部分集合をつくる。p.219 部分集合公式を見よ）。
この唯一のルートはすべて同じ確率である。小道規則から小道ごとに $p^k \cdot (1-p)^{n-k}$ を得る。

和の規則から次が導かれる：

$$P(X = k) = \binom{n}{k} \cdot p^k \cdot (1-p)^{n-k}$$

次のようにも書く

$$B(n, p, k) = \binom{n}{k} \cdot p^k \cdot (1-p)^{n-k}$$

これによって n, p, k の従属性がわかる。二項分布の名前は二項係数 $\binom{n}{k}$ （p.219）に由来する。

この公式の利点は明らかである。ベルヌーイ鎖と解釈するときにはしばしば問題が生じるがこのときにはパラメーター，たとえば $n = 20$, $p = 0.8$, $k = 5$ などを用いて $B(20, 0.8, 5)$ を計算機で算出するかまたは表で求める。さらに利用価値のあるのは 和化したベルヌーイ分布 $b(n, p, k)$ の表である。ここでは関数値 $P(X \leq k)$ の分布関数の値の表を扱う。すなわち次が成り立つ：

$$b(n, p, k) = B(n, p, 0) + \cdots + B(n, p, k)$$

これにより「最大で k 回当たる」事象の確率は表から直接読み取られる。また「少なくとも k 回当たる」事象 $P(X \geq k)$ および「ちょうど k 回」$P(X = k)$ もまた以下の規則を利用して算出しうる：

(1) $P(X > k) = P(X \geq k+1) = 1 - b(n, p, k)$
(2) $P(X = k) = B(n, p, k)$
    $= b(n, p, k) - b(n, p, k-1)$
(3) $P(a \leq X \leq b) = b(n, p, b) - b(n, p, a-1)$
(4) $b(n, p, k) = 1 - b(n, 1-p, n-k-1)$
(5) $B(n, p, k) = B(n, 1-p, n-k)$

例：図 B

二項分布の期待値と分散

p.227 の定義を応用して二項分布の代わりに和を得る：

$E(X) = \mu = np$	期待値
$V(X) = np(1-p) = npq$	分散
$\sigma = \sqrt{np(1-p)}$	標準偏差

A 第1種の誤りと第2種の誤り

現実	無作為抽出による決定	
	H_0 は棄却される	H_0 は棄却されない
H_0 は真	決定 誤り **第1種の誤り**	決定 正しい
H_0 は偽	決定 正しい	決定 誤り **第2種の誤り**

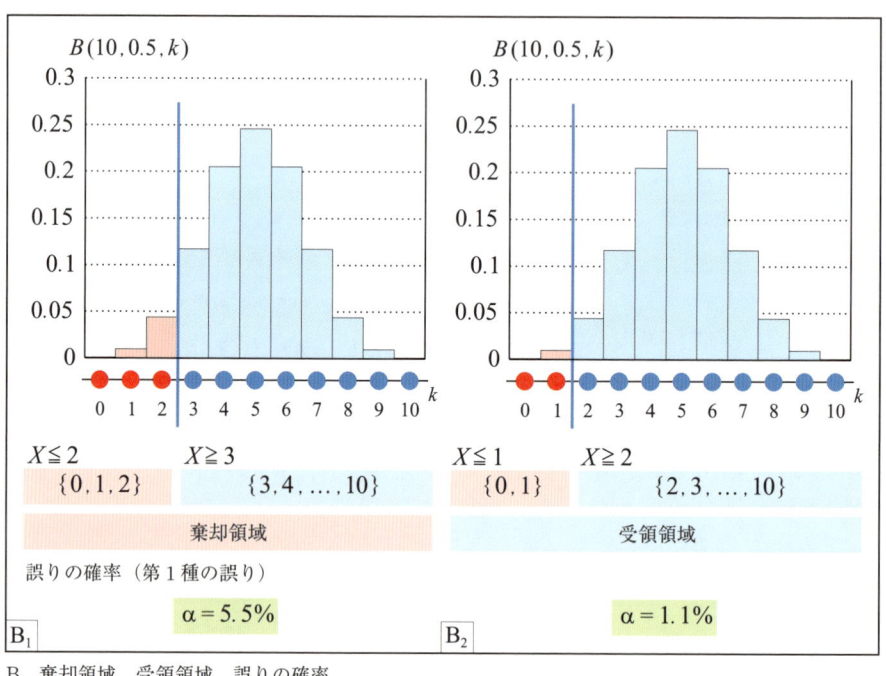

B 棄却領域, 受領領域, 誤りの確率

B_1: $B(10, 0.5, k)$

$X \leq 2$: $\{0, 1, 2\}$ 棄却領域
$X \geq 3$: $\{3, 4, \ldots, 10\}$

誤りの確率（第1種の誤り）
$\alpha = 5.5\%$

B_2: $B(10, 0.5, k)$

$X \leq 1$: $\{0, 1\}$
$X \geq 2$: $\{2, 3, \ldots, 10\}$ 受領領域

$\alpha = 1.1\%$

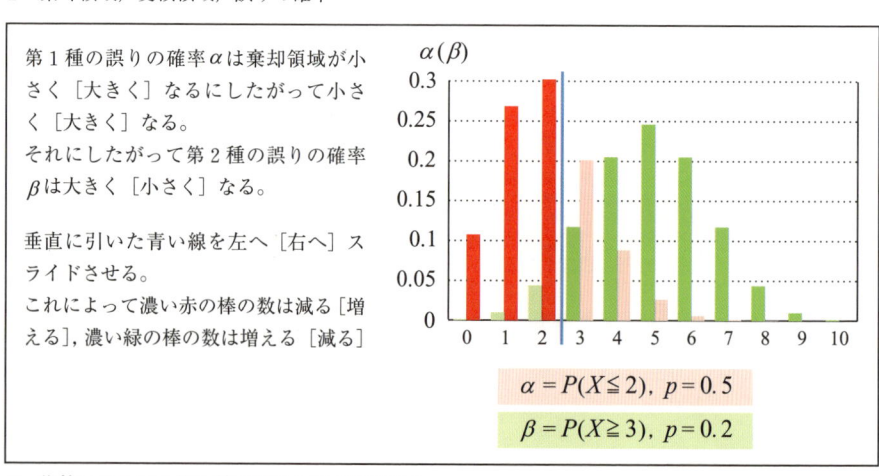

C 代替テストでの第1種の誤りと第2種の誤り

第1種の誤りの確率 α は棄却領域が小さく［大きく］なるにしたがって小さく［大きく］なる。

それにしたがって第2種の誤りの確率 β は大きく［小さく］なる。

垂直に引いた青い線を左へ［右へ］スライドさせる。

これによって濃い赤の棒の数は減る［増える］, 濃い緑の棒の数は増える［減る］

$\alpha = P(X \leq 2), \ p = 0.5$

$\beta = P(X \geq 3), \ p = 0.2$

統計の評価の簡単な応用として次がある。

仮説テスト

ここでは正しいかまたは真でありうる主張や推察を仮説によって扱う。それらの信頼性についてはそれによって不確かだと判断できる統計学的調査にのみよる。

たとえばあるかもしれない偽造されたコイン（偽造されたサイコロ）あるいはくじ箱の中身（いくつずつ入っているか），薬の効能または工業製品の品質などを扱う。以下の説明は一連の問題に対する標準的見方の例を示しているだけである。

零仮説* H_0 というものを想定する。コインの調査ではコインの柄「数」について零仮説 $p = 0.5$, すなわちコインは不正なものには見えないと想定できる。たとえばふさわしい決定規則（下を見よ）の 10 個のコインを投げることにより決定されるべきである。零仮説から誤差のある仮説は代替仮説** H_1 という。この種の仮説はコインではたとえば $p_1 = 0.2$ とか $p_1 \neq 0.5$ となるかもしれない。

いつもそうであるかのように統計学者はイエス，ノーの決定をするとき零仮説は誤りとみなす。

第 1 種の誤りと第 2 種の誤り（図 A）

それが正しいにもかかわらず零仮説を否と決定することは第 1 種の誤り となる。零仮説を誤って拒否しない場合が 第 2 種の誤り である。この種の誤りはできるだけ小さくとどめるべきである（下を見よ）。

偽造されたコインと正規のコイン，単純な代替テスト

箱の中に 1 個の偽造されたコインと偽造されたのではない（正規の）コインが同じように見えて入っている。

両コインの所有者は詐欺師であるのだが，偽造されたコインを探している。彼が知っているのはそのコインの数の面 Z の確率が正しいコインの $p(Z) = 0.5$ の代わりに確率 $p(Z) = 0.2$ を示すということである。

彼は一方のコインを箱から取り出すと 10 回投げて 2 回だけ数字のほうが出た。この結果をもとに彼は自分の選んだコインが偽物であるという結論を出した。彼は間違ってしまった。第 1 種の誤りはどのくらいの大きさで評価されるか。

詐欺師は次の式から結論を出した。

$$p(Z) = 0.5 \quad (X \geq 3 \text{ のとき})$$
$$p(Z) = 0.2 \quad (X \leq 2 \text{ のとき})$$

これらのテスト過程は零仮説は $H_0 : p_0 = 0.5$ 対する代替仮説は $H_1 : p_1 = 0.2$ で無作為抽出により受け入れられないか，あるいは支持される。

{0, 1, 2} は棄却領域 (図 B_1) {3, 4, 5, 6, 7, 8, 9, 10} は受領領域。

棄却領域で無作為抽出が行われたとき $p(Z) = 0.5$ は受け入れられない。しかしながら誤り（第 1 種の誤り）がありうる。なぜなら正しいコインを扱っている事象もありうる。この依存する確率 $P(X \leq 2)$ は誤り確率 α とも書く（$n = 10$ で X は二項分布）そこには第 1 種の誤りのリスクがある。

和化された二項分布を用いて以下を得る：

$$\alpha = b(10, 0.5, 2) = 0.547 \approx 5.5\%$$

棄却領域が小さくなると（図 B, C）誤り確率も小さくなる。これによって受領領域で無作為抽出を行うとき第 2 種の誤りが大きくなるにもかかわらず 1 つのコインを正しいと信じて，偽物と思われるほうを投げる。これに属する確率は：

$$\beta = P(X \geq 3) \text{ ただし } p = 0.2 \text{ すなわち}$$
$$\beta = 1 - P(X \leq 2)$$
$$= 1 - b(10, 0.2, 2) = 1 - 0.6778 \approx 32\%$$

実践では単一の確率によってわかるような代替仮説は滅多に現れない。それより H_1 は $p_1 > p_0$, $p_1 < p_0$ および $p_1 \neq p_0$ によって与えられることのほうが多い。以下に述べる品質試験のように零仮説もまた区間でとらえられることが多い。

一面的重要性テスト

格安のコートのボタンを化学製品からつくっている製造業者は難しい色の混合において色の誤りが最大でも商品の 50% であることを保証している。これは工場で試さなくてはならない。

製品から 10 個の抽出を無作為に行った。零仮説は $H_0 : p \leq 0.5$ 代替仮説は $H_1 : p > 0.5$, 決定規則により以下のように判断される：

$$H_0 \text{を棄却する}: \Leftrightarrow X \geq a$$

（訳注）　*［帰無仮説］**［対立仮説］

有意水準 5% をとるとすると次が成り立つ：

$P(X \geq a) = 1 - b(10, 0.5, a) \leq 0.05 \Leftrightarrow b(10, 0.5, a) \geq 0.95$

$n = 10$，$p = 0.05$ の和的ベルヌーイ分布の表にその数つまりちょうど 0.95 を超えた数を探す。これは $k = 8$ のケースである。
次のように読み取る：

$P(X \geq 8) = 1 - 0.9893 = 0.0107$

仮説 H_0 は $a = 8$ で 5% 水準で棄却される。（ほとんど 1% 水準）棄却領域 $\{8, 9, 10\}$ の無作為抽出のケース。

$n = 10$	$p = 0.05$
0	0.0010
1	0.0107
2	0.0547
3	0.1719
4	0.3770
5	0.6230
6	0.8281
7	0.9453
8	0.9893
9	0.9999

A 　有意水準と決定規則

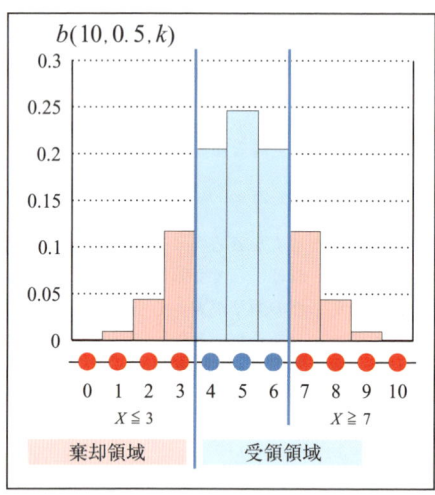

B 　両側仮説

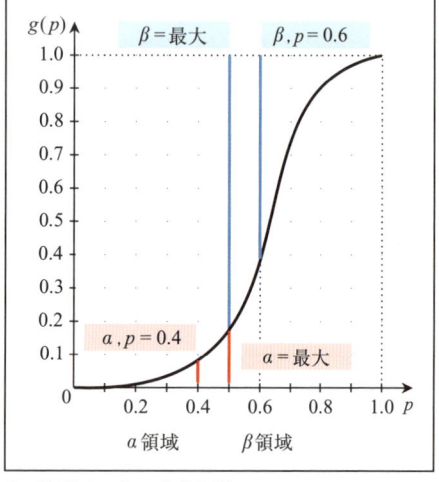

C 　片側テストの良品関数

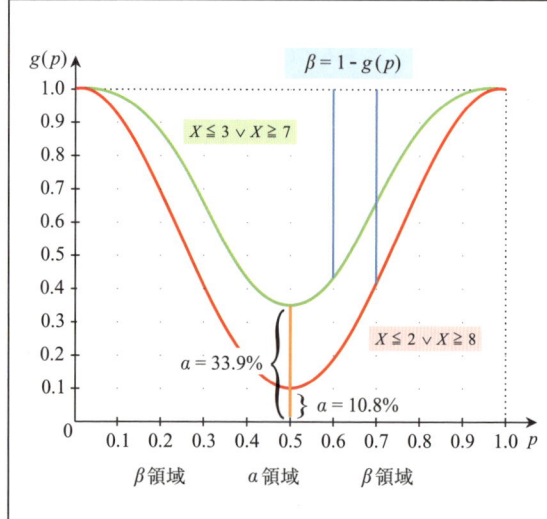

片側テストによるように良品関数 g を第 1 種の誤りの確率の領域上に定義する。2 つの領域を考慮しなくてはならない：

$g(p) = P(X \leq 2) + P(X \geq 8)$

$p = 0.5$ でこの関数は $[0, 1]$ に拡張すると $p \neq 0.5$ で $1 - g(p)$ は第 2 種の誤りの確率である。
第 1 種の誤りは増大する棄却領域とともに大きくなる。それに対して第 2 種の誤りは小さくなる。

D 　両側テストの良品関数

棄却領域は $\{a, a+1, \cdots, 10\}$ のたとえば $a = 7$ について H_0 が拒否される。棄却領域 $\{7, 8, 9, 10\}$ で無作為抽出をすると X は $n = 10$ について二項分布する。$p = 0.5$ のケースで誤り確率について二項分布の和を得る（図A）。

$$P(X \geq 7) = 1 - b(10, 0.5, 6)$$
$$= 1 - 0.8281 = 17.2\%$$

例外なく一般に誤り確率の上方極限を**有意水準**と呼び，たとえば5%である。$a < 0.05$ が成り立つとき H_0 の棄却は 5%水準で有意 であるという。それはつまり平均で100のうち最大5がその零仮説に当たり誤って取り除かれる。$a = 7$ では H_0 は決して有意水準5%の廃棄はされない（図A）。

注：薬品の調査では有意水準は非常に小さい値にしなくてはならない。たとえば0.1%またはより小さくする。

第2種の誤り

第1種の誤りは何らかの正しいことが誤りと説明されるのではっきりしている。その一方で第2種の誤りは人が正しいことに何らかの誤りを行うのでむしろ期待外れである。

この種の期待外れはいっそう少なくとどめるほど有意性は大きくなる。これらの誤りは抽出問題の大きさを第1種の誤りを取り込むことによって拡大してしまう。実践ではコストが高すぎるために抽出検査の長さを大きくすることはしばしば阻まれる。

上述の一面的有意テストについては確率の代替的テストのときとは違って第2種の誤りについて語れない。なぜなら $p_1 > 0.5$ なので p_1 の具体的な値が定まらないのである。

ここではいわゆる 良品関数 のグラフが以下の2面からのテストと同様に判定を助ける。

くじ引き，両側テスト $p_1 \neq p_0$

1つのくじ箱に同じ数の赤と白の玉が入っているかどうかは何らかの方法で確かめられるべきである。合わせて20個の玉が箱に入っているということは知られている。10回引いてその都度玉を戻して無作為抽出となす。
このテストについて零仮説は

$$H_0 : p (赤) = 0.5$$

これに対して代替仮説は

$$H_1 : p (赤) \neq 0.5$$

白玉より多くまたは少ない赤玉が入っているかもしれないことは決定規則が考慮しなくてはならない。棄却領域は両側の採択領域を閉じなくてはならない。したがって両側テストという（図B）。次の決定規則がありうる：
H_0 を棄却する：$\Leftrightarrow X \geq 5 - a_1 \lor X \geq 5 + a_2$
このとき a_1 と a_2 は定数であり，与えられた有意水準はたとえば5%を超えない。ここでは両側それぞれ2.5%で定まる。すなわち解かなくてはならない不等式は次の2つである：

$$P(X \leq 5 - a_1) \leq 0.025$$
$$P(X \geq 5 + a_2) \leq 0.025$$

和化された二項分布を用いて次を得る（図Aを見よ）：
$5 - a_1 = 2$ および $5 + a_2 = 8$，したがって $a_1 = a_2 = 3$
無作為抽出について棄却領域は $\{0, 1, 2, 8, 9, 10\}$，なので H_0 は5%水準をなす。

片側テストの良品関数

図Cのグラフに表された関数を良品関数*という。これに属するのは関数表記：$g(p) = P(X \geq 7) = 1 - b(10, p, 6)$ ただし $p \in [0, 1]$ である。これについて第1種の誤り，第2種の誤りはともにはっきり見てとれる。グラフの急勾配は数 n によって大きくなり，それによって第2種の誤り領域は減少する。第2種の誤りは同じ第1種の誤りとともに小さくなる。急勾配はしたがってテスト過程の「良品」の度合いのことで関数の名を説明している。

両側テストの良品関数

このテストのために良品関数を定義する（図D）。分割された棄却領域のためにこのグラフは幾分複合的である。

仮説テストの基本的展開

(1) 無為変量 X の確認（ここでは二項分布）
(2) 零仮説 H_0 の式化
(3) 有意水準の確定
(4) 与えられた水準の判定規則と棄却領域の確定
(5) 無作為抽出検査の長さの確認
(6) 無作為抽出検査の実行と判定

（訳注）　*［検出力関数］

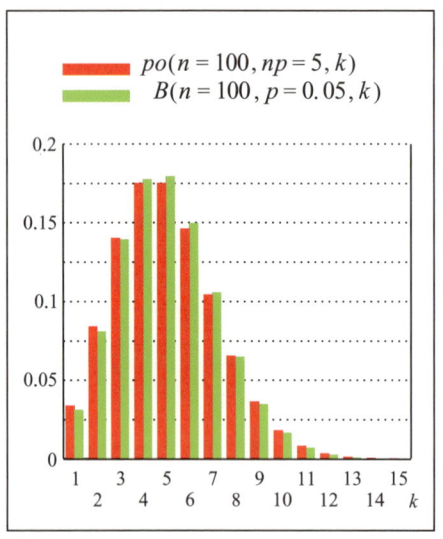

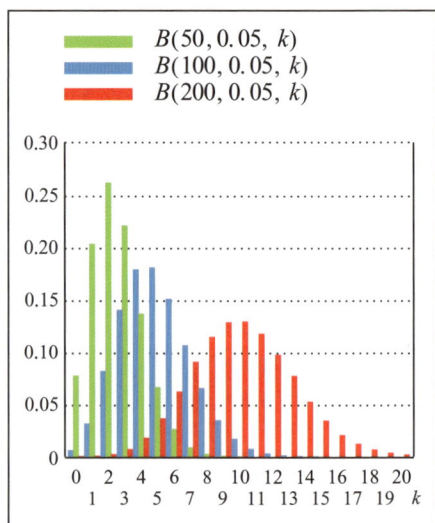

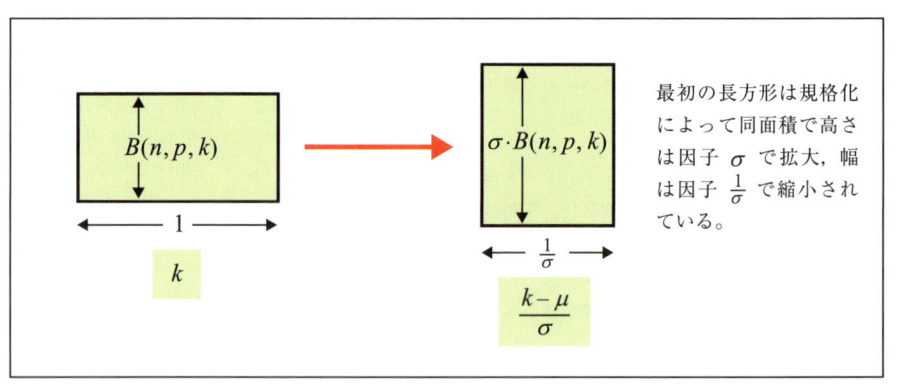

A 比較ヒストグラム $po(n=100, np=5, k)$ / $B(n=100, p=0.05, k)$

B 二項分布 $B(50, 0.05, k)$ / $B(100, 0.05, k)$ / $B(200, 0.05, k)$

C 規格化の過程

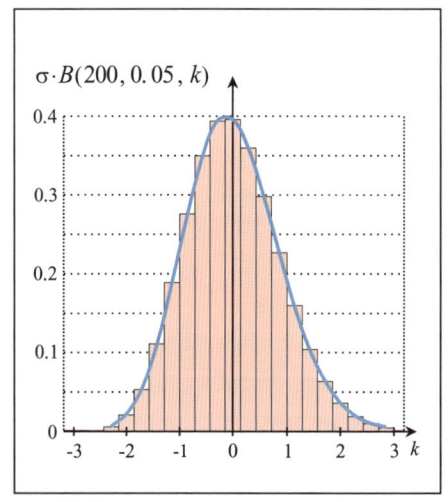

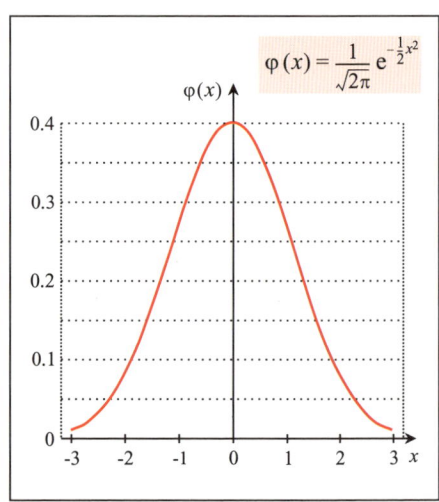

$B(n,p,k)$ — 幅 1、k

$\sigma \cdot B(n,p,k)$ — 幅 $\frac{1}{\sigma}$、$\frac{k-\mu}{\sigma}$

最初の長方形は規格化によって同面積で高さは因子 σ で拡大，幅は因子 $\frac{1}{\sigma}$ で縮小されている。

D 規格型 $\sigma \cdot B(200, 0.05, k)$

E ガウスのつり鐘曲線

$$\varphi(x) = \frac{1}{\sqrt{2\pi}} e^{-\frac{1}{2}x^2}$$

ポアソンの近似 (Poisson, 1781–1840)

大きな n について二項分布 (p.229) は制限されて用いられうる。その計算は非常に労力がかかる。そのため確率を近似的に算出できるような別の関数を探す。たとえば小さな p についてすなわち希少な事象ではポアソンの近似式によって可能である：

$$B(n, p, k) \approx a^k \cdot \frac{e^{-a}}{k!} = po(n, p, k) \quad (a = n \cdot p)$$

二項分布の項の $n \to \infty$ の極限値が定数 a にとどまるときこれに達する。すでにかなりよい二項分布の近似で $p = 0.05$, $n = 100$ で得られているとき比較するヒストグラムが図Aにある。「はずれくじ」を引くときは $p > 0.9$, $n \geq 100$ で前の式が成り立つ。

例：長年の観察結果によると，すべての熱帯旅行者の 0.16% が訪ずれた土地の死に至る病にかかっている。
4300人の休暇中の者のうち少なくとも4人が次のシーズンにこのような病で死ぬ確率はどのくらいか。

解：罹病者の数は長さ $n = 4300$, 基本確率 $p = 0.0016$ のベルヌーイ鎖で求める。
無為変量 X「罹患者数」は二項分布である。求めると

$$P(X \geq 4) = 1 - P(X \leq 3) = 1 - b(4300, 0.0016, 3)$$

近似式に $a = 4300 \cdot 0.0016 = 6.88$ を代入して次を得る：

$$P(X \leq 3) = e^{-6.88} \cdot \left(1 + 6.88 + \frac{6.88^2}{2} + \frac{6.88^3}{6}\right)$$

$$= 0.0882, \text{すなわち } P(X \geq 4) = 91.2\%$$

ヒストグラムの規格化（標準化）

異なる無為変量の2個またはそれ以上のヒストグラムを比較するにはたとえばいわゆる規格化による同じパラメーターを使えば簡単である。無為変量の変形は期待値0で標準偏差1であると理解する。
期待値 μ と標準偏差 σ の無為変量 X は規格化できる。すなわち次のようになる：

$$Y = \frac{1}{\sigma}X - \frac{\mu}{\sigma}$$

これは p.227 の性質 (1)〜(4) から次が導かれる：

$$E(Y) = \frac{1}{\sigma}E(X) + \left(-\frac{\mu}{\sigma}\right) = \frac{\mu}{\sigma} - \frac{\mu}{\sigma} = 0$$

$$V(Y) = \left(\frac{1}{\sigma}\right)^2 V(X) = \frac{1}{\sigma^2}\sigma^2 = 1$$

二項分布による規格化の応用

$n = 50, 100, 200$, $p = 0.05$ の二項分布の線グラフが図Bにある。ヒストグラムを考えると幅1高さ $B(n, p, k)$ のそれぞれの長方形からなっている。合わせた長方形網は面積1をもつ。なぜなら次が成り立つからである：

$$A_R = 1 \cdot B(n, p, 1) + \cdots + 1 \cdot B(n, p, n)$$
$$= B(n, p, 1) + \cdots + B(n, p, n) = 1$$

規格化によって長方形の位置と大きさを変える。位置変換では次のようにとらえるのが一番いい。Y を次の形にすると：

$$Y = \frac{1}{\sigma}(X - \mu)$$

因子 $X - \mu$ は長方形を左へ μ だけスライドする。そうすると μ の近くで最大の近さ0であることを意味する。
変形（図C）は因子 σ の長方形の高さの拡大と因子 $\frac{1}{\sigma}$ の長方形の幅の縮小である。
変形では長方形の面積は変えない。すなわちその和は以前と変わらず1である。
図Dのヒストグラムで $B(200, 0.05, k)$ の規格化を得る。

ラグランジュの近似 (Lrgrange, 1736–1813)

図Dのヒストグラムでは「つり鐘型」が目につく。それはまさに**ガウスつり鐘曲線**と呼ぶものである。これによって次の関係式の関数のグラフが思い浮かぶ。

$$\varphi(x) = \frac{1}{\sqrt{2\pi}}e^{-\frac{1}{2}x^2} \quad (図E)$$

$np(1-p) > 0$ についていわゆる ラグランジュの近似 が成り立つ（証明なし）：

$$\sigma \cdot B(n, p, k) \approx \varphi(z), \text{ すなわち}$$
$$B(n, p, k) \approx \frac{1}{\sigma} \cdot \varphi(z) \text{ ただし } z = \frac{k - \mu}{\sigma}$$
$$\text{かつ } \mu = np, \quad \sigma = \sqrt{np(1-p)}$$

この近似は n が大きくなればなるほどよくなる。

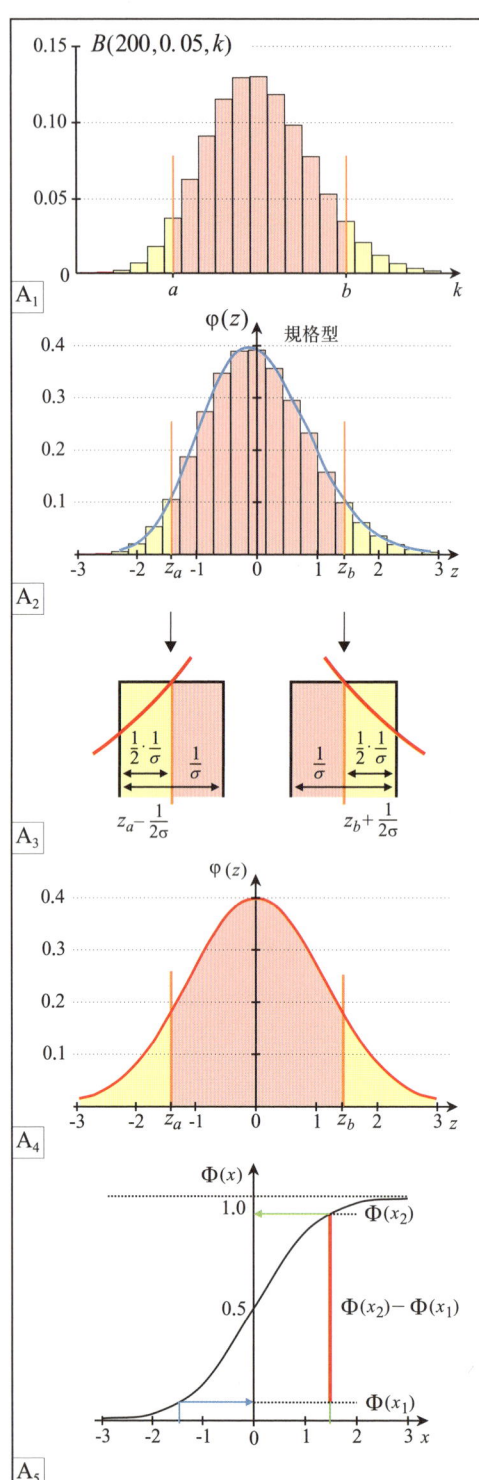

a と b のあいだにある長方形の面積が確率 $P(a \leq X \leq b)$ を表す。
規格化した形では属する区間 $[z_a, z_b]$ で同じことが成り立つ。
長方形の高さは近似的に $\varphi(z)$ であり、それによって長方形の面積は近似的に以下のように算出できる：

$$\sum_{i=a}^{b} \varphi(z_i) \cdot \frac{1}{\sigma} \simeq$$

$$\sum_{i=a}^{b} \sigma \cdot B(200, 0.05, i) \cdot \frac{1}{\sigma} =$$

$$\sum_{i=a}^{b} B(200, 0.05, i) = P(a \leq X \leq b)$$

境界 $z_a - \frac{1}{2\sigma}$ から $z_b + \frac{1}{2\sigma}$ で φ についての積分は面積の近似を表す：

$$P(a \leq X \leq b) \simeq \int_{z_a - \frac{1}{\sigma}}^{z_b + \frac{1}{\sigma}} \varphi(t) dt$$

微分の主定理 (p.133) から関数 φ について原始関数 Φ が存在して次が成り立つ：

$$\int_{z_1}^{z_2} \varphi(t) dt = \Phi(z_2) - \Phi(z_1)$$

Φ は **ガウスの積分関数** といって以下の性質をもつ：

(1) $\lim_{t \to \infty} \Phi(t) = 1$
(2) $\Phi(-t) = 1 - \Phi(t)$

(2)のゆえに Φ を $x \geq 0$ に制限して分析する。

ガウス積分関数は数値的方法論のみで近似的に計算可能である。

x	0	0.2	0.3	0.5
$\Phi(x)$	0.5	0.58	0.62	0.69
x	0.7	1	2	3
$\Phi(x)$	0.76	0.84	0.97	0.99

ラグランジュの積分近似式について

計算例：p.228, 図 A の条件で 100 射してちょうど 80 射当たる確率を求めよ。

解：求めるものは
$$P(X = 80) = B(100, 0.8, 80)$$

この確率は近似的に算出できる。
$np(1-p) = 100 \cdot 0.8 \cdot 0.2 = 16 > 9$ が成り立つ。
$\mu = 80$, $\sigma = 4$ で次を得る：
$$B(100, 0.8, 80) \approx \frac{1}{4}\varphi\left(\frac{80-80}{4}\right) = \frac{1}{4}\varphi(0)$$
$$\approx \frac{1}{4} \cdot 0.399 \approx 0.09975$$

およそ 10% の確率がちょうど 80 射の当たりである。

上の例の「ちょうど 80 射当たる」の代わりに「少なくとも 80 射」とすることは（下を見よ）確かに非常に意味があるかもしれない。しかし克服すべき計算量はあまりにも大量である。ラグランジュの近似の応用は区間では一般的に意味がない。$P(X \leq a)$ または $P(a \leq X \leq b)$ 型の無為変量の二項分布の確率は目的にかなうときにはガウスの積分関数といわゆるラグランジュの積分近似式で計算する。

ラグランジュの積分近似式

p.234 の図 D のヒストグラムは上で述べた近似式の具体化の成功を基本として規格化してある。閉じたあたり区間 $[a, b]$ があるとする。確率 $P(a \leq X \leq b)$ はその区間に属する長方形の面積に等しい。これについて近似値が求まる：
$$P(a \leq X \leq b) \approx \int_{z_a - \frac{1}{2\sigma}}^{z_b - \frac{1}{2\sigma}} \varphi(z)\, dz$$

ガウス積分関数（図 A_5 のグラフ）で次を得る：
$$P(a \leq X \leq b) \approx \Phi\left(z_b + \frac{1}{2\sigma}\right) - \Phi\left(z_a - \frac{1}{2\sigma}\right)$$

かつ $z_b + \frac{1}{2\sigma} = \frac{b-\mu}{\sigma} + \frac{1}{2\sigma} = \frac{b-\mu+0.5}{\sigma}$ 同様に $z_a - \frac{1}{2\sigma} = \frac{a-\mu-0.5}{\sigma}$ なので

ラグランジュの積分近似式 を得る：

> $np(1-p) > 0$ について近似を得る
> $$P(a \leq X \leq b) \approx \Phi\left(\frac{b-\mu+0.5}{\sigma}\right) - \Phi\left(\frac{a-\mu-0.5}{\sigma}\right)$$
> ただし $\mu = np$, $\sigma = \sqrt{np(1-p)}$

特に以下が成り立つ：

(1) $P(X \leq b) \approx \Phi\left(\frac{b-\mu+0.5}{\sigma}\right)$

(2) $P(X \leq b) \approx \Phi\left(\frac{b-\mu}{\sigma}\right)$

　　（非常に大きな n について）

(3) $P(X = a) \approx \Phi\left(\frac{a-\mu+0.5}{\sigma}\right) - \Phi\left(\frac{a-\mu-0.5}{\sigma}\right)$

注：ガウス積分関数の値は表がある。

計算例：p.228, 図 A の問題の条件で 100 射で少なくとも 80 射当たる確率を求めよ。

解：求めるもの $P(X \geq 80)$

次が成り立つ：
$$P(X \geq 80) = 1 - P(X \leq 79)$$
$$\approx 1 - \Phi\left(\frac{79-80+0.5}{4}\right) = 1 - \Phi(-0.125)$$
$$\approx 0.5498$$

少なくとも 80 射当たる確率はおよそ 55% である。

中央極限値定理，標準偏差

積分公式 (2) は二項分布においてのみ成り立つのではない。

そのほかに 1901 年にロシアの数学者リアプノフ (Liapunoff) が示すのに成功したものがある。任意の数の独立な無為変量 $X_1, \cdots, X_n$ が期待値 μ_i と分散 σ_i^2 無為変量の和 $X = X_1 + \cdots + X_n$ をもつときといういわゆる弱い条件の下で n が十分に大きく選ばれているなら近似式は

$$P(X \leq b) \approx \Phi\left(\frac{b-\mu}{\sigma}\right)$$

この近似式はつねに十分によりよい（中央極限値定理*）。ここで個々の無為変量の効果は和では小さい（「弱い」）。二項分布であることは必要としない。

上の不等式で「≈**」の代わりに等号にするとき確率関数を 標準分布 と呼ぶ。

多くの無為変量が標準（「つり鐘型」）分布を表すので中央極限値は明らかになる。

（訳注） ＊［中央極限定理］ ＊＊［≅］

238　論理学

パーティー問題（第1部）：ミヒャエルは自分のバースデーパーティーを開く。彼は友人のハンスとそのガールフレンドのモニカも招待しようと思っている。ハンスに話すと「モニカが行くなら僕も行く」と答えた。

そこでモニカに電話したところ，始め「私たちのうち一人は確実に行くわ，ハンスか私が」と答えた。ミヒャエルがはっきりさせようとしたので彼女はちょっと苛立って「あなたのバースデーパーティーにはハンスが行かないか私が行くかのどちらかよ。」と，いった。

彼女は幾分腑に落ちないものにして自分の論理学の知識をミヒャエルと競った。ミヒャエルは独りごちた。「パーティーには2人とも勘定に入れていいんだろうか」

文章の解析をすると（下を見よ）第2部（p.240，図C）の真偽表と呼ばれるものによってこの問いの答えが導かれる。第3部（p.243）ではさらに計算によってこの答えを確認する。

文章の重要部分の形式化

ミヒャエルは3つの条件が挙げられることを見いだした。次が成り立つはずである：

> (1) モニカが来る　ならば　ハンスが来る。
> (2) ハンスが来る　または　モニカが来る。
> (3) ハンスが来　ない　かまたは　モニカが来る。

これらの条件を文章化した命文はもはや複雑ではない。これらは規格化されていて堅い感じも受けるが，基底にある命題とその結合子が明確に浮かび上がってくる：

HとMで表された「ハンスが来る」と「モニカが来る」の2つは命題である。「かつ」「または」「ならば」「…でない」は結合子と否定子で順に「$\wedge$」「$\vee$」「$\to$」「$\neg$」で表される。

カッコを用いることにより条件の形式化された表記が得られる：

$$\underbrace{(M \to H)}_{(1)} \wedge \underbrace{(H \vee M)}_{(2)} \wedge \underbrace{(\neg H \vee M)}_{(3)}$$

A　命題の関連付けとその形式化

否定「$\neg$」	
A	$\neg A$
w	f
f	w

入り口欄

積「$\wedge$」		
A	B	$A \wedge B$
w	w	w
w	f	f
f	w	f
f	f	f

入り口欄

和「$\vee$」		
A	B	$A \vee B$
w	w	w
w	f	w
f	w	w
f	f	f

入り口欄

例：「$a \mid b$」は　aはbの約数（bはaで割り切れる）

$2\mid 5$	f	$2\mid 6 \wedge 3\mid 6$	w	$2\mid 5 \vee 2\mid 6$	w
$\neg 2\mid 5$	w	$3\mid 6 \wedge 4\mid 6$	f	$3\mid 5 \vee 3\mid 4$	f

B_1　　　　B_2　　　　B_3

B　否定（B_1），積（B_2），和（B_3）の定義

明白な状況を問題にしているとき，もしくは論拠のないときにさえ「それは論理的だ。証明する必要がない。」ということもある。このように「論理的」という言葉はしばしば誤って用いられる。

論理とは証明の代用ではなく，証明のための枠となる形式のことである。

日常生活である主張（意思）を誰かに納得させたいときには命文を用いなければならない。次の2つを選ぶ：

(1) すでに相手に受け入れられている出発点（位置）
(2) 首尾一貫して主張に至るような論証の鎖。

この行為は常に成功するとは限らない：私たちの日常会話は不明瞭すぎてしばしばいろいろな意味をもつ一方，多くの言語的要素がそれぞれ異なる「響きをもち」うるため，これらを排除して言語表現できなくてはならない。
例：
(1) 彼は「in einem Zug」グラスを乾した（列車の中で？一気に？）
(2) 私は車を1台もっている。（少なくとも1台？ちょうど1台？）

専門用語の使用

数学では証明すべき命題を証明するためには先に述べたようなやり方が最も成果を上げている。専門用語 は数学的対象を一意に定め，定理を明確に公式化できるようにする。導入により記号を定義して表現の 形式を整え（図A）これによって型の定まった ものとする。

論理学の課題

論理学の課題は考えの型を内容に依存しないで存在するように形式化することにあり，次のような関係が知られている：

「雪が降る ならば 道は滑る」あるいは「道が滑る ならば 車の運転は危ない」これらから次が導かれる：「雪が降る ならば 車の運転は危ない」

論理学的規則

「AならばB」かつ「BならばC」から次が導かれる：「AならばC」（p.245 と比較せよ。）

この種の論理学的規則の応用は，数学者にとっては確認されうるような結果を基にした確かな前提条件（仮定）からのみ導かれる。

（命題）論理学の基礎概念

真 (w) あるいは偽 (f) のどちらかである命題（命題論理の二価性は前提とされる）と命題式 (p.5, p.7 を見よ) が基礎概念である。これらの概念のほかに結合子と否定子を用いることによって，さらに複合的な型をつくり出した。

結合子（p.7 を見よ）「かつ」（∧），「または」（∨），「…ならば…」（→），「…ならばちょうど…」および「…ならば…かつそのときに限る」（↔）は要素の関連付けを助ける。**否定子**（¬）は要素を否定する。

命題が「真」または「偽」でしかありえない一方，結合子で関連づけられた命文の真偽値は構成要素に依存する。これらの依存性は 真偽値表 と呼ばれるものに表すことによって非常によく具体化される。真偽値表は，否定，和，積，演えき，同値の定義に用いられる一方で，複合的な命題の研究をも可能にする。

否定の真偽値表

命題の否定では，入り口欄で2つの可能性がある。そして否定子によりもとの命題と正反対の真偽値を得る（図 B_1）。

結合子の真偽値表

2つの命題の関連付けでは互いに他に依存しない値wとfをとりうる。したがって4個の入り口組合せを考慮しなくてはならない：(w, w), (w, f), (f, w), (f, f)。これらは表に2つの入り口欄をつくる。結合子の定義ではそれぞれの組合せは結合子に合うようにその都度wまたはfのいずれかに割り当てられる。

積と和

会話に使うところの「かつ」「または」と似通った形で積（「かつ」関連付け）和（「または」関連付け）を得る。割り当て表は図 B_2 と B_3。

積 $A \wedge B$ はしたがって命題 A と命題 B とがともに真のときのみ真となる。和（合併ともいう）$A \vee B$ については命題 A と命題 B がともに偽のときのみ偽となる。

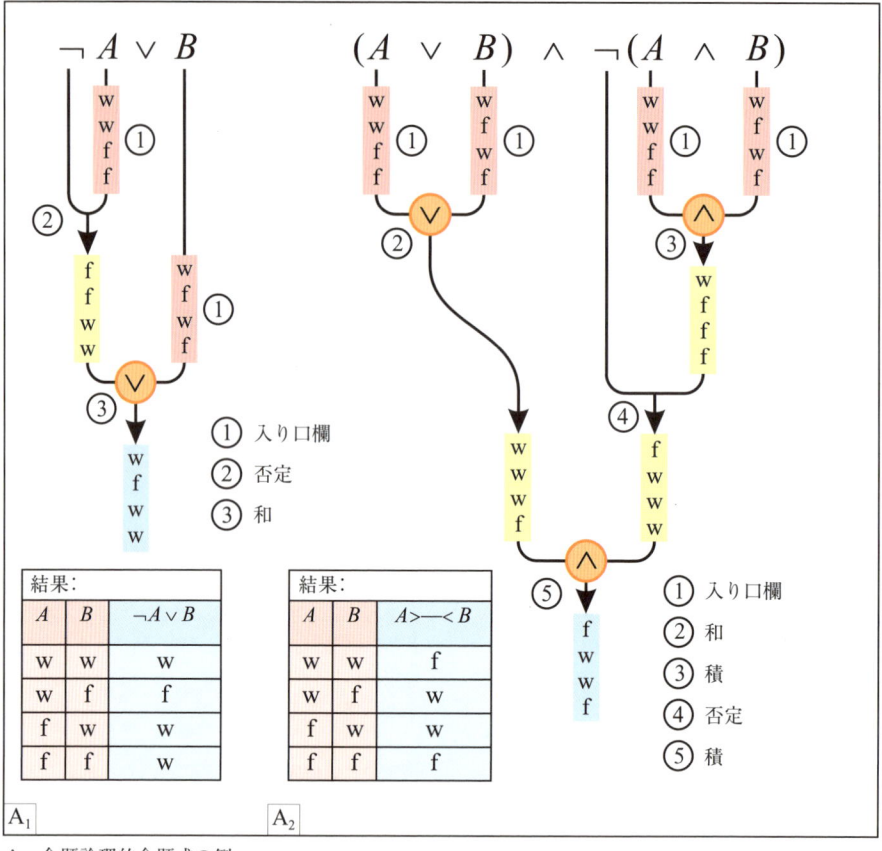

A 命題論理的命題式の例

¬A ∨ B

① 入り口欄
② 否定
③ 和

結果:

A	B	¬A ∨ B
w	w	w
w	f	f
f	w	w
f	f	w

A_1

(A ∨ B) ∧ ¬(A ∧ B)

結果:

A	B	A >—< B
w	w	f
w	f	w
f	w	w
f	f	f

A_2

① 入り口欄
② 和
③ 積
④ 否定
⑤ 積

B 演えき(B_1)と同値(B_2)の定義

演えき「→」

A	B	A → B
w	w	w
w	f	f
f	w	w
f	f	w

B_1

同値の書き換え

A	B	A → B	¬A	¬B	¬A → ¬B	(A → B) ∧ (¬A → ¬B)
w	w	w	f	f	w	w
w	f	f	f	w	w	f
f	w	w	w	f	f	f
f	f	w	w	w	w	w

同値「↔」

A ↔ B
w
f
f
w

B_2

C パーティー問題, 第2部

H	M	M → H	H ∨ M	¬H	¬H ∨ M	C
w	w	w	w	f	w	w
w	f	w	w	f	f	f
f	w	f	w	w	w	f
f	f	w	f	w	w	f

$C := (M → H) ∧ (H ∨ M) ∧ (¬H ∨ M)$

Cはただ1つのケース（表の第1列）すなわちこれが一意の解。

入り口欄からH（ハンスが来る）とM（モニカが来る）すなわちこれが真であることが読み取れる。

…かあるいは…（の一方）

和では「閉め出すか否か」は問題とはしない。すなわち「…かあるいは…」を扱わないのである。たとえば「ニコルは日光浴をするか本を読む」といったとき2つのことが同時に真であることを受け入れている。「すなわちニコルは日光浴をしながら本を読む」である。

「または」（∨）と「…かあるいは…」（>−<）の違いは特に明白である（図 A_2）。

$(A \lor B) \land \lnot (A \land B)$ （AまたはBとAかつBの否定を同時にと読む）。

この和と積の否定との積の関連付けは次に述べる命題論理的命題式の1つの例である。

命題論理的命題式

2つの文字 A と B，およびそのほかのアルファベットの初めの大文字は命題の変数となる。したがってこれを**命題変数**とも呼ぶ。

命題変数，結合子，否定子そして／あるいはカッコによって構築された表現は命題の中の変数を命題で置き換えることにより，**命題論理的命題式**と呼ばれるようになる。

それぞれの命題論理的命題式には真偽値表が属する。入り口欄からそれぞれの変数は互いに別々にわかれて途中経過を得て結果に至る（図 B，C，p.242，図A）。

( ) と [ ] のときには含んでいる形の [( )] カッコ法則，中から外へ（代数のときと同じように）は注意しなくてはならない。命題式の中のそれぞれの関連付けをカッコを用いて表すと一目瞭然とはいえない表記ができる。すべての結合子の序列についての取り決め（下を見よ）はカッコの節約になる。カッコを用いて遠回しにしなければならないときには図 A_2 のように**真偽値樹**で表す。

演えき

「…ならば…」関連付けの真偽値表から最良の書き換えを得る：「そんなに行儀悪くしないで」と子供に注意する親。「そうじゃないと怒りますよ」これは次のようにもいえるかもしれない「おまえが行儀悪くする ならば 私は怒る。」

図 A_1 の表に書かれているように最初の文は $\lnot A \lor B$ の型をしている。演えきの $A \to B$ 定義表に表されている（図 B_1）。

> 演えき $A \to B$ は A が真で B が偽のときのみ偽である。

表の中でめだつことはいく分なじみやすい性質である。「ならばの前の命題」が偽ならば演えき全体が真である。たとえば以下のような命題を真とする：

「月に住める ならば 5本脚の犬がいる」

一般に演えき概念 $A \Rightarrow B$ （p.243 と比較せよ）との関係の性質はとても有効である。

応用：パーティー問題の第2部（図C）

同値

「カールの授業があるならばインゲはそのときに限り学校にいる」。「…ならばちょうど* そのとき…」命題は2つの同値命題である：「カールの授業があるならばインゲもまた学校にいる」と「カールの授業がないならばインゲもまた学校にはいない」。すなわち $A \leftarrow B$ を $(A \to B) \land (\lnot A \to \lnot B)$ でおきかえる（図 B_2）。

表によると：

> 同値は両命題が同じ真偽値をもっているときのみ真である。

結合子の序列

算術の点は線の前にという規則（加減法より乗除法が優先）に由来する規則で ∧ は ∨ より強く → は ↔ より強く結びつく。

そのほかには ¬ は直接変数にのみ作用する。記号を直前に置くか場合によっては ( ) の前に置いて属する ( ) の中のものだけにかかわる。

これらの取り決めによって命題式 $(A \land B) \lor (\lnot A \land B)$ と $(A \to B) \leftrightarrow \lnot A$ で ( ) を除外することができて $A \land B \lor \lnot A \land B$ と $A \to B \leftrightarrow \lnot A$ を得る。

これに対して結合子を置き換えると序列の取り決めのために $(A \lor B) \land (\lnot A \lor B)$ では ( ) をはずすことができて，$(A \leftrightarrow B) \to \lnot A$ では ( ) ははずせない。→ が ∨ より強く結びつくことを受け入れることにより，さらに多くの ( ) を節約できる。

判読しやすくするために，一般的な序列を損なうことなく必要以上に多くの ( ) を用いることもある。

（訳注） ちょうど* は以前にも出てきている。前頁の「ちょうど1台」はそれより多くも少なくもない「1台」のこと。ここでも同様の使い方。

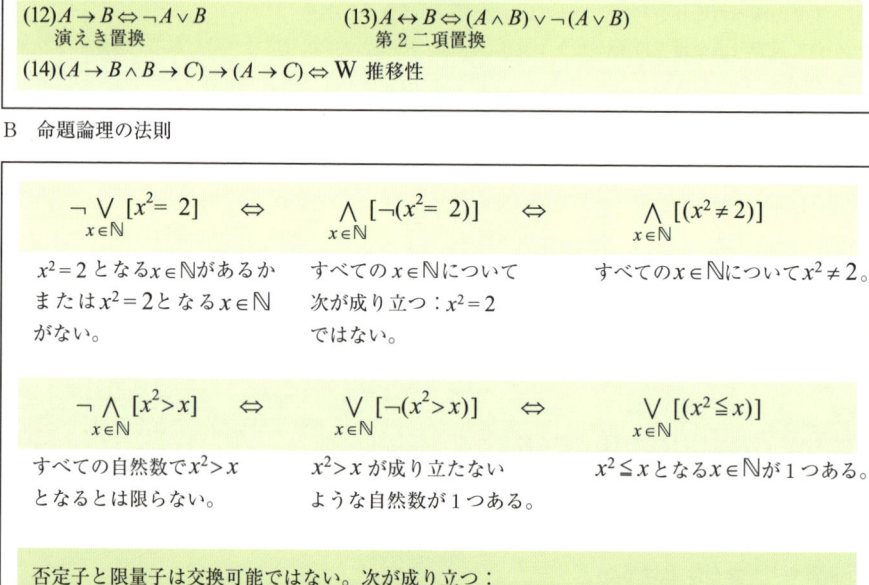

会話体で： 「カーラは日光浴をするかまたは本を読むということは真ではない」	A	B	$A\vee B$	$\neg(A\vee B)$	$\neg A$	$\neg B$	$\neg A\wedge\neg B$	$\neg(A\vee B)\leftrightarrow$ $\neg A\wedge\neg B$
	w	w	w	f	f	f	f	w
同じことの書き換え：	w	f	w	f	f	w	f	w
「カーラは日光浴もしないし，本も読まない」	f	w	w	f	w	f	f	w
	f	f	f	w	w	w	w	w

ド・モルガンの法則：$\neg(A\vee B)\Leftrightarrow\neg A\wedge\neg B$ および $\neg(A\vee B)\leftrightarrow\neg A\wedge\neg B$ が一般に成り立つ．

A 例

和と積の命題論理的法則

(1a) $A\wedge B\Leftrightarrow B\wedge A$ (1b) $A\vee B\Leftrightarrow B\vee A$ 交換法則

(2a) $A\wedge(B\wedge C)\Leftrightarrow(A\wedge B)\wedge C$ (2b) $A\vee(B\vee C)\Leftrightarrow(A\vee B)\vee C$ 結合法則

(3a) $A\wedge(B\vee C)\Leftrightarrow(A\wedge B)\vee(A\wedge C)$ (3b) $A\vee(B\wedge C)\Leftrightarrow(A\vee B)\wedge(A\vee C)$ 分配法則

(4a) $\neg(A\wedge B)\Leftrightarrow\neg A\vee\neg B$ (4b) $\neg(A\vee B)\Leftrightarrow\neg A\wedge\neg B$ ド・モルガンの法則

(5a) $A\wedge A\Leftrightarrow A$ (5b) $A\vee A\Leftrightarrow A$ 自乗の法則

(6a) $A\wedge(A\vee B)\Leftrightarrow A$ (6b) $A\vee(A\wedge B)\Leftrightarrow A$ 吸収の法則

(7a) $A\wedge\neg A\Leftrightarrow F$（いつも偽）反例の法則   (7b) $A\vee\neg A\Leftrightarrow W$（いつも真）第三者しめ出しの法則

(8a) $A\wedge F\Leftrightarrow F$ (8b) $A\vee W\Leftrightarrow W$

(9a) $A\wedge W\Leftrightarrow A$ (9b) $A\vee F\Leftrightarrow A$

$\boxed{\wedge\,\vee}$ および $\boxed{\vee\,\wedge}$ と $\boxed{W\,F}$ および $\boxed{F\,W}$ の置き換えによる 双対性：
(1a) から (9a) は (1b) から (9b) になる．

演えきと同値の命題的法則

(10) $A\to B\Leftrightarrow\neg B\to\neg A$ (11) $A\leftrightarrow B\Leftrightarrow(A\to B)\wedge(B\to A)$
   対偶の法則   第1二項置換

(12) $A\to B\Leftrightarrow\neg A\vee B$ (13) $A\leftrightarrow B\Leftrightarrow(A\wedge B)\vee\neg(A\vee B)$
   演えき置換   第2二項置換

(14) $(A\to B\wedge B\to C)\to(A\to C)\Leftrightarrow W$ 推移性

B 命題論理の法則

$\neg\bigvee_{x\in\mathbb{N}}[x^2=2]$ $\Leftrightarrow$ $\bigwedge_{x\in\mathbb{N}}[\neg(x^2=2)]$ $\Leftrightarrow$ $\bigwedge_{x\in\mathbb{N}}[(x^2\neq 2)]$

$x^2=2$ となる $x\in\mathbb{N}$ があるかまたは $x^2=2$ となる $x\in\mathbb{N}$ がない． すべての $x\in\mathbb{N}$ について次が成り立つ：$x^2=2$ ではない． すべての $x\in\mathbb{N}$ について $x^2\neq 2$．

$\neg\bigwedge_{x\in\mathbb{N}}[x^2>x]$ $\Leftrightarrow$ $\bigvee_{x\in\mathbb{N}}[\neg(x^2>x)]$ $\Leftrightarrow$ $\bigvee_{x\in\mathbb{N}}[(x^2\leqq x)]$

すべての自然数で $x^2>x$ となるとは限らない． $x^2>x$ が成り立たないような自然数が1つある． $x^2\leqq x$ となる $x\in\mathbb{N}$ が1つある．

否定子と限量子は交換可能ではない．次が成り立つ：
「E［A］限量子の否定」は「否定の A［E］限量子」と同値である．

C 限量子の否定

命題論理の法則

2つの命題論理的命題はその表で入り口欄の割り当てが同じで、結果欄の真偽値のならびが同じならば入れ替えが可能である。
この種の命題式は 命題論理学的同値 (⇔) という。
注：これらの記号の選択の根拠は2つの論理学的に同値な命題式はいつも w すなわち全般的に成り立つからである（p.245, p.247 を見よ）。
例：図 A
ある論理学的命題式では簡略化になるような変形が行える。たとえば項 $\neg(A \lor B)$ を $\neg A \land \neg B$ で置き換える。すなわち ( ) のない項で置き換えるのである。( ) を（「計算の」）ド・モルガンの法則によってはずすことができる。そのほかの［計算］のための最も重要な 命題論理学の定理 は図 B にある。複雑な命題式を変数 A と B の位置で分けるときにも同じことが成り立つ。

応用：パーティー問題（第3部）
p.238，図 A の命題式は簡単にできる：

$(M \to H) \land (H \lor M) \land (\neg H \lor M)$ | (12)
$\Leftrightarrow (M \to H) \land (H \lor M) \land (H \to M)$ | (1)
$\Leftrightarrow (M \leftrightarrow H) \land (H \lor M)$ | (13)
$\Leftrightarrow [(M \land H) \lor \neg(M \lor H)] \land (H \lor M)$ | (3a) と (7a)
$\Leftrightarrow [(M \land H) \land (H \lor M)] \lor F$ | (9b)
$\Leftrightarrow [(M \land H) \land H] \lor [(M \land H) \land M]$ | (9a)
$\Leftrightarrow (M \land H) \lor (M \land H)$ | (5b)
$\Leftrightarrow M \land H$

この「計算的」結果は p.240，図 C のパーティー問題（第2部）の解と一致する。

限量子

例：

(1) 次が成り立つような自然数がある：
$$2 乗が 4 に等しい$$

(2) すべての自然数 $x \in \mathbb{N}$ について次が成り立つ：
$$1 + 2 + \cdots + x = \tfrac{1}{2}x(x+1)$$

これらの命題は次の命題式と限量子からなっている：

- 命題式 $A(x)$ すなわち $x^2 = 4$ および 定義域 $\mathbb{N}$ をもった和の公式

さらに

- $A(x)$ の解の範囲（量）の 限量化された部分 を表している：

(訳注) ＊［至るところ成り立つ］

(1)「〜が成り立つような…が存在する」は命題式が可解であることを意味しておりすなわち少なくとも1つの解が定義域の中にある（存在命題）。
(2)「すべてで成り立つ」はその命題が定義域で全般的に成り立つことを意味する（全体命題＊）。

表現は定式化されている：

例 (1) について： $\bigvee\limits_{x \in \mathbb{N}} [x^2 = 4]$

例 (2) について： $\bigwedge\limits_{x \in \mathbb{N}} \left[1 + 2 + \ldots + x = \tfrac{1}{2}x(x+1)\right]$

これらの大きな「または」および大きな「かつ」を思わせる記号は 存在限量子 および 全体限量子 と呼ばれる。この記号の定め方は両限量子の有限な定義集合についてこれらの限量子がふさわしい結合子の関連付けの有限の鎖で置き換えられうることを思い出させている。

拘束変数と自由定数

両結合子の現れる変数 x では 置き換えの禁止 が存在する。これを 拘束された 変数という。一方純粋な命題式に現れる変数は 自由 である。

限量子の否定

次の規則が成り立つ（例：図 C）：

(Q1) $\neg \bigvee\limits_{x} [A(x)] \Leftrightarrow \bigwedge\limits_{x} [\neg A(x)]$

(Q2) $\neg \bigwedge\limits_{x} [A(x)] \Leftrightarrow \bigvee\limits_{x} [\neg A(x)]$

結合子による限量子の関連付け

同じ定義集合で以下が成り立つ：

(Q3) $\bigwedge\limits_{x} [A(x)] \land \bigwedge\limits_{x} [B(x)] \Leftrightarrow \bigwedge\limits_{x} [A(x) \land B(x)]$

(Q4) $\bigvee\limits_{x} [A(x)] \lor \bigvee\limits_{x} [B(x)] \Leftrightarrow \bigvee\limits_{x} [A(x) \lor B(x)]$

多重限量子

同じあるいは異なる限量子が次々と現れることを意味する。

規則：2またはそれ以上の同じタイプの限量子は入れ替えられる。

注：2つの限量子のタイプが異なると入れ替えられない。「すべての家に1つの屋根があるが成り立つ」と［すべての家について，1つ屋根があるが成り立つ］との違いは明らかである。

（1）連鎖論証の規則

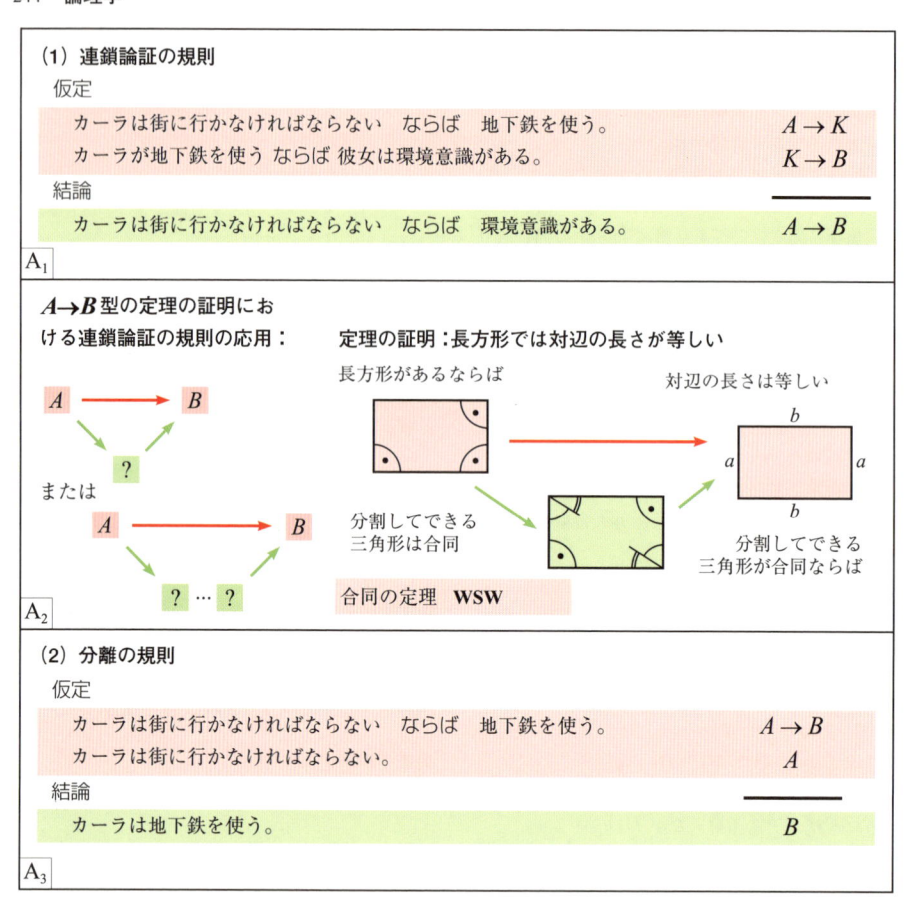

仮定
- カーラは街に行かなければならない ならば 地下鉄を使う。　　$A \to K$
- カーラが地下鉄を使う ならば 彼女は環境意識がある。　　$K \to B$

結論
- カーラは街に行かなければならない ならば 環境意識がある。　　$A \to B$

A_1

$A \to B$ 型の定理の証明における連鎖論証の規則の応用：

$A \longrightarrow B$
$\searrow \;\; \nearrow$
$\;\;?$

または

$A \longrightarrow B$
$\searrow \quad\quad \nearrow$
$\;? \cdots ?$

定理の証明：長方形では対辺の長さが等しい

長方形があるならば　　対辺の長さは等しい

分割してできる三角形は合同

分割してできる三角形が合同ならば

合同の定理　**WSW**

A_2

（2）分離の規則

仮定
- カーラは街に行かなければならない ならば 地下鉄を使う。　　$A \to B$
- カーラは街に行かなければならない。　　A

結論
- カーラは地下鉄を使う。　　B

A_3

A　連鎖推論の規則と分離の規則

仮定	$A \to B$ A	$A \to B$ $\neg B$	$A \to K$ $K \to B$	$\bigwedge_{x \in D_x}[A(x)]$ $a \in D_x$	$A(a)$ $a \in D_x$
結論	B	$\neg A$	$A \to B$	$A(a)$	$\bigvee_{x \in D_x}[A(x)]$
	分離規則 I	分離規則 II	連鎖論証規則	特異化論証	論証

仮定	A（および B）	$A \land B$	$\neg(A \lor B)$	$\neg(A \land B)$
結論	$A \lor B$	A（および B）	$\neg A \land \neg B$	$\neg A \lor \neg B$
	和論証	積論証	ド・モルガンによる論証	

論証規則は命題を 同値 命題で置き換えても成り立つ。

B　そのほかの推論規則

数学的定理

数学的定理は公理論的方法論（p.153）を用いて基礎の上に特殊な公理を展開する。数学的定理を利用するために概念（p.251）を定義して新しい関係を見いだし，公式化して定理を証明する。

新しい関係の探求はしばしば主観的な概念を伴っている。したがって幾何学では折に触れて描写することまたは／および測ることを代数では例計算を指導する。しかし知識の伝達と直感もまた重大な役割を果たす。

証明されていない知識や情報は推察でしかない。これらの推察をそのままにしておくなら，数学の結果は説得力を失ってしまう。なぜならそれは誤りを含んでいるかもしれないのである。

証明なしに一般化を試みると人は思い違いをすることもある。以下に挙げる例は L. オイラー（1707–1783）にさかのぼる：

> 式 $x^2 - x + 41$ の x にたとえば 1 から 40 までの自然数を次々と代入するとすべて素数になる（41, 43, 47, $\cdots$, 1601）。この式はそれほど多くの例が試されることなくすべての自然数で素数をつくるとして受け入れられた。しかしこれは誤った判断であった。すなわち 41 を代入すると $41^2 - 41 + 41 = 41^2$ となり素数ではない数を得る。

数学では証明は何にも変えられない。もちろん数学を学ぶときには証明の代わりによく選ばれた説得力のある例や直観を持ち込むこともある。

定理の証明

真の命題のみが数学では「定理」といわれる。そこに含まれている命題が疑う余地なく真偽値 (w) をもつときに証明されたものとみなされる。証明の型として学校数学の枠の中にあるもの（p.247, p.249）は以下である：

- 直接的証明
- 間接的証明
- 同値の証明
- 対偶の証明
- 反論による証明
- 場合分けによる証明
- 数学的帰納法による証明

証明するときに重要な手段の 1 つは論証規則と呼ばれる。

論証規則

真の命題（仮定）から別の真の命題（結論）に至るとき次の論証規則を用いる：

- 連鎖論証規則
- 分離規則

連鎖論証規則は以下のような証明法である（modus barbara という）：

$A \to K$ と $K \to B$ が成り立つとき（仮定）
$A \to B$（結論）もまた成り立つ（図 A_1）

このとき命題 K はある種の「連結」である。
$A \to B$ 型の定理を連鎖論証規則で証明するには 1 つまたは複数の連結する命題を見つけてあいだに置く。例：図 A_2

分離規則（mocus ponens という）ではすでに証明されている $A \to B$ 型の定理を応用する。

$A \to B$ 型の定理で「Wenn 命題*」（仮定）が真ならば「Dann 命題**」（結論）もまた真である。すなわち $A \to B$ では「A 真」から「B 真」が分離して導かれる（図 A_3）。

p.240 の図 B_1 演えきの真偽値から「$A \to B$ 真」で「A 真」なのは同時に「B 真」のときのみである。$A \Rightarrow B$ と書き（A から B が導かれると読む），演えきとして扱い，A は仮定 B は結論ともいう。

定理 $A \to B$ について論じる代わりにこの定理の表現 $A \Rightarrow B$ を用いて条件 A から結論 B を得る。

注：二重矢 $\Rightarrow$ は結合子ではなくて，いつも真である演えきの命題 $A \to B$ である。すなわち全般的に成り立つ。

図 B にはいくつかの重要な論証規則が示されている。それらはまた論証概念を示している。たとえば

$$A \wedge B \Rightarrow A \quad A \wedge B \Rightarrow B \quad A \Rightarrow A \vee B$$

数学的定理の構築

学校数学では定理は非常にさまざまに表されている。しかしながら大概は例 (1) のように「ならば型」であり，第 3 の例では熟練した技術のみによっている（p.247 を見よ）。

（訳注）　*［ならばの前の命題］　**［ならばの後の命題］

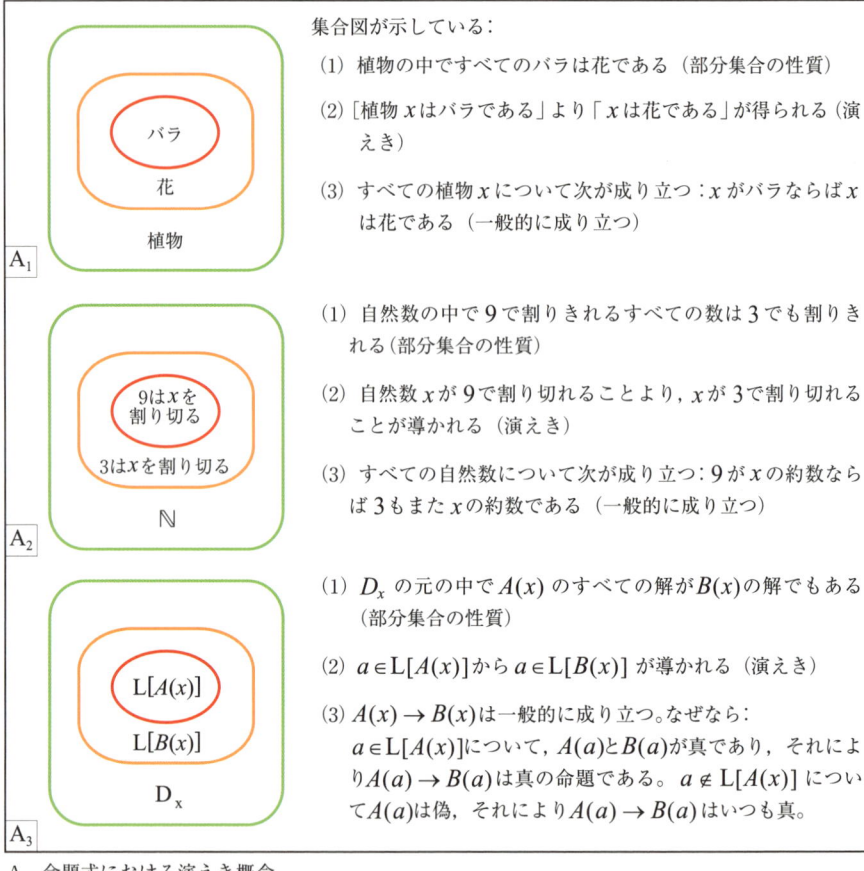

論理学

A_1
集合図が示している:
(1) 植物の中ですべてのバラは花である (部分集合の性質)
(2) 「植物 x はバラである」より「x は花である」が得られる (演えき)
(3) すべての植物 x について次が成り立つ: x がバラならば x は花である (一般的に成り立つ)

(図: バラ ⊂ 花 ⊂ 植物)

A_2
(1) 自然数の中で 9 で割りきれるすべての数は 3 でも割りきれる (部分集合の性質)
(2) 自然数 x が 9 で割り切れることより, x が 3 で割り切れることが導かれる (演えき)
(3) すべての自然数について次が成り立つ: 9 が x の約数ならば 3 もまた x の約数である (一般的に成り立つ)

(図: 9は x を割り切る ⊂ 3は x を割り切る ⊂ $\mathbb{N}$)

A_3
(1) D_x の元の中で $A(x)$ のすべての解が $B(x)$ の解でもある (部分集合の性質)
(2) $a \in \mathrm{L}[A(x)]$ から $a \in \mathrm{L}[B(x)]$ が導かれる (演えき)
(3) $A(x) \to B(x)$ は一般的に成り立つ。なぜなら:
$a \in \mathrm{L}[A(x)]$ について, $A(a)$ と $B(a)$ が真であり, それにより $A(a) \to B(a)$ は真の命題である。$a \notin \mathrm{L}[A(x)]$ について $A(a)$ は偽, それにより $A(a) \to B(a)$ はいつも真。

(図: $\mathrm{L}[A(x)] \subset \mathrm{L}[B(x)] \subset D_x$)

A　命題式における演えき概念

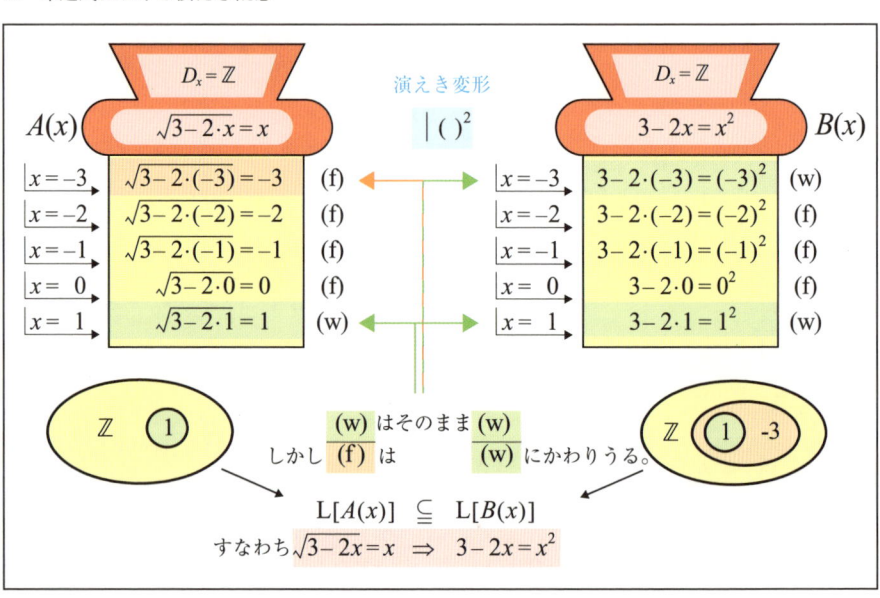

$A(x)$　$D_x = \mathbb{Z}$　$\sqrt{3 - 2 \cdot x} = x$

演えき変形　$|\ ()^2$

$B(x)$　$D_x = \mathbb{Z}$　$3 - 2x = x^2$

$x = -3$	$\sqrt{3 - 2 \cdot (-3)} = -3$	(f)
$x = -2$	$\sqrt{3 - 2 \cdot (-2)} = -2$	(f)
$x = -1$	$\sqrt{3 - 2 \cdot (-1)} = -1$	(f)
$x = 0$	$\sqrt{3 - 2 \cdot 0} = 0$	(f)
$x = 1$	$\sqrt{3 - 2 \cdot 1} = 1$	(w)

$x = -3$	$3 - 2 \cdot (-3) = (-3)^2$	(w)
$x = -2$	$3 - 2 \cdot (-2) = (-2)^2$	(f)
$x = -1$	$3 - 2 \cdot (-1) = (-1)^2$	(f)
$x = 0$	$3 - 2 \cdot 0 = 0^2$	(f)
$x = 1$	$3 - 2 \cdot 1 = 1^2$	(w)

(図: $\mathbb{Z}$ 内に 1) → (図: $\mathbb{Z}$ 内に 1, -3)

(w) はそのまま (w)
しかし (f) は (w) にかわりうる。

$$\mathrm{L}[A(x)] \subseteq \mathrm{L}[B(x)]$$
すなわち $\sqrt{3 - 2x} = x \Rightarrow 3 - 2x = x^2$

B　演えき変形の例

例：
(1) すべての $x \in \mathbb{N}$ について 次が成り立つ：
x の横和が 3 で割り切れる
ならば x もまた 3 で割り切れる
(2) 9 で割りきれる数は 3 でも割り切れる。「ならば型」でも表すと：
すべての $x \in \mathbb{N}$ について 次が成り立つ：
x が 9 で割り切れる
ならば x は 3 でも割り切れる
(3) $\sqrt{2}$ は有理数ではない。これを「ならば型」で表すと：
すべての $x \in \mathbb{R}$ について 次が成り立つ：
$$x^2 = 2 \to x \notin \mathbb{Q}$$

これらの例は $\bigwedge_x [A(x) \to B(x)]$ 型でありいわゆる「ならば型」である。これは共通の変数 x をもつ同じ定義域 D_x の 2 つの命題式（p.5）$A(x)$ と $B(x)$ とのあいだの演えきの 1 つである真の命題を扱う。ここでは命題の演えき概念と命題式への一般化が隠れている。

命題式のあいだの演えき

p.245 の命題のあいだの演えきの概念 $A \Rightarrow B$ は命題式に推移できる：$A(x) \Rightarrow B(x)$（p.45, p.47 と比較せよ）。

例：
A：半径 3 の円
B：面積 9π
次が成り立つ：$A \Rightarrow B$

$A(x)$：$\Leftrightarrow$ 半径 x の円
$B(x)$：$\Leftrightarrow$ 面積 $x^2\pi$
次が成り立つ：$\bigwedge_x [A(x) \to B(x)]$, $x \in \mathbb{R}^+$

「$A(x)$ から $B(x)$ が導かれる」といいこれによりすべての $a \in D_x$ について命題 $A(a)$ と $B(a)$ が成り立つということを含む：$A(a) \Rightarrow B(a)$, すなわち $\bigwedge_x [A(x) \to B(x)]$ が成り立つ。

別の解釈として：
$a \in D_x$ についていつも「$A(a)$ 真」ならば $B(a)$ も同様に真である。

これはここに現れた命題式の解集合を示している：

$L[A(x)] \subseteq L[B(x)]$（図 A）

方程式と不等式の演えき変形（p.45, p.47）と比較せよ。

注 1：演えき $A(x) \Rightarrow B(x)$ では $A(x)$ の真の命題からの $B(x)$ の真の命題を導く。それに対して $A(x)$ の偽の命題からは $B(x)$ の真の命題に至る。すなわち演えきでは見せかけの解が入り込みうる。したがって方程式や不等式の解集合で検算が必要であると同様にここでも検算が必要である（図 B）。

注 2：「ならば型」の定理は次の部分集合の性質：
$L[A(x)] \subseteq L[B(x)]$
が立証されているときには，証明される
例：p.248

演えき $A \Rightarrow B$ および $A(x) \Rightarrow B(x)$ の証明

a) $A \Rightarrow B$ を証明することは「$A \to B$ 真」を示すことである。このとき 2 つのケース「A 真」「A 偽」に注意しなくてはならない。
「A 偽」ではそれでも「$A \to B$ 真」が B にかかわりなく成り立つので「A 真」は元々前提とされている。したがって A は **前提** ともいう。すなわち前提は真とする。p.240 の演えきの真偽値表の組合せ（w, f）もまた除外されうる。前提条件ではただ「B 真」しか成り立たないという主張が含まれている。したがって B は **主張** ともいう。

b) $A(x) \Rightarrow B(x)$ のケースでは真の **前提** $a \in L[A(x)]$ から **主張** $a \in L[B(x)]$ を論証する。

演えきの **証明** は以下のように行う：

– 前提の確認
– 主張の確認
– 前提から主張までの一貫した論証：このときすべてのすでに証明された定理は利用できる。

例：p.249, p.251

演えきの逆

演えきの逆 $B(x) \Rightarrow A(x)$ が出てくるのはかかわる命題式を交換するときである。

上述の例 (1) と (2) が生じたなら，(1) では真の (2) では偽の命題が導かれることがわかる（反例による論証 p.249）。

ある演えきの逆の演えきは一般には成り立たない。逆演えきが成り立つような特殊なケースでは証明が必要である。

演えきもその演えきの逆も成り立つことを同値という。

例：
すべての自然数 x について次が成り立つ：
9がxの約数　ならば　3はxの約数。
仮定：　$a \in L[A(x)]$，すなわち　$9|a$ が成り立つとする。
主張：　$a \in L[B(x)]$，すなわち　$3|a$ が成り立つ。
証明：

$\underbrace{仮定}_{A_1} \Rightarrow \underbrace{\bigvee_{z \in \mathbb{N}}[a=9z]}_{A_2} \Rightarrow \underbrace{\bigvee_{z \in \mathbb{N}}[a=3(3z)]}_{A_3} \Rightarrow \underbrace{\bigvee_{y \in \mathbb{N}}[a=3y]}_{A_4} \Rightarrow \underbrace{主張}_{A_5}$　w.z.z.w.

$A_1 \Rightarrow A_2$　　$9|a$　　　　　　　　　ならば　$a=9z$となる$z \in \mathbb{N}$が存在する。
$A_2 \Rightarrow A_3$　　$a=9z$ となる$z \in \mathbb{N}$が存在する　ならば　$a=3(3z)$となる$z \in \mathbb{N}$が存在する。
$A_3 \Rightarrow A_4$　　$a=3(3z)$となる$z \in \mathbb{N}$が存在する　ならば　$a=3y$となる$y \in \mathbb{N}$が存在する。
$A_4 \Rightarrow A_5$　　$a=3y$ となる$y \in \mathbb{N}$が存在する　ならば　$3|a$。

A　直接的証明の例

定理： 区間(0,1)の中の実数の集合は非可算である。
仮定： 小数表記についての諸定理，双射写像と可算集合の定義。
主張： (0,1)は非可算
想定： 主張の逆が真すなわち(0,1)が可算であるとする。
矛盾の証明： (0,1)の可算性よりそれぞれの実数は小数表記により$\mathbb{N} \to (0,1)$の数列の
　　　　　項として表せる：

$1 \mapsto r_1 = 0.\,a_{11}\,a_{12}\,a_{13}\,\ldots$，たとえば　$0.\,1\,3\,3\ldots$

$2 \mapsto r_2 = 0.\,a_{21}\,a_{22}\,a_{23}\,\ldots$，たとえば　$0.\,0\,3\,5\ldots$

$3 \mapsto r_3 = 0.\,a_{31}\,a_{32}\,a_{33}\,\ldots$，たとえば　$0.\,4\,6\,9\ldots$

この数の列 $r=0.\,a_1a_2a_3\ldots$ ただし $a_{ii}=1$ では $a_i=2$ それ以外では $a_i=1$ は手本通りには成り立たない（矛盾）。なぜなら r は数 $r_1, r_2, r_3, \ldots$ のそれぞれと少なくとも1カ所で異なる（たとえば $r=0.211\ldots$）。w.z.z.w.

B　間接的証明の例

定理： n^2 が奇数ならばnもまた奇数（$D_x = \mathbb{N}$）。
仮定： n^2 が奇数とする。
主張： n は奇数。

対偶(K)： n^2 が偶数ならばnも偶数。
K仮定： n が偶数とする。
K主張： n^2 も偶数。

証明：

K仮定 $\Rightarrow \bigvee_{z \in \mathbb{N}}[n=2z] \Rightarrow \bigvee_{z \in \mathbb{N}}[n^2=4z^2] \Rightarrow \bigvee_{z \in \mathbb{N}}[n^2=2(2z^2)] \Rightarrow \bigvee_{y \in \mathbb{N}}[n^2=2y] \Rightarrow$ K主張

w.z.z.w.

C　対偶による証明の例

証明の型 III　249

命題式の同値概念
同値のケースでは与えられた命題式の解集合の同一性が成り立つ。

$$L[A(x)] = L[B(x)]$$

これらの性質によって $A(x)$ と $B(x)$ にそれぞれ自身の代入をしても命題の真偽値表はそのまま（w または f）であることは変わらない。

注1：2つの命題式の同値は同値 $A(x) \to B(x)$ の一般性と同じ意味である。すなわちこれにより同値の全体命題は真である。

注2：方程式（不等式）の解法に不可欠な同値変形（p.45）が同値である。

直接的証明
（たとえば前提のような）真の命題を出発点として演えきの羅列を経て最終的に主張に至る。
例：図 A
そのほかの例：p.167，p.179，p.209

間接的証明
前提 A と主張 B の逆が成り立つという仮説から $C \land \neg C$ の型の矛盾に至る。ここで $C = A$ および $C = B$ もまた可能である。この仮説はしたがって他のすでに証明された定理と共存できないものであり，仮説の逆すなわち主張が成り立たなくてはならない。
例：図 B，p.37，p.91，p.103

同値証明
基本的に2つの方向で証明される：
前提から主張へまたはその逆向き。

対偶による証明
この証明の型は対偶の規則（p.242，図 B(10)）に帰結する。
主張の逆から初めて前提の逆に行きつくように，前提は利用しないで試みる。主張の逆は対偶前提（**K 前提**）であり，前提の逆は対偶主張（**K 主張**）である。
例：図 C，p.67

反例による反証
「すべての自然数について次が成り立つ：2で割り切れる数は8でも割り切れる」という全体命題が偽であることを証明する（反証する）ためには12のような例を挙げるだけでよい。12は2で割り切れるが8では割り切れない。
そのほかの例：p.119

場合分けによる証明
次の命題「すべての自然数 n では $n^2 + n$ が2で割り切れる。」が真か否かを判別するには2つのケース「n 偶数」と「n 奇数」に分ける必要がある：

$$n^2 + n = n(n + 1)$$

ケース1：n が偶数のとき n は2で割り切れるので積 $n(n+1)$ もまた2で割り切れる。
ケース2：n が奇数のとき $n+1$ は2で割り切れるので積 $n(n+1)$ もまた2で割り切れる。
上の命題はしたがって真。
そのほかの例：p.169

数学的帰納法による証明
科学では帰納（Induktion）とは1つの事例から一般的に成立することを推測することをいう。数学ではこれは禁じ手である（オイラーの素数式を見よ。p.245）。この種の手続きは推察のために行われるが，必ずや証明によって確認されなくてはならない。
数学的（完備）帰納法は定義集合 $\mathbb{N}$ または $\mathbb{N}^{\geq a}$ の命題式 $A(n)$ の一般的成立性を証明する証明法である。
この手続きは自然数についての第4ペアノ公理（p.17，(P4)）に基づいている。この証明は2つの部分からなる：
– 帰納法の始点
– 帰納法の終点

例1
$A(n) :\Leftrightarrow 2^0 + 2^1 + \cdots + 2^{n-1} = 2^n - 1$　　終点：$L = \mathbb{N}$

(I) 帰納法の始点
$A(1) : 2^0 = 2^1 - 1$ は真すなわち $1 \in L$

$A(1) \to A(2)$ が成り立つならば分離規則（p.245）より「$A(2)$ 真」である。したがって $2 \in L$ となる（p.250，図 A）。
同様に $A(2) \to A(3)$ が成り立つので $3 \in L$ が導かれる。

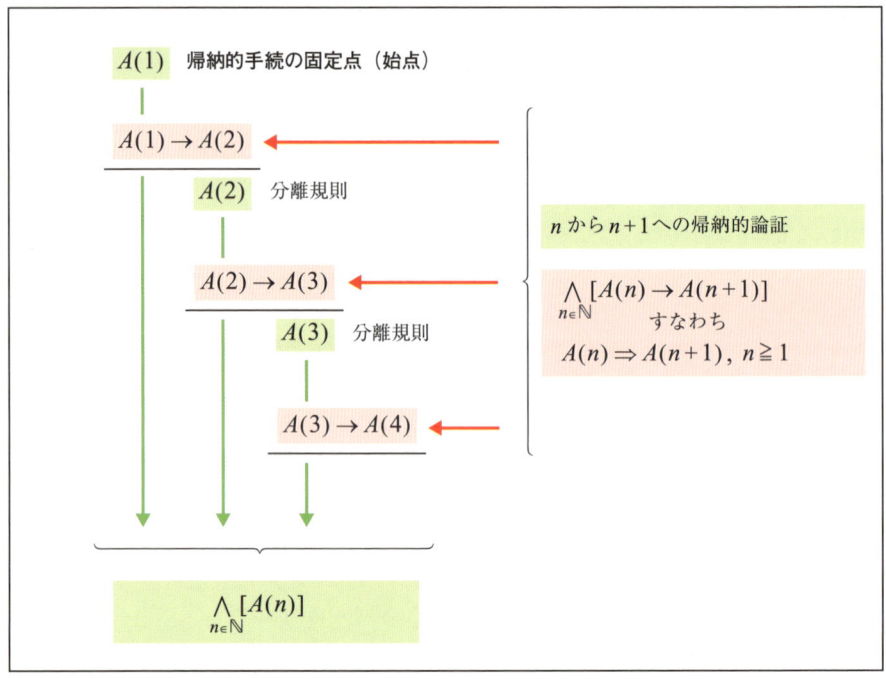

A　数学的帰納法による証明の図による具体化

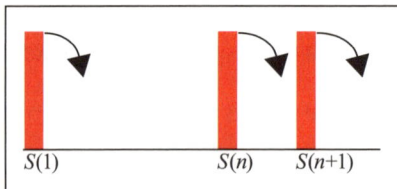

ここでドミノを「倒すこと」が可能になるために2つの条件が満たされなくてはならない：
（Ⅰ）最初に1個のドミノが倒れなくてはならない。
（Ⅱ）隣り合ったどの2つのドミノも「十分近くに」立っていなくてはならない（近すぎず，離れすぎず）。そうすると次が成り立つ：
　　　$S(n)$ が倒れると $S(n+1)$ も倒れる。
（Ⅰ）帰納法の始点にふさわしい。
（Ⅱ）帰納法の n から $n+1$ への推論にふさわしい。
（「無限に」長い鎖はもちろん想像上である。）

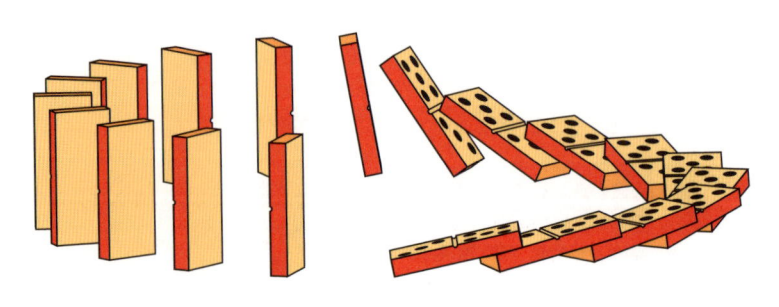

B　数学的帰納法による証明の具体化

$A(n) \to A(n+1)$ が $\mathbb{N}$ で全般的に成り立つ ことが証明されるとこの無限に続く推論が確かめられたことになる。

この証明は n から $n+1$ への帰納的論証といわれ演えき $A(n) \Rightarrow A(n+1)$ で表される。

証明が可能であれば $A(n)$ の解集合 $A(n) : \mathrm{L} = \mathbb{N}$ を得る。

(II) n から $n+1$ への帰納的論証

前提：$A(n)$ が成り立つとする。
　　　すなわち $n \geq 1$ について次が成り立つ：
$$2^0 + 2^1 + \ldots + 2^{n-1} = 2^n - 1$$

主張：$A(n+1)$ が成り立つ。すなわち $n \geq 1$ について次が成り立つ：
$$2^0 + 2^1 + \ldots + 2^n = 2^{n+1} - 1$$

証明：$n \geq 1$ で演えきの鎖 を得る。
　　　前提：$| \ + 2^n \Rightarrow$
$(2^0 + 2^1 + \ldots + 2^{n-1}) + 2^n = 2^n - 1 + 2^n \Rightarrow$
$2^0 + \ldots + 2^n = 2 \cdot 2^n - 1 \Rightarrow$
$2^0 + \ldots + 2^n = 2^{n+1} - 1 \Rightarrow$ 主張　　w.z.z.w.

注：証明の過程はドミノ倒しにたとえられる。幅の狭い面を下にして十分近く平行に（平行に近く曲線状に）「無限」の列をなしてたてたドミノは最初の 1 つを倒すと，次々と倒れていく（図 B）。

例 2

$A(n) :\Leftrightarrow 2^n > n^2 \quad$ 終点：$\mathrm{L} = \mathbb{N}$

(I) 帰納法の始点：$a = 1$

$A(1) : 2^1 > 1^2$ は真

(II) 帰納法推論 n から $n+1$

前提：$A(n)$ が成り立つとする。すなわち $n \geq 1$ で次が成り立つ：$2^n > n^2$

主張：$A(n+1)$ が成り立つ。すなわち $n \geq 1$ で次が成り立つ：$2^{n+1} > (n+1)^2$

証明：$n \geq 1$ で演えきの鎖を得る。
　　　前提：$| \cdot 2 \Rightarrow 2^n \cdot 2 > n^2 \cdot 2$
$\Rightarrow 2^{n+1} > 2n^2$
$\Rightarrow 2^{n+1} > (n+1)^2 + 2n^2 - (n+1)^2$
$\Rightarrow 2^{n+1} > (n+1)^2 + 2n^2 - n^2 - 2n - 1$
$\Rightarrow 2^{n+1} > (n+1)^2 + n^2 - 2n + 1 - 2$
$\Rightarrow (n-1)^2 - 2 \geq 0$ のとき $2^{n+1} > (n+1)^2$

n の制限は以下の不等式で得られる：
$B(n) : (n-1)^2 - 2 \geq 0 \Leftrightarrow (n-1)^2 \geq 2$
$\Leftrightarrow |n-1| \geq \sqrt{2} \Leftrightarrow n > 1 + \sqrt{2}$

すなわち次が成り立つ：$n \geq 3$ で $A(n) \Rightarrow A(n+1)$

n から $n+1$ への帰納論証は 3 以上で初めて可能である。

そのほかにも $A(2)$, $A(3)$, $A(4)$ は偽である。$A(5)$ は真なので $a = 5$ は帰納法の始点になりうる。

$\bigwedge\limits_{n \geq 5} [2^n > n^2]$ が真であることを得る。　　w.z.z.w.

一般に**数学的帰納法の定理**が成り立つ：

> $A(n)$ が定義域 $\mathbb{N}^{\geq a}$ の命題式であるとする。次の (I) と (II) が成り立つならば：
> (I) $A(a)$ が真
> (II) すべての $n \geq a$ で $A(n) \to A(n+1)$ が真
>
> このとき $\bigwedge\limits_{n \geq a} [A(n)]$ は真である。

注：段階 (I) と (II) のどちらも放棄できない。
帰納法の始点 a が知られていないときは（1 から始めて）いくつかの自然数で真の命題が得られないか試す。

例に示したように帰納的証明には多くの長所がある。前提に許しうる変化により主張の部分が得られる。$A(n)$ と $A(n+1)$ のあいだに不可欠な近さを得る。

定義の型

定義の型は以下のように知られている：

- 数学的文章の一文字による短縮。場合によってはふさわしい複数の文字によって記号をつくって 定義方程式を「:=」（定義的に等しいと読む）と書き換えなくてはならない。

  たとえば：$D := A \wedge (B \wedge C), \quad D := \sqrt{\frac{p^2}{4} - q}$

  $\ln x := \int_1^x \frac{1}{t} dt, \ |a| := \begin{cases} a, & a \geq 0 \\ -a, & a < 0 \end{cases}$

- 同値記号「:⇔」（定義的に同値）型の新しい命題 あるいは新しい命題式
  例：四角形がひし形である :⇔ 四角形が 4 本の等しい辺をもっている

- 記述型
  例：定点 M から等距離にあるようなすべての空間の点の集合を球面という。
  互いに他を切断しないような同一平面上の 2 直線を平行線の組という。
  長方形は 3 個の直角をもつ四角形である。

注：どの型も共通にいわゆる *definiens*（ラテン語：確定されたもの）によって新しく *definiendum*（ラテン語：確定すること）される。それらは互いに交換可能である。

基礎

絶対値

$$|a| = \begin{cases} a, & a \geq 0 \\ -a, & a < 0 \end{cases}$$

三角不等式
$|a+b| \leq |a| + |b|$

分数の規則

拡張*: $\dfrac{u}{v} = \dfrac{u \cdot k}{v \cdot k}$ $(k \in \mathbb{N})$ 約分: $\dfrac{u}{v} = \dfrac{u:k}{v:k}$ $(k \in \mathbb{N})$

加法と減法: $\dfrac{u}{v} \pm \dfrac{w}{z} = \dfrac{z \cdot u \pm v \cdot w}{v \cdot z}$

乗法: $\dfrac{u}{v} \cdot \dfrac{w}{z} = \dfrac{u \cdot w}{v \cdot z}$

除法**: $\dfrac{u}{v} : \dfrac{w}{z} = \dfrac{u}{v} \cdot \dfrac{z}{w} = \dfrac{u \cdot z}{v \cdot w}$

* 分母分子に同じ数をかけて，同じ大きさの別の分数をつくる。

** 除法記号はドイツ式の「:」のままで日本式の「÷」にしていない。

二項式と二項定理

第1, 第2, 第3 $(a+b)^2 = a^2 + 2ab + b^2$　　$(a-b)^2 = a^2 - 2ab + b^2$

二項定理: $(a+b) \cdot (a-b) = a^2 - b^2$

$$(a+b)^n = a^n + \binom{n}{1}a^{n-1}b + \binom{n}{2}a^{n-2}b^2 + \ldots + \binom{n}{n-1}ab^{n-1} + b^n$$

ただし $\binom{n}{k} = \dfrac{n!}{(n-k)! \cdot k!}$ $(k \geq 1)$

累乗の法則

$a^m \cdot a^n = a^{m+n}$　　　　$a^m : a^n = a^{m-n}$　　　　$a^n \cdot b^n = (a \cdot b)^n$

$a^n : b^n = \left(\dfrac{a}{b}\right)^n$　　　　$(a^n)^m = a^{m \cdot n} = (a^m)^n$

累乗根の法則

$\sqrt[n]{a} \cdot \sqrt[n]{b} = \sqrt[n]{a \cdot b}$　　$\sqrt[n]{a} : \sqrt[n]{b} = \sqrt[n]{\dfrac{a}{b}}$　　$(\sqrt[n]{a})^m = \sqrt[n]{a^m}$

$\sqrt[m]{\sqrt[n]{a}} = \sqrt[m \cdot n]{a}$　　$a^{-n} = \dfrac{1}{a^n}$　　$a^{\frac{m}{n}} = \sqrt[n]{a^m}$　　$a^{-\frac{m}{n}} = \dfrac{1}{\sqrt[n]{a^m}}$

対数の法則

$\log(u \cdot v) = \log u + \log v$　　$\log \dfrac{u}{v} = \log u - \log v$　　$\log(u^n) = n \cdot \log u$

$\log_b u = \log_b v \cdot \log_v u$　　$\lg u = \log_{10} u$　　$\ln u = \log_e u$

ただし $e = 2.718\ldots$ (オイラー数)

和

$$1+2+\ldots+n = \tfrac{1}{2}n(n+1)$$

$$1^2+2^2+\ldots+n^2 = \tfrac{1}{6}n(n+1)(2n+1)$$

$$1^3+2^3+\ldots+n^3 = \tfrac{1}{4}n^2(n+1)^2$$

平均値

算術的平均値[代数的平均値, 相加平均値]: $\dfrac{a+b}{2}$

幾何的平均値[相乗平均値]: $\sqrt{a \cdot b}$

調和平均値: $\dfrac{2ab}{a+b}$

百分率計算

百分値[比べる値]: $W = G \cdot \dfrac{p}{100} = G \cdot p\%$

基本値[もとにする値]: $G = W \cdot \dfrac{100}{p} = \dfrac{W}{p\%}$

百分率: $p\% = \dfrac{W}{G} \cdot 100\%$ $\quad \dfrac{p\%}{100\%} = \dfrac{p}{100} = \dfrac{W}{G}$

利息計算

年利利息: $Z = j \cdot K \cdot \dfrac{p}{100}$ (j 年)

元金: $K = \dfrac{Z}{j} \cdot \dfrac{100}{p}$

利率: $p\% = \dfrac{Z}{j} \cdot \dfrac{100\%}{K}$

期間: $j = \dfrac{Z}{K} \cdot \dfrac{100}{p}$

日利息: $Z_t = K \cdot \dfrac{p}{100} \cdot \dfrac{t}{360}$ (t 年)

月利息: $Z_m = K \cdot \dfrac{p}{100} \cdot \dfrac{m}{12}$ (m 月)

複利利息計算

$K_n = K_0 \cdot \left(1 + \dfrac{p}{100}\right)^n$ $\quad n$ 年後

微分計算と積分計算

導関数 $f'(x)$

$$f'(a) = \lim_{h \to 0} \frac{f(a+h) - f(a)}{h}$$

導関数の規則

定数因子の規則: $(C \cdot f)' = C \cdot f' \quad (C \in \mathbb{R})$

和と差の規則: $(f \pm g)' = f' \pm g'$

積の規則: $(f \cdot g)' = f' \cdot g + g' \cdot f$

商の規則: $\left(\dfrac{f}{g}\right)' = \dfrac{f' \cdot g - g' \cdot f}{g^2} \quad (g \neq 0)$

逆関数の規則

$$[f^{-1}]'(f(a)) = \frac{1}{f'(a)} = \frac{1}{f'(f^{-1}(b))} \quad \text{ただし } f(a) = b,\ f'(a) \neq 0$$

特殊な導関数

$f(x)$	$f'(x)$	$f(x)$	$f'(x)$
C	0	$\sin x$	$\cos x$
x	1	$\cos x$	$-\sin x$
x^n	$n \cdot x^{n-1} \quad n \in \mathbb{N}(\mathbb{R})$	$\tan x$	$\dfrac{1}{\cos^2 x}$, $\tan^2 x + 1$
$\sqrt{x}$	$\dfrac{1}{2\sqrt{x}}$	$\cot x$	$-\dfrac{1}{\sin^2 x}$
a^x	$a^x \cdot \ln a$	$\arcsin x$	$\dfrac{1}{\sqrt{1-x^2}}$
e^x	e^x	$\arccos x$	$-\dfrac{1}{\sqrt{1-x^2}}$
$\ln x$	$\dfrac{1}{x}$	$\arctan x$	$\dfrac{1}{1+x^2}$
$\log_a x$	$\dfrac{1}{\ln a} \cdot \dfrac{1}{x}$	$\operatorname{arccot} x$	$-\dfrac{1}{1+x^2}$

区間での増加と減少

$f'(x) > 0 \Rightarrow f$ 狭義単調増加

$f'(x) < 0 \Rightarrow f$ 狭義単調減少

$f'(x) \geqq 0 \Rightarrow f$ 単調増加

$f'(x) \leqq 0 \Rightarrow f$ 単調減少

積分計算の規則（定積分）

$$\int_a^b f(x)dx = -\int_a^b f(x)dx \qquad \int_a^b f(x)dx + \int_a^b f(x)dx = \int_a^b f(x)dx$$

定数因子の規則：$\int_a^b C \cdot f(x)dx = C \cdot \int_a^b f(x)dx$

和と差の規則：$\int_a^b f(x)dx \pm \int_a^b g(x)dx = \int_a^b [f(x) \pm g(x)]dx$

置換積分法：$\int_a^b f'(x) \cdot g(x)dx = [f(x) \cdot g(x)]_a^b - \int_a^b f(x) \cdot g'(x)dx$

主定理

$$\int_a^b f(x)dx = F(b) - F(a) = [F(x)]_a^b \quad \text{ただし } F'(x) = f(x)$$

不定積分

区間端をはずすことにより定積分の規則は（1行目をのぞいて）不定積分の規則になる。

特殊な不定積分 $F'(x)=f(x)$ あるいは $\int f(x)dx = F(x)+C$

$f(x)$	$F(x)$	$f(x)$	$F(x)$
C	$C \cdot x$	$\cot x$	$\ln|\sin x|$
$x^n \ (n \neq -1)$	$\dfrac{1}{n+1}x^{n+1}$	$\sin^2 x$	$\dfrac{1}{2}(x - \sin x \cdot \cos x)$
$\dfrac{1}{x} \ (x \neq 0)$	$\ln|x|$	$\cos^2 x$	$\dfrac{1}{2}(x + \sin x \cdot \cos x)$
e^x	e^x	$\tan^2 x$	$\tan x - x$
$a^x \ \left(\begin{smallmatrix}a>0\\a\neq 1\end{smallmatrix}\right)$	$\dfrac{1}{\ln a}a^x$	$\cot^2 x$	$-\cot x - x$
$\ln x \ (x>0)$	$x \ln x - x$	$\dfrac{1}{(x-a)\cdot(x-b)} \ (a \neq b)$	$\dfrac{1}{a-b}\ln\left|\dfrac{x-a}{x-b}\right|$
$\sin x$	$-\cos x$	$\dfrac{1}{x^2-a^2} \ (|x|>|a|)$	$\dfrac{1}{2a}\ln\dfrac{x-a}{x+a}$
$\cos x$	$\sin x$	$\dfrac{1}{(x-a)^2}$	$-\dfrac{1}{x-a}$
$\dfrac{1}{\cos^2 x}$	$\tan x$	$\dfrac{1}{a^2+x^2}$	$\dfrac{1}{a}\arctan\dfrac{x}{a}$
$\dfrac{1}{\sin^2 x}$	$-\cot x$	$\dfrac{1}{\sqrt{a^2-x^2}}$	$\arcsin\dfrac{x}{a}$
$\tan x$	$-\ln|\cos x|$	$\dfrac{1}{\sqrt{x^2+a^2}}$	$\ln(x+\sqrt{x^2+a^2})$

平面幾何学　　　　　　$A=$ 面積，$U=$ 周長

直線の角

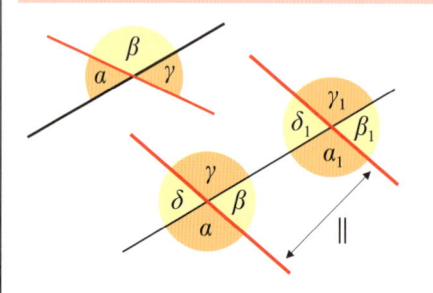

隣接角：$\alpha + \beta = 180°$
対頂角：$\alpha = \gamma$
同位角：$\alpha = \alpha_1$
錯角：　$\alpha = \gamma_1$

（任意の）三角形

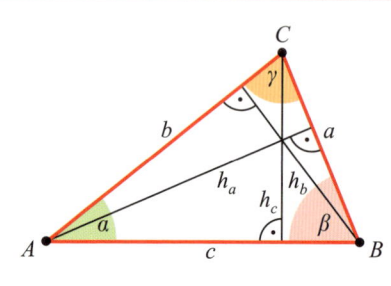

角の和の定理：

$$\alpha + \beta + \gamma = 180°$$

$$A = \frac{1}{2} \cdot a \cdot h_a = \frac{1}{2} \cdot b \cdot h_b = \frac{1}{2} \cdot c \cdot h_c$$

$$U = a + b + c$$

正三角形

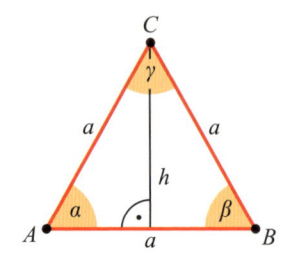

$\alpha = \beta = \gamma = 60°$

$h = \frac{1}{2} a \sqrt{3}$

$A = \frac{1}{4} a^2 \sqrt{3}$

$U = 3a$

二等辺三角形

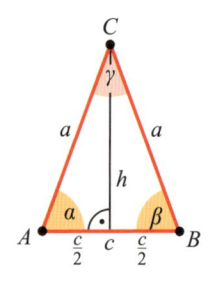

$\alpha = \beta$

辺 AB に下ろした高さは角 γ の二等分線で辺 AB の垂直二等分線である。

直角三角形

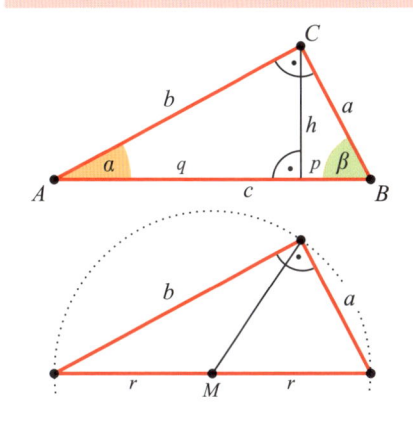

余角:
$$\alpha + \beta = 90°$$
ピタゴラスの等式:
$$a^2 + b^2 = c^2$$
高さ[斜辺に下ろした垂線]の定理:
$$h^2 = p \cdot q$$
カテーテ[直角を挟む辺]の定理:
$$a^2 = p \cdot c \qquad b^2 = q \cdot c$$
タレスの定理: 半円周上の角は直角

三角形の合同の定理

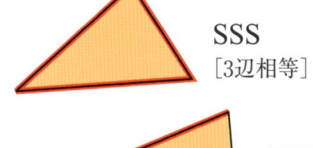

次のものがそれぞれ一致するとき三角形は合同である。

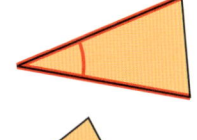

SSS [3辺相等] — 3辺

SWS [2辺挟角相等] — 2辺とその挟む角

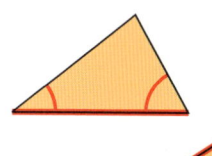

WSW [2角挟辺相等] — 1辺とその両端の角

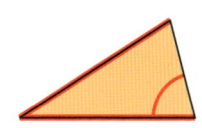

SSWg [2辺長辺対角相等] — 2辺とその長いほうの辺に向かい合う角

三角形の相似の定理

St = 拡大比　　W = 角

一致するもの	三角形の相似の定理
3組の辺の拡大比	StStSt
2組の辺の拡大比とそれらの辺の間の角	StWSt
2角	WW
拡大比の等しい適当な2組の辺と長いほうの辺に向かい合う角	StStW_g

(任意の)四角形

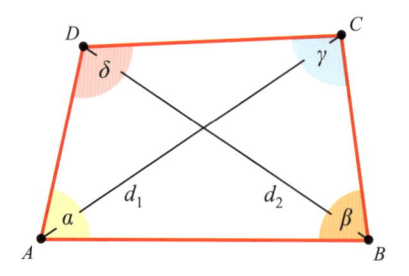

角の和の定理:

$\alpha + \beta + \gamma + \delta = 360°$

台形

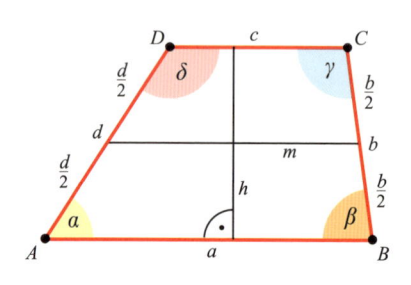

$m = \frac{1}{2}(a + c)$

$A = m \cdot h$

$U = a + b + c + d$

平行四辺形

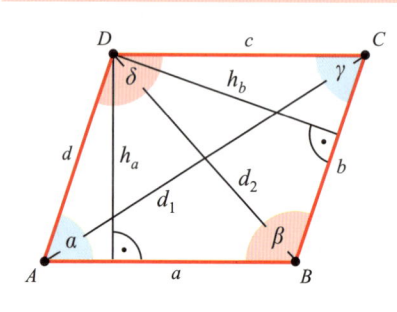

$AB \parallel CD \quad BC \parallel AD$

$\alpha = \gamma, \ \beta = \delta$

$\alpha + \beta = \gamma + \delta = 180°$

対角線は互いに他を二等分する。

$A = a \cdot h_a = b \cdot h_b \quad U = 2(a + b)$

長方形

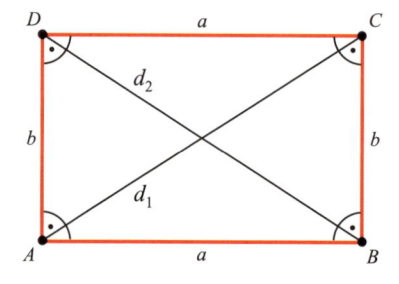

対角線は長さが等しく
互いに他を二等分する。

$A = a \cdot b$

$U = 2(a + b)$

$d = \sqrt{a^2 + b^2}$

平面幾何学 II　259

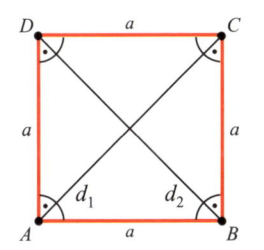

正方形

対角線は長さが等しく、互いに他を垂直二等分する。

$$d = a\sqrt{2}$$
$$A = a^2$$
$$U = 4a$$

カイト（西洋凧）形

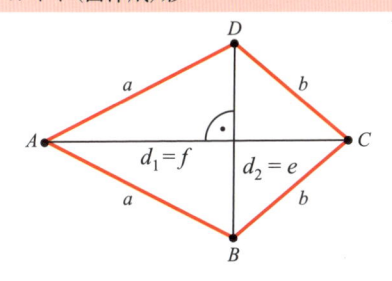

対角線は直交し、片方は垂直二等分されている。

$$A = \frac{1}{2} e \cdot f$$
$$U = 2(a+b)$$

ひし（菱）形

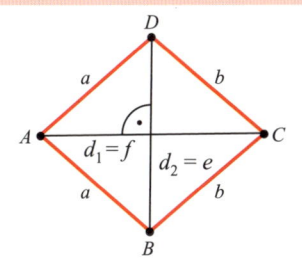

対角線は互いに他を垂直二等分している。

$$a = b$$
$$A = \frac{1}{2} e \cdot f$$
$$U = 4a$$

円と円の部分

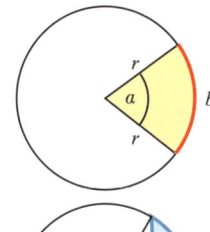

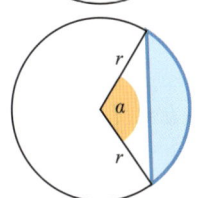

$$A = \pi \cdot r^2 = \frac{\pi}{4} d^2 \quad U = 2\pi \cdot r = \pi \cdot d$$
$$b = \pi \cdot r \frac{\alpha}{180°} \quad (\alpha \text{ は °})$$

扇形:

$$A = \frac{1}{2} br = \pi \cdot r^2 \cdot \frac{\alpha}{360°} \quad (\alpha \text{ は °})$$

弓形:

$$A = \frac{1}{2} r^2 \left(\pi \cdot \frac{\alpha}{180°} - \sin\alpha \right) \quad (\alpha \text{ は °})$$

空間幾何学　　$V=$ 体積，$M=$ 側面積，$O=$ 表面積

直方体

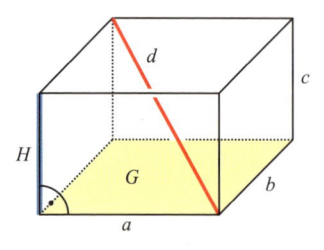

$$V = a \cdot b \cdot c = G \cdot H$$
$$O = 2(a \cdot b + a \cdot c + b \cdot c)$$
$$d = \sqrt{a^2 + b^2 + c^2}$$

立方体

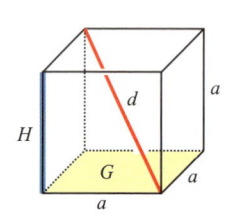

$$V = a^3 = G \cdot H$$
$$O = 6a^2$$
$$d = a\sqrt{3}$$

角柱

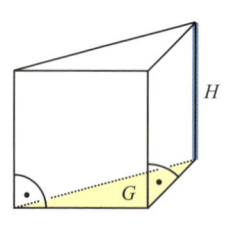

$$V = G \cdot H$$
$$O = 2G + M$$
$M =$ 正方形面積の和

角錐

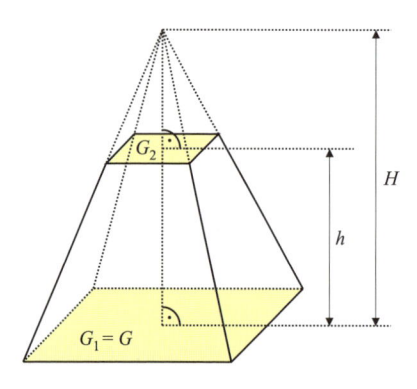

$$V = \frac{1}{3} G \cdot H$$

角錐台（直角錐台）：

$$V = \frac{1}{3}(G_1 + \sqrt{G_1 \cdot G_2} + G_2) \cdot h$$

（$G_2 = 0$，$h = H$ では角錐になる）

円柱

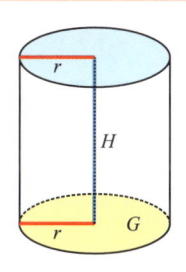

$$V = G \cdot H = \pi r^2 \cdot H$$
$$M = 2\pi r \cdot H$$
$$O = 2G + M = 2\pi r(r+H)$$

円錐

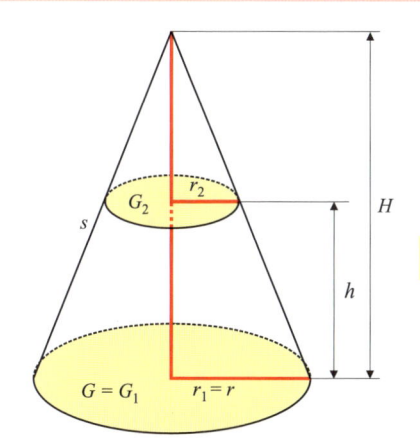

$$V = \frac{1}{3}G \cdot H = \frac{1}{3}\pi r^2 \cdot H$$
$$M = \pi r \cdot s$$
$$O = \pi r(r+s)$$

円錐台（直円錐台）：

$$V = \frac{1}{3}\pi h(r_1^2 + r_1 r_2 + r_2^2)$$

（$r_2 = 0$, $h = H$ では円錐になる）

球と球の部分

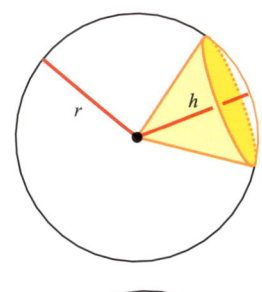

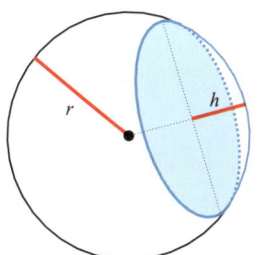

$$V = \frac{4}{3}\pi r^3 \quad O = 4\pi r^2$$

球の切り出し：

$$V = \frac{2}{3}\pi r^2 \cdot h$$

球の切り取り：

$$V = \frac{1}{3}\pi h^2 (3r - h)$$

三角法

直角三角形

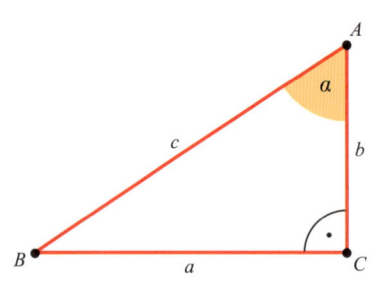

$\sin\alpha = \dfrac{\text{対カテーテ}}{\text{斜辺}} \quad \sin\alpha = \dfrac{a}{c}$

$\cos\alpha = \dfrac{\text{隣接カテーテ}}{\text{斜辺}} \quad \cos\alpha = \dfrac{b}{c}$

$\tan\alpha = \dfrac{\text{対カテーテ}}{\text{隣接カテーテ}} \quad \tan\alpha = \dfrac{a}{b}$

$\tan\alpha = \dfrac{\sin\alpha}{\cos\alpha}$

$\cot\alpha = \dfrac{1}{\tan\alpha} = \dfrac{b}{a}$

$\sin^2\alpha + \cos^2\alpha = 1$

$\sin\alpha = \cos(90° - \alpha)$

$\cos\alpha = \sin(90° - \alpha)$

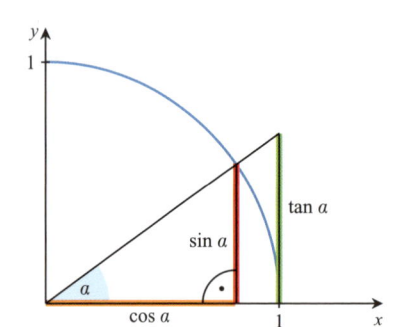

$\tan\alpha = \dfrac{1}{\tan(90° - \alpha)}$

	$90° \pm \alpha$	$180° \pm \alpha$	$270° \pm \alpha$	$360° - \alpha$
sin	$\cos\alpha$	$\mp\sin\alpha$	$-\cos\alpha$	$-\sin\alpha$
cos	$\mp\sin\alpha$	$-\cos\alpha$	$\pm\sin\alpha$	$\cos\alpha$
tan	$\mp\cot\alpha$	$\pm\tan\alpha$	$\mp\cot\alpha$	$-\tan\alpha$
cot	$\mp\tan\alpha$	$\pm\cot\alpha$	$\mp\tan\alpha$	$-\cot\alpha$

加法定理

$\sin(\alpha \pm \beta) = \sin\alpha \cdot \cos\beta \pm \cos\alpha \cdot \sin\beta$

$\cos(\alpha \pm \beta) = \cos\alpha \cdot \cos\beta \mp \sin\alpha \cdot \sin\beta$

$\tan(\alpha \pm \beta) = \dfrac{\tan\alpha \pm \tan\beta}{1 \mp \tan\alpha \cdot \tan\beta}$

$\cot(\alpha \pm \beta) = \dfrac{\cot\alpha \cdot \cot\beta \mp 1}{\cot\beta \pm \cot\alpha}$

推論

$\sin 2\alpha = 2\sin\alpha \cdot \cos\alpha \qquad \sin 3\alpha = 3\sin\alpha - 4\sin^3\alpha$

$\cos 2\alpha = 2\cos^2\alpha - 1 = 1 - 2\cdot\sin^2\alpha \qquad \cos 3\alpha = 4\cos^3\alpha - 3\cos\alpha$

座標系における符号

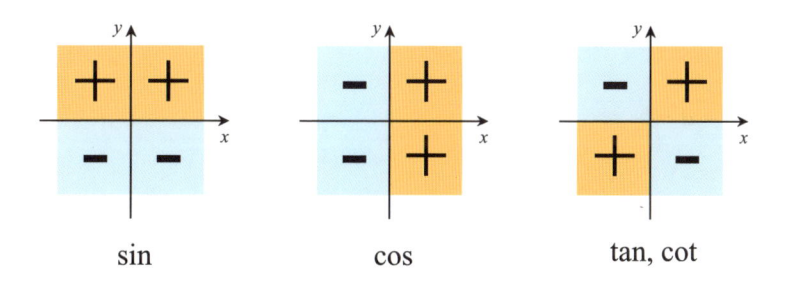

sin cos tan, cot

任意の三角形

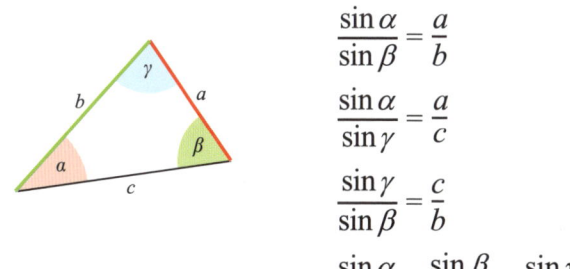

sin 定理 [正弦定理]:

$$\frac{\sin\alpha}{\sin\beta} = \frac{a}{b}$$

$$\frac{\sin\alpha}{\sin\gamma} = \frac{a}{c}$$

$$\frac{\sin\gamma}{\sin\beta} = \frac{c}{b}$$

または $\dfrac{\sin\alpha}{a} = \dfrac{\sin\beta}{b} = \dfrac{\sin\gamma}{c} = \dfrac{1}{2r}$

$r =$ 外接円の半径

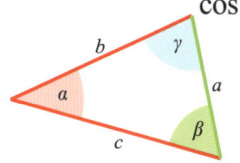

cos 定理 [余弦定理]:

$$a^2 = b^2 + c^2 - 2bc\cdot\cos\alpha$$
$$b^2 = a^2 + c^2 - 2ac\cdot\cos\beta$$
$$c^2 = a^2 + b^2 - 2ab\cdot\cos\gamma$$

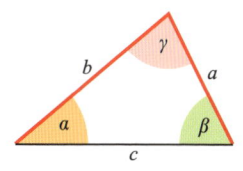

面積:

$$A = \tfrac{1}{2}ab\cdot\sin\gamma$$
$$= \tfrac{1}{2}bc\cdot\sin\alpha$$
$$= \tfrac{1}{2}ac\cdot\sin\beta$$

解析幾何とベクトル計算

ベクトルの加法

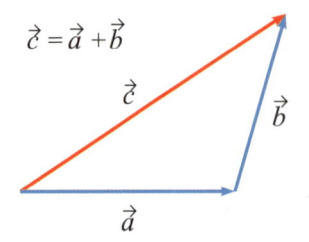

$$\vec{c} = \vec{a} + \vec{b}$$

第2ベクトルの始点を
第1ベクトルの終点に置く

ベクトルの減法

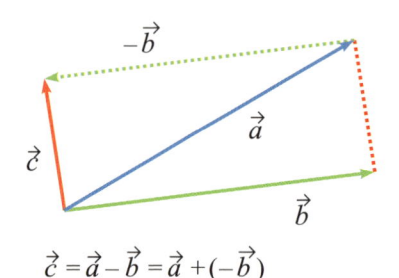

逆ベクトルの加法を行う

$$\vec{c} = \vec{a} - \vec{b} = \vec{a} + (-\vec{b})$$

S乗法(スカラー乗法)[ベクトルと定数の積]

(1) 拡大 ($r > 1$) ならびに
(2) 縮小 ($0 < r < 1$) 場合によっては
(3) 点鏡像[点対称移動の像] ($r < 0$)
(4) $0 \cdot \vec{a} = \vec{0}$　$1 \cdot \vec{a} = \vec{a}$

ベクトルの絶対値

$\vec{a}$ の絶対値: $|\vec{a}| := |\overrightarrow{AB}| = a$

単位ベクトル

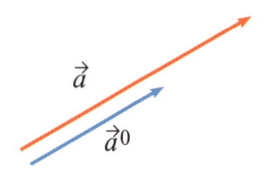

$$\vec{a}^0 = \frac{1}{|\vec{a}|} \vec{a} \quad (|\vec{a}| \neq \vec{0})$$

$$|\vec{a}^0| = 1$$

スカラー積 [内積]

$$\vec{a} * \vec{b} = |\vec{a}| \cdot |\vec{b}| \cdot \cos \alpha$$

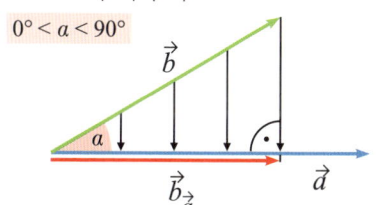

$0° < \alpha < 90°$

$$\vec{a} * \vec{b} = \vec{a} * \vec{b}_{\vec{a}} > 0$$

$90° < \alpha < 180°$

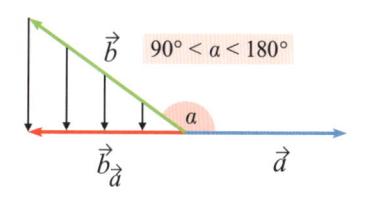

$$\vec{a} * \vec{b} = \vec{a} * \vec{b}_{\vec{a}} < 0$$

$$\vec{a} * \vec{b} = 0 \Leftrightarrow \vec{a} \perp \vec{b}, \ \alpha = 90°$$
$$\vec{a} = \vec{0} \ \text{または} \ \vec{b} = \vec{0}$$

デカルト座標系[直交座標系]で:

$$\vec{a} = \begin{pmatrix} a_1 \\ a_2 \\ a_3 \end{pmatrix}, \vec{b} = \begin{pmatrix} b_1 \\ b_2 \\ b_3 \end{pmatrix} \Rightarrow$$

$\mathbb{R}^3$ では $\vec{a} * \vec{b} = a_1 \cdot b_1 + a_2 \cdot b_2 + a_3 \cdot b_3$

同様に $\mathbb{R}^2$ では $a_1 \cdot b_1 + a_2 \cdot b_2$

ベクトル積 [外積]

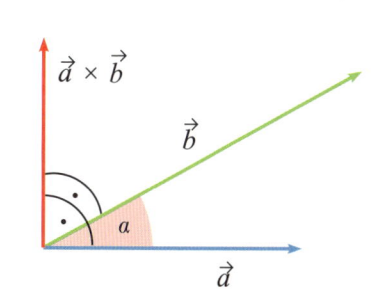

デカルト座標系[直交座標系]で:

$$\vec{a} = \begin{pmatrix} a_1 \\ a_2 \\ a_3 \end{pmatrix}, \vec{b} = \begin{pmatrix} b_1 \\ b_2 \\ b_3 \end{pmatrix} \Rightarrow$$

$$\vec{a} \times \vec{b} = \begin{pmatrix} a_2 b_3 - a_3 b_2 \\ a_3 b_1 - a_1 b_3 \\ a_1 b_2 - a_2 b_1 \end{pmatrix}$$

$$|\vec{a} \times \vec{b}| = |\vec{a}| \cdot |\vec{b}| \cdot \sin \alpha = A_p$$

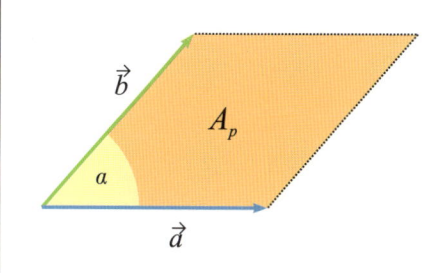

$\vec{a} \times \vec{b} = 0 \Leftrightarrow \vec{a} \parallel \vec{b}$ または

$\vec{a} = \vec{0}$ または $\vec{b} = \vec{0}$

$\vec{a} \times \vec{b} = -\vec{b} \times \vec{a}$

$\vec{a} \times (\vec{b} + \vec{c}) = \vec{a} \times \vec{b} + \vec{a} \times \vec{c}$

$(r\vec{a}) \times \vec{b} = \vec{a} \times (r\vec{b}) = r(\vec{a} \times \vec{b})$

スパット[平行6面体]積

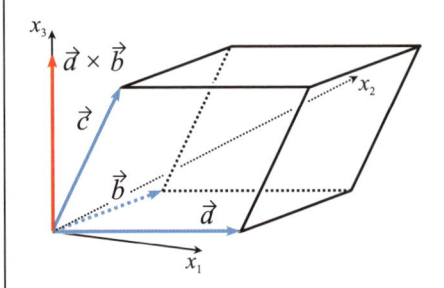

$(\vec{a}, \vec{b}, \vec{c}) = (\vec{a} \times \vec{b}) * \vec{c} = (\vec{c} \times \vec{b}) * \vec{a} = (\vec{c} \times \vec{a}) * \vec{b}$

$\vec{a}, \vec{b}, \vec{c}$ のつくるスパットの体積

$\mathbb{R}^2$ の直線（デカルト座標系）

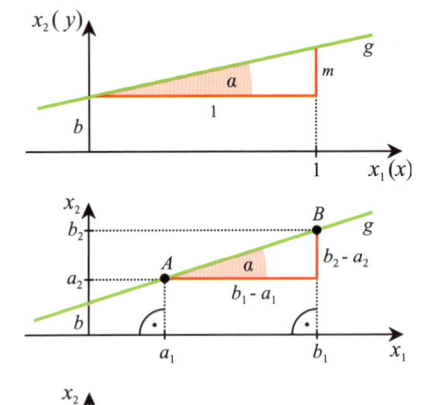

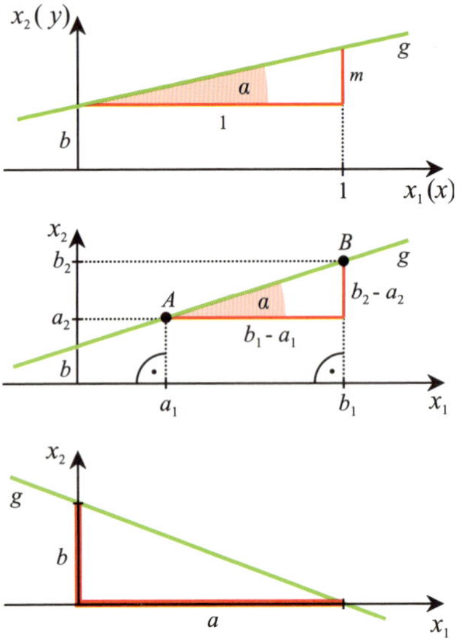

標準型：
$$x_2 = mx_1 + b \text{ または } y = mx + b$$
ただし
$$m = \frac{b_2 - a_2}{b_1 - a_1} = \tan \alpha \quad (傾き)$$

点 − 傾き型：
$$\frac{x_2 - a_2}{x_1 - a_1} = m \text{ または } \frac{y - y_1}{x - x_1} = m$$

軸切片型：
$$\frac{x_1}{a} + \frac{x_2}{b} = 1$$

ベクトル化：$\mathbb{R}^3$ と同様に

$\mathbb{R}^3$ の直線

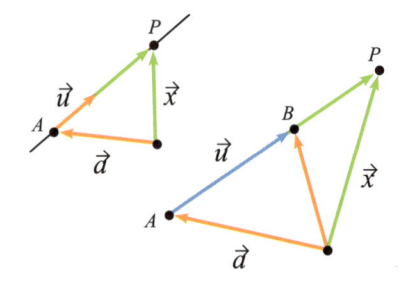

点 − 方向型：
$$\vec{x} = \vec{a} + r \cdot \vec{u}$$

2点型：
$$\vec{x} = \vec{a} + r \cdot (\vec{b} - \vec{a})$$

$\mathbb{R}^3$ の平面

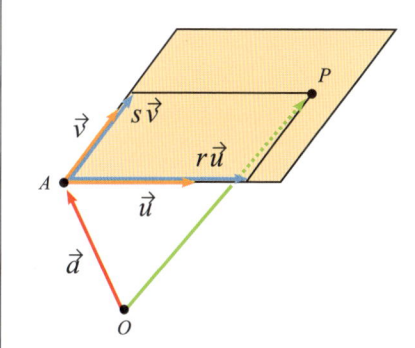

点 − 方向型：

$$\vec{x} = \vec{a} + r \cdot \vec{u} + s \cdot \vec{v}$$

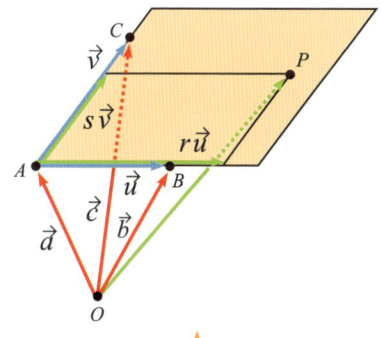

3点型：

$$\vec{x} = \vec{a} + r \cdot (\vec{b} - \vec{a}) + s \cdot (\vec{c} - \vec{a})$$

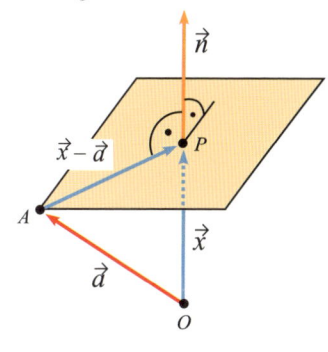

デカルト座標系[直交座標系]で：

標準型：

$$n_1 x_1 + n_2 x_2 + n_3 x_3 = d \Leftrightarrow$$
$$\vec{n} * \vec{x} = \vec{n} * \vec{a} \Leftrightarrow \vec{n} * (\vec{x} - \vec{a}) = 0$$

ただし $\vec{n} = \begin{pmatrix} n_1 \\ n_2 \\ n_3 \end{pmatrix}$

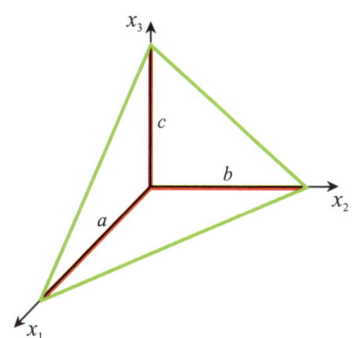

デカルト座標系[直交座標系]で：

軸切片型：

$$\frac{x_1}{a} + \frac{x_2}{b} + \frac{x_3}{c} = 1$$

参考文献

一般
Basiswissen Schule, Mathematik, Bibliographisches Institut

dtv-Atlas Mathematik, Band 1 und 2, Deutscher Taschenbuch Verlag（浪川幸彦ほか訳：カラー図解数学事典，共立出版，2012）

Falken Handbuch Mathematik, Falken Verlag

Goldmann Lexikon Mathematik, Bertelsmann Lexikographisches Institut

Grude, D.: Mathematik 1 und 2, Auer Verlag

Grundwissen Mathematik, Gymnasium Sek. I, Klett Verlag

Mathematiklexikon, Begriffe, Definitionen und Zusammenhänge, Cornelsen Lernhilfen

Meyers kleine Enzyklopädie Mathematik, Bibliographisches Institut

Schülerduden, Die Mathematik I. Ein Lexikon zur Schulmathematik Sekundarstufe I (5. bis 10. Schuljahr), Bibliographisches Institut

Schülerduden, Die Mathematik II. Ein Lexikon zur Schulmathematik Sekundarstufe II (11. bis 13. Schuljahr), Bibliographisches Institut

Wissensspeicher Mathematik, Cornelsen Verlag

Brüning, A.: Handbuch zur Analysis, Schroedel Verlag 1994

Dirks, W., u.a.: Grundbegriffe der modernen Schulmathematik, Schroedel Verlag 1974

Freudenthal, H.: Mathematik als pädagogische Aufgabe, Band 1 und 2, Klett Verlag 1973

Gerster, H.: Aussagenlogik, Mengen, Relationen, Franzbecker Verlag 1998

Holland, G.: Geometrie in der Sekundarstufe, Spektrum Verlag 1996

Padberg, F.: Einführung in die Mathematik, Bd. 1, Arithmetik, Spektrum Verlag 1997

Pfeiffer, J., u.a.: Wege und Irrwege - Eine Geschichte der Mathematik, Birkhäuser Verlag 1994

ギムナジウム前期の教科書
Elemente der Mathematik, 5. bis 10. Schuljahr, Schroedel Verlag

Lambacher-Schweizer, Mathematisches Unterrichtswerk für das Gymnasium, 5. bis 10. Schuljahr, Klett Verlag

ギムナジウム後期の教科書
Hahn/Dzewas: Mathematik für die Sekundarstufe II, Leistungskurs Stochastik, Westermann Schulbuchverlag

Krämer, H., u.a.: Analytische Geometrie und lineare Algebra, Diesterweg Verlag

Lambacher-Schweizer, Sekundarstufe II, Neubearbeitung, Analytische Geometrie und lineare Algebra, Klett Verlag

Lambacher-Schweizer, Sekundarstufe II, Neubearbeitung, Analysis, Klett Verlag

Mathematik heute, Einführung in die Analysis 1 und 2, Leistungskurs, Schroedel Verlag

Mathematik heute, Sekundarstufe II, Leistungkurs Stochastik, Schroedel Verlag

これらの文献は次々と改訂されることから出版日付は省きました。

索　引

Symbol
3 桁ブロック, Dreier-Block, 20
9 循環節等式, Gleichungen der Neunerperiode, 33

A
a の近傍, Umgebung einer Stelle a, 97

C
cos 定理［余弦定理］, cos-Satz, 185

H
h 法, h-Method, 95

N
n 回積, n-Tupel, 219
　　個数, Anzahl, 219

S
sin 定理［正弦定理］, sin-Satz, 183

Y
y 軸についての軸対称, Achsensymmetrie zur y-Achse, 105

ア
値が一定な関数［定数関数］, konstante Funktion, 69
鞍（あん）点, Sattelpunkt, 121

イ
位置パラメーター, Lageparameter, 217
ε 近傍, ε Umgebung, 97

ウ
ヴィエタの方程式, vietasche Gleichung, 48

エ
エラトステネスの篩（ふるい）, Siele des Eratosthenes, 21
円, Kreis, 211
　　弧（円弧）, Kreisbogen, 175
　　周長, Umfang, 175
　　面積, Flächeninhalt, 173
演えき, Folgerung, 245

演えきの逆, Umkehrfolgerung, 247
主張（結論）, Behauptung, 247
証明, Beweis, 247
前提（仮定）, Voraussetzung, 247
演繹（えき）変形, Folgerungsumformung, 47
円錐, Kegel
　　斜円錐, schiefer Kegel, 188
　　側線［母線］, Mantellinie, 187
　　側面, Mantel, 187
　　体積, Volumen, 191
　　直円錐, gerader Kegel, 186
　　底面, Grundfläche, 187
　　天頂点, Spitze, 187
　　表面積, Oberflächeninhalt, 187
円錐切断線［円錐曲線］, Kegelschnitte, 211
円錐台, Kegelstumpf, 190
　　体積, Volumen, 191
円柱, Zylinder
　　斜円柱, schiefer Zylinder, 188
　　側面, Mantel, 187
　　直円柱, gerader Zylinder, 186
　　底面, Grundfläche, 187
　　表面積, Oberflächeninhalt, 187
円定数［円周率］, Kreiszahl, 175
円の接線, Kreistangente, 211

オ
オイラー図, Euler-Diagramm, 9
オイラー数, eulersche Zahl, 143
オイラーの多面体公式, eulersche Polyederformel, 186
扇形, Kreisausschnitt, 175
大きさの等しいこと, Gleichmächtigkeit, 13

カ
階乗, Fakultät, 219
回転, Dreh
　　正の回転, positiver Drehsinn, 77
　　負の回転, negativer Drehsinn, 77
回転移動, Drehung, 159
回転体, Rotationskörper, 143
カイト形（西洋凧形）, Drachen
　　面積, Flächeninhalt, 173
概約, Runden

ブロック的概約, blockweises Runden, 33
ガウス行列法, gaußsches Matrixverfahren, 60
ガウスの積分関数, gaußsche Integralfunktion, 237
ガウスのつり鐘曲線, gaußsche Glockenkurve, 235
下界, unterer Schranke, 87
角, Winkel(n), 156, 157
    鋭角, spizer Winkel, 156
    円周角, Umfangswinkel, 169
    円内の角, Winkel im Kreis, 169
    角域, Winkelfeld, 156
    角の尺度, Winkelmaß, 157
    角のタイプ, Winkeltype, 156, 157
    弦接線角, Sehnentangentenwinkel, 169
    錯角, Wechselwinkel, 157
    零角, Nullwinkel, 156
    全角, Vollwinkel, 156
    対頂角, Scheitelwinkel, 157
    中心角, Mittelpunktwinkel, 169
    頂点, Scheitel, 156
    超鈍角, überstumper Winkel, 156
    直角, rechter Winkel, 156
    同位角, Stufenwinkel, 157
    鈍角, stumper Winkel, 156
    平角, gestrechter Winkel, 156
    辺, Scheukel, 156
    交わる2直線のなす角, Winkel an sich schneidende Graden, 157
    隣接角, Nebenwinkel, 157
角錐, Pyramide
    斜角錐, schiefer Pyramide, 188
    正直角錐, regelmäßige gerade Pyramide, 186
    側辺, Seitenkante, 187
    側面, Mantel, 187
    体積, Volumen, 189
    底面, Grundfläche, 187
    天頂点, Spitze, 187
角錐台, Pyramidenstumpf, 190
    体積, Volumen, 191
拡大因子, Streckungsfaktor, 171
角柱, Prisma
    側面, Mantel, 187
    直角柱, gerades Prisma, 186
    底面, Grundfläche, 187
拡張（約分の反意語）, Erweitern, 23
拡張数, Erweiterungszahl, 23
角の二等分線, Winkelhalbierende, 157
角の和の法則, Winkelsummensatz, 161
確率, Wahrscheilichkeit
    相対的度数［相対度数］, relative Häufigkeit, 221
    小道規則, Pfadregel, 223
    条件付き確率, bedingte Wahrscheinlichkeit, 225
    乗法定理, Multiplikationssatz, 225
    全体確率［全確率］, totale Wahrscheinlichkeit, 225
    和規則, Summenregel, 223
確率分布, Wahrscheinlichkeitsverteilung, 223
    コルモゴロフの公理, Axiome von Kolmogoroff, 223
確率分布, Wahrscheinlichsverteilung, 217
    算術的平均値, arithmetisches Mittel, 217
    中央値［メディアン］, Zentralwert, 217
    標準偏差, Standardabweichung, 217
    分散, Varianz, 217
カージナル数, Kardinajzahlen, 17
可除性の法則［割り切れることの法則］, Teilbarkeitsregeln, 21
数, Zahlen
    実数, relle Zahlen, 37
    整数, ganze Zahlen, 29
    無理数, irrationale Zahlen, 37
仮説テスト［仮説検定］, Hypothesentest, 231
    誤り確率, Irrtumswahrscheinlichkeit, 231
    棄却領域, Ablehnungsbereich, 231
    受領領域［採択領域］, Annahmebereich, 231
    零（ぜろ）仮説［帰無仮説］, Nullhypothesis, 231
    第1種の誤り, Fehler 1. Art, 231
    代替仮説［対立仮説］, Alternativhypothesis, 231
    第2種の誤り, Fehler 2. Art, 231
仮説テスト［仮説検定］, Hypothesistest, 233
    有意水準, Signifikanzniveau, 233
    良品関数［検出力関数］, Gütefunktion, 233
傾き, Steigung, 111
カッコ, Klammerpaar, 31
割線, Sekante, 111, 167
割線手続, Sekantenverfahren, 149
カテーテ, Kathete
    対カテーテ, Gegenkathete, 183
    隣接カテーテ, Ankathete, 183
カバリエリの定理, Satz von Cavalieri, 189
加法定理, Additionstheoreme, 79
加法の逆算, Umkehrung der Addition, 19
下方和, Untersumme, 127, 131
環, Ring, 213
関数
    性質, Eigenschaften, 116
    微分不可能, nicht differenzierbar, 113
    積分可能, integrierbar, 131
    微分可能, differenzbar, 111
関数, Funktion(en), 95
    a で連続, an der Stelle a stetig, 95
    cot 関数［余接関数］, cot-Funktion, 79
    cos 関数［余弦関数］, cos-Funktion, 77
    e 関数, e-Funktion, 143
    $f' - f$ 定理, $f' - f$-Satz, 119
    ln 関数, ln-Funktion, 143
    $\mathbb{R}$-$\mathbb{R}$ 関数, $\mathbb{R}$-$\mathbb{R}$ Funktion(en), 63
    sin 関数［正弦関数］, sin-Funktion, 77
    tan 関数［正接関数］, tan-Funktion, 79

索 引

鞍（あん）点, Sattelpunkt, 121
一次因子, Linearfaktor(en), 103
ヴァイエルシュトラスの定理, Satz von Weierstraß, 100, 101
可逆, umkehrbar, 65
関数式, Funktionsterm, 63
関数値集合, Wertmenge, 63
逆 cos 関数［逆余弦関数］, arc cos-Funktion, 79
逆 cot 関数［逆余接関数］, arc cot-Funktion, 79
逆 sin 関数［逆正弦関数］, arc sin-Funktion, 79
逆 tan 関数［逆正接関数］, arc tan-Funktion, 79
逆関数, Umkehrfunktion(en), 65
狭義単調減少, streng monoton fallend, 117
狭義単調増加, streng monoton steifend, 117
極限値, Grenzwert, 89, 97
極限値, lim, 89
極限値定理, Grenzwertsatze, 99
局所的最小値［極小値］, lokales Minimum, 117
局所的最大値［極大値］, lokales Maximum, 117
局所的性質, lokale Eigenschaften, 125
グラフ, Graph, 63
減少 - 増加定理, Fallen-Steigen-Satz, 117
合成, Komposition, 65
最大値と最小値の定理, satz vom größten und kleinsten Funktionwert, 101
差関数, Differenzfunktion, 99
三角関数, trigonometrische Funktion, 77
指数関数, Exponentialfunktion, 73, 143
自然対数, natürlicher Logarithmus, 141
自然対数関数, natürliche Logarithmusfunktion, 73
実関数, relle Funktion(en), 63
充填可能, erganzbar, 99
商関数, Quotientenfunktion, 99
性質, Eigenschaften, 117
整有理関数, ganzrationale Funktion, 103
積関数, Produktfunktion, 99
絶対的最小値［最小値］, absolutes Minimum, 117
絶対的最大値［最大値］, absolutes Maximum, 117
零（ぜろ）点, Nullstelle(n), 103
零点定理, Nullstelle(n)satz, 101
漸近線, Asynptote(n), 99
線形関数［一次関数］, lineare Funktion, 69
全射, surjektiv, 63
増加 - 減少定理, Steigen-Fallen-Satz, 117
双曲線, Hyperbel, 73
双射［全単射］, bijektiv, 63
相対的最小値［極小値］, lokales Minimum, 117
対数関数, Logarithumsfunktion, 73
単射, injektiv, 63
単調減少, monoton fallend, 117
単調性の定理, Monotoniesatz, 119
単調増加, monoton steigend, 117
値域, Wertbereich, 63

中間値の定理, Zwischenwertsatz, 101
定義域, Definitionsbereich, 63
定義間隙, Definitionslüken, 97
左湾（わん）曲［下に凸］, Lnkskrümmung, 121
符号交代定理, Vorzeichenwechselsatz, 117
不連続, unstetig, 97
分有理関数, gebrochen rationale Funktion, 105
分有理関数, gebrochene rationale Funktion, 103
平方関数［二次関数］, quadratische Funktion, 71
変曲点, Wendepunkt, 121
変曲放物線, Wendeparabel, 73
放物線, Parabel, 73
ボルツァノの定理, Satz von Bolzano, 101
右湾（わん）曲［上に凸］, Rechtskrümmung, 121
みなし極限値［広義極限値］, uneigentliche Grenzwert, 97
有理関数, rationale Funktion, 105
累乗関数, Potenzfunktion(en), 73
累乗根関数のグラフ, Wurzelfunktionsgraph, 73
連結, Verkettung, 65
連続（D_f 上での）, stetig (über oder auf D_f), 101
連続的継続, stetige Fortsetzung, 99
連続的継続可能, stetig fortsetzbar, 99
連続的継続可能性, stetige Fortsetzbarkeit, 97, 99
和関数, Summefunktion, 99
割り当て規則, Zuordunungsvorschrift, 63
わん曲定理, Krümmungssatz, 121
相対的最大値［極大値］, lokales Maxmum, 117
関数規則, Funktionsvorschrift, 63
関数柱, Funktionsstange, 95
関数方程式, Funktionsgleichung, 63
カントルの対角線手続き, cantorsches Diagonalverfahren, 13
完備性の性質, Vollständigkeiseigenschaft, 37
完備性の法則, Vollständigkeitssatz, 37
関連付けの構築されている集合, Verknüpfungsgebilde, 19

キ

幾何的平均値, geometrisches Mittel, 179
騎士透視画法, Kavalierspersepktiv, 187
基数, Grundzahlen, 17
基数列, Grundfolge, 95
　左側基数列, linksseitige Grundfolge, 95
　右側基数列, rechtsseitige Gruntfolge, 95
軌跡直線, Spurgerade, 205
基礎（公式集）, Grundlage(Formelsammurung), 252
拡張（約分の反意語）, Erweitern, 252
絶対値, absoluter Betrag, 252
第 1 二項式, 1. binomische Formel, 252
第 2 二項式, 2. binomische Formel, 252
第 3 二項式, 3. binomische Formel, 252
対数の法則, logarithmische Gesetze, 252

272　索　引

二項式, binomische Formel, 252
二項定理, binomischer Satz, 252
百分率計算, Prozentrechnung, 253
複利利息計算, Zinseszinsrechnung, 253
分数の規則, Bruchregel, 252
平均値, Mittelwerte, 253
約分, Kürzen, 252
利息計算, Zinsrechnung, 253
累乗根の法則, Wurzelgesetz, 252
累乗の法則, Potenzgesetz, 252
和, Summen, 253
帰納法, Induktionsaxiom, 17
基本作図, Grundkonstruktion, 158
　　角の二等分線, Halbierene eines Winkels, 158
　　線分の中点, Streckenmittelpunkt, 158
　　直交線 ($A \in g$ を通る), Senkrechte(durch $A \in g$), 158
　　平行線 ($A \notin g$ を通る), Parallele(durch $A \notin g$), 158
逆関数, Umkehrfunktion(en), 65
　　三角関数, trigonometrischer Funktion, 79
　　線形関数［一次関数］, 69
　　累乗関数, Potenzfunktion, 73
　　平方関数［二次関数］, quadratische Funktion, 71
球, Kugel, 211
　　体積, Volumen, 191
　　表面積, Oberflächeinhalt, 187
級数, Reihe
　　幾何的級数, geometrische Reihe, 87
　　算術的級数, arithmetische Reihe, 85
　　無限幾何的級数, unendliche geometrische Reihe, 93
　　無限級数, unendliche Reihe, 93
球の接平面, Tangentialebene bei einer Kreis, 211
行列, Matrix(Matrizen), 215
　　(2, 2) 行列 [2×2 行列、2 行 2 列行列], (2, 2)-Matrix, 215
　　回転行列, Drehmatrix, 215
　　正則行列, reguläre Matrix, 215
　　単位行列, Einheitmatrix, 215
行列式, Determinant, 215
極座標, Polarkoordinaten, 43
曲線議論, Kurvendiskussion, 123
極値, Extrema
　　端（はし）極値, Randextrema, 117
極値点, Extremepunkt, 117
極値問題, Extremwertproblem, 123
極値をもつ位置, Extremstelle, 117
近似, Nährung, 235
　　ポアソンの近似, Nährung von Poisson, 235
　　ポアソンの近似式, poissonschen Nährungsformel, 235
　　ラグランジュの近似, Nährung von Lagrange, 235, 237
　　ラグランジュの積分近似式, integrale lagrangesche Nährungsformel, 237
近似式, Approximation, 145
近似値, Nährungswert(en), 148

ク

区間縮小, Intervallschachtelung, 37
位取り表, Stellenplan, 17
位取り法, Stellenwertsystem, 17
位の数, Stufenzahlen, 17
グラフ, Graph
　　関数値表, Wertetabelle, 63
　　座標系, Koordinantensystem, 63
　　集合－矢図, Mengen-Pfeil-Diagramm, 63
グラフの穴, Loch in Graph, 97
群, Gruppe, 213
　　半群, Halbgruppe, 213
　　分配法則, Kommunikativegesetz, 213
群公理, Gruppenaxiome, 213
　　逆元, inverse Elemente, 213
　　結合法則, Assoziativegesetz, 213
　　中立元, neutrales Elemente, 213
　　内的関連づけ, innere Verknüpfung, 213

ケ

計算, Rechnen
　　近似値による計算, Rechnen mit Näherungswerten, 39
計算記号－符号規則, Rechenzeichen-Vorzeichen-Regeln, 27
計算の正確性, Rechengenauigkeit, 33
結合子, Junktor(en), 7, 239
ケプラーのワイン樽規則, Keplersche Faßregel, 147
弦, Shene, 167
検算, Probe, 47
原始関数, Stammfunktion, 135
原点についての点対称, Punktsymmetrie zur Urpunkt, 105
減法定理, Subtraktionstheoreme, 79
限量子, Quantor(en), 243
　　全体限量子, Allquantor, 243
　　存在限量子, Existenzquantor, 243
　　多重限量化, mehrfache Quantifizierung, 243
　　否定, Negation, 243

コ

公式集, Formelsammurung, 252
　　S 乗法［（ベクトルの）定数倍］, S-Multiplikation, 264
　　円, Kreis, 259
　　円錐, Kegel, 261
　　円柱, Kreiszylinder, 261
　　円の部分, Kreisteile, 259
　　解析幾何学, analytische Geometrie, 264

索 引 273

カイト形 [西洋凧形], Drachen, 259
角錐, Pyramide, 260
角錐台, Pyramidestumpfer, 260
角柱, Prisma, 260
角辺角 [2 角挟辺相等], WSW, 257
加法定理, Additionstheoreme, 262
逆関数の規則, Umkehrfunktionsregel, 254
球, Kugel, 261
球の部分, Kugelteile, 261
空間幾何学, räumische Geometrie, 260
区間での減少, Fallen im Intervall, 254
区間での増加, Steigen im Intervall, 254
座標系における三角比の符号, Vorzeichen im Koordinatensystem, 263
三角形（任意）, Dreieck(beliebiges), 256
三角形の合同の定理, Kongruenzsätze für Dreiecke, 257
三角形の相似の定理, Ähnlichkeitssätze für Dreiecke, 257
三角比, Trigonometrie, 262
四角形（任意）, Vierecke(beliebig), 258
主定理, Hauptsatz, 255
スカラー積 [内積], Skalarproduktion, 265
スパット（平行六面体）積, Spatproduktion, 266
正三角形（等辺三角形）, gleichseitiges Dreieck, 256
正方形, Quadrat, 259
積分計算, Integralrechnung, 254
積分計算の規則（定積分）, Integrationsregeln (bestimmtes Integral), 255
台形, Trapez, 258
単位ベクトル, Einheitsvektor, 264
長方形, Rechteck, 258
直線（$\mathbb{R}^2$）, Gerade im $\mathbb{R}^2$, 266
直線（$\mathbb{R}^3$）, Gerade im $\mathbb{R}^3$, 266
直線の角, Winkel an Geraden, 256
直方体, Würfel, 260
直角三角形, rechtwinkliges Dreieck, 257, 262
導関数, Ableitung, 254
導関数の規則, Ableitungsregeln, 254
特殊な導関数, spezielle Ableitungen, 254
特殊な不定積分, spezielle unbestimmtes Integrale, 255
二等辺三角形(等脚三角形), gleichschenkliges Dreieck, 256
任意の三角形, beliebiges Dreieck, 263
ひし形, Raute, 259
微分計算, Differenzialrechnung, 254
不定積分, unbestimmtes Integral, 255
平行四辺形, Parallelogramm, 258
平面（$\mathbb{R}^3$）, Ebene im $\mathbb{R}^3$, 267
平面幾何学, ebene Geometrie, 256
ベクトル積 [外積], Vektorproduktion, 265
ベクトルの加法, Addition von Vektoren, 264

ベクトルの減法, Subtraktion von Vektoren, 264
ベクトルの絶対値, Betrag eines Vektor, 264
辺角辺 [2 辺挟角相等], SWS, 257
辺辺対角 [2 辺長対角相等], SSWg, 257
辺辺辺 [3 辺相等], SSS, 257
立方体, Quader, 260
高次導関数, höhere Ableitung, 111
後続数, Nachfolger, 16, 17
交代 3 桁ブロック和, alternierende Dreier-Block-Summe, 20
交代横和, alternierende Quersumme, 20
交点方程式, Schnittpunktgleichung, 205
合同写像, Kongruenzabbildung, 159
合同写像の連結, Verkettung von Kongruenzabbildungen, 159
合同の定理, Kongruenzsätze, 161
　角辺角 [2 角挟辺相当], WSW, 163
　辺角辺 [2 辺挟角相当], SWS, 163
　辺辺対角 [2 辺長対角相当], SSWg, 163
　辺辺辺 [3 辺相当], SSS, 163
公倍数, gemeinsames Vielfach(gV), 21
公分母, Hauptnenner(HN), 25
公約数, gemeinsamer Teiler(gT), 21
孤立していない, nichtisoliert, 95
混合分数, gemischter Bruch
　減法, Substraktion, 35
　乗法, Multiplikation, 35
　除法, Division, 35
　加法, Addition, 35

サ
最高点, Hochpunkt
　局所的最高点 [極大点], lokaler Hochpunkt, 117
　絶対的最高点 [最大点], absoluter Hochpunkt, 117
最小公倍数 [L.C.M.], kleinstes gemeinsames Vielfach (kgV), 21
最小上界, kleinster oberer Schranke, 87
最大下界, größter unterer Schranke, 87
最大公約数 [G.C.M.], größter gemeinsamer Teiler (ggT), 21
最低点, Tiefpunkt
　局所的最低点 [極小点], lokaler Tiefpunkt, 117
　絶対的最低点 [最小点], absoluter Tiefpunkt, 117
差商, Differenzquotient, 111
座標系, Koordinatensystem
　位置ベクトル, Ortsvektoren, 199
　座標軸, Koordinatenachsen, 199
　単位, Einheiten, 199
　デカルト座標系 [直交座標系], Kartesisches Koordinatensystem, 199
　三角形, Dreieck, 161
　鋭角三角形, spitzwinkliges Dreieck, 161
　角の二等分線, Winkelhalbierende, 167

正三角形（等辺三角形）, gleichseitiges Dreieck, 161, 165
相似の定理, Ähnlichkeitsäze, 171
高さ, Höhe, 179
高さ［頂点から対辺に下ろした垂線］, Höhe, 167
高さのあし, Höhenschnittpunkt, 209
直角三角形, rechtwinkliges Dreieck, 161, 165, 181
直角二等分線, Mittelsenkrechte, 167
鈍角三角形, stumpfwinkliges Dreieck, 161
二等辺三角形（等脚三角形）, gleichschenkliges Dreieck, 161, 165
任意の三角形, beliebiges Dreieck, 162
任意の三角形の高さ, Höhe in einem belibbigen Dreieck, 181
辺の二等分線［中線］, Seitenhalbierende, 167
面積, Flächeninhalt, 173
三角形の作図, Dreieckeskonstruktion, 163
三文法, Dreisatz, 63, 81

シ
四角形, Viereck
　カイト形（西洋凧形）, Drachen, 165
　正方形, Quadrat, 165
　台形, Trapez, 165
　長方形, Rechteck, 165
　ひし形, Raute, 165
　平行四辺形, Parallelogram, 165
軸鏡映［軸対称移動］, Acksenspiegelung, 159
事象, Ereignis(se), 221, 225
　従属事象, abhängige Ereignis(se), 225
　独立事象, unabhängige Ereignis(se), 225
自然数, natürliche Zahlen, 19
　加法, Addition, 19
　結合法則, assoziatives Gesetz(AG), 19
　減法, Subtraktion, 19
　交換法則, kommutatives Gesetz(KG), 19
　乗法, Multiplikation, 19
　除法, Division, 19
　単調性の法則, Monotoniegesetz(MG), 19
　分配法則, distributives Gesetz(DG), 19
自然数, naturliche Zahlen, 17
十進法, Dezimalsystem, 17
十進法, Zehnersystem, 17
射線, Strahl, 155
射線定理, Strahlensatz, 171
　第 1 射線定理, 1. Strahlensatz, 171
　第 2 射線定理, 2. Strahlensatz, 171
写像概念, Abbildungsbegriff, 159
集合, Menge
　大きさの等しい集合, gleichmächtige Menge, 13
　可算集合, abzählbare Menge, 13
　記述型, beschreibende Form, 9
　共通部分をもたない［互いに素］, disjunkt, 9

空集合, leere Menge, 9
元, Elemente, 9
上級集合（部分集合の反意語）, Obermenge, 13
積集合, Schnittmenge, 9
対集合, Paarmenge, 11
定義, Definition, 9
非可算集合, überabzählbare Menge, 13
等しい, gleich, 9
表記, Darstellung, 9
部分集合, Teilmenge, 9
べき（冪）集合, Potenzmenge, 11
無限集合, unendliche Menge, 13
有限集合, endliche Menge, 13
列挙型, aufzählende Form, 9
和集合, Vereinigungsmenge, 9
集合図, Mengendiagramm, 9
集合の関連付け, Mengenverknüpfung, 10
　合併の法則, Absorptionsgesetz, 10
　空集合の法則, Gesetz zur leeren Menge, 10
　結合法則, assoziatives Gesetz, 10
　交換法則, kommutatives Gesetz, 10
　自乗の法則, Gesetz der Idempotenz, 10
　属性表, Zugehörigkeitstabelle, 10
　ド・モルガンの法則, Gesetz von de Morgan, 10
　部分集合の法則, Teilmengengesetz, 10
　分配法則, distributives Gesetz, 10
　補集合の法則, Gesetz zur Komplement, 10
充足集合［補集合］, Ergänzungsmenge, 9
十分条件, hinreichende Bedingung, 117
樹形図, Baumdiagramm, 219
順序数, Ordnungszahlen, 17
順序のある対, geordnetes Paar, 11
上界, oberer Schranke, 87
小数, Dezimalzahlen, 32
　概約, Runden, 33
　加法, Addition, 32
　減法, Subtraktion, 32
　循環小数, periodische Dezimalzahlen, 33
　循環小数の分数化, Verwandlung periodische Dezimalzahlen in Brüche, 32
　乗法, Multiplikation, 32
　除法, Division, 32
　非循環小数, nichtperiodische Dezimalzahlen, 33
　非循環無限小数, nichtperiodische unendliche Dezimalzahlen, 37
　無限小数, unendliche Dezimalzahlen, 33
　有限小数, endliche Dezimalzahlen, 33
商の同一性, Quotientengleichheit, 81
上方和, Obersumme, 127, 131
証明, Beweis
　間接的証明, indirekter Beweis, 249
　帰納的証明, Induktionsbeweis, 249
　数学的帰納法, vollständige Induktion, 249

索引

対偶による証明, Beweis durch Kontraposition, 249
直接的証明, direkter Beweis, 249
同値証明, Äquivalenzbeweis, 249
反例による証明, Wiederlegung durch Gegenbeispiel, 249
剰余項, Restglied, 145
序数, Ordinalzahlen, 17
真偽値樹, Wahlheitswertebaum, 241
    演えき, Subjunktion, 241
    同値, Bijunktion, 241
真偽値表, Wahlheitswertetafel, 239
    積, Konjunktion, 239
    否定, Negation, 239
    和, Disjunktion, 239
シンプソンの規則, Simpsonsche Regel, 147

ス

垂線を下ろす (A から g へ), Lot fällen (von A auf g), 158
垂直二等分線, Mittelsenkrechte, 157
数学的帰納法, vollständige Induktion
    帰納法始点, Induktionsanfang, 249
    帰納法始点, Induktionsbeginn, 249
    帰納法終点, Induktionsschluss, 249
数学モデル, mathematisches Modell, 223
数字, Ziffer, 19
数的積分法, numerische Integration, 147
    ケプラーのワイン樽規則, Keplersche Faßregel, 147
    シンプソンの規則, Simpsonsche Regel, 147
    台形手続, Trapezverfahren, 147
    長方形網手続, Rechtecknetzverfahren, 147
数的手続, numerische Verfahren, 147
数列, Folge
    入れ子定理, Schachtelsatz, 91
    上に有界, nach oben beschränkt, 87
    下限, untere Grenze, 87
    関数値数列, Funktionswertfolge, 95
    幾何的数列, geometrische Folge, 85
    基数列, Grundfolge, 95
    極限値定理, Grenzwertsatze, 93
    グラフ, Graph, 85
    交代数列, alternierende Folge, 85
    差数列, Differenzfolge, 91
    算術的数列, arithmetische Folge, 85
    下に有界, nach unten beschränkt, 87
    実数値数列, reelwertige Folge, 85
    収束数列, konvergente Folge, 89
    収束数列の定理, Satze zu konvergenten Folgen, 91
    上限, obere Grenze, 87
    商数列, Quotientenfolge, 91
    積数列, Produktfolge, 91
    零（ぜろ）数列, Nullfolge, 87, 89
    漸化的定義, rekursive Definition, 85
    単調減少, monoton fallend, 87
    単調数列, monotone Folge, 87
    単調増加, monoton steigend, 87
    定数数列, konstant Folge, 87
    定発散数列, bestimmt divergente Folge, 89
    発散数列, divergente Folge, 89
    フィボナッチ数列, Fibonaccifolge, 85
    部分数列, Teilfolge, 89
    部分和数列, Partialsummenfolge, 93
    無限数列, endliche Folge, 85
    有界数列, beschränkte Folge, 87
    有限数列, unendliche Folge, 85
    和数列, Summefolge, 91
スカラー乗法（S 乗法）［定数倍］, Skalare Mulutiplikation (S-Mulutiplikation), 195
    1 の規則, eins-Regel, 195
    外的関連付け, äusser Verknüpfung, 195
    混合結合法則, gemischtes assoziativgesetz, 195
    分配法則, distributive Gesetze, 195
スカラー積［内積］, Skalarprodukt, 201
    交換法則, kommunitatives Gesetz, 201
    混合交換法則, gemischtes Assoziativgesetz, 201
    分配法則, distributives Gesetz, 201
スパット［平行六面体］, Spat, 188
スパット積, Spatprodukt, 209

セ

正則平面
    正の正則平面, positive Normalfläche, 129
成分, Komponent, 11
正方形, Quadrat
    面積, Flächeninhalt, 173
正方形化［求積法］, Quadratur, 179
    円, Kreis, 179
    三角形, Dreieck, 179
    長方形, Rechtseck, 179
積の同一性, Produktgleichheit, 81
積分, Integral, 131
    定積分, bestimmes Integral, 131, 135
    被積分関数, Integrandfunktion, 131
    不定積分, unbestimmtes Integral, 135
    みなし積分［広義積分］, uneigentliches Integral, 139
接線, Tangente, 167
    1 点における接線, Tangente in einem Punkt, 111
接線手続, Tangentenverfahren, 151
絶対値, absoluter Betrag, 27, 161
    三角形不等式, Dreiecksungleichungen, 161
接点, Berührpunkt, 167
零（ぜろ）点, Nullstelle, 47
    零点の多重性, Vielfachheiten der Nullstelle, 103
    符号域, Vorzeichenfeld, 103
    隣接する零点, benachbarte Nullstelle(n), 103
零点検算, Nullstellenprobe, 47

漸化式, Rekursionsformel, 136
線形関数［一次関数］, lineare Funktion
   1 点と傾きがあたえられた場合, Punkt-Steigung-Vorgabe, 69
   2 点があたえられた場合, Zwei-Punkte-Vorgabe, 69
   逆関数, Umkehrfunktion, 69
   グラフ, Graph, 69
先行数, Vorgänger, 16
線分, Strecke, 155

ソ

素因数分解, Primfaktorzerlegung, 21
増加
   指数的増加, exponentielles Wachstum, 74
   線形増加, lineares Wachstum, 74
双曲線, Hyperbel, 211
相似写像, Ähnlichkeitsabbildung, 171
   中心をもつ拡大, zentrische Streckung, 171
相似な, ähnlich, 171
相対的度数［相対度数］, relative Häufigkeit, 221
双対原理, Dualitätsprinzip, 11
素数, Primzahl, 21

タ

体, Körper, 213
対応, Relation, 65
   逆対応, Umkehrrelation, 65
   グラフ, Graph(en), 65
   後領域, Nachbereich, 65
   再帰的, reflexiv, 67
   集合内の対応, Relationen in einer Menge, 67
   推移的, transitiv, 67
   前領域, Vorbereich, 65
   対称的, symmetrisch, 67
   同値対応, Äquivalenzrelation, 67
   2 価の対応, zweistellige Relation, 65
大カッコ規則, große Klammerregel, 31
台形, Trapez
   面積, Flächeninhalt, 173
台形手続, Trapezverfahren, 147
対称, Symmetrie, 159
対数, Logarithmus, 41
   還元公式, Reduktionsformel, 41
   換算公式, Umrechnungsformel, 41
   対数の法則, logarithmuschs Gesetz, 41
   対数の法則, logarithmische Gesetze, 141
対数関数, Logarithmusfunktion
   底 e の対数関数, Logarithmusfunktion Base e, 143
体積, Volumen
   円錐, Kegel, 191
   円錐台, Kegelstumpf, 191
   角錐, Pyramide, 189
   角錐台, Pyramidenstumpf, 191

   球, Kugel, 191
   直円柱, gerader Zylinder, 189
   直角柱, gerades Prisma, 189
   直方体, Quader, 189
   立方体, Würzel, 189
楕円, Ellipse, 211
多面体, Polyeder, 186
   円錐, Kegel, 187
   円柱, Zylinder, 187
   角錐, Pyramide, 187
   角柱, Prisma, 187
   球, Kugel, 187
   直方体, Quader, 187
   表面積, Oberflächeinhalt, 187
   立方体, Würfel, 187
タレスの定理, Satz des Thales, 167
タレスの定理の逆, Umkehrung des Satzes des Tahles, 167
単位ベクトル, Einheitvektor, 201
短線リスト, Strichliste, 217
単調性の定理, Monotoniesatz, 119

チ

中央極限値定理［中心極限定理］, zentraler Grenzwertsatz, 237
中立元の法則, Gesetz vom neutralen Element, 195
長方形, Rechteck
   対角線, Diagonalen, 181
   面積, Flächeninhalt, 173
長方形網, Rechtecknetz
   外接長方形網, umfassendes Rechtecknetz, 127
   内接長方形網, einbeschrribenes Rechtecknetz, 127
長方形網手続, Rechtecknetzverfahren, 147
直円柱, gerader Zylinder
   体積, Volumen, 189
直角柱, gerades Prisma
   体積, Volumen, 189
直線, Gerade(n), 68, 155, 203
   2 点型, Zwei-Punkte-Form, 68, 203
   座標方程式, Koordinantengleichung, 203
   直交線, orthogorale Gerade, 155
   点－傾き型, Punkt-Steigung-Form, 68, 203
   点－方向型, Punkt-Richtungs-Form, 203
   点検算, Punktprobe, 203
   パラメーター方程式［媒介変数方程式］, Parametergleichung, 203
   半直線, Halbgerade, 155
   平行線, parallele Gerade, 155
   ベクトルの交点方程式, vektoriellen Schnittpunktgleichung, 203
直方体, Quader
   体積, Volumen, 189

ツ
通過線, Passante, 167

テ
定義間隙, Definitionslüken, 97
    奇数次の極, Pole ungerade Ordnung, 97
    偶数次の極, Pole gerade Ordnung, 97
定義の型, Formen des Definierens
    新しい命題, neue Aussage, 251
    新しい命題式, neue Aussageform, 251
    記述型, beschreibende Form, 251
    定義方程式, Definitionsgleichung, 251
定積分, bestimmes Integral
    下端, untere Grenze, 131
    加法性, Additivität, 131
    差の規則, Differenzregel, 131
    主定理, Hauptsatz, 133
    上端, obereGrenze, 131
    定数因子の規則, Regel vom konstanten Faktor, 131
    和の規則, Summenregel, 131
定理, Gesetz
    命題論理学, Aussagelogik, 243
    証明の型, Beweisform, 245
    数学の定理, mathematischer Sätze, 245
    ベイズの定理, Satz von Bayes, 225
デカルト積 [直積], Kartesisches Produkt, 11
テーラーの多項式, Taylor-Polynome, 145
テーラーの定理, Satz des Taylor, 145
点鏡映 [点対称移動], Punktspiegelung, 159

ト
導関数, Ableitung(en), 111
    一次導関数, f' (erste) Ableitung, 110
    二次導関数, f'' (zweite) Ableitung, 110
    三次導関数, f''' (dritte) Ableitung, 110
    n 次導関数, $f^{(n)}$ (n-te) Ableitung, 110
    一次導関数, erste Ableitung, 111
    内導関数, innere Ableitung, 115
    高次導関数, höhereAbleitung, 111
    外導関数, äußere Ableitung, 115
導関数の規則, Ableitungsregeln, 113
    逆関数規則, Umkehrfunktionsregel, 115
    差の規則, Differenzregel, 113
    商の規則, Quotientenregel, 115
    積の規則, Produktregel, 115
    定数因子の規則, Regel vom konstanten Faktor, 113
    累乗の規則, Potenzregel, 113
    連結規則, Kettenregel, 115
    和の規則, Summenregel, 113
到達できる, erreichbar, 95
同値, Äquivalenz, 249
等値分数の類, Klasse gleichwertiger Brüche, 22
同値変形, Äquivalenzumformung, 45

度数, Häufigkeiten, 217
    客観的度数 [絶対度数], absolute, 217
    相対的度数 [相対度数], relative, 217
度数分布, Häufigkeitsverteilung, 217

ナ
長さ, Länge, 157
    間隔, Abstand, 157
    距離, Entfernung, 157
    長さの尺度, Längemaß, 157
    ベクトルの長さ, Länge eines Vektor, 201

ニ
二項係数, Binominalkoefizient, 219
二項式, binomische Formel, 31
    第 1 二項式, 1. binomische Formel, 31
    第 2 二項式, 2. binomische Formel, 31
    第 3 二項式, 3. binomische Formel, 31
二項分布, Binomialverteilung, 229, 235
    規格化, Standardisierung, 235
    期待値, Erwartungswert, 229
    標準偏差, Standardabweichung, 229
    分散, Varianz, 229
二次方程式, quadratische Gleichung
    p-q 型, p-q-Form, 49
    p-q 公式, p-q-Formel, 49
    標準型, Normalform, 49
二進法, Dualsystem, 17
二進法, Zweiersystem, 17
ニュートンの手続, Newtonsche Verfahren, 151
任意の四角形, beliebiges Viereck
    面積, Flächeninhalt, 173

ハ
倍数, Vielfache, 21
倍数集合, Vielfachemenge, 21
倍増期, Verdoppelungszeit, 75
バリエーション, Variationen
    重複のある [重複を許す], mit Wiederholung, 219
    重複のない [重複を許さない], ohne Wiederholung, 219
半減期, Halbwertszeit, 75
反転, Umpolen, 31
反比例関係, Antiproportionalität, 81
反復手続, Iterationsverfahren, 151

ヒ
被開平数, Radikand, 39
ひし形, Raute
    面積, Flächeninhalt, 173
ヒストグラム, Histogramm, 217
ピタゴラスの定理, Satz des Pythagoras, 177
    ピタゴラスの定理の逆, Umkehrung des Satzea des

Pythagoras, 177
左側連続, linksseitig stetig, 95
左側連続性, linksseitige Stetigkeit, 95
必要条件, notwendige Bedingung, 119
微分, Differenziation
    定義による微分, Differenziation nach der Definition, 113
    微分可能, differenzierbar, 111
        a で微分可能, differnzierbar an der Stelle a, 111
        左微分可能, linksseitig differenzierbar, 111
        右微分可能, rechtsseitig differnzierbar, 111
    微分係数, Ableirung(en), 111
        a での微分係数, Ableitung an der Stelle a, 111
    微分係数の関数, Ableitungsfunktion, 111
百分率, Prozentsatz, 81
百分率計算, Prozentrechnung, 81
標準型の解, Normalformlösung, 51
表面積, Oberflächeninhalt
    円錐, Kegel, 187
    円柱, Zylinder, 187
    球, Kugel, 187
    多面体, Polyeder, 187
比例関係, Propotionalität, 81
比例定数, Proportionalitätskonstante, 81

フ

複素数, komplexe Zahlen, 42
    加法, Addition, 42, 43
    極座標形の乗法, Multiplikation in Polarkoordinantenform, 42
    虚部, Imaginärteil, 42
    減法, Subtraktion, 43
    実部, Realteil, 42
    乗法, Multiplikation, 43
    除法, Division, 42, 43
    絶対値, Betrag, 42
複分数, Doppelbruch, 35
不定積分, unbestimmtes Integral
    差の規則, Differenzregel, 137
    置換規則, Substitutionsregel, 137
    定数因子の規則, Regel vom konstanten Faktor, 135
    部分積分法, partielle Integration, 137
    累乗の規則, Potenzregel, 135
    和の規則, Summenregel, 137
不等式, Ungleichung(en), 46
    一次不等式, linear Ungleichung, 57
    項変形, Termumformung, 46
    同値変形, Äquivalenzumformung, 46
    二次不等式, quadratische Ungleichung, 57
    最も単純な不等式, einfachste Ungleichung, 57
部分群, Untergruppe, 215
部分集合, Teilmenge, 9
    真部分集合, echte Teilmenge, 9

ブラックボックス, Automat(en), 5
プラトンの立体, platonischer Körper, 153
分割, Zerlegung
    等幅の分割, äquidistante Zerlegung, 131
分散, Varianz, 217
分子, Zahler, 23
分数, Bruch(Brüche), 22
    加法, Addition, 25
    既約分数, gekürzter Bruch, 22
    減法, Subtraktion, 25
    混合分数 [帯分数], gemischer Bruch, 22
    乗法, Multiplikation, 25
    除法, Division, 25
    真分数, echter Bruch, 22, 23
    単位分数, Stammbruch, 22
    調整 [帯分数の仮分数化], Einrichten, 23
    調整された混合分数 [仮分数], eingerichteter Bruch, 22
    等値分数, gleichwertige Brüche, 22
    同分母分数, gleichnamige Brüche, 22
    非真分数 [仮分数], unechter Bruch, 23
    分数としての整数, Ganze als Brüche, 22
    有理数, rationale Zahlen, 23
分数方程式, Bruchgleichung(en)
    因数分解, Faktorisieren, 53
    公分母, Hauptnenner(HN), 53
    定義集合, Definitionsmenge, 53
分母, Nenner, 23
分母の有理化, Nenner rational machen, 39
分母分子が有理数の分数, Bruchterm(e), 29, 35

ヘ

ペアノの公理, Peano-Axiom, 17
平行移動, Verschiebung, 159
平行四辺形, Parallelogram
    面積, Flächeninhalt, 173
平行線公理, Parallelenaxiom, 153
    光学的錯覚, optische Täuschung, 154
平行同長矢の類, Klasse von parallelgleichen Pfile, 67
平方関数 [二次関数], quadratische Funktion
    3 点があたえられたとき, Drei-Punkte-Vorgabe, 71
    幾何学的描写, geometrische Abbildung, 71
    逆関数, Umkeherfunktion, 71
    頂点型, Scheitelform, 71
    標準放物線, Normalparabel, 71
    標準放物線の幾何学的描写, geometrische Abbildung der Normalparabel, 71
平方根, Quadratwurzeln, 39
    計算の規則, Rechenregeln, 39
平方充足, quadratische Erganzung(q.E.), 48
平面, Ebene
    3 点型, Drei-Punkt-Form, 203
    軸切片型 [切片型], Achsenabschnittform, 205

索 引　279

点－方向型, Punkt-Richtungs-Form, 203
　　パラメーター方程式［媒介変数方程式］, Parametergleichung, 203
　　標準型, nolmaler Form, 205
　　ヘッセの法線型, hessesche Normalenform, 207
　　法線型, Normalenform, 205
　　法線ベクトル, Normalenvektor, 205
ベクトル, Vektor(en), 192
　　加法, Addition, 193
　　逆元の法則, Gesetze vom inversen Element, 193
　　鎖, Kette, 193
　　結合法則, assoziatives Gesetz, 193
　　元, Element, 193
　　交換法則, kommutatives Gesetz, 193
　　自明な線形結合, triviale Linearkombination, 197
　　零（ぜろ）ベクトル, Nullvektor, 192
　　線形結合［一次結合］, linearkombination, 197
　　線形従属［一次従属］, linear abhängig, 197
　　線形従属ベクトル［一次従属ベクトル］, linear abhängige Vektoren, 201
　　線形独立［一次独立］, linear unabhängig, 197
　　ベクトル鎖, Vektorkette, 195
　　矢の類, Klasse von Pfeilen, 193
ベクトル空間, Vektorraum, 197
　　n 回積空間, n-Tupelräum, 197
　　n 回積のベクトル空間, Vektorraum der n-Tupel, 197
　　次元, Dimension, 199
　　生成系, Erzeugendensystem, 197
　　底, Basis, 199
　　平行移動のベクトル空間, Vektorraum der Verschiebungen, 197
ベクトル積［外積］, Vektorprodukt, 201
　　混合交換則, gemischtes assoziatives Gesetz, 201
　　反交換法則, antikommutativesGesetz, 201
ベクトルの類, Klasse von Vektoren, 193
ヘロンの手続, Heronsche Verfahren, 149
変曲点, Wendepunkt, 121
偏差パラメーター, Streuungsparameter, 217
ベン図, Venn-Diagramm, 9

ホ
棒グラフ, Stabdiagramm, 217
方程式, Gleichung(en), 44
　　一次因数方程式, Linearfacktorengleichung, 48
　　一次方程式, lineare Gleichung, 49
　　因数分解可能な方程式, faktorisierbare Gleichung, 51
　　ヴィエタの方程式, Gleichung von Vieta, 48
　　演繹（えき）変形, Folgerungsumformung, 44
　　項変形, Termumformung, 44
　　再代入, Resubstitution, 51
　　三次方程式, Gleichung 3.Grades, 51
　　実方程式の定義集合, Definitionsmenge einer reellen Gleichung, 45
　　純粋二次方程式, rein-quadratische Gleichung, 49
　　数的解法, numerishe Lösung, 149
　　零型, Nullform, 47
　　代入, Substitution, 51
　　同値変形, Äquivalenzumformung, 44
　　二次方程式, quadratische Gleichung, 49
　　複二次方程式, biquadratische Gleichung, 51
　　分数方程式, Bruchgleichung(en), 53
　　最も単純な方程式, einfachste Gleichung, 49
　　四次方程式, Gleichung 4.Grades, 51
　　累乗根方程式, Wurzelgleichung(en), 55
　　実方程式, reelle Gleichung, 45
方程式の数的解法, numerische Lösung von Gleichungen, 149, 151
　　割線手続, Sekantenverfahren, 149
　　接線手続, Tangentenverfahren, 151
　　ニュートンの手続, Newtonsche Verfahren, 151
　　反復手続, Iterationsverfahren, 151
　　ヘロンの手続, Heronsche Verfahren, 149
補集合, Komplement, 9

ミ
右側連続, rechtsseitig stetig, 95
右側連続性, rechtsseitige Stetigkeit, 95
みなし積分［広義積分］, uneigentliches Integral, 139

ム
無為試行, Zufallsversuch(e), 221
　　n 段階無為試行［n 回無為試行］, n-stufige Zufallsversuch(e), 221
　　一段階試行, einstufige, 221
　　小道確率, Pfadwahrscheinlichkeit, 223
　　事象, Ereignis, 221
　　多段階無為試行, mehrstufige Zufallsversuch(e), 221
　　ラプラス試行, Laplace-Versuch, 223
無為変量, Zufallsgröße, 227, 229
　　確率関数, Wahrscheinlichkeitsfunktion, 227
　　期待値, Erwartungswert, 227
　　二項分布, Binomialverteilung, 229
　　標準偏差, Standardabweichung, 227
　　分散, Varianz, 227
　　分布, Verteilung, 227
　　分布関数, Verteilungsfuktion, 227
　　ベルヌーイ鎖, Bernoulli-Kette, 229
　　ベルヌーイ試行, Bernoulli-Versuch, 229
　　無為変数, Zufallsvariable, 227
無限性点, Unendlichkeitsstelle, 97
無作為抽出検査［抜き取り検査］, Stichprobe, 217

メ
命題, Aussage(n), 5
　　関連付け, Verknüpfung, 7

偽（f）, falsch, 5
真（w）, wahr, 5
真偽値, Wahrheitswert, 5
命題式, Aussageform, 5
　解, Lösung, 5
　解集合, Lösungsmenge, 5
　可解, lösbar, 4
　全般的に［至る所］成り立つ, allgemein gültig, 4
　定義集合, Definitionsmenge, 5
　変数, Variable, 5
命題の関連付け, Aussageverknüpfung
　否定の規則, Negationsregel, 7
　和集合の規則, Vereinungsmengenregel, 7
　演繹（えき）, Subjunktion, 7
　かつ, und, 7
　積, Konjunktion, 7
　積集合の規則, Schnittmengenregel, 7
　同値, Bijunktion, 7
　…ならば…, wenn…, dann…, 7
　…ならば…であり, かつそのときに限り, dann und nur dann…, wenn…, 7
　…ならばちょうどそのとき …, genau dann …, wenn…, 7
　否定, Negation, 7
　または, oder, 7
　和, Disjunktion, 7
命題論理的法則, aussagelogische Gesetz, 242
　演えき置換, Subjunktionsersetzung, 242
　吸収の法則, Absorbtionsgesetz, 242
　結合法則, assoziatives Gesetz, 242
　交換法則, kommutatives Gesetz, 242
　自乗の法則, Gesetz der Idempotenz, 242
　第 1 同値変換, 1.Bijunktionsersetzung, 242
　第 3 者しめ出しの法則, Gesetz von ausgeschlossenen Dritte, 242
　第 2 同値変換, 2.Bijunktionsersetzung, 242
　ド・モルガンの法則, Gesetz von de Morgan, 242
　分配法則, distributives Gesetz, 242
　矛盾の法則, Gesetz von Wiedersprechen, 242
面積, Flächeninhalt, 173
　円, Kreis, 173
　カイト形（西洋凧形）, Drachen, 173
　三角形, Dreieck, 173
　正方形, Quadrat, 173
　台形, Trapez, 173
　長方形, Rechteck, 173
　任意の四角形, beliebiges Viereck, 173
　ひし形, Raute, 173
　平行四辺形, Parallelogramm, 173, 201
面積関数, Flächeninhaltsfunktion, 129

ヤ
約数, Teiler, 21

約数集合, Teilermenge, 21
約分, Kürzen, 23
約分数, Kürzungzahl, 23
矢図, Pfeildiagramm, 26

ユ
有界, schrankt, 87
有理数, rationale Zahlen
　異符号数, Gegenzahl, 27
　逆矢, Gegenpfeil, 27
　結合法則, KG, 29
　交換法則, AG, 29
　乗法, Multiplikation, 29
　除法, Division, 29
　単調性の法則, MG, 29
　符号, Vorzeichen, 27
　符号の規則, Vorzeichen-Regeln, 27
　負の有理数, negative rationale Zahlen, 27
ユークリッドのカテーテ定理, Kathetensatz des Euklid, 179
ユークリッドの高さの定理, Höhensatz des Euklid, 179

ヨ
横和［各位の数の和］, Quersumme, 20
余集合, Restmenge, 9

ラ
ラプラス試行, Lapalace-Versuch, 223

リ
利息, Zinsen, 83
　元金, Kapital, 82
　期間, Laufzeit, 82
　年利息, Jahreszinsen, 83
　複利利息, Zinsenzinsen, 83
　利率, Zinssatz, 82
立体対角線, Körperdiagonale, 181
　直方体, Quadratur, 181
　立方体, Würfel, 181
立方体, Würzel
　体積, Volumen, 189
良品関数［検出力関数］, Gütefunktion, 233

ル
類, Klasse, 67
　生成元, erzeugendes Element, 67
　平行同長矢の類, Klasse von parallelgreichen Pfeile, 67
　ベクトルの類, Klasse von Vektoren, 193
累乗, Potenzen, 39
累乗根の法則, Wurzelgesetz, 40
累乗の法則, Potenzgesetz, 40

レ
連立一次方程式, LGS
    一次解, Auflösung, 59
    ガウス行列法, gaußsches Matrixverfahren, 61
    加減法, Additionsverfahren, 59
    代入法, Einsetzungs verfahren, 61
    二元一次連立方程式, lineares Gleichungssystem 2. Ordunung = (2,2)-LGS, 59
    連立三元一次方程式, lineares Gleichungssystem 3. Ordunung = (3,3)-LGS, 61
    連法, Gleichsetzungsverfahren, 61

ロ
ローマ記数法, römischer Zahlendarstellung, 17
論証の規則, Schlussregel, 245
    分離規則, Abtrennungsregel, 245
    連結論証規則, Kettenschlussregel, 245

*独語 ( ) 内は複数.

［訳者追加項目］
記号, 欧文
(2, 2) 行列, ［2 × 2 行列］, 215
cos 関数, ［余弦関数］, 77
cos 定理, ［余弦定理］, 185
sin 関数, ［正弦関数］, 77
sin 定理, ［正弦定理］, 183
S 乗法, ［（ベクトルの）定数倍］, 195
cot 関数, ［余接関数］, 79
tan 関数, ［正接関数］, 79

ア
値が一定な関数, ［定数関数］, 69
円定数, ［円周率］, 175

カ
可除性の法則, ［割り切れることの法則］, 21
仮説テスト, ［仮説検定］, 231
共通部分をもたない集合, ［互いに素な集合］, 9
逆 cos 関数, ［逆余弦関数］, 79
逆 cot 関数, ［逆余接関数］, 79
逆 sin 関数, ［逆正弦関数］, 79
逆 tan 関数, ［逆正接関数］, 79
客観的度数, ［絶対度数］, 217
局所の最高点, ［極大点］, 117
局所の最小値, ［極小値］, 117
局所の最大値, ［極大値］, 117
局所の最低点, ［極小点］, 117
混合分数, ［帯分数］, 22

サ
最小公倍数 (kgV), ［L.C.M.］, 21
最大公約数 (ggT), ［G.C.M.］, 21
スパット, ［平行六面体］, 188
スカラー積, ［内積］, 201
正則群［一般線形群］, 215
正方形化, ［求積法］, 179
絶対の最高点, ［最大点］, 117
絶対の最小値, ［最小値］, 117
絶対の最大値, ［最大値］, 117
絶対の最低点, ［最小点］, 117
線形関数, ［一次関数］, 69
全般的に成り立つ, ［至るところ成り立つ］, 4
双射, ［全単射］, 63
側線, ［母線］, 187
相対の最小値, ［極小値］, 117
相対の最大値, ［極大値］, 117
相対の度数, ［相対度数］, 217
受領領域, ［採択領域］, 231
零仮説, ［帰無仮説］, 231
線形結合, ［一次結合］, 197
線形従属, ［一次従属］, 197
線形独立, ［一次独立］, 197
全体確率, ［全確率］, 225

タ
対応, ［関係］, 65
代替仮説, ［対立仮説］, 231
中央値, ［メディアン］, 217
中央極限値定理, ［中心極限定理］, 235
調整, ［帯分数の仮分数化］, 23
調整された混合分数, ［仮分数］, 22
重複のある, ［重複を許す］, 219
重複のない, ［重複を許さない］, 219
デカルト座標系, ［直交座標系］, 199
デカルト積, ［直積］, 11

ハ
パラメーター方程式, ［媒介変数方程式］, 203
非真分数, ［仮分数］, 23
左わん曲, ［下に凸］, 121
平方関数, ［二次関数］, 71
ベクトル積, ［外積］, 201

マ
右わん曲, ［上に凸］, 121
みなし極限値, ［広義極限値］, 97
みなし積分, ［広義積分］, 139
無作為抽出検査, ［抜き取り検査］, 217

ヤ
横和, ［各位の数の和］, 20

ラ
良品関数, ［検出力関数］, 233

著者紹介

Fritz Reinhardt

 1940年生。ベルリン自由大学で数学と物理学を修め，学位取得後1994年までビーレフェルトのギムナジウムで教鞭を執る。Heinrich Soeder博士とともにdtvアトラス数学を執筆。

Carsten Reinhardt

 1967年生。ビーレフェルト大学で数学と社会科学を修め，自然科学研究助手を務める。2000年よりケルンのギムナジウムで一級教員を務める。

Ingo Reinhardt

 1969年生。ブレーメン芸術大学およびデュッセルドルフ美術大学で野外美術を修める。フリーランスの照明デザイナー，舞台装置家，ヴィジュアル効果（2Dおよび3Dアニメーション）の専門家。

訳者あとがき

　この本は，ドイツのDeutscher Taschenbuch Verlag社から刊行されたdtv-Atlasシリーズの一つdtv-Atlas Schulmathematikの翻訳です。このシリーズからは，dtv-Atlas Mathematikが「カラー図解数学事典」として訳出されています。原著でまず驚くことは図版頁の完成度の高さと本文に即した細かい配慮です。図版はそのまま使ったわけですが，日本語に差し替えるに当たり雰囲気を損なわないことを重視しました。特に原著とは異なった単語や式が目立ってしまうことは論外でした。また本文は図版頁と連動しているうえに，日常語（ドイツの一般の人や小学生が知っている言葉や言い回し，また幾何学用語では古典ギリシャ語から外来語としてドイツに定着し，今でも使われている言葉など）から始めて全体を一貫した論法で数学というひとつのものとして書き進めていく流れが特徴的です。この流れを重視すると，私たちが高校や大学で出会う数学用語をそのまま初めから使うわけにはいきません。かといって著者の使う言葉にふさわしい別の数学的訳語も私たちはもちません。すでに知識をおもちの方は幼稚で物知らずな訳と思われるでしょうが，そこが訳者の意と受け取って頂けましたら幸いです。

　2002年に出版された原著ですが，このたび著者からのご厚意で多少の加筆と訂正が寄せられました。できる限り反映に努め最新版とさせて頂きました。末筆になりましたが，私にこのような仕事を預けて下さった方々と，訳者の勝手な思いつきにもおつきあい下さった辛抱強く寛大なプロの方々に心よりのお礼を申し上げます。

　著者の前書きの勧めに従って，本文をたどり，計算をたどり，作図をたどり，自分の頭で考えた結果としての仕事であることをご理解いただければと思います。

2014年3月

訳者の一人　長岡由美子

訳者紹介

長岡昇勇（ながおかしょうゆう）
近畿大学理工学部教授，理学博士
著書等『カラー図解数学事典』（共訳，共立出版，2012年）
　　　『数論的古典解析』（訳，丸善出版，2012年）

長岡由美子（ながおかゆみこ）
1976年　北海道大学理学部数学科卒業
著書等『微分積分学演習』（共著，北海道文化出版，1982年）

カラー図解 学校数学事典	訳　者　長岡昇勇・長岡由美子　©2014
原題：*dtv-Atlas Schulmathematik*	発行者　南條光章
2014年4月25日　初版1刷発行	発行所　**共立出版株式会社**
	郵便番号 112-8700
	東京都文京区小日向4丁目6番19号
	電話 (03)3947-2511（代表）
	振替口座 00110-2-57035 番
	URL http://www.kyoritsu-pub.co.jp/
	印　刷　加藤文明社
	製　本　ブロケード
検印廃止	一般社団法人
NDC 410	自然科学書協会
	会員
ISBN 978-4-320-01895-2	Printed in Japan

JCOPY ＜(社)出版者著作権管理機構委託出版物＞

本書の無断複写は著作権法上での例外を除き禁じられています．複写される場合は，そのつど事前に，(社)出版者著作権管理機構（電話 03-3513-6969，FAX 03-3513-6979，e-mail: info@jcopy.or.jp）の許諾を得てください．

数学の諸概念を色彩豊かに図像化！

カラー図解 数学事典

Fritz Reinhardt・Heinrich Soeder ［著］
Gerd Falk ［図作］
浪川幸彦・成木勇夫・長岡昇勇・林 芳樹 ［訳］

菊判・ソフト上製・508頁
定価（本体5,500円＋税）

ドイツの Deutscher Taschenbuch Verlag 社の『dtv-Atlas事典シリーズ』は，見開き2ページで1つのテーマが完結するように構成されている。右ページに本文の簡潔で分り易い解説を記載し，かつ左ページにそのテーマの中心的な話題を図像化して表現し，本文と図解の相乗効果で理解をより深められるよう工夫されている。これは，他の類書には見られない『dtv-Atlas 事典シリーズ』に共通する最大の特徴と言える。本書はこのシリーズの『dtv-Atlas Mathematik』の日本語翻訳版であり，フルカラーのイラストを挿入し数学の諸概念を網羅的に分り易く解説。

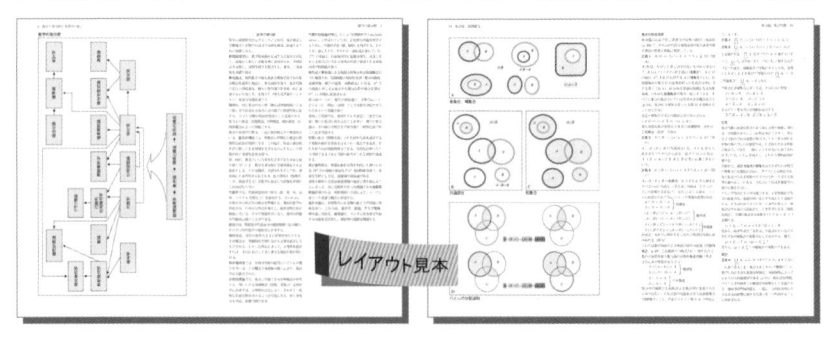

レイアウト見本

主要目次

- まえがき
- 記号の索引
- 序章
- 数理論理学
- 集合論
- 関係と構造
- 数系の構成
- 代数学
- 数論
- 幾何学
- 解析幾何学
- 位相空間論
- 代数的位相幾何学
- グラフ理論
- 実解析学の基礎
- 微分法
- 積分法
- 関数解析学
- 微分方程式論
- 微分幾何学
- 複素関数論
- 組合せ論
- 確率論と統計学
- 線形計画法
- 参考文献
- 著者紹介

http://www.kyoritsu-pub.co.jp/
共立出版
（価格は変更される場合がございます）

公式 Facebook
https://www.facebook.com/kyoritsu.pub